"十二五"普通高等教育本科国家级规划教材

"十三五"江苏省高等学校重点教材

生物化学

（第4版）

● 主编　杨志敏　张炜

高等教育出版社·北京

内容简介

本书是在《生物化学》第3版基础上,针对全国高等农林院校生物化学与基础生物化学课程教学大纲和新型人才培养计划修订而成。主要特色是基于农业院校生物化学基本理论与实验技术并举,突出近十年来与生物化学学科发展相关的最新研究成果。全书共15章,可分为五大部分:第一部分(第1章)绪论,介绍生物化学学科现状,生物化学课程的地位、应用与发展前景;第二部分(第2～6章)介绍生物大分子,包括糖类、脂质、蛋白质、核酸、大分子复合物及其结构与功能;第三部分(第7章)介绍酶的基本特性以及各种酶的作用特点等;第四部分(第8～14章)介绍生物分子代谢,包括糖类代谢、脂质代谢、氨基酸和蛋白质代谢、核酸代谢等;第五部分(第15章)介绍代谢调控。每章前列有本章关键词,章后附有小结、复习思考题,部分章节配有"知识窗"。配套的数字课程提供各章的教学课件、重难点讲解、拓展阅读等资源。本书以培养学生独立获取知识能力和学习兴趣为目的,启发和加强学生的科学思维能力。

本书内容全面,结构合理,兼具广度和深度,可作为高等农林、师范及综合性院校生物类、动物生产类、植物生产类等专业的教材,也可供从事生物化学研究的教师和研究人员参考。

图书在版编目（CIP）数据

生物化学 / 杨志敏,张炜主编 . --4 版 . -- 北京：
高等教育出版社,2022.8
ISBN 978-7-04-057894-2

Ⅰ. ①生… Ⅱ. ①杨… ②张… Ⅲ. ①生物化学 - 高
等学校 - 教材 Ⅳ. ① Q5

中国版本图书馆 CIP 数据核字（2022）第 018804 号

Shengwu Huaxue

策划编辑	孟 丽 郝真真	责任编辑	孟 丽	特约编辑	郝真真	封面设计	姜 磊
版式设计	马 云	责任印制	刘思涵				

出版发行	高等教育出版社	网 址	http://www.hep.edu.cn	
社 址	北京市西城区德外大街4号		http://www.hep.com.cn	
邮政编码	100120	网上订购	http://www.hepmall.com.cn	
印 刷	北京玥实印刷有限公司		http://www.hepmall.com	
开 本	889mm×1194mm 1/16		http://www.hepmall.cn	
印 张	27	版 次	2005 年 8 月第 1 版	
字 数	700千字		2022 年 8 月第 4 版	
购书热线	010-58581118	印 次	2022 年 8 月第 1 次印刷	
咨询电话	400-810-0598	定 价	65.00元	

《生物化学》(第4版)编审人员

主　编　杨志敏（南京农业大学）
　　　　　张　炜（南京农业大学）

副主编　陈　熙（南京农业大学）　　　王松华（安徽科技学院）
　　　　　陈蓉蓉（江西农业大学）　　　阚国仕（沈阳农业大学）
　　　　　崔喜艳（吉林农业大学）　　　张　宁（甘肃农业大学）
　　　　　侯春燕（河北农业大学）　　　谭小云（南京农业大学）
　　　　　谢彦杰（南京农业大学）　　　孙　迪（南京农业大学）

编　者（按姓氏笔画排列）
　　　　　王　卉（南京农业大学）　　　王松华（安徽科技学院）
　　　　　朱文姣（南京农业大学）　　　刘　峰（南京农业大学）
　　　　　刘鹏举（沈阳农业大学）　　　孙　迪（南京农业大学）
　　　　　芮　琪（南京农业大学）　　　李　信（南京农业大学）
　　　　　杨志敏（南京农业大学）　　　张　宁（甘肃农业大学）
　　　　　张　炜（南京农业大学）　　　宋剑波（江西农业大学）
　　　　　陈　熙（南京农业大学）　　　陈红漫（沈阳农业大学）
　　　　　陈蓉蓉（江西农业大学）　　　侯春燕（河北农业大学）
　　　　　崔为体（南京农业大学）　　　崔喜艳（吉林农业大学）
　　　　　梁丽琴（山西师范大学）　　　谢彦杰（南京农业大学）
　　　　　阚国仕（沈阳农业大学）　　　谭小云（南京农业大学）

主　审　徐朗莱（南京农业大学）

数字课程（基础版）

生物化学

（第4版）

主编　杨志敏　张　炜

生物化学（第4版）

生物化学（第4版）数字课程与纸质教材一体化设计，紧密配合。数字课程包括各章的教学课件、重难点讲解、拓展阅读等内容，可供不同层次的高等院校师生根据实际需要选择使用。

用户名：　　　　　密码：　　　　　验证码：　　　　　5360　忘记密码？　登录　注册

http://abook.hep.com.cn/57894

扫描二维码，下载 Abook 应用

前　言

　　《生物化学》自 2005 年 8 月第 1 版问世以来,已经历了 17 个春秋。2010 年和 2015 年对此书进行了两次修订,本书是第三次修订版。经过前几轮的补充、修改和调整,本书的内容不断丰富和完善。

　　21 世纪以来,生物化学及相关学科高速发展,同时生物技术的创新为《生物化学》教材提供了更多的新技术和新概念,这些发展给生命科学与农业学科以及农业生产方式革新也带来了新的挑战。与传统的生物化学概念不同,现代生物化学概念无论在深度和广度上都达到了前所未有的延伸。为此教材必须与时俱进,以适应社会经济和科技进步的发展,体现先进教学理念,充分反映当今学科研究进展,包括技术、方法与手段。同时,本书的修订突出农业院校的各专业特点,合理调整教材中生物化学基本理论与实验方法篇幅之间的关系,力求教材内容组织和布局的科学性,最终目标是要向学生提供内容丰富、阅读感佳、能反映当代生物化学学科最新研究成果的高质量教科书。在新版书中,我们增加了一些生物化学研究过程常用的技术与方法。例如,在"蛋白质"章节中,增加了蛋白质功能研究的技术与方法,包括"蛋白质的表达分析方法""蛋白质与蛋白质相互作用研究方法",以及"蛋白质组学及其研究技术与方法"。在"RNA 的分子结构"一节中,我们增加了非编码 RNA,其中更详细地介绍了环状 RNA(circular RNA 或 circRNA)和长链非编码 RNA(long noncoding RNA,lncRNA)。在"核酸的生物合成与降解"章节中,增加了 RNA 的酶促降解。上述这些新内容适当延伸了当今的生物化学研究的最新内容及发展趋势,对拓宽学生的知识境界,活跃学术思想,激发自我学习能力无疑会起到推动的作用。

　　本教材最为鲜明的特色是所有内容可以满足多层次(如本科、专科、非专业硕士等)学生和其他读者学习的需要。书中的基本理论和经典科学实验是各农林大专院校学生均需要学习的内容。新版本还配有数字课程资源,供广大读者学习使用。

　　由于编写时间的限制,书中如有不足之处,竭诚希望广大读者提出宝贵意见。

杨志敏

2022 年 5 月

目　录

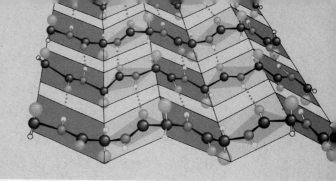

1 绪 论

生物化学学科的诞生和发展离不开该学科所处的社会环境和科学水平,并与当时生产力的发展水平紧密联系。各个时期的科学家对生命有机体中不同物质化学反应的进程、生命过程的维持及种族繁衍等问题进行了长期的研究。生物化学学科经历了学科创始、发展和趋于完善三个阶段,才形成现今的科学体系。随着生物化学学科体系的日益完善和庞大,生物化学陆续衍生出许多新的分支学科,如蛋白质组学、大分子结构化学、代谢组学等。同时,生物化学与其他新兴学科结合而形成一些交叉学科,如与计算机信息技术融合而成的生物信息学(bioinformatics),新陈代谢产物化学与产物分离技术相结合所形成的生物化学过程工程学(biochemical process engineering)等。

1.1 生物化学的含义

1.1.1 生物化学的基本概念

要理解生物化学的真正含义,首先要了解生物化学研究的内容,以及相关的知识体系。与化学比较,生物化学主要研究生物体内的化学组成及其变化规律,即是研究生命的化学。这一基本特性一直相伴着生物化学学科的诞生、成长和发展。经过一个多世纪的研究和探索,生物化学家已经基本搞清许多生命活动的基本规律。这些规律帮助人们理解生命的奥秘,同时也使我们对这门学科有了较为深刻的理解。这些规律主要包括:

(1) 不同类型的生物体(动物、植物、微生物等)几乎都利用一些相同的生物分子,如糖类、脂质、蛋白质、核酸,而且它们几乎都具备合成和分解这些分子的代谢途径。

(2) 生物大分子(如蛋白质、核酸)的化学结构与其特定功能是密切相关的,人们可以通过分子结构了解或推断分子的功能,这对理解生物分子的作用机制有很大的帮助。

(3) 生命活动的过程是由成千上万个生物化学反应组成,但这些反应并非杂乱无章,而是以网络状的形式存在。例如,葡萄糖分解成丙酮酸的糖酵解途径就是一个典型的例子。精确调控这些反应(或途径)是保持正常生命活动的基础。

(4) 生物体的宏观表型(如生长、发育、繁殖等)都受细胞内 DNA 遗传特性(包括表观遗传)的控制,而各种各样蛋白质的合成是构成生物形态多样性的基础。

由此可见,生物化学研究的内容实质上就是生物体内的各种有机分子,特别是大分子化合物(如蛋白质、核酸等)的组成、结构(特别是三维空间结构)与功能,有机分子的代谢及其调节,以及在代谢过程中涉及的能量转换。

随着现代科学和技术的迅速发展,生物学家正在不断揭开生命的分子奥秘。生物科学在过去半个世纪中出现了令人惊叹的进展。许多其他学科的科学家,如数学家、物理学家、信息学家、化学家等,也纷纷会聚到这个领域。现今的生物化学无论是在广度还是在深度上,都发生了深刻的变化,其中最明显的一个特点就是生物技术的进步与基础领域生物化学发展紧密联系在一起。由生物化学学科衍生出来的结构生物学、量子生物学、各种组学等均已成为独立学科,也正在朝着揭开生命现象深处的奥秘方向发展。面对如此庞大的知识信息和广泛的内容更新,原有生物化学的含义显得不够全面,因而随着时代和科学的发展,生物化学学科的含义将不断地更新。

1.1.2　生物化学的课程性质

当今的生物科学与技术高速发展使人类活动和生活方式发生深刻的变化,同时给农业、轻工业、医药行业等带来重大的革新。现代生物化学主要在分子水平上研究生物体内各种物质分子的化学本质及其在生命活动过程中的化学变化规律。人类要了解各种生物的生长、生殖、生理、遗传、衰老、抗性、疾病、生命起源和演化等现象,都需要用生物化学的原理和方法进行探讨。因此,生物化学是各门生物学科的基础,特别是生理学、微生物学、遗传学、细胞学等各科的基础,在分子生物学、基因组学、蛋白质组学、生物信息学等新兴学科中占有特别重要的位置。生物化学课程是我国高等农业院校生物学类和大多数非生物学类专业学生的学科基础课,是后继一系列重要课程的基础课,具有举足轻重的地位。

1.1.3　生物化学研究的对象和内容

生物化学研究细胞中生物分子运动的化学本质,研究活细胞内各种物质的化学组成及其分解与合成的普遍规律。因此,生物化学研究的对象不局限于某种生物、某类细胞、某个器官或组织,而是整个生物界所有生物细胞内所发生的各种化学事件,研究其生物化学特性,阐明这些事件的发生与消亡。它的研究对象具有普遍性和代表性。

组成细胞的主要成分是糖类、脂质、蛋白质、核酸,以及对生物体内化学反应起催化调节作用的物质,如酶、维生素、激素等。生物化学一方面以这些物质的组成、结构、性质和功能为主要研究内容,另一方面还要研究生物分子的转化和更新,涉及生物体与外界环境进行物质、能量和信息交换过程。为了便于学习和理解,人们常把上述研究的两个方面归结为静态生物化学和动态生物化学。

生物体中最重要的生物大分子莫过于核酸和蛋白质。核酸是遗传信息的载体和传递者,核酸通过控制蛋白质的合成影响细胞的组成并决定新陈代谢的类型,而蛋白质是细胞结构的主要成分和形形色色细胞功能的体现者。近年来,人们发现蛋白质(朊病毒)也是遗传信息分子。另外,糖链作为信号分子参与细胞和分子的识别、信息传递和物质运输;修饰多糖具有抗病毒、抗凝血等活性功能已逐步被人们所揭示。

1.2 生物化学在生命科学中的地位及其对经济发展的作用

1.2.1 农业生产的基础研究依赖于生物化学的理论和方法

在农业生产上,作物栽培、作物品种鉴定、遗传育种、土壤农业化学、豆科作物的共生固氮、植物的抗逆性及植物病虫害防治等都越来越多地依赖生物化学的原理和方法。例如,运用生物化学的原理可以阐明粮食和经济作物在不同环境中新陈代谢变化的规律,使人们了解粮食和经济作物产量积累的途径和控制方式,以便设计合理的栽培措施,为作物生产创造适宜的条件,使人们获取优质、高产农作物产品。

1.2.2 促进轻工产品和药物的开发与生产

食品、发酵、制药、生物制品及皮革生产等都需要广泛应用生物化学的理论及技术。尤其是在发酵工业中,人们根据微生物合成某种产物的代谢规律,特别是它的代谢调节规律,通过控制反应条件,或者利用基因工程来改造微生物,构建新的工程菌种以突破其限制步骤的调控,生产出大量人们所需要的生物制品。此外,通过生物化学原理和方法,可以指导有效药物的设计,探索并阐明药物的作用机制。

1.2.3 促进对人或动物致病机制的认识,提高疾病诊断的准确率

从医学方面讲,人或动物的病理状态常常由于细胞中的化学成分发生变化,从而引起功能紊乱。血液中脂质物质含量增高是心血管疾病的特征之一(如冠心病,血管栓塞引起脑出血、脑血栓等症状);血红蛋白一级结构的改变可以导致溶血,如人被毒蛇咬伤后丧命,是由于蛇毒液中含有磷酸二酯酶,使血细胞溶血所致;急性黄疸肝炎患者,血中谷丙转氨酶、谷草转氨酶活性升高;肝癌患者的甲胎蛋白含量升高等。许多疾病的临床诊断越来越多地依赖生物化学指标的测定。

1.2.4 具有改善人类生存环境的特殊意义

工业革命,尤其是化学工业的开发给人类居住的环境带来污染,严重危害人类生存。环境净化仅靠工业大量投资以减少"三废"的排放,切除污染源是不够的,还需要加强小区微环境低成本的"三废"生物处理,变害为益,如筛选良好的微生物菌株进行转化,或利用微生物发酵产物对"三废"进行处理。这些都与生物化学理论和方法密切相关。此外,航空航天事业、海洋资源的开发利用也都离不开生物化学及由其发展起来的生物化学工程技术。

1.3 生物化学的展望

生物化学是生命科学中其他学科的基础。根据生物学原理,结构为功能而设计,结构的解析要为功能表达服务。所以,生物化学的中心任务就是要把生物分子结构落实到功能上。当前,随着人类基因组研究的重点正在由结构向功能转移,一个以基因组功能研究为主要内容的后基因组时代在理论

上的主要任务是研究单个组织细胞或全部细胞基因的表达图式和全部蛋白图式。显然,这就提示我们,生物化学研究的重点又将回到蛋白质上来。同时,许多新型学科如生物信息学等也应运而生。作为学习生物化学课程的学生,不但要牢固掌握该学科的基本特征、原理和方法,还要了解该学科的发展趋势,从而更好地适应新世纪对生命科学发展的需要。

复习思考题

1. 什么是生物化学? 你对该课程的含义是如何理解的?
2. 生物化学学科的基本特点是什么?
3. 生物化学在生命科学中的地位怎样? 对国民经济的发展有何作用?

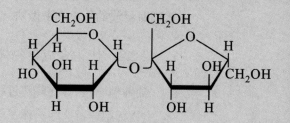

2 糖 类

关键词

单糖　　寡糖　　多糖　　蔗糖　　乳糖　　麦芽糖　　淀粉　　直链淀粉　　支链淀粉　　纤维素　　糖原
几丁质　　糖胺聚糖　　透明质酸　　硫酸软骨素　　硫酸角质素　　硫酸皮肤素　　肝素　　硫酸乙酰肝素

2.1　糖类的基本概念

　　糖类是自然界中分布最广、含量最多的一类生物分子。据统计,地球上的光合作用每年将 1 000 亿吨的 CO_2 和 H_2O 转化成各种糖类(carbohydrate)。糖类物质主要由 C、H、O 三种元素组成。由于其基本分子通式为 $(CH_2O)_n$ $(n \geqslant 3)$,这种组合像是碳和水的结合物,因此也曾称为碳水化合物。事实上,碳水化合物这个名称并不能确切反映所有糖类化合物结构上的特点,因为有些糖,如脱氧核糖 $C_5H_{10}O_4$ 不符合上述通式,但在结构和性质上都具有碳水化合物的特性,因沿用已久,习惯上仍常用碳水化合物来表示糖类及其相关化合物。

　　从分子结构上看,糖类化合物是多羟基醛或多羟基酮,或是多羟基醛酮的缩合物。这类物质都是绿色植物、藻类以及一些特殊微生物光合作用的直接或间接产物。储存在生物细胞中的糖类通过分解代谢不但产生各种各样的中间产物供细胞生理代谢的需求,同时还产生大量的能量供生命活动的需要。糖类物质一般占植物干重的 80% 左右,与人们的生活密切相关。如淀粉作为基本食物提供生物体活动所需的能量,棉、麻、木材中的纤维都是糖类化合物,水果、蜂蜜和人体内也有各种糖类化合物,它们各自发挥着重要的生理功能。

2.2　糖类的生物学功能

2.2.1　作为能源物质

　　生物细胞的各种代谢活动,包括物质的分解和合成都需要有足够的能量,其中 ATP 是糖类降解时通过氧化磷酸化作用而形成的最重要的能量载体物质。生物细胞只能利用高能化合物(主要是 ATP)

水解时释放的化学能来做功,以满足生长发育等所需要的能量消耗。

2.2.2 作为合成生物体内重要代谢物质的碳架和前体

葡萄糖、果糖等在降解过程中除了能提供大量能量外,其分解过程中还能形成许多中间产物或前体,生物细胞通过这些前体产物再合成一系列其他重要的物质,包括:

(1) 乙酰 CoA、氨基酸、核苷酸等,分别是合成脂肪、蛋白质和核酸等大分子物质的前体。

(2) 生物体内许多重要的次生代谢物、抗性物质,如生物碱、黄酮类等物质,对提高植物的抗逆性起到重要的作用。

2.2.3 作为细胞中的结构物质

细胞中的结构物质,如植物细胞壁等,由纤维素、半纤维素、果胶质等物质组成;甲壳质或几丁质为 N– 乙酰葡糖胺的同聚物,是组成虾、蟹、昆虫等外骨骼的结构物质。这些物质都由糖类转化物聚合而成。

2.2.4 参与分子和细胞特异性识别

由寡糖或多糖组成的糖链常存在于细胞表面,形成糖脂和糖蛋白,参与分子或细胞间的特异性识别和结合,如抗体和抗原、激素和受体、病原体和宿主细胞、蛋白质和抑制剂等常通过糖链识别后再进行结合。

2.3 糖的类型

根据糖分子的组合形式和大小,一般将糖分为三大类,即单糖(monosaccharide)、寡糖(oligosaccharide)和多糖(polysaccharide)。下面着重讨论生物体内主要糖类分子。

2.3.1 单糖

单糖是最简单的糖,即在温和条件下不能再分解成更小的单体糖,如葡萄糖、果糖等。按碳原子的数目,单糖又可分为丙(三碳)糖、丁(四碳)糖、戊(五碳)糖、己(六碳)糖、庚(七碳)糖等。每一特定碳原子数目的单糖又有数目不等的同分异构体。单糖中的官能团若是醛基,则为醛糖(aldose);若是酮基,则为酮糖(ketose)。由于糖类化合物的构型、化学性质、物理性质、光学性质等在前期课程有机化学中已经有详细的介绍,因此,本章着重介绍与基础糖代谢有关的一些糖类分子结构及生物化学性质,为后几章的学习起到复习和准备作用。

2.3.1.1 丙(三碳)糖

已知生物细胞中最简单、典型的丙(三碳)糖(triose)为 D- 甘油醛和二羟丙酮。它们的结构式如下所示。

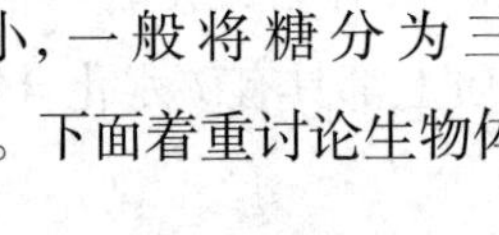

$$
\begin{array}{cc}
CHO & CH_2OH \\
| & | \\
HCOH & C{=}O \\
| & | \\
CH_2OH & CH_2OH \\
\text{D- 甘油醛} & \text{二羟丙酮}
\end{array}
$$

在细胞内,这两种分子通常与磷酸基团结合,分别形成 3- 磷酸甘油醛和磷酸二羟丙酮,是糖和脂肪代谢途径中的重要中间体。

2.3.1.2　丁(四碳)糖

生物细胞中最常见的丁(四碳)糖(tetrose)为 D- 赤藓糖和 D- 赤藓酮糖。它们的结构式如下所示。其中,4- 磷酸赤藓糖是磷酸戊糖途径中一个重要的转酮反应的中间体。在光合碳同化途径中,4- 磷酸赤藓糖是 6- 磷酸果糖和 3- 磷酸甘油醛转羟乙醛基反应的产物。

<pre>
       CHO   CH₂OH
        | |
      HCOH   C=O
        | |
      HCOH   HCOH
        | |
      CH₂OH   CH₂OH
    D- 赤藓糖   D- 赤藓酮糖
</pre>

2.3.1.3　戊(五碳)糖

生物体中存在的戊(五碳)糖(pentose)主要包括 D- 核糖、D- 木酮糖、D- 核酮糖、D-2- 脱氧核糖等。D- 核糖和 D-2- 脱氧核糖分别是核糖核酸(RNA)和脱氧核糖核酸(DNA)中核苷酸的组成成分。核糖、木酮糖、核酮糖的磷酸化合物分别为 5- 磷酸核糖、5- 磷酸木酮糖和 5- 磷酸核酮糖,分别是糖分解代谢磷酸戊糖途径和光合碳途径(卡尔文循环)中的中间产物。此外,这些五碳糖中有的还参与细胞结构物质的合成,也是植物次生代谢物的成分。戊糖是细胞中较丰富的单糖之一,部分结构式如下所示。

<pre>
     CHO   CH₂OH   CH₂OH
      | | |
    HCOH   C=O   C=O
      | | |
    HCOH   HCOH   HOCH
      | | |
    HCOH   HCOH   HCOH
      | | |
    CH₂OH   CH₂OH   CH₂OH
   D- 核糖   D- 核酮糖   D- 木酮糖
</pre>

2.3.1.4　己(六碳)糖

己(六碳)糖(hexose)广泛存在于生物细胞中,其含量相对较高。己糖中重要的醛糖为 D- 葡萄糖、D- 半乳糖及 D- 甘露糖等,重要的酮糖有 D- 果糖等,结构式如下所示。

<pre>
    CHO   CHO   CHO   CH₂OH
     | | | |
   HCOH   HCOH   HOCH   C=O
     | | | |
   HOCH   HOCH   HOCH   HOCH
     | | | |
   HCOH   HOCH   HCOH   HCOH
     | | | |
   HCOH   HCOH   HCOH   HCOH
     | | | |
   CH₂OH   CH₂OH   CH₂OH   CH₂OH
  D- 葡萄糖   D- 半乳糖   D- 甘露糖   D- 果糖
</pre>

葡萄糖和果糖是绝大多数生物体的能量代谢物质。通过葡萄糖的有氧分解,生物细胞可以获得大量的能量,同时又得到许多生理代谢需要的一系列有机中间体,这些中间体进一步代谢,转化成生物体最终需要的物质。因此,己糖中葡萄糖的代谢涉及其他重要物质代谢的方方面面,是生物细胞中物质与能量代谢的中心。

2.3.1.5　庚(七碳)糖

细胞中存在的重要庚(七碳)糖(heptose)主要为 D-7- 磷酸景天庚酮糖,结构式如下所示,出现在己糖分解代谢以及光合作用 CO_2 的固定途径中。

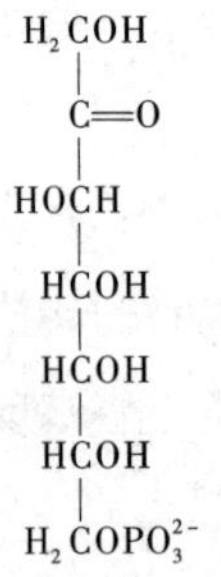

$$
\begin{array}{c}
H_2COH \\
| \\
C=O \\
| \\
HOCH \\
| \\
HCOH \\
| \\
HCOH \\
| \\
HCOH \\
| \\
H_2COPO_3^{2-}
\end{array}
$$

D-7-磷酸景天庚酮糖

2.3.2　寡糖

寡糖是由 2~10 个单糖分子聚合而成。其中,由两个单糖组成的称为双糖(disaccharide),由三个单糖组成的称为三糖(trisaccharide),以此类推。生物体内双糖是最重要的寡糖,如蔗糖、麦芽糖等。双糖按是否含有游离的半缩醛或半缩酮羟基(即单糖的游离醛基或酮基)分为还原性二糖和非还原性二糖。

2.3.2.1　蔗糖

蔗糖(sucrose)大量存在于成熟的植物果实中,其他部位如叶片、茎也含有较多的蔗糖。植物体内蔗糖是糖分运输的主要形态,如光合产物从地上部叶内以蔗糖形式输送到根、果实或籽粒中,对植物体内糖类化合物的分配起着重要的作用。蔗糖为非还原性二糖,由一分子 α-D-葡萄糖 C_1 上的半缩醛羟基与一分子 β-D-果糖 C_2 上的半缩醛羟基通过 α-1,2-糖苷键连接而成,其结构如下所示。

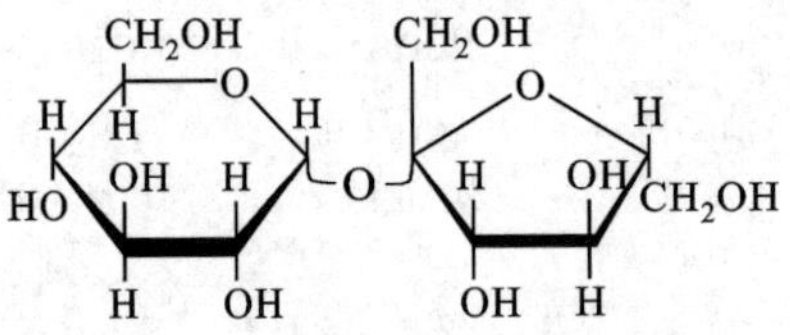

蔗糖(葡萄糖-α-1,2-果糖)

2.3.2.2　乳糖

乳糖(lactose)主要存在于哺乳动物的乳汁中,是一种还原性二糖。乳糖由 β-D-半乳糖分子 C_1 上的半缩醛羟基与 D-葡萄糖分子 C_4 上的非半缩醛羟基脱水通过 β-1,4 糖苷键连接而成,其结构如下所示。

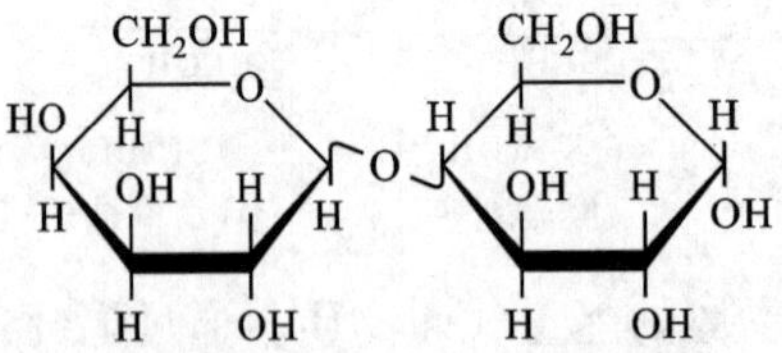

乳糖(半乳糖-β-1,4-葡萄糖)

2.3.2.3　麦芽糖

麦芽糖(maltose)经 α-葡糖苷酶水解得到两分子 D-葡萄糖,说明它由两分子 D-葡萄糖组成。又因为 α-葡糖苷酶只水解 α-糖苷键,因此推断它由一分子 α-D-葡萄糖的半缩醛羟基与另一分子 D-葡萄糖的非半缩醛羟基脱水缩合而成。麦芽糖是还原性二糖,其结构如下所示。

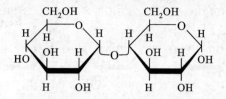

麦芽糖（葡萄糖－α－1,4－葡萄糖）

2.3.2.4 纤维二糖

纤维二糖（cellobiose）可由纤维素水解得到。同麦芽糖一样，可水解为两分子 D- 葡萄糖。水解纤维二糖的酶为 β- 葡糖苷酶。因此，纤维二糖是由两分子 D- 葡萄糖通过 β-1,4- 糖苷键连接而成的双糖，结构如下所示。

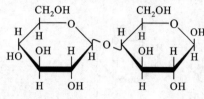

纤维二糖（葡萄糖－β－1,4－葡萄糖）

2.3.3 多糖

多糖（polysaccharide）是由数十、数百乃至数千个相同或不同的单糖及单糖衍生物以糖苷键相连而形成的高聚物，广泛分布于植物、动物和微生物中。多糖按其组成可分为同多糖（homopolysaccharide）和杂多糖（heteropolysaccharide）。所谓同多糖，是指由同种单糖构成的多糖，如淀粉、纤维素、糖原等，都由葡萄糖聚合而成。杂多糖是由两种或两种以上的单糖构成的多糖，如果胶、糖胺聚糖等。下面介绍动物、植物中最重要的几种多糖。

2.3.3.1 淀粉

淀粉（starch）主要存在于绿色植物各种组织中，以种子、块根和块茎组织中含量较高。淀粉为白色无定形小颗粒（图 2-1）。淀粉在稀酸作用下，可水解为各种相对分子质量不等的中间产物，统称为糊精。在分解过程中糊精分子逐渐变小。根据它们分解程度及其与碘产生颜色的不同，可分为蓝糊精、红糊精和无色糊精。无色糊精进一步水解则生成麦芽糖，麦芽糖再水解生成 D- 葡萄糖，表明淀粉的基本单位是葡萄糖。淀粉分子依其结构不同，可分为直链淀粉和支链淀粉两种。

（1）直链淀粉 直链淀粉（amylose）是葡萄糖以 α-1,4- 糖苷键连接而成的链状化合物，包含的葡萄糖单体一般在 250 个以上，结构如下所示。但直链淀粉结构并非直线形，分子内氢键使链卷曲呈螺旋状。直链淀粉遇碘显蓝色并不是碘分子与淀粉分子之间形成化学键，而是淀粉螺旋中间的空腔恰好可以容纳碘分子，从而形成一个呈深蓝色的络合物。

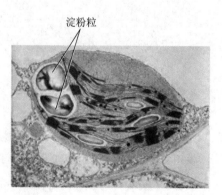

淀粉粒

·图 2-1 存在于叶绿体中的淀粉粒（电镜图）

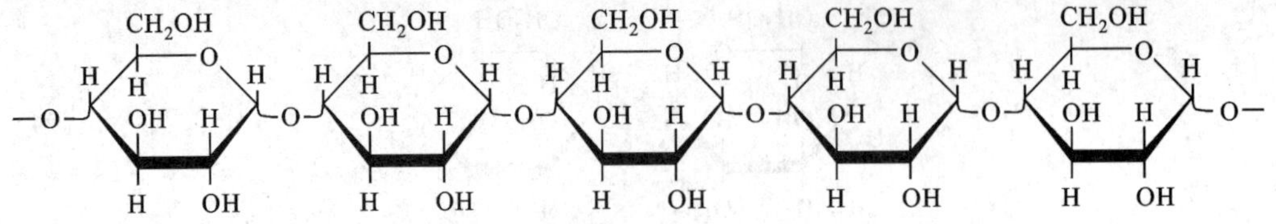

直链淀粉结构

(2) 支链淀粉 支链淀粉（amylopectin）所含葡萄糖单位比直链淀粉多，一般在1 000个以上，结构如下所示。各葡萄糖分子之间的连接方式除以α-1,4-糖苷键连接外，还有α-1,6-糖苷键，这是形成分支的原因。每24～30个葡萄糖单位就有一个支链。支链淀粉由于它的分子有许多暴露在外的羟基，故易溶于水。支链淀粉遇碘显紫红色。

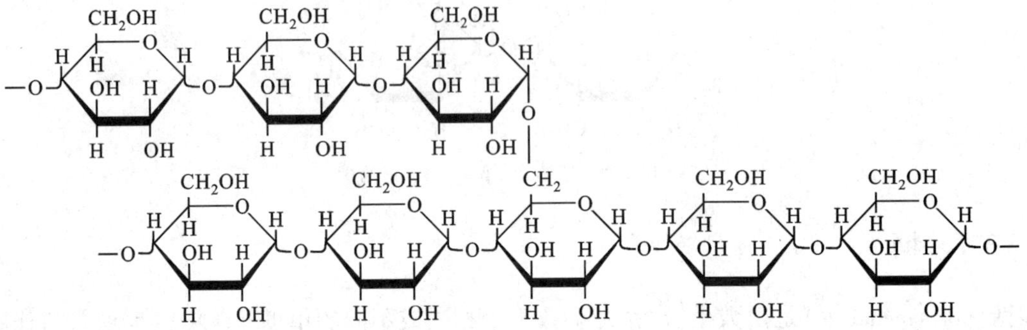

支链淀粉结构

2.3.3.2 纤维素

纤维素（cellulose）是自然界中最丰富的高分子有机化合物。一般植物干叶中纤维素的含量为10%～20%，木材中的含量为50%，而棉花中纤维素的含量可达到90%（图2-2A）。纤维素是植物细胞壁的主要组分，是构成植物支持组织的基础。纤维素不溶于水和有机溶剂。当它被40%盐酸水解后可得到D-葡萄糖。现已证明，纤维素是由D-葡萄糖以β-1,4糖苷键连接而成的链状高聚物，葡萄糖单位高达数千乃至上万，结构如下所示。

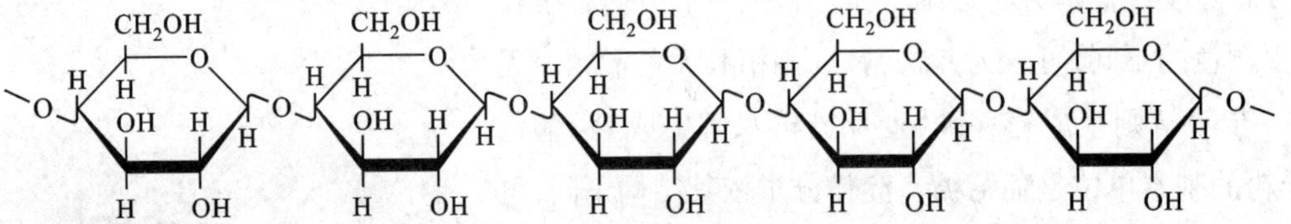

纤维素结构

与淀粉结构不同的是，在纤维素结构中不存在支链。纤维素水解比淀粉难。人体内不含有使纤维素β-1,4-糖苷键断裂的纤维素酶，因此纤维素不能像淀粉那样作为营养物质被人体所吸收。但有些食草动物如牛、羊等，其消化道中有能产生纤维素酶的微生物存在，因此含有丰富纤维素的植物可作为这些动物的饲料。目前，在自然界中已发现许多真菌能利用纤维素作为自身生存的物质和能量来源，因为这些真菌体内含有纤维素酶（cellulase），能水解葡萄糖的β-1,4-糖苷键，产生D-葡萄糖，供真菌生长的需要（图2-2B）。虽然人类机体不能直接利用纤维素作为物质和能量来源，但现代医学研究证明，在每日的食物中，摄入一定量的纤维素对保持人类健康是至关重要的。

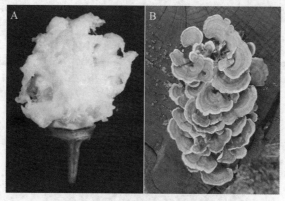

·图 2-2　棉花胚珠纤维发育(A,开花后 10 天)和灵芝真菌利用木纤维后的生长(B)

2.3.3.3　果胶

果胶(pectin)是植物的细胞壁成分之一,存在于相邻细胞壁间的中胶层中,起着将相邻细胞黏着在一起的作用。果胶主要存在于橘皮、柚皮、苹果皮中。果胶物质的基本结构是 D- 吡喃半乳糖醛酸以 α-1,4- 糖苷键结合的长链,通常以部分甲酯化状态存在,有些果胶分支以阿拉伯聚糖和半乳糖以(1-4)相连。天然果胶甲酯化程度的变化幅度很大,分子中的仲醇基也可能有一部分乙酯化。

果胶主要有四类:原果胶、果胶酯酸、果胶、果胶酸(结构见图 2-3)。原果胶(protopectin)是与纤维素和半纤维素结合在一起的甲酯化聚半乳糖醛酸苷链,只存在于细胞壁中,不溶于水,水解后生成果胶,主要存在于未成熟果实中。果胶酯酸为胶质状态,是部分被甲酯化的聚半乳糖醛酸,可与糖、糖酸甚至金属离子形成凝胶。果胶为羧基不同程度甲酯化与中和的聚半乳糖醛酸苷链,存在于植物汁液中,是水溶性的亲水胶体物质,在适当的糖及酸度条件下形成凝胶。果胶酸溶于水,存在于果肉中,是羧基完全游离的聚半乳糖醛酸苷链,如果果实长期存放,果实内会产生大量果胶酸,果实黏度下降,变成软瘫状态,同时与钙生成不溶性沉淀。

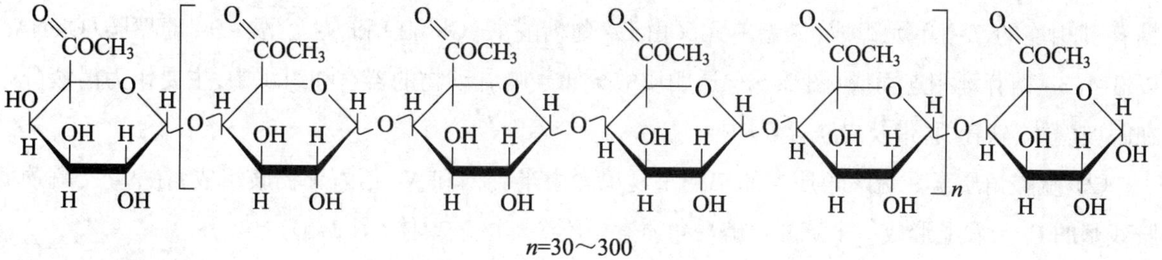

$$n=30\sim300$$

·图 2-3　果胶的结构

2.3.3.4　几丁质

几丁质(chitin)又名甲壳素或甲壳质,是一类含氮的多糖,由许多 N- 乙酰氨基葡萄糖以 β-1,4- 糖苷键连接而成的链状高分子化合物。几丁质作为结构物质广泛存在于昆虫和海洋甲壳类动物的躯干中(图 2-4),其结构如下所示。

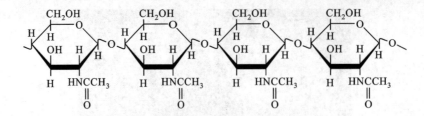

几丁质结构

·图2-4 昆虫体外壳具有高含量的几丁质

2.3.3.5 糖原

糖原（glycogen）又称为动物淀粉，是由D-葡萄糖通过α-1,4-糖苷键和α-1,6-糖苷键组成的多糖。糖原的结构与支链淀粉相似，但分支程度比支链淀粉高，一般每3~4个葡萄糖单位就出现一个支链。

2.3.3.6 糖胺聚糖

糖胺聚糖（glycosaminoglycan）曾称为黏多糖，为杂多糖的一类，其组成较为复杂，主要存在于高等动物结缔组织中，植物中也有发现。糖胺聚糖按其组成不同，可分为透明质酸（hyaluronic acid）、硫酸软骨素（chondroitin sulfate）、硫酸角质素（keratan sulfate）、硫酸皮肤素（dermatan sulfate）和肝素（heparin）共5类。糖胺聚糖为不分支的长链聚合物，一般由己糖醛酸和氨基己糖成分的重复二糖单位构成。

（1）透明质酸　透明质酸是糖胺聚糖中结构较为简单的一种，其分子由250~25 000个以β-1,4-糖苷键相连的二糖单元组成，二糖单元又由D-葡糖醛酸（GlcUA）和N-乙酰-D-葡糖胺（GlcNAc）以β-1,3-糖苷键相连而成（图2-5）。透明质酸分布于哺乳动物的器官和组织中，主要作为滑液分布在眼玻璃体、软骨、脐带及皮肤等处。

（2）硫酸角质素　硫酸角质素的二糖重复单元由半乳糖和N-乙酰葡糖胺组成，在N-乙酰葡糖胺残基的C_6位置上形成一个硫酯。硫酸角质素中不含糖醛酸单体（图2-5）。

（3）硫酸软骨素　硫酸软骨素的重复单位为D-葡糖醛酸（GlcUA）和N-乙酰半乳糖胺（GalNAc）残基以β-1,3-糖苷键相连而成（图2-5）。此外，还存在半乳糖和木糖与葡糖醛酸、N-乙酰半乳糖胺进行组合，形成不同种类的二糖单元。硫酸-4-软骨素和硫酸-6-软骨素的结构差异在于硫酸基取代位置分别在N-乙酰半乳糖胺残基的4位或6位羟基上。在同一聚糖分子中也存在4位或6位硫酸基杂交分子。

（4）硫酸皮肤素　硫酸皮肤素最初在猪皮中分离得到。从组成上看，硫酸皮肤素多糖与硫酸软骨素相似，为此，最初被命名为硫酸软骨素B。皮肤素与软骨素在结构上的主要差别在于含量较多的糖醛酸是L-艾杜糖醛酸（L-IdoUA），而非D-葡糖醛酸。皮肤素中的二糖单元多是L-艾杜糖醛酸与N-

乙酰半乳糖胺通过 β-1,3- 糖苷键连接而成(图 2-5)。硫酸皮肤素除存在于皮肤组织外,从哺乳动物的胃黏膜、心瓣膜、脐带等中也能分离得到。

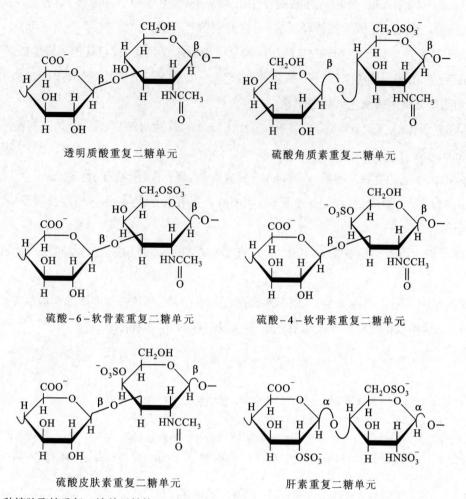

透明质酸重复二糖单元   硫酸角质素重复二糖单元

硫酸-6-软骨素重复二糖单元   硫酸-4-软骨素重复二糖单元

硫酸皮肤素重复二糖单元   肝素重复二糖单元

·图 2-5   几种糖胺聚糖重复二糖单元结构

    (5)肝素和硫酸乙酰肝素   肝素和硫酸乙酰肝素(或硫酸类肝素)的结构与硫酸软骨素和硫酸皮肤素的差异不仅在己糖胺部分,而且在重复二糖单位的连接键上。肝素的聚糖由糖醛酸与葡糖胺通过 α-1,4- 糖苷键连接而成(图 2-5),糖醛酸为艾杜糖醛酸和葡糖醛酸。其中,艾杜糖醛酸为主要糖醛酸成分,占总糖醛酸的 70% ~ 90%,其余的为葡糖醛酸。在肝素和硫酸乙酰肝素结构中,一个独特的结构是大多数葡糖胺残基上的 $N-$ 乙酰基被 $N-$ 硫酸基(N-sulfate)所取代。同时,葡糖胺 C_6 位有时在 C_3 位上被硫酸化(图 2-5)。另外,艾杜糖醛酸 C_2 位上也经常发现被硫酸化。与硫酸乙酰肝素比较,肝素聚糖分子中的 $N-$ 硫酸化和 $O-$ 硫酸化程度要大得多。因此,含低硫酸基、多葡糖醛酸的聚糖可归为硫酸乙酰肝素;多硫酸基、多艾杜糖醛酸的一类可称为肝素。

2.4   糖的显色反应

    (1)Molisch(α- 萘酚)反应   糖在浓无机酸(如硫酸、盐酸等)作用下,脱水生成糠醛及糠醛衍生物,后者能与 α- 萘酚反应生成紫红色物质。该反应不是糖类的特异反应。

（2）蒽酮（10-酮-9,10-二氢蒽）反应　原理与 Molisch 反应相似,产物为蓝绿色,在 620 nm 处有吸收,常用于定量测定总糖。

（3）Seliwanoff（间苯二酚）反应　在酸的作用下,酮糖脱水生成羟甲基糠醛,后者再与间苯二酚反应生成红色物质。此反应是酮糖的特异反应,可区分酮糖和醛糖。

（4）间苯三酚反应　间苯三酚 / 浓盐酸与戊糖反应生成朱红色物质,与其他单糖生成黄色物质。

（5）Bial 反应　Bial 试剂（含 2.5 g/L 氯化铁溶液,20 g/L 地衣酚的浓盐酸）和戊糖在沸水中生成蓝绿色物质,和己糖反应生成灰色或棕色沉淀。

（6）Fehling（菲林）反应　还原糖与菲林试剂（含 Cu^{2+} 的碱性溶液）反应,斐林试剂被还原生成红色或黄色 Cu_2O 沉淀。

（7）Benedict（本尼迪克特）反应　与 Fehling 反应类似,都利用还原糖的性质。

（8）Barfoed 反应　原理类似 Fehling 反应,半缩醛羟基在微酸性条件下与乙酸铜反应,生成砖红色的 Cu_2O 沉淀。

（9）成脒反应　所有还原糖的 C_1 位和 C_2 位在加热条件下都能和过量的苯肼反应生成黄色结晶糖脒。

（10）DNS 反应　还原糖与 3,5-二硝基水杨酸在碱性条件下加热,其中还原糖被氧化成糖酸及其他产物,3,5-二硝基水杨酸被还原成棕红色的 3-氨基-5-硝基水杨酸。

小结

1. 糖类是自然界中分布最广、含量最多的一类有机化合物。糖类物质主要由 C、H、O 三种元素组成。由于其基本分子通式为 $(CH_2O)_n$（其中 $n \geqslant 3$）,因此也称为碳水化合物。
2. 糖类按其组成形式一般可分为三种类型,即单糖、寡糖和多糖。单糖是最简单的糖,即在温和条件下不能再分解成更小的糖。按碳原子的数目,单糖又可分为丙（三碳）糖、丁（四碳）糖、戊（五碳）糖、己（六碳）糖、庚（七碳）糖等。
3. 单糖中的官能团若是醛基,则为醛糖;如果官能团是酮基,则为酮糖。
4. 生物细胞中最常见的单糖为:三碳糖,如 D-甘油醛和二羟丙酮;四碳糖,如 D-赤藓糖和 D-赤藓酮糖;五碳糖,如 D-核糖、D-木酮糖、D-核酮糖、D-2-脱氧核糖;六碳糖,如醛糖有 D-葡萄糖、D-半乳糖及 D-甘露糖等,重要的酮糖有 D-果糖、D-山梨糖等;七碳糖,如 D-景天庚酮糖和 D-甘露庚酮糖等。
5. 生物细胞中最常见的双糖为乳糖、蔗糖、麦芽糖和纤维二糖,是由同种或异种单糖通过糖苷键连接而成的。
6. 生物细胞中储存的多糖主要为淀粉和糖原。淀粉分为直链淀粉和支链淀粉,前者是葡萄糖以 α-1,4-糖苷键连接而成的链状化合物,后者中各葡萄糖分子之间除以 α-1,4-糖苷键连接外,还可以 α-1,6-糖苷键连接。糖原结构类似于支链淀粉。
7. 纤维素、几丁质等是自然界中最丰富的多糖,是由同种单糖通过 β-1,4-糖苷键连接而成的链状高聚化合物。
8. 糖胺聚糖为杂多糖一类,其组成较为复杂,主要存在于高等动物结缔组织中,植物中也发现存在。
9. 糖胺聚糖按其组成不同,可分为透明质酸、硫酸软骨素、硫酸角质素、硫酸皮肤素和肝素共 5 类。
10. 糖胺聚糖为不分支的长链聚合物,一般由己糖醛酸和氨基己糖成分的重复二糖单位构成。
11. 糖存在多种显色反应,可用于糖的定性和定量分析。

复习思考题

1. 糖类是如何分类的?
2. 单糖中哪一类糖是生物细胞中最丰富的糖?
3. 蔗糖在植物中有哪些重要的作用?
4. 淀粉与纤维素在结构上有哪些差异? 它们对人类的健康有哪些作用?

5. 与淀粉、纤维素比较,糖胺聚糖在结构上有何特点?
6. 比较透明质酸、硫酸软骨素、硫酸角质素、硫酸皮肤素和肝素二糖单元结构之间的异同点。

数字课程学习资源

● 教学课件　　　● 重难点讲解　　●拓展阅读

3 脂质

关键词

脂质　脂肪酸　三酰甘油　蜡　甘油磷脂　磷脂酰胆碱　磷脂酰乙醇胺　磷脂酰丝氨酸　磷脂酰肌醇　二酰甘油　磷脂酸　磷脂酶　溶血磷脂　鞘磷脂　神经酰胺　萜　类固醇　胆固醇　麦角固醇

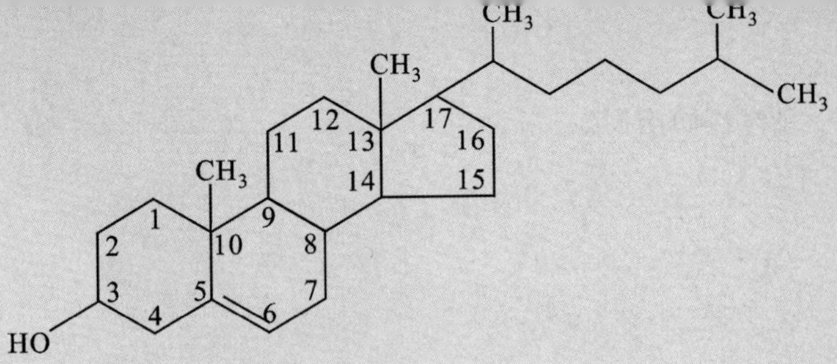

3.1 脂质的基本概念

3.1.1 脂质的概念与生物学功能

脂质(lipid)是生物体维持正常生命活动不可缺少的一大类有机化合物,与糖类、蛋白质、核酸并列为四大类重要的基本物质。脂质的一个共性就是难溶于水,易溶于有机溶剂。脂质的生物学功能主要包括以下 3 个。

(1) 生物细胞能量的储存物质　脂质中的三酰甘油(triacylglycerol,又称为甘油三酯)是动植物主要贮藏物质之一。在高等动物体中,三酰甘油主要积累在皮下组织、肠间膜内等,动物的血液、淋巴液、肝、骨髓等中也都贮藏一定量的脂肪。植物的三酰甘油多存在于种子和果实中,一些油料作物种子的含油量高达 30%～50%。三酰甘油通过氧化可以供给人类及动植物生命过程所需的热能。1 g 三酰甘油在体内氧化可产生 39 kJ 的热量,比糖类和蛋白质在同样条件下产生的热量约高一倍。

(2) 生物细胞的结构物质　其中的磷脂是构成细胞生物膜(biomembrane)的重要结构物质。研究表明,质膜(plasma membrane)是细胞的界膜,控制着细胞内外所有物质的出入。同时,质膜上各种脂质、蛋白质、糖类等表面复合物与细胞的识别、信号转导、种质特异性和组织免疫等有密切关系。因此,生物膜对细胞的生命活动具有特别重要的作用。

(3) 许多脂质物质行使各种重要特殊的生理功能　这些物质包括某些维生素和激素等。例如,萜类化合物中包含维生素 A、维生素 D、维生素 E 和维生素 K,它们是调节生理代谢重要的活性物质。还有定位在质膜上的磷脂化合物,如磷脂酰肌醇、*N*- 磷脂酰乙醇胺等是调节细胞生长发育、抗逆境反应的脂质信号分子。

3.1.2 脂质的分类

生物体内的各种脂质按其组成可分为以下 3 类。

（1）单纯脂质 是脂肪酸和醇类所形成的酯，其中典型的为三酰甘油。

（2）复合脂质 除醇类、脂肪酸外还含有其他物质，如磷酸、含氮化合物、糖基及其衍生物、鞘氨醇及其衍生物等。

（3）其他脂质 为一类不含脂肪酸、非皂化的脂，包括萜类、前列腺素类和固醇类（甾类）化合物等。

也有学者将脂质化合物分为两类，即单脂和复脂。单脂是一类不含脂肪酸、非皂化的脂，包括萜类、前列腺素类和固醇类化合物等；复脂则是除含有脂肪酸和各种醇外，还含有其他物质的酯，如酰基甘油酯类、磷酸甘油类、鞘脂质和蜡。

3.2 脂肪酸

生物组织和细胞中的脂肪酸（fatty acid）大部分是以复合脂质形式而存在，而以游离形式存在的脂肪酸含量极少。从动物、植物、微生物中分离出的脂肪酸已达百余种之多。所有的脂肪酸都有一长碳氢链，其一端有一个羧基。碳氢链中不含有碳碳双键的脂肪酸称为饱和脂肪酸，如硬脂酸、软脂酸等；在碳氢链中含有一个或数个双键的脂肪酸称为不饱和脂肪酸，如油酸、亚油酸等。不同脂肪酸之间的区别主要在于碳氢链的长度及不饱和双键的位置和数目。

脂肪酸通常用简写法表示。一般先写出碳原子的数目，再写出双键的数目，最后表明双键的位置。如软脂酸可写成 16：0，表明软脂酸为具有 16 个碳原子的饱和脂肪酸；油酸写成 18：1(9) 或 18：1 Δ^9，表明油酸具有 18 个碳原子，并在第 9~10 位之间有一个双键；亚油酸可写为 18：2(9,12) 或 18：2 $\Delta^{9,12}$，表示该脂肪酸具有 18 个碳原子，而且在第 9~10、12~13 碳原子之间各有一个双键（表 3-1）。

·表 3-1 某些天然存在的脂肪酸符号、名称和分子式

种类	简写符号	普通名称	分子式
饱和脂肪酸	12：0	月桂酸	$C_{11}H_{23}COOH$
	14：0	蔻酸	$C_{13}H_{27}COOH$
	16：0	软脂酸	$C_{15}H_{31}COOH$
	18：0	硬脂酸	$C_{17}H_{35}COOH$
	20：0	花生酸	$C_{19}H_{39}COOH$
	22：0	山嵛酸	$C_{21}H_{43}COOH$
	24：0	掬焦油酸	$C_{23}H_{47}COOH$
	26：0	蜡酸	$C_{25}H_{51}COOH$

种类	简写符号	普通名称	分子式
不饱和脂肪酸	$16:1\Delta^9$	棕榈油酸	$C_{15}H_{29}COOH$
	$18:1\Delta^9$	油酸	$C_{17}H_{33}COOH$
	$18:2\Delta^{9,12}$	亚油酸	$C_{17}H_{31}COOH$
	$18:3\Delta^{9,12,15}$	α-亚麻酸	$C_{17}H_{29}COOH$
	$18:3\Delta^{6,9,12}$	γ-亚麻酸	$C_{17}H_{29}COOH$
	$18:3\Delta^{9,11,13}$	桐油酸	$C_{17}H_{29}COOH$
	$20:4\Delta^{5,8,11,14}$	花生四烯酸	$C_{19}H_{31}COOH$
	$24:1\Delta^{15}$	神经酸	$C_{23}H_{45}COOH$

油酸是哺乳动物中常见的单不饱和脂肪酸。亚油酸和亚麻酸这两种不饱和脂肪酸哺乳动物本身不能合成,必须从食物中获取。同维生素一样,这两种脂肪酸对动物生长和健康是必不可少的。因此,称它们为"必需脂肪酸"。植物能够合成亚油酸和亚麻酸,所以植物是这些脂肪酸的最初来源。

在脂肪酸分子中,非极性的碳氢链是疏水的,极性的羧基是亲水的。对于长碳链的脂肪酸,由于疏水的碳氢链占分子体积的绝大部分,因此决定整个分子的脂溶性。但是,由于脂肪酸分子中存在极性基团羧基,所以仍能被水所润湿。

3.3 单纯脂质

3.3.1 三酰甘油

三酰甘油(triacylglycerol)也称为甘油三酯,或笼统地称为脂(fat),是由一元高级脂肪酸与甘油(丙三醇)形成的酯类化合物。三酰甘油中的三个脂肪酸可以是相同的,但天然脂肪中,大多数的脂肪酸是不同的,故称为混合酸三酰甘油。三酰甘油的化学结构通式如图 3-1 所示。其中,R_1、R_2、R_3 为各种脂肪酸的烃基。如果 R_1、R_2、R_3 相同,则称为单纯三酰甘油;R_1、R_2、R_3 中有两个或三个不同者,则称为混合三酰甘油。植物油和动物油脂都是脂肪。大多数植物油如豆油、花生油等脂肪中不饱和脂肪酸含量超过 70%,具有较低的凝固点或熔点,在常温时为液体,故统称为油。动物油脂如猪油、羊油不饱和脂肪酸含量低,凝固点比较高,在常温下呈固态,一般称为脂。脂肪中的重要脂肪酸主要是十六碳和十八碳的饱和或不饱和脂肪酸。油脂含不饱和脂肪酸的多少一般可以用碘值、饱和度、油酸、亚油酸的数值来表示(表 3-2)。不同种类的油脂所含的脂肪酸是不相同的。对于同一种油脂,由于动物或植物的品种不同或生长等情况不同也有差别。因此,表 3-2 中所列的数值并不是常数。

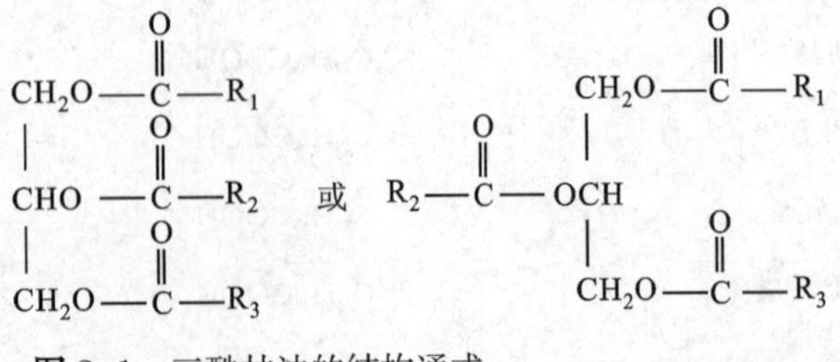

·图 3-1 三酰甘油的结构通式

·表3-2 天然油脂成分的主要指标

种类	碘值	饱和度 /%	油酸 /%	亚油酸 /%
豆油	135.8	14.0	22.9	55.2
猪油	66.5	37.7	49.4	12.3
花生油	93.0	17.7	56.5	25.8
棉籽油	105.8	26.7	25.7	47.5
玉米油	126.8	8.8	35.5	55.7
可可油	36.6	60.1	37.0	2.9
向日葵油	144.3	5.7	21.7	72.6

3.3.2 蜡

蜡(wax)是由高级脂肪酸与脂肪醇或是高级脂肪酸与甾醇所形成的酯。在理化性质上与中性脂肪很相似。在常温下蜡是固体,能溶于醚、苯、三氯甲烷等有机溶剂。蜡既不被脂肪酶所水解,也不易皂化。

天然蜡按其来源可分为动物蜡和植物蜡两大类。动物蜡多半是昆虫分泌物,如白蜡、蜂蜡等。蜂蜡是蜜蜂的分泌物,用以建造它的蜂巢。白蜡是白蜡虫所分泌的物质,对其本身有保护作用。此外,鲸鱼头部含有鲸蜡,是重要的工业原料。植物各器官表面通常也存在薄薄的蜡质层,有防止病菌侵蚀和水的蒸发作用。几种常见蜡的成分及物理常数列于表3-3。

·表3-3 几种常见蜡的成分及物理常数

名称	成分	熔点 /°C
蜂蜡	$C_{15}H_{31}COOC_{31}H_{63}$	62~65
白蜡	$C_{25}H_{51}COOC_{26}H_{53}$	80~83
鲸蜡	$C_{15}H_{31}COOC_{16}H_{33}$	41~46
棕榈蜡	$C_{25}H_{51}COOC_{30}H_{61}$	80~90

3.4 复合脂质

3.4.1 甘油磷脂

甘油磷脂(glycerophosphatide)又称为磷酸甘油酯,是广泛存在于动物、植物和微生物中的一类含磷酸的复合脂质。甘油磷脂是细胞膜结构重要的组分之一,在动物的脑、心、肾、肝、骨髓、卵,以及植物的种子和果实中含量较为丰富。最简单的甘油磷脂结构如图3-2所示。

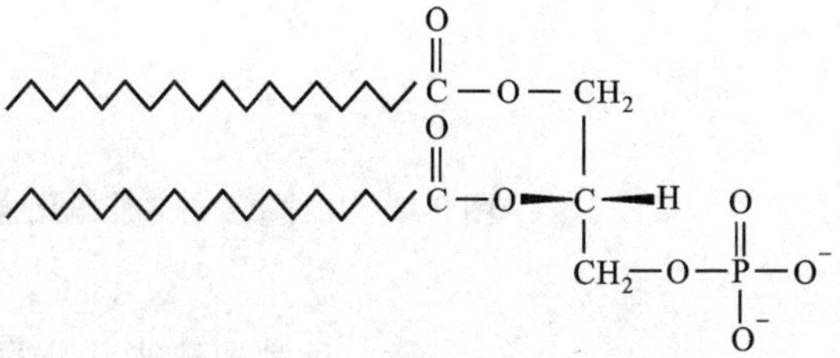

从甘油磷脂的结构可知,甘油 C_1 和 C_2 上的羟基被脂肪酸(R_1、R_2)所酯化,成为疏水性的非极性尾(nonpolar tail);C_3 位置上的羟基与一个磷酸形成一个磷酸酯,因此成为亲水性的极性头(polar head)。如果磷酸基团上另一端上的羟基 H 被一些含氮碱基(X)所取代,则形

非极性尾 极性头

·图3-2 甘油磷脂基本结构和立体结构模型

成一系列不同的甘油磷脂化合物。例如,当 X 为胆碱、乙醇胺、丝氨酸、肌醇时,分别形成磷脂酰胆碱 (phosphatidylcholine)、磷脂酰乙醇胺 (phosphatidylethanolamine)、磷脂酰丝氨酸 (phosphatidylserine)、磷脂酰肌醇 (phosphatidylinositol) (图 3-3)。因为这些含氮碱基一般是亲水性的胆碱或胆胺,所以带有这些基团的甘油磷脂实际上也是一个亲水脂质 (amphipathic lipid) 或极性脂质 (polar lipid)。各种甘油磷脂的差别就在于其极性头的大小、形状和电荷差异。它们的这种两性脂质分子在构成生物膜结构中具有重要的作用。

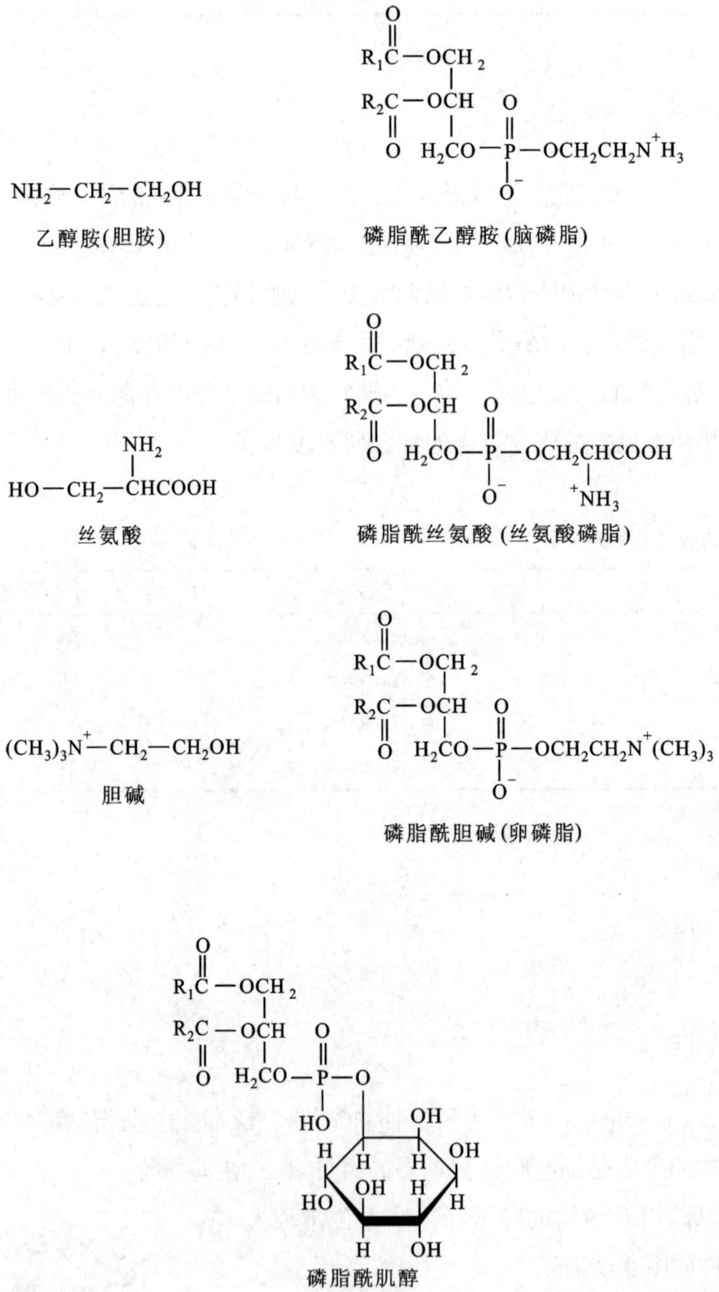

·图 3-3　几种重要的磷脂酰化合物

　　每一种甘油磷脂并非只有一种,由于分子内脂肪酸种类不同,因此会形成许多不同类型的甘油磷脂。

下面介绍真核生物细胞中另一类重要的磷脂酰化合物———磷脂酰肌醇(phosphatidylinositol, PI)。磷脂酰肌醇主要分布在质膜内侧,其总量占膜磷脂总量的10%左右。迄今,在真核生物细胞中已鉴定的最主要磷脂酰肌醇为4-磷酸磷脂酰肌醇(phosphatidylinositol-4-phosphate,PIP)和4,5-二磷酸磷脂酰肌醇(phosphatidylinositol-4,5-bisphosphate,PIP$_2$)。如果这些磷脂酰肌醇类化合物通过相应的磷脂酶(phospholipase)水解,并且肌醇环上带有的5个自由羟基被磷酸化,则形成多种胞内信号物质,如IP、IP$_2$、IP$_3$等(图3-4)。

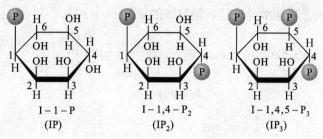

I-1-P
(IP)

I-1,4-P$_2$
(IP$_2$)

I-1,4,5-P$_3$
(IP$_3$)

·**图 3-4** 几种主要的磷酸肌醇

磷脂酰肌醇类化合物近年来备受人们关注,主要原因是越来越多的证据证明它们参与动植物中磷脂酶信号转导途径。磷脂酰肌醇在磷脂酶的作用下,水解为脂肪酸、肌醇三磷酸(inositol-1,4,5-triphosphate,IP$_3$)、磷脂酸(phosphatidic acid,PA)和二酰甘油(diacylglycerol,DAG)。研究表明,IP$_3$、PA和DAG就是第二信使,由它们将外部各种信号转导到胞内,引发一系列级联反应,完成细胞对外部信号的响应。

真核细胞中已经发现的磷脂酶至少有3种主要类型,即磷脂酶A$_2$(phospholipase A$_2$,PLA$_2$)、磷脂酶C(phospholipase C,PLC)和磷脂酶D(phospholipase D,PLD)。它们分类的依据是其对磷脂分子水解作用的部位(图3-5)。PLA$_2$为乙酰水解酶,可将磷脂水解为脂肪酸和溶血磷脂(lysophospholipid)。PLC和PLD为磷酸二酯酶,根据水解磷脂键的位置不同可产生肌醇三磷酸、二酰甘油、乙酰胆碱和磷脂酸等。因此,PLC和PLD对信号转导的作用更为直接,通过它们可以引起胞内Ca^{2+}浓度、蛋白激酶活性等变化,进而影响到细胞内一系列生理反应过程。在20世纪90年代以后,人们对PLC和PLD的研究更多地侧重于它们在信号转导方面的作用。

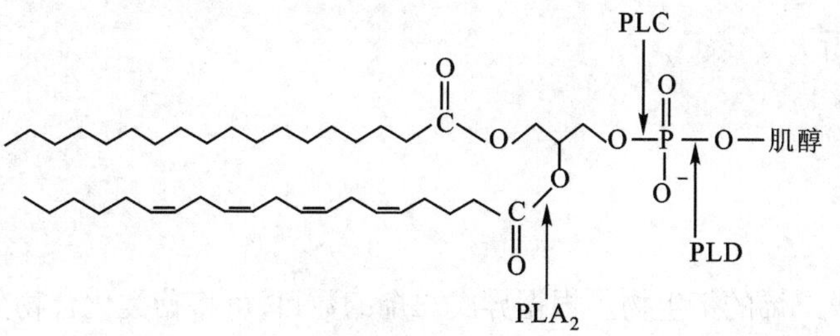

PLC

肌醇

PLD

PLA$_2$

·**图 3-5** PLA$_2$、PLC 和 PLD 作用部位

3.4.2 鞘磷脂

鞘磷脂(sphingomyelin)或神经鞘磷脂是鞘脂的一种典型的复合脂质,是高等动物组织中含量最丰富的鞘脂类。鞘磷脂经水解可以得到磷酸、胆碱、鞘氨醇、二氢鞘氨醇及脂肪酸。鞘氨醇是鞘磷脂

的主链骨架,是含有两个羟基的 18 碳胺。鞘磷脂的主链也有几种,如哺乳动物的鞘脂质以鞘氨醇和二氢鞘氨醇为主要成分。

已发现的鞘氨醇类有几十种,它们的碳原子和羟基数目均有变化。鞘氨醇的氨基与长链脂肪酸($C_{18 \sim 26}$)的羧基形成一个具有两个非极性尾的化合物,称为神经酰胺(ceramide)(图 3-6)。在神经酰胺分子中,鞘氨醇第一个碳原子上的羟基进一步与磷脂酰胆碱或磷脂酰乙醇胺形成磷酸二酯,这种磷脂化合物称为(神经)鞘磷脂。鞘磷脂有两条长的碳氢链,一条是由鞘氨醇组成的有 14 ~ 18 个碳的碳氢链;另一条为连接在氨基上的脂肪酸,如棕榈酸、掏焦油酸和神经酸等。虽然鞘磷脂在结构上类似于甘油磷脂,但是鞘磷脂上脂肪酸是连接在鞘氨醇的氨基上。

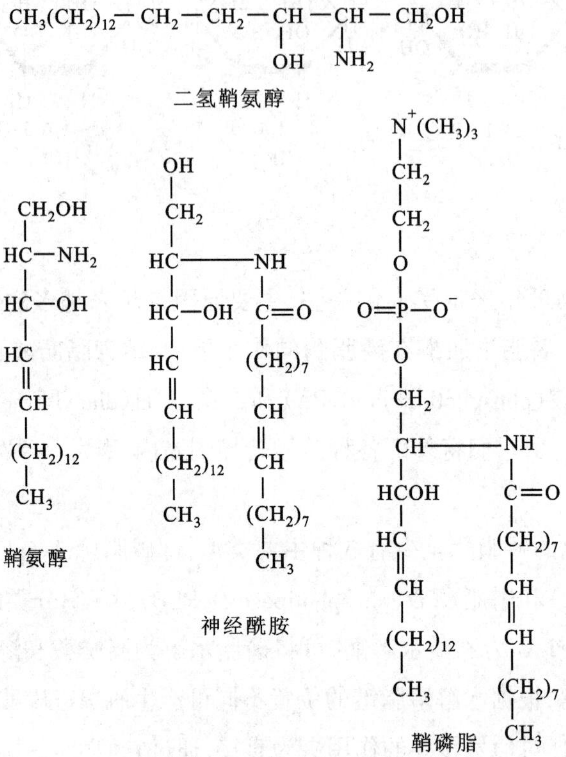

· 图 3-6 鞘磷脂的基本结构

3.5 其他脂质

3.5.1 萜

萜(terpene)是异戊二烯的衍生物。根据异戊二烯的数目,可将萜类化合物分为单萜、倍半萜、二萜、三萜和四萜等。萜呈线状或环状,或两者兼有。相连的异戊二烯头尾相连或尾尾相连。多数直链萜的双键都是反式,但在顺 -11- 视黄醛(11-*cis*-retinal)第 11 位上的双键为顺式(图 3-7)。顺 -11- 视黄醛存在于动物细胞的细胞膜上,是脊椎动物视网膜上发现的一种维生素 A 的衍生物。在高等植物叶片中存在一种二萜化合物——叶绿醇,是叶绿素的组成成分。β - 胡萝卜素是四萜化合物,大量存在于植物的各个器官内。此外,还有多萜,如天然橡胶等。维生素 A、维生素 E、维生素 K 等都属于萜。

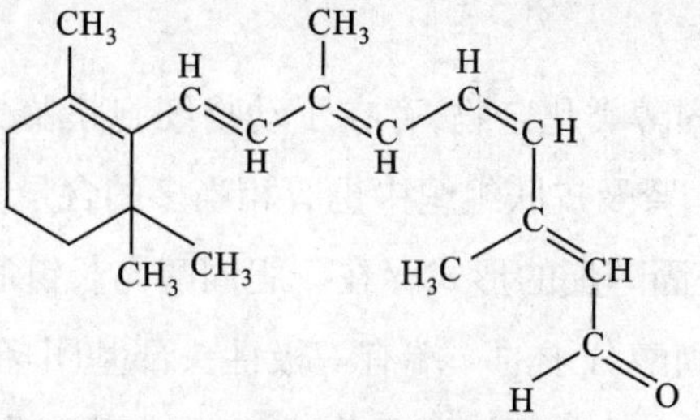

顺-11-视黄醛

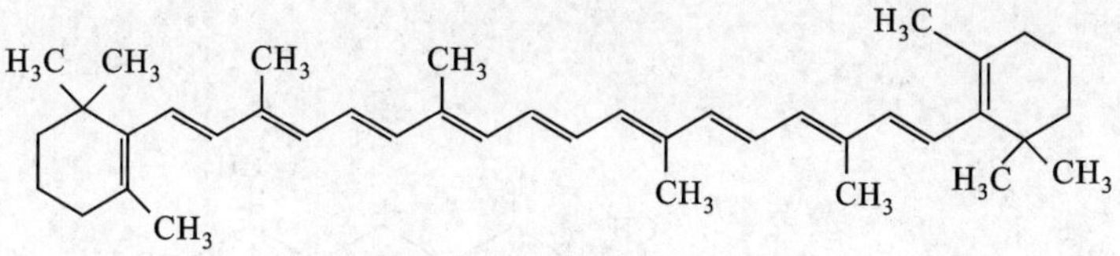

β-胡萝卜素

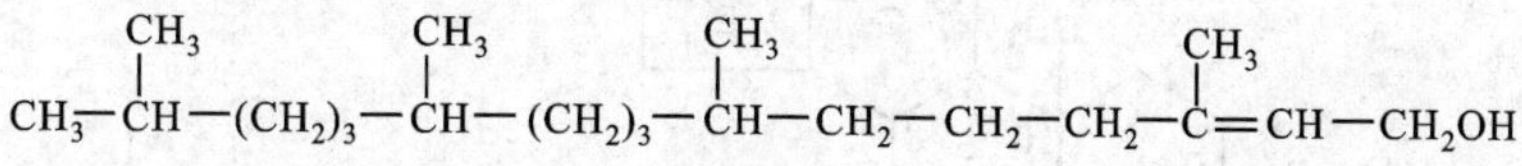

$CH_3-CH-(CH_2)_3-CH-(CH_2)_3-CH-CH_2-CH_2-CH_2-C=CH-CH_2OH$

叶绿醇

·**图 3-7** 动植物中几种重要的萜

3.5.2 类固醇

类固醇(steroid)是基于萜脂质特性的另一类脂质化合物,主要存在于真核细胞内,对细胞生理功能起着重要的作用。类固醇的基本结构是由 3 个六元环和 1 个五元环融合而成的(图 3-8)。类固醇是以环戊烷多氢菲为核心结构的一类衍生物。许多类固醇化合物在 10 和 13 位上含有甲基,在 3 位上含有羟基,在 17 位上含有 8~10 个碳烷烃链。类固醇具有 α 和 β 两种构型,如果 C_{10} 和 C_{13} 上 CH_3 的位置与 C_{17} 上 R 基团(以实线连接)处在同侧,则为 β 型;若 C_{10} 和 C_{13} 上 CH_3 的位置位于 C_{17} 上 R 基团(以虚线连接)的反侧,则为 α 型。类固醇化合物广泛分布于真核生物中,有游离固醇和固醇酯两种形式。动物中的固醇以胆固醇(cholesterol)为代表,植物固醇以麦角固醇(ergosterol)为代表。

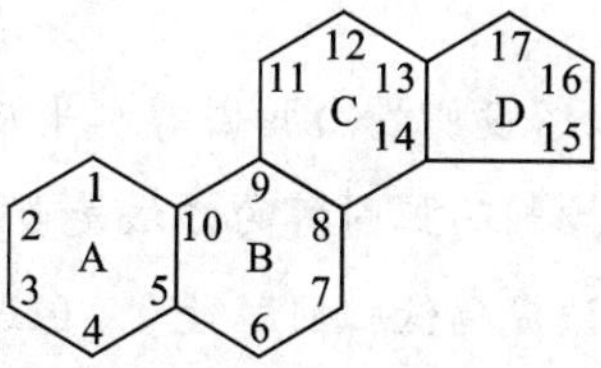

环戊烷多氢菲

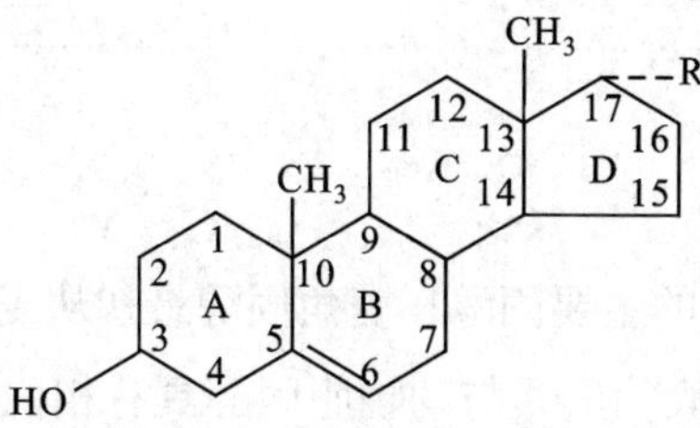

α 型固醇

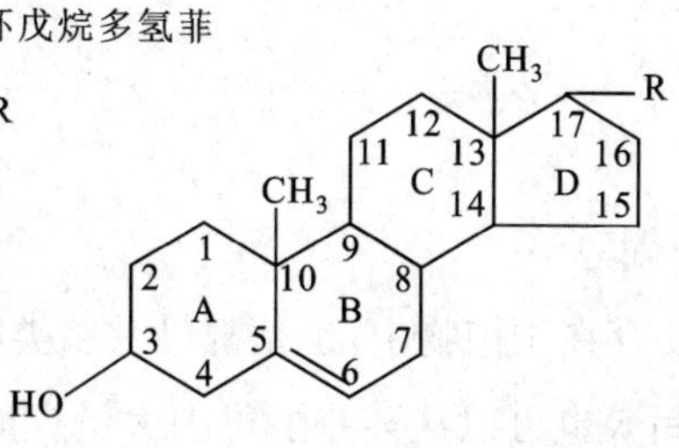

β 型固醇

·**图 3-8** 类固醇的核心结构

3.5.2.1 胆固醇

胆固醇是类固醇中最主要的一类固醇类化合物,存在于动物细胞膜及少数微生物中。胆固醇在神经组织中含量较多,在血液、胆汁、肝、肾及皮肤组织中也有相当多的含量。生物体内的胆固醇以游离形式存在,也有与脂肪酸结合而以胆固醇酯的形式存在。胆固醇与长链脂肪酸形成的胆固醇酯是血浆蛋白及细胞外膜的重要组分。胆固醇分子的一端有一极性头部基团羟基而呈现亲水性,分子的另一端具有烃链及固醇的环状结构而表现为疏水性。因此,胆固醇与磷脂化合物相似,也属于两性分子(图3-9)。

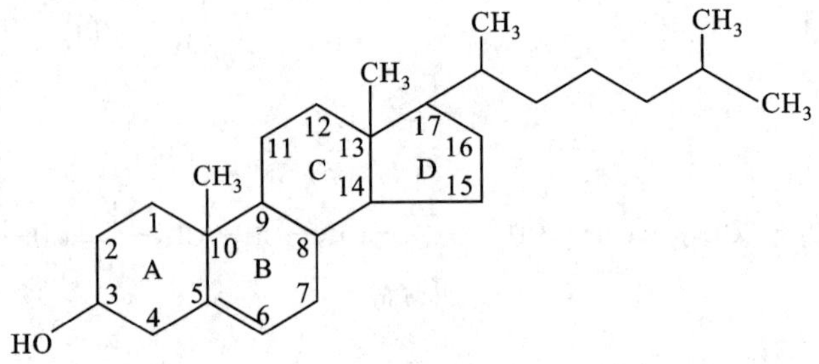

·图3-9 胆固醇结构

知识窗

胆固醇与人类健康

胆固醇是一种不含有脂肪酸的脂质,在人体中由肝制造,是血脂和细胞膜的重要成分。同时,胆固醇还是合成许多其他重要分子的原料,是人体不可缺少的一种营养物质。虽然我们的身体需要有一定量的胆固醇来维持正常机能,但摄入过量含高胆固醇的食物会使血清中胆固醇的含量偏高,易诱发心血管疾病,危害身体健康。

机体组织对胆固醇的需求与脂蛋白的结合及运输有关。输送胆固醇的脂蛋白有两种,即低密度脂蛋白(LDL)和高密度脂蛋白(HDL)。低密度脂蛋白胆固醇(LDL-胆固醇)被认为是动脉粥样硬化胆固醇,因为这种脂蛋白能使胆固醇向血管壁内转移,并使它们沉积在血管内壁中,促使动脉粥样硬化形成,造成血管闭塞。因此,人们认为这些胆固醇是"坏"的胆固醇。相反,机体内高密度脂蛋白胆固醇(HDL-胆固醇)因能清除血管内的胆固醇,所以被认为是"好"的或"良性"胆固醇。

从预防冠心病发生的角度来看,体内理想的低密度脂蛋白胆固醇水平应保持在 3.0 mmol/L 以下,低密度脂蛋白胆固醇水平超过 4.0 mmol /L,属于高危水平。控制高胆固醇的方法是多运动、少吃高脂的食物、戒烟、定期检查身体、保持理想体重。所以高胆固醇血症的患者应该提倡低胆固醇饮食。但过分忌食含胆固醇的食物,易造成贫血,降低人体的抵抗力,对身体反而不利。

3.5.2.2 麦角固醇

麦角固醇主要存在于植物中,也是酵母及菌类的主要固醇。麦角固醇最初从麦角中分离出来,因此而得名。麦角固醇也可以从某些酵母中大量提取。虽然与动物胆固醇具有相似的结构(图3-10),但植物胆固醇不会像动物胆固醇一样被人和动物有效地吸收,相反,被摄入的植物胆固醇可以抑制对动物胆固醇的吸收。

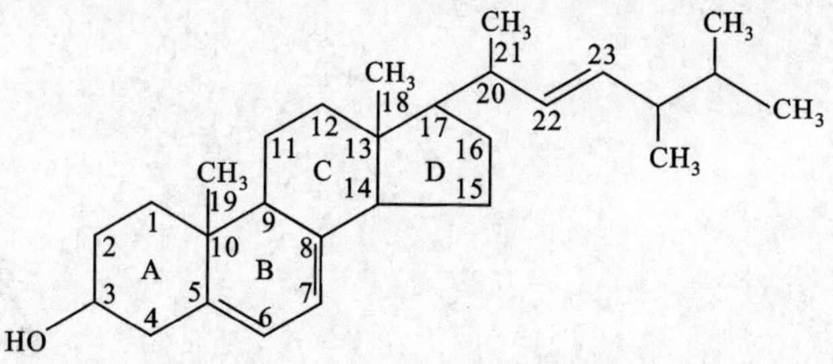

·图 3-10 麦角固醇结构

小结

1. 脂质(lipid)是生物体维持正常生命活动不可缺少的一大类有机化合物,与糖类、蛋白质、核酸并列为四大类重要基本物质。脂质的一个共性就是难溶于水,易溶于有机溶剂。

2. 脂质具有的主要功能是生物细胞的能量储存物质和结构物质,其中的磷脂是构成细胞生物膜(biomembrane)的重要结构物质。许多脂质物质行使各种重要而特殊的生理功能。

3. 脂肪酸是多烃单羧酸,烃链的长度一般为 12~20。含有一个或一个以上双键的脂肪酸称为不饱和脂肪酸,没有双键的脂肪酸称为饱和脂肪酸。自然界的脂肪酸大多以与甘油形成甘油三酯(triglyceride)的形式存在。

4. 甘油磷脂(glycerophosphatide)又称为磷酸甘油酯,是广泛存在于动物、植物和微生物中的一类含磷酸的复合脂质。其结构特点是具有一个极性头和一个疏水尾,是细胞膜结构的重要组分之一。

5. 真核生物细胞中存在一类重要的磷脂酰化合物,即磷脂酰肌醇。迄今,真核生物细胞中已鉴定出最重要的磷脂酰肌醇为 4- 磷酸磷脂酰肌醇(PIP)和 4,5- 二磷酸磷脂酰肌醇(PIP_2)。

6. 磷脂酰肌醇在相关的磷脂酶作用下,可水解为脂肪酸、肌醇三磷酸(IP_3)、磷脂酸(PA)和二酰甘油(DAG)。后三者被发现是第二信使,参与动植物细胞中磷脂酶信号转导途径。

7. 真核细胞中已经发现的磷脂酶至少有 3 种主要类型,即磷脂酶 A_2(PLA_2)、磷脂酶 C(PLC)和磷脂酶 D(PLD)。它们的水解作用可发生于磷脂分子中不同部位,因而产生肌醇三磷酸、二酰甘油、乙酰胆碱和磷脂酸等不同产物。

8. 鞘磷脂是鞘脂一种典型的复合脂质,是高等动物组织中含量最丰富的鞘脂。

9. 胆固醇是类固醇中最主要的一类固醇类化合物,与磷脂化合物相似,也属于两性分子,存在于生物膜中。

10. 萜是异戊二烯的衍生物,是构成植物叶绿素、胡萝卜素和各种维生素的组成成分。

复习思考题

1. 脂质包括哪些物质?脂质物质有哪些共性?它们在生物体内有哪些生理功能?

2. 什么是脂肪酸、脂肪和蜡?

3. 饱和脂肪酸和不饱和脂肪酸有何区别?如何表示?

4. 重要的甘油磷脂和鞘脂质有哪几种?结构上有何特点?

数字课程学习资源

● 教学课件   ● 重难点讲解   ●拓展阅读

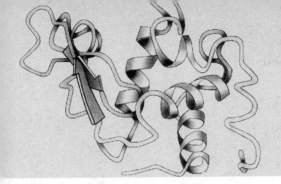

4 蛋白质

　　蛋白质(protein)是生物体内一类生物大分子,是生物体内各项功能的主要执行者。第一,蛋白质是生物体内催化剂——酶的主要成分,生物体内的各种生物化学反应几乎都是在相应的酶参与下进行的。第二,蛋白质是细胞和组织的结构成分,如在高等动物体内,胶原纤维主要就是由结构蛋白组成的,参与结缔组织和骨骼的形成。第三,蛋白质具有贮藏氨基酸的功能,是有机体及其胚胎生长发育的原料,如蛋类中的卵清蛋白、乳中的酪蛋白、小麦种子中的麦醇溶蛋白等。第四,某些蛋白质还具有运输功能,如脊椎动物红细胞里的血红蛋白和肌肉中的肌红蛋白均具有输送氧气的作用。第五,还有一些蛋白质参与细胞的运动,如肌肉的收缩就是通过两种蛋白丝的滑动来完成的,肌纤维中的肌球蛋白(myosin)和肌动蛋白(actin)是肌肉收缩系统的必要成分。第六,一些蛋白质具有激素的功能,对生物体内的新陈代谢起调节作用,如胰岛素参与血糖的代谢调节,能降低血液中葡萄糖的含量。第七,高等动物的免疫反应是有机体的一种防御机能,免疫反应主要是通过蛋白质来实现的,这类蛋白质称为抗体(antibody)或免疫球蛋白(immunoglobulin)。第八,在生物体内有一类起接受和传递信息作用的蛋白质,即受体蛋白(receptor),如接受各种激素的受体蛋白等。第九,蛋白质还具有一个重要的生物学功能,就是调节或控制细胞的生长、分化和遗传信息的表达,如组蛋白、阻遏蛋白等属于这类蛋白质。

4.1　蛋白质的元素组成

　　目前,许多蛋白质已经获得结晶的纯品。根据蛋白质的元素分析,发现它们的元素组成与糖和脂质不同,除含有碳、氢、氧外,还有氮和少量的硫。有些蛋白质还含有其他一些元素,主要包括磷、铁、铜、碘、锌和钼等。这些元素在蛋白质中的组成见表 4-1。

·表4-1 蛋白质中主要元素的含量

元素种类	含量	元素种类	含量
碳	50%	氧	23%
氮	16%	氢	7%
硫	0～3%	其他	微量

蛋白质的平均含氮量为16%，这是蛋白质元素组成的一个特点，也是实验室中利用凯氏定氮法测定蛋白质含量的基础。蛋白质含量＝蛋白氮×6.25；式中，6.25即16%的倒数，为1 g氮所代表的蛋白质质量（单位：g）。

4.2 蛋白质的基本结构单位——氨基酸

蛋白质能够被酸、碱或蛋白酶催化水解，在水解过程中降解成相对分子质量越来越小的肽段（peptide fragment），直到最后成为各种氨基酸（amino acid）。经氨基酸的分离分析研究证明，作为蛋白质基本结构单位的常见氨基酸有20种，但不同种类的蛋白质所含氨基酸的种类和数目不同。

4.2.1 氨基酸的分类

目前，从各种生物体中发现的氨基酸已有上百种，但是参与蛋白质组成的常见氨基酸或称基本氨基酸只有20种。此外，某些蛋白质还存在若干种不常见的氨基酸，但它们都是在肽链合成后通过常见氨基酸残基专一性修饰得到的结果。天然氨基酸中的大多数是不参与蛋白质组成的，这些氨基酸称为非蛋白质氨基酸，其中大部分氨基酸的生物学功能迄今仍不太清楚。

4.2.1.1 蛋白质中常见的氨基酸

从蛋白质水解物中分离出来的常见氨基酸有20种，除脯氨酸外，这些氨基酸在结构上的共同点是与羧基相连的α-碳原子上都有一个氨基，因而称为α-氨基酸。结构通式如图4-1所示。

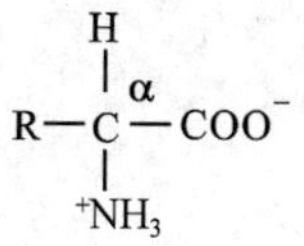

$$R-\underset{\overset{|}{{}^{+}NH_3}}{\overset{\overset{H}{|}}{C}}{\overset{\alpha}{{}}}-COO^-$$

·图4-1 氨基酸结构通式

从α-氨基酸的结构通式可以知道，各种α-氨基酸的区别在于侧链R基团不同。因此，组成蛋白质的20种常见氨基酸可以按R基团的化学结构或极性大小进行分类。同时，为了更加简洁地表达蛋白质或多肽结构，氨基酸的名称常使用三字母或单字母的简写符号表示（表4-2）。

•表4-2 蛋白质氨基酸的分类与结构

类型	名称	符号	结构式

非极性 R 基团氨基酸	丙氨酸
	（alanine）
		Ala
		（A）
			$H_3N^+-CH-COO^-$
			      $\|$
			     CH_3

	脯氨酸
	（proline）
		Pro
		（P）
			$H_2N^+-CH-COO^-$
			  $\|$ $\|$
			CH_2 CH_2
			   $\backslash\ /$
			    CH_2

	缬氨酸
	（valine）
		Val
		（V）
			$H_3N^+-CH-COO^-$
			      $\|$
			    $CH-CH_3$
			    $\|$
			   CH_3

	亮氨酸
	（leucine）
		Leu
		（L）
			$H_3N^+-CH-COO^-$
			     $\|$
			   $CH_2-CH-CH_3$
			       $\|$
			     CH_3

	异亮氨酸
	（isoleucine）
		Ile
		（I）
			$H_3N^+-CH-COO^-$
			     $\|$
			   $CH-CH_2-CH_3$
			   $\|$
			  CH_3

	色氨酸
	（tryptophan）
		Trp
		（W）
			$H_3N^+-CH-COO^-$
			     $\|$
			   $CH_2-C=CH$
			（吲哚环，含 NH）

	甲硫氨酸
	（methionine）
		Met
		（M）
			$H_3N^+-CH-COO^-$
			     $\|$
			   $CH_2-CH_2-S-CH_3$

	苯丙氨酸
	（phenylalanine）
		Phe
		（F）
			$H_3N^+-CH-COO^-$
			     $\|$
			   CH_2-（苯环）

极性不带电荷 R 基团氨基酸	甘氨酸 （glycine）	Gly （G）	$H_3N^+-CH_2-COO^-$

	半胱氨酸
	（cysteine）
		Cys
		（C）
			$H_3N^+-CH-COO^-$
			     $\|$
			   CH_2-SH

	丝氨酸
	（serine）
		Ser
		（S）
			$H_3N^+-CH-COO^-$
			     $\|$
			   CH_2-OH

	天冬酰胺
	（asparagine）
		Asn
		（N）
			$H_3N^+-CH-COO^-$
			     $\|$
			   $CH_2-CO-NH_2$

	苏氨酸
	（threonine）
		Thr
		（T）
			$H_3N^+-CH-COO^-$
			     $\|$
			  $CH_3-CH-OH$

028　　4 蛋白质

类型	名称	符号	结构式
	酪氨酸 （tyrosine）	Tyr （Y）	H_3N^+—CH—COO$^-$ ... CH$_2$—〈环〉—OH
	谷氨酰胺 （glutamine）	Gln （Q）	H_3N^+—CH—COO$^-$ ... CH$_2$—CH$_2$—CO—NH$_2$
R 基团带正电荷 （碱性）氨基酸	精氨酸 （arginine）	Arg （R）	H_3N^+—CH—COO$^-$ ... CH$_2$—CH$_2$—CH$_2$—NH—C(=NH$_2$)—NH$_3^+$
	组氨酸 （histidine）	His （H）	H_3N^+—CH—COO$^-$ ... CH$_2$—C=CH / HN—HC=N
	赖氨酸 （lysine）	Lys （K）	H_3N^+—CH—COO$^-$ ... CH$_2$—CH$_2$—CH$_2$—CH$_2$—NH$_3^+$
R 基团带负电荷 （酸性）氨基酸	天冬氨酸 （aspartic acid）	Asp （D）	H_3N^+—CH—COO$^-$ ... CH$_2$—COO$^-$
	谷氨酸 （glutamic acid）	Glu （E）	H_3N^+—CH—COO$^-$ ... CH$_2$—CH$_2$—COO$^-$

从表 4-2 得知，按 R 基团的极性性质，可把 20 种常见氨基酸分为以下 4 组。

（1）非极性 R 基团氨基酸　这一组共包括 8 种氨基酸。4 种带有脂肪烃侧链的氨基酸，即丙氨酸、缬氨酸、亮氨酸和异亮氨酸；2 种含芳香环氨基酸，即色氨酸和苯丙氨酸；1 种含硫氨基酸，即甲硫氨酸；1 种亚氨基酸，即脯氨酸。这组氨基酸在水中的溶解度比极性 R 基团氨基酸小。其中，以丙氨酸的 R 基团疏水性为最小，它介于非极性 R 基团氨基酸和不带电荷的极性 R 基团氨基酸之间。

（2）极性不带电荷 R 基团氨基酸　这一组共有 7 种氨基酸。这组氨基酸比非极性 R 基团氨基酸易溶于水。它们的侧链中含有非解离的极性基，能与水形成氢键。如丝氨酸、苏氨酸和酪氨酸中侧链的极性是由于它们的羟基造成的；天冬酰胺和谷氨酰胺的 R 基团极性取决于它们的酰胺基团；半胱氨酸则是由于含有巯基（—SH）的缘故。甘氨酸的侧链介于极性与非极性之间，有时也把它归入非极性类，其 R 基团只不过是一个氢原子，对极性强的 α- 氨基和 α- 羧基影响很小。这一组氨基酸中半胱氨酸和酪氨酸的 R 基团极性最强。

（3）R 基团带正电荷氨基酸　这是一类碱性氨基酸，在 pH 7 时带净正电荷。这一组氨基酸包括赖氨酸、精氨酸和组氨酸。赖氨酸除 α- 氨基外，在脂肪链的 ε 位置上还有一个氨基；精氨酸含有一个带正电荷的胍基；组氨酸有一个弱碱性的咪唑基。在 pH 6 时，组氨酸分子 50% 以上质子化，但在 pH 7 时，质子化的分子不到 10%。组氨酸是 R 基解离的 pK 值在 7 附近的唯一的氨基酸。

（4）R 基团带负电荷氨基酸　属于这一类的是两种酸性氨基酸，即天冬氨酸和谷氨酸。这两种氨基酸都含有两个羧基，并且第二个羧基在 pH 6 ~ 7 也完全解离，因此分子带负电荷。

4.2.1.2 蛋白质中的稀有氨基酸

蛋白质组成中,除上面 20 种基本氨基酸之外,从少数蛋白质中还可分离出一些不常见的氨基酸。这些特有的氨基酸都由相应的常见氨基酸衍生而来,是在肽链合成后氨基酸残基上某些基团被专一性修饰的结果。其中,4- 羟基脯氨酸和 5- 羟基赖氨酸都可在结缔组织的纤维状蛋白质胶原中找到。6-N- 甲基赖氨酸存在于肌球蛋白中,而另一个非常重要的氨基酸 γ- 羧基谷氨酸存在于凝血酶原中。上述 4 种氨基酸结构式见图 4-2。

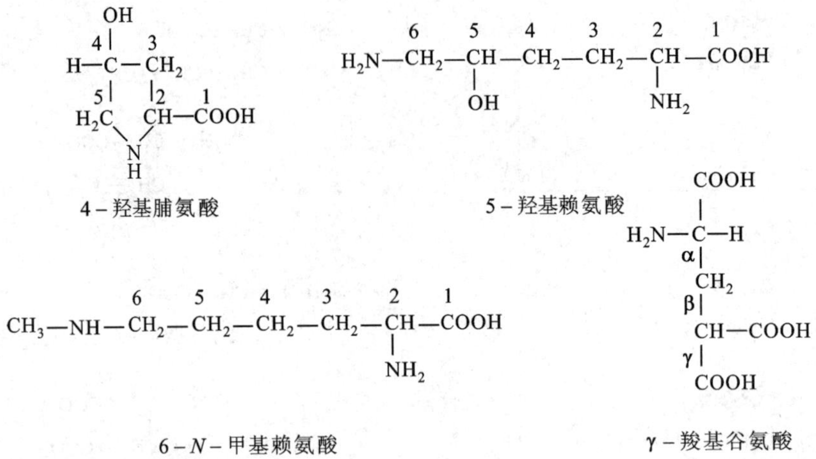

· 图 4-2　蛋白质中的某些稀有氨基酸

4.2.1.3 非蛋白质氨基酸

这些氨基酸大多是蛋白质中存在的那些 L 型 α- 氨基酸的衍生物。但还有一些是 β- 氨基酸、γ- 氨基酸或 δ- 氨基酸,并且有些是 D 型氨基酸,如在参与细菌细胞壁组成的肽聚糖中发现有 D- 谷氨酸和 D- 丙氨酸。这些氨基酸中有一些是重要代谢物的前体或中间产物。例如,β- 丙氨酸是泛酸(一种维生素)的前体,L- 瓜氨酸(L-citrulline)和 L- 鸟氨酸(L-ornithine)是尿素循环的中间产物。有些氨基酸,如 γ- 氨基丁酸是传递神经冲动的化学介质。但是,很多这类氨基酸的生物学意义还不清楚,有待于进一步研究。一些非蛋白质氨基酸的结构式见图 4-3。

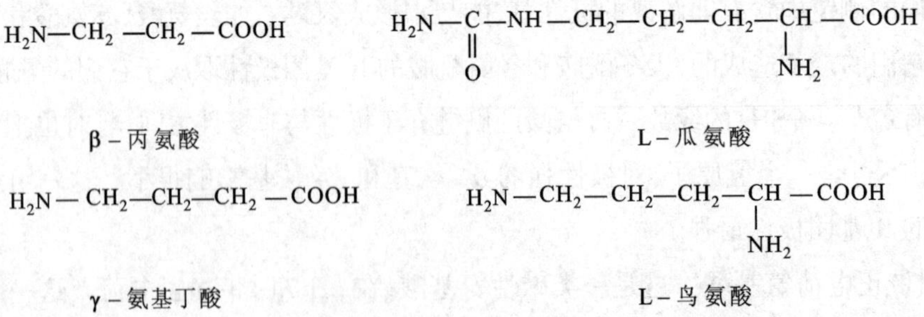

· 图 4-3　一些非蛋白质氨基酸

必需氨基酸

植物和微生物能合成全部 20 种基本氨基酸,而哺乳动物仅能合成 20 种基本氨基酸中的 10 种,其余 10 种都必须从食物中摄取。一般将对维持哺乳动物生命活动必不可少而其自身又不能合成的氨基酸称为必需氨基酸,而哺乳动物自身可以合成的氨基酸称为非必需氨基酸。人体内的必需氨基酸有 8 种,即 Ile、Met、Val、Leu、Trp、Phe、Thr、Lys。为便于记忆,可用下面一句话代表:"一家写两三本书来"。非反刍动物的必需氨基酸有 10 种,在上述 8 种的基础上再增加 Arg 和 His 两种氨基酸。由于人体内合成 Arg 和 His 的速率较慢,不能满足正常生命活动所需,也需要从食物中摄取一部分,故称为半必需氨基酸。

4.2.2 氨基酸的主要理化性质

4.2.2.1 氨基酸的光吸收

参与蛋白质组成的 20 种氨基酸在可见光区域都没有光吸收,但在远紫外光区($\lambda < 220$ nm)均有光吸收。在近紫外光区域(220 ~ 300 nm)只有酪氨酸、苯丙氨酸和色氨酸有吸收光的能力,因为它们的 R 基团含有苯环共轭双键系统。酪氨酸的最大光吸收波长 λ_{max} 在 275 nm,苯丙氨酸的 λ_{max} 在 257 nm,色氨酸的 λ_{max} 在 280 nm。蛋白质中由于含有这些氨基酸,所以也有紫外光吸收能力,一般 λ_{max} 在 280 nm,因此在实验室中利用分光光度法能够很方便地测定蛋白质的含量。

4.2.2.2 氨基酸的酸碱性质

掌握氨基酸的酸碱性质极其重要,因为这些知识是了解蛋白质很多性质的基础,也是氨基酸分离,以及测定蛋白质氨基酸组成和序列的工作基础。

(1) 氨基酸的兼性离子形式 过去一直认为,氨基酸在晶体,甚至水溶液中是以不解离的中性分子形式存在。后来发现氨基酸晶体的熔点很高,一般在 200℃ 以上。例如,甘氨酸在 233℃ 才熔解并分解,L- 酪氨酸的熔点为 344℃,但是普通的有机化合物,如二苯胺(diphenylamine)的熔点为 53℃。此外,还发现氨基酸能使水的介电常数(dielectric constant)增高,而一般的有机化合物,如乙醇、丙酮等却使水的介电常数降低。如果氨基酸在晶体或水中主要是以兼性离子(zwitterion)亦称偶极离子(dipolar ion)的形式存在,而不带电荷的中性分子数目极少时,上述的两个事实就很容易解释。

(2) 氨基酸的两性解离和等电点 依照 Bronsted Lowry 的酸碱质子理论,酸是质子(H^+)的供体,而碱是质子的受体。酸碱的相互关系如下:

$$HA \longrightarrow A^- + H^+$$

$$\text{酸} \qquad \text{碱} \qquad \text{质子}$$

这里原始的酸(HA)和生成的碱(A^-)称为共轭酸碱对。酸和碱有同一性,互为存在的条件,在一定条件下,又各自向和自己相反的方面转化。根据这一理论,氨基酸在水中的偶极离子既起酸(质子供体)的作用,也起碱(质子受体)的作用(图 4-4),因此氨基酸是一类两性电解质。

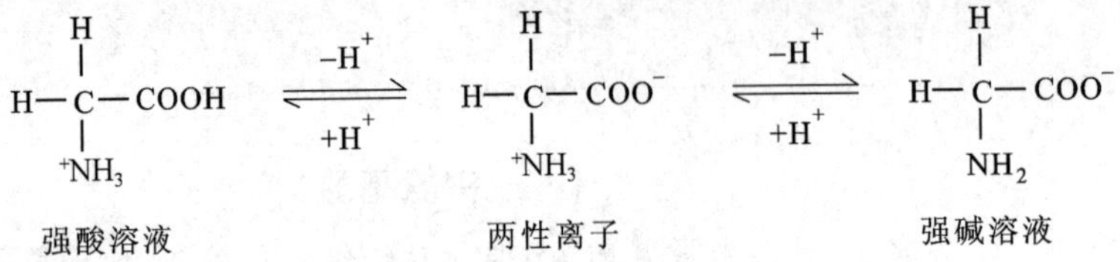

$$\begin{array}{ccc}
\underset{+NH_3}{H-C-COOH} & \xrightleftharpoons[+H^+]{-H^+} & \underset{+NH_3}{H-C-COO^-} & \xrightleftharpoons[+H^+]{-H^+} & \underset{NH_2}{H-C-COO^-}
\end{array}$$

强酸溶液　　　　　　　　　两性离子　　　　　　　　　强碱溶液

·图 4-4　氨基酸的两性解离

　　当氨基酸完全质子化时,可以看成是多元酸,因此侧链不解离的中性氨基酸可看作二元酸,酸性氨基酸和碱性氨基酸可视为三元酸。现以甘氨酸为例,说明氨基酸的解离情况。甘氨酸分步解离:

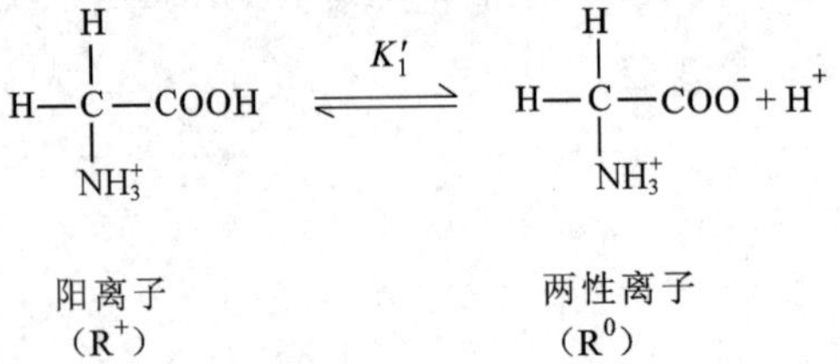

$$H-\underset{NH_3^+}{\overset{H}{C}}-COOH \xrightleftharpoons{K_1'} H-\underset{NH_3^+}{\overset{H}{C}}-COO^- + H^+ \qquad K_1' = \frac{[R^0][H^+]}{[R^+]}$$

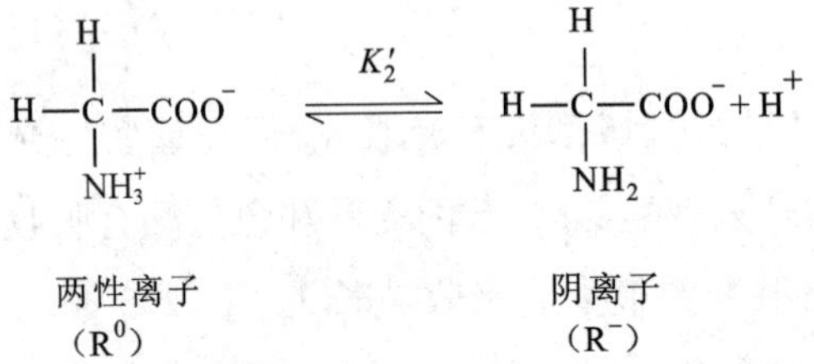

阳离子　　　　　　　　两性离子
（R^+）　　　　　　　　（R^0）

$$H-\underset{NH_3^+}{\overset{H}{C}}-COO^- \xrightleftharpoons{K_2'} H-\underset{NH_2}{\overset{H}{C}}-COO^- + H^+ \qquad K_2' = \frac{[R^-][H^+]}{[R^0]}$$

两性离子　　　　　　　　阴离子
（R^0）　　　　　　　　（R^-）

　　在上列公式中,K_1' 和 K_2' 分别代表 α 碳原子上的—COOH 和—NH_3^+ 的表观解离常数[①]。如果侧链 R 基上有可解离的基团,其表观解离常数用 K_R' 表示。物质的表观解离常数可以用酸碱滴定曲线的实验方法求得。当 1 mol 甘氨酸溶于水时,溶液的 pH 约等于 6,如果用标准氢氧化钠进行滴定,以加入的氢氧化钠的摩尔数对 pH 作图,则得滴定曲线 B（图 4-5）,在 pH 9.6 处有一拐点。从甘氨酸的解离公式可知,当滴定至 NH_3^+—CH_2—COO^- 有一半转变为 NH_2—CH_2—COO^- 时,即 $[R^0]=[R^-]$ 时,则 K_2' =[H^+],两边各取负对数得 pH =pK_2',这就是曲线 B 拐点处的 pH 9.6。如果用标准盐酸滴定,以加入盐酸的摩尔数对 pH 作图,则得滴定曲线 A,在 pH 2.34 处有一拐点。从甘氨酸的滴定曲线可知,K_1'=2.34,K_2'=9.60。

　　为了判断滴定曲线的两个拐点,pH 2.34 和 pH 9.60,究竟代表甘氨酸中哪个基团的解离,可以把它们与脂肪酸和脂肪胺的 pK' 值进行对比。脂肪酸中—COOH 的 pK' 值一般在 4 ~ 5,脂肪胺中—NH_3^+ 的 pK' 值一般在 9 ~ 10。所以最可能的是 pK_1' =2.34 代表甘氨酸中—COOH 的解离,pK_2' =9.60 代表甘氨酸中—NH_3^+ 的解离。

　　从甘氨酸的解离公式或解离曲线可以看出,氨基酸的带电状况与溶液的 pH 直接相关,改变 pH 可以使氨基酸带上正电荷或负电荷,也可以使它处于正负电荷数相等,即净电荷为零的兼性离子状态,此时溶液的 pH 即为氨基酸的等电点。氨基酸的带电状态直接影响到它在电场中的行为,处在等电点时的氨基酸在电场中既不向阴极移动,也不向阳极移动。

---

　　① 表观解离常数:在生化研究中,应用解离常数时习惯在特定的条件下测定(如一定浓度、pH 和离子强度)。将这种在特定条件下测得的常数称为表观解离常数(apparent dissociation constant),用符号 K' 表示。K' 是校正值,与物理化学中的真实解离常数 K 值不同,是对由浓度和离子强度所造成的偏离经校正后得到的数值。

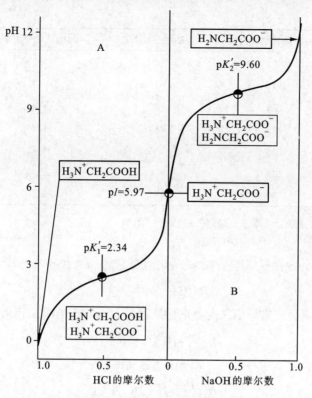

·图4-5 甘氨酸的解离曲线(方框中表示氨基酸在拐点处 pH 时的解离状态)

20 种基本氨基酸除组氨酸外,在生理 pH(pH 7 左右)下都没有明显的缓冲容量,因为这些氨基酸的 pK' 值都不在 pH 7 附近(表 4-3),而缓冲容量只在接近 pK' 值时才显现出来。从表 4-3 可见,组氨酸咪唑基的 pK'_R 值为 6.0,在 pH 7 附近有明显的缓冲作用。红细胞中运载氧气的血红蛋白由于含有较多的组氨酸残基,使得它在 pH 7 左右的血液中具有显著的缓冲能力,这一点对红细胞在血液中起运输氧气和二氧化碳的作用来说是非常重要的。

·表4-3 氨基酸的表观解离常数和等电点

氨基酸	pK'_1(α-COOH)	pK'_2(α-NH$_2$)	pK'_R(R 基团)	pI
甘氨酸	2.34	9.60		5.97
丙氨酸	2.34	9.69		6.02
缬氨酸	2.32	9.62		5.97
亮氨酸	2.36	9.60		5.98
异亮氨酸	2.36	9.68		6.02
脯氨酸	1.99	10.60		6.30
苯丙氨酸	1.83	9.13		5.48
色氨酸	2.38	9.39		5.89
酪氨酸	2.20	9.11	10.07	5.66
丝氨酸	2.21	9.15	13.60	5.68
苏氨酸	2.63	10.43		6.53
半胱氨酸*	1.71	10.78	8.33	5.02
甲硫氨酸	2.28	9.21		5.74

氨基酸	pK'_1（α-COOH）	pK'_2（α-NH$_2$）	pK'_R（R 基团）	pI
天冬酰胺酸	2.02	8.80		5.41
谷氨酰胺	2.17	9.13		5.65
天冬氨酸	2.09	9.82	3.86	2.97
谷氨酸	2.19	9.67	4.25	3.22
赖氨酸	2.18	8.95	10.53	9.74
精氨酸	2.17	9.04	12.48	10.76
组氨酸	1.82	9.17	6.00	7.59

★ 半胱氨酸是在 30℃ 测得的数值，而其他氨基酸是在 25℃ 测得的数值

对侧链 R 基不解离的中性氨基酸来说，其等电点是它的 pK'_1 和 pK'_2 的算术平均值，即

$$pI = (pK'_1 + pK'_2)/2$$

这可由氨基酸的解离公式推导出来。将前面所列的 K'_1 和 K'_2 的等式相乘，得

$$K'_1 = [R^0][H^+]/[R^+]$$

$$K'_2 = [R^-][H^+]/[R^0]$$

$$K'_1 \cdot K'_2 = [H^+]^2[R^-]/[R^+]$$

在等电点时，$[R^+]=[R^-]$，因此

$$[H^+]^2 = K'_1 \cdot K'_2$$

$$[H^+] = (K'_1 \cdot K'_2)^{1/2}$$

如以 I 代表等电点时的氢离子浓度，则

$$I = (K'_1 \cdot K'_2)^{1/2}$$

等式两边取负对数得

$$pI = (pK'_1 + pK'_2)/2$$

从上式可以看出，等电 pH 与离子浓度无关，只决定于兼性离子（R^0）两侧的 pK' 值。同样，对于具有 3 个可解离基团的氨基酸，如天冬氨酸和赖氨酸，只要写出它们的解离方程，然后取兼性离子两边 pK' 值的平均值，即可得其 pI 值。

天冬氨酸解离如下：

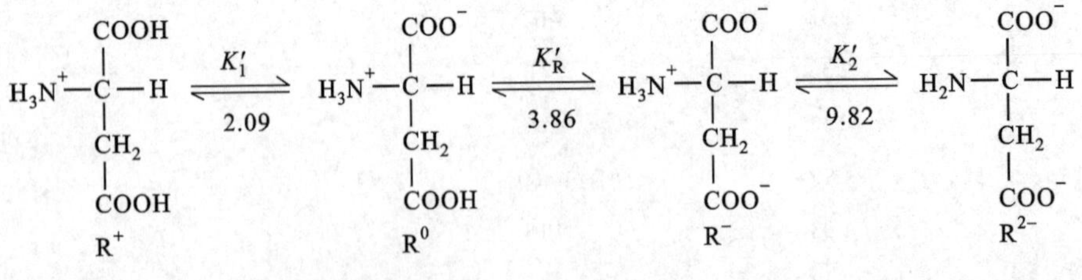

等电点时，天冬氨酸主要以兼性离子（R^0）存在，$[R^+]$ 和 $[R^-]$ 很小而且相等，R^{2-} 的量可忽略不计，因此

$$pI_{Asp} = (pK'_1 + pK'_R)/2 = (2.09 + 3.86)/2 = 2.98$$

因此，对于酸性氨基酸，等电点通式为 $pI = (pK'_1 + pK'_R)/2$。

对于赖氨酸，R^{2+} 的影响极小，R^0 是等电 pH 时的主要形式：

$$H_3N^+-\overset{\displaystyle COOH}{\underset{\displaystyle (CH_2)_4}{\overset{|}{\underset{|}{C}}}}-H \underset{2.18}{\overset{K_1'}{\rightleftharpoons}} H_3N^+-\overset{\displaystyle COO^-}{\underset{\displaystyle (CH_2)_4}{\overset{|}{\underset{|}{C}}}}-H \underset{8.95}{\overset{K_2'}{\rightleftharpoons}} H_2N-\overset{\displaystyle COO^-}{\underset{\displaystyle (CH_2)_4}{\overset{|}{\underset{|}{C}}}}-H \underset{10.53}{\overset{K_R'}{\rightleftharpoons}} H_2N-\overset{\displaystyle COO^-}{\underset{\displaystyle (CH_2)_4}{\overset{|}{\underset{|}{C}}}}-H$$

（各结构下方分别标注：H_3N^+ R^{2+}，H_3N^+ R^+，H_3N^+ R^0，H_2N R^-）

因此

$$pI_{Lys} = (pK_2' + pK_R')/2 = (8.95+10.53)/2 = 9.74$$

碱性氨基酸等电点通式为

$$pI = (pK_2' + pK_R')/2$$

由氨基酸的解离方程可知,在等电点以上的任何 pH 条件下,氨基酸带净的负电荷在电场中向正极移动;在低于等电点的任何 pH 下,氨基酸带净的正电荷在电场中向负极移动。在一定 pH 范围内,氨基酸溶液的 pH 离等电点越远,氨基酸所带的净电荷越多。

4.2.2.3 氨基酸的重要化学反应

氨基酸的化学反应主要是指它的 α- 氨基和 α- 羧基,以及侧链 R 基上的功能基团所参与的那些反应。下面着重讨论在蛋白质化学中具有重要意义的氨基酸化学反应。

（1）茚三酮反应 在氨基酸的分析化学中,具有特殊意义的是氨基酸与茚三酮的反应,这是 α- 氨基和 α- 羧基共同参加的反应。茚三酮在弱酸性溶液中与 α- 氨基酸共热,引起氨基酸氧化脱氨、脱羧反应,最后茚三酮与反应产物——氨和还原茚三酮发生作用,生成紫色物质。茚三酮反应如下:

（反应式：水合茚三酮 $+ H_2N-CH(R)-COOH \longrightarrow$ 还原茚三酮 $+ R-CHO + NH_3 + CO_2$）

（反应式：还原茚三酮 $+ 2NH_3 +$ 水合茚三酮 $\longrightarrow$ 紫色物质 $+ 3H_2O$）

氨基酸的茚三酮显色反应常用于氨基酸的定性和定量分析。用纸层析或柱层析把各种氨基酸分开后,利用茚三酮显色可以定性或定量地测定各种氨基酸。定量释放的 CO_2 亦可用测压法测量,从而计算出参加反应的氨基酸量。

两个亚氨基酸——脯氨酸和羟脯氨酸与茚三酮反应并不释放 NH_3,而直接生成黄色化合物。

（2）Sanger 反应 氨基酸中 α- 氨基的一个 H 原子可被烃基取代,如与 2,4- 二硝基氟苯(2, 4-dinitrofluorobenzene,DNFB 或 FDNB)在弱碱性溶液中发生亲核芳香环取代反应而生成二硝基酚氨基酸(dinitrophenol amino acid,DNP- 氨基酸)。这个反应首先被英国的 F. Sanger 用来鉴定多肽或蛋白质的 N 端氨基酸,故通常称为 Sanger 反应。Sanger 反应如下:

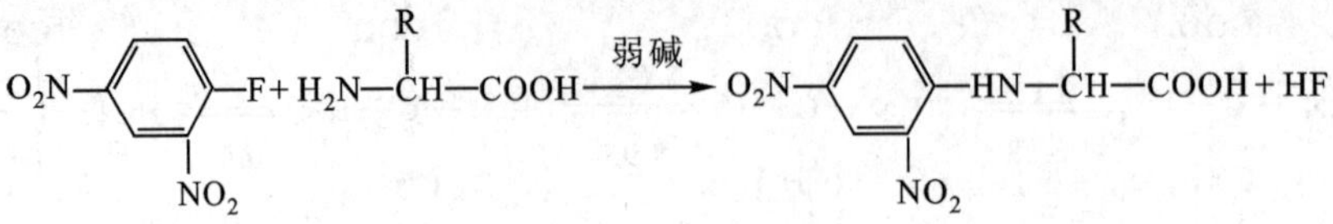

$$O_2N--F + H_2N-\overset{R}{\underset{}{C}H}-COOH \xrightarrow{\text{弱碱}} O_2N--HN-\overset{R}{\underset{}{C}H}-COOH + HF$$

DNP-氨基酸(黄色)

(3) Edman 反应　氨基酸的另一个重要烃基化反应是与异硫氰酸苯酯(也称为苯异硫氰酸酯 phenylisothiocyanate, PITC)在弱碱性条件下形成相应的苯氨基硫甲酰(phenylthiocarbamyl, PTC)衍生物。后者在硝基甲烷中与酸作用发生环化,生成相应的苯乙内酰硫脲(phenylthiohydantoin, PTH)衍生物。这些衍生物是无色的,可用层析法加以分离鉴定。这个反应首先被瑞典化学家 Edman 用于鉴定多肽或蛋白质的 N 端氨基酸,因此也称为氨基酸的 Edman 反应。它在多肽和蛋白质的氨基酸序列分析方面占有重要地位。Edman 反应如下:

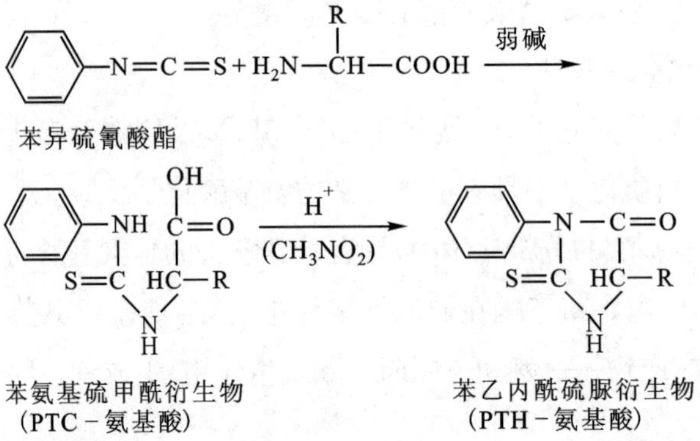

苯异硫氰酸酯

苯氨基硫甲酰衍生物
(PTC－氨基酸)

苯乙内酰硫脲衍生物
(PTH－氨基酸)

4.2.3　氨基酸的分离分析

为了测定蛋白质的氨基酸组成或从蛋白质水解液中制取氨基酸,需要对氨基酸的混合物进行分离、纯化和分析。下面主要介绍目前实验室中用于氨基酸分离分析的常见方法。

4.2.3.1　分配层析

层析法(chromatography)即色层分析法,最先由俄国植物学家 M. Tswett 于 1903 年提出来。他所进行的色层分析实际上是一种吸附层析(absorption chromatography)法。1941 年,英国学者 A. Martin 与 R. Synge 提出分配层析法。此后这种方法得到了很大的发展,至今已有很多种形式的分配层析法,但是它们的基本原理很相近。

所有的层析系统通常都由两个相组成,一个为固定相或静相(stationary phase),一个为流动相或动相(mobile phase)。混合物在层析系统中的分离取决于该混合物的组分在这两相中的分配情况,一般用分配系数(partition coefficient 或 distribution coefficient)来描述。1891 年,W. H. Nernst 提出分配定律(distribution law):当一种溶质在两种给定的互不相溶的溶剂中分配时,在一定温度下达到平衡后,溶质在两相中的浓度比值为一常数,即分配系数(K_d):

$$K_d = C_A / C_B$$

这里 C_A、C_B 分别代表某一物质在互不相溶的两相,即 A 相(动相)和 B 相(静相)中的浓度。物质分配不仅可以在互不相溶的两种溶剂,即液相－液相系统中进行,也可以在固相－液相间或气相－液相间发生。层析系统中的静相可以是固相、液相或固液混合相,动相可以是液相或气相,它充满在静相的空隙中,并能流过静相。

利用层析法分离氨基酸混合物的先决条件是各种氨基酸成分的分配系数要有差异,哪怕是很小的差异。一般来说,被分离物质的分配系数差异越大,越容易分开。

滤纸层析是分配层析中最常见的一种操作形式。在滤纸层析中,滤纸纤维素上吸附的水是固定相,展层用的溶剂是流动相。层析时,混合氨基酸在这两相中不断分配,使它们分布在滤纸的不同位置上。各种氨基酸在滤纸上的迁移率 R_f 可以表示为

$$R_f = 从原点到显色斑点中心的距离 / 从原点到溶剂前沿的距离$$

滤纸层析是分离、鉴定氨基酸混合物的常用技术,可用于蛋白质水解液中的氨基酸成分的定性鉴定和定量测定。

4.2.3.2 离子交换层析

离子交换层析(ion exchange chromatography)广泛应用于氨基酸混合物的分离、鉴定和定量分析,通常采用柱层析技术。离子交换树脂是通常使用的一种支持介质,它是一类不溶于水、不溶于有机溶剂及酸和碱的人工合成或天然的大分子化合物,其上共价结合许多可电离基团,这些带电基团都是通过后来的化学反应引入基质上的。树脂一般都制成球形的颗粒。阳离子交换树脂含有的酸性基团,如—SO_3H(强酸型)或—$COOH$(弱酸型)可解离出 H^+,当溶液中含有其他阳离子时(如在酸性环境中的氨基酸阳离子),它们可以和基质上所带的 H^+ 进行交换,使氨基酸阳离子结合在树脂上。同样,阴离子交换树脂含有的碱性基团,如—$N(CH_3)_3OH$(强碱型)或—NH_3OH(弱碱型)可解离出 OH^-,它能和溶液里的阴离子,即碱性环境中的氨基酸阴离子交换,而使氨基酸阴离子结合在树脂上。带电氨基酸与树脂的结合能力大小与其自身所带电荷多少有关,它直接影响用洗脱剂洗脱柱子时氨基酸从柱上释放的速率。采用逐步提高洗脱液的 pH 或离子强度的溶剂洗脱柱子时,与树脂结合最松的氨基酸首先从层析柱底部流出,而与树脂结合最紧密的氨基酸最后被洗脱下来,从而使不同的氨基酸得以分离。

4.2.3.3 高效液相层析

高效液相层析(high performance liquid chromatography,HPLC)也称为高压液相层析(high pressure liquid chromatography),是近 30 年内发展起来的一项快速、灵敏、高效的分离技术。HPLC 的特点是:①使用的固定相支持剂颗粒很细,因而表面积很大;②溶剂系统采用高压,因此洗脱速率增大。多种类型的柱层析都可用 HPLC 来代替,如分配层析、离子交换层析、吸附层析,以及凝胶过滤层析。

4.3 肽

4.3.1 肽与肽键

肽(peptide)是由一个氨基酸的羧基和另一个氨基酸的氨基脱水缩合而形成的化合物,氨基酸之间脱水后形成的共价键称肽键(peptide bond)。最简单的肽由两个氨基酸组成,称为二肽(dipeptide),其中包含一个肽键。含有 3 个、4 个、5 个氨基酸的肽分别称为三肽、四肽、五肽等。肽链中的氨基酸由于参与肽键的形成,已不是原来完整的分子,因此称为氨基酸残基(amino acid residue)。一条多肽链通常在一端含有一个游离的末端氨基,称为氨基端或 N 端,而在另一端含有一个游离的末端羧基,则称为羧基端或 C 端。这两个游离的末端基团有时连接成环状肽。

肽的命名是根据参与其组成的氨基酸残基来确定的,规定从肽链的 N 端氨基酸残基开始,称为某氨基酰某氨基酰……某氨基酸。书写时习惯上将氨基末端写在左侧。例如,具有下列化学结构的五肽(见下图)命名为丝氨酰甘氨酰酪氨酰丙氨酰亮氨酸,简写为 Ser-Gly-Tyr-Ala-Leu。

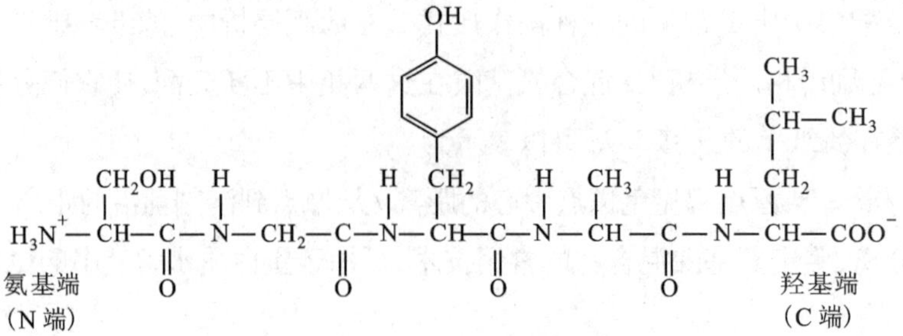

如果将上面列举的五肽反过来书写为 Leu-Ala-Tyr-Gly-Ser,则变成另一个五肽。肽键可以看作是一种酰胺键,它和一般的酰胺键一样,由于酰胺氮上的孤电子对与相邻羰基之间的共振相互作用,表现出高稳定性。已知 C═N 双键的键长是 0.127 nm,而 C—N 单键是 0.148 nm,X 射线衍射分析证实,肽键中 C—N 键的键长为 0.132 nm。所以肽键(C— N 键)具有部分双键性质,肽键不能自由旋转,使得形成肽键的 4 个原子(—CO—NH—)与两边的 C_α 共计 6 个原子几乎处于同一平面内,这个刚性平面称为酰胺平面(亦称肽平面)。肽平面的刚性平面性质在肽链折叠成三维构象的过程中是很重要的。

4.3.2 肽的理化性质

目前,许多短肽已经得到晶体,并且晶体的熔点都很高,这说明短肽的晶体是离子晶格,在水溶液中以偶极离子存在。在 pH 0 ~ 14 范围内,肽键中的酰胺氢不能解离,因此肽的酸碱性质主要取决于肽链中的游离末端—NH_2 和—COOH,以及侧链 R 基上的可解离基团。在长肽或蛋白质分子中,可解离的基团主要是侧链上的一些基团。

在不同的 pH 溶液中,同一个肽的解离情况不同,所带净电荷也不同,不同的肽解离情况也不同。肽与氨基酸一样也有其等电点,可以通过选用适当的 pH 缓冲液,用电泳的方法将不同的肽分离开。

肽的化学反应与氨基酸一样,游离的 α- 氨基和 α- 羧基及 R 基可以发生与氨基酸中相应基团类似的反应。能与茚三酮发生反应,生成呈色物质,这一反应广泛地应用于肽的定性和定量测定。N 端的氨基能够与 Sanger 试剂和 Edman 试剂发生反应,常用来鉴定、分析肽的 N 端氨基酸。双缩脲反应是肽和蛋白质所特有的,而氨基酸不发生双缩脲反应。

4.3.3 生物体内重要的肽

除了蛋白质部分水解可以产生长短不一的各种肽段之外,生物体内还有很多活性肽游离存在。它们具有各种特殊的生物学功能。已知很多激素,如催产素、加压素均属于肽类物质,有些抗生素也属于肽类或肽的衍生物,如短杆菌肽 S(gramicidin S)、放线菌素 D(actinomycin D)等。

脑啡肽(enkephalin)是一类比较小的活性肽,它们在中枢神经系统中形成,相当于生物体内自行产生的一种鸦片剂(opiate)。某些蕈产生的剧毒毒素也是肽类化合物。例如,α- 鹅膏蕈碱(amanitin)是从鹅膏蕈属中分离出来的一个环状八肽。α- 鹅膏蕈碱能与真核生物的 RNA 聚合酶结合而抑制该酶的活性,从而使 RNA 的合成不能进行,但不影响原核生物的 RNA 合成。

还原型谷胱甘肽(glutathione)是存在于动植物细胞中的一种重要的三肽,由谷氨酸、半胱氨酸和甘氨酸组成。谷氨酸的 γ- 羧基参与肽键的形成,故其全称为 γ- 谷氨酰半胱氨酰甘氨酸,因为它含有游离的巯基,所以常用 GSH 来表示。它的结构式如下:

$$
\begin{array}{cc}
\text{CO}-\text{NH}-\text{CH}-\text{CO}-\text{NH}-\text{CH}_2-\text{COOH} & \\
\gamma\ \text{CH}_2 \qquad\qquad \text{CH}_2 & \\
\beta\ \text{CH}_2 \qquad\qquad \text{SH} & \\
\alpha\ \text{CHNH}_2 & \\
\text{COOH} &
\end{array}
$$

$$
\begin{array}{c}
\gamma\ \text{Glu}-\text{Cys}-\text{Gly} \\
| \\
S \\
| \\
S \\
| \\
\gamma\ \text{Glu}-\text{Cys}-\text{Gly}
\end{array}
$$

还原型谷胱甘肽 (GSH)   氧化型谷胱甘肽 (GSSG)

还原型谷胱甘肽在生物体内具有以下功能:在红细胞中作为巯基缓冲剂存在,维持血红蛋白和红细胞中其他蛋白质的半胱氨酸残基处于还原状态;可以作为某些氧化还原酶的辅因子,在生物体内参与氧化还原反应;在体内作为还原剂能够保护巯基酶的活性,还能够防止过氧化物的积累。还原型谷胱甘肽还可作为一种电子传递体参与植物体内的电子传递过程。此外,GSH 在生物体内的含量与生物的抗生物和非生物胁迫能力有关。

4.4 蛋白质的分子结构

4.4.1 蛋白质的一级结构

1969 年,国际纯粹与应用化学联合会(International Union of Pure and Applied Chemistry)规定,蛋白质的一级结构(primary structure)是指肽链中的氨基酸排列顺序。目前公认的蛋白质分子中氨基酸之间的连接方式是以肽键相连,这主要有下列一些实验根据。

首先,蛋白质分子中游离的 α- 氨基和 α- 羧基是很少的,但在蛋白质水解过程中,游离 α- 氨基和 α- 羧基以等摩尔数的数值增加,这表明氨基酸中的 α- 氨基和 α- 羧基在构成蛋白质分子时参与某种结合,而当蛋白质水解时,这种结合又断开而重新形成 α- 氨基和 α- 羧基;其次,某些人工合成的多肽能被蛋白酶所水解;再者,包含肽键基团的化合物,如双缩脲($H_2N-CO-NH-CO-NH_2$)能与硫酸铜和氢氧化钠溶液产生双缩脲显色反应,天然蛋白质也有同样的反应;最后,人工合成的多聚氨基酸的 X 射线衍射图案和红外吸收光谱与天然的纤维状蛋白质相似,我国首次人工合成蛋白质——结晶牛胰岛素完全证明蛋白质肽链结构学说的正确性。

在蛋白质和多肽分子中连接氨基酸残基的共价键除了肽键之外,还有一个较常见的二硫键(disulfide bond),它是在两个半胱氨酸侧链的巯基间形成的。二硫键也称为二硫桥,它可以使两条单独的肽链共价交联起来(链间二硫键),也可使一条肽链的某一部分形成环(链内二硫键)。二硫键的数目和位置也是蛋白质一级结构所研究的内容。

4.4.1.1 蛋白质一级结构的测定步骤

第一个被测序的蛋白质是胰岛素,F. Sanger 在 1953 年报道它的全部序列。测定蛋白质的一级结构时,要求样品必须是均一的,纯度应在 97% 以上。同时,必须知道它的相对分子质量,其误差允许在 10% 左右。虽然在测定每种蛋白质的一级结构时都有各自特殊的问题须解决,然而一般的测定步骤可以概括为以下 8 步。

（1）拆分蛋白质分子中的多肽链　如果蛋白质分子是由几条不同的多肽链构成的寡聚蛋白质，则多肽链之间主要靠非共价键的相互作用缔合在一起，使用变性剂 8 mol/L 的尿素或 6 mol/L 的盐酸胍即可将这些多肽链拆分开。如果多肽链之间有二硫键存在，可采用氧化剂（过甲酸）或还原剂（巯基化合物）将二硫键断裂。拆开后的多肽链可依据其分子大小或电荷的差异进行分离、纯化。

（2）断裂多肽链内的二硫键　多肽链内的二硫键必须在氨基酸组成测定前或氨基酸序列分析前进行断裂。

（3）测定多肽链的氨基酸组成　将分离提纯的多肽链一部分样品进行完全水解，测定它的氨基酸组成，并计算出氨基酸成分的分子比。

（4）分析多肽链的 N 端和 C 端残基　多肽链的另一部分样品进行 N 端和 C 端残基鉴定，以便建立两个重要的氨基酸序列参考点。

（5）多肽链断裂成肽段　用两种或几种不同的断裂方法（指断裂点不一样）将多肽链样品断裂成两套或几套肽段或肽碎片，并将这些肽段分离开。

（6）测定各个肽段的氨基酸序列　目前常用的是 Edman 降解法，并配有自动序列分析仪。此外还有酶解法和质谱法等。

（7）确定肽段在多肽链中的次序　利用两套或几套肽段的氨基酸序列彼此间有交错重叠原则，可排列出整条多肽链的氨基酸序列。

（8）确定蛋白质中二硫键的位置。

4.4.1.2　蛋白质的一级结构举例

（1）胰岛素　英国学者 F. Sanger 等花了近 10 年的时间于 1953 年首先完成牛胰岛素全部化学结构的测定工作。这是蛋白质化学研究史上的一项重大成就。牛胰岛素相对分子质量为 5 700，由两条多肽链组成，一条称 A 链（含 21 个氨基酸残基），另一条称 B 链（含 30 个氨基酸残基）。这两条多肽链通过两个链间二硫键连接起来，其中一条多肽链（A 链）上还有一个链内二硫键。牛胰岛素的整个一级结构如图 4-6 所示。

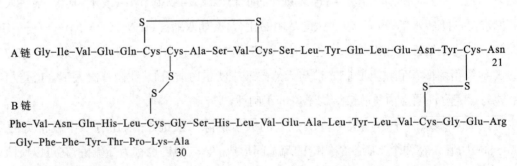

·图 4-6　牛胰岛素的化学结构

（2）核糖核酸酶　20 世纪 50 年代末，美国学者 S. Moore 等完成牛胰核糖核酸酶的全序列分析。这是测出一级结构的第一个酶分子，由一条含 124 个氨基酸残基的多肽链组成，分子内含有 4 个链内二硫键，相对分子质量为 12 600。这是水解核糖核酸磷酸二酯键的一个酶（图 4-7）。

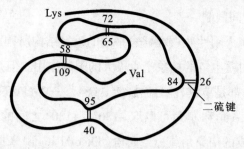

·**图 4-7**　牛胰核糖核酸酶的化学结构

4.4.1.3　蛋白质一级结构测序的意义

蛋白质中氨基酸的序列分析是判断蛋白质三级结构的前提条件,对于理解其作用机制也是必要的。通过比较来源于不同物种间相似蛋白质的氨基酸序列,可以洞悉蛋白质的功能,同时对研究这些蛋白质,以及它们存在的生物体之间的进化关系非常重要。许多遗传疾病都是由于蛋白质中个别氨基酸的突变造成的,所以氨基酸序列分析对疾病的诊断和治疗有重要的意义。

4.4.2　蛋白质的二级结构

蛋白质的二级结构是指它的多肽主链折叠成有规则的重复的构象,不涉及侧链上的原子在空间的排列。氢键是稳定二级结构的主要作用力。

4.4.2.1　构型与构象

在讨论蛋白质构象之前,有必要先介绍构型(configuration)的概念。构型是指在立体异构体中取代原子或基团在空间的取向。一个碳原子和四个不同的基团相连时,只可能有两种不同的空间排列方式,这两种不同的空间排列称为不同的构型(图 4-8)。

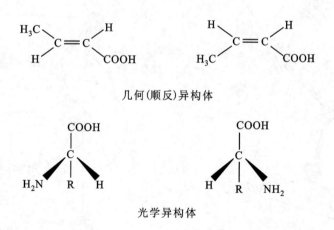

·**图 4-8**　立体异构体的构型

上述两种构型之间如果没有共价键的断裂是不能相互转变的。构象(conformation)是指这些取代基团当单键旋转时可能形成的不同的立体结构。取代基团在空间位置上的变化并不涉及共价键的断裂。如乙烷,如果两—CH₃基的C—C单键完全可以自由旋转,将产生无数种空间构象。但是,事实上交叉型的构象是最稳定的,而重叠型的构象是最不稳定的。

4.4.2.2　多肽链折叠的空间限制

多肽链主链实际上由许多个刚性肽(或酰胺)平面的重复结构所构成。由于肽键具有部分双键性质,不能自由旋转,这对于蛋白质主链的构象产生极大的限制作用。但是,主链上与 α- 碳原子连接的两个键,如 $C_\alpha—N_1$ 和 $C_\alpha—C_2$ 都是单键,能自由旋转。绕 $C_\alpha—N_1$ 键旋转的角称为 ϕ 角,绕 $C_\alpha—C_2$ 键旋转的角称为 ψ 角。原则上,ϕ 角和 ψ 角可以取 $-180° \sim +180°$ 之间的任一值。这样,多肽链的所有可能构象都能用 ϕ 和 ψ 所形成的构象角或称二面角(dihedral angle)来描述(图 4–9)。

当 ϕ 的旋转键 $C_\alpha—N_1$ 两侧的 $N_1—C_1$ 和 $C_\alpha—C_2$ 呈顺式时,规定 $\phi= 0°$。同样,ψ 的旋转键 $C_\alpha—C_2$ 两侧的 $C_\alpha—N_1$ 和 $C_2—N_2$ 呈顺式时,规定 $\psi=0°$(图 4–9)。从 C_α 向 N_1 看,沿顺时针方向旋转 $C_\alpha—N_1$ 键所形成的 ϕ 角度规定为正值,而逆时针旋转为负值。从 C_α 向 C_2 看,沿顺时针方向旋转 $C_\alpha—C_2$ 键所形成的 ψ 角度规定为正值,而逆时针旋转为负值。

当 C_α 的一对二面角 $\phi= 180°$ 和 $\psi=180°$ 时,C_α 的两个相邻肽单位呈现充分伸展的肽链构象(图 4–9)。然而,当 ϕ 和 ψ 同时等于 0° 时的构象实际上并不能存在,因为两个相邻平面上的酰胺基 H 原子和羰基 O 原子的接触距离比其范德华半径之和小,因此发生空间重叠。虽然 C_α 原子的两个单键 $C_\alpha—N_1$ 和 $C_\alpha—C_2$ 可以在 $-180° \sim +180°$ 范围内任意旋转,但不是任意二面角(ϕ,ψ)所决定的肽链构象都是立体化学所允许的。例如,上面讲到的 $\phi=0°$,$\psi=0°$ 时,那样的构象就不存在。二面角(ϕ,ψ)所决定的构象能否存在主要取决于两个相邻肽单位中非键合原子之间接近时有无阻力。

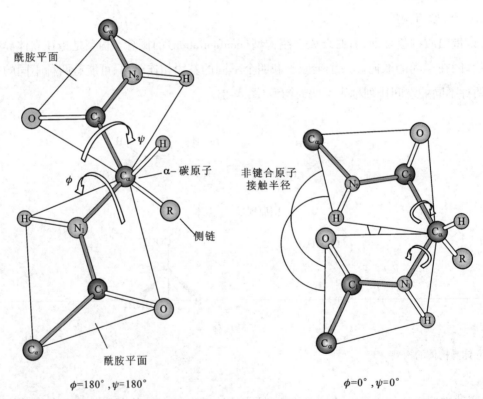

$\phi=180°$,$\psi=180°$ 　　　　　　　　 $\phi=0°$,$\psi=0°$

·图 4–9　肽平面之间的空间关系

4.4.2.3　蛋白质二级结构的基本类型

蛋白质二级结构的基本类型有 α 螺旋(α–helix)、β 折叠(β–pleated sheet)、β 转角(β–turn)和无规卷曲(random coil)等。在某一种蛋白质中并非各种类型的二级结构均匀地分布。如血红蛋白和肌红

蛋白中含有大量的 α 螺旋,而另一些蛋白质,如铁氧还蛋白则不含任何的 α 螺旋;某些纤维状蛋白质,如角蛋白完全由 α 螺旋构成,而丝心蛋白则是 β 折叠的典型代表。

(1) α 螺旋 α 螺旋是蛋白质中最常见、含量最丰富的二级结构。α 螺旋结构模型是由 L. Pauling 于 1951 年提出的,被誉为结构生物化学的里程碑。α 螺旋中每个残基的成对二面角 ϕ 和 ψ 各自取同一数值,$\phi = -57°$、$\psi = -48°$,即形成具有周期规则的构象。多肽主链可以按右手方向或左手方向盘绕形成右手螺旋或左手螺旋,每圈螺旋包括 3.6 个氨基酸残基,螺距为 0.54 nm,相当于每个氨基酸残基绕螺旋轴旋转 100°,沿轴上升 0.15 nm(图 4-10)。α 螺旋中氨基酸残基的侧链伸向外侧。相邻螺圈之间形成链内氢键,氢键的趋向几乎与螺旋轴平行。氢键是由肽链上的 C=O 与它后面第 4 个残基上的 N—H 之间形成的。常用 3.6_{13}- 螺旋代表 α 螺旋,其中 3.6 指每圈螺旋包括 3.6 个氨基酸残基,3.6 的右下角 13 表示氢键封闭的环内含有 13 个原子。与 α 螺旋的表示方法相似,在某些蛋白质中偶尔也可发现有 3_{10} 螺旋和 4.4_{16} 螺旋(亦称 π 螺旋)。

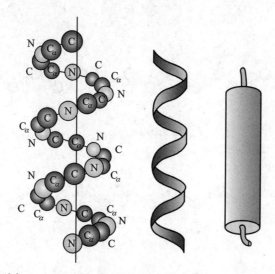

·图 4-10 α 螺旋的结构模型(引自 Garrett and Grisham,2002)

α 螺旋具有规则的构象,在多肽链折叠成螺旋的过程中表现出协同性(cooperativity),即一旦形成一圈 α 螺旋,随后逐个残基的加入就会变得更加容易而迅速,这是因为第一圈螺旋成为后继氨基酸残基形成螺旋所需的模板。一条多肽链能否形成 α 螺旋,以及形成的螺旋是否稳定与它的氨基酸组成和排列顺序有很大的关系。这方面知识很大一部分来自对多聚氨基酸的研究。已发现 R 基小,并且不带电荷的多聚丙氨酸可在 pH 7 的水溶液中自发地卷曲成 α 螺旋。但是,多聚赖氨酸在同样的 pH 条件下却不能形成 α 螺旋,而是以无规卷曲形式存在。这是因为多聚赖氨酸在 pH 7 时其 R 基带正电荷,彼此间发生静电排斥,不能形成链内氢键。在 pH 12 时,多聚赖氨酸能自发地形成 α 螺旋。

另外,R 基的大小对多肽链能否形成螺旋也有影响。如多聚亮氨酸由于其侧链 R 基较大,易产生空间位阻,则不易形成 α 螺旋。多聚脯氨酸由于无多余的酰胺氢,不能形成链内氢键,再有其 α- 碳原子参与吡咯环的形成,C_α—N 键和肽键都不能旋转,所以多肽链中只要存在脯氨酸(或羟脯氨酸),α 螺旋即被中断,并产生一个"结节"。

(2) β 折叠 两条或多条几乎完全伸展的多肽链侧向聚集在一起,在相邻肽链主链上的—NH 和

C═O 之间形成有规则的氢键,这样的多肽链构象就是 β 折叠,亦称 β 构象(β conformation)。β 折叠也是由 L. Pauling 等于 1951 年提出的。在 β 折叠片中,所有的肽键都参与链间氢键的交联,氢键与肽链的长轴接近垂直,在肽链的长轴方向上具有重复单位,因此也是一种规则的二级结构。β 折叠除了作为某些纤维状蛋白质的基本构象之外,它也普遍存在于球状蛋白质中。

β 折叠可分两种类型,一种是平行式 β 折叠,即相邻肽链的排列是同向的(都是 N → C 或 C → N);另一种是反平行式 β 折叠,即相邻肽链的排列是反向的(图 4-11)。在 β 折叠中,多肽主链取锯齿状折叠构象。在反平行式 β 折叠中,重复周期(肽链同侧两个相邻的同一基团之间的距离)为 0.70 nm,而平行式 β 折叠中是 0.65 nm。

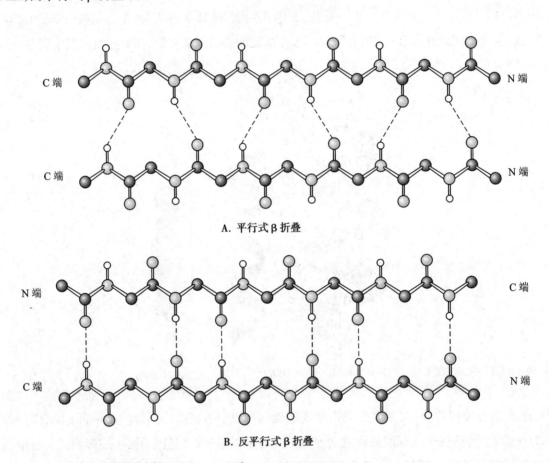

A. 平行式 β 折叠

B. 反平行式 β 折叠

·图 4-11　β 折叠的结构模型(引自 Lehninger ,2006)

在纤维状蛋白质中,β 折叠主要是反平行式,而在球状蛋白质中,反平行和平行两种 β 折叠方式几乎同样广泛地存在。此外,在纤维状蛋白质的 β 折叠中,氢键主要在不同肽链之间形成;在球状蛋白质的 β 折叠中,氢键既可以在不同肽链之间形成,也可以在同一肽链的不同部分之间形成。

(3) β 转角　β 转角也称为 β 回折(β-reverse turn)或 β 弯曲(β-bend),是球状蛋白质中发现的又一种二级结构,是一种非重复结构。β 转角有两种主要类型,每种类型都有 4 个氨基酸残基(图 4-12)。两种类型 β 转角的区别就是连接第 2 个残基与第 3 个残基的肽平面是否翻转 180°。在 β 转角中,拐弯处第 1 个残基的 C═O 和第 4 个残基的 N—H 之间形成氢键,从而形成一种比较稳定的环形结构。甘氨酸和脯氨酸经常出现在 β 转角中,这是因为甘氨酸的侧链只有一个 H,可以很好地调整其他氨基酸残基的空间位阻;而脯氨酸的环状结构利于 β 转角的形成。目前发现的 β 转角多数都处在球状蛋

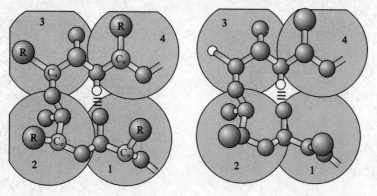

·图 4-12 β 转角的两种主要类型(引自 Lehninger,2006)

白质的表面。

（4）无规卷曲 无规卷曲或称卷曲,亦称作无规则区域,是一种无定规律的结构,主要指那些不能被归入明确的二级结构,如 β 折叠或 α 螺旋的肽段,其本身也具有一定的稳定性。这些部位往往是蛋白质分子中功能实施和构象变化的重要区域。必须指出,不能将它与蛋白质发生变性后所形成的无规线形结构混淆,变性后的蛋白质完全处于一种无序且快速变动的构象状态。

4.4.3 超二级结构和结构域

4.4.3.1 超二级结构及其类型

在蛋白质,特别是球状蛋白质中,经常可以看到由若干相邻的二级结构单元(即 α 螺旋、β 折叠、β 转角)组合在一起,彼此相互作用,形成有规则、在空间上能辨认的二级结构组合体,这些二级结构组合体称为超二级结构(super-secondary structure)。已知的超二级结构有 3 种基本组合形式:αα,βαβ,βββ。

（1）αα 这是一种由两股或三股右手 α 螺旋彼此缠绕而成的左手超螺旋(图 4-13A)。它是 α 角蛋白、肌球蛋白、原肌球蛋白和纤维蛋白原中的一种超二级结构。

（2）βαβ 最简单的 βαβ 组合由两段平行式的 β 链和一段连接链组成,此超二级结构称为βΧβ单位(图 4-13B,C)。连接链或是 α 螺旋或是无规卷曲。

（3）βββ 这是一种常见的超二级结构,有 β 曲折(β meander)和回形拓扑结构两种。β 曲折由在一级结构上连续的多个反平行式 β 折叠股通过紧凑的 β 转角连接而成(图 4-13D)。研究表明,β 曲折和 α 螺旋含有相近数目的氢键,β 曲折的这种高稳定度也表明它广泛存在。回形拓扑结构是反平行β 折叠片中常出现的一种折叠方式(图 4-13E),与希腊陶瓷花瓶上的一种图案相似,故称之为"希腊钥匙"(Greek key)。

4.4.3.2 结构域

多肽链在二级结构或超二级结构的基础上形成三级结构的局部折叠区,是相对独立的紧密球状实体,称为结构域(domain)。结构域是球状蛋白质的独立折叠单位,对于那些相对分子质量较小的蛋白质,结构域和三级结构是同义的,如核糖核酸酶和肌红蛋白等。对于那些相对分子质量较大的球状蛋白质,往往由两个或多个结构域缔合而成,即它们是多结构域的蛋白。

结构域有时也称为功能域(functional domain),功能域是蛋白质分子中能够独立存在的功能单位。功能域可以由两个或两个以上结构域组成,如酵母己糖激酶的功能域就是由两个结构域构成的,与底

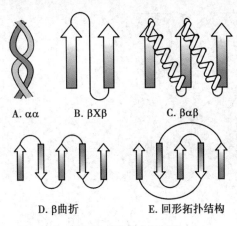

A. αα   B. βXβ   C. βαβ

D. β曲折   E. 回形拓扑结构

・图 4-13　蛋白质中的超二级结构

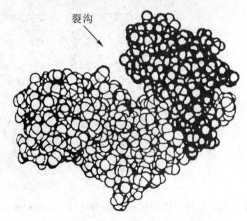

裂沟

・图 4-14　酵母己糖激酶的三级结构(示两个结构域交界处的裂沟)

物的结合位点就在两个结构域的交界处,即两个结构域之间的裂沟处(图 4-14)。

结构域这一折叠层次不是偶然出现的。从蛋白质结构形成的角度来看,一条长的多肽链先折叠成几个相对独立的区域,再缔合成三级结构比整条肽链直接折叠成三级结构在动力学上更合理;从功能来看,对于多结构域的酶来讲,活性中心往往就在结构域交界处,而结构域之间由一段柔性的肽链连接,结构域之间可以相对运动,对活性中心的形成特别有利,尤其在酶执行功能时,更有利于酶的活性中心靠近底物。

4.4.4　蛋白质的三级结构

蛋白质的三级结构是指多肽链在二级结构、超二级结构和结构域的基础上进一步盘旋、折叠所形成的具有一定空间构象的分子结构,其研究内容主要是指蛋白质分子中所有原子的三维空间排列及它的侧链在空间上的相互关系。蛋白质三维构象是多肽链上各个单键的旋转自由度受到各种限制因素的总结果。这些限制因素包括肽键的硬度(即肽键的平面性质)、C_α—C 和 C_α—N 键旋转的许可角度、肽链中疏水基和亲水基的数目和位置、带正电荷和带负电荷的 R 基数目和位置,以及溶剂和其他溶质等。在这些限制因素下,通过 R 基团彼此相互的作用及 R 基团与溶剂和其他溶质的相互作用,最后达到平衡,形成在一定条件下热力学上最稳定的空间结构。

4.4.4.1　蛋白质三级结构的特征

目前确定晶体结构的蛋白质已有数万种。尽管每种蛋白质的三级结构各有自身的特点,但是它们仍有某些共同之处。

(1) 具有三级结构的蛋白质分子含有多种二级结构单元。如具有三级结构的球状蛋白溶菌酶中含有 α 螺旋、β 折叠、β 转角和无规卷曲共 4 种二级结构(图 4-15)。

(2) 蛋白质的三级结构具有明显的折叠层次。相对于纤维状蛋白来讲,球状蛋白质的三维结构具有明显的折叠层次。多肽链靠氢键维系形成多种二级结构,如 α 螺旋、β 折叠等,相邻的二级结构单元发生相互作用有可能形成超二级结构,而具有二级结构和超二级结构的多肽链又可以进一步装配成球状实体——结构域或三级结构。多结构域又可装配成具有三级结构的蛋白质。

(3) 三级结构的蛋白质分子是紧密的球状或椭球状实体,其分子内部的空腔只占到蛋白质总体积

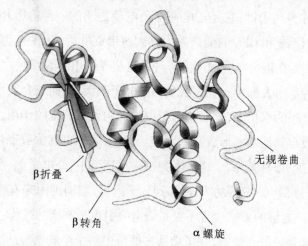

β折叠

β转角

α螺旋

无规卷曲

•图 4-15　鸡卵溶菌酶(egg lysozyme)的三级结构(引自 Lehninger,2006)

的很小一部分。在球状蛋白质中,疏水侧链往往埋藏在分子内部,亲水侧链暴露在分子表面。所以,在大多数球状蛋白的表面主要是亲水氨基酸,球状蛋白是溶于水的。球状蛋白质分子的表面往往有一个空穴,这个空穴的周围分布许多疏水侧链,空穴常常是结合底物、效应物等配体并行使功能的活性部位。

4.4.4.2　维持蛋白质三级结构的作用力

维持蛋白质三级结构的作用力主要是一些非共价键或次级键,包括氢键、范德华力、疏水相互作用和盐键(离子键),此外共价键——二硫键在维持某些蛋白质的构象方面也有重要的作用。

(1) 氢键　氢键(hydrogen bond)在维持蛋白质结构中有极其重要的作用。氢键是两个极性基团之间的弱键,即一个偶极(dipole)带正电荷的一端被另一偶极带负电荷的一端所吸引形成的键,存在于肽链与肽链之间,亦存在于同一螺旋或折叠的肽链之中。由于蛋白质分子中的氢键很多,故对蛋白质分子构象的稳定有重要的作用。氢键是维持蛋白质二级结构的主要作用力。氢键还可以在侧链与侧链、侧链与介质水、主链肽基与侧链或主链肽基与水之间形成。

(2) 范德华力　范德华力是在极性分子(基团)间、极性与非极性分子(基团)间或非极性分子(基团)间形成的一种较弱的作用力,包括定向效应、诱导效应和分散效应。实际上,范德华力分为引力和斥力两种相互作用力。范德华引力只有当两个非键合原子处于一定距离时才能达到最大值,这个距离称为接触距离(contact distance),它等于两个原子的范德华半径之和。虽然就其个别来说范德华力很弱,但是范德华力相互作用的数量大并且可加和,因此就成为一种不可忽视的作用力。

(3) 疏水相互作用　已知水介质中球状蛋白质的折叠总是倾向于把疏水残基埋藏在分子的内部,这一现象称为疏水相互作用(hydrophobic interaction)或疏水效应,它在维持蛋白质的三级结构方面占有突出的作用。疏水相互作用其实并不是疏水基团之间有某种吸引力的缘故,而是疏水基团或疏水侧链出自避开水的需要而被迫接近。当疏水基团接近到等于范德华距离时,相互间有弱的范德华引力产生,但这不是主要的成因。蛋白质溶液系统的熵增加是疏水相互作用产生的主要动力,熵增加主要涉及介质水的有序度改变。非极性溶剂、去污剂是破坏疏水相互作用的试剂,因此是蛋白质的变性剂。尿素和盐酸胍既能破坏氢键,又能破坏疏水相互作用,故为强变性剂。

(4) 盐键　盐键也称为离子键,它是正电荷与负电荷之间的一种静电相互作用。在生理 pH 下,蛋白质中的酸性氨基酸(Asp 和 Glu)的侧链发生解离而带负电荷,碱性氨基酸(Lys、Arg 和 His)的侧链因解离而带正电荷,从而在正负电荷间产生一种静电相互作用,即盐键。

在多数情况下,这些基团大都分布在球状蛋白质分子表面,从而与介质水分子发生电荷偶极之间的相互作用,形成排列有序的水化层,这对稳定蛋白质的构象有一定的作用。带电的侧链也在蛋白质分子内部出现,它们一般与其他基团形成强的氢键。但是,偶尔也有少数带相反电荷的侧链在分子内部的疏水环境中形成盐键(或称盐桥)。这是因为在疏水环境中,介电常数比在水中低,使相反电荷间的吸引力相对增大。一旦带电侧链从水中转移到分子内部,它周围原来有序排列的水分子就被释放到介质的自由水中。因此盐键的形成过程不仅是静电吸引也是熵增的过程。

(5) 二硫键　二硫键是一种共价键,在蛋白质多肽链中两个半胱氨酸的巯基间形成。蛋白质多肽链按照氨基酸的排列顺序折叠成特定的空间构象时,二硫键对此构象有积极的稳定作用。假如蛋白质中所有的二硫键相继被还原,则将引起蛋白质天然构象的变化和生物学活性的丢失。

二硫键在胞内蛋白质中很少见,因为胞质是一个还原环境。二硫键多见于分泌蛋白质中,表明较严酷的胞外环境中需要二硫键来保证蛋白质结构稳定。

4.4.4.3 肌红蛋白的结构与功能

肌红蛋白(myoglobin)是脊椎动物肌肉中储存氧的蛋白质。在潜水哺乳动物,如鲸、海豹和海豚的肌肉中肌红蛋白的含量尤为丰富,致使它们的肌肉呈棕色。由于肌红蛋白储氧使得这些动物能长时间潜在水中。现在普遍认为肌红蛋白的功能主要是有利于氧气转移到肌肉组织中,尤其在高强度运动的情况下,呼吸最快的组织更需要快速得到氧气。

肌红蛋白由一条多肽链和一个血红素(heme)辅基构成,相对分子质量为 16 700,含 153 个氨基酸残基。运用 X 射线衍射技术测定了抹香鲸(sperm whale)肌肉中肌红蛋白晶体的结构。

肌红蛋白的 X 射线晶体学分析分 3 个阶段完成:第一个阶段的分析,分辨率为 0.6 nm,可以辨认出肌红蛋白分子多肽主链的折叠和走向;第二个阶段的分析,分辨率达到 0.2 nm,分子的侧链基团都能辨认出来;第三个阶段,分辨率为 0.14 nm,所有氨基酸残基都能识别。X 射线技术观察到的氨基酸残基顺序与化学分析得到的结果完全一致,所以 X 射线晶体学对理解蛋白质的结构与功能做出了巨大的贡献。

肌红蛋白分子呈扁平的菱形,如图 4-16 所示,分子中多肽主链由长短不等的 8 段较直的 α 螺旋

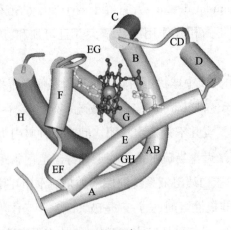

·图 4-16　抹香鲸肌红蛋白的三级结构(引自 Lehninger,2006)

组成,最长的螺旋含 23 个氨基酸残基,最短的有 7 个氨基酸残基,分子中几乎 80% 的氨基酸残基都处于 α 螺旋区内。这 8 段螺旋分别命名为 A、B、C、…、H。相应的非螺旋区肽段称为 NA、AB、BC、…、FG、GH 和 HC,这里第一个 N 与最后的 C 字母表示 N 端和 C 端。因此各氨基酸残基除了有一个从 N 端开始计算的顺序号码外,还有一个按在各螺旋段中的位置另外给出的编号。如 93 位的 His 又可编为 F8,表示该 His 在螺旋 F 的第 8 位置上。血红素处在 E、F 螺旋的疏水口袋中,这种疏水的环境可以保证血红素中心的铁原子直接与 O_2 结合。除了 O_2,CO、NO 和 H_2S 也能与血红素结合,并且它们的亲和力都比 O_2 高,所以具有毒性。

4.4.5 蛋白质的四级结构

4.4.5.1 蛋白质四级结构的概念与研究内容

生物体内很多蛋白质是以具有三级结构的多条多肽链的聚集体(aggregate)形式存在。这些具有三级结构的多肽链间通过非共价键彼此缔合在一起,这样的聚集体称为蛋白质的四级结构。在具有四级结构的蛋白质中,每一个折叠的多肽链称为亚基或亚单位(subunit)。亚基一般只是一条多肽链,但有的亚基由两条或多条多肽链组成,这些多肽链相互间以二硫键相连。由两个或多个亚基组成的蛋白质统称为寡聚蛋白质(oligomeric protein)。在寡聚蛋白质中,亚基可以相同,也可以不同。无四级结构的蛋白质,如溶菌酶、肌红蛋白等也可称为单体蛋白质。蛋白质的四级结构所研究的内容涉及亚基的种类和数目,以及这些亚基在空间的排布及相互关系。

此外,在具有四级结构的蛋白质中,稳定亚基间相互关系的作用力与维持蛋白质三级结构的作用力相同,在某些情况下还涉及链间的二硫键。

4.4.5.2 蛋白质四级结构的特征

(1) 四级结构的对称性   亚基在蛋白质分子中的空间排布问题是四级结构研究的重要内容。X 射线结构分析和电子显微镜的观察证明,对于多数寡聚蛋白质分子而言,其亚基排列是对称的。所谓对称就是指物体等同部分有规律的重复,对称性是四级结构蛋白质最重要的性质之一。

(2) 四级缔合在结构和功能上的优越性   ①增强结构的稳定性;②提高遗传经济性和效率;③使催化基团汇集在一起;④具有协同性和别构效应。

在叙述别构效应之前,有必要先介绍别构蛋白。细胞维持正常的活动要求有复杂精细的调节系统。细胞内最简单的调节成分就是一类称为别构蛋白(allosteric protein)或调节蛋白(regulatory protein)的物质。别构蛋白是指蛋白质分子上不止有一个配基(ligand)的结合部位,即除活性部位外还有别的配基的结合部位(别构部位)。别构蛋白具有别构效应(allosteric effect)。别构效应是指蛋白质与配基结合后改变蛋白质的构象,进而改变蛋白质生物学活性的现象。别构蛋白都是寡聚蛋白质,分子中每个亚基都有活性部位(active site)或者还有别构部位(allosteric site),亦称调节部位(regulatory site)。

4.4.5.3 血红蛋白的结构与功能

(1) 血红蛋白的结构   血红蛋白(hemoglobin,Hb)由 4 条多肽链形成,是一种寡聚蛋白质。这 4 条链主要通过非共价键相互作用缔合在一起。血红蛋白分子中每条链上都含有一个血红素辅基,因此有 4 个氧的结合部位。成人的红细胞中含有两种血红蛋白:一种是 HbA,占血红蛋白总量的 96% 以上;另一种是 HbA_2,占血红蛋白总量的 2% 左右。胎儿的红细胞中含有另外一种血红蛋白,即 HbF。

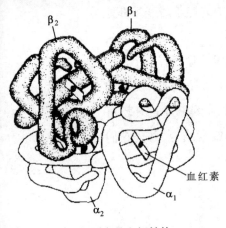

·图 4-17 血红蛋白的空间结构

这 3 种血红蛋白的亚基组成分别是：HbA，$\alpha_2\beta_2$；HbA$_2$，$\alpha_2\delta_2$；HbF，$\alpha_2\gamma_2$。这 3 种血红蛋白分子都有两个共同的 α 亚基（141 个氨基酸残基），而 β、δ、γ 3 种亚基有相似的氨基酸序列，并且有相同的链长（146 个氨基酸残基）（图 4-17）。

血红蛋白 α 链和 β 链的三级结构与肌红蛋白的三级结构非常相似。通过比较血红蛋白的每个亚基与肌红蛋白的一级结构，发现它们的氨基酸序列有很大的差异，只有 20 多个位置的氨基酸残基对于 3 种肽链是一样的。这表明似乎十分不同的氨基酸序列也能够构造出非常相似的三级结构。通过比较 20 多种不同的（从七鳃鳗到人）血红蛋白的氨基酸序列，证明确有许多位置上的氨基酸残基是可以被调换的。但是，这种变化只是一种疏水残基换成另一种疏水残基（如由丙氨酸换成异亮氨酸）而已。因此，分子内部的疏水特性总被保留下来。

(2) 氧合引起血红蛋白的构象发生变化　虽然血红蛋白的亚基（α 链和 β 链）与肌红蛋白在三级结构上极为相似，这反映在它们功能上相似，两者都能进行可逆的氧合作用，但是血红蛋白是一个四聚体，它的整个结构要比肌红蛋白复杂得多，并且出现肌红蛋白所没有的新功能，即除输氧之外还能运输 H^+ 和 CO_2。

在脱氧血红蛋白中，4 个亚基是通过如图 4-18 所示的盐桥互相连接起来的，在两个 β 亚基之间还夹杂一分子的 2,3- 二磷酸甘油酸（BPG）。由于这些非共价键的作用，使得血红蛋白的 4 个亚基聚合成紧密的近球形分子。血红蛋白与氧结合时，其四级结构发生剧烈变化，即亚基间的盐桥被破坏，两个 β 亚基间的 BPG 分子被挤出，整个血红蛋白分子由非氧合时的紧张构象变成易与氧结合的松弛构象（别构效应）。

4.5　蛋白质结构与功能的关系

蛋白质的生物学功能是多种多样的，蛋白质功能不仅取决于蛋白质分子的一级结构，更取决于其三维构象。蛋白质的结构与功能是密切相关的。研究蛋白质结构与功能的关系是目前生物化学和分子生物学研究领域的热点问题之一，对于阐明生命现象的本质，以及分子病的发病机制均具有重要意义。

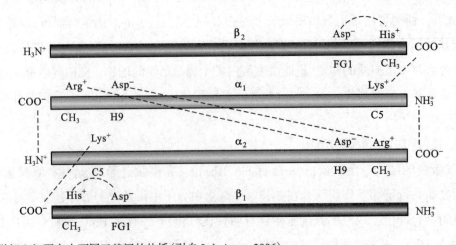

·图 4-18　脱氧血红蛋白中不同亚基间的盐桥（引自 Lehninger，2006）

4.5.1 蛋白质一级结构与功能的关系

4.5.1.1 蛋白质的一级结构与分子进化

由于蛋白质一级结构测定方法和蛋白质空间构象分析方法不断成熟与完善,目前通过对不同生物体中表现功能相同或相似的蛋白质氨基酸序列的分析,发现蛋白质分子的进化规律在一定程度上反映种属的进化,因此蛋白质一级结构的研究进展推动分子进化的研究。

细胞色素 c(cytochrome c)是在同源蛋白质一级结构的比较研究中开展工作最多的一种蛋白质。细胞色素 c 广泛存在于真核生物细胞的线粒体中,是一种含有血红素辅基的单链蛋白质。在生物氧化时,细胞色素 c 在呼吸链的电子传递系统中起传递电子的作用,使血红素上铁原子的价数发生变化。

目前,已经测定近百种不同种属生物体中细胞色素 c 的氨基酸序列。脊椎动物的细胞色素 c 由 104 个氨基酸残基组成,相对分子质量约为 13 000;昆虫由 108 个氨基酸残基组成;植物则由 112 个氨基酸残基组成,大都沿 N 端延伸。对不同生物的细胞色素 c 的一级结构分析表明,大约有 28 个氨基酸残基是各种生物共有的,表明这些氨基酸残基是行使细胞色素 c 的生物功能所必需的。其中第 14和 17 位上两个半胱氨酸残基是细胞色素 c 与血红素辅基共价相连的位置;第 70~80 位上成串的不变氨基酸残基可能是细胞色素 c 与酶结合的部位。

在分子进化过程中,细胞色素 c 分子中保持氨基酸残基不变的区域称为保守部位。保守部位的氨基酸都是细胞色素 c 行使其生物学功能所必需的,即在生物不断进化过程中,只要细胞色素 c 仍然担负传递电子的功能,则为行使其功能所必需的那些保守部位的氨基酸就不会改变。所以,研究蛋白质分子结构中的氨基酸,尤其是保守氨基酸的种类和序列,对了解蛋白质分子结构与功能的关系十分重要。

鉴于细胞色素 c 是普遍存在于真核生物中的一种古老而重要的蛋白质,开展细胞色素 c 分子结构的研究可以在分子水平上为生物物种进化提供一个很好的范例。表 4-4 列出不同种属间细胞色素 c 中的氨基酸序列与人的差异。对于密切相关的物种或种属来源越接近的物种,其细胞色素 c 的一级结构的差异相对较小。例如,人与恒河猴之间只相差一个氨基酸残基,而人与马相差 12 个,与小麦相

·表 4-4 不同有机体中细胞色素 c 中的氨基酸序列与人的差异

生物名称	氨基酸差异数	生物名称	氨基酸差异数
黑猩猩	0	鸡、火鸡	13
恒河猴	1	响尾蛇	14
兔	9	乌龟	15
袋鼠	10	金枪鱼	21
鲸	10	狗鱼	23
牛、羊、猪	10	蚕蛾	31
狗	11	小麦	43
骡	11	面包酵母	45
马	12	红色面包霉	48

差 43 个，与酵母相差 45 个。所以，不同种属间同源蛋白质氨基酸的差异能够反映生物的进化，并可据其绘制进化树。因此通过对蛋白质氨基酸序列分析研究，能够从生命活动的最本质方面揭示生物物种间的进化关系，亦可为分子分类学的发展提供可靠的依据。

4.5.1.2 蛋白质一级结构的变异与分子病

所谓分子病，是指由于遗传基因突变导致蛋白质分子中某些氨基酸序列改变，从而造成蛋白质功能发生变化的一种遗传病。镰状细胞贫血病是最早被认识的一种分子病，这种疾病在非洲的某些地区十分流行。患者的红细胞在氧气不足的情况下变形而呈镰刀状，故由此得名。

对血红蛋白分子的一级结构研究表明，患者的血红蛋白（HbS）与正常人的血红蛋白（HbA）相比，在 574 个氨基酸残基中只有两个氨基酸残基的差异。HbA 和 HbS 的 α 链是完全相同的，所不同的只是 β 链上从 N 端开始的第 6 位的氨基酸残基，在正常的 HbA 分子中是谷氨酸，而患者的 HbS 分子中则为缬氨酸所代替（图 4–19）。这是第一个发现因蛋白质中单个氨基酸突变而导致的遗传疾病。

HbA	H_2N–	Val–	His–	Leu–	Thr–	Pro–	Glu–	Glu–	Lys–COOH
HbS	H_2N–	Val–	His–	Leu–	Thr–	Pro–	Val–	Glu–	Lys–COOH
β链		1	2	3	4	5	6	7	8

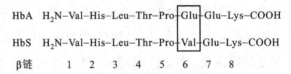

·图 4–19 患者血红蛋白（HbS）与正常人血红蛋白（HbA）氨基酸序列的差异

Glu 和 Val 分子的侧链在性质上有很大的差异。Glu 侧链带负电荷，而 Val 侧链是一个非极性基团，所以使得 HbS 分子表面的负电荷减少，这种变化使患者的血红蛋白容易聚集并形成杆状多聚体，这就是导致红细胞变形的原因。目前，已经发现异常的血红蛋白有 480 多种，但并非所有的异常血红蛋白都有相应的症状出现。

4.5.1.3 多肽链的局部断裂与蛋白质的激活

生物体内执行特定功能的蛋白质必须具备一定的结构，一旦结构遭到破坏，其功能也随之丧失。在体内许多具有一定功能的蛋白质，如酶蛋白、激素类蛋白等常以无活性的前体形式产生和储存。在一定情况下，这些前体经特定蛋白酶水解，切除部分肽段后，才转变成有活性的蛋白质。例如，有功能的胰岛素含有 51 个氨基酸残基，由 A、B 两条链组成（图 4–20）。但胰岛 β– 细胞最初合成一个比胰岛素分子大一倍多的单链多肽，称为前胰岛素原，它是胰岛素原的前体，而胰岛素原是有活性的胰岛素的前体。前胰岛素原比胰岛素原在 N 端上多一段肽链，称为信号肽（signal peptide），含有 20 个左右的氨基酸残基，其中很多是疏水侧链残基。信号肽的主要作用是引导新生的多肽链进入内质网腔，进入

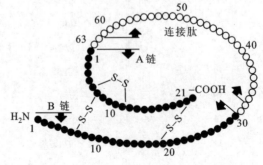

·图 4–20 胰岛素原的化学结构

腔后信号肽立即被信号肽酶切除。形成的胰岛素原被运输到高尔基体内,并在那里在特异的酶作用下切除一段连接肽,称为C肽。不同的生物中切除C肽的氨基酸数目和序列不同,使胰岛素原转变为由两条肽链形成的有活性的胰岛素(图4-21)。

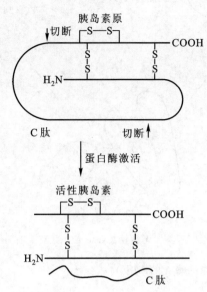

·图4-21 胰岛素原激活形成活性胰岛素的示意图

4.5.2 蛋白质高级结构与功能的关系

蛋白质的三维结构决定其生物学功能,而氨基酸的种类和序列提供肽链三维折叠所需要的信息。如果通过物理或化学的方法将蛋白质的天然构象破坏,蛋白质原有的生物学功能就会丧失。在大多数情况下,一旦除去这些破坏因素,蛋白质的天然折叠结构和生物学功能又可以恢复。前一种现象称为蛋白质变性(denaturation),后一种现象称为蛋白质复性(renaturation)。执行特定生物学功能的蛋白质都有一定的空间构象。某些蛋白质在执行功能时,蛋白质的空间构象也会发生一些微妙的变化。

4.5.2.1 核糖核酸酶的变性与复性

牛胰核糖核酸酶A(RNase A)是由124个氨基酸残基组成的单链蛋白质,含有4个二硫键,并通过其他次级键使多肽链得以折叠成一个具有三维构象,且有催化能力的活性蛋白质。三维结构对维持酶的活性是必不可少的。当天然的RNase A(图4-22)在8 mol /L尿素存在下用β-巯基乙醇处理后,分子内的4个二硫键即断裂,整个肽链呈伸展的无规则线形状态,同时酶活性完全丧失,即失去催化RNA水解的功能。但是,用透析方法将尿素和β-巯基乙醇除去后,RNase A活性又可逐渐恢复,最后达到原来活性的95% ~ 100%。研究表明,复性后的产物与天然RNase A并无差别,所有正确配对的4个二硫键都得以重建。

RNase A在尿素和β-巯基乙醇存在的情况下发生变性,三维结构遭到破坏,而其一级结构完好无损。除去尿素和β-巯基乙醇后,RNase A能够完全复性。这首先表明RNase A的氨基酸序列包含形成三维结构的信息,其次也说明RNase A活性取决于特定的三维构象。

4.5.2.2 血红蛋白的别构效应

血红蛋白是一种含有4个亚基的寡聚蛋白质,具有别构效应。当它未与氧结合时,亚基与亚基之

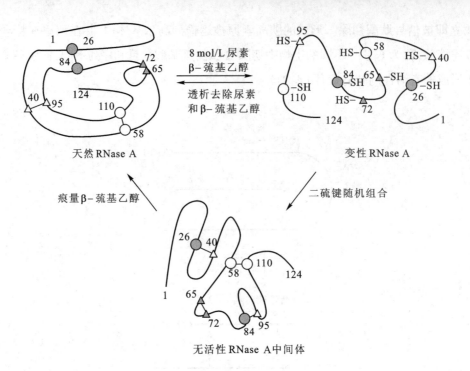

天然 RNase A

8 mol/L 尿素
β-巯基乙醇

透析去除尿素
和β-巯基乙醇

变性 RNase A

痕量β-巯基乙醇

二硫键随机组合

无活性 RNase A中间体

· **图 4-22**　β-巯基乙醇和尿素对核糖核酸酶 A 的作用

间有 8 个盐桥存在,并在两个 β 亚基之间夹一分子 BPG,使整个血红蛋白分子处于紧密型的构象状态,不易与氧分子结合;当氧与血红蛋白分子中一个亚基的血红素中的铁结合后,会引起亚基构象改变,一个亚基构象的变化又会引起其他 3 个亚基的构象改变,导致亚基间的盐键破裂,从而使原来结构紧密的血红蛋白分子变得较为松弛,整个血红蛋白的分子就变成易与氧结合的构象,从而大大加快氧合速率。

血红蛋白的例子表明,在其执行功能时,由于一个亚基构象的变化而引起其余亚基,以至整个分子的构象、性质和功能的变化。别构效应并不限于血红蛋白,许多酶蛋白在催化过程中亦普遍存在别构效应。

4.5.2.3　蛋白质构象病

由组织中特定蛋白质承受空间结构或构象变化(即蛋白质的错误折叠)而引起的疾病称为蛋白质构象病(protein conformational disease)。大量的研究表明,海绵状脑病(如疯牛病、羊瘙痒病、鹿慢性消耗性疾病及人的克雅氏症、GSS 综合征和库鲁病等)是由哺乳动物体内一种正常存在的蛋白质——朊粒蛋白(prion protein,PrP)构象发生改变后导致的。正常 PrP 对蛋白质水解酶很敏感,在体内的具体功能尚不清楚,其代号规定为 PrP^C。正常 PrP^C 发生结构异常,就形成致病性蛋白 PrP^{Sc} 而导致播散性海绵状脑病。PrP^C 与 PrP^{Sc} 具有相同的氨基酸序列组成和共价修饰,但两者在二级结构上差异很大,导致其理化性质发生显著的变化。PrP^C 主要为 α 螺旋,而 PrP^{Sc} 则含有 40% 的 β 折叠。一旦 PrP^{Sc} 进入正常脑细胞则会感染其他正常细胞,诱导 PrP^C 转化为 PrP^{Sc},α 螺旋随之转化为 β 折叠,使 PrP^{Sc} 中 β 折叠的含量远远高于正常蛋白。由于含 β 折叠较多的蛋白质很难以单体的形式存在,因此容易发生聚集而沉积在神经系统,引起脑组织的海绵体化、空泡化,导致神经系统坏死,脑细胞胀破而形成空洞,从而导致痴呆等临床症状。

4.6 蛋白质的理化性质

4.6.1 蛋白质的相对分子质量

蛋白质是相对分子质量很大的生物大分子,相对分子质量一般在 $10^4 \sim 10^6$ 或更大些。测定蛋白质相对分子质量的方法,除了根据蛋白质的化学成分来测定外,主要利用蛋白质的物理化学性质来测定,如超速离心法、凝胶过滤法及聚丙烯酰胺凝胶电泳法等。用凝胶过滤法和聚丙烯酰胺凝胶电泳法所测定的蛋白质相对分子质量仅是近似值,因此最准确而可靠的方法是超速离心法。超速离心法测蛋白质相对分子质量的基本原理是将蛋白质溶液放在 25 万 ~ 50 万倍重力场的离心力作用下,使蛋白质颗粒从溶液中沉降下来,同时应用光学方法观察蛋白质颗粒的沉降行为,判断出蛋白质的沉降速率,根据沉降速率再计算出蛋白质的相对分子质量。

超速离心机最初是 Svedberg 于 1940 年设计制造的。一般把单位(cm)离心场的沉降速率称为沉降系数,用 S 表示。一个 S 单位为 1×10^{-13} s,因此 10×10^{-13} s 的沉降系数用 10 S 表示。蛋白质的相对分子质量可直接用沉降系数表示。

4.6.2 蛋白质的两性电离及等电点

蛋白质同氨基酸一样,是两性电解质,既能和酸作用,也能和碱作用。蛋白质分子中可解离的基团除肽链末端的 α- 氨基和 α- 羧基外,主要还是多肽链中氨基酸残基上的侧链基团,如 ε - 氨基、β- 羧基、γ - 羧基、咪唑基、胍基、酚基及巯基等。在一定的 pH 条件下,这些基团能解离为带电基团,从而使蛋白质带电。在酸性环境中,各碱性基团与质子结合,使蛋白质带正电荷;在碱性环境中,酸性基团解离出质子,与环境中的羟基结合成水,使蛋白质本身带负电荷。当溶液在某一 pH 条件下使蛋白质所带的正电荷与负电荷恰好相等,即总净电荷为零时,其在电场中既不向阳极移动,也不向阴极移动,这时溶液的 pH 称为该蛋白质的等电点。

各种蛋白质具有特定的等电点,这与其所含氨基酸的种类和数量有关。如蛋白质分子中含有碱性氨基酸较多,其等电点偏高。如从雄性鱼类成熟精子中提取的鱼精蛋白含精氨酸较多,其等电点为 12.0 ~ 12.4。如果蛋白质分子中含酸性氨基酸较多,则其等电点偏低。如胃蛋白酶含酸性氨基酸残基为 37 个,而碱性氨基酸残基仅为 6 个,其等电点为 1.0 左右。对于含酸性氨基酸残基和碱性氨基酸残基数目相近的蛋白质,其等电点大多为中性偏酸,值为 5.0 左右。

蛋白质在等电点时,以两性离子的形式存在,其总净电荷为零,这样的蛋白质颗粒在溶液中因为没有相同电荷互相排斥的影响,所以最不稳定,极易聚集成较大的颗粒而沉淀析出。所以,蛋白质在等电点时溶解度最小。这一性质常用在蛋白质的分离、提纯过程中。另外,蛋白质在等电点时,其黏度、渗透压、膨胀能力,以及导电能力均为最小。

4.6.3 蛋白质的胶体性质

由于蛋白质相对分子质量大,所以它在水溶液中所形成的颗粒(直径为 1 ~ 100 nm)具有胶体溶液的特征,如布朗运动、丁铎尔现象、电泳现象、不能通过半透膜,以及具有吸附能力等。利用蛋白质不能通过半透膜的性质,可用羊皮纸、火棉纸、玻璃纸等来分离纯化蛋白质,这个方法称为透析(dialysis)。

由于蛋白质颗粒大,在溶液中具有较大的表面积,且表面上分布各种极性和非极性基团,因此对许多物质都有吸附能力。极性基团一般易与水溶性物质结合,非极性基团易与脂溶性物质结合。

蛋白质的水溶液是一种比较稳定的亲水胶体,这是因为在蛋白质颗粒表面带有很多极性基团,如—NH$_2$、—COO$^-$、—OH、—SH、—CONH$_2$ 等和水有高度亲和力,当蛋白质与水相遇时,就很容易在蛋白质颗粒外面形成一层水膜。水膜使蛋白颗粒相互隔离,颗粒之间不会碰撞而聚集成大颗粒,所以蛋白质溶液比较稳定。蛋白质能形成较稳定的亲水胶体的另一个原因是蛋白质颗粒在非等电状态时带有相同的电荷,使蛋白质颗粒之间相互排斥,保持一定的距离,不易互相凝集沉淀。

4.6.4 蛋白质的沉淀反应

蛋白质在溶液中稳定的原因主要是带有电荷和水膜,如果在蛋白质溶液中加入适当的化学试剂,破坏蛋白质表面的水膜或中和蛋白质的电荷,则蛋白质胶体溶液就不稳定而出现沉淀(precipitation)现象。引起蛋白质沉淀的因素主要有以下几个方面。

(1) 高浓度的中性盐类 向蛋白质溶液中加入大量的中性盐(如硫酸铵、硫酸钠、氯化钠等),可以使蛋白质从溶液中沉淀析出,这一现象称为盐析。这主要是由于上述盐类作为强电解质与水的亲和力较大而破坏蛋白质胶体周围的水化膜,同时又中和蛋白质分子的电荷,因此使蛋白质产生沉淀。因为盐析不破坏蛋白质分子的构象,所以它是分离、制备蛋白质的常用方法。由于不同蛋白质的分子大小及带电状况各不相同,所以蛋白质盐析时所需的盐浓度不同,因此可通过调节所加中性盐的浓度,使混合蛋白质溶液中的不同蛋白质分段析出,这种方法称为分段盐析。例如,血清中加硫酸铵至50%饱和度,则球蛋白先沉淀析出,继续再加硫酸铵至饱和,则血清蛋白会沉淀析出。

(2) 有机溶剂 如乙醇、丙酮等可使蛋白质产生沉淀,这是由于这些有机溶剂和水有较强的作用,可破坏蛋白质分子周围的水化膜;另一方面是极性有机溶剂还能降低溶液的介电常数(因为有机溶剂是低介电常数的物质),介电常数降低将增加带电质点间的相互作用,从而使蛋白质分子容易聚集沉淀。如调节蛋白质溶液的 pH 至等电点时,加入这些有机溶剂可加速蛋白质沉淀,因此可应用于蛋白质分离或纯化中。

(3) 重金属盐 如氯化汞、硝酸银、乙酸铅及氯化铁等也可使蛋白质产生沉淀。这是因为蛋白质在碱性溶液中发生解离而带负电荷,能够与这些带正电荷的重金属离子作用生成不易溶解的盐而沉淀。根据这一原理,在生活中给误服重金属盐的患者喝大量牛奶或生蛋清,使重金属和这些蛋白质优先结合生成不溶性的盐,再服用催吐剂使之排出体外。重金属盐常使蛋白质变性。

(4) 生物碱试剂和某些酸类 如苦味酸、单宁酸等能够引起生物碱(alkaloid)等物质发生沉淀,称之为生物碱试剂。某些酸类指的是三氯乙酸、磺基水杨酸等有机酸。当蛋白质处在低于其等电点 pH 的溶液环境时,自身带正电荷,能够与生物碱试剂和上述酸类的酸根发生作用生成不溶解的盐而沉淀。

(5) 加热变性沉淀 几乎所有的蛋白质都因加热变性而凝固。其原因可能是加热破坏维持蛋白质空间构象的次级键,使多肽链伸展,疏水残基外露,导致分子表面的水化膜破坏。蛋白质在加热情况下,加入少量的盐可促进凝固。如果处在蛋白质的等电点,加热会加速凝固。

4.6.5 蛋白质的变性

天然蛋白质因受物理或化学因素的影响,其分子内部原有高度规律的结构发生变化,致使蛋白质的理化性质和生物学性质都有所改变,但并不导致蛋白质一级结构被破坏,这种现象称为变性(denaturation)作用。蛋白质的变性学说,早在 1931 年,我国生物化学家吴宪就已提出,天然蛋白质分子受环境因素的影响,其构造从有秩序而紧密变为无秩序而松散,这就是变性作用(图 4-23)。他认为天然蛋白质的紧密构造及晶体结构主要是由分子中的次级键维系的,所以容易被物理或化学因素破坏。

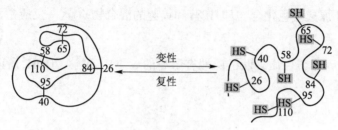

·图 4-23　蛋白质变性和复性模型(图中的数字为半胱氨酸的位置)

能够使蛋白质变性的因素很多,化学因素有强酸、强碱、尿素、胍、去污剂、有机酸类及浓乙醇等,物理因素有加热(70～100℃)、剧烈振荡或搅拌、紫外线及 X 射线照射、超声波等。不同蛋白质对各种因素的敏感程度是不同的。蛋白质变性后有以下三种表现。

(1) 生物学活性丧失　蛋白质的生物学活性是指蛋白质所具有的酶、激素、抗体(antibody)及毒素等活性以及其他特殊性质,如血红蛋白的载氧能力等。生物学活性丧失是蛋白质变性的主要特征。

(2) 理化性质改变　蛋白质变性后,有些原来埋藏在分子内部而不易与化学试剂起反应的侧链基团由于蛋白质结构变得伸展、松散而暴露出来,易发生化学反应。同时,疏水残基外露,使蛋白质溶解度降低。对于球状蛋白质来讲,变性后由于分子形状改变,不对称程度增大,从而使黏度增加、扩散系数降低、易凝集,以及旋光和紫外吸收性质均改变。

(3) 生物化学性质改变　蛋白质变性后,分子结构变得伸展松散,容易被蛋白水解酶分解,所以变性蛋白质比天然蛋白质更易受蛋白水解酶作用。这就是熟食易于消化的原理。

就蛋白质变性的本质问题,目前认为蛋白质的变性作用主要是由蛋白质分子内部的结构改变所引起的。天然蛋白质分子内部通过疏水相互作用及氢键等次级键使整个分子具有紧密的结构,而变性后由于次级键被破坏,蛋白质分子就从原来有秩序的卷曲紧密状结构变为无秩序的松散伸展状结构,也就是说蛋白质的高级结构发生改变或被破坏,但一级结构没被破坏,所以变性后的蛋白质结构组成成分和相对分子质量不变。

蛋白质的变性与凝固已有许多实际应用,如豆腐就是大豆蛋白质的浓溶液加热加盐而成的变性蛋白凝固体。在临床分析化验中,为鉴定尿中是否有蛋白质成分,常用加热法来检验。

当变性因素除去后,变性蛋白质又可重新恢复到天然构象,这一现象称为蛋白质的复性(renaturation)。随着变性时间延长,变性条件加剧,变性程度也会加深。所有的蛋白质变性后是否都是可逆的,这一问题迄今仍有疑问。在实践中未能使所有的蛋白质在变性后都恢复其天然活性。

4.6.6 蛋白质的显色反应

在蛋白质的分析工作中,经常利用蛋白质分子中某些氨基酸或某些特殊结构与某些试剂产生显色反应,以此作为测定的根据。下面介绍一些蛋白质重要的显色反应。

(1) 双缩脲反应　双缩脲是由两分子尿素缩合而成的化合物。双缩脲在碱性溶液中能与硫酸铜反应产生紫红色络合物,此反应称为双缩脲反应。蛋白质分子中含有许多和双缩脲结构相似的肽键,因此也能发生双缩脲反应。通常可用此反应来定性鉴定蛋白质,也可根据反应产物的颜色深浅在540 nm 处进行蛋白质的定量测定。

(2) (Folin) 酚试剂反应　蛋白质分子中一般都含有酪氨酸,而酪氨酸中的酚基能将 Folin 酚试剂中的磷钼酸及磷钨酸还原成蓝色化合物(即钼蓝和钨蓝的混合物)。这一反应常用来定量测定蛋白质含量。

(3) 茚三酮反应　因为蛋白质多肽链两端有游离的 α–NH_2 和 α–COOH,所以蛋白质也可以和茚三酮发生反应。

4.7　蛋白质的分离、纯化与鉴定的一般方法

分离蛋白质的方法多种多样。研究蛋白质的分子结构、组成和某些物理化学性质,须获得纯化均一,甚至是晶体的蛋白质样品。如果研究活性蛋白质的生物学功能,还需要蛋白质样品保持它的天然构象。分离和纯化蛋白质的各种方法主要是利用蛋白质之间某些理化性质上的差异进行的。下面主要介绍蛋白质分离、纯化的一般原则和基本方法。

4.7.1　蛋白质分离纯化的过程和一般原则

分离纯化蛋白质,首先要选择一种含有丰富目的蛋白的实验材料。一般须经过预处理、粗分级、细分级和结晶四步。

(1) 预处理(pretreatment)　分离提纯某一蛋白质,首先要求把蛋白质从原来的组织或细胞中以溶解的状态释放出来,并保持原来的天然状态。为此应根据不同的情况选择适当的方法,将组织和细胞破碎。然后,选择适当的介质(一般用缓冲液)把所要的蛋白质提取出来。

(2) 粗分级(rough fractionation)　获得蛋白质混合物的提取液后,选用一套适当分离纯化方法,使目的蛋白与大量的杂蛋白分离。

(3) 细分级(fine fractionation)　将样品进一步提纯的过程。样品经粗分级以后,一般体积较小,杂蛋白已经大部分被除去。进一步提纯也需要通过一系列适宜的分离纯化方法将目的蛋白与结构及性质和其相似的其他少量蛋白分开,最终使目的蛋白的纯度达到预定的要求。

(4) 结晶(crystal)　结晶是提纯蛋白质的一个过程,也是断定制品处于天然状态的有力指标。蛋白质纯度越高,溶液越浓就越容易结晶。

4.7.2　蛋白质分离纯化的一般方法

这里主要介绍几种根据蛋白质的性质进行分离蛋白质混合物的方法。

4.7.2.1 根据蛋白质分子大小不同的分离方法

蛋白质分子最明显的特征之一就是颗粒大,并且不同种类的蛋白质在分子大小方面有很大的差别,因此可以利用一些简便的方法使蛋白质和其他小分子的物质分开,并使蛋白质混合物也得以分离。

(1) 透析和超滤　透析(dialysis)是利用蛋白质分子不能通过半透膜的性质,使蛋白质和其他小分子物质分开。超滤(ultrafiltration)是在上述基础上增加压力或离心力,迫使蛋白质混合物中的水和其他小分子溶质通过半透膜,而蛋白质分子被滞留在膜上。

(2) 密度梯度(区带)离心　蛋白质颗粒在超速离心场内的沉降不仅取决于它的大小,而且与它的密度有关。如果蛋白质颗粒在具有密度梯度(density gradient)的介质中离心时,质量和密度大的颗粒比质量和密度小的颗粒沉降得快,并且每种蛋白质颗粒沉降到与自身密度相等的介质密度梯度时,便停止不前。目前,常用的密度梯度有蔗糖梯度和聚蔗糖梯度,以及其他合成材料的密度梯度。密度梯度在离心管内的分布是管底的密度最大,向上密度逐渐减小。

(3) 凝胶过滤(gel filtration)　凝胶过滤层析也称为分子排阻层析(molecular exclusion chromatography)或分子筛层析(molecular sieve chromatography)。这是根据分子大小分离蛋白质混合物最有效的方法之一。凝胶过滤所用的介质凝胶是内部具有多孔网状结构的颗粒。当不同分子大小的蛋白质混合物流经由凝胶装成的层析柱时,比凝胶网孔小的分子可以进入网孔内,而比凝胶网孔大的分子被排阻在凝胶颗粒外部。用溶剂洗脱时,大分子物质先被洗脱下来,而小分子物质后被洗脱下来。通过分步收集法可将不同大小的蛋白质分离。

4.7.2.2 根据蛋白质溶解度的差异进行分离的方法

蛋白质的溶解度受到很多外界因素的影响,其中主要有溶液的pH、离子强度、溶剂的介电常数、温度等。不同的蛋白质具有不同的溶解度,这主要由各种蛋白质本身特定的氨基酸组成决定。所以可通过适当地改变上面所提到的环境条件,控制蛋白质的溶解度,进而分离不同的蛋白质。

(1) 等电点沉淀(isoelectric precipitation)　主要依据蛋白质在其等电点时溶解度最小的原理,调节混合蛋白质溶液的pH,使之达到目的蛋白质的等电点并将其沉淀下来,而其他蛋白质仍溶于溶液中。

(2) 盐溶和盐析　中性盐对球状蛋白质的溶解度有显著的影响。低浓度的中性盐(如硫酸铵)可以增大蛋白质的溶解度,这种现象称为盐溶(salting in)。这是由于蛋白质表面的带电基团吸附了盐离子,而盐离子的水合能力比蛋白质强,所以吸附了盐离子的蛋白质与水之间的作用力加强,因而使蛋白质的溶解度增加。当蛋白质溶液中的中性盐浓度达到一定饱和度时,能使蛋白质沉淀析出,这种现象称为盐析(salting out)。盐析是蛋白质分离和纯化过程中最常用的方法之一,一般不引起蛋白质空间构象的变化,而且使用方便,价格低。

4.7.2.3 根据蛋白质电荷不同的分离方法

(1) 电泳　电泳是目前分离纯化蛋白质的一种常用实验技术。在电场中,带电颗粒向与其电荷相反的电极移动,这种现象称电泳(electrophoresis)。由于各种蛋白质的等电点不同,在一定pH条件下,它们所带的电荷种类和数量也不相同,再加之各种蛋白质的分子大小、形状等不同,则在电场中泳动的速率也各不相同。聚丙烯酰胺凝胶电泳(polyacrylamide gel electrophoresis, PAGE)是目前广泛使用的一项电泳技术。不同质量和电荷量的蛋白质在具有网状结构的凝胶中根据分子筛和电荷效应在电泳过程中得以分离。所以这项技术在蛋白质样品的分离、纯度鉴定,以及相对分子质量测定方面尤为重要(图4-24)。

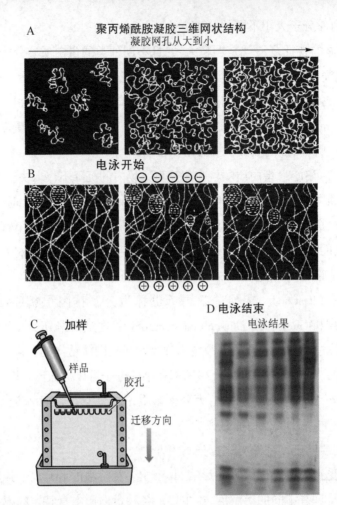

·**图 4-24** 聚丙烯酰胺凝胶电泳法

（2）**离子交换色谱法** 离子交换色谱法（ion-exchange chromatography）的基本原理已在氨基酸混合物的分析分离中介绍过。离子交换色谱法用于蛋白质分离纯化的主要依据是蛋白质的两性解离特点。当蛋白质混合物进入以阳离子（或阴离子）交换剂装好的层析柱时，各种蛋白质依据自身的荷电性与离子交换剂的阳离子（或阴离子）交换而被结合到柱上。使用不同 pH 或离子强度的洗脱液进行洗脱时，由于各蛋白质的荷电情况不同而以先后次序被洗脱下来，进行分部收集即可达到分离的目的。

4.7.2.4 根据蛋白质的配体专一性进行亲和层析分离

亲和层析（affinity chromatography）是分离蛋白质技术中一种极为有效的方法（图 4-25）。它通常只需要经过一步处理即可将某种待提纯的蛋白质从很复杂的蛋白质混合物中分离出来，并且纯度很高。这种方法基于某种蛋白质的生物学特异性，即它能够非共价地与另一种称为配基的特定分子结合。所谓配基是指能被生物大分子所识别并与之结合的原子、原子团或分子，如酶的作用底物、辅酶、调节效应物及其结构类似物。在此项技术中，先把与目的蛋白质特异结合的分子（即配基）通过适当的化学反应共价地连接到惰性基质上（如纤维素、琼脂糖凝胶），当含有待提纯的蛋白质混合样品通过这种层析物质时，目的蛋白质会与这种固定的配基结合，而其他蛋白质会通过柱子，被缓冲液洗脱流出。可以通过改变洗脱条件，从基质上释放蛋白质，获得较高纯度的目的蛋白。亲和层析技术的优势就是利用了蛋白质独有的生物化学特性，而不是像其他分离技术那样利用蛋白质间理化特性的微小

A. 待纯化分子和配体间具有亲和性

配体   待纯化分子

B. 活性基质与配体结合产生亲和吸附剂

基质

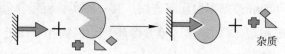

C. 待纯化分子与亲和吸附剂结合，与杂质分离

杂质

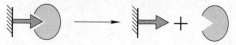

D. 偶联复合物经解离后，得到纯的待纯化分子

·**图 4-25** 亲和层析技术分离蛋白质

差异,操作简单,且纯度高。

4.7.3 蛋白质相对分子质量的测定方法

蛋白质相对分子质量的测定在早期常采用超速离心分析法、凝胶过滤分析法和 SDS-PAGE 分析法,而毛细管电泳法和质谱法是测定蛋白质相对分子质量的较新技术。

(1) 超速离心分析法 亦称沉降分析法。蛋白质溶液经超速离心机分离时可以测出蛋白质的沉降速率,根据沉降速率计算出沉降系数,再将沉降系数代入公式,即可求出蛋白质的相对分子质量。

(2) 凝胶过滤分析法 具体的原理前面已经述及。对于给定的凝胶系统,如果用几种已知相对分子质量大小的蛋白质作标准,则未知蛋白的相对分子质量可以通过它的洗脱体积方便地计算出来。

(3) SDS-PAGE 分析法 在 SDS(十二烷基硫酸钠)存在的条件下,蛋白质发生变性,分子呈杆状。由于 SDS 与蛋白质的结合使蛋白质表面携带大量的负电荷,所以 SDS 的负电荷覆盖蛋白质本身的电荷。结果经 SDS 处理过的蛋白质在电场中移动时,其移动速率只与分子大小有关。用 SDS-PAGE 分析法测定蛋白质相对分子质量,其精确度为 5% ~ 10%。在实际操作中,将目的蛋白和几种已知相对分子质量的蛋白质共同电泳,可以确定目的蛋白的相对分子质量。由于 SDS 破坏了蛋白质分子内部的次级键(包括肽链内部和肽链间),所以 SDS-PAGE 分析法测定的蛋白质相对分子质量实际为亚基的相对分子质量。

(4) 毛细管电泳法 尽管很多形式的凝胶电泳可以高效地分离带电分子,但是需要很长时间,一般长达几个小时,也不能自动化操作。毛细管电泳(CE)法则可以在很大程度上克服这些不利情况。用毛细管电泳法测定蛋白质相对分子质量仅需要纳克级蛋白质,而且还可以用积分仪或计算机联机精确定量。

(5) 质谱法 质谱法测定蛋白质相对分子质量是近年来发展的一项新技术,其分辨率和精确度都较前几项技术高。近几年发展起来的串联质谱法可精确测定各种蛋白质和多肽的相对分子质量;电喷雾质谱(ESI)法可以测相对分子质量为 50 000 的蛋白质,而且只需要皮摩尔(pmol)量级的蛋白质,精确度为 0.01%。

4.8 蛋白质功能研究的技术与方法

4.8.1 蛋白质的表达分析方法

免疫印迹法(Western blotting)即蛋白质印迹法。其一般实验流程为:蛋白质样品经过聚丙烯酰胺凝胶电泳分离后,转移到固相载体(如硝酸纤维素薄膜)上,以固相载体上的蛋白质或多肽作为抗原,与对应的抗体起免疫反应,再与酶或同位素标记的第二抗体起反应,经过底物显色或放射自显影以检测电泳分离的蛋白质成分。该技术已广泛应用于基因在蛋白质水平的表达研究、抗体活性检测和疾病早期诊断等多个方面。

4.8.2 蛋白质与蛋白质相互作用研究方法

蛋白质在细胞水平所发挥的生物活性往往是通过蛋白质与蛋白质之间的相互作用来完成的。用来研究蛋白质与蛋白质相互作用的主要方法和技术有酵母双杂交系统(yeast two-hybrid system,Y2H)、免疫共沉淀(co-immunoprecipitation,Co-IP)技术、表面等离子体共振(surface plasmon resonance,SPR)技术、荧光共振能量转移(fluorescence resonance energy transfer,FRET)技术等。

4.8.2.1 酵母双杂交系统

酵母双杂交系统是由 Fields 和 Song 根据真核生物转录调控的特点创建的。利用酵母双杂交系统能够快速、直接分析已知蛋白质之间的相互作用,并能研究与已知蛋白质相互作用的蛋白质,在发现新的蛋白质和蛋白质相互作用方面应用广泛。

酵母双杂交系统的建立是基于对真核生物转录调控过程的认识。真核生物中基因转录需要转录激活因子的参与,真核生物的转录激活因子含有两个不同的结构域:DNA 结合结构域(binding domain,BD)和 DNA 转录激活结构域(activation domain,AD),这两个结构域可以独立分开,功能互不影响。BD 和 AD 分别单独作用并不能激活转录反应,只有当两者在空间上充分接近时,才呈现完整

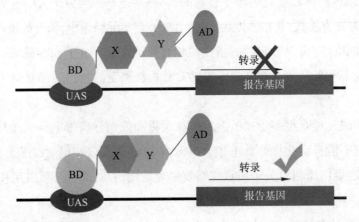

· 图 4-26　酵母双杂交系统作用原理示意图

的转录激活因子活性,使下游基因得到转录。根据这一原理,可设计酵母双杂交系统(图4-26)。

将两个待研究的蛋白质(蛋白质 X 与蛋白质 Y)分别与 BD、AD 结构域构建融合质粒。将构建好的两个质粒转入同一酵母细胞中表达,如果两个蛋白质之间不存在相互作用,则下游基因(报告基因)不会转录表达;如果两个蛋白质存在相互作用,则 BD 与 AD 两结构域空间上很接近,从而下游基因(报告基因)得到转录。通过判断报告基因表达与否,即可判断两个蛋白质之间是否存在相互作用。

4.8.2.2 免疫共沉淀技术

免疫共沉淀是以抗体和抗原之间的专一性作用为基础的用于研究蛋白质相互作用的经典方法,是确定两种蛋白质在完整细胞内生理性相互作用的有效方法。当细胞在非变性条件下裂解时,完整细胞内存在的许多蛋白质和蛋白质间的相互作用被保留下来。当用预先固化在琼脂糖珠上的蛋白质 A 的抗体免疫沉淀 A 蛋白,那么与 A 蛋白在体内结合的 B 蛋白也能一起沉淀下来。再通过蛋白质变性分离,对 B 蛋白进行检测,从而证明两者间的相互作用。这种方法得到的目的蛋白是在细胞内与目的蛋白天然结合的,符合体内蛋白质相互作用的实际情况,得到的结果可信度高。

4.8.2.3 荧光共振能量转移技术

荧光共振能量转移技术是采用物理方法检测分子间相互作用的方法。适用于在正常的生理条件下,验证细胞内已知分子间是否存在相互作用。此方法的检测原理是将要检测的蛋白质(如 X 和 Y),分别偶联上供体(donor,D)和受体(acceptor,A)的荧光蛋白。当用紫色光去激发 X 融合蛋白时,它能够产生蓝色荧光;同样,用蓝色光去激发 Y 融合蛋白时,它能够产生黄色荧光。当蛋白质 X 和 Y 间没有相互作用时(两者的空间距离 >10 nm),融合蛋白 X 和 Y 分别产生相应的荧光而被检测到,如果蛋白质 X 和 Y 间存在相互作用,即两者的空间距离 <10 nm 时,用紫色光激发融合蛋白 X 时产生的蓝光会被融合蛋白 Y 吸收,从而产生黄色荧光,这时在细胞内将检测不到蓝色荧光的存在。

4.8.3 蛋白质组学及其研究技术与方法

传统上对单个蛋白质研究的方式方法已无法满足后基因组时代的需要。这主要是因为:生命现象往往涉及多种蛋白质,而多种蛋白质的参与是交织成网络的,或平行发生的,或呈级联因果的;在执行生理功能时蛋白质的表现是多样的、动态的。所以,要对复杂的生命活动有全面和深入的认识,必然要在整体、动态、网络的水平上开展对蛋白质的研究。在此背景下,一门新兴的学科——蛋白质组学(proteomics)应运而生,它就是以细胞内全部蛋白质及其活动方式为研究对象的。

蛋白质组(proteome)的概念源于蛋白质(protein)与基因组(genome)两个词首尾拼合的一个新词,指的是由一个基因组、一个细胞或一种生物表达的所有蛋白质。经过 20 多年的研究,蛋白质组学的研究分为以下几个方面:①表达蛋白质组学(expressional proteomics),包括亚细胞蛋白质组学(subcellular proteomics)的研究;②差异蛋白质组学(differential expression proteomics)研究;③翻译后修饰(post-translational modification)的蛋白质组学研究,包括磷酸化、糖基化、酰基化等;④蛋白质相互作用组学(interactomics)研究等方面。

蛋白质组学的研究就是通过比较细胞在不同生理或病理条件下蛋白质表达的差异,对相关蛋白质进行分类和鉴定。更重要的是蛋白质组学的研究要分析蛋白质间的相互作用和蛋白质的功能。通过对蛋白质组的研究不仅能为生命活动规律阐释提供理论基础,也能为多种疾病致病机制揭示及攻克提供理论根据和解决途径。

蛋白质组学的研究中主要应用的技术包括：双向电泳（two-dimensional electrophoresis，2-DE）、多维色谱、微流芯片、质谱（mass spectrometry，MS）技术、酵母双杂交和噬菌体展示技术（研究蛋白质间的相互作用）、数据库设置与检索系统等。同时，蛋白质组学研究离不开各种先进的数据分析和图像分析软件及网络技术的支持。

自蛋白质组学问世以来，在很短的时间内，其研究得到飞跃发展。目前蛋白质组学的研究对象已经覆盖所有生物，包括原核微生物、真核微生物、植物和动物等范围，研究范围涉及代谢、生物化学等各个领域，如信号转导、细胞分化、蛋白质折叠等。在未来的发展中，蛋白质组学的研究领域将更加广泛。蛋白质组学与其他大规模的学科，如基因组学、生物信息学等领域交叉，构成组学（omics）生物技术研究方法，所呈现出的系统生物学（system biology）研究模式必成为未来生命科学最令人激动的新前沿。

小结

1. 蛋白质是氨基酸通过肽键连接的聚合物。
2. 20 种基本氨基酸根据 R 基团的极性分成非极性氨基酸（Ala，Val，Leu，Ile，Met，Pro，Phe，Trp）、极性不带电荷氨基酸（Gly，Ser，Thr，Asn，Gln，Tyr，Cys）和极性带电荷氨基酸（Lys，Arg，His，Asp，Glu）三大类。
3. 蛋白质的性质很大程度上取决于组成它的多肽链的大小和序列。
4. 纯化蛋白质的分级分离方法建立在分子大小、溶解度、带电量和特异性结合的基础上。
5. 利用溶解度的不同，通过盐析（或分段盐析）可以浓缩和纯化蛋白质。
6. 色谱层析法依靠可溶性分子在固定相基质上迁移率的不同将它们分离，是一种利用电荷（离子交换层析）、疏水作用（疏水作用层析）、分子大小（凝胶过滤层析）和特异性结合（亲和层析）来纯化蛋白质的技术，并通过改变盐浓度和 pH 来结合和洗脱。
7. 电泳是根据分子所带电荷多少与分子大小来分离物质的一项技术，SDS-PAGE 分析法主要利用相对分子质量大小进行分离。
8. 超速离心分析法是利用蛋白质相对分子质量来分离蛋白质。
9. 比较不同物种的蛋白质序列可以揭示哪个残基对蛋白质结构和功能是必要的。
10. 用二面角能够描述肽平面构象的柔性。
11. 氢键是稳定蛋白质二级结构的主要作用力。α 螺旋是规则的二级结构，氢键在相隔 4 个残基的骨架基团之间形成。在 β 折叠中，不同肽段或肽链间形成氢键。
12. 球蛋白的非极性侧链倾向占据分子的内部，而极性侧链倾向分布于分子表面。
13. 疏水效应是维持蛋白质三维构象稳定的主要作用力。
14. 蛋白质的变性、复性研究表明蛋白质中氨基酸序列的一维信息决定蛋白质的三级结构。
15. 血红蛋白是一种寡聚蛋白质，在执行功能时具有别构效应。
16. 对蛋白质结构与功能关系的描述应该从一级结构与功能和高级结构与功能两个方面来进行。
17. 蛋白质胶体溶液的稳定性由其自身的电荷和水化膜保持。任意一个被破坏都使蛋白质发生沉淀现象。
18. 蛋白质变性的实质是维系其高级结构的次级键遭到破坏，生物学活性丧失，而一级结构不变。
19. 蛋白质的重要显色反应是实验室定量和定性分析蛋白质的依据。

复习思考题

1. 列举氨基酸在蛋白质中发生的若干共价修饰。
2. 阐述镰状细胞贫血病的分子机制。
3. 胰岛素由两条链组成。经测序分析发现，鸭和人的胰岛素除了 6 个氨基酸残基外具有相同的氨基酸序列，如下所示：

	A8	A9	A10	B1	B2	B27
人	Thr	Ser	Ile	Phe	Val	Thr
鸭	Glu	Asn	Pro	Ala	Ala	Ser

试问两者的 p*I* 是否相同？若不同，哪个更高？

4. 通过比较不同蛋白质的序列可以获得什么信息？

5. 试述维持蛋白质三级结构的主要作用力。

6. 阐述蛋白质多肽链空间折叠的限制因素。

7. 阐述引起蛋白质变性的主要因素及其可能的原因。

8. 阐述蛋白质变性后的主要表现。

9. 举例说明蛋白质结构与功能的关系。

10. 在蛋白质纯化过程中，影响蛋白质稳定性的因素有哪些？

11. 以下数据来自一个八肽的部分水解分析结果：

    已知氨基酸组成：Ala，2Gly，Lys，Met，Ser，Thr，Tyr。

    用 CNBr 断裂：(1) Ala，Gly，Lys，Thr；(2) Gly，Met，Ser，Tyr。

    用胰蛋白酶水解：(1) Ala，Gly；(2) Gly，Lys，Met，Ser，Thr，Tyr。

    用胰凝乳蛋白酶水解：(1) Gly，Tyr；(2) Ala，Gly，Lys，Met，Ser，Thr。

    N 端氨基酸：Gly。

    C 端氨基酸：Gly。

    请确定八肽的氨基酸顺序。

12. 一种蛋白质利用凝胶过滤确定其相对分子质量为 9×10^4，而利用 SDS-PAGE，在有 β- 巯基乙醇的条件下，确定的相对分子质量为 6×10^4。试问哪种方法测定的相对分子质量更为准确？

13. 今有以下 4 种蛋白质混合物：①相对分子质量为 15 000，p*I*=10；②相对分子质量为 62 000，p*I*=4；③相对分子质量为 28 000，p*I*=8；④相对分子质量为 9 000，p*I*=6。若不考虑其他因素，当(A)用离子交换柱层析分离时，(B)用 Sephadex G50 凝胶层析柱分离时，试写出这些蛋白质的洗脱顺序。

数字课程学习资源

● 教学课件　　● 重难点讲解　　●拓展阅读

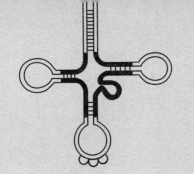

5 核 酸

关键词

核酸　核苷酸　核糖核酸　非编码 RNA　脱氧核糖核酸　碱基堆积力　解链温度　聚合酶链反应
核酸变性　核酸复性　增色效应　分子杂交　DNA 印迹法　生物信息学

1868 年,年仅 24 岁的瑞士外科医生 Miescher 从患者绷带上含有的脓细胞中分离出细胞核,并从中提取出一种含磷量很高的酸性化合物,当时称为核素(nuclein),实际就是现在所指的核蛋白(nucleoprotein)。核酸(nucleic acid)呈酸性,它是核蛋白的组分之一。1889 年,Altman 从动物和酵母的细胞核中提取出不含蛋白质的核酸,并建议将核素改名为核酸。1944 年,Avery 等通过肺炎双球菌转化实验证明 DNA 就是遗传物质。直到 1953 年,Watson 和 Crick 提出 DNA 的双螺旋结构模型,最终阐明 DNA 分子的结构特征,并指明 DNA 结构是如何在其生物遗传功能中发挥作用的。DNA 双螺旋结构模型被誉为 20 世纪自然科学领域最伟大的成就之一,它的确立为遗传学进入分子水平奠定基础,同时也成为现代分子生物学的里程碑,给生命科学的发展带来深远的影响。

5.1 核酸概述

核酸(nucleic acid)是单个核苷酸(nucleotide)的多聚体,即多核苷酸(polynucleotide)。它是核苷酸单元通过 3′,5′–磷酸二酯键(3′,5′–phosphodiester bond)相连接形成多核苷酸链,再经折叠、卷曲形成具有特定空间构型的生物大分子。核酸在细胞内主要行使储存、传递和表达遗传信息的功能;有些核酸分子还具有催化活性或具备调控遗传信息表达的能力。

5.1.1 核酸的种类和分布

核酸可分为核糖核酸(ribonucleic acid,RNA)和脱氧核糖核酸(deoxyribonucleic acid,DNA)两大类。DNA 是细胞中的主要遗传物质,是生物遗传信息的储存者和携带者;RNA 主要参与遗传信息的传递与表达过程。Miescher 当年提取到的核素含有的应该是 DNA,他是 DNA 的发现者;而 RNA 的研究则始于 19 世纪末。

在真核细胞中,DNA 主要集中于细胞核(约 98%),并与蛋白质组合成染色体(chromosome);作为半自主细胞器,线粒体和叶绿体中也均有各自的 DNA,但含量极少。在原核细胞中,通常含有一个双链环状 DNA 分子,主要分布在核区,没有与之结合的染色质蛋白;核区之外还存在能进行自主复制的遗传单位,称为质粒(plasmid),多为小的环状 DNA 分子。

细胞内的 RNA 主要存在于细胞质中,少量存在于细胞核中。在蛋白质的合成中存在三种 RNA,包括含量最少的信使 RNA(messenger RNA,mRNA),约占细胞总 RNA 的 5%,mRNA 在蛋白质生物合成中起决定氨基酸顺序的模板作用;含量最多的是核糖体 RNA(ribosomal RNA,rRNA),约占细胞总 RNA 的 80%,它与蛋白质结合构成核糖体(ribosome),核糖体是合成蛋白质的场所;相对分子质量最小的转移 RNA(transfer RNA,tRNA),占细胞总 RNA 的 10%~15%,在蛋白质合成时起携带活化氨基酸的作用。此外,叶绿体、线粒体中也有各自与细胞质不同的 mRNA、tRNA 和 rRNA。

近年来,人们在生物体内还发现一类特殊的小分子 RNA(small RNA 或 sRNA)。这些 sRNA 在生物体内通过调节功能基因表达来调节生物的生长发育、养分平衡、胁迫反应等功能。目前,最主要的内源 sRNA 可分为两类,即微 RNA(micorRNA,miRNA)和干扰小 RNA(small interfering RNA,siRNA)。其中,siRNA 又可分为 trans-acting siRNA(tasiRNA),natural antisense transcript-derived siRNA(nat-siRNA),repeat-associated siRNA(rasiRNA)和 Piwi-piRNA。根据它们在细胞中的位置,sRNA 也可分为核内 sRNA、胞质 sRNA 和核仁 sRNA 等。

5.1.2 核酸的化学组成

组成核酸的元素有 C、H、O、N、P 等,与蛋白质比较,其组成中 P 元素的含量较多且恒定,占 9%~10%。因此,定磷法是核酸定量测定的经典方法之一,以测定 P 含量来代表核酸量。此外,上海交通大学邓子新院士团队发现了 DNA 大分子骨架上发生硫修饰,该成果入选 2005 年中国高等学校十大科技进展。

核酸是一种多核苷酸(polynucleotide),它的基本结构单位是核苷酸(nucleotide)(图 5-1)。采用不同的降解方法,可将核酸降解成核苷酸。核苷酸分为核糖核苷酸(ribonucleotide)和脱氧核糖核苷酸(deoxyribonucleotide)两类。核苷酸水解得到核苷(nucleoside)和磷酸盐(phosphate),核苷可进一步分解为碱基(base)和戊糖(pentose)(图 5-2)。

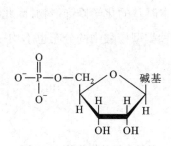

·图 5-1 核苷酸的基本结构

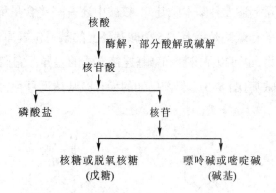

·图 5-2 核酸的化学组成

5.1.2.1 戊糖

核苷酸中的戊糖主要包括 β-D-核糖(β-D-ribose)和 β-D-2-脱氧核糖(β-D-2-deoxyribose)两类。核糖和脱氧核糖构成的核苷酸分为核糖核苷酸与脱氧核糖核苷酸,对应的核酸分别为 RNA 和 DNA。另外,RNA 中还含有少量的修饰戊糖,如 β-D-2-O-甲基核糖(图 5-3)。核酸中的这些戊糖属于戊醛

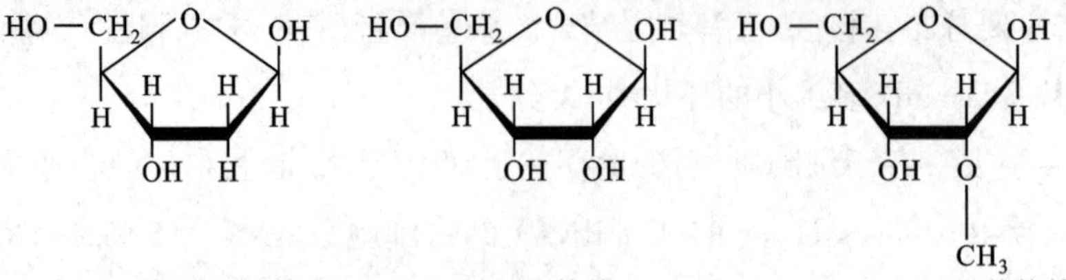

β-D-2-脱氧核糖　　　　　β-D-核糖　　　　　β-D-2-O-甲基核糖

·图 5-3　戊糖的结构

糖,均以呋喃型存在,并以 β- 糖苷键与碱基连接。为了与碱基分子中的原子编号相区别,戊糖的碳原子编号都要加上"'",如 1'、2' 和 5' 等均表示戊糖上的某个原子。核糖和脱氧核糖的结构差异在 $C_{2'}$,核糖分子具有 2'-OH,脱氧核糖 $C_{2'}$ 连接的是氢原子。

5.1.2.2　碱基

核苷酸中的碱基为含氮杂环化合物,可分为嘌呤生物碱(purine alkaloid)和嘧啶生物碱(pyrimidine alkaloid)两大类。嘌呤生物碱是嘌呤的衍生物,核酸中常见的嘌呤生物碱主要有两种:腺嘌呤(adenine,A)和鸟嘌呤(guanine,G)。嘧啶生物碱是嘧啶的衍生物,核酸中常见的主要有 3 种:尿嘧啶(uracil,U)、胞嘧啶(cytosine,C)和胸腺嘧啶(thymine,T)。参与 RNA 组成的是胞嘧啶和尿嘧啶,参与 DNA 组成的是胞嘧啶和胸腺嘧啶。碱基的结构式及原子顺序见图 5-4。

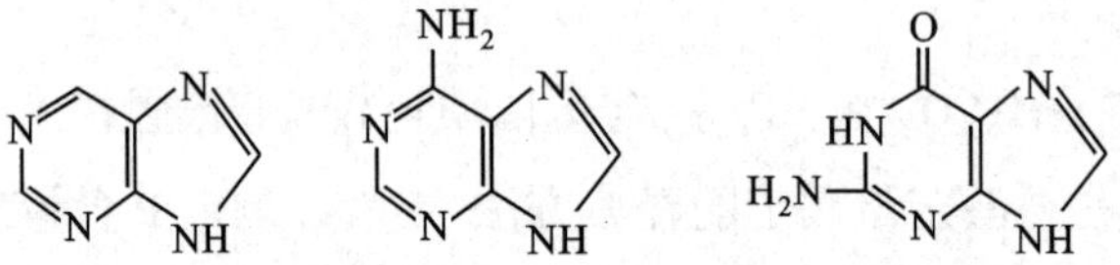

嘌呤　　　　　腺嘌呤　　　　　鸟嘌呤

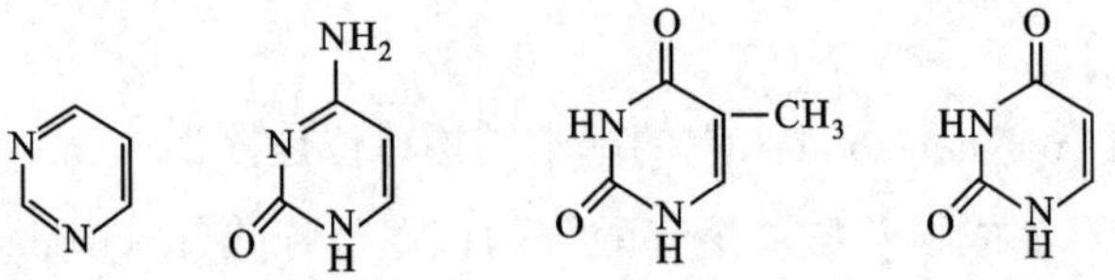

嘧啶　　胞嘧啶　　胸腺嘧啶　　尿嘧啶

·图 5-4　5 种基本碱基的结构式

除上述 5 种基本碱基外,核酸中还有一些含量稀少的碱基,通常称为稀有碱基(unusual base),大多数稀有碱基是指上述 5 种碱基环上的某一位置原子被一些化学基团(如甲基、甲硫基等)修饰后的衍生物,也可以是戊糖和碱基连接方式的差异。它们可以看作是基本碱基的化学修饰产物,因此称为修饰碱基(图 5-5)。目前已知的稀有碱基达近百种,含量稀少,在各种类型核酸中的分布也不均一,主

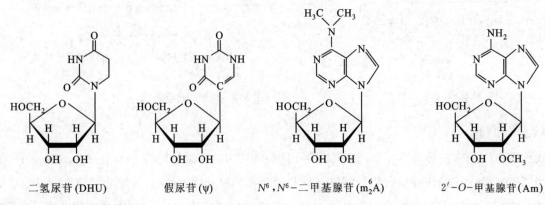

二氢尿苷(DHU)　　　　假尿苷(ψ)　　　　N^6, N^6-二甲基腺苷(m_2^6A)　　　2'-O-甲基腺苷(Am)

·图 5-5　修饰碱基与修饰核苷

要存在于 RNA 中,如大肠杆菌 DNA 中含有 5- 羟甲基胞嘧啶,植物 DNA 中含有相当数量的 5- 甲基胞嘧啶,而 tRNA 中含有较多的修饰碱基,可达 10%。

核酸中的稀有核苷酸常以其核苷的形式表示,常见的甲基化修饰基团以 m(methyl)表示,修饰基团在碱基上时写在碱基符号左方,修饰基团在核糖上时写在碱基符号右方,修饰基团数写在其右下角,修饰位置写在右上角。例如:m_2^6A 表示腺苷碱基 6 位有 2 个甲基,即 N^6, N^6- 二甲基腺苷;$m_3^{2,2,7}G$ 表示鸟苷的 2 位有 2 个甲基,第 7 位有 1 个甲基,共 3 个甲基;Am 表示 2′-O- 甲基腺苷;ψ 表示假尿苷,DHU 表示二氢尿苷。

5.1.2.3 核苷

核苷是一种糖苷,由戊糖和碱基脱水缩合而成。通常是由核糖或脱氧核糖 $C_{1'}$ 上的 β- 羟基与嘧啶碱 N_1 或嘌呤碱 N_9 上的氢进行脱水缩合,故生成的化学键称为 β-C-N 糖苷键。其中,由核糖生成的核苷称为核糖核苷(ribonucleoside),而由脱氧核糖生成的核苷则称为脱氧核糖核苷(deoxyribonucleoside),由稀有碱基所生成的核苷则称为稀有核苷。应用 X 射线衍射法已证明,核苷中的碱基与糖环平面互相垂直。DNA 和 RNA 中的各种核苷及其代号见表 5-1。

• 表 5-1 DNA 和 RNA 中的各种核苷及其代号

碱基	核糖核苷（RNA）	脱氧核糖核苷（DNA）
腺嘌呤（adenine,A）	腺苷（adenosine,A, 腺嘌呤核苷）	脱氧腺苷（deoxyadenosine,dA, 腺嘌呤脱氧核苷）
鸟嘌呤（guanine,G）	鸟苷（guanosine,G, 鸟嘌呤核苷）	脱氧鸟苷（deoxyguanosine,dG, 鸟嘌呤脱氧核苷）
胞嘧呤（cytosine,C）	胞苷（cytidine,C, 胞嘧啶核苷）	脱氧胞苷（deoxycytidine,dC, 胞嘧啶脱氧核苷）
胸腺嘧啶（thymine,T）		脱氧胸苷（deoxythymidine,dT, 胸腺嘧啶脱氧核苷）
尿嘧啶（uracil,U）	尿苷（uridine,U, 尿嘧啶核苷）	

5.1.2.4 核苷酸

核苷中的戊糖与磷酸以磷酸酯键连接即形成核苷酸,属于核苷一磷酸(nucleoside monophosphate,NMP)(图 5-6)。依据戊糖差异,NMP 分为核糖核苷一磷酸和脱氧核糖核苷一磷酸两类。核苷酸的核糖含有 3 个自由羟基,可以酯化分别生成 2′-、3′- 和 5′- 核苷酸;脱氧核糖上只有两个自由羟基,只能生成 3′- 和 5′- 脱氧核糖核苷酸。生物体内核苷酸大多为 5′- 核苷酸。各种常见核苷酸及其代号见表 5-2。

• 表 5-2 各种常见核苷酸及其代号

碱基	核糖核苷酸	脱氧核糖核苷酸
腺嘌呤	腺苷酸 adenosine monophosphate,AMP	脱氧腺苷酸 deoxyadenosine monophosphate,dAMP
鸟嘌呤	鸟苷酸 guanosine monophosphate,GMP	脱氧鸟苷酸 deoxyguanosine monophosphate, dGMP
胞嘧啶	胞苷酸 cytidine monophosphate, CMP	脱氧胞苷酸 deoxycytidine monophosphate,dCMP
尿嘧啶	尿苷酸 uridine monophosphate,UMP	
胸腺嘧啶		脱氧胸苷酸 deoxythymidine monophosphate,dTMP

5.1.3 游离核苷酸及其衍生物

核苷酸除作为核酸的结构单位外,其游离分子和衍生物也具有重要的生物功能,广泛参与细胞的

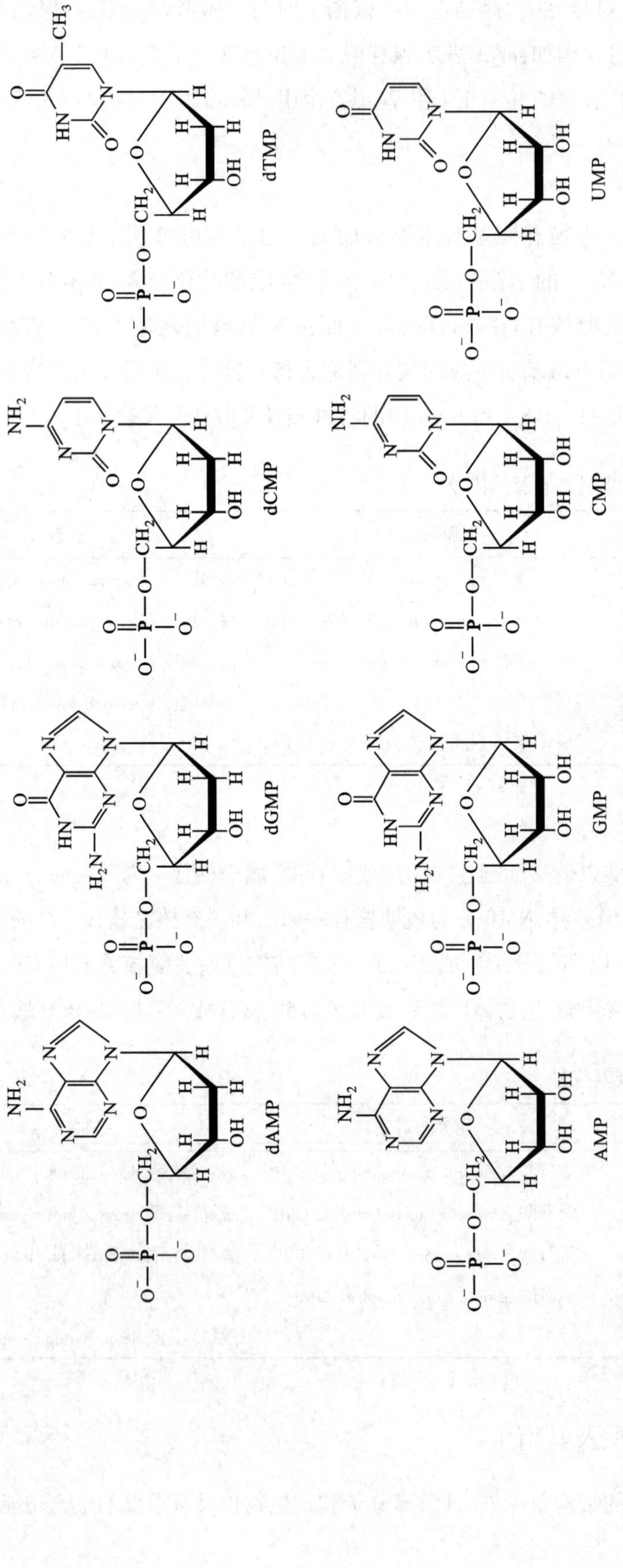

·图 5-6 脱氧核糖核苷酸与核糖核苷酸结构

各种生命活动。这类物质中以多磷酸核苷酸、环式单核苷酸和辅酶类单核苷酸较为重要。

5.1.3.1 多磷酸核苷酸

5′- 核苷酸除核苷一磷酸外,还有二磷酸酯和三磷酸酯形式。以核糖腺苷酸为例,除 AMP 外,还有腺苷二磷酸(adenosine diphosphate,ADP)及腺苷三磷酸(adenosine triphosphate,ATP)(图 5-7)。NDP 和 NTP 是游离在细胞中的高能磷酸化合物。NTP 上的磷酸残基由远及近以 α、β 和 γ 命名。这几种核苷酸多为核苷酸有关代谢中间产物或酶活性及代谢的调节物质。如核苷三磷酸是核酸合成的直接原料,核糖核苷三磷酸(特别是 ATP)是细胞内能量传递与转换的主要载体。

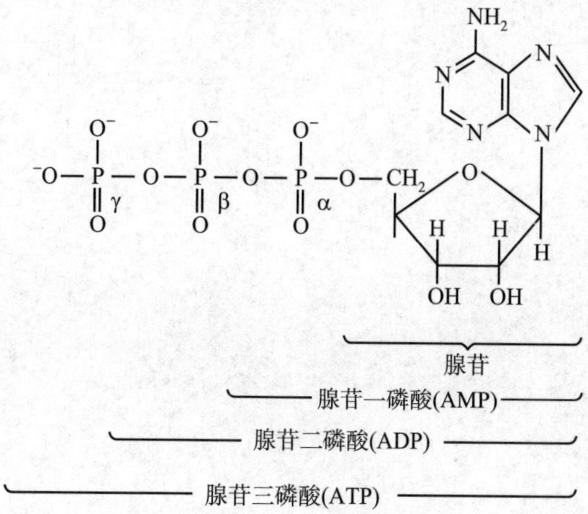

此外,一些原核生物(如细菌)在缺少营养等不利环境下还会在细胞内合成如鸟苷 -3′- 二磷酸 -5′- 二磷酸(ppGpp)和鸟苷 -3′- 二磷酸 -5′- 三磷酸(pppGpp)等形式的多磷酸核苷酸。这类多核苷酸由 ATP 将焦磷酸基转移给 GDP 而成,它们能作为生长抑制信号,抑制 rRNA 和 tRNA 的合成,促使细菌产生芽孢,降低代谢,以抵御不利环境的影响。

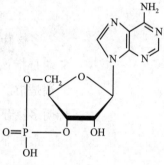

•图 5-7　AMP、ADP 和 ATP 的结构式

5.1.3.2 环核苷酸

如果一个磷酸与戊糖上的两个羟基同时以磷酸酯键连接,即形成环核苷酸(图 5-8)。20 世纪 60 年代以来,陆续发现生物体内存在一类环核苷酸,如 3′,5′- 环腺苷酸(cAMP)和 3′,5′- 环鸟苷酸(cGMP)。它们含量虽少,但具有重要的生物学功能,往往作为信号转导中的第二信使,起到信号转换与放大的作用。

5.1.3.3 辅酶类单核苷酸

核苷酸(特别是腺苷酸)也是多种辅酶的组成成分,参与酶促化学反应。例如,烟酰胺腺嘌呤二核苷酸(NAD$^+$)、烟酰胺腺嘌呤二核苷酸磷酸(NADP$^+$)、黄素单核苷酸(FMN)、黄素腺嘌呤二核苷酸(FAD)、辅酶 A(CoA-SH,含腺苷 -3′,5′- 二磷酸)等。

•图 5-8　cAMP 的结构

5.2　DNA 的分子结构

5.2.1　DNA 的一级结构

DNA 的一级结构是指 DNA 分子中核苷酸的排列顺序和连接方式,即核苷酸序列。由于核苷酸之间的差异仅仅是碱基不同,故也可称为碱基排列顺序。DNA 是生物大分子化合物,庞大数目的碱基所能容纳的信息量之大是可想而知的。DNA 的碱基顺序本身就是遗传信息存储的分子形式,生物界物种的多样性即寓于 DNA 分子中 4 种核苷酸(A、T、G、C)千变万化的不同排列组合之中。

5.2.1.1 脱氧核苷酸之间的连接方式

DNA 分子是由数量极其庞大的 4 种脱氧核苷酸按一定的顺序以 3′,5′- 磷酸二酯键连接而成的多脱氧核苷酸。其中,一个脱氧核苷酸的脱氧核糖 5′ 位上的磷酸基团(已含 5′- 磷酸酯键)与另一个脱氧核苷酸的脱氧核糖 3′ 位上的羟基形成 3′- 磷酸单酯键,这种由同一个磷酸基团所形成的两个单酯键合称为 3′,5′- 磷酸二酯键(图 5-9)。3′,5′- 磷酸二酯键属于共价键,也是稳定 DNA 一级结构的

5′-磷酸基端
3′，5′-磷酸二酯键
3′-羟基端
A
T
C
G

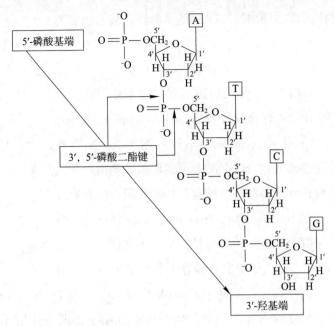

·**图 5-9** DNA 的一级结构和 3′,5′- 磷酸二酯键

作用力。如果这种共价键断裂,DNA 的一级结构便遭到破坏,称为 DNA 降解。

5.2.1.2 多脱氧核苷酸链的配对方向

多核苷酸链是有方向的,有两个不对称的末端,一端称为 5′ 端,另一端称为 3′ 端(图 5-10)。5′ 端是指该末端的核苷酸 5′ 位上的磷酸基团不再参与形成 3′,5′- 磷酸二酯键(即游离磷酸基);3′ 端是指该末端的核苷酸 3′ 位上是羟基(游离羟基),不再参与形成 3′,5′- 磷酸二酯键。书写时,须标明多核苷酸链方向。

常用一些简单的方式表示核酸的一级结构,图 5-10(A)为线条式缩写表示法,图中垂直线表示

(A)
p-A-C-G-OH (B)
pApCpGOH (C)
pACG (D)

·**图 5-10** DNA 的一级结构表示方法

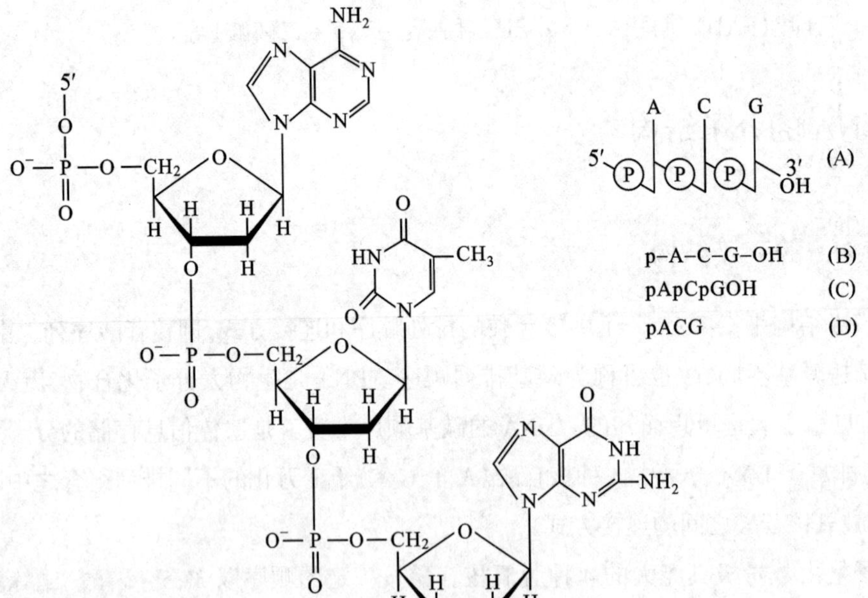

戊糖的碳链,P代表磷酸基,由 P 引出的斜线一端与 3′ 端相连,另一端与 5′ 端相连,代表两个核苷酸之间的 3′,5′- 磷酸二酯键。图 5-10(B)和图 5-10(C)为文字式缩写:P 在碱基左侧,表示 P 在 5′ 端位置上;P 在碱基右侧,表示 P 与 3′ 端相连。有时,多核苷酸中磷酸二酯键上的 P 也可省略,而写成 pACG〔图 5-10(D)〕。各种简化式的读向是从左到右,所表示的碱基序列是 5′ → 3′。

5.2.2 DNA 的二级结构

1953 年,J. D. Watson 和 F. H. Crick 提出著名的 DNA 分子双螺旋结构模型(图 5-11),揭示遗传信息如何储存在 DNA 分子中,以及遗传性状何以在世代间得以保持。这是生物学发展的重大里程碑。

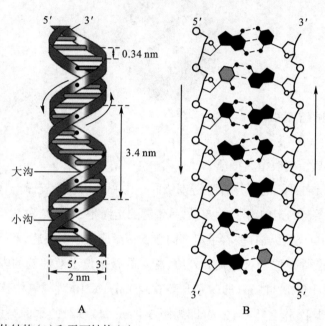

·图 5-11　DNA 双螺旋立体结构(A)和平面结构(B)

5.2.2.1　DNA 双螺旋结构的主要依据

(1) E. Chargaff 对 DNA 碱基组成的研究结果　1949—1951 年,Chargaff 对不同来源的 DNA 进行碱基定量分析,得出组成 DNA 的 4 种碱基的比例关系(表 5-3),称为 Chargaff 法则。①不同种类生物的 DNA 有其独特的碱基组成,即碱基组成具有物种特异性,可用不对称比例(asymmetric ratio)(A+T)/(G+C)表示。亲缘关系相近生物的 DNA 碱基组成相近,即不对称比例相近;②同一物种不同组织和器官的 DNA,由相同的碱基组成,而且不受生长发育阶段、营养状况和环境变迁的影响;③在所有 DNA 中,腺嘌呤与胸腺嘧啶的摩尔含量相等,鸟嘌呤与胞嘧啶的摩尔含量相等,即 [A]=[T] 和 [C]=[G],由此推出嘌呤的总摩尔含量与嘧啶的总摩尔含量相等。这些发现不仅为 DNA 能携带遗传信息的论点提供依据,而且为 DNA 结构模型中的碱基配对原则奠定基础。

(2) DNA 双螺旋 X 射线衍射分析结果　X 射线衍射技术是一种在原子水平上间接观测晶体物质分子结构的方法。1951 年,Franklin 和她的同事 Wilkins 等用 X 射线衍射方法获得清晰的 DNA 双螺旋 X 射线衍射结构图(第 51 号照片,图 5-12)。这个研究小组制备的高度定向的 DNA 纤维晶体表明 DNA 结构的螺旋周期、碱基的空间取向等。这些资料对 Watson 和 Crick 构建 DNA 双螺旋结构模型起关键的作用。

·表 5-3　几种不同来源的 DNA 分子的碱基比例

DNA 来源	A/%	G/%	C/%	T/%	（A+G）/%	（C+T）/%	（A+G）/（C+T）	A/T	G/C
人肝	30.3	19.5	19.9	30.3	49.8	50.2	0.99	1.00	0.98
牛肝	29.0	21.0	21.0	29.0	50.0	50.0	1.00	1.00	1.00
酵母	31.3	18.7	17.1	32.9	50.0	50.0	1.00	0.95	1.09
葡萄球菌	30.8	21.0	19.0	29.2	51.8	48.2	1.07	1.05	1.11
大肠杆菌	26.0	24.9	25.2	23.9	50.9	49.1	1.04	1.09	0.99

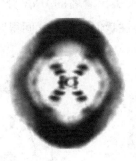

·图 5-12　DNA 双螺旋 X 射线衍射结构图

5.2.2.2　DNA 双螺旋结构模型的特征

（1）双螺旋是两条反向平行的多核苷酸链围绕同一中心轴相互盘旋而上，两条链均为右手螺旋。DNA 分子的两条链，一条链的走向为 $3' \rightarrow 5'$，另一条链的走向是 $5' \rightarrow 3'$，称为反平行双链。反平行双链相互盘旋，并沿同一中心轴（纵轴）按右手定则向上旋转形成右手双螺旋，双螺旋的直径为 2 nm。

（2）脱氧核糖 – 磷酸骨架位于双螺旋的外侧，配对的碱基位于双螺旋的内侧。每个脱氧核苷酸残基沿纵轴旋转 36° 并上升 0.34 nm（即碱基升高 0.34 nm），每 10 对脱氧核苷酸残基（即 10 个碱基对）旋转一圈形成一个螺圈并上升 3.4 nm（即螺距 3.4 nm），碱基对的平面与中心轴垂直（即碱基倾角 0°）。

（3）两条反向平行的多核苷酸链依靠彼此碱基之间形成的氢键而结合在一起（图 5-13 和图 5-14）。一股链中的嘌呤碱基与另一股链中位于同一平面的嘧啶碱基之间以氢键相连，称为碱基互补配对或碱基配对（base pairing）。两条链之间的距离是一定的，4 种碱基的大小和结构是固

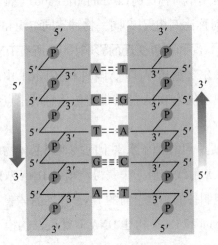

·图 5-13　DNA 双螺旋结构中碱基配对示意图

·图 5-14　各碱基配对的示意图

定的,碱基不能随意配对,腺嘌呤(A)必须和胸腺嘧啶(T)配对,形成 2 个氢键,而鸟嘌呤(G)必须和胞嘧啶(C)配对,形成 3 个氢键,所以 G 和 C 之间的结合较为稳定。这种碱基配对规律是 Watson 和 Crick 双螺旋结构模型的最主要特征,不仅实验证明是正确的,而且适用于 DNA 的复制、转录(U 代替 T)和翻译(密码子和反密码子配对,U 代替 T)。

(4) 双螺旋的两条链是互补关系。由于双螺旋的两条链是反向平行的,碱基又是按上述规则配对的,因此一条链的碱基顺序确定后,即可决定另一条链的碱基顺序。由于两条链的碱基对应关系是互补的,因此一条链称为是另一条链的互补链。

(5) 从双螺旋 DNA 结构模型中沿螺旋轴方向观察,配对的碱基并没有充满双螺旋的空间。由于碱基对与糖环连接不是在碱基对的相反两侧而是在同侧,所以碱基对的这种配对方向使得碱基对占据的空间是不对称的,因此在双螺旋表面形成两种凹槽,分别称为大沟(major groove)和小沟(minor groove),这是蛋白质与 DNA 相互作用的位点,与基因表达调控有关(图 5-11A)。

5.2.2.3 DNA 双螺旋结构的稳定因素

维持 DNA 双螺旋的结构主要有三种作用力:①碱基对间的氨基和内酰胺氧形成的分子内氢键。单个氢键虽然很弱,大量碱基对累积的氢键能量就相当大了。②碱基堆积力即碱基对在垂直方向上的相互作用所产生的力,它包括碱基对疏水的芳香环堆积产生的作用力(疏水作用力)和堆积的碱基对间的范德华力。碱基堆积力对维持 DNA 的二级结构起主要作用。在结晶态下,一个碱基平面与相连的碱基平面相互平行,相连碱基平面间隔 0.34 nm,处于范德华力距离内,因此可通过这种由垂直方向的相互作用而有序地堆积起来。在溶液状态下,嘧啶和嘌呤具有一定程度的疏水性,能自发聚集在一起,仍观察到很好的碱基堆积力相互作用。在碱基堆积力中,碱基平面上分布的 π 电子云系统之间的吸引力、碱基上永久偶极间的作用力和诱导偶极的相互作用等分子间作用力使堆积状态稳定。③多核苷酸链骨架上带负电荷的磷酸基与介质阳离子或阳离子化合物之间形成的盐键,中和了磷酸所带负电荷,消除静电斥力。

5.2.2.4 DNA 二级结构的多态性

Watson 和 Crick 所推导出来的 DNA 结构在生物学研究中有深远的意义。他们是以在生理盐溶液中抽提出的 DNA 纤维在 92% 相对湿度下进行 X 射线衍射图谱为依据进行推测的。在这一条件下得出的 DNA 称 B 构象。由于它的水分含量较高,可能比较接近大部分 DNA 在细胞中的构象。但是 DNA 的结构是动态的,在以钠、钾或铯作反离子,相对湿度为 75% 时,DNA 分子的 X 射线衍射图给出的是 A 构象。这一构象不仅出现于脱水 DNA 中,还出现在 RNA 分子中的双螺旋区域的 DNA-RNA 杂交分子中。如果以锂作反离子,相对湿度进一步降为 66%,则 DNA 是 C 构象。但是这一构象仅在实验室中观察到,还未在生物体中发现。这些研究结果表明,DNA 的分子结构不是一成不变的,在不同的条件下可以有所变化。但是,这些不同构象的 DNA 都有共同的特点,两条反向平行的核苷酸链通过 Watson-Crick 碱基配对结合在一起;链的重复单位是单核苷酸;这些螺旋中都有两个螺旋沟,分为大沟与小沟,只是它们的宽窄和深浅程度有所不同而已(表 5-4)。

Rich 等在研究人工合成的 CGCGCG 寡核苷酸单晶的 X 射线衍射图谱时发现存在左手双螺旋构象。在主链中各个磷酸根呈锯齿状排列,有如“之”字形一样,因此称为 Z 构象(英文 Zigzag 的第一个字母)。研究表明,Z-DNA 的形成是 DNA 单链上出现嘌呤与嘧啶交替排列所成的。

·表5-4　双螺旋 DNA 各种类型的结构参数比较

类型	旋转方向	螺旋直径 /nm	螺距 /nm	每转碱基对数目	碱基对间垂直距离 /nm	碱基对与水平面倾角
A-DNA	右	2.3	2.8	11	0.255	20°
B-DNA	右	2.0	3.4	10	0.340	0°
Z-DNA	左	1.8	4.5	12	0.370	7°

Z-DNA 有什么生物学意义呢？应当指出 Z-DNA 在热力学上通常是不利形成的。因为 Z-DNA 中带负电荷的磷酸根距离太近，这会产生静电排斥。但是，DNA 链的局部不稳定区成为潜在的解链位点。DNA 解螺旋是 DNA 复制和转录等过程中必要的环节，因此认为这一结构位点与基因调节有关。此外，Z-DNA 螺旋沟的特征在其信息表达过程中也起关键作用。

5.2.2.5　DNA 的三股和四股螺旋

前面讨论的 DNA 二级结构都是双螺旋结构（double helix），是否有 3 条链形成的螺旋结构（triple helix）呢？ M. Wilkins 早就猜测存在这种结构；1963 年，K. Hoogsteen 还提出 3 条链碱基配对方式：TAT，CGC⁺（注：C⁺ 是胞嘧啶 N³ 被质子化），就是指在 DNA 三股螺旋中，polyPy 和 polyPu 形成反向平行的双螺旋，其中的两条链以 Watson-Crick 配对，而第三条链（polyPy 或 polyPu）则以正向平行结合在上述反向平行双螺旋的大沟中，而碱基间通过 Hoogsteen 方式配对。一般认为，第三条链中的碱基配对方式必须符合 Hoogsteen 模型，即第三个碱基以 A 或 T 与 A-T 碱基对中的 A 配对；G 或 C 与 G-C 碱基对中的 G 配对。随着实验技术的提高，近年来研究工作者通过扫描隧道显微镜（STM）相继证实 DNA 分子中存在三链状结构，称为三链 DNA（tsDNA），由于第三条链的胞嘧啶被质子（H⁺）化才能参与配对，故又称为 H-DNA（图 5-15）。

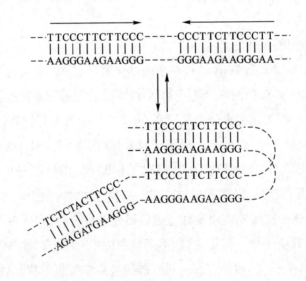

·图 5-15　三链 DNA 模型

此外，DNA 还可形成四链体结构，其基本结构单位是 G- 四联体，即在四联体的中心有 1 个由 4 个带负电荷的羧基氧原子围成的"口袋"通过 G- 四联体的堆积可以形成分子内或分子间的右手螺旋（图 5-16）。与 DNA 双螺旋结构比较，G- 四联体螺旋有两个显著的特点：①它的稳定性决定于口袋内所结合的阳离子种类，已知钾离子的结合使四联体螺旋最稳定；②它的热力学和动力学性质都很稳定。

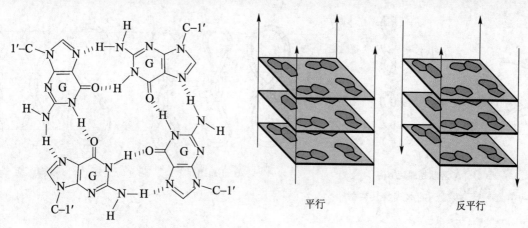

·**图** 5-16 四股螺旋 DNA 的空间排列方式

平行　　　　　　反平行

5.2.3　DNA 的三级结构

双螺旋 DNA 进一步扭曲盘绕则形成其三级结构,超螺旋是 DNA 三级结构的主要形式(图 5-17)。自 1965 年 J. Vinograd 等发现多瘤病毒的环形 DNA 超螺旋以来,现已知道绝大多数原核生物都是共价闭合环状(covalently closed circular, CCC)分子,这种双螺旋环状分子再度螺旋化,成为超螺旋(superhelix 或 supercoil)结构。有些单链环形染色体或双链线形染色体(如噬菌体),在其生活周期的某一阶段,也必将其染色体变为超螺旋形式。对于真核生物来说,虽然其染色体多为线形分子,但其 DNA 均与蛋白质相结合,两个结合点之间的 DNA 形成一个突环(loop)结构,类似于 CCC 分子,同样具有超螺旋形式。真核生物的线粒体 DNA 和叶绿体 DNA 也是环状双链超螺旋结构。超螺旋按其方向分为正超螺旋和负超螺旋两种。若闭环双螺旋沿右手方向缠绕,使原来的双螺旋变得更松弛,为负超螺旋;若沿左手方向缠绕,使原来的双螺旋变得更紧,则为正超螺旋。可见,负超螺旋调整 DNA 双螺旋本身的结构,松解扭曲压力,使每个碱基对的旋转减少,甚至可打乱碱基的配对。天然 DNA 均为负超螺旋(图 5-18)。天然状态下并不产生正超螺旋结构,在试管内用溴乙锭处理时可出现正超螺旋。在真核生物中,DNA 与组蛋白八聚体形成核小体结构时,存在负超螺旋。研究发现,所有的 DNA 超螺旋都是由 DNA 拓扑异构酶产生的。生物体内的 DNA 分子形成超螺旋状态的三级结构具有重要的生物学意义。因为对细胞来说,DNA 是庞然大物,许多生物的 DNA 长度为 0.1 ~ 3 100 mm,怎样才能装进极小的细胞内(原核细胞直径为 1 ~ 10 μm,真核细胞直径为 10 ~ 100 μm)呢? 只有从结构上充分压缩和包装后才有可能。此外,负超螺旋分子具有额外能量,可推动 DNA 解链,DNA 的复制、转录和重组等过程都需要将两条链解开。因此,超螺旋有利于这些生物学过程的进行与完成。

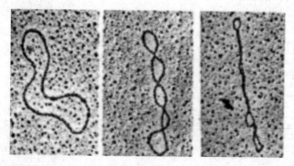

·**图** 5-17　DNA 三级结构的主要形式

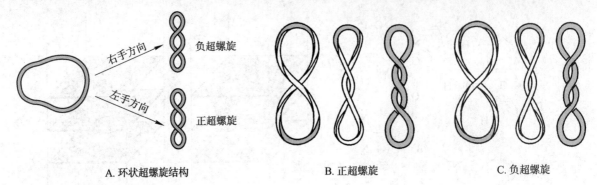

右手方向
负超螺旋
左手方向
正超螺旋
A. 环状超螺旋结构
B. 正超螺旋
C. 负超螺旋

·图 5-18　DNA 三级结构的形式及其类型

5.3　RNA 的分子结构

与 DNA 相比，RNA 相对分子质量相对较小。RNA 的种类、结构和功能都比 DNA 更加多样化。大多数天然 RNA 是单链线型分子。这样的单链 RNA 可以自身回折，通过分子内碱基的互补配对，形成一个或数个短的局部双螺旋区，称为茎区（stem）；茎区间未配对的单链区则突起形成环（loop），这种茎环结构就是 RNA 的二级结构（图 5-19）。不同的 RNA 分子因碱基序列不同而具有不同比例的双螺旋区。RNA 碱基组成特点是含有尿嘧啶（U）而不含胸腺嘧啶（T），碱基配对发生于 C 和 G、U 和 A 之间，RNA 碱基组成之间无一定的比例关系，且稀有碱基较多。tRNA 在其二级结构基础上进一步折叠成具有特定空间构象的三级结构，在蛋白质生物合成过程中起识别密码子和转运氨基酸的作用。此外，RNA 还会与蛋白质分子结合形成 RNA- 蛋白质复合体，即 RNA 的四级结构，如核糖体的组装。可见，RNA 分子结构的复杂性与其多样的生物学功能是密切相关的。

5.3.1　mRNA 的结构

mRNA 是蛋白质合成的模板。在细胞内，mRNA 种类多、大小不一、含量低，在原核细胞中约占细

环
茎
3′
OH
5′

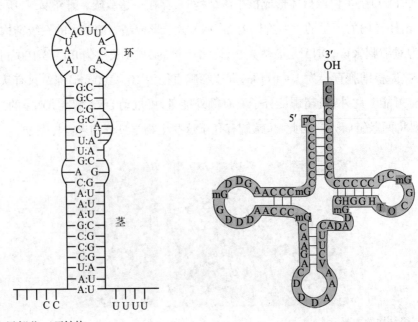

·图 5-19　RNA 局部茎 – 环结构

胞总 RNA 的 2%。mRNA 代谢活跃,原核生物 mRNA 半寿期仅为数分钟,真核生物的也不过数小时或数天。mRNA 的上述特点可能与细胞内蛋白质种类、大小及更新速率有关。真核生物 mRNA 都有合成一种多肽链的信息,它们具有一些共同的结构特征。例如,成熟的卵清蛋白 mRNA 含 1 859 个核苷酸(图 5-20),在 5′ 端有一个 "帽" 结构(5′-cap),3′ 端含多腺苷酸[poly(A)]序列的尾。在 5′ 端非翻译序列(64 个碱基)和 3′ 端非翻译序列(637 个碱基)之间是翻译区或编码区(1 158 个碱基)。

真核生物 mRNA 的 5′ 端含有 7- 甲基鸟苷三磷酸帽结构,其通式为 m⁷GpppNmp。其中,N 代表 mRNA 分子原有的第一个碱基,m⁷G 是转录后加上去的,即鸟嘌呤第 7 位氮(N_7)被甲基化。在不同真核生物的 mRNA 中,5′ 端帽可分为三种不同的类型,即 O 型、I 型和 II 型,其结构可分别表示为 m⁷GpppNp、m⁷GpppNmpNp 和 m⁷GpppNmpNmpNp。帽结构中 m⁷G ppp 与下一个核苷酸连接是以 5′ 与 5′ 相连的方式,这和一般的多核苷酸中的 5′ 与 3′ 连接方式不同。

真核生物 mRNA 的 5′ 帽结构的功能包括:① 5′ 端帽可以与帽结合蛋白结合,促进 mRNA 的出核转运;②帽结构与核糖体及翻译起始因子结合,可以促进起始蛋白质的合成;③稳定 mRNA。mRNA 分子加帽后,其 5′ 端磷酸基团不再游离,可防止 RNA 外切核酸酶通过 5′ 外切的方式切割 mRNA 分子。但是,原核细胞 mRNA 一般没有 5′ 帽结构。

真核生物 mRNA 转录后加工过程中,其 3′ 端还将连接上 50~200 个腺苷酸残基组成的片段,构成 poly(A)尾。poly(A)也是转录后当 mRNA 还未离开细胞核时(此时称核不均一 RNA,hnRNA)连接上去的。但有些真核细胞 mRNA,如组蛋白 mRNA 及一些植物病毒 mRNA 上没有 poly(A)。一般

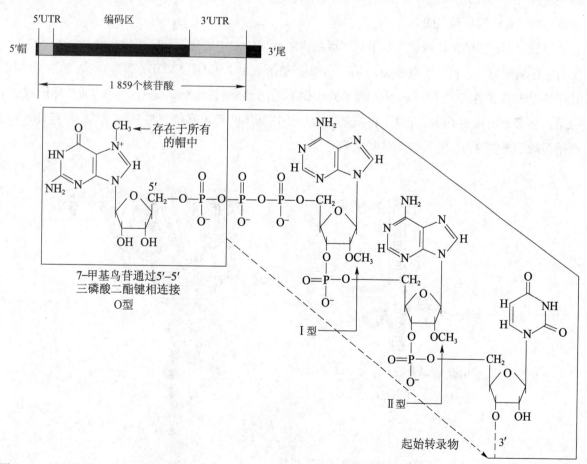

·图 5-20　真核生物 mRNA 的结构特征

认为 mRNA 的 3′ 端非常保守的 AAUAAA 序列是加尾信号,原核细胞的 mRNA 没有加帽或加尾修饰。有研究表明,poly(A)尾结构的长短与 mRNA 的寿命有一定关系。poly(A)尾可抵抗外切核酸酶从 3′ 端降解 mRNA,它与帽结构共同维持 mRNA 稳定性,并促进 mRNA 出核转运以及调控翻译起始。

5.3.2 tRNA 的结构

在蛋白质生物合成过程中,tRNA 主要起转运氨基酸并识别密码子的作用。相对分子质量一般为 $2.5 \times 10^4 \sim 3.0 \times 10^4$,沉降常数约为 4 S(S 为沉降系数,1 S=$1 \times 10^{-13}$ s)。tRNA 有 100 多种,占细胞内 RNA 总量的 10% ~ 15%,相对分子质量最小,由 73 ~ 95 个核苷酸组成。tRNA 的一级结构特点是 5′ 端多为 pG,3′ 端多为 CCA,整个分子含大量稀有碱基,如假尿嘧啶核苷(ψ)、二氢尿嘧啶(DHU 或 D)、胸腺嘧啶(T)核苷及各种甲基化的嘌呤和嘧啶核苷等。

所有的 tRNA 都具有相似的二级和三级结构。tRNA 的二级结构是 tRNA 单链通过自身配对折叠形成一种形状像三叶草的茎环结构,称为三叶草结构(cloverleaf structure)(图 5-21A)。tRNA 三叶草结构可分为四环四臂(即配对的茎区):① D 环,因含二氢尿苷(dihydrouridine)而得名,与 D 环相连的臂则相应称为 D 臂;② TψC 环,由于存在保守的 TψC(胸腺嘧啶核苷酸 – 假尿嘧啶核苷酸 – 胞嘧啶)序列而得名,与之相连的臂称为 TψC 臂;③ 额外环(即可变环),由 3 ~ 21 个核苷酸组成,不同的 tRNA 有不同大小的可变环,可用于 tRNA 的分类;④ 反密码子环,由 7 个核苷酸组成,环中部有 3 个相连核苷酸的碱基构成反密码子,可与 mRNA 上的相应密码子反平行互补配对结合从而识别密码子;⑤ 氨基酸接受臂,由单链的两端经互补配对形成,在 3′ 端有一个保守的 CCA 序列,其中 A 的核糖上的—OH 通过共价结合而接受氨基酸。

但只有当这些结构区域进一步形成三级结构之后,tRNA 才具有特定的生理功能。三叶草结构中配对的区域形成反平行右手双螺旋,整个分子则折叠形成倒 L 形(图 5-21B),即为 tRNA 的三级结构。其中氨基酸接受臂 CCA 序列和反密码子处于倒 L 的两端,两者相距 7 nm;D 环和 TψC 环形成倒 L 的角。倒 L 型结构更有利于 tRNA 将氨基酸转运至核糖体的特定部位。与 DNA 相似,稳定 tRNA 三级结构的主要作用力也是氢键和碱基堆积力。

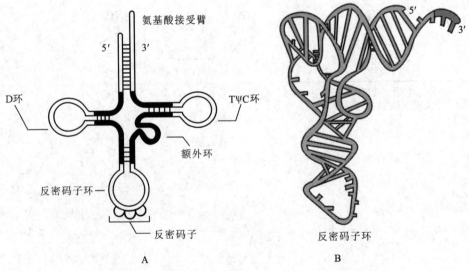

•图 5-21　tRNA 的三叶草二级结构(A)和三级结构(B)模型

5.3.3　rRNA 的结构

rRNA 是细胞内含量最多的一类 RNA,占 RNA 总量的 80% 左右,相对分子质量比较大,但种类只有几种。rRNA 与蛋白质结合成核糖体(ribosome),作为细胞内蛋白质合成的场所。在核糖体中,rRNA 不但参与构象维持,还参与蛋白质合成过程中序列识别及几步催化反应过程。

核糖体又称为核蛋白体,由 rRNA 和蛋白质组成。单核糖体有 2 个亚基,分别称为大亚基和小亚基。原核细胞和真核细胞中核糖体的组成见表 5-5。rRNA 结构有以下基本特点。

(1) rRNA 是单链 RNA。

(2) G-C 碱基对与 A-U 碱基对的总量不等。

(3) 单链 rRNA 可自行折叠,形成螺旋区和环区,所有螺旋区的碱基都是保守的。

(4) 所有来源 rRNA 均能形成 4 个结构域(Ⅰ、Ⅱ、Ⅲ和Ⅳ),每个结构域均含许多茎(螺旋段)和环,它们通过碱基对的相互反应彼此靠近。

(5) 绝大多数 rRNA 碱基的特异功能尚不清楚。研究认为,rRNA 中不配对的碱基(环区或单股区)涉及 rRNA 与其他 RNA 结合,如 16 S 的 3′ 端不配对的碱基与 mRNA 的起始部位(SD 序列)形成碱基配对。

rRNA 的二级结构也是通过单链自身折叠形成茎环结构,分子越大,茎环结构越复杂。有些 rRNA 分子中也含有修饰碱基,主要是甲基化形式的修饰碱基,真核细胞 rRNA 中的甲基化修饰碱基要远多于原核细胞。rRNA 的二级结构再进一步折叠盘绕,并与核糖体蛋白质结合,可形成特定的三级结构。

· 表 5-5　rRNA 的种类与大小

核糖体	核糖体亚基	rRNA 大小	rRNA 相对分子质量	rRNA 核苷酸数
原核生物	30 S	16 S	5.5×10^5	1 500
	50 S	23 S	1.1×10^6	3 000
		5 S	4×10^4	120
真核生物	40 S	18 S	7×10^5	2 000
	60 S	28 S	1.8×10^6	5 000
		5.8 S	5×10^4	160
		5 S	4×10^4	120

5.3.4　其他蛋白质非编码 RNA

非编码 RNA(non-coding RNA)是指一类不参与蛋白质翻译的 RNA 分子。它们直接在 RNA 水平上参与细胞的生长、分化,以及个体的发育时序调控等生命过程。目前,已有深入了解并在生物技术研究中加以应用的非编码 RNA 包括核内 sRNA、干扰小 RNA(small interfering RNA,siRNA)、微 RNA(microRNA)和环状 RNA(circRNA)等。tRNA 因分子较小,且不编码蛋白质,也被归入非编码 RNA 中。目前根据这一类 RNA 的存在方式与作用功能可以初步分为以下 5 种。

(1) 核内小分子 RNA(small nuclear RNA,snRNA)　snRNA 是存在于真核细胞核中的小分子 RNA,在哺乳动物中的长度为 100~215 个核苷酸。它们与数种核内蛋白质一起组成一个称为剪接体

(spliceosome)的核蛋白复合体,参与 mRNA 前体核内不均一 RNA(hnRNA)剪接,除去 hnRNA 中的内含子,转变为成熟的 mRNA,并协助将 mRNA 从细胞核运到细胞质。snRNA 的二级结构中包含一个茎环结构和保守的蛋白质结合位点。

(2) 核仁小分子 RNA(small nucleolar RNA,snoRNA) snoRNA 存在于核仁中,由内含子编码,它可引导 rRNA 或其他 RNA 的化学修饰(如甲基化)作用,是近年来分子生物学研究的热点之一。根据保守序列和结构元件,snoRNA 可分成 3 类:box C/D snoRNA,box H/ACA snoRNA 以及 MRP RNA。通常,box C/D snoRNA 的功能为指导 rRNA 或 snRNA 中特异位点的 $2'-O-$ 核糖甲基化修饰;绝大多数 box H/ACA snoRNA 则指导 rRNA 或 snRNA 分子中某些位点由尿嘧啶向假尿嘧啶转换;MRP RNA 与 RNA 酶组成核蛋白复合体 RNaseMRP,在真核生物的 rRNA 前体加工成 28 S rRNA 的过程中发挥作用。此外,还有一些 snoRNA 能帮助 rRNA 的前体折叠,所以又具有分子伴侣的功能。

(3) 微 RNA(microRNA,miRNA) miRNA 是近几年在真核生物中发现的广泛存在的一类具有调控功能的内源性单链小分子 RNA,长度一般为 19~25 个核苷酸,转录自内含子或基因间序列,在进化上具有保守的特征。通常,miRNA $5'$ 端有一个磷酸基团且多为尿嘧啶核苷酸,$3'$ 端为羟基,这是它与大多数寡核苷酸和功能 RNA 降解片段的区分标志。miRNA 的前体常形成分子内茎环结构,而且含有大量的 U/G 碱基对,经过核酸酶加工形成成熟的 miRNA。miRNA 的前体大小在动植物中差别较大:动物 miRNA 前体长 60~80 nt,而植物 miRNA 前体长度变化很大,一般从几十到几百核苷酸。miRNA 常来自前体的一条臂,$5'$ 端或 $3'$ 端,但有些前体的两条臂均可被加工为成熟的 miRNA。miRNA 的表达具有时序性和组织特异性,通过与目标 mRNA 特异互补位点结合,抑制基因表达,或引导碱基特异性核糖核酸酶降解该 mRNA,从而调控生物体的生长发育、形态变化、细胞分化、凋亡、脂类代谢、激素分泌等多种生理过程。

(4) 干扰小 RNA(small interfering RNA,siRNA) siRNA 是一类包含正义和反义 RNA 的双链小分子,长度为 21~25 个核苷酸,通常由人工合成导入,也可能来源于病毒激活、转座子活化及特异重复序列等途径。siRNA 在作用过程与作用机制上与 miRNA 有很多相似之处,但 siRNA 只引起目标 mRNA 降解,并不参与相关的生长调控过程。siRNA 在作用时先解离成单链,与互补的目标 mRNA 结合,引导特异的内切核酸酶复合物剪切并降解该 mRNA,导致靶目标 mRNA 水平降低,并引起编码该 mRNA 的基因 DNA 甲基化,即转录后基因沉默(post-transcriptional gene silencing,PTGS)和转录基因沉默(transcriptional gene silencing,TGS),统称 RNA 干扰(RNA interference,RNAi)。由 siRNA 引起的 RNAi 可以特异性剔除或关闭特定基因的表达,所以 RNAi 技术已广泛应用于探索基因功能和传染疾病及恶性肿瘤的治疗等领域。

(5) piRNA(Piwi-interacting RNA) piRNA 是与 Piwi 蛋白相互作用的一类小型单链 RNA 分子,绝大多数长度是在 29~30 个核苷酸,其 $5'$ 端也具有强烈的尿嘧啶偏向性,$3'$ 端的 $2'$ 氧是被甲基化修饰的,增加 piRNA 的稳定度。piRNA 作为一种调节小 RNA,直到 2006 年才被发现。已知的 piRNA 主要存在于哺乳动物的生殖细胞和干细胞中,通过与 Piwi 亚家族蛋白结合形成 piRNA 复合物(piRC)来调控基因沉默途径。piRNA 的功能可能有:关闭基因转录过程、维持生殖细胞和干细胞功能、调节 mRNA 的稳定度及翻译过程、维持 DNA 完整性和参与物种的性别分化等。鉴于 piRNA 的众多生物学功能,其研究不仅可以丰富小分子 RNA 的研究内容,同时,也有利于进一步了解生物配子发生的分子调控及其机制,从而具有十分重要的理论价值和应用前景。

(6) 环状 RNA（circular RNA，circRNA） circRNA 是一类特殊的非编码 RNA 分子。与传统的线性 RNA（linear RNA，含 5′ 端和 3′ 端）不同，circRNA 分子呈封闭环状结构，不受 RNA 外切核酸酶影响，表达更稳定，不易降解。在功能上，circRNA 分子富含 miRNA 结合位点，在细胞中起到 miRNA 海绵（miRNA sponge）的作用，从而解除 miRNA 对其靶基因的抑制作用，升高靶基因的表达水平，这一作用机制称为竞争性内源 RNA（competitive endogenous RNA，ceRNA）机制。通过与疾病关联的 miRNA 相互作用，circRNA 在疾病中发挥着重要的调控作用。

(7) 长链非编码 RNA（long noncoding RNA，lncRNA） lncRNA 是指长度大于 200 个核苷酸，也无法编码蛋白质，广泛存在于动植物及病毒中的一类 RNA。大多数 lncRNA 由 RNA 聚合酶 II 转录而来，不具有开放的阅读框，具有 5′ 帽和 3′ 尾结构。lncRNA 起初认为是基因组转录时 RNA 聚合酶 II 转录的副产物，不具有生物学功能。后来发现其在剂量补偿效应、表观遗传调控、细胞周期调控和细胞分化调控等众多生命活动中发挥重要作用。但是，到目前为止，绝大部分的 lncRNA 的功能仍然是不清楚的。

5.4 核酸的理化性质、提取和分析

5.4.1 核酸的一般性质

经过纯化的 DNA 为白色纤维状固体，RNA 为白色粉末状固体，在水中的溶解度较低，但其钠盐在水中的溶解度较大。此外，它们可溶于稀碱液和中性盐溶液，易溶于 2- 甲氧乙醇，但不溶于乙醇、乙醚和氯仿等一般的有机溶剂，因此常用终浓度为 70% 的乙醇从溶液中沉淀核酸。生物体中的 DNA 和 RNA 在细胞内常与蛋白质结合成核蛋白，而两种核蛋白在盐溶液中的溶解度不同。例如，DNA 核蛋白难溶于 0.14 mol/L 的 NaCl 溶液，但可溶于高浓度（1 ~ 2 mol/L）的 NaCl 溶液；RNA 核蛋白则易溶于 0.14 mol/L 的 NaCl 溶液，因此常用以上不同浓度的盐溶液来分离两种核蛋白，并进一步纯化 DNA 和 RNA。当核酸变性或降解时，其溶液的黏度明显降低。

5.4.2 核酸的黏度和沉降特性

胶体化学指出，高分子溶液比普通溶液黏度大。天然 DNA 的长度与其直径之比可高达 10^7，所以，即使是极稀的溶液，也有极大的黏度，而 RNA 的黏度则小得多。由于黏度高，核酸极容易在机械剪切力作用下发生骨架断裂。DNA 因加热而变形，会由双螺旋结构转变为无规则的线团样结构，其溶液的黏度明显降低。因此，黏度的变化可作为 DNA 变性的指标。

溶液中的核酸在普通离心力场中不易沉降，必须在超速离心力场中才会沉降。一些核酸分子或核酸蛋白复合体的大小常用其在超速离心力场中的沉降系数（sedimentation coefficient，单位为 S）来表示，多数核酸的沉降系数为 4 ~ 40 S，核糖体及其亚基为 30 ~ 80 S。超离心方法可用于测定核酸的相对分子质量、沉降系数或浮力密度（ρ），也可用于制备及纯化核酸样品。研究核酸的构象通常采用氯化铯密度梯度沉降平衡超速离心技术。由于黏度不同，不同构象、不同相对分子质量的核酸沉降速率不同。离心场的强度越大，介质黏度越小，则沉降速率越快；核酸相对分子质量越小，形状越伸展，则沉降速率越慢，沉降系数相应越小。核酸的浮力密度与核酸的碱基组成、高级结构及溶液介质有关。

含 GC 碱基对越多、结构越紧密的 DNA 浮力密度越高,不同介质与核酸结合的情况不同,也会使浮力密度发生变化。

5.4.3 核酸的两性性质与核酸电泳

与蛋白质相似的是,核酸分子中既含有酸性基团(磷酸基),也含有碱性基团(碱基),因而核酸也具有两性性质,可发生两性解离。由于磷酸的酸性较强,在核酸中除末端磷酸基团外,所有形成磷酸二酯键的磷酸基团仍可解离出一个 H^+,其 pK_a 为 1.5;嘌呤和嘧啶碱基为含氮杂环,又有各种取代基,既有碱性解离,又有酸性解离的性质,解离情况复杂,但总的来看,它们呈弱碱性。核酸的解离状态随溶液的 pH 而改变。核酸分子内的酸性解离和碱性解离程度相等,所带的正电荷与负电荷相等,即成为两性离子,此时核酸溶液的 pH 就称为核酸的等电点(pI)。DNA 的等电点为 4.0~4.5,RNA 的等电点为 2.0~2.5。RNA 的等电点比 DNA 低的原因是 RNA 分子中核糖基 2'–OH 通过氢键作用促进磷酸基团上质子的解离,而 DNA 没有这种作用。根据核酸在等电点时溶解度最小的性质,把 pH 调至相应核酸分子的等电点,可使其从溶液中沉淀下来。

带电质点或离子在电场中向与其所带电荷极性相反的电极移动的现象称为电泳(electrophoresis)。通常用中性或偏碱性的缓冲液使核酸解离成阴离子,置于电场中使它向阳极泳动(迁移),这就是核酸的电泳。在一定的实验条件下,核酸在电泳时的迁移率大小主要由下列 3 个因素决定:① DNA 的分子大小。分子越大,摩擦阻力越大,在电场中迁移得越慢,DNA 的迁移率与相对分子质量的对数呈反比。② DNA 分子的构象。线状开环 DNA 受到的介质阻力远大于环状超螺旋 DNA,迁移得更慢。③ 电泳介质的浓度。凝胶中琼脂糖浓度越大,DNA 迁移率越小。因此,电泳技术可用于分离、鉴定大小和构象不同的核酸。

以琼脂糖(agarose)凝胶为介质的琼脂糖凝胶电泳就是一种非常简便、快速的分离纯化和鉴定核酸的方法。核酸电泳后,须经染色才能显现出带型,最常用的是溴乙锭(ethidium bromide,EB)染色法,其次是银染。EB 是一种荧光染料,可嵌入核酸双链的碱基对之间,在紫外光激发下,发出红色荧光。根据情况可在凝胶电泳液中加入终浓度为 0.5 μg/mL 的 EB,有时亦可在电泳后,将凝胶浸入 EB 母液中染色 10~15 min。EB 同时也是一种强诱变剂,加上观察需要的紫外光,可能损伤操作者,因此 EB 染色法正逐渐被花菁染色法等非诱变剂检测法取代。

5.4.4 核酸的光学性质

核酸分子中的嘌呤碱和嘧啶碱具有共轭双键体系,因而具有独特的紫外吸收光谱,一般在 260 nm 左右有最大吸收峰,其吸光度(absorbance)以 A_{260} 表示。

由于核酸对波长为 260 nm 的紫外光呈现出最大的吸收量,因此 A_{260} 值是核酸的一个重要性质,在核酸的研究中很有用处,尤其可以作为核酸及其组分定性和定量测定的依据。例如:① 对核酸进行定量测定。对于纯的核酸溶液,测定 A_{260} 大小,即可利用核酸的比吸光系数计算溶液中核酸的量。核酸的比吸光系数是指浓度为 1 μg/mL 的核酸水溶液在 260 nm 处的吸光率,天然状态双链 DNA 的比吸光系数为 0.020,变性 DNA(即单链 DNA)和 RNA 的比吸光系数均为 0.022。② 鉴定核酸样品的纯度。可以先测定核酸样品溶液的 A_{260} 和 A_{280}(蛋白质最大吸收峰),然后计算 A_{260}/A_{280} 的值,纯 DNA 样品的比值为 1.8,纯 RNA 样品的比值为 2.0。核酸样品中若含有蛋白质或苯酚等杂质,此比值则显著降低。

③ 作为核酸变性与复性的指标(见下面内容)。必须注意的是,如果测定体系中还有其他在 260 nm 处有吸收峰的干扰物质,必须加以校正。

5.4.5 核酸的变性与复性

核酸变性(denaturation)和复性(renaturation)是核酸分子两个重要的物理特性,也是分子生物学研究技术和理论中最重要的概念之一。例如,双链 DNA、RNA 双链区、DNA-RNA 杂交双链及其他异源双链(heteroduplex)核酸分子都具有此性质。下面主要介绍 DNA 的变性和复性。

5.4.5.1 DNA 变性

DNA 变性是指在某些物理与化学因素(加热、改变 DNA 溶液的 pH,或乙醇、尿素、甲酰胺及丙酰胺等有机溶剂处理)的作用下,DNA 的氢键断裂,有规则的双螺旋结构解开,转变为无规则的单链线团,使 DNA 的某些光学性质和流体力学性质(如黏度、沉降速率、紫外吸收率等)发生变化。有时,变性后的 DNA 部分或全部丧失生物学活性,但并不涉及 3′,5′- 磷酸二酯键断裂,这种现象称为 DNA 变性。简单地讲,DNA 的变性就是指 DNA 分子由稳定的双螺旋结构松解为无规则线性结构的现象,同时维持双螺旋稳定的氢键断裂,但 DNA 变性不涉及其一级结构的改变。此外,DNA 变性能导致一些理化及生物学性质的变化。例如,溶液黏度降低,DNA 双螺旋是紧密的刚性结构,变性后代之以柔软而松散的无规则单股线性结构,DNA 黏度因此而明显下降。

由于 DNA 在 260 nm 处的最大吸收值与其碱基有关,当 DNA 处于双螺旋结构时其碱基藏于内侧,但它变性时由于双螺旋解开,碱基外露,导致 260 nm 紫外吸收值增加,这一现象称为增色效应(hyperchromic effect)。一般以 260 nm 下的紫外吸收光密度作为观测此效应的指标。变性后该指标的观测值通常较变性前明显增加,但不同来源 DNA 的变化不一,如大肠杆菌 DNA 经热变性后,其 260 nm 的光密度值可增加 40% 以上,其他不同来源的 DNA 溶液的 A_{260} 增值范围多在 20% ~ 30%。

以加热为变性条件时,增色效应与温度有十分密切的关系。当 DNA 双链的稀盐溶液加热到 80℃以上时,其天然结构破坏,互补双链解开,形成随机无规则线团,称为热变性。研究发现,DNA 热变性是在很窄的温度范围内发生的,这与晶体在熔点时突然熔化的情形相似。若以温度对 DNA 溶液的紫外吸光度作图,得到的典型 DNA 变性曲线呈 S 形(图 5-22)。S 形曲线下方平坦段表示 DNA 的氢键未被破坏,待加热到某一温度时,次级键突然断开,DNA 迅速解链,同时伴随吸光度急剧上升,此后因无链可解而出现温度效应丧失的上方平坦段。解链温度(melting temperature,T_m)是使被测 DNA 的 50% 发生变性的温度,即增色效应达到一半时的温度,它在 S 形曲线上,相当于吸光度增加的中点处所对应的横坐标上的温度。

在相同溶剂中,不同来源 DNA 的 T_m 存在差别,主要取决于 DNA 本身在以下几方面的性质差异。① DNA 的均一性。有两层含义,首先是指 DNA 分子中碱基组成的均一性,如人工合成只含有一种碱基对的多核苷酸片段,与天然 DNA 比较,其 T_m 范围较窄。其次还包含待测样品 DNA 的组成是否均一,如样品中只含有一种病毒 DNA,其 T_m 范围较窄,若混杂有其他来源的 DNA,则 T_m 范围较宽。总的来说,DNA 均一性高,变性的 DNA 链各部分的氢键断裂所需能量较接近,T_m 范围就较窄,反之 T_m 范围则宽。② DNA 的(G+C)含量。在溶

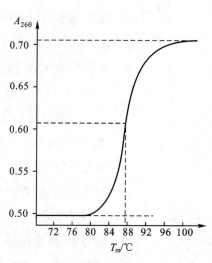

•图 5-22 T_m 的示意图

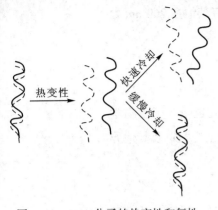

·图5-23　DNA分子的热变性和复性

剂固定的前提下，T_m 的高低取决于 DNA 分子中的（G+C）的含量。因 G–C 碱基对之间具有 3 个氢键，而 A–T 碱基对只有两个氢键，DNA 中（G+C）含量高，显然更能增强结构的稳定度，其 T_m 也高。T_m 与（G+C）含量百分数（%）的这种关系可用以下经验公式表示（DNA 溶于 0.2 mol/L NaCl 中）：（G+C）%=2.44 ×（T_m-69.3)%。

5.4.5.2　DNA 的复性

变性的 DNA 在适当条件下，两条互补链重新配对，全部或部分恢复到天然双螺旋结构的现象称为复性。它是变性的一种逆转过程，此时，DNA 的紫外吸收量也随之减少，即产生减色效应（hypochromic effect），同时 DNA 的其他物理和流体力学性质得以恢复。热变性 DNA 一般经缓慢冷却后即可复性，此过程称为退火（annealing），这一术语也用以描述杂交核酸分子的形成过程（图 5-23）。DNA 的复性不仅受温度影响，还受 DNA 自身特性等其他因素的影响。

一般认为比 T_m 低 25℃左右的温度是复性的最佳条件，越远离此温度，复性速率就越慢。在温度很低时（如 4℃以下），分子的热运动显著减弱，因而互补链结合的机会自然大大减少。从热运动的角度考虑，维持在 T_m 以下较高温度，更有利于复性。复性时温度下降必须是一缓慢过程，若在超过 T_m 的温度时迅速冷却至低温（如 4℃以下），复性几乎是不可能的。核酸实验中经常以此方式保持 DNA 的变性（单链）状态（图 5-23）。这说明复性中降温时间太短及温差太大均不利于 DNA 复性。DNA 浓度也是影响复性的条件之一。复性的第一步是两个单链分子间的相互作用"成核"。这一过程进行的速率与 DNA 浓度的平方成正比，即溶液中 DNA 分子越多，相互碰撞结合"成核"的机会越大。

如异源核酸分子中存在某些碱基互补区，这些不同来源的热变性后单链 DNA（或 RNA）混合退火，复性时会相互交错配对，形成双链杂交体，这个过程称为核酸分子杂交（介绍详见 5.5.3）。建立在核酸变性与复性原理基础上的分子杂交是分子生物学的重要技术之一，可用于鉴定核酸序列的相似程度、基因定位、鉴定重组 DNA，以及在医学上用于疾病的诊断、微生物病原体检测等。

5.4.6　核酸的提取

核酸的提取是核酸研究的基础。从早期的 DNA 制备到目前广泛应用的各种柱层析纯化方法，核酸的提取与分离纯化技术得到了飞速发展。完善的传统经典方法和不断涌现的各种新方法，为分子生物学的发展奠定了基础。核酸的提取主要遵循两个原则：一是保证核酸一级结构的完整性；二是排除其他分子的污染。

5.4.6.1　质粒 DNA 提取

细菌质粒是独立于细菌染色体之外进行复制和遗传的辅助遗传单位，为双链闭环 DNA。质粒种类不同，其大小从 1 kb 至 200 kb 以上不等。通常，质粒含有编码某些酶的基因。它产生的表型包括对某种抗生素的抗性，产生修饰酶、激素等。早期质粒 DNA 的提取方法非常烦琐，经多年改进，已被简便、快速的方法所取代。改良的碱裂解法免去溶菌酶消化步骤，进一步降低成本，与煮沸裂解法相比对某些耐高温的核酸酶灭活更彻底。首先采用碱处理和 SDS 去污剂共同作用的方式来破坏细胞壁和外膜，使细菌细胞裂解，质粒释放出来；再用酚、氯仿混合液沉淀除去提取液中的蛋白质，乙醇沉淀核酸，70% 乙醇洗涤盐分；最后用 RNA 酶降解 RNA。以上多种手段结合，可以获得较纯的质粒 DNA。

借助于琼脂糖凝胶电泳技术可以鉴定质粒的纯度。在以 TBE 作缓冲液的琼脂糖凝胶中,溴酚蓝迁移率与 300 bp 的双链线状 DNA 相同。RNA 相对分子质量较小,其迁移率大于溴酚蓝。如果紫外光下显色的凝胶中溴酚蓝前面有荧光斑点,表明提取的质粒中还残留有 RNA。一般质粒以超螺旋、线状和开环三种形式在溴酚蓝后面依次呈现 3 条条带。如果提取的质粒机械损伤越小,则条带显示其超螺旋斑点越亮。

5.4.6.2 基因组 DNA 的提取

基因组 DNA 的提取方法通常用于构建基因组文库、Southern 杂交及 PCR 分离基因等。利用基因组 DNA 较长的特性,可以将其与细胞器或质粒等小分子 DNA 分离。在操作过程中,加入一定量的异丙醇或乙醇,基因组的大分子 DNA 即沉淀,形成纤维状絮团飘浮其中,可用玻棒将其取出,而小分子 DNA 则只形成颗粒状沉淀附于壁上及底部,从而达到提取的目的。

不同生物(植物、动物和微生物)基因组 DNA 的提取方法有所不同。不同种类或同一种类的不同组织因其细胞结构及所含的成分不同,分离方法也有差异。传统的 DNA 提取与纯化,如 CTAB(hexadecyl trimethyl ammonium bromide,十六烷基三甲基溴化铵)法、SDS 法在裂解细胞的基础上,多次以苯酚/氯仿等有机溶剂抽提,使蛋白质变性沉淀于有机相,而核酸保留在水相,从而达到分离核酸的目的;加入 RNA 酶除去核酸中的 RNA,然后加入异丙醇、乙醇等沉淀 DNA,用 70% 乙醇溶液漂洗沉淀,除去分离过程残留的有机溶剂和盐离子,以免影响核酸溶解和抑制后续步骤的酶促反应,最后用 TE 缓冲液溶解 DNA 备用。

近年出现了以螯合树脂、特异 DNA 吸附膜、离子交换纯化柱及磁珠或玻璃粉吸附等 DNA 提取新方法。这些方法主要应用于提取病毒、微生物、人和动物细胞、包埋组织样品、古生物标本及土壤样品 DNA。目前已开发多种商品化的 DNA 提取纯化试剂盒,这些试剂盒针对不同的材料来源设计不同的提取方法,操作简单、高效,DNA 质量较高,但价格高昂,提取量相对较少。

5.4.6.3 RNA 提取

异硫氰酸胍一步提取法、苯酚法和 CTAB 法是常用的提取 RNA 的方法,由于某些植物组织中富含多糖、酚类化合物、蛋白质、脂质及某些尚无法确定的次级代谢产物,或本身的 RNase 活性较高,往往更加不利于 RNA 的分离和纯化。因为当细胞被破碎后,以上这些物质就会与 RNA 相互作用。例如,酚类化合物被氧化后与 RNA 不可逆地结合,导致 RNA 活性丧失,以及在用苯酚、氯仿抽提时 RNA 可能会丢失或形成不溶性复合物;多糖形成难溶的胶状物,与 RNA 发生共沉淀;萜类化合物和 RNase 分别造成 RNA 的化学降解和酶解等。对于这些植物材料,除通常考虑的灭活 RNase 活性的方法外,能否有效地去除多糖、酚类化合物、蛋白质和干扰 RNA 提取的其他代谢产物更是提取高质量植物 RNA 成败的关键。

5.4.6.4 mRNA 提取

与 rRNA 和 tRNA 不同的是,真核生物细胞的绝大部分 mRNA 在其 3′ 端均有一个 poly(A)尾,因此可以用 oligo(dT)–纤维素或 poly(U)–Sepharose 亲和层析法从大量的细胞总 RNA 中分离 mRNA。同时,在构建 cDNA 文库时,也必须经上述纯化步骤制备 mRNA 模板。以 oligo(dT)–纤维素亲和层析法为例,由于其带有 10~20 个 poly(T),在高盐条件下,带有 poly(A)尾的 mRNA 通过 poly(A)与 oligo(dT)配对挂在柱子上,而其他的 rRNA 和 tRNA 由于无法结合在柱子上而被洗脱下来,然后用低盐缓冲液将挂在柱子上的 mRNA 洗脱下来就可以达到分离纯化的目的。

5.5 核酸的分析技术

5.5.1 核酸序列分析

在分子生物学研究中，DNA 的序列分析是进一步研究和改造目的基因的基础。目前用于测序的技术主要有 F. Sanger 等(1977)发明的双脱氧链末端终止法以及 A. Maxam 和 W. Gilbert(1977)发明的化学降解法。这两种方法在原理上差异很大，但都是根据核苷酸在某一固定的点开始，随机在某一个特定的碱基处终止，产生 A、T、C 和 G 四组不同长度的一系列核苷酸，然后聚丙烯酰胺凝胶电泳进行检测，从而获得 DNA 序列。

5.5.1.1 Sanger 双脱氧链末端终止法

传统的 Sanger 双脱氧链末端终止法是以待测 DNA 为模板，加入适当引物、4 种脱氧核苷三磷酸 (dNTP) 和少量某种类型的 2′,3′- 双脱氧核苷三磷酸 (ddNTP)，在 DNA 聚合酶作用下合成一条新的 DNA 链。ddNTP 与普通 dNTP 的不同之处是前者在脱氧核糖的 3′ 位置缺少一个羟基(图 5-24)。它们可以在 DNA 聚合酶作用下通过其 5′- 三磷酸基团掺入到正在增长的 DNA 链中，但由于没有 3′- 羟基，它们不能同后续的 dNTP 形成磷酸二酯键，因此，正在增长的 DNA 链不可能继续延伸。这样，在 DNA 合成反应混合物的 4 种普通 dNTP 中加入少量的一种 ddNTP 后，由于反应的随机性，将会产生一系列大小不同的 DNA 片段，每一个片段最后一个核苷酸均为 2′,3′- 双脱氧核苷酸。在 4 组独立的酶反应中分别采用 4 种不同的 ddNTP，结果产生 4 组寡核苷酸混合物，它们分别终止于模板链的每一个 A、G、C 或 T 的位置上。因此，Sanger 法测序的原理就是利用一种 DNA 聚合酶来延伸结合在待定序列模板上的引物，直到掺入一种链终止核苷酸为止。每一次序列测定由一套 4 个单独的反应构成，每个反应含有所有 4 种 dNTP，并混入限量的一种不同的 ddNTP。由于 ddNTP 缺乏延伸所需要的 3′-OH 基团，使延长的寡聚核苷酸选择性地在 G、A、T 或 C 处终止，终止点由反应中相应的双脱氧核苷酸而定。每一种 dNTP 和 ddNTP 的相对浓度可以调整，使反应得到一组长几百至几千碱基的链终止产物。它们具有共同的起始点，但终止在不同的核苷酸上，

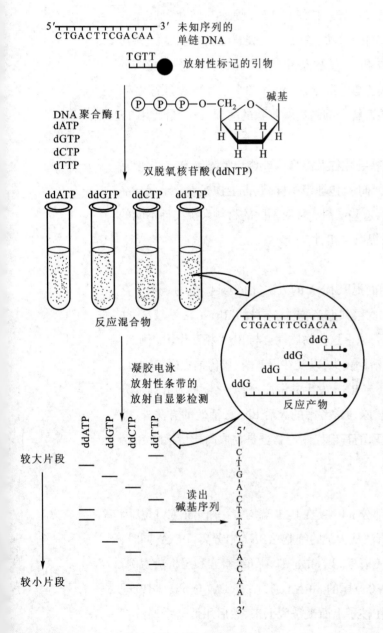

• 图 5-24 Sanger 双脱氧链末端终止法示意图

可通过高分辨率变性凝胶电泳分离大小不同的片段。当加入的 4 种 dNTP 中的一种是带有放射性标记的(如 ^{32}P),凝胶处理后可用放射性条带的放射自显影的方法读出 DNA 的序列。

DNA 测序技术发展至今已经实现了高度自动化。现有的各种自动化测序仪,基本都是按 Sanger 双脱氧链末端终止法原理设计。所不同的是,通过 4 种不同颜色的荧光染料分别标记 4 种 ddNTP,即标记终止物法。这样,4 种延伸反应分别进行后,将它们的混合产物在同一泳道中电泳进行分析,避免了泳道迁移率差异造成的影响,大大提高了测序精确度。同时在凝胶电泳的下端配置 CCD 摄像机,将这些片段按照大小顺序依次通过检测窗口,激光通过荧光激发可以区分检测标记有不同颜色的 DNA 片段,利用计算机分析软件就可以将不同荧光标记转换成对应的 DNA 核苷酸序列。目前的 DNA 测序仪已经可以达到自动灌胶、自动进样、收集分析和输出数据的高度自动化程度。

5.5.1.2 Maxam-Gilbert 化学降解法

与合成反应的链终止技术不同的是,Maxam-Gilbert 法对原 DNA 进行化学降解。在这一方法中,一个末端标记的 DNA 片段在 5 组互相独立的化学反应中分别得以部分降解,其中每一组反应特异地针对某一种或某一类碱基,因此生成 5 组放射性标记的分子,从共同起点(放射性标记末端)延续到发生化学降解的位点。每组混合物中均含有长短不一的 DNA 分子,其长度取决于该组反应所针对的碱基在原 DNA 全片段上的位置。此后,各组均通过聚丙烯酰胺凝胶电泳进行分离,再通过放射自显影来检测末端标记的分子(图 5-25)。这一方法的成败完全取决于由两步进行的降解反应的特异性。第一步先对特定碱基(或特定类型的碱基)进行化学修饰,而第二步修饰碱基从糖环上脱落,修饰碱基的磷酸二酯键断裂。在每种情况下,这些反应都要在精心控制的条件下进行,以确保每一个 DNA 分子平均只有一个靶碱基被修饰。随后用哌啶裂解修饰碱基的 5′ 和 3′ 位置,得到一组长度从一到数百个核苷酸不等的末端标记分子。比较 G、A+G、C+T 和 C 等各个泳道,从测序凝胶的放射自显影胶片上读出 DNA 序列。

由于种种原因(如采用 ^{32}P 进行放射性标记、末端标记 DNA 的比活性、裂解位点的统计学分布、凝胶技术方面的局限性等),Maxam-Gilbert 法所能测定的长度比 Sanger 法短些,它对放射性标记末端 250 个核苷酸以内的 DNA 序列效果最佳。在 20 世纪 70 年代,Maxam-Gilbert 法和 Sanger 法问世时,利用化学降解法进行测序不但重现度更高,而且也容易为普通研究人员所掌握。因为 Sanger 法需要单链模板和特异寡核苷酸,并须获得大肠杆菌 DNA 聚合酶 I Klenow 片段的高质量酶制剂,而 Maxam-Gilbert 法只需要简单的化学试剂。但随着 M13 噬菌体和噬菌粒载体的发展,也由

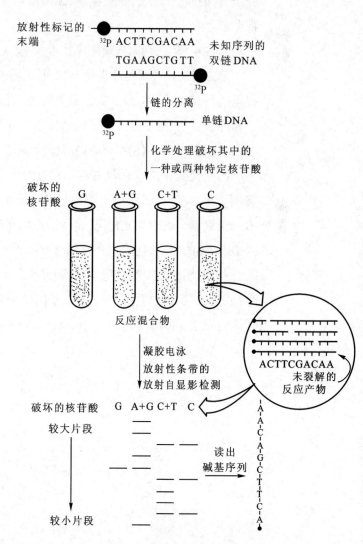

·图 5-25 Maxam-Gilbert 化学降解法示意图

于引物合成及测序反应技术日臻完善,Sanger 法如今既简便又快速,远比 Maxam-Gilbert 法应用得广泛。然而,Maxam-Gilbert 较 Sanger 法具有一个明显的优点,所测序列来自原 DNA 分子而不是酶促合成所产生的拷贝。因此,利用 Maxam-Gilbert 法可对合成的寡核苷酸进行测序,可以分析诸如甲基化等 DNA 修饰的情况,还可以通过化学保护及修饰干扰实验来研究 DNA 二级结构及蛋白质与 DNA 的相互作用。

5.5.1.3 第二代高通量测序技术

高通量测序(high-throughput sequencing)又名下一代测序(next generation sequencing,NGS),是相对于传统的 Sanger 法测序而言的。高通量测序技术的诞生可以说是基因组学研究领域一个具有里程碑意义的事件。该技术能对上百万模板序列同时进行测序,提高测序通量和测序效率,降低测序成本,因此高通量测序技术已广泛应用于动植物全基因组测序、基因组重测序、转录组测序、小分子 RNAs 测序和表观基因组测序等方面。高通量测序技术一般由模板准备、测序和成像、序列组装和比对等部分组成(图 5-26)。目前高通量测序的主要平台代表有罗氏公司(Roche)的 454 测序仪(Roch GS FLX sequencer)、Illumina 公司的 Solexa 基因组分析仪(Illumina genome analyzer)和 ABI 的 SOLiD 测序仪(ABI SOLiD sequencer)。这些仪器依据的测序技术虽然不同,但也存在一些共同点:①用聚合酶链反应取代分子克隆技术;②边合成边测序,无须凝胶电泳区分相同末端核苷酸的核酸片段;③测序的所有操作都在芯片上进行。

5.5.1.4 第三代高通量测序技术

第二代测序技术需要借助 PCR 来扩增模板链。PCR 容易引发错误,并会改变文库的成分。纳米技术的兴起使得直接分子测序成为可能,而无须借助 PCR 来扩增 DNA 链。第三代测序技术,即单分子测序技术,正是广泛运用了纳米技术的原理和方法。它的反应在纳米容器内进行。这些直径仅有 20 nm 的圆柱体金属槽可以有效降低背景光,使得单个核苷酸发出的单道闪光能被检测到。

第三代测序技术原理主要分为两大技术阵营:第一大阵营是单分子荧光测序,代表性的技术为美国 Helicos 公司的单分子测序(SMS)技术和美国 Pacific Bioscience 的单分子实时测序(SMRT)技术。脱氧核苷酸用荧光标记,显微镜可以实时记录荧光的强度变化。当荧光标记的脱氧核苷酸被掺入 DNA 链的时候,它的荧光就同时能在 DNA 链上探测到。当它与 DNA 链形成化学键的时候,它的荧光基团就被 DNA 聚合酶切除,荧光消失。这种荧光标记的脱氧核苷酸不会影响 DNA 聚合酶的活性,并且在荧光被切除之后,合成的 DNA 链和天然的 DNA 链完全一样。第二大阵营为纳米孔测序,代表性的公司为英国 Oxford Nanopore Technologies 公司纳米孔测序技术。纳米孔测序法(nanopore

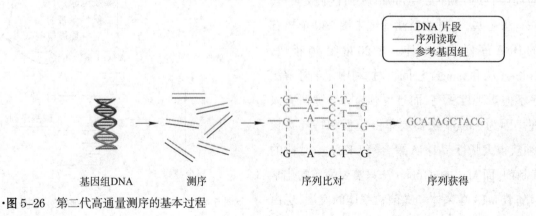

·图 5-26　第二代高通量测序的基本过程

sequencing)是依靠电信号进行测序的。采用电泳技术,借助电泳驱动单个分子逐一通过纳米孔。由于纳米孔的直径非常细小,仅允许单个核酸聚合物通过,而 ATCG 单个碱基的带电性质不一样,通过电信号的差异就能检测出通过的碱基类别,从而实现测序。

近些年,在高通量测序基础上发展的染色质免疫沉淀(chromatin immunoprecipitation,ChIP)技术、甲基化 DNA 免疫共沉淀测序(methylated DNA immunoprecipitation sequencing,MeDIP-Seq)、甲基结合蛋白测序(methyl binding protein sequencing,MBD-Seq)和亚硫酸氢盐测序(bisulfite sequencing,BS-Seq)技术。这些技术的发展给生命科学的研究提供了更加方便快捷的方法。

5.5.2　PCR 技术

聚合酶链反应(polymerase chain reaction,PCR)是一种在体外对特定 DNA 片段进行高效扩增的技术,由美国 Cetus 公司的 K. B. Mullis 博士及其同事于 1985 年提出并研制成功,Mullis 博士也因此获得 1993 年诺贝尔化学奖。PCR 是指在 DNA 聚合酶催化下,以母链 DNA 为模板,以特定引物为延伸起点,通过变性、退火、延伸等步骤,体外复制出与母链模板 DNA 互补的子链 DNA 过程,是一项 DNA 体外合成放大技术,能快速特异地在体外扩增任何目的 DNA 片段,具有特异性强、灵敏度高、操作简便、省时等特点。

在实验中发现,DNA 在高温时也可以发生变性解链,当温度降低后又可以复性成为双链。因此,通过温度变化控制 DNA 变性和复性,通过设计引物做启动子,加入 DNA 聚合酶、dNTP 就可以完成特定基因的体外复制。PCR 主要由高温变性、低温退火和适温延伸三个步骤反复的热循环构成:① 高温变性(denaturation):待扩增的靶 DNA 双链受热(94～95℃)变性解链成为两条单链 DNA 模板;② 低温退火(annealing):两种人工合成的寡核苷酸引物在适当温度(37～55℃)下与模板上的目的序列通过氢键配对,形成部分双链;③ 延伸(extension):在 Taq 酶的最适温度(72℃)下,以引物 3′ 端为合成的起点,以单核苷酸为原料,沿模板以 5′→3′ 方向延伸,合成 DNA 新链。由这三个基本步骤组成一轮循环,理论上每一轮循环使目的 DNA 扩增一倍,这些经合成产生的 DNA 又可作为下一轮循环的模板,所以经 25～35 轮循环就可使 DNA 至少扩增 $10^6～10^7$ 倍。由于 PCR 具有高度的特异性,所以可以方便地利用 PCR 在成千上万的基因序列中获得只有极微含量的特定目的基因或序列。

DNA 聚合酶在高温时会失去活性,在 PCR 发明使用的初期,每次 PCR 循环都得加入新的 DNA 聚合酶,不仅操作烦琐,而且价格昂贵,制约 PCR 技术的应用和发展。发现耐热 DNA 聚合酶——Taq 酶对于 PCR 的应用有里程碑的意义,该酶可以耐受 90℃ 以上的高温而不失去活性,不需要每个循环加酶,使 PCR 技术变得非常简捷,同时大大降低成本。

PCR 是应用最广泛的分子生物学技术,它不仅可用于基因分离、克隆等基础研究,也广泛应用于临床检验及疾病诊断等领域。在传统 PCR 的技术基础上,近年来又建立了多种 PCR 衍生技术。反转录 PCR(reverse transcription PCR,RT-PCR)是 PCR 技术中应用甚广的一种方法,其原理是将 RNA 模板的反转录(RT)和 cDNA 的聚合酶链反应(PCR)相结合(图 5-27)。RT-PCR 包括两个步骤:① 在单引物的介导下,反转录酶合成 RNA 的互补链 cDNA,这一反应通常在 42℃进行;② 加热后,反转录酶失活,cDNA 与 RNA 链解离,然后与另一引物退火,并由 DNA 聚合酶催化引物延伸生成双链靶 DNA,最后 PCR 扩增靶 DNA。

RT-PCR 中的关键步骤是 RNA 的反转录,cDNA 的 PCR 基本与一般的 PCR 条件一样。由于引物

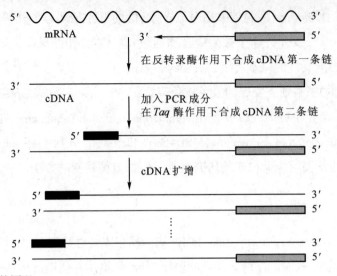

・图 5-27 反转录 PCR 的原理

的高度选择性,细胞总 RNA 可以无须进行分级分离。但 RT-PCR 对 RNA 制品的要求极为严格,作为模板的 RNA 分子必须是完整的,并且不含 DNA、蛋白质和其他杂质。因为 RNA 中即使含有极微量的 DNA,经扩增后也会非特异性扩增;蛋白质未除净,与 RNA 结合后影响反转录和 PCR;残存的 RNase 也极易将模板 RNA 降解。

5.5.3 核酸分子杂交技术

不同来源的核酸序列(DNA 与 DNA、DNA 与 RNA、RNA 与 RNA 等)存在部分互补序列,它们之间通过 Watson-Crick 碱基配对形成非共价键,从而形成稳定的异源双链分子的过程称为核酸分子杂交技术,又称为核酸杂交(图 5-28)。由于核酸杂交是一个高度特异和灵敏的过程,因此可以根据所使用的探针与已知序列进行特异的靶序列检测,包括分析靶基因及其表达产物(mRNA 等)的性质和数量等,该技术已广泛地运用于分子生物学领域中克隆基因的筛选、酶切图谱的制作、特定靶基因序列的定性和定量分析、亲子鉴定及各种疾病的早期诊断等方面。

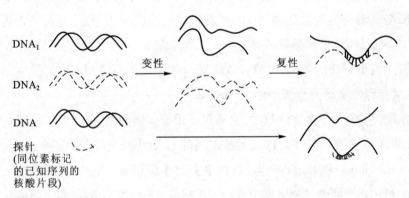

・图 5-28 核酸分子杂交技术示意图

5.5.3.1 探针的标记

核酸分子杂交种类很多,无论哪一种分子杂交方法一般都要使用含有标记的核酸探针。传统标记的方法是采用放射性标记(如 ^{32}P),但近年来非放射性标记核酸探针方法得到广泛的运用。生物素标记的核苷酸是最广泛使用的一种非放射性标记核酸探针,如生物素 –11–dUTP,可用缺口平移法、末端加尾标记法、化学修饰法等方法进行探针标记。

5.5.3.2 核酸分子杂交的类型

核酸分子杂交技术按作用方式可大致分为液相杂交和固相杂交两种:液相杂交是指参加反应的两条核酸链都游离在溶液中,是研究最早且操作复杂的杂交类型,包括吸附杂交、发光液相杂交、液相夹心杂交和复性速率液相分子杂交等;固相杂交是将参加反应的一条核酸链固定在固体的支持物上(常用的有硝酸纤维素滤膜,其他如尼龙膜、乳胶颗粒和微孔板等),另一条参加反应的核酸链游离在溶液中。由于固相杂交后,未杂交的游离探针容易漂洗除去,膜上留下的杂交物容易检测,故该法最为常用。依据支持物的不同固相杂交分为滤膜杂交和原位杂交。其中滤膜杂交包括印迹杂交和斑点杂交,原位杂交又分为菌落原位杂交和组织原位杂交。

(1) DNA 印迹法(Southern blotting) 该技术由英国爱丁堡大学 E. M. Southern 等于 1975 年建立。由于这种技术类似于吸墨纸吸收纸张上的墨迹,因此称为"blotting",译为印迹。通常人们将 DNA 印迹法称为 Southern blotting,RNA 印迹法称为 Northern blotting,蛋白质印迹法称为 Western blotting,将不经过凝胶的印迹法,即斑点印迹法称为 dot blotting。DNA 印迹法先将一定量的 DNA 样品用适当的限制性内切核酸酶切割成不同长度的 DNA 片段,然后在琼脂糖凝胶上进行电泳分离,电泳后的凝胶须经碱变性处理,使 DNA 解离成单链,然后用毛细管虹吸法或电转移法,使凝胶上的单链 DNA 片段按凝胶上相同的位置转移到硝酸纤维素膜或尼龙膜上,成为固相化分子。载有 DNA 单链分子的硝酸纤维素膜就可以在杂交液中与另一种带有标记的探针进行杂交。杂交后的膜在暗盒中进行放射自显影后,即在一定的位置显示同标记探针特异结合的阳性 DNA 条带。DNA 印迹法可检测靶基因的拷贝数、转基因生物中是否成功导入外源基因等,其相关的衍生方法(限制性酶切片段长度多态性,RFLP)也可以用于亲子鉴定和基因定位等。

(2) RNA 印迹法(Northern blotting) 该方法在 1977 年由斯坦福大学的 Alwine、Kemp 和 Stark 提出,是一种通过检测 RNA 的表达水平来检测基因表达的方法。该方法的原理与 DNA 印迹法基本相同,主要区别在于被检测对象是 RNA,而电泳是在变性条件下进行,以去除 RNA 分子中的二级结构,保证其完全按相对分子质量大小分离。同时整个过程须始终避免外源 RNA 酶的污染和抑制内源 RNA 酶活性。RNA 印迹法是研究基因表达最严谨的方法之一,可以定量分析组织中某一特异 mRNA 的表达丰度,根据其迁移的位置也可判断基因分子大小。这一技术应用十分广泛,常用于基因表达调控、基因结构与功能、遗传变异及病理研究。

(3) 原位杂交(*in situ* hybridization) 原位杂交是将分子杂交与组织化学相结合的一种技术,也是研究生物体发育过程中一种重要的分子遗传学的研究方法。原位杂交是经适当处理后,使细胞通透性增加,探针进入细胞内与 DNA 或 RNA 片段进行杂交。用放射自显影或化学染色等方法予以显示目的 mRNA 或 DNA 的存在与胞内的空间位置,因此可在原位研究某种多肽或蛋白质的基因表达。由于原位杂交能在成分复杂的组织中进行单一细胞的研究,而不受同一组织中其他成分的影响,因此对于那些细胞数量少且散布于其他组织中细胞内 DNA 或 RNA 的研究更为方便。同时,原位杂交无须从组织中提取核酸,对于组织中含量极低的靶序列有极高的敏感度,并可完整地保持组织与细胞的形态,因而更能准确地反映出组织细胞的相互关系及功能状态。

生物信息学

生物信息学(bioinformatics)是指由生物学与计算机科学及应用数学等学科相互交叉而形成的一门新兴学科。它以DNA和蛋白质序列等生物信息分析作为源头,破译隐藏在序列信息中的语义规律,阐明海量生物信息的信息实质,在此基础上归纳、整理与遗传语义信息释放及调控相关的转录谱和蛋白质谱的数据,从而认识代谢、发育、分化和进化的规律。广义的生物信息学涉及生命的信息交换和传递的各个层次,如核酸、蛋白质、细胞、组织、器官、系统和生物体等。从狭义方面来说,生物信息学是指综合应用计算机科学、信息科学以及数学的理论、方法和技术,管理、分析和利用生物分子数据的科学。随着技术的进步,生物分子数据已经不仅仅限于基因组序列或蛋白质序列数据,微阵列、基因语义学(gene ontology,GO)注释、分子图谱、结构信息等数据也同样具有丰富的内涵。当前,生物信息学技术与生物学的发展进步紧密相关,在人类疾病与功能基因的发现与识别、基因与蛋白质的表达与功能研究方面都发挥关键的作用。主要内容包括生物信息的收集、存储、管理与提供,蛋白质与核酸的序列比对,蛋白质结构比对,分子进化,基因组序列信息的提取和分析,功能基因组分析,生物分子设计等。

小结

1. 核酸分为DNA和RNA。核酸在生命活动中具有非常重要的作用,同时也是分子生物学研究的重要内容之一。
2. 核酸最基本的结构单位是核苷酸。核苷酸可以分为核苷和磷酸,核苷再进一步分为碱基和戊糖,碱基分嘌呤碱与嘧啶碱。RNA中戊糖为核糖,DNA的戊糖为脱氧核糖。细胞内还有一些以游离形式存在的核苷酸及其衍生物,它们也都具有重要的生物学功能。
3. DNA的一级结构是指DNA分子中核苷酸的排列顺序和连接方式,而DNA的碱基顺序本身就是遗传信息存储的分子形式。DNA的二级结构是双螺旋结构。
4. 细胞内主要的功能RNA包括mRNA、rRNA和tRNA及一些起调控作用的小分子RNA。大多数天然RNA分子是一条单链,但可以有局部的配对区域。
5. 核酸变性与复性,以及两性解离性质是核酸分子的两个重要物理特性,也是许多分子生物学研究技术的基础。
6. 生物信息学是利用信息科学技术及数学方法对生物学实验数据进行获取、加工、存储、检索与分析,进而达到揭示数据所蕴含的生物学意义的目的。

复习思考题

1. 核酸的基本结构单位是什么?其组成如何?
2. 试述DNA双螺旋模型的要点与生物学意义。
3. 比较原核生物tRNA、mRNA和rRNA的分布、结构特点及功能。
4. 原核生物和真核生物mRNA有何区别?
5. 用简图表示原核生物tRNA的二级结构。
6. 某DNA分子的(A+T)含量为90%,其T_m大约是多少?
7. 假定每个氨基酸残基的平均相对分子质量为110,每个核苷酸残基的相对分子质量为320,有一个编码相对分子质量为96 000蛋白质的基因,计算编码该蛋白质的mRNA相对分子质量大约是多少?
8. 目前的研究表明,某些蛋白质、DNA和RNA分子均具有生物催化剂的作用。根据所学的生物化学知识,试述对生命起源的理解。同时,进一步设计相关实验来验证观点。
9. 得到某生物染色体基因组全部基因的核酸序列后,接着可以进行哪些研究?
10. DNA分子中G与C百分含量影响DNA分子的哪些特性?试举3例。
11. DNA和RNA分子均为两种重要的大分子,在分子结构上有何明显的区别?与它们各自的生物学功能的差异有何联系？试详细说明。

12. 列出至少各三个与核酸化学研究有关的国际刊物和网站的名称。

数字课程学习资源

● 教学课件　　● 重难点讲解　　●拓展阅读

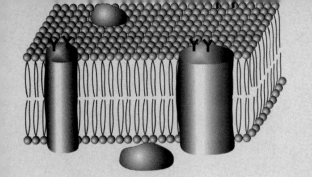

6 大分子复合物

关键词

糖脂　糖基甘油酯　鞘糖脂　脑苷脂　*N*-乙酰神经氨酸　神经节苷脂　硫酸脑苷脂　糖蛋白

蛋白聚糖　生物膜　膜脂　膜蛋白　脂双层　膜周边蛋白　膜内在蛋白　跨膜蛋白

流动镶嵌模型　简单扩散　易化扩散　被动运输　主动运输　介导运输　载体蛋白　通道蛋白

离子通道　离子载体　基团转位　脂蛋白　核小体　病毒　噬菌体　冠状病毒

人类免疫缺陷病毒

　　生物体内存在许多功能性的大分子(macromolecule)和大分子复合物(macrocomplex)。相对而言,生物大分子是指由同一类单体(monomer)组成的具有相同功能的一类多聚体(polymer)化合物。例如,氨基酸为同一类单体组成多肽和蛋白质;葡萄糖为单体组成淀粉;核苷酸为单体组成核酸等。显然,这些生物大分子的线性结构较为简单,而大分子复合物一般是以不同类单体组成的。例如,在生物膜中存在许多脂质-糖复合物、脂质-蛋白质复合物,在细胞核内存在核酸-蛋白质复合物等。显然,这些大分子复合物结构复杂得多。除了学好蛋白质、核酸等生物大分子外,更要注重学好结构复杂且具有特殊功能的大分子复合物。因此,为了更好地了解大分子复合物的结构及其特殊的生物化学功能,本章选择几种最重要的生物大分子复合物作为教学事例,供学生从不同侧面学好生物化学。

6.1 糖与脂质的复合物

　　真核生物细胞内普遍存在糖与脂质的复合物,通常称为糖脂(glycolipid)。糖脂是糖分子通过半缩醛羟基,以糖苷键与脂质分子共价结合而成的化合物。糖脂对细胞的各种生物功能起重要的作用。根据主链骨架分子的不同,糖脂可分为糖基甘油酯(glycoglyceride)和鞘糖脂(glycosylsphingolipid)。鞘糖脂是一类两亲性分子(amphipathic molecule),其分子结构中既含有亲水的糖链,又含有亲脂的神经酰胺(ceramide)部分,广泛存在于真核生物的细胞膜上。根据鞘糖脂是否含有酸性基团,又可将其分为酸性和中性两类。酸性鞘糖脂含酸性基团,如唾液酸根、硫酸根等。含唾液酸者为神经节苷脂(ganglioside),含硫酸基团者为硫酸脑苷脂(cerebroside sulfate),含有两种酸者为硫酸神经节苷脂。中性鞘糖脂是指不含唾液酸或硫酸的鞘糖脂。下面介绍几种重要的复合糖脂。

6.1.1 糖基甘油酯

糖基甘油酯为糖脂成员之一,在结构上与磷脂相似,主链是甘油,含有脂肪酸链,但不含磷酸及胆碱等化合物,而以糖基代之。糖基通过糖苷键连接在甘油二酯的 C_3 位置上,由此形成一个极性头(图 6-1)。

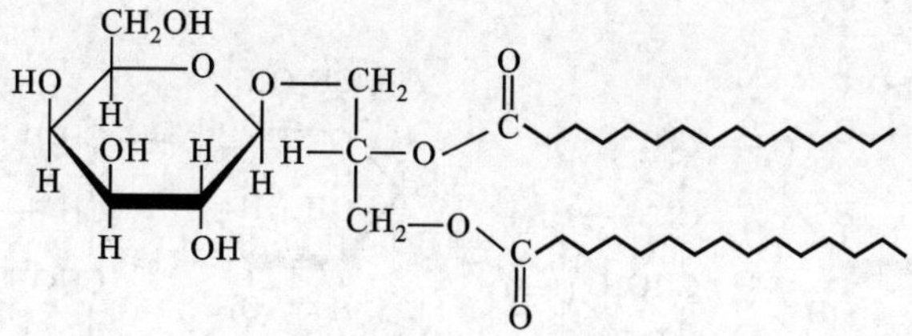

·**图 6-1** 糖基甘油酯结构

从小麦种子内分离得到的糖脂经碱水解可得到半乳糖基甘油的混合物。进一步分离发现,糖基甘油二酯中的糖可以是单半乳糖,也可以是二半乳糖及三半乳糖,分别形成单半乳糖甘油二酯、二半乳糖甘油二酯和三半乳糖甘油二酯(图 6-2)。在不同的植物中可以分离出结构更为复杂的糖基甘油酯,因为除了半乳糖外,还发现有葡萄糖、甘露糖等糖类;脂肪酸的种类也不尽相同,而且发现有不饱和脂肪酸存在于糖基甘油酯分子中。迄今,已经发现糖基甘油酯存在于植物、动物和微生物中。

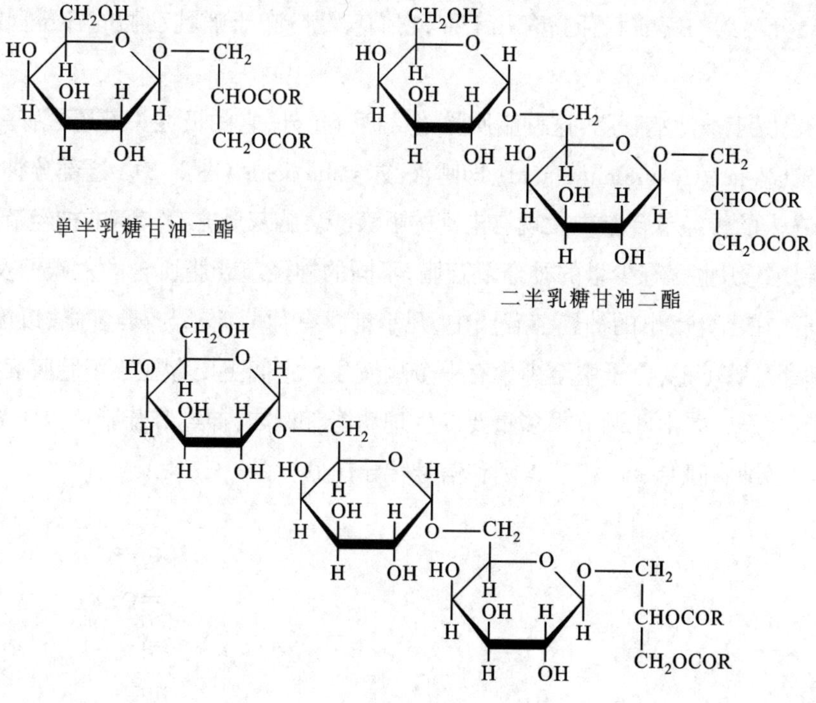

单半乳糖甘油二酯

二半乳糖甘油二酯

三半乳糖甘油二酯

·**图 6-2** 三种半乳糖甘油二酯结构

6.1.2 鞘糖脂

第 3 章已经介绍鞘磷脂(sphingomyelin),它是鞘脂类化合物的一种。除鞘磷脂外,鞘脂类还包括鞘糖脂。鞘糖脂可分为中性鞘糖脂和酸性鞘糖脂。鞘糖脂分子主要含有 3 种成分,即鞘氨醇、脂肪酸和糖类。脂肪酸以酰胺键与鞘氨醇相结合,称为神经酰胺。神经酰胺是构成鞘脂质的母体结构,若鞘氨醇 C_1 上的羟基与一个单糖相连,则形成鞘糖脂(图 6-3)。由于鞘糖脂中鞘氨醇、脂肪酸和糖类 3 种成分存在很大的变异性,因此可以构成许多组成不同的鞘糖脂。鞘糖脂大量存在于脑和神经髓鞘组织中,故统称为脑苷脂(cerebroside)和神经节苷脂(ganglioside)。此外,人们在动物红细胞、肝、肾等其他组织中也能发现鞘糖脂,甚至在高等植物豆科和麦类中也有单糖基神经酰胺存在。

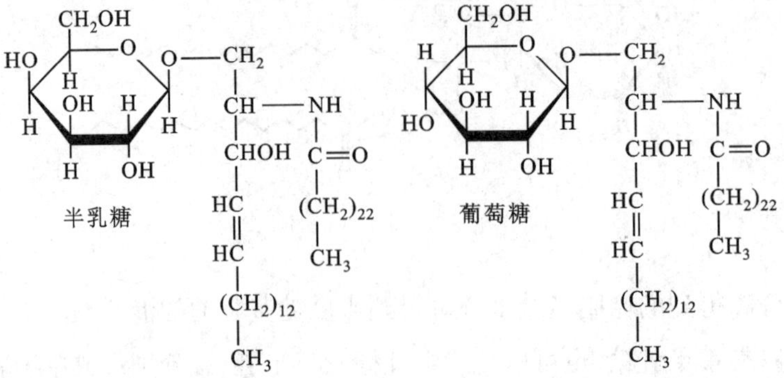

·图 6-3　半乳糖脑苷脂和葡糖脑苷脂结构

在脑苷脂组成中,参与的单糖通常为葡萄糖、半乳糖(图 6-3)。若在半乳糖脑苷脂的半乳糖分子的第 3 位上有一个以硫酯键相连的硫酸分子,则形成硫酸脑苷脂(cerebroside sulfate),为酸性脑苷脂(图 6-4)。目前已分离到的硫酸脑苷脂有几十种,它们广泛分布于哺乳动物的各器官中,其中脑中含量较高。

神经节苷脂也属于酸性脑苷脂,这种脂质除了含糖分子外,它的极性头部还含有一个或多个分子 N-乙酰神经氨酸(N-acetylneuraminic acid),即唾液酸(sialic acid)(图 6-5)。这部分神经节苷脂在 pH 7 时带负电荷。在人的神经节苷脂中发现有丰富的唾液酸。脑灰质含有丰富的神经节苷脂,构成全部脂质的 6%,非神经组织也含有少量的神经节苷脂,不同的神经节苷脂所含的六碳糖及唾液酸的数目及位置各不相同。在已分离出的神经节苷脂中,几乎都含有葡萄糖基与神经酰胺以糖苷键相连。神经节苷脂的糖基都是寡糖链,分子中至少含有一个唾液酸。它们主要存在于细胞膜表面上,可以特异性接受某些糖蛋白激素,并由此调节很多重要的生理功能。例如,神经节苷脂可以作为信号分子或外源毒素的受体,担当细胞间专一性相互识别和信号转导任务。

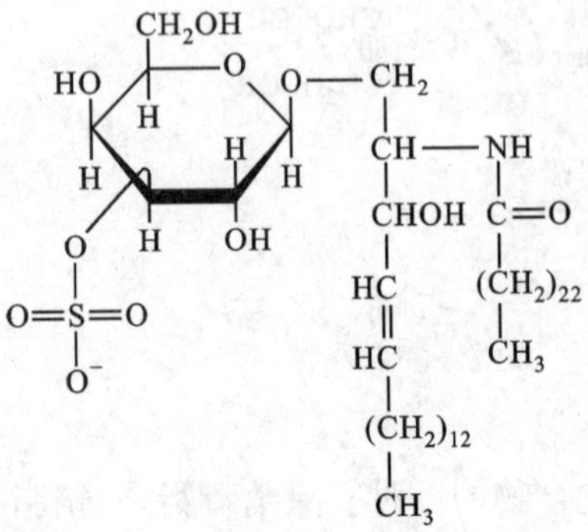

·图 6-4　硫酸脑苷脂结构

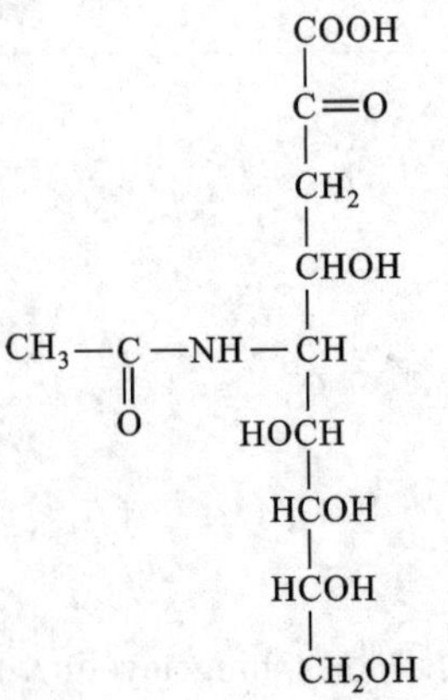

·图 6-5　N-乙酰神经氨酸(唾液酸)结构

6.2 糖与蛋白质的复合物

早期,人们对于糖类的研究多集中于各种单糖的代谢与转化途径,以及单糖与几种主要多糖(包括淀粉、糖原和纤维素等)之间的相互转化方面。近30年来,生物学家和化学家逐渐发现各种多糖复合物,尤其是糖蛋白(glycoprotein),存在于许多酶、激素、毒素、细胞因子和载体蛋白中。这些糖蛋白在细胞识别、分泌,以及在蛋白质的加工和稳定等方面都起重要的作用。与其他蛋白质一样,糖蛋白多肽链的氨基酸序列受特定基因编码,其表达也受基因调控。糖链是蛋白质合成后在此基础上由酶促合成,并通过共价键连接到多肽链上。由于糖的种类繁多,并通过各种基团与蛋白质氨基酸残基连接,因此形成的糖蛋白的种类非常丰富。

6.2.1 糖蛋白

6.2.1.1 糖蛋白的结构

糖蛋白是由糖与多肽链或蛋白质通过共价结合而形成的一类糖蛋白复合物,广泛存在于动物、植物和微生物中。不同糖蛋白的含糖量有很大差别。糖链数目、长短和结构在各种糖蛋白之间差异也很大。在细胞定位上糖蛋白可以存在于细胞外基质中或质膜上。质膜上糖蛋白的亲水糖链伸展于细胞外侧,这些细胞表面上的糖具有识别功能,是胞间信息传递的载体。此外,一些酶、激素、植物凝集素、免疫球蛋白、载体蛋白及胶原蛋白的分子内也含有不等量的寡糖链,因而都可以称为糖蛋白。

自然界中已发现的糖蛋白寡糖链中有时还可同时结合磷酸或硫酸等基团。在糖蛋白中,常与硫酸基团连接的单糖包括半乳糖(galactose,Gal),N-乙酰半乳糖胺(N-acetylgalactosamine,GalNAc)或N-乙酰葡糖胺(N-acetylglucosamine,GlcNAc)。每个单糖分子通常都带有 3~4 个游离的羟基,因此两个单糖有可能在多个不同位置的羟基之间形成糖苷键,而两个以上的单糖就能够形成分支结构。所以,糖链的结构比核酸或蛋白质的结构复杂得多。

近年来科学家们采用各种新技术和测试手段,包括质谱分析、核磁共振,以及采用凝集素进行层析等,使糖链结构的研究取得显著的成果。

6.2.1.2 糖蛋白的主要类型

糖蛋白按其糖与多肽链的连接方式可分为两种主要类型。

(1) 含有 O-糖苷键 这种连接发生在单糖半缩醛羟基与丝氨酸或苏氨酸上的羟基之间,通过脱水缩合而成,其形式为(糖)C_1-O-C(肽)。最常见的 O-糖苷键如图 6-6 所示。其中,单糖除为半乳糖外,还存在以甘露糖(mannose)、木糖(xylose)等单糖与蛋白质上丝氨酸或苏氨酸残基形成的糖蛋白。此外,还存在以寡糖,如 β-半乳糖基(1→3)-α-N-乙酰半乳糖胺与丝氨酸(或苏氨酸)上的羟基连接形成 O-糖苷键(图 6-7)。科学家们发现,在地球南北极冰海中,一些特定鱼类的血液中存在一些抗冻糖蛋白(antifreeze glycoprotein)。这些糖蛋白中均有一个共同的结构:[Ala-Ala-Thr]$_n$-Ala-Ala,其中 n 可以是 4、5、6、12、17、28、35、45、50 。每个苏氨酸与 β-半乳糖基(1→3)-α-N-乙酰半乳糖胺连接形成 O-糖苷键。具有这种结构的抗冻糖蛋白可能与这类鱼血液中的冰晶结合,阻止冰晶进一步扩大。含有 O-糖苷键的糖蛋白常发现于细胞表面及黏蛋白(mucin)中。黏蛋白能有效地保护人胃肠道的表面免遭

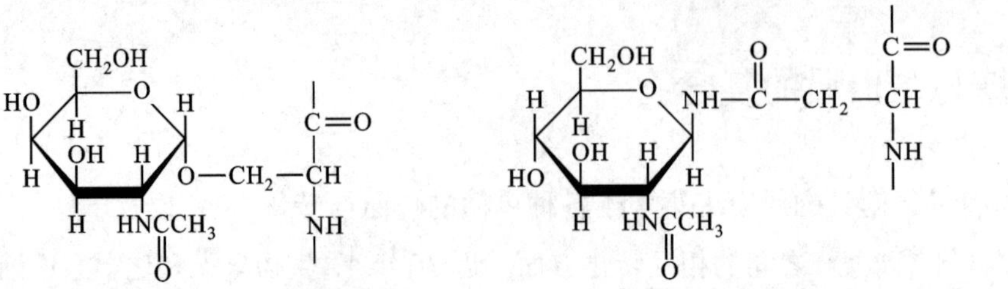

α-N-乙酰半乳糖胺-丝氨酸(O-糖苷键) β-N-乙酰葡糖胺-天冬酰胺(N-糖苷键)

·**图 6-6** 糖蛋白的基本结构

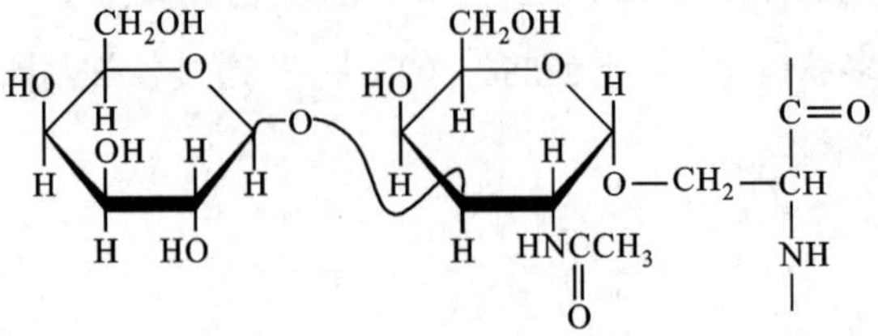

·**图 6-7** β-半乳糖基(1→3)-α-N-乙酰半乳糖胺-丝氨酸

环境中有害物质的刺激和伤害。

（2）含有 N- 糖苷键　动物糖蛋白中广泛存在 N- 乙酰葡糖胺与天冬酰胺连接的方式(图 6-6)，植物和酵母的糖蛋白中也发现有相同的结构。这种结构的连接方式定义为 N- 连接。N- 连接由单糖的半缩醛羟基与天冬酰胺 γ- 氨基缩合而成，其形式为(糖)C_1-N-C(肽)。在对糖蛋白氨基酸序列研究中发现，与天冬酰胺连接的 N- 乙酰葡糖胺多以寡糖形式出现在糖蛋白分子中。因此，天冬酰胺与 N- 乙酰葡糖胺形成的 N- 糖基化结构被认为是一个核心寡糖(core oligosaccharide)(图 6-8)。通过核心寡糖，某些特定糖，如甘露糖、半乳糖及唾液酸等再与其共价结合，形成直链或具有分支结构的糖蛋白(图 6-9)。研究人员还发现，与糖连接的天冬酰胺总是出现在天冬酰胺 -X- 丝氨酸(Asn-X-Ser)或天冬酰胺 -X- 苏氨酸(Asn-X-Thr)序列中，其中 X 代表 20 个氨基酸中除脯氨酸以外的任一氨基酸(图 6-10)。

糖蛋白中糖链与多肽链的连接除了上述两种主要方式外，还可以通过磷脂酰乙醇胺(phosphatidylethanolamine)将蛋白质的 C 端连至一个聚糖(glycan)上，再通过后者的糖基与质膜上的磷脂酰

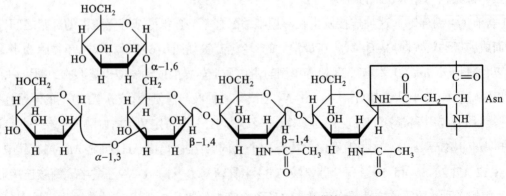

甘露糖 (Man)　　　　　　　　　N-乙酰葡糖胺 (GlcNAc)

·**图 6-8** N- 连接糖蛋白具有的核心寡糖结构

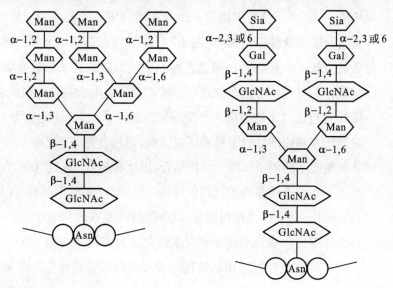

·图 6-9　*N*- 连接糖蛋白具有的分支结构

Asn: 天冬酰胺；Man: 甘露糖；Gal:半乳糖；Sia:唾液酸；GlcNAc:*N*- 乙酰葡糖胺

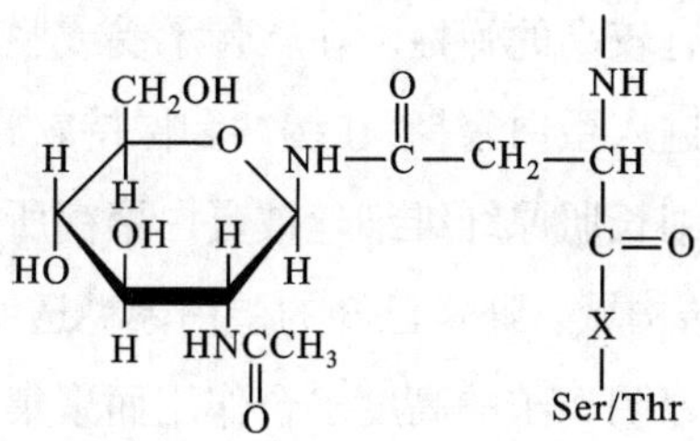

·图 6-10　*N*- 连接糖蛋白核心结构具有天冬酰胺 -X- 丝氨酸 / 苏氨酸（Asn–X–Ser/ Thr）序列特点

肌醇(phosphatidylinositol)相连。故以这种方式存在的糖蛋白称为锚定蛋白或糖基磷脂酰肌醇锚蛋白。此外,还存在其他一些糖蛋白。连在 1 个蛋白质分子上的寡糖链数目可从 1~30 个不等,有时甚至更多。每条糖链既可只含 1~2 个糖基,也可具有长得多的结构。在一些糖蛋白中还可同时出现几种连接方式,如血型糖蛋白(glycophorin)是红细胞表面的一种重要的糖蛋白,它既含有 *O*- 连接,也含有 *N*-连接寡糖。

6.2.2　蛋白聚糖

蛋白聚糖(proteoglycan)结构非常复杂,是由一条或多条糖胺聚糖(glycosaminoglycan)通过共价键与核心蛋白连接而成的一类大分子复合物。蛋白聚糖是糖蛋白中的一个家族,这类复合蛋白体可以含有不同的核心蛋白,不同种类、不同数目,以及不同长短的糖胺聚糖链,因此蛋白聚糖的相对分子质量有大有小。虽然蛋白聚糖种类繁多,但糖链是不分支的,其结构组成变化不大。蛋白聚糖几乎存在于所有的哺乳动物组织中,但在结缔组织中蛋白质聚糖占有特别重要的地位。下面以至今研究较为清楚的软骨蛋白聚糖为例介绍其结构及生物化学特点。

6.2.2.1　蛋白聚糖的结构

软骨蛋白聚糖由许多不同糖胺聚糖和核心蛋白构成(图 6-11)。蛋白聚糖中糖胺聚糖包括硫酸软骨素(chondroitin sulfate)、硫酸角质素(keratan sulfate)和透明质酸(hyaluronic acid)。核心蛋白分子居中,

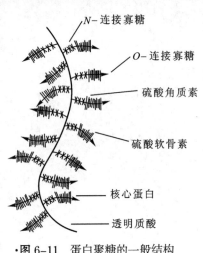

N-连接寡糖
O-连接寡糖
硫酸角质素
硫酸软骨素
核心蛋白
透明质酸

·图 6-11　蛋白聚糖的一般结构

构成一条主链，糖胺聚糖分子排列在蛋白质分子的两侧。从电镜照片上看，软骨蛋白聚糖这种结构像"毛刷子"一样。"毛刷子"以非共价键结合在丝状透明质酸骨架上。核心蛋白通过寡糖与硫酸角质素和硫酸软骨素共价相连。较小的寡糖通常在核心蛋白的透明质酸结合位点附近与核心蛋白相连，这些寡糖以糖苷键与蛋白质特异的天冬酰胺残基氮原子结合，因此称为 N- 连接寡糖。硫酸角质素和硫酸软骨素链则通过寡糖，以糖苷键与核心蛋白中特异的丝氨酸或苏氨酸残基的侧链氧原子共价结合，因此称为 O- 连接寡糖。

一条由透明质酸组成的长度为 40～400 nm 的中心链可以结合多达 100 个核心蛋白，每个核心蛋白约与 50 条硫酸角质素链和 100 条硫酸软骨素链相连，每条硫酸角质素链和硫酸软骨素链分别由高达 250 和 1 000 个二糖单元组成。蛋白聚糖这种伸展的刷状结构以及硫酸角质素和硫酸软骨素组分呈负电荷的特性，使其具有高度的亲水性。

6.2.2.2　蛋白聚糖的功能

目前，研究得较为清楚的是蛋白聚糖能使软骨等结缔组织具有柔韧性和弹性。软骨由胶原蛋白原纤维所形成的网状结构构成，具有较高的弹性。在软骨承受或脱离外部压力时，水分既可以从蛋白聚糖的电荷区域挤出，又可以重新进入蛋白聚糖，在缓冲和保持软骨的平衡方面起重要的作用。在这种特殊的结构中，透明质酸具有的细长肌原纤维细丝被蛋白聚糖所包裹，因为软骨中的蛋白聚糖在多肽链的 N 端具有结合透明质酸的结构域。通常已知的蛋白聚糖透明质酸的复合体具有很大的相对分子质量，它们之间通过水分子和多聚阴离子的高度水合作用而聚集在一起，从而形成富有柔性和弹性的组织结构。

6.3　脂质与蛋白质的复合物

6.3.1　脂蛋白

6.3.1.1　脂蛋白的化学组成与分类

脂蛋白(lipoprotein)是由脂质分子与蛋白质通过非共价结合而形成并存在于动物血液中，同时参与脂质物质转运的一类复合体。脂质一般不溶于水，但人们发现存在于血清或血浆中的脂质分子能与水溶性介质相融。1929 年，Macheboeuf 用硫酸铵沉淀出马血清中的脂质复合物，经分析首次发现血浆中的脂质是与蛋白质相结合的一类大分子复合物。这类复合物能使非水溶性脂质分散在血液中，使血液清晰而不混浊。现已知，在动物和人体内简单而未酯化的脂肪酸可以同人血白蛋白和血浆蛋白结合，再运输到所需部位，但对于三酰甘油酯、磷脂酸、胆固醇等脂质分子的转运必须以脂质蛋白质复合体的形式进行。在脂蛋白中，脂质分子与蛋白质之间通过非共价键结合，多数通过脂质的非极性部分与蛋白质之间以疏水键、范德华力等相互作用而连接在一起。因此，脂蛋白的物理特性与其所含脂质和蛋白质的组成、性质及含量有密切的关系。

脂蛋白是依据其密度进行分类的，而密度与复合体中脂质和蛋白质的相对含量有关。大多数蛋白质的密度为 1.3～1.4 g/cm³，脂质聚集体的密度为 0.8 g/cm³ 左右，因此如果蛋白质含量较高，脂质含量较低,则脂蛋白复合体的密度较大,反之较小。利用超速离心技术,根据在特定的盐密度内的漂浮行为,可把血浆脂蛋白分成四大类:高密度脂蛋白(high density lipoprotein,HDL)、低密度脂蛋白(low density lipoprotein,LDL)、极低密度脂蛋白(very low density lipoprotein,VLDL)和乳糜微粒(chylomicron,CM)。进一步用密度梯度离心、亲和层析、电泳等技术分离脂蛋白,发现上述4种脂蛋白还可以分为若干亚类,如中间密度脂蛋白(intermediate density lipoprotein,IDL)、低密度脂蛋白2(LDL$_2$);高密度脂蛋白还可分为HDL$_2$(ρ=1.063 ~ 1.125 g/cm^3)和HDL$_3$(ρ=1.125 ~ 1.210 g/cm^3)。此外,极高密度脂蛋白(VHDL)密度范围为1.210 ~ 1.250 g /cm^3。目前,比较流行的方法是依密度大小将脂蛋白分为5类,它们的组成和部分性质见表6-1。

·表6-1　人血浆脂蛋白的组成和性质

脂蛋白类别	密度 / (g·cm^{-3})	颗粒直径 /nm	组成 / (%, 干重)			
			蛋白质	胆固醇	磷脂	三酰甘油
HDL	1.063 ~ 1.210	5 ~ 15	40 ~ 55	30	20 ~ 35	3 ~ 5
LDL	1.019 ~ 1.063	18 ~ 28	20 ~ 25	50	15 ~ 20	7 ~ 10
IDL	1.006 ~ 1.019	25 ~ 50	15 ~ 25	29	22	22
VLDL	0.950 ~ 1.006	30 ~ 80	5 ~ 10	22	15 ~ 20	50 ~ 65
乳糜微粒	0.920 ~ 0.950	100 ~ 500	1.5 ~ 2.5	8	7 ~ 9	84 ~ 89

6.3.1.2　脂蛋白结构与功能

脂蛋白呈球形颗粒状(图6-12),三酰甘油和胆固醇酯组成核心,外层由磷脂和游离胆固醇组成,最外层是蛋白质部分,亦称为载脂蛋白(apolipoprotein)。大多数载脂蛋白是水溶性的,但其本身具有亲水和疏水两个α螺旋区,疏水区与脂质结合,亲水区暴露于水溶环境。载脂蛋白的主要功能是可以增加疏水脂质分子的水溶度,有利于脂质分子在水溶环境中转运。蛋白质的亲水区还存在一些特殊部位,这些部位有利于被其他蛋白质和酶分子所识别和作用。几种脂蛋白的主要功能总结于表6-2。

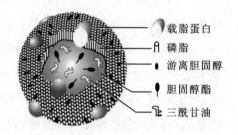

载脂蛋白
磷脂
游离胆固醇
胆固醇酯
三酰甘油

·图6-12　脂蛋白质的结构

·表6-2　脂蛋白的主要组成与功能

脂蛋白类别	主要合成部位	主要载脂蛋白	主要功能
HDL	肝细胞、小肠细胞	A1, A2, C, E	血液中20%~30%胆固醇由其携带,主要是周边组织胆固醇带回至肝进行代谢
LDL	肝细胞	B100	血液中60%~70%胆固醇的主要载体,转运胆固醇到周边组织,调节胆固醇合成
IDL		B100, E	被肝吸收,转变为LDL
VLDL	肝细胞、小肠细胞	B100, C, E	从肝运载三酰甘油和胆固醇到各组织
乳糜微粒	小肠上皮细胞	B48, A, C, E	从小肠转运三酰甘油、胆固醇等到血浆和其他组织

6.3.2 生物膜

生物膜是细胞质膜(plasma membrane)和细胞内膜(endomembrane)系统的总称。细胞质膜是围绕于细胞最外层的脂质双分子层,是细胞结构上的边界,使细胞具有一个相对独立而又稳定的内环境。细胞质膜在细胞与环境之间进行的物质、能量交换及信号传送等过程中有重要的作用。细胞内膜系统主要指核膜(nuclear membrane)、线粒体膜(mitochondrial membrane)、叶绿体被膜(chloroplast envelope)、内质网(endoplasmic reticulum)、高尔基体(Golgi apparatus)及各种胞质内囊泡。它们对细胞的分化、生长、成熟具有重要的作用。无论是细胞质膜,还是细胞内膜,其化学成分基本相同,都是以脂质分子和蛋白质为主要成分,但不同膜的脂质与蛋白质的比例是不同的。从细胞学的发展进程来看,人们对生物膜的结构和功能的研究相对较晚,但由于科学技术的迅猛发展,尤其是精密仪器和实验技术的不断创新,为生物膜的研究创造有利的条件,也推动人们对生物膜的全面认识。

6.3.2.1 生物膜的化学组成

生物膜虽有不同的生物学功能,但在组成和结构上具有明显的共同之处。无论是细胞质膜,还是细胞内膜,其化学组成主要为蛋白质和脂质,蛋白质占 60% ~ 75%,脂质占 25% ~ 40%,糖占 5% 左右,此外还有微量的核酸、金属离子和水。

脂双层(lipid bilayer)是生物膜的基本骨架,膜的内外镶有各种蛋白质和酶。膜脂(membrane lipid)和膜蛋白(membrane protein)在结构上是不对称的,而且有一定的流动性,这是生物膜的基本特征之一,也是细胞进行生命活动的必要条件。膜上脂质、蛋白质和糖都具有特殊功能,如转运物质、催化各种反应、提供细胞识别位点及完成细胞内外信息跨膜传递等。

(1) 膜脂　膜脂是生物膜的基本组成成分,每个动物细胞质膜上约有 10^9 个脂质分子,即每平方微米的质膜上约有 5×10^6 个脂质分子。生物膜的脂质主要包括磷脂、糖脂和胆固醇,其中以磷脂为主,含量最高。磷脂占整个膜脂含量的 50% 以上。磷脂又可分为两类:甘油磷脂和鞘磷脂。甘油磷脂包括磷脂酰胆碱、磷脂酰丝氨酸、磷脂酰乙醇胺和磷脂酰肌醇等。组成生物膜的磷脂分子的主要特征有:①具有一个极性头和两个非极性尾(脂肪酸链)(图 6-13);存在于线粒体内膜和某些细菌质膜上的心磷脂除外,它具有 4 个非极性尾。②脂肪酸碳链为偶数,多数碳链由 16、18 或 20 个碳原子组成。③除饱和脂肪酸(如硬脂酸和软脂酸)外,常还有不饱和脂肪酸(如油酸、亚油酸和亚麻酸)。不饱和脂肪酸分子中有双键,由于顺式和反式互变,使不饱和脂肪酸易于弯曲或转动,从而使膜的结构比较松散而不僵硬。研究表明,对于抗寒能力强的植物,其膜脂中不饱和脂肪酸含量较多,有利于保持膜在低温条件下流动,以抗御冷冻;对于耐热能力强的植物,其饱和脂肪酸的含量较高,有利于细胞质膜在高温下保持稳定。

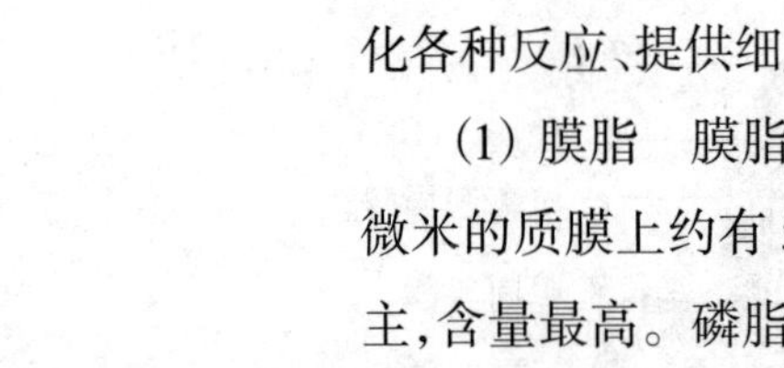

除磷脂外,糖脂普遍存在于原核和真核细胞质膜上,其含量约占膜脂总量的 5%。在神经细胞质膜上糖脂含量较高,占 5% ~ 10%。目前,已发现几十种糖脂,不同的细胞中所含糖脂的种类不同。在动物细胞中,糖脂与鞘磷脂相似,都是鞘氨醇的衍生物。在糖脂中,一个或多个糖残基与鞘氨醇主链的伯羟基连接。最简单的糖脂是脑苷脂,只有一个葡萄糖或半乳糖残基;较复杂的神经节苷脂可含多达 7 个单糖残基,其中含有不同数目的唾液酸。决

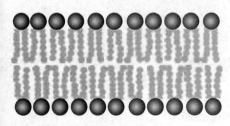

·图 6-13　脂质双分子层

定红细胞 ABO 血型的物质均为糖脂,都是由脂肪酸和糖链组成的。在植物组织中观察到糖脂中的糖主要是半乳糖。叶绿体膜中存在硫酯复合物,其分子内含有葡萄糖的衍生物。

固醇是生物膜中另一种膜脂。植物细胞膜的固醇量低于动物细胞膜。高等植物细胞膜的固醇主要是谷甾醇和豆甾醇。动物细胞膜中最多的固醇为胆固醇。细菌质膜中不含胆固醇,但某些细菌的膜脂中含有甘油等中性脂质。胆固醇在调节膜的流动性,增加膜的稳定性,以及降低水溶性物质的通透性等方面都起重要的作用。

(2) 膜蛋白 脂质双分子层是组成膜的基本结构,而膜蛋白执行膜上几乎所有的膜功能。Singer 和 Nicolson 建议,根据膜蛋白与脂质分子结合方式和分离的难易程度可将其分为膜周边蛋白(peripheral protein)和膜内在蛋白(integral protein)。膜周边蛋白分布于脂质双分子层表面,暴露于脂双层的内侧或外侧,为水溶性蛋白,靠离子键或其他较弱的键与膜表面的蛋白质分子或脂质分子结合。因此,只要提高溶液的离子强度、pH 或温度就可以将这类膜蛋白从膜上分离下来,而且膜的结构不易被破坏。膜周边蛋白占膜蛋白总量的 20%～30%。

膜内蛋白占膜蛋白总量的 70%～80%。这类蛋白多数为跨膜蛋白(transmembrane protein),一般插入或整合在脂质双分子层中。膜内蛋白含有较多的疏水氨基酸,与膜脂的疏水部分结合得十分牢固。只有在较剧烈的条件下,如用十二烷基硫酸钠、Triton X-100 等去垢剂、有机溶剂、超声波等处理才能将它们溶解出来。

跨膜蛋白结构域两端携带如精氨酸、赖氨酸等所带的正电荷,与带负电荷的磷脂分子极性头形成离子键,或带负电荷的氨基酸残基通过 Ca^{2+}、Mg^{2+} 等阳离子与带负电荷的磷酸极性头相互作用。跨膜结构域含有 20 个左右的疏水氨基酸残基,形成 α 螺旋,其外部疏水侧链通过范德华引力与脂质双分子层脂肪酸链相互作用。第一个被证明跨膜结构域为 α 螺旋的膜蛋白是一种嗜盐菌(*Halobacterium halobium*)膜蛋白。嗜盐菌因其体内能积累高浓度的氯化钠(4.3 mol/L)而得名。嗜盐菌细胞质膜中具有一个类似哺乳动物视网膜视紫红质(rhodopsin)的蛋白,该蛋白质以共价结合方式将一个具有光吸收基团的视黄醛(retinal)残基连接在 216 位的 Lys 上(图 6-14)。这一蛋白复合体在质膜上行使一个由光驱动的质子泵功能。尤其是在缺氧而不能进行有氧代谢情况下,嗜盐菌利用这个光驱动的质子泵将质子由胞内排到胞外,从而形成一个跨膜质子电化学梯度,并与质膜上的 ATP 合酶偶联,推动 ATP 合成。细菌视紫红质是由 7 个 α 螺旋杆组成的一束六方体蛋白。每一 α 螺旋杆含有 25 个氨基酸残基。α 螺旋杆 7 次来回穿插于质膜,几乎完全包埋于脂质双分子中。

红细胞中血型糖蛋白 A(glycoprotein A)代表另一类具有普遍意义的膜蛋白,它只有一个穿膜的蛋白片段(图 6-15)。血型糖蛋白 A 具有 3 个结构域,包括①N 端结构域,由 72 个氨基酸残基组成,定位于质膜外侧;②C 端结构域,由 40 个氨基酸残基组成,定位于质膜内侧;③跨膜结构域,由 19 个氨基酸残基组成。N 端和 C 端结构域含有高比例的带电和极性氨基酸残基,而跨膜结构域中非极性

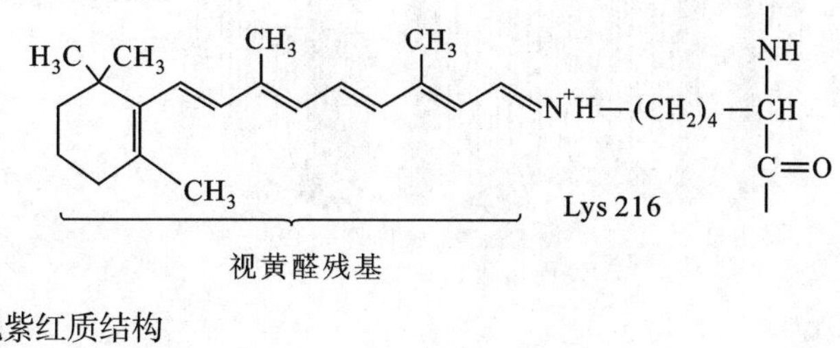

·图 6-14 视黄醛与细菌视紫红质结构

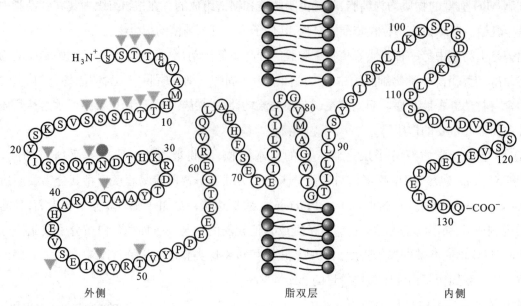

·图 6-15 人红细胞血型糖蛋白 A

氨基酸残基比例较高。

此外,还有些跨膜蛋白,如大肠杆菌质膜上的孔蛋白(porin)和线粒体外膜上的孔蛋白,其跨膜结构域常有 10～12 个氨基酸残基,形成 β 折叠片结构。反向平行的 β 折叠片相互作用形成非特异的跨膜通道,可允许相对分子质量小于 1×10^4 的小分子自由通过。

6.3.2.2 生物膜的结构——流动镶嵌模型

流动镶嵌模型(fluid mosaic model)是由 S. J. Singer 和 G. Nicolson 于 1972 年提出的,得到比较广泛支持的一种生物膜结构模型(图 6-16)。他们认为,流动的脂双层是构成膜的主体,而蛋白质分子则像"冰山"一样分布在脂质双分子的"海洋"中。流动镶嵌模型的基本要点为以下两个。

(1) 膜的不对称性 主要表现为膜脂、膜蛋白和糖类不对称的分布。在膜脂的双分子层中,外层以磷脂酰胆碱为主,而内层则以磷脂酰丝氨酸和磷脂酰乙醇胺为主,同时不饱和脂肪酸主要存在于外层。所有的膜蛋白,无论是膜周边蛋白,还是膜内在蛋白,在质膜上都呈不对称分布。膜蛋白不对称的分布表现为膜脂内外两层所含膜周边蛋白与膜内在蛋白种类及数量不同,这是膜功能具有方向的物质基础。细胞表面的受体、膜上载体蛋白都按一定的方向传递信号和转运物质,与细胞相关的酶促反应也发生在膜的某一侧面。糖蛋白与糖脂只存在于膜的外层,而且糖基暴露于膜外,

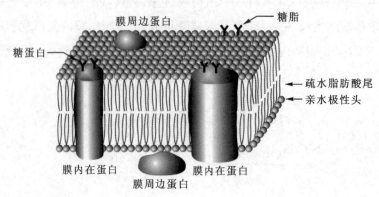

·图 6-16 生物膜的流动镶嵌模型

呈现绝对不对称的分布结构(图6-16)。总之,膜的不对称性在时间和空间上确保各项生理功能有序地进行。

(2) 膜的流动性 膜脂的流动性主要指脂质分子的侧向运动,它在很大程度上是由脂质分子本身的性质决定的。此外,膜脂分子还能围绕轴心作自旋运动、尾部摆动,以及脂双层之间的翻转运动。一般来说,脂肪酸链越短,不饱和程度越高,膜脂的流动性就越大。温度对膜脂的运动有明显的影响,各种膜脂都具有不同的相变温度(phase transition temperature),在生物膜中膜脂的相变温度是由组成生物膜的各种脂质分子的相变温度决定的,高于某一相变温度时,脂质双分子层处于一种液晶(liquid crystal)状态;低于某一相变温度时,则处于凝胶(gel)状态(图6-17)。膜脂的流动还会带动膜蛋白的运动,膜蛋白的运动主要指膜内在蛋白在脂双层内的扩散运动。因此膜的流动性是生长细胞完成多种生理功能所必需的。

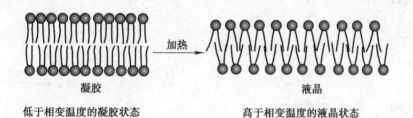

凝胶

液晶

低于相变温度的凝胶状态

高于相变温度的液晶状态

·图6–17 脂双层物理状态随温度变化模式

6.3.2.3 生物膜的功能

(1) 物质运输 细胞质膜是细胞内外物质交换的必经之路,它对物质的进出有严格的选择和精确的控制。小分子物质进入细胞主要通过简单扩散、易化扩散、主动运输和基团转位等方式,而大分子和颗粒物质主要通过特定的载体和内吞作用进入细胞。细胞间和细胞内的物质运送是一个既错综复杂,又有条不紊的系统。根据热力学性质,物质的运输可分为被动运输(passive transport)和主动运输(active transport)。被动运输不需要能量,而主动运输是一个耗能的过程。根据运输的方式,又可将物质运输分为非介导运输(non-mediated transport)和介导运输(mediated transport)。非介导运输是简单扩散的过程,物质分子从高浓度向低浓度转运;介导运输借助特定的载体(carrier)分子(大多为蛋白质或酶)才能进行。介导运输的物质分子通常是分子太大,或是分子极性太强,靠其自身很难跨越细胞脂质双层膜,因此必须先与载体结合,才能进行跨膜运输。载体的类型也很多,如运输离子的载体称为离子载体(ionophore)、离子通道(ion channel)或通道型离子载体。根据运输的离子是阳离子,还是阴离子,又可分为阳离子通道(cation channel)和阴离子通道(anion channel)。此外,还有运输有机分子和大分子的载体可称为转运体(transporter)、移位酶(translocase)、通透酶(permease)等。

① 简单扩散。简单扩散(simple diffusion)指不带电荷或水溶性小分子(如H_2O、O_2、CO_2、NO、CO等)以自由扩散的方式从膜的一侧通过细胞质膜进入膜另一侧的过程,其结果是分子由浓度高的一侧向浓度低的一侧转运。分子以自由扩散的方式跨膜转运,不需要细胞提供能量,也没有膜蛋白的协助作用,是一种非介导运输。不同分子的通透能力差异很大,如O_2、N_2和苯等极易通过细胞膜,水分子也比较容易通过。尿素的通透能力比水分子低100倍,而离子又比尿素低10^6倍。一般认为,物质在质膜上的通透能力主要取决于分子大小和极性。小分子比大分子容易穿过膜,非极性分子比极性分子

易穿过膜。

② 易化扩散。易化扩散(facilitated diffusion)也是小分子物质沿其浓度梯度(或电化学梯度)减小方向的跨膜运动,不需要能量。从这一点上看,它与简单扩散相同,均称为被动运输。在易化扩散中,特异的膜蛋白"协助"物质转运使其转运速率大大增加,转运特异性也有所增强,因此,这类运输属于被动介导运输。按照起协助功能的膜蛋白的工作特点,可将之分为两类,一类为载体蛋白(carrier protein)或载体型离子载体,另一类为通道蛋白(channel protein)或通道型离子载体。前者的工作模式是必须在膜的两侧来回移动将离子从一侧运送到另一侧;后者先在膜上形成一个通道,离子在通道内转运(图 6-18)。

载体蛋白相当于结合在细胞膜上的酶,可同特异的底物结合,转运过程具有类似于酶与底物作用的动力学曲线,能测出每种物质转运的最大速率 V_{max} 和 K_m (图 6-19),并可被类似物竞争抑制等。载体蛋白具有很高的工作效率,如单分子的抗生素缬氨霉素(valinomycin)载体跨膜运输 K^+ 的速率为每秒 10^4 个离子。

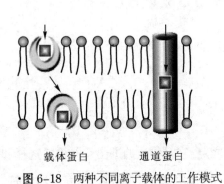

·图 6-18　两种不同离子载体的工作模式 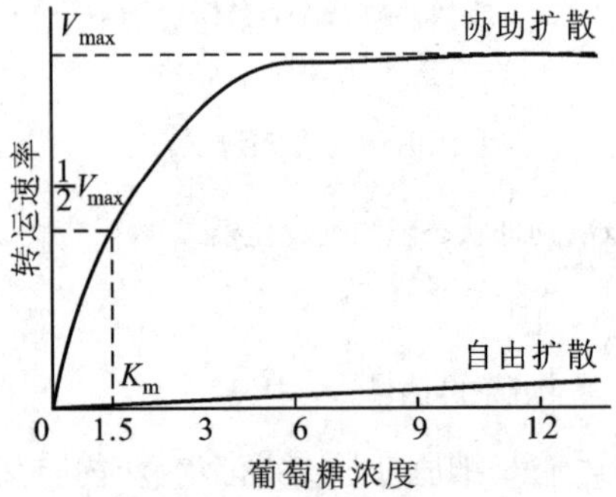　　　　·图 6-19　自由扩散与易化扩散的动力学比较

通道蛋白实际上是一些具有高级结构和构象变化的蛋白质,在膜上可形成亲水通道,允许一定大小和有一定电荷的离子通过。这些蛋白广泛存在于革兰氏阴性细菌的膜上和高等植物细胞质膜上,它们对被转运离子的大小与电荷不仅有高度的选择条件,而且转运速率高,可达每秒 10^6 个离子,为载体蛋白的 100 倍以上。离子通道在多数情况下呈关闭状态,只有在膜电位或化学信号物质刺激后,才开启形成跨膜的离子通道。离子通道在神经元与肌细胞冲动传递过程中有重要的作用。植物含羞草的闭叶反应、草履虫的快速转向运动都与离子通道有关。

③ 主动运输。主动运输是物质逆浓度梯度或电化学梯度进行跨膜运输的一种方式,是一个耗能的过程。它一方面需要膜上有特殊的载体蛋白存在,另一方面还需要与一个能自发放能的反应相偶联。细胞内物质主动运输常见的供能系统有 3 种:(a) ATP 的水解放能;(b)氧化还原反应、光化学反应或 ATP 水解中建立的质子(H^+)和离子浓度梯度;(c)膜两边离子不对称分布而产生的膜电位(通常是外正内负)。这 3 种供能反应大都来自生物的呼吸作用,当呼吸过程受抑制时,物质的主动运输也将受阻。根据物质在跨膜运输过程中能量利用的方式,主动运输分为以下两种类型。

Ⅰ. 由 ATP 直接提供能量的主动运输

A. Na^+-K^+-ATP 酶:生物细胞质膜的两侧存在很大的离子浓度差。在大多数动物细胞中,胞内 Na^+ 和 K^+ 的浓度分别为 10 mmol/L 和 100 mmol/L,而胞外 Na^+ 和 K^+ 的浓度分别为 100 ~ 140 mmol/L

和 5 ~ 10 mmol /L,即细胞内是 K^+ 高,Na^+ 低,而外环境中则是 K^+ 低,Na^+ 高。这种明显的离子梯度显然是离子逆浓度梯度主动运输的结果。执行这种运输功能的体系依赖 Na^+-K^+-ATP 酶或称为 Na^+-K^+ 泵,它是利用 ATP 释放能量推动的一种典型的主动运输方式。

Na^+-K^+-ATP 酶由 α 和 β 两种亚基组成,是一个以 2 个 α– 亚基和 2 个 β– 亚基组成的四聚体。α– 亚基的相对分子质量为 1.2×10^5,是一个多次跨膜的膜内在蛋白,具有 ATP 酶活性。β– 亚基相对分子质量为 3.5×10^4,是具有组织特异的糖蛋白。结构分析提示,α– 亚基由 10 个跨膜 α 螺旋片段组成,其中有 2 个大的 α 螺旋片段存于细胞质内,可能是结合 ATP 和 Na^+ 的结构域。β– 亚基由一个跨膜 α 螺旋和一个大的胞外结构域组成。Na^+-K^+-ATP 酶的工作模式为:

(a) 在细胞内侧 α– 亚基与 Na^+ 相结合促进 ATP 水解,α– 亚基上的一个天冬氨酸残基被磷酸化引起 α– 亚基构象发生变化,将 Na^+ 运出细胞。

(b) 细胞外的 K^+ 与 α– 亚基的另一位点结合,使其去磷酸化,α– 亚基构象再发生变化,将 K^+ 输入细胞,完成整个循环。

(c) 每个循环消耗一个 ATP 分子,转运 3 个 Na^+ 和 2 个 K^+(图 6-20)。极少量的哇巴因(ouabain)便可抑制 Na^+-K^+-ATP 酶的活性,而 Mg^{2+} 有助于提高 Na^+-K^+-ATP 酶活性。

根据实验结果推测,在红细胞表面大约有 250 个 Na^+-K^+-ATP 酶,其密度为 1 ~ 2 个 /μm^2,其他细胞中 Na^+-K^+-ATP 酶密度为 10^3 个 /μm^2 左右。其最大的转运速率为每秒钟转入 100 个 K^+。

B. Ca^{2+}-ATP 酶:未受刺激的细胞胞浆内 Ca^{2+} 的浓度维持在 $10^{-7} \sim 10^{-6}$ mol/L,而细胞外 Ca^{2+} 浓度为 10^{-3} mol/L。当细胞受到一定生物和非生物胁迫刺激,或胞内进行自身调节时,细胞质内 Ca^{2+} 的浓度瞬时增加,其结果导致一系列细胞生理反应。Ca^{2+}-ATP 酶即 Ca^{2+} 泵,是负责将 Ca^{2+} 输出细胞或泵入内质网腔中,维持细胞质内低浓度 Ca^{2+} 的一种多功能酶蛋白。Ca^{2+}-ATP 酶是由约 1 000 个氨基酸残基组成的跨膜蛋白,与 Na^+-K^+-ATP 酶的 α– 亚基同源,也具有由 10 个 α 螺旋片段组成的疏水跨膜结构域。该酶具有两个较大的亲水结构域,包括磷酸化结构域、ATP 结合区。钙调蛋白与之结合可以调节 Ca^{2+}-ATP 酶的活性。Ca^{2+}-ATP 酶也与 ATP 的水解相偶联,每消耗一个 ATP 分子时可转运出两个 Ca^{2+}(图 6-21)。

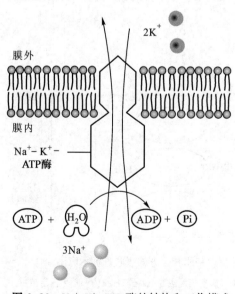

•图 6-20 Na^+-K^+-ATP 酶的结构和工作模式

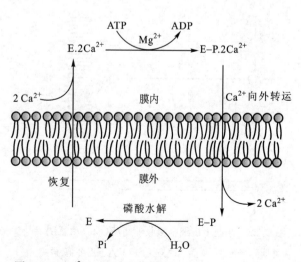

•图 6-21 Ca^{2+}-ATP 酶工作模式

Ⅱ. 协同运输

协同运输(co-transport)是一类靠间接提供能量完成的主动运输方式,物质跨膜运动所需要的能量来自膜两侧离子的电化学浓度梯度。动物细胞中常利用膜两侧的 Na^+ 浓度梯度来驱动氨基酸或葡萄糖吸收;植物细胞和细菌常利用 H^+ 浓度来驱动 K^+、Na^+ 等阳离子在细胞内外或胞内细胞器间进行运输。这些转运酶在调节植物对养分的吸收及耐盐方面具有重要的作用。

根据物质运输方向与离子沿浓度梯度的转移方向,协同运输又可分为同向转运(symport)和反向转运(antiport)。同向转运是指物质运输方向与离子转移方向相同,如小肠上皮细胞和肾小管上皮细胞吸收葡萄糖或氨基酸等有机物,就是伴随 Na^+ 从细胞外流入细胞内进行的。同向转运的载体蛋白上的两个结合位点必须同时与 Na^+ 和特异的氨基酸或葡萄糖分子结合才能完成(图6-22)。在某些细菌中,乳糖的吸收过程伴随 H^+ 从细胞质膜外进入细胞,每转移一个 H^+,即吸收一个乳糖分子,这些过程也都由特异的载体蛋白来完成。反向转运是指物质跨膜运输的方向与离子转移的方向相反,如动物细胞常通过 Na^+/H^+ 反向转运的方式来转运 H^+ 以调节细胞内的 pH,即细胞内 H^+ 输出伴随 Na^+ 进入。在线粒体中,Na^+/H^+ 反向转运是由 H^+ 浓度梯度驱动的,将 Na^+ 由内膜的基质一侧转运出来。

④ 基团转位。基团转位(group translocation)最早发现于某些细菌中,它是细菌在吸收营养物质时采用的一种物质跨膜运输的方式,通过对被转运到细胞内的分子进行共价修饰,使被转运的分子在细胞中始终维持较低浓度,从而保证这种物质不断地沿浓度梯度从细胞外向细胞内转运。典型的例子就是细菌磷酸基团转位体系,完成某种特异的糖向细胞内转运(图6-23)。基团转位过程中所需要的能量由磷酸烯醇丙酮酸提供,首先在酶1(E_1)的催化下将磷酸基团转位到一个中间载体——一种热稳定蛋白(HPr)上,然后在酶3(E_3)的催化下将磷酸基团转位到乳糖分子上,以维持细胞内较低的乳糖浓度,使细胞外的乳糖继续沿浓度梯度进入细胞。携有带电磷酸基团的乳糖很难穿过细胞质膜而滞留在细胞质中。E_1 和 E_3 已被纯化并能在体外分别催化上述两步反应。E_3 具有专一性,不同的酶 E_3 可以催化不同糖的磷酸基团转位反应,而 E_1 性质几乎相同,因此一旦 E_1 失活,则各种糖的磷酸基团转位反应都将停止。E_2 是一种膜蛋白,本身的转运方式更类似于易化扩散,但整个转运过程中需要能量,因此有人把基团转位归为主动运输的方式之一。

⑤ 胞吞作用和胞吐作用。质膜对大分子化合物是不通透的,大分子化合物进出真核细胞是通过

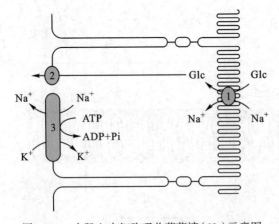

•图6-22 小肠上皮细胞吸收葡萄糖(Glc)示意图

葡萄糖分子通过同向转运的方式:(1)进入上皮细胞,再经易化扩散的方式;(2)进入体内;(3)为 Na^+-K^+-ATP 酶

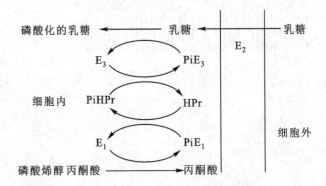

•图6-23 细菌以基团转位方式吸收乳糖示意图

E_1、E_2、E_3 分别代表参与反应的三种酶;HPr 为一种热稳定蛋白;Pi 为磷酸基团

胞吞作用(endocytosis)和胞吐作用(exocytosis)进行的。

胞吞作用指细胞从外界摄入的大分子或颗粒逐渐被质膜的一小部分内陷而包围,随后从质膜上脱落下来,形成含有摄入物质的细胞内囊泡的过程(图6-24)。若内吞物是固体,则为吞噬作用(phagocytosis),液体则为胞饮作用(pinocytosis)。与胞吞作用相反,有些物质在细胞内被一层膜包围,形成小泡,逐渐移至细胞表面,最后与质膜融合并向外排出,这一过程称为胞吐作用。

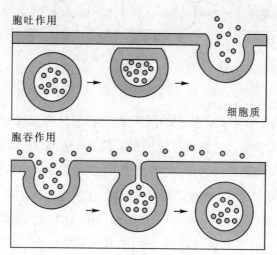

·图6-24 胞吞作用和胞吐作用示意图

(2) 能量转换　生物膜在参与代谢与光能的转变中有重要的作用。生物体内腺苷三磷酸(ATP)是细胞内主要的能量交换"货币":当机体的能量有余时即转换成ATP;需要时,ATP将能量释放出来。植物体内合成ATP的方式主要是通过光合磷酸化和氧化磷酸化反应。光合磷酸化反应的部位在叶绿体的类囊体膜上,上面有序地分布着光合色素系统、电子传递系统和光合磷酸化偶联酶系。光反应中吸收的光能一部分转变为储存在NADPH中的化学能,另一部分则转变为储存在ATP中的化学能。

线粒体是细胞进行生物氧化和能量转化的主要的细胞器。与叶绿体一样,线粒体的内膜上有序地分布着电子传递载体和氧化磷酸化酶系。这些组分按一定顺序定位于膜上并形成多酶复合体,从而保证内膜上生物氧化产生的电子能按一定顺序传递,并与ADP的磷酸化反应相偶联产生ATP。

(3) 信息传送　在多细胞生物体内,协调机体生长和代谢一般都是通过细胞信号传送(cell signaling)来实现的。细胞膜控制信号发生和传送。细胞信号传送又指细胞通信(cell communication)过程,指一个细胞发出的信号分子通过介质传递到另一个细胞并产生相应的反应。

细胞通信一般包括以下几个过程:化学信号分子合成→信号细胞释放化学信号分子→信号分子转运至靶细胞→靶细胞特异受体识别信号分子→信息的跨膜传递→生物学效应。不同类型的细胞对相同的化学信号分子的反应是不同的。

细胞信号传送的作用方式通常有三类(图6-25):① 内分泌信号传送(endocrine signaling),这种化学信号传送是长距离的,信号分子从内分泌细胞发出,通过血液循环(动物)或汁液流动(植物),运送到各个部位,作用于靶细胞;② 旁分泌信号传送(paracrine signaling),细胞分泌的化学信号分子只作用于邻近靶细胞,如神经细胞间的化学信号的传递就是这种类型;③ 自分泌信号传送(autocrine signaling),细胞对自身分泌的物质产生反应,常见于病理条件下,如肿瘤细胞。

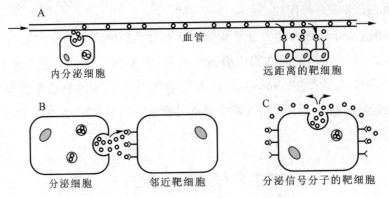

·图 6-25　细胞信号传送方式
A. 内分泌信号；B. 旁分泌信号；C. 自分泌信号

根据细胞的化学信号分子在不同介质中的溶解度，可将其分为亲脂和亲水两类：①亲脂信号分子主要代表是甾类激素和甲状腺素。它们可穿过细胞质膜进入细胞，与细胞质或细胞核中受体结合形成复合物；②亲水信号分子，包括神经递质、生长因子、化学递质和大多数激素，它们不能穿过靶细胞质膜，而是通过与细胞表面受体结合，再经信号转换机制，在细胞内产生第二信使而引起生物效应。

（4）细胞识别　细胞识别（cell recognition）是细胞信号传送的一个重要环节，是指细胞通过其表面的受体（receptor）与胞外信号分子有选择地相互作用，从而导致胞内一系列生理生化反应，最终表现为细胞整体的生物学效应的过程。高等生物中普遍存在细胞识别现象，如动物的白细胞能识别并吞噬外来的细胞；植物的花粉与柱头之间的识别是亲和力产生的前提；根瘤菌与豆科植物根毛细胞之间的识别功能使豆科植物具有固氮作用，而其他植物则不能。上述生物现象均与膜有关，质膜外表面的糖蛋白和糖脂是细胞识别的物质基础。它们外露的糖残基像触角一样伸到细胞外，好似细胞与细胞或细胞与大分子间联络的天线。

有关糖蛋白的识别机制，有些学者认为，位于膜上的糖蛋白就是糖基转移酶或糖苷酶，当它与其他相邻细胞接触时，可以识别其相应的糖类底物，从而启动一系列的生化反应过程，发生细胞的相互作用。

6.4　蛋白质与核酸的复合物

6.4.1　染色体

从生物化学角度看，染色体（chromosome）主要是由核酸和蛋白质组成的一类核蛋白复合体。染色体中的核酸包括 DNA 和 RNA，蛋白质由组蛋白和非组蛋白组成，此外，还含有无机离子、少量糖类和脂质等物质。染色体中的化学组成并不是一成不变的，在不同种类的生物体内、同一生物的不同组织内，甚至不同细胞周期内均出现一定差异。染色体被认为是生物细胞重要的遗传物质载体。事实上，染色体是在细胞分裂周期中某一特定时期由核内的染色质（chromatin）卷缩而呈现为一定数目和形态的物质，这个时期为有丝分裂的中期和减数分裂的粗线期。那么染色质是什么？细胞学上的定义是指在细胞未分裂的核内可以见到许多被碱性染料染色较深的纤细的网状物就是染色质。有丝分裂的中期染色体的长度通常在 $0.5 \sim 30\ \mu m$，直径为 $0.2 \sim 3\ \mu m$。

6.4.1.1 染色体的组成

（1）DNA　原核细胞的染色体主要由 DNA 组成，分子大小因物种不同而异。例如，大肠杆菌染色体 DNA 长 1 100 μm，包含约 3.8×10^6 个碱基对（bp），直径为 20～40 μm，在电镜下呈环状。真核细胞染色体中的 DNA 均为双链 DNA，其相对分子质量远大于原核细胞中的 DNA，而且其 DNA 的碱基序列更为复杂。虽然原核染色体和真核染色体在功能上是相同的，但真核染色体处在较高的进化阶段，与原核染色体有明显的差异。首先，真核染色体位于具有核被膜的细胞核内，而原核染色体则裸露于细胞质的核区内；其次，真核染色体形态大于原核染色体，在光学显微镜下可直接观察，而原核染色体必须借助电子显微镜观察；另外，从数量上讲，真核生物基因组至少由两条染色体组成，而原核生物基因组只有 1 个环状染色体。

（2）RNA　相对于 DNA，RNA 在染色体中的存在发现得较晚。但这一发现立即引起科学家对 RNA 与染色体功能关系的关注。目前已检测到与染色质结合的核 RNA 是一些低相对分子质量的 RNA，这些 RNA 可以共价结合到染色质非组蛋白上，也能以非共价键的方式结合到组蛋白上，以此来调节基因的表达。有人认为，细胞核内存在非染色体 RNA，它们可以附着到染色体的表面，这些 RNA 主要是核糖体 RNA，随着染色体分离可以均衡分配到各子细胞中。有关与染色质或染色体结合的 RNA，其功能仍不十分清楚。

（3）蛋白质　真核细胞染色体中的蛋白质根据其氨基酸的组成和等电点（pI）不同，可分为组蛋白（histone）和非组蛋白（nonhistone protein）两类，统称为染色体蛋白。组蛋白是一类相对分子质量较小的碱性蛋白，相对分子质量为 10 000～20 000，且种类繁多，在进化中高度保守。在细胞中，组蛋白只局限于细胞核内的染色体上，数量与 DNA 的比例大体相同，在细胞周期中含量稳定。真核生物组蛋白有 5 种类型，即 H1，H2A，H2B，H3 和 H4。相对于精氨酸而言，H1 富含赖氨酸，H2B 次之，而 H3 含量最少；相反，H3 和 H4 精氨酸含量略高（表 6-3）。与其他 4 种组蛋白相比，H1 分子大得多，由一个球形核心伸出 1 个—NH_2 臂和 1 个—COOH 臂而呈现很强的极性，在氨基酸序列上保守程度也不是很强。H2A，H2B，H3 和 H4 组蛋白在染色体结构中组成核小体核心，故称为核小体组蛋白。所有组蛋白都不同程度地被甲基化、乙酰化或磷酸化。此外，H2A 和 H2B 还能与泛素（ubiquitin）结合。这些修饰作用可能与转录或染色体凝集等功能有关。组蛋白的功能是保持细胞周期中染色质的结构，同时对 DNA 也起到保护作用。另一方面，组蛋白与 DNA 结合成复合体后，也会束缚 DNA 分子，可能对基因表达也起一定的阻遏作用。组蛋白在整个细胞周期中都能合成，并可以被磷酸化。

早期人们普遍认为，在原核细胞中细菌染色体不含碱性蛋白，自从有人从大肠杆菌等不同菌株中分离出各种碱性和中性蛋白（如 Hu 蛋白、H–NS 蛋白、H 蛋白、HLP–1 蛋白）之后才知道原核细胞也含

·表 6-3　真核细胞染色体中各种组蛋白特性

种类	相对分子质量	赖氨酸／精氨酸（比例）
H1	21 200	59/3
H2A	14 100	13/13
H2B	13 900	20/8
H3	15 100	13/17
H4	11 400	11/14

有碱性蛋白。进一步的研究发现,Hu蛋白能与双链DNA交联结合,表明Hu蛋白是染色体的结构成分。并已证明,Hu蛋白是一种碱性蛋白,存在于各种细菌、高等植物叶绿体和低等植物藻类细胞中,相对分子质量为8 000～10 000,耐热,与DNA结合后具有保护DNA免于热变性作用。但Hu蛋白同真核细胞中的组蛋白一样,对结合的DNA序列没有特异性。

非组蛋白(nonhistone protein,NHP)是指组蛋白以外的染色体蛋白。这类蛋白质中富含天冬氨酸、谷氨酸等酸性氨基酸残基。它们最大的特点是种类繁多。染色体中非组蛋白有几百种,主要的只有几十种。在有丝分裂的染色体中,非组蛋白的量超出DNA的3～4倍。另一特点是非组蛋白具有种属和组织特异性。迄今,分离到的非组蛋白有结构蛋白、酶蛋白、DNA结合蛋白、调控蛋白和激素受体等。近十几年来,非组蛋白的功能得到广泛而深入的研究,作为DNA特异结合蛋白——转录因子是当前分子遗传学研究中颇受关注的领域之一。已发现多个家族的DNA特异结合蛋白,这些蛋白具有特定的结构域,如锌指结构(zinc finger)、螺旋转折螺旋(HTH)、环转折环(LTL)、亮氨酸拉链(leucine zipper)结构等,这些区段的氨基酸顺序较为保守。

(4) 无机离子　染色体中含有无机离子,尤其是二价离子对染色体状态有很大的影响。如除去二价离子,染色体就会膨胀,再加入适量二价离子,则可恢复原状。从数量上看,K^+和Cl^-含量最高,Na^+次之,Mg^{2+}和Ca^{2+}的含量少些。

6.4.1.2　染色体的结构

细胞分裂是一个连续的过程,一般分为前期、中期、后期和末期。细胞连续两次分裂之间有一段时期,称为间期。所谓染色质是指真核细胞在分裂间期内被碱性染料着色较深的颗粒状物质,由染色粒所组成。染色体为细胞在有丝分裂过程中由间期的染色质卷缩而呈现为一定数目和形态的结构复合体。所以,染色质和染色体是核内DNA和蛋白质在有丝分裂周期中不同阶段的运动形态,是一种动态的物质结构。

在形成结构高度复杂的染色体之前,DNA首先与组蛋白装配成核蛋白体,其基本单位为核小体(nucleosome)。核小体也是染色质的基本结构单位。组蛋白被认为是核心,由两分子的H2A,H2B,H3,H4聚合成八聚体,又称为八聚体组蛋白核心,然后在八聚体的外面盘绕140～200 bp的双螺旋DNA,这种组合体叫核小体核心颗粒(nucleosome core particle)。两个核心颗粒之间由60 bp左右DNA连接。连接的DNA进一步与组蛋白和非组蛋白结合,形成核小体的连丝部分。因此,核小体由核心颗粒和连丝两个部分构成。通过X射线衍射、中子散射和电镜对结晶的核小体进行研究,发现它为扁圆形的球体,直径为11 nm,每一圈需要80对DNA。DNA组装成核小体,其长度缩短6～7倍(图6-26)。

如果成串念珠状的核小体进一步缠绕,则形成像螺线管(solenoid)一样的结构。螺线管是继核小体模型后提出的压缩倍数更大的一种模型。螺线管拧紧时的直径为30～50 nm,压缩倍数为40左右。这种结构须在H1组蛋白和Mg^{2+}存在情况下才能观察到。

如果将DNA双螺旋视作染色质的一级结构,则核小体及螺线管为染色质的二级和三级结构。DNA经过上述压缩包装后,仍然具有一定的长度,因此还须进一步压缩。1976年,Cook等提出染色质的四级结构——侧环(loop)模型。侧环是由于螺线管中的特定区域与细胞核基质结合后收缩而形成呈串联状排列的环(图6-26)。经许多研究测定,侧环的长度约为63 000 bp。侧环在长度上相当于一个DNA复制单位,在数量上与真核生物所拥有的基因数目(100 000)非常接近。侧环结构在真核生物 DNA 超螺旋结构组织过程中起非常重要的作用。

以细胞核基质为支撑基础的侧环结构进一步螺旋化，便形成由 18 个辐射状侧环组成的圆盘，类似于玫瑰花结状结构，称为微型环。许多圆盘上下重叠而成直径为 800 nm 左右、中空的管状结构，再进一步卷曲，形成染色单体纤维的五级结构，真核生物核 DNA 经核小体、螺线管、侧环和微型环，最终包装成染色单体后，在长度上约压缩 1.2×10^4 倍，而粗度增加 420 倍。

6.4.2 病毒

从生物化学本质上讲，病毒（virus）或病毒粒体（virion）是由核酸和蛋白质组成的一种复合体。自从 1892 年由俄国科学家 D. Ivanovski 首次从烟草中分离到烟草花叶病毒（tabacco mosaic virus，TMV）后，人们已经鉴定出大量的病毒种类。因为人们对病毒的来源和进化历史还缺乏足够的了解，因此一直还没有科学的分类方法。通常，病毒按其所含核酸不同可分为 DNA 病毒和 RNA 病毒。根据其寄主的差异又可分为动物病毒和植物病毒，侵染细菌的病毒称为噬菌体（bacteriophage，简称为 phage）。

在病毒颗粒中，核酸位于内部，蛋白质包裹在外面，这层蛋白质的外壳称为衣壳（capsid）。有的病毒在衣壳外层还有一层由脂质双分子层和糖蛋白组成的被膜（envelope）。

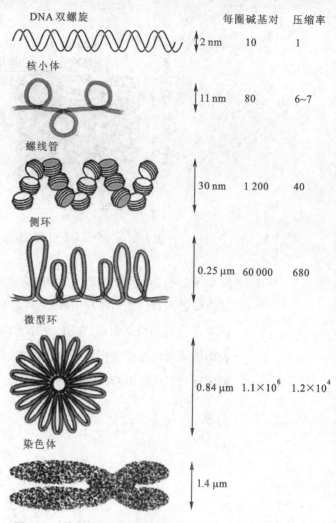

·图 6-26 染色体 DNA 的组织模式

外层蛋白质的作用主要是保护内部的核酸及专一识别并进入寄主细胞。病毒体积有大有小，小的在光学显微镜下也看不到，大的与最小的细菌一样大，直径为 10 ~ 400 nm。有些病毒只含有 DNA，而有些只含有 RNA。虽然大多数病毒含有双链 DNA 或单链 RNA，但也发现含有单链 DNA 或双链 RNA 基因组的病毒。单链 RNA 有两种类型：一种为正义 RNA 基因组（sense RNA genome），另一种为反义 RNA 基因组（antisense RNA genome）。前者指导多肽链合成，相当于 mRNA；后者的碱基序列与前者是互补的，又指导病毒本身蛋白质合成。

植物病毒大多为 RNA 病毒，动物病毒有 DNA 病毒和 RNA 病毒。目前研究较清楚的是烟草花叶病毒。该病毒是一个约长 300 nm，且直径约 18 nm 的柱状粒子（图 6-27），而 T4 噬菌体外形呈蝌蚪状（图 6-28）。

艾滋病（AIDS）是由人类免疫缺陷病毒（human immunodeficiency virus，HIV）引起的疾病，在医学上称为获得性免疫缺陷综合征（acquired immunodeficiency syndrome，AIDS）。1983 年，在法国巴斯德研究所工作的 Montagnier 等从一患有淋巴结综合征的男性同性恋者的血液中分离得到一种新的反转录病毒，称为腺病毒相关病毒（LAV）。与此同时，美国病毒学家 Gallo 也从艾滋病患者的口腔白细胞中分离出类似的反转录病毒，称为人类 T 淋巴细胞病毒Ⅲ型（HTLV-Ⅲ），后来证明 LAV 和 HTLV-Ⅲ 是同一病毒，统一命名为人类免疫缺陷病毒（HIV）。由 HIV 引发的艾滋病致病机制主要造成人体免

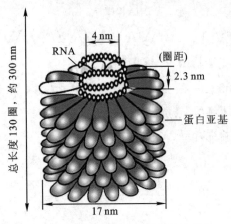

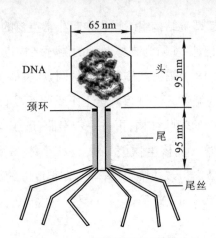

·**图 6-27** 部分烟草花叶病毒颗粒的结构　　　　·**图 6-28** T4 噬菌体颗粒的结构

疫系统的损伤,导致免疫系统防护功能减弱或丧失,同时还能引发不可治愈的各种感染和肿瘤,导致被感染者死亡。HIV 颗粒呈球形,外层囊膜由脂质双分子组成,脂质外面镶有糖蛋白,中心区为核区,核衣壳为蛋白质鞘组成,包裹着 RNA 和各种蛋白质,如反转录酶、整合酶、蛋白酶等(图 6-29)。病毒表面的糖蛋白是病毒识别和攻击宿主细胞所必需的。与正常的核酸复制(由 DNA 到 RNA)不同,HIV 利用反转录酶使 RNA 转变为 DNA 来自我复制增殖,所以又称为反转录病毒。

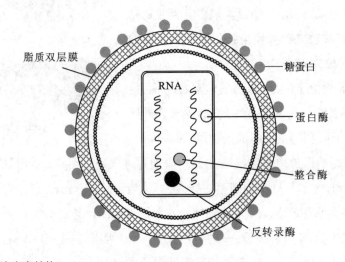

·**图 6-29** 人类免疫缺陷病毒结构

　　冠状病毒(coronavirus)是一种能够感染多种哺乳动物和鸟类的病毒粒子,也称为严重急性呼吸综合征(severe acute respiratory syndrome)病毒,即 SARS 病毒(图 6-30)。冠状病毒形状不规则,直径为 50～240 nm。病毒粒子外层为脂双层,膜表面至少有 3 种糖蛋白:突起蛋白(spike protein),是受体结合位点和主要抗原位点;包膜糖蛋白(envelope glycoprotein),这类蛋白质相对分子质量较小,与膜脂结合较紧;膜蛋白(membrane protein),主要负责营养物质跨膜运输、新生病毒出芽释放与病毒外包膜形成。一些冠状病毒还有血凝素糖蛋白(hemagglutinin glycoprotein)。核区内有核衣壳蛋白和核糖核酸。RNA 链的长度为 $25 \times 10^3 \sim 33 \times 10^3$,是 RNA 病毒中最长的 RNA 核酸链。有趣的是,冠状病毒 RNA 的结构与真核 mRNA 非常相似,即 5′ 端具有甲基化"帽"和 3′ 端具有 poly(A)"尾",它是基因组 RNA 发挥翻译模板作用的重要结构基础。

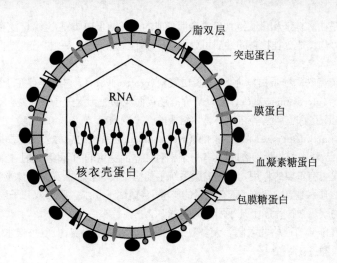

·图 6-30 冠状病毒结构

 知识窗 •∙∙

朊 病 毒

　　1982 年,美国加州大学的神经病学教授 Prusiner 发表一篇医学论文,提出"毒蛋白",即"朊病毒"的新概念,认为这种蛋白质是引起人和动物神经组织退化的根源。朊病毒比最小的病毒还要小。它是由单纯蛋白质组成的颗粒,即与传统的其他微生物病毒、细菌比较,不含有自身能复制的 DNA 分子。

　　研究表明,朊病毒蛋白的相对分子质量为 $26 \times 10^3 \sim 30 \times 10^3$,有两种可能的构象,即细胞型(正常型)和瘙痒型(致病型)。在构象上,正常型只有 α 螺旋结构,而致病型有 β 折叠结构。致病型朊病毒具有使正常型朊病毒转化为致病型的能力。另一方面,朊病毒蛋白在一定条件下发生突变,引起构象上的变化,使正常型中的 α 螺旋结构不稳定,产生 β 折叠片层,最终导致致病型。朊病毒本身无毒,但发生变异后会产生稳定的线状结构,能直接破坏人和动物的脑神经细胞,导致脑组织海绵化,影响思维、记忆和行动。朊病毒是引起疯牛病、羊瘙痒病和人类海绵状脑病的元凶。朊病毒具有极强的生命力和感染力,含有朊病毒的 10 g 鼠脑可使上亿只老鼠致病。它耐甲醛,耐热,在 120℃时加热数小时仍具有一定的活性。此外,它还能耐受放射线和紫外线的照射。

　　自从人们初步揭开朊病毒的生物学特性和病理机制后,人们认识到除了病毒、细菌、真菌和寄生虫外,变异蛋白亦可传染疾病。由于 Prusiner 对朊病毒致病机制的研究作出了巨大的贡献,为此,1997 年他获得诺贝尔生理学或医学奖。

小结

1. 真核生物细胞内普遍存在糖与脂质的复合物,通常称为糖脂(glycolipid)。糖脂是糖通过半缩醛羟基以糖苷键与脂质分子共价结合形成的化合物。它们对细胞的各种生物功能起重要的作用。
2. 根据主链骨架分子的不同,糖脂可分为糖基甘油酯(glycoglyceride)和鞘糖脂(glycosylsphingolipid)。
3. 根据鞘糖脂是否含酸性基团,又可将其分为酸性和中性两类。酸性鞘糖脂含酸性基团,如唾液酸、硫酸等。含唾液酸的为神经节苷脂(ganglioside),含硫酸基团的为硫酸脑苷脂(cerebroside sulfate),含有两种酸的为硫酸神经节苷脂。中性鞘糖脂是指不含唾液酸或硫酸的鞘糖脂。
4. 鞘糖脂是一类两亲性分子(amphipathic molecule),其分子结构中既有亲水的糖链,又有亲脂的神经酰胺(ceramide)部分,广泛存在于真核细胞膜上,并由此调节很多重要的生理功能。

5. 糖蛋白(glycoprotein)是由寡糖链和多肽链共价结合而形成的一类糖蛋白质复合物,广泛存在于动物、植物和微生物中。按蛋白质(或多肽)与糖成分连接键的性质可分为:*O*- 糖苷键糖蛋白、*N*- 糖苷键糖蛋白,以及磷脂酰肌醇聚糖的糖蛋白。

6. 糖蛋白家族中还有一类特殊的糖蛋白复合体,即蛋白聚糖(proteoglycan)。它们是存在于胞间基质内和某些细胞器内的蛋白质和糖胺聚糖(glycosaminoglycan)通过共价键连接而成的一组大分子复合物。软骨中的主要蛋白聚糖是由透明质酸、硫酸角质素、硫酸软骨素等与核心蛋白组成的。

7. 生物膜是细胞质膜(plasma membrane)和细胞内膜(cytomembrane)系统的总称。细胞质膜是围绕于细胞最外层的脂质双分子层,是细胞结构上的边界,使细胞具有一个相对独立而稳定的内环境,同时在细胞与环境进行物质交换、能量及信号传送等过程中有重要的作用。细胞内膜系统主要指核膜、内质网、高尔基体及各种胞质内囊泡。

8. 生物膜主要成分为蛋白质和脂质。此外,还有微量的核酸、金属离子和水。脂质双分子层是组成膜的基本结构,而定位于膜内和膜外周的膜蛋白执行膜上几乎所有的功能。

9. 生物膜对物质的通透性能具有严格的限制。大多数带电荷的分子都不易自由通过,但水和一些相对分子质量较小的疏水分子能自由扩散通过。

10. 简单扩散(simple diffusion)指不带电荷或水溶性的小分子(如 H_2O、O_2、CO_2、尿素、乙醇等)以自由扩散的方式从膜的一侧通过细胞质膜进入膜另一侧的过程。易化扩散(facilitated diffusion)是小分子物质由特异膜蛋白"协助",沿其浓度梯度(或电化学梯度)减小方向的跨膜运动。上述两者物质的跨膜过程不需要能量。

11. 主动运输(active transport)是物质逆浓度梯度或电化学梯度运输的跨膜运动方式,是一个耗能而复杂的生理生化过程。它一方面需要膜上有特殊的载体蛋白(或泵)存在,另一方面还须和一个自发的放能反应相偶联。

12. 脂蛋白(lipoprotein)是由脂质分子与蛋白质通过非共价结合而形成的存在于动物血液中,参与脂质物质转运的一类复合体。依据它们的密度,可将脂蛋白分为高密度脂蛋白(high density lipoprotein,HDL)、低密度脂蛋白(low density lipoprotein,LDL)、中间密度脂蛋白(intermediate density lipoprotein,IDL)、极低密度脂蛋白(very low density lipoprotein,VLDL)和乳糜微粒(chylomicron,CM)。

13. 染色体是由核酸和蛋白质组成的一类复杂的核蛋白复合体。染色体中的核酸有 DNA 和 RNA,蛋白质有组蛋白和非组蛋白。此外,染色体还含有无机离子、少量糖类和脂质等物质。

复习思考题

1. 什么是糖脂? 糖脂是如何分类的?
2. 鞘糖脂和鞘磷脂在结构上有何区别?
3. 酸性鞘糖脂和中性鞘糖脂在结构上有何差异?
4. 糖蛋白主要是指哪一类的蛋白质? 它们与糖如何结合? 在生物体内具有哪些主要功能?
5. 什么是生物膜? 研究生物膜有何重要意义?
6. 生物膜的主要化学成分是什么? 简述这些成分的主要作用。
7. 简要说明膜结构的流动镶嵌模型的内容。
8. 介导运输和非介导运输有何本质区别?
9. 物质的跨膜转运有几种类型? 各有何特点?
10. 细胞识别的物质基础是什么? 细胞信号传送有几种类型?
11. 真核细胞的染色体是由哪些成分组成的?
12. 染色体中的 DNA 是如何被压缩和包裹的?

数字课程学习资源

● 教学课件　　　● 重难点讲解　　　● 拓展阅读

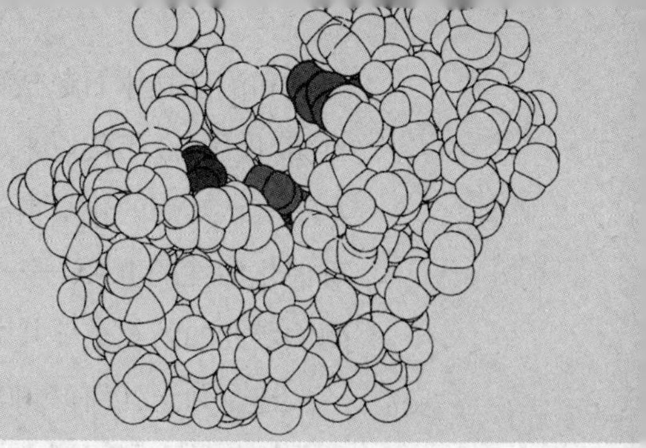

7 酶

关键词：

酶　酶的专一性　单体酶　寡聚酶　多酶复合体　酶活性中心　催化部位　酶原　抑制剂　可逆抑制　竞争性抑制作用　非竞争性抑制作用　调节酶　别构酶　别构效应　别构激活　调节中心　核酶　酶活性　比活性　维生素　同工酶　TPP　FMN　FAD

生物体内的新陈代谢是一切生命活动的基础，而新陈代谢是由许多复杂、有规律的化学反应组成的，酶（enzyme）则是这些反应的催化剂，即生物体内的各种化学反应，包括物质转化、能量转化、信号转导、遗传信息传递等过程都是在酶的催化下进行的。没有酶参与，生命活动即告终止。所以，酶学研究在探讨生命现象的本质方面至关重要。本章主要介绍酶的基本概念、化学本质、组成结构、催化机制、催化活性影响因素，以及作为辅酶和辅基的维生素。

7.1　概述

7.1.1　酶学研究的发展过程

人类自从熟悉酿酒、制饴、做酱等工艺时起，已经对生物催化作用有了初步的感性认识。不过，当时的人们并不知道酶是何种物质，而且也只是知其然而不知其所以然。早在 1783 年，Spallanzani 已经证实胃液可以消化肉类，1836 年 Schwann 称这种物质为胃蛋白酶。1833 年，Payen 和 Persoz 从麦芽溶液中用乙醇沉淀出一种可以促进淀粉水解成可溶糖的物质，发现了它的催化特性和热不稳定性，直到 1878 年由德国 Kühne 首先把这类物质称为“酶”（来源于希腊语的“in yeast”，即“在酵母中”的意思）。1896 年，由于 Büchner 发现酵母无细胞提取液能使糖发酵，不仅证明发酵是酶作用的化学本质，并使人们意识到胞外酶，为此获得 1911 年的诺贝尔化学奖。1914 年，Michaelis 和 Menten 根据中间复合物学说，推导出酶促反应动力学方程，成为酶反应机制研究的一个重要成果。1926 年，Sumner 获得刀豆粗粉中脲酶的结晶，并首次证明酶的化学本质是蛋白质，接着 Northrop 又陆续提取、纯化得到刀豆脲酶和胰凝乳蛋白酶结晶，进一步证明酶是一类具有催化活性的蛋白质，为此二人共同分享 1949 年诺贝尔化学奖。自 1951 年 Sanger 和 Tuppy 确定胰岛素 β- 链的氨基酸序列之后，由于提取、分离、纯化和测序技术日趋成熟，第一个含有 330 个氨基酸残基的 3-磷酸甘油脱氢酶一级结构得以解析。自 20 世纪 60 年代以来，科学家们已对很多酶分子的一级结构、三维结构进行大量的研究，为在分子水平上认知酶的化学本质和作用机制奠定基础。直至 20 世纪 80 年代初，Cech 和 Altman 分别发现具有催化活性的 RNA——核酶(ribozyme)，使人们进一步认识到生物催化剂并不都是蛋白质，从此开辟酶学研究的新领域，因此二人共同分享 1989 年诺贝尔化学奖。

迄今为止，已有 2 000 多种酶的基本结构和三维结构得到解析，对酶的结构与功能的关系，以及酶的作用机制有了更深入的认识，酶学研究得到突飞猛进的发展。目前，已知的酶已不能满足人们的需要，挖掘新的酶资源已成为酶学发展的前沿课题。新酶及其基因资源的发现与研究，除采用常规技术外，还可借助宏基因组学和蛋白组学的最新知识。新酶的种类也不仅仅局限于蛋白质类的酶。近年来，最令人瞩目的新酶有核酸类酶、抗体酶和端粒酶等。这些成果已在工业、农业、医药领域广泛应用，同时还作为工具酶广泛地应用于分子生物学、基因工程等基础研究和应用研究领域。

知识窗

酶学研究与诺贝尔奖

20 世纪，有二十多位科学家在酶学方面因其突出贡献而获得诺贝尔奖。

1929 年，英国科学家 Arthur Harden 与瑞典科学家 Hans Yon Euler-Chelpin，因有关糖的发酵和酶在糖发酵中的作用，共同获得诺贝尔化学奖。

1931 年，德国科学家 Otto Warburg 因发现呼吸酶的性质及作用获诺贝尔生理学或医学奖。

1946 年，美国科学家 James Batcheller Sumner 因发现酶结晶，美国科学家 John Howard Northrop、Wendell Meredith Stanley 因制出酶和病毒蛋白质纯结晶而共同获得诺贝尔化学奖。

1955 年，瑞典科学家 Axel Hugo Teodor 因发现氧化酶的性质和作用获得诺贝尔生理学或医学奖。

1972 年，美国科学家 Stanford Moore、William Howard Stein 因研究核糖核酸酶的分子结构而共同获得诺贝尔化学奖。

1975 年，英国科学家 John Warcup Cornforth 因研究有机分子和酶催化反应的立体化学，瑞士科学家 Vladimir Prelog 因研究有机分子及其反应的立体化学，共同获得诺贝尔化学奖。

1978 年，瑞士科学家 Werner Arber、美国科学家 Hamilton Othanel Smith 和 Daniel Nathans 因发现并应用脱氧核糖核酸的限制酶而共同获得诺贝尔生理学或医学奖。

1989 年，美国科学家 Thomas Robert Cech、加拿大科学家 Sidney Altman 因发现核糖核酸催化功能而共同获得诺贝尔化学奖。

1993 年，美国科学家 Kary Mullis 因发明"聚合酶链反应"在遗传领域研究中取得突破性成就，加拿大籍英裔科学家 Michael Smith 因开创"寡聚核苷酸定点诱变"技术，而共同获得诺贝尔化学奖。

1997 年，美国科学家 Paul Boyer 与英国科学家 John Walker 阐明了 ATP 合酶机制，与丹麦科学家 Jens Skiou 因发现 Na^+-K^+-ATP 酶，而共同获得诺贝尔化学奖。

7.1.2　酶的基本概念

酶是由生物体内产生、具有高度催化效率和高度特异性的生物催化剂。绝大多数酶是由蛋白质组成的，少数是由核酸(RNA)组成的，后者称为核酶。酶所催化的反应称为酶促反应，酶促反应中被酶催化的物质称为底物(substrate)，而反应后生成的物质称为产物(production)。

在多数情况下不做特别说明时，酶主要是指具有催化作用的蛋白质。虽然酶是在生物体活细胞内产生的，但酶发挥催化作用并不局限于细胞内。在许多情况下，细胞产生的酶须分泌到细胞外或转移到其他组织器官中发挥作用，如胰蛋白酶、酯酶、淀粉酶等水解酶。在合适的实验条件下，酶在体外同样能够发挥应有的催化作用。

7.1.3　酶的化学组成及结构分类

按照酶的化学组成，可将酶分为单纯酶和复合酶两大类。

(1) 单纯酶类　这类酶仅由蛋白质组成，不含其他物质，如脲酶、蛋白酶、淀粉酶、脂肪酶等。多数水解酶属于单纯酶。

(2) 复合酶类(或结合酶类)　这类酶由蛋白质和非蛋白质成分组成，其中蛋白质部分称为脱辅蛋白质(apoprotein)，简称酶蛋白。非蛋白质部分称为辅因子(cofactor)，二者结合称全酶，即全酶 = 酶蛋白 + 辅因子。例如，乳酸脱氢酶辅因子为 NAD^+，转氨酶辅因子为磷酸吡哆醛等。

复合酶的辅因子常见的是一些有机小分子、金属离子等。根据与酶蛋白结合的紧密程度，辅因子可分为辅酶(coenzyme)和辅基(prosthetic group)。辅酶和辅基的主要区别和特点见表 7-1。

・表 7-1　辅酶和辅基的区别

辅因子	与酶蛋白结合方式	与酶蛋白结合程度	透析或超滤	举例
辅酶	非共价键	疏松结合	可除去辅酶	NAD^+
辅基	共价键	紧密结合	不能除去辅基	FAD

复合酶主要包括以下两个特点。① 酶蛋白和辅因子单独存在时均无活性，只有全酶才有催化活性；② 酶蛋白决定酶催化的专一性，辅因子决定酶催化反应的类型和性质，一种辅因子可与不同的酶蛋白结合，催化不同的底物发生反应。

此外，根据酶蛋白的结构特点，又可将酶分为单体酶、寡聚酶和多酶复合体三类。

(1) 单体酶　由一条肽链组成的酶为单体酶(monomeric enzyme)，如溶菌酶、羧肽酶 A 等。

(2) 寡聚酶　由两条或多条肽链通过非共价键聚合成的酶称为寡聚酶(oligomeric enzyme)。其中，每条肽链称为一个亚基，亚基可以相同，也可以不同。大多数寡聚酶由偶数亚基组成，个别寡聚酶由奇数亚基组成。例如，兔肌肉组织 3- 磷酸甘油脱氢酶含有 4 个相同的亚基，大豆超氧化物歧化酶(Cu-Zn-SOD)含有两个不同的亚基等。多数寡聚酶解聚成单个亚基后无生物活性，只有寡聚体才具有催化活性。许多寡聚酶是调节酶，在代谢调控中有重要作用。

(3) 多酶复合体　多酶复合体(multienzyme complex)是由数种酶有组织地通过非共价键彼此嵌合形成的复合体，这种复合体有利于一系列连续反应的持续进行。例如，生物体内丙酮酸脱氢酶复合体包含 3 种酶：丙酮酸脱氢酶、二氢硫辛酸转乙酰基酶和二氢硫辛酸脱氢酶。

7.1.4 酶促反应的特点

7.1.4.1 酶与一般催化剂的异同点

酶是生物催化剂,遵守一般催化剂的共同性质,但因为酶的化学本质是蛋白质,因此又具有不同于一般催化剂的显著特点。酶与一般催化剂的异同点列于表7-2。

·表7-2 酶与一般催化剂的异同点

酶与一般催化剂的相同点	酶与一般催化剂的不同点
化学反应前后没有质和量的变化	酶具有高效的催化效率
只能催化热力学上允许进行的反应	酶具有高度特异性
等效地加速正逆两向反应,但不改变反应的平衡常数	酶活性受到调节控制
降低反应的活化能,从而使反应速率大大加快	酶不稳定性

7.1.4.2 酶的催化特性

酶作为生物催化剂,能催化生物体内各种化学反应。它除了具有一般催化剂的特征外,还具有催化作用的高效性、催化作用的专一性和活性受到调节控制,以及酶的不稳定性。

(1) 酶催化作用的高效性 酶在生物体内含量很低,但能大大降低反应的活化能,其催化效率非常惊人,各种生化反应的速率由于酶催化而大大加快。酶的催化效率比非酶催化反应高 $10^8 \sim 10^{20}$ 倍,比普通非酶催化反应高 $10^7 \sim 10^{13}$ 倍。例如,在过氧化氢分解成水和氧气的反应中,用过氧化氢酶催化可使反应活化能大幅度降低(表7-3),比用胶态钯作催化剂反应速率快千万倍。

·表7-3 过氧化氢分解反应中不同催化剂所需要的活化能

催化剂	活化能 / (kJ · mol^{-1})
无催化剂	75.31
胶态钯	48.95
过氧化氢酶	8.37

(2) 酶催化作用的专一性 酶对所催化的底物具有严格的选择性,并对所催化反应的性质具有严格的规范。这种性质称为酶的特异性或酶的专一性(specificity)。酶的专一性大致分为结构专一性和立体异构专一性两种类型。为整体了解专一性类别并便于比较,将这些专一性列于表7-4。

① 结构专一性。结构专一性又可分为绝对专一性和相对专一性。绝对专一性是指该类酶只能催化一种底物发生变化,如果底物分子发生任何修饰,该酶则不能起催化作用。例如,脲酶只能催化尿素水解产生 CO_2 和 NH_3,但对甲基尿素无催化作用。相关的反应式如下。

$$O=C\diagdown_{NH_2}^{NH_2} + H_2O \xrightarrow{\text{脲酶}} CO_2 + 2NH_3$$
尿素

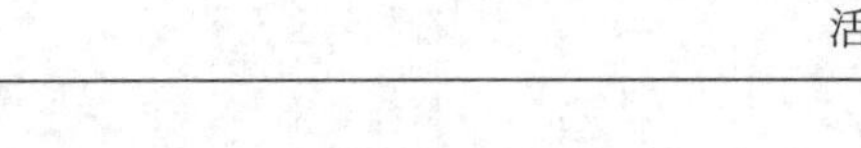

$$O=C\diagdown_{NH-CH_3}^{NH_2} + H_2O \xrightarrow{\text{脲酶}} \text{无反应}$$
甲基尿素

·表7-4 酶对底物专一性的类别及特点

专一性类别		特 点	举 例
结构专一性	绝对专一性	少数酶仅仅催化一种特定底物变化，如果底物分子有任何细微的变化，酶则不起催化作用	脲酶催化尿素水解
	相对专一性	如果酶不仅要求底物一定的化学键，还对键两侧的某一侧基团有严格要求，这种专一性又称基团专一性（族专一性）；如果酶仅对底物的化学键有要求，而对键两侧的基团并无严格要求，这种专一性称为键专一性	氨肽酶水解肽链氨基端的肽键、羧肽酶水解羧基端的氨基酸残基；酯酶催化酰键水解
立体异构专一性	旋光异构专一性	底物具有旋光异构体时，酶只能作用于旋光异构体中的一种底物（D-型或L-型）	乳酸脱氢酶催化乳酸脱氢
	几何异构专一性	当底物有几何异构体时，酶只能作用于其中的一种异构体（顺式或反式）	延胡索酸酶催化延胡索酸加水或其逆反应

相对专一性指酶对底物结构的要求不十分严格，可作用于一种以上的底物。有些具有相对专一性的酶作用于底物时，对所作用化学键两端的基团要求程度不同，对其中一个要求严格，而对另一个则要求不严，这种特性称为基团专一性（或族专一性）。如 α-D-葡糖苷酶不仅要求水解 α-糖苷键，而且 α-糖苷键的一端必须是葡萄糖残基，而对键的另一端 R 基团要求不严格。因此，凡是具有 α-D-葡糖苷（图 7-1）的化合物均可被该酶水解。如果酶只对底物的化学键有要求，而对键两侧的基团并无严格要求，这种相对专一性称为键专一性。如酯酶催化酯键的水解，对底物 $R_1-COO-R_2$ 中的 R_1 及 R_2 基团没有严格的要求。

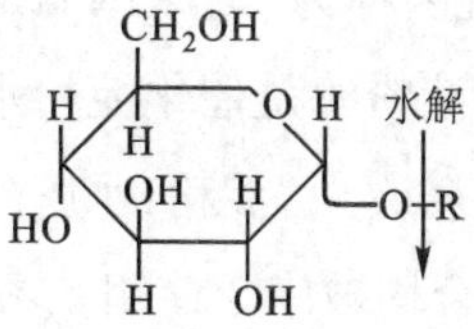

图 7-1 α-D-葡糖苷

② 立体异构专一性。许多生物分子具有立体异构体，而催化这些分子的酶对于底物的立体结构具有严格的要求，只能作用于立体异构体 D-型或 L-型中一种异构体的底物。例如，乳酸脱氢酶只作用于 L-乳酸脱氢，而对于 D-乳酸无催化作用，乳酸脱氢酶的底物专一性可称为旋光异构专一性。延胡索酸酶只能催化反丁烯二酸（即延胡索酸）加水转变成苹果酸，该酶对顺丁烯二酸无催化作用，延胡索酸酶底物专一性则称为几何异构专一性。

(3) 酶活性受到调节控制 酶活性是指酶催化化学反应的能力，也称为酶活力（概念及测定见后面内容）。生物体内代谢活动的协调是通过调节和控制酶活性来实现的，酶的调控方式十分精密，形式多样，包括别构调节（抑制剂和激活剂调节）、酶原激活、酶的可逆共价修饰、酶浓度调节和激素调节等多种调节方式。正是由于酶活性的可调控性，使得新陈代谢过程的各条代谢途径能够高度协调，有条不紊地进行，恰如其分地满足生理需要，保证生命活动正常进行。

(4) 酶的不稳定性 酶的催化活性容易受环境条件的变化而变化，维持催化活性依赖于酶蛋白完整的空间结构,假如酶蛋白一旦变性或解离成单个亚基就会失去催化能力。酶是具有特殊催化活性的蛋白质,凡是能够引起蛋白质变性的因素,如高温、极端 pH、重金属离子等均能使酶失去活性,所以大多数酶促反应要求在比较温和的条件下进行,如常温、常压、接近中性 pH 等。

7.1.5 酶的系统命名和分类

随着生物化学、分子生物学等生命科学的发展,更多的新酶被不断发现、研究和利用。为了便于研究和使用,1961 年国际酶学委员会提出酶的系统命名和分类原则,已被国际生物化学学会采用。

7.1.5.1 酶的命名

科研工作者预测生物体约有 25 000 种酶,迄今所发现的 5 000 多种酶中,已有 2 500 余种酶被鉴定出来,这些酶中 120 多种作为药物用于临床,600 多种属于基因工程商品酶,200 多种用于纺织品加工和食品加工过程。酶的种类如此繁多,催化反应形式各异,为了方便使用,科学系统地对其进行命名十分必要。根据国际酶学委员会的命名原则,每一种酶有一个系统名称和习惯名称。

(1) 习惯命名法 1961 年以前都习惯使用酶的习惯命名法。命名的基本原则是:① 绝大多数的酶是依据其催化作用的底物命名,在底物的英文名词后缀以 “ase” 作为酶的名称,如催化蛋白水解的酶称为蛋白酶(protease);② 根据催化反应的性质进行命名,如乳酸脱氢酶、氨基转移酶、己糖激酶等;③根据酶的来源、反应条件等命名,如胃蛋白酶指出酶的来源,碱性磷酸酶和酸性磷酸酶指出酶的催化反应条件等。酶的习惯命名缺乏系统性,但简单易懂,因此至今仍然被广泛使用。

(2) 国际系统命名法 国际系统命名法的原则规定,酶的命名应明确表明酶的底物(包括构型)和所催化反应的性质。如果一种酶催化两个底物起反应,在系统命名中则都要写出,两种底物名称中间用 “:” 隔开。例如,谷丙氨转氨酶的系统名称为 “L – 丙氨酸:α– 酮戊二酸氨基转移酶”。如果其中一个底物是水,则可以省去不写。例如,淀粉酶是催化淀粉水解的酶,该酶作用的底物除淀粉外还有水,在系统名中 “水” 字要省略,该酶系统名称为 “淀粉:水解酶”,不能写成 “淀粉:水水解酶”。

酶的习惯名称和系统名称在不同场合均被广泛使用。习惯名称由于简单,使用方便,故在一般的讨论过程中使用。系统名称比较烦琐,但比较严格,因此多在较正式的文献资料中使用。

7.1.5.2 酶的分类及编号

根据各种酶所催化反应的类型,国际酶学委员会把酶分为六大类,即氧化还原酶类、转移酶类、水解酶类、裂合酶类、异构酶类及合成酶类。

(1) 氧化还原酶类 氧化还原酶类(oxidoreductase)是一类催化底物发生氧化还原反应的酶,包括氧化酶类和脱氢酶类。

① 氧化酶(oxidase)类。该类酶催化底物氧化脱氢,使氧分子还原生成 H_2O_2 或 H_2O,反应式如下:

$$AH_2 + O_2 \rightleftharpoons A + H_2O_2$$

$$2AH_2 + O_2 \rightleftharpoons 2A + 2H_2O$$

上述在催化底物脱氢反应中,AH_2 表示底物,氧为氢的直接受体,底物脱下的氢不经其他载体传递,直接交给氧分子而生成过氧化氢或水。

② 脱氢酶(dehydrogenase)类。脱氢酶类直接催化底物脱氢,其脱下氢的原初受体都是辅酶(或辅基),它们从底物获得氢原子后,再经过一系列传递体传递,最后与氧结合生成水,反应式如下:

$$A \cdot 2H + B \Longrightarrow A + B \cdot 2H$$

上式中的 B 表示脱氢酶的辅基(FMN 或 FAD)或辅酶(NAD$^+$ 或 NADP$^+$),在酶催化反应中作为氢受体。氧化还原酶类中的各种酶因各自作用的氢供体和氢受体不同,可分为 18 个亚类。

(2) 转移酶类　转移酶(transferase)类是催化分子间基团转位的一类酶,即把一种分子上的某一基团转位到另一种分子上,反应式表示为:

$$A \cdot X + B \Longrightarrow A + B \cdot X$$

在上述反应式中,X 为被转移的基团,常见的有氨基转移酶(aminotransferase)、甲基转移酶(methyltransferase)、酰基转移酶(acyltransferase)、激酶(kinase)及磷酸化酶(phosphorylase)。在转移酶类中,不少为结合酶,被转移的基团首先结合在辅酶上,然后再转移给受体底物。如催化尿嘧啶脱氧核苷酸甲基化的胸苷酸合成酶(thymidylate synthetase),该酶的辅酶还原态四氢叶酸从丝氨酸获得亚甲基,形成携带亚甲基的四氢叶酸,后者再将该亚甲基转移至尿嘧啶脱氧核苷酸的尿嘧啶 C_5 上,形成胸腺嘧啶核苷酸。

(3) 水解酶类　水解酶(hydrolase)类催化底物发生水解反应。其酶促反应式为:

$$A \cdot B + H_2O \longrightarrow AOH + BH$$

这类酶大部分为胞外酶,分布广泛,数量多。水解酶多数属于简单酶类,所催化的反应多为不可逆反应,包含水解酯键、糖苷键、肽键、醚键、酸酐键及 C—N 键等 11 个亚类。常见的水解酶有淀粉酶(amylase)、蛋白酶(protease)、核酸酶(nuclease)、脂肪酶(lipase)、磷酸酯酶(phosphatase)等。

(4) 裂合酶类　裂合酶(lyase)类催化底物分子中 C—C(或 C—O、C—N 等)化学键断裂,并移去一个基团,使一个底物形成两个分子的产物。其反应式为:

$$A \cdot B \Longrightarrow A + B$$

这类酶催化的反应大多数是可逆的,由左向右催化的反应是裂解,而由右向左催化的反应则是合成,故催化这类反应的酶又称裂解酶。如糖酵解中的醛缩酶(aldolase)是糖代谢中的一个重要酶,它催化 1,6-二磷酸果糖裂解为磷酸甘油醛和磷酸二羟丙酮。此外,还有氨基酸脱羧酶(amino acid decarboxylase)、异柠檬酸裂合酶(isocitric acid lyase)、脱水酶(dehydratase)、氨基酸脱氨酶(amino acid deaminase)等。

(5) 异构酶类　异构酶(isomerase)类催化底物的各种同分异构体之间的互变,即分子内部基团的重新排布。这种互变有顺反异构、差向异构(表异构),还有分子内部基团的转移(基团转位)。异构酶类所催化的反应都是可逆反应。其反应式为:

$$A \Longrightarrow B$$

如磷酸二羟丙酮与 3-磷酸甘油醛的异构化需要磷酸丙糖异构酶:

CH$_2$O(P)　　　　　　　　　　　CHO
|　　　　磷酸丙糖异构酶　　　　|
C=O　　$\Longrightarrow$　　CHOH
|　　　　　　　　　　　　　　　|
CH$_2$OH　　　　　　　　　　　CH$_2$O(P)
磷酸二羟丙酮　　　　　　　　3-磷酸甘油醛

(6) 合成酶类　合成酶(synthetase)类又称为连接酶(ligase)类,催化两个分子连接起来,形成一种新的分子。其反应式如下:

$$A + B \xrightarrow[]{\text{ATP} \quad \text{ADP+Pi}} A \cdot B$$

这类酶在催化两个比较小的分子连接形成一个比较大的分子时,偶联 ATP 分子中高能磷酸键水解释放的自由能来推动反应,其反应不可逆。常见的合成酶有丙酮酸羧化酶(pyruvate carboxylase)、谷氨酰胺合成酶(glutamine synthetase)、谷胱甘肽合成酶(glutathione synthetase)和胞苷一磷酸合成酶(cytidine monophosphate synthetase)等。

此外,国际酶学委员会规定,每个酶都有一个特定的编号。根据六大类分类,酶分别以阿拉伯数字 1,2,3,4,5,6 编号(图 7-2);根据底物分子中被作用的基团或键的性质,将每一类分为若干亚类,按照顺序用 1,2,3,4…编号;每个亚类依据辅因子不同或其他特点又分成若干亚亚类,同样用 1,2,3,4…编号。每一种酶的分类编号由 4 个阿拉伯数字组成,数字之间用 "." 隔开,4 个数字分别表示该酶所在的大类、亚类、亚亚类和酶在该亚亚类中的排号,前面再冠以 EC(国际酶学委员会 Enzyme Commission 的缩写)。如乳酸脱氢酶的编号为 EC 1.1.1.27。EC 1.1.1.27 中的第 1 个阿拉伯数字 "1" 表示该酶属于第一大类酶,即氧化还原酶;第 2 个阿拉伯数字 "1" 表示该酶作用于—CH₂OH 基团;第 3 个阿拉伯数字 "1" 则表示氧化还原反应过程中氢受体是 NAD⁺ 或 NADP⁺;"27" 表示乳酸脱氢酶在氧化还原酶中的排号。乳酸脱氢酶的编号含义可用图 7-2 说明。这种系统命名原则及系统编号是相当严格的,一种酶只可能有一个名称和一个编号。一切新发现的酶都能按照此系统得到合适编号,并且从酶的编号可以了解该酶的类型和反应性质。表 7-5 总结了酶的命名法、各类典型酶及相关催化性质。

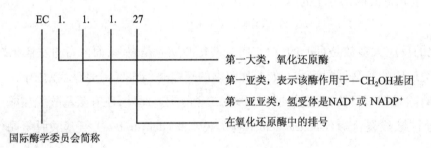

· 图 7-2　乳酸脱氢酶编号说明

· 表 7-5　六大类酶的主要性质、习惯命名与系统命名对比

类别	催化反应性质及典型反应举例	习惯名称	系统名称及编号
氧化还原酶类 oxidoreductase	催化底物进行氧化还原反应,可分为氧化酶和脱氢酶。 醇 + NAD⁺ ⇌ 醛或酮 + NADH+H⁺	醇脱氢酶	醇:NAD⁺ 氧化还原酶 EC 1.1.1.1
转移酶类 transferase	催化底物之间某些基团的转移或交换。 L- 天冬氨酸 +α- 酮戊二酸 ⇌ 草酰乙酸 +L- 谷氨酸	天冬氨酸氨基转移酶	L- 天冬氨酸:α- 酮戊二酸氨基转移酶 EC 2.6.1.1
水解酶类 hydrolase	催化底物发生水解反应。 D-6- 磷酸葡糖 +H₂O ⇌ D- 葡萄糖 +H₃PO₄	6- 磷酸葡糖酶	D-6- 磷酸葡糖水解酶 EC 3.1.3.9
裂合(解)酶类 lyase	催化底物的裂解或其逆反应。底物裂解时,产物往往留下双键,其逆反应为催化某一基团加到双键上。 1,6- 二磷酸果糖 ⇌ 磷酸二羟丙酮 +3- 磷酸甘油醛	醛缩酶	1- 磷酸酮糖醛裂合酶 EC 4.1.2.7

类别	催化反应性质及典型反应举例	习惯名称	系统名称及编号
异构酶类 isomerase	催化同分异构体之间的相互转变,即分子内部分基团重排。D-6-磷酸葡糖 ⇌ D-6-磷酸果糖	磷酸果糖异构酶	D-6-磷酸葡糖酮醇异构酶 EC 5.3.1.9
合成酶类(连接酶类)synthetase(ligase)	催化两分子底物合成一分子新的化合物的反应,且必须有 ATP 或类似高能化合物参加。L-谷氨酸 + ATP+NH$_3$ ⇌ L-谷氨酰胺 + ADP + H$_3$PO$_4$	谷氨酰胺合成酶	L-谷氨酸:氨连接酶 EC 6.3.1.2

7.2 酶的作用机制

7.2.1 酶的专一性学说

酶促反应的高效性和专一性在研究的早期就备受人们的关注。研究证明,催化过程中,酶与底物结合能形成中间复合物,大大降低反应的活化能,因而酶有巨大的催化能力。但是,酶与底物的结合为什么具有高度专一性,有几种不同的学说,如锁钥学说(lock and key theory)、三点附着学说(three-point attachment theory)和诱导契合学说(induced fit theory)。

(1)锁钥学说和三点附着学说 1894 年,E. Fischer 首先提出锁钥学说,即底物分子或底物分子的一部分像钥匙那样,专一地嵌入到酶的活性中心(图 7-3A)。A. Ogster 提出三点附着学说(图 7-3B),认为酶和底物结合时,分子中的有关化学基团在空间排布上必须匹配,这就决定酶对底物的专一性。根据这个学说,底物至少有 3 个相关化学基团与酶的 3 个功能基团结合,酶才能作用于这个底物。

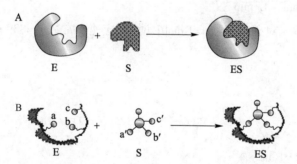

•图 7-3 酶与底物结合方式示意图(图中 S 为底物;E 为酶;ES 为酶 – 底物复合物)

A. 锁钥学说示意图;B. 三点附着学说示意图,底物 3 种基团 a′、b′、c′ 与酶的活性中心必需基团 a、b、c 通过正负电性、离子基团、氢键、疏水作用对应匹配

这两个学说认为酶的活性中心是刚性结构,可以解释酶的绝对专一性,但不能完全解释酶的相对专一性特点及酶还可以催化化学反应的逆反应。事实上,酶蛋白具有相对的刚性,而活性中心则具有一定的柔性,并非两位学者当时所认为的酶蛋白的三维结构和活性中心均为绝对刚性。因此,两种学说对于酶的专一性解释存在一定的局限性。

(2)诱导契合学说 1973 年由 G. Koshland 提出诱导契合学说,他认为酶活性中心部位的结构具有柔性,该部位在与底物结合之前并不需要和底物的结构完全吻合。由于底物分子较小,相对是刚性的,当底物接近酶分子时对酶分子产生影响,其结果促使酶活性中心构象向与底物结构相匹配的构象方向变化,由此,底物能顺利结合到活性中心的结合部位上,在催化基团作用下发生反应(图7-4)。

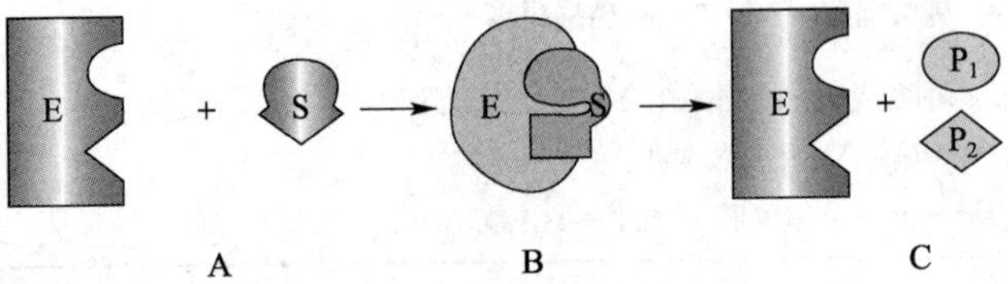

·图7-4　诱导契合学说示意图

A.游离酶(E)与底物(S);B.受底物诱导,酶活性中心结构与底物结构相互吻合,二者结合形成复合物(ES);C.反应产物P_1和P_2生成释放,酶重新游离

7.2.2 酶的高效催化机制

酶催化作用具有高效性,最根本的原因是酶能大大降低反应的活化能。研究证明,酶可通过以下6种机制降低反应的活化能。

(1) 底物和酶的邻近效应和定向效应　在任何化学反应中,参加反应的分子都必须按一定方向靠近才能发生反应。所谓邻近效应是指酶的活性部位与底物结合形成中间复合物,使分子间的反应变为分子内的反应,且酶活性中心的底物浓度远远高于溶液中的浓度,从而使反应速率大大增加的效应。下面通过相同条件下两个反应速率常数的分析比较,说明邻近效应对反应速率的影响是何等之大。

反应①:咪唑催化乙酸-对硝基苯酯水解,当[咪唑]$=1$ $mol \cdot L^{-1}$, [乙酸-对硝基苯酯]$=1$ $mol \cdot L^{-1}$时,反应速率常数$k_1=35$ $mol^{-1} \cdot L \cdot min^{-1}$。

反应②:[咪唑代乙酸-对硝基苯酯]$=1$ mol/L 时,反应速率常数$k_2=839$ $mol^{-1} \cdot L \cdot min^{-1}$,为什么?

反应①

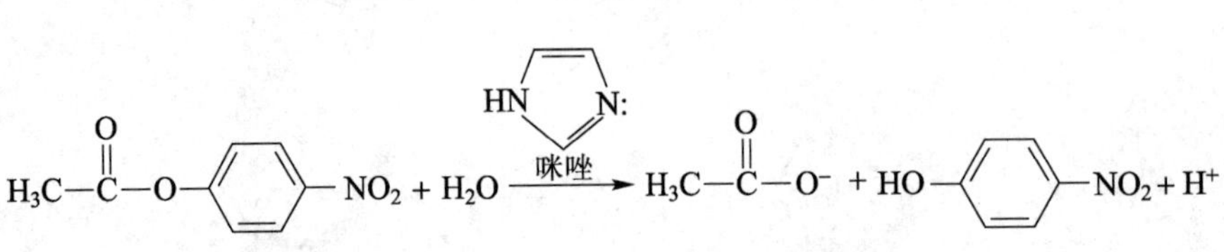

乙酸-对硝基苯酯

反应②

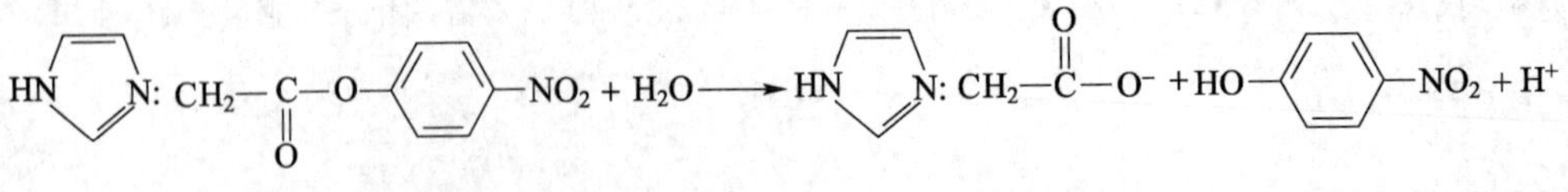

咪唑代乙酸-对硝基苯酯

以上现象完全可以归结到定向效应和邻近效应。其一,乙酸-对硝基苯酯结合在咪唑分子上,使得反应基团之间比较靠近(邻近效应),或者说由原来分子之间的反应变为分子内的反应;其二,乙酸-对硝基苯酯共价结合在咪唑基上之后,使得反应基团之间的自由度大大减小,方向性更强(定向效应),咪唑基含有孤对电子的N:原子邻近和定向进攻羰基碳原子,反应更容易进行。在酶的催化过程中,底物分子进入酶活性中心后,底物分子的化学基团与活性中心必需基团之间的作用与上述反应②相似,这一原理使酶的催化具有高效性。

上述定向效应是指酶的催化基团与底物的反应基团之间的分子轨道能正确匹配产生的效应。在酶的催化反应中,底物结合在酶特定的专一性活性部位上,使酶的催化基团和底物分子上参与反应的基团严格排列与定向,使反应速率进一步增大。例如,在上述反应②中,咪唑基上的 N: 不仅邻近羰基碳,而且 N: 的孤电子对轨道更易与缺电子的羰基碳(sp^2 杂化)发生作用,进而使羰基中碳氧双键进一步极化,羰基碳正电性增大,水解更容易发生。

(2) 底物形变和张力效应 近年来通过 X 射线衍射实验进一步证明,在酶－底物复合物(ES)中,酶构象变化后,底物受活性中心催化基团的作用,底物分子内敏感键相关的化学基团的电子云密度会发生变化,说明产生的"电子张力"使得底物分子中敏感键进一步极化削弱,即底物十分接近过渡态,敏感键极易断裂而发生变化。

例如,溶菌酶(lysozyme)相对分子质量为 1.46×10^4,是由 129 个氨基酸残基组成的单体酶,能催化某些细菌细胞壁多糖的水解,从而溶解这些细菌的细胞壁。细菌细胞壁多糖是 N-乙酰氨基葡糖(NAG)和 N-乙酰氨基葡糖乳酸(NAM)的共聚物,其中 NAG 及 NAM 通过 β-1,4-糖苷键交替排列而成(图 7-5)。溶菌酶只能催化水解 NAM 的 C_1 和 NAG 的 C_4 之间的 β-1,4-糖苷键(图 7-5 中的 B 和 D),但是不能水解 NAG C_1 和 NAM C_4 之间的 β-1,4-糖苷键(图 7-5 中的 A 和 B 及 D 和 F)。

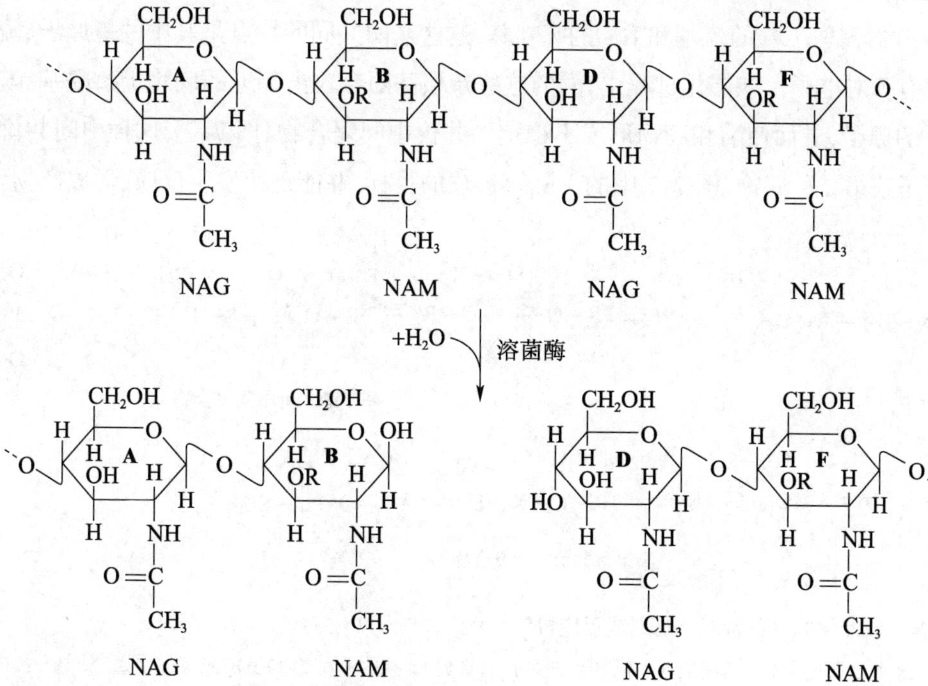

·图 7-5 溶菌酶催化水解 NAM 和 NAG 之间的 β-1,4-糖苷键

分析证明,Glu_{35} 和 Asp_{52} 是溶菌酶活性中心必需的基团。活性中心结合底物后,溶菌酶活性中心的 Glu_{35} 和 Asp_{52} 与底物中 NAM-β-1,4-NAG,即底物中的 B 和 D 之间的糖苷键发生作用(图 7-6)。

该酶催化作用过程中 Glu_{35} 的—COOH 提供一个 H^+ 到 B 与 D 之间的糖苷键 O 原子上,H^+ 的转移使 B 环的 C_1 与 C_4 之间的糖苷键断开,并形成碳正离子过渡态中间产物,含有 D 环的多糖链产物离开酶分子。中间产物的 C_1 碳正离子很容易受 H_2O 分子中氧原子的进攻而进一步发生反应,OH^- 加在 C_1 上,而 H^+ 则返回 Glu_{35} 的羧基上,释放含有 B 环多糖链,完成反应。X 射线衍射实验证实,被作用的糖

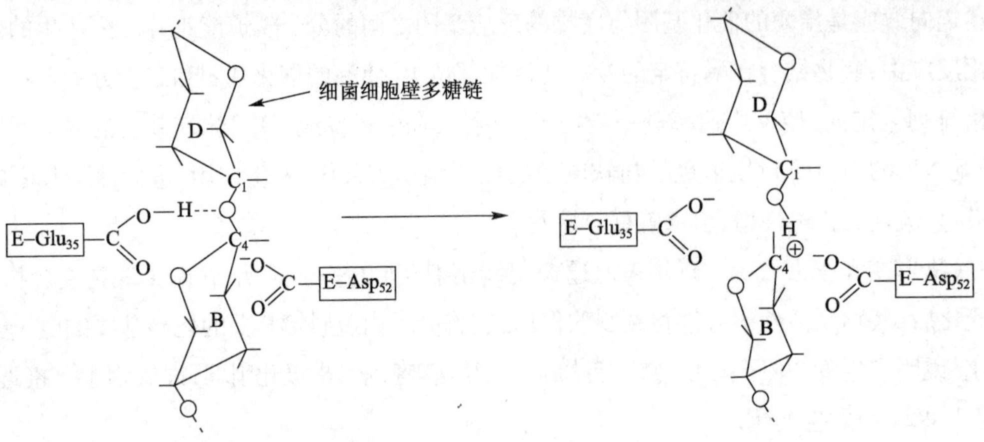

· 图 7-6 溶菌酶催化水解 NAG 和 NAM 之间的 β-1,4- 糖苷键作用机制

苷键在水解过程中,在水分子完成亲核加成之前,碳正离子所在糖环(B 环)并非原来的椅式构象,而是一个具有张力的平板式结构,而其他糖环则仍然处于无张力的椅式构象。碳正离子所在糖环的这种平板式结构能量较高,十分接近过渡态,使得水分子更容易进攻而发生反应。

(3) 共价催化　共价催化包括亲核催化和亲电子催化。在酶活性中心必需基团中,常见的亲核催化基团有 Ser 的羟基、Cys 的巯基和 His 的咪唑基,这些基团共同的特点是其中的氧原子、硫原子和氮原子上均含有孤对电子。在催化过程中,酶的这些亲核基团会攻击邻近的底物上磷酰基、酰基等基团中的缺电子的原子,进而使酶和底物形成不稳定的共价中间复合物(图 7-7),这种中间共价复合物恰好成为水分子或第 2 种底物(图 7-7 中的∶SH_2)进攻的目标,并能迅速发生反应,形成产物。

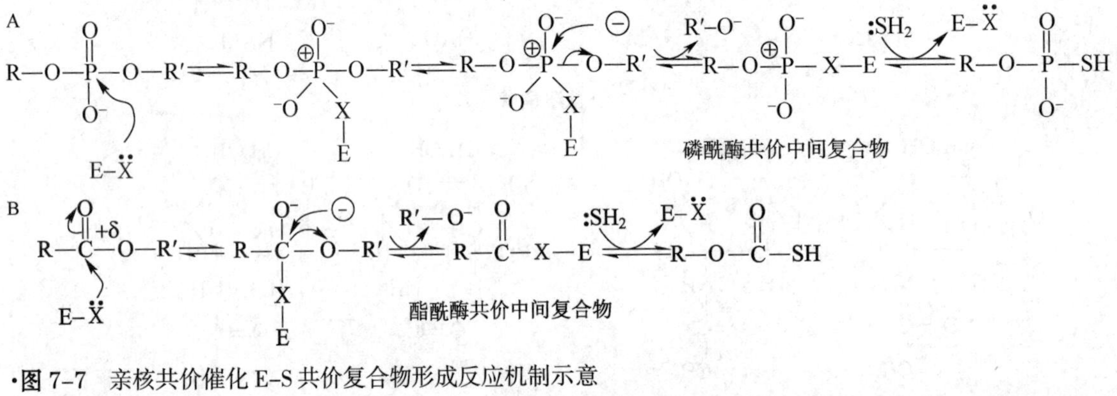

· 图 7-7　亲核共价催化 E-S 共价复合物形成反应机制示意

A. 亲核催化∶E-X 中 X 孤电子对攻击磷酰基中正电性的磷原子,形成 ES 共价中间复合物;B. 亲核催化∶E-X 中 X 孤电子对攻击酯酰基中正电性的碳原子,形成 ES 共价中间复合物

　　亲电子催化指酶活性中心上的亲电子催化基团能从底物分子的原子上夺取一对电子,形成共价键,从而产生不稳定的共价中间物。亲电子基团是能接受电子对的基团或原子,即电子对的受体,如 H^+、Tyr 的—OH、Lys 的 $\varepsilon\text{-}NH_3^+$,还有 Fe^{3+}、Cu^{2+}、Zn^{2+} 等。

　　(4) 酸碱催化　许多酶活性中心的催化基团在催化过程中,通过供出质子和接受质子的方式促进催化基团发生亲核或亲电子反应,以快速完成催化作用。在酶的活性中心必需基团中,His 残基侧链上的咪唑基、Lys 侧链上的氨基、Glu 和 Asp 上的羧基、Cys 的巯基、Tyr 的羟基等,在特定的 pH 条件下,它们或者作为质子的供体,或者作为质子的受体,对底物进行催化,使反应加速进行。酶活性中心常见酸碱催化功能基团见表7-6。其中,His 侧链上的咪唑基是十分有效的酸碱催化基团。由于咪唑基 pK 为 6~7,因此,生理 pH 条件下咪唑基约有 50% 以共轭酸、50% 以共轭碱的形式存在,所以该基团既可以提供质子,也可以接受质子;其次,咪唑基释出或接收质子的速率极快,半衰期仅为 0.01 ns,所以酸碱催化作用十分高效。另外,咪唑基的共轭碱形式中的 N∶上具有孤电子对,又是亲核催化基团,因此生物体内的大多数酶活性中心常出现 His 残基,且保守性相当强。

・表7-6　酶活性中心作为酸碱催化的功能基团

酶蛋白活性中心氨基酸残基	酸催化基团（质子供体）	碱催化基团（质子受体）
Glu，Asp	−COOH	−COO$^-$
Lys	−NH$_3^+$	−NH$_2$
Cys	−SH	−S$^-$
Tyr	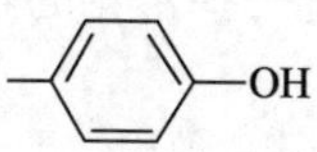 (苯环)−OH	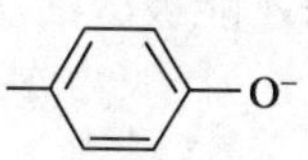 (苯环)−O$^-$
His	 HN⊕NH (咪唑基)	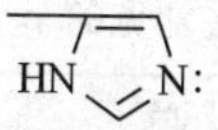 HN　N∶ (咪唑基)

例如,在胰凝乳蛋白酶催化肽键水解过程中,实际上是在多个活性基团共同协作下完成的催化反应,亦即是一个多元催化过程。具体来说,胰凝乳蛋白酶催化肽键水解过程既存在亲核共价催化,又存在酸碱催化,其催化机制详见图7-8。

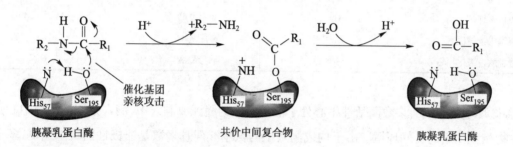

・图7-8　胰凝乳蛋白酶的亲核共价催化及酸碱催化水解肽键作用机制

胰凝乳蛋白酶 Ser$_{195}$ 残基的—OH 是活性中心的必需基团。当蛋白质底物结合在酶分子上后,此羟基中含孤对电子的氧原子发挥亲核进攻,攻击反应部位肽键中带正电荷的羰基碳,导致肽键断裂,释放出部分产物(R$_2$—NH$_2$)。酶活性中心 Ser$_{195}$ 羟基的氧原子与另一肽段末端的羰基碳共价连接,形成不稳定的共价中间复合物,即酰基化酶。此共价化合物相当不稳定,极易被水解,进而释放出另一个肽链,酶重新游离。另外,胰凝乳蛋白酶活性中心 His$_{57}$ 在每一次催化过程中,实际上起到协同的酸碱催化作用,只不过是 His$_{57}$ 的咪唑基没有直接同底物发生作用而已,而是当 Ser$_{195}$ 对羰基碳发起亲核攻击过程的一瞬间,His$_{57}$ 诱导性接受 Ser$_{195}$ 羟基上的质子,大大增加 Ser$_{195}$ 羟基氧孤对电子对肽键中羰基碳的进攻性,使得亲核反应易于进行。反应结束后,His$_{57}$ 上的质子重返原 Ser$_{195}$ 羟基的氧原子上,羟基复原。

(5) 金属离子催化　在所有已知的酶类中,发现有 1/3 以上的酶的活性中心在催化过程中需要金属离子,这类酶在缺乏金属离子情况下无催化活性或催化活性大大降低。

金属离子在酶中以多种方式参与催化作用,作用机制一般有以下几种:其一,作为酶活性中心必要组分参与底物结合,使活性中心必需基团与底物上的化学基团在反应中正确定向;其二,在部分氧化还原酶活性中心,通过氧化态和还原态的可逆变化参与酶催化的氧化还原反应;其三,通过静电作用稳定或屏蔽负电荷。具体地说,金属离子与活性中心结合以维持酶活性中心构象,通过接受或提供电子激活活性中心必需基团的亲电子或亲核作用,的确有些酶中的金属离子会直接作为亲电子试剂,在酶的必需基团与底物之间起到桥梁作用。

不同的金属离子与酶蛋白相互作用的强度不同,根据酶与金属离子结合的强弱,将需要金属离子的酶分为两类:一类是金属酶,这类酶与金属离子结合紧密,其中的金属离子主要有 Fe^{2+}、Fe^{3+}、Cu^{2+}、Zn^{2+}、Mn^{2+}、Co^{2+} 等过渡金属离子;另一类是金属激活酶,这类酶与金属离子结合松散,金属离子常见的有 Na^+、K^+、Mg^{2+}、Ca^{2+} 等。酶被纯化后,金属酶中的金属离子依然保留,而金属激活酶则须额外加入金属离子,酶才能被激活。从表7-7可以了解一些常见的金属酶和金属激活酶所需要的金属离子。

· 表7-7　一些常见的金属酶和金属激活酶

金属酶	金属离子	金属激活酶	金属离子
碳酸酐酶	Zn^{2+}	柠檬酸合酶	K^+
羧基肽酶	Zn^{2+}	丙酮酸激酶	K^+
过氧化氢酶	Fe^{2+}	精氨酸酶	Mn^{2+}
过氧化物酶	Fe^{2+}	丙酮酸羧化酶	Mn^{2+}、Zn^{2+}
己糖激酶	Mg^{2+}	磷酸水解酶	Mg^{2+}
磷酸转移酶	Mg^{2+}	蛋白激酶	Mg^{2+}、Mn^{2+}
锰超氧化物歧化酶	Mn^{2+}	磷脂酶 C	Ca^{2+}
谷胱甘肽过氧化物酶	Se^{2+}	磷脂酶 A	Ca^{2+}

(6) 微环境的影响　多数酶活性中心处于酶分子上的缝隙或洞穴中,洞穴是酶的活性中心必需基团与底物相互作用的良好环境。由于构成洞穴中的氨基酸残基多数是非极性的疏水侧链,多个疏水侧链聚集构成相对疏水的微环境。底物进入疏水洞穴后,酶活性中心结合基团与底物间的作用比酶分子所处的水溶液中强烈得多,因此疏水环境非常有利于催化反应。例如,亲核催化基团在攻击中多数是孤对电子对正电性原子的进攻,由于活性中心处于疏水环境,没有极性水分子的屏蔽作用,所以很容易发生。

综上所述,不同的酶由于活性中心的组成、结构、结合基团、催化基团不同,催化高效性可能不同,但每种酶在催化过程中一定是上述催化机制当中的几种方式共同作用的结果,简而言之,酶的催化是多元催化协同效应。例如,胰凝乳蛋白酶在其活性中心催化过程中,除了共价催化和酸碱催化起主要作用外,活性中心的疏水微环境作用、底物的定向和邻近效应,以及底物扭曲形变等因素也起一定的作用。正因为如此,酶才具有比一般催化剂高数个数量级的催化效率。

7.3　酶促反应动力学

酶促反应动力学(enzyme kinetics)是研究酶促反应速率及各种环境因子对反应速率的影响。在理解酶结构与功能的关系及酶作用机制后,进一步了解酶催化底物转化的动力学,对掌握酶在代谢中的作用会有很大的帮助。酶促反应体系比较复杂,影响因素很多,包括底物浓度、酶浓度、环境温度、pH、抑制剂和激活剂等。

7.3.1 酶促反应速率的基本概念

酶促反应速率是指单位时间内底物的减少量或产物的生成量。如果酶促反应速率以产物浓度对反应时间作图,一般可得如图 7-9 所示的双曲线,反应速率的增加会随时间延长而逐步减小,只在最初一段反应时间内保持恒定,即产物生成速率与时间几乎成正比。随着反应时间延长,反应体系底物浓度降低、产物反馈抑制、逆反应速率加快和酶本身失活等因素使酶促反应速率逐渐下降,产物生成量不再与时间成正比。因此,在酶促反应速率测定过程中,为了避免以上干扰因素,必须在酶促反应的初期进行,初期的反应速率称为反应初速率(v)。如图 7-9 所示,从坐标原点作双曲线的切线,其斜率即为酶促反应初速率(v)。

在一般情况下,反应速率是指酶促反应的初速率,即在酶促反应过程中初始底物被消耗 5% 以内的速率。此时,在过量的底物存在下,反应速率与底物浓度成正比。

7.3.2 底物浓度对于酶促反应速率的影响

7.3.2.1 酶的"中间产物"学说

1903 年,Henri 通过蔗糖酶水解实验研究底物蔗糖的浓度[S]与酶反应速率 v 的关系。在蔗糖酶最适反应条件下,当酶浓度不变时,测出一系列不同蔗糖浓度时的酶反应速率。以反应速率对底物蔗糖的浓度作图,得到一条双曲线(图 7-10)。

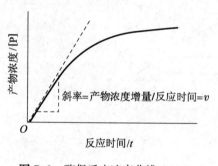

·图 7-9　酶促反应速率曲线

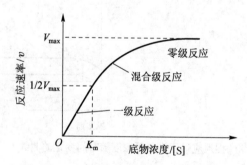

·图 7-10　酶促反应初速率与底物浓度的关系

从图 7-10 中看出,当底物浓度较低时,反应速率与底物浓度成正比,表现为一级反应;随着底物浓度继续增大,反应速率缓慢上升,表现为混合级反应;当底物浓度增大到一定程度时,反应速率不再增加,与底物浓度几乎无关,达到最大反应速率 $V_{\max}$,表现为零级反应。根据这一实验结果,Henri 提出酶促反应的"中间产物"学说。他认为在酶促反应过程中,酶分子(E)与底物(S)结合首先形成不稳定的中间复合物(ES),然后 ES 再分解生成产物(P),并释放出原来的酶,反应式如下:

$$E + S \rightleftharpoons ES \rightarrow E + P$$

根据 Henri 提出的"中间产物"学说,可以合理解释单底物酶促反应速率与底物浓度的关系。在酶浓度不变的条件下,当底物浓度很小时,酶未被底物饱和,这时反应速率取决于底物浓度,酶促反应速率与底物浓度成正比(曲线中的一级反应);随着底物浓度增大到一定程度,体系中酶几乎全部以 ES 形式存在,反应速率取决于[ES],故反应速率不再随底物浓度增大而增大,反应达到最大速率,即为零级反应。底物浓度不大不小时,酶促反应表现为混合级反应。

7.3.2.2 米氏方程

1913 年,Michaelis 和 Menten 根据酶促反应"中间产物"学说及酶与底物反应的"快速平衡"理论,假设 E+S $\rightleftharpoons$ ES 之间能迅速达到平衡态,底物浓度远远大于酶的浓度,ES 分解成产物 P 的逆反应可以忽略不计,从而推导出酶促反应动力学方程。由于该方程建立在"快速平衡"理论基础上,在解释实验现象时存在一定局限性,于是 12 年后,即 1925 年,Briggs-Haldane 在提出稳态理论基础上,对米氏方程进行修正。由于修正后的米氏方程应用面广,因此有必要简单对其进行讨论。

Briggs-Haldane 认为,酶促反应分两步进行,第一步反应为酶(E)与底物(S)作用形成 ES 复合物,第二步反应为 E-S 复合物分解形成产物(P),并释放出酶,其过程表示为:

$$E + S \underset{k_{-1}}{\overset{k_1}{\rightleftharpoons}} ES \underset{k_{-2}}{\overset{k_2}{\rightleftharpoons}} E + P \tag{7-1}$$

这两步反应均为可逆反应,式中 k_1、k_{-1}、k_2、k_{-2} 分别表示正反应和逆反应的反应速率常数。

Briggs-Haldane 所说的稳态是指反应进行一段时间后,系统中复合物的浓度[ES]很快由零增加到一定数值,并在相对较长的一段时间内,尽管底物浓度[S]和产物浓度[P]不断变化,中间复合物 ES 不断生成和分解,但当 ES 生成速率和分解速率相等时,[ES]即保持相对恒定(图 7-11)。

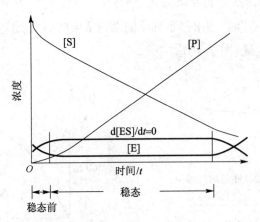

• 图 7-11 酶促反应过程中各种浓度随时间变化的曲线

这就是稳态(steady state)理论的实质。Briggs-Haldane 稳态理论至少包含 3 点假设:① 底物浓度[S]≫[E],所以[S]-[E]≈[S];② 在初始阶段,产物浓度[P]极低,则 E+P → ES 的反应速率极小,k_{-2} 可以忽略不计;③ 在稳态平衡条件下,d[ES]/dt=0,中间复合物 ES 生成速率等于分解速率,其定量描述方程推导如下:

反应开始时,若 ES 生成的速率为 v_1,则:

$$v_1 = k_1[E_t][S] = k_1([E] - [ES])[S]$$

其中,[E_t]为反应进行到 t 时的酶量,即[E_t]=[E]-[ES]。

ES 的消失速率以 v_2 和 v_{-1} 表示:

$$v_2 = k_2[ES]; \quad v_{-1} = k_{-1}[ES]$$

两项合并为：

$$v_2+v_{-1}=k_2[ES]+k_{-1}[ES]$$

当反应体系处于稳态时,即[ES]不变,ES 的生成量 =ES 的分解量时,得：

$$v_1=v_2+v_{-1},\ 或\ k_1([E]-[ES])[S]=k_2[ES]+k_{-1}[ES] \tag{7-2}$$

上式中,[E]表示反应体系酶的总浓度；[ES]表示酶与底物结合形成的中间复合物浓度；[E]-[ES]表示未与底物结合的游离酶浓度；[S]表示底物浓度。

方程式(7-2)整理后,得：

$$\frac{k_2+k_{-1}}{k_1}=\frac{([E]-[ES])[S]}{[ES]}$$

设：

$$\frac{k_2+k_{-1}}{k_1}=K_m \tag{7-3}$$

则：

$$K_m=\frac{([E]-[ES])[S]}{[ES]} \tag{7-4}$$

整理方程式(7-4),得：

$$[ES]=\frac{[E][S]}{K_m+[S]} \tag{7-5}$$

由于 ES → E+P 反应的初速率为 $v=k_2[ES]$,又由于反应体系中[S]≫[E],酶全部被底物所饱和形成 ES,即[E]=[ES]。此时,酶促反应达到最大速率 $V_{max}=k_2[E]$。$v=k_2[ES]$ 和 $V_{max}=k_2[E]$ 合并,消除 k_2,得：

$$[ES]=\frac{v[E]}{V_{max}} \tag{7-6}$$

将方程(7-6)代入方程(7-5)后,整理得：

$$v=\frac{V_{max}[S]}{K_m+[S]} \tag{7-7}$$

式中,v 为反应初速率,V_{max} 为最大反应速率,[S]为底物浓度,K_m 为米氏常数。该方程是建立在 Briggs-Haldane 稳态理论基础上修正后的米氏方程式。该方程适合多数酶的催化特征。为了纪念 Michaelis 和 Menten,习惯上仍把方程式(7-7)称为米氏方程。

对于特定的酶促反应,当 K_m 和 V_{max} 通过实验求得后,米氏方程表示底物浓度和反应速率之间的定量关系,以 v 对[S]作图,可得到与图 7-10 类似的双曲线。有关米氏方程及相应实验结果所得到的双曲线之间的相关性究竟如何？下面简单描述。

(1) 根据米氏方程,如果[S]≪K_m 时,[S]可以忽略不计,则米氏方程变为：

$$v=\frac{V_{max}}{K_m}[S]$$

此时,反应速率与底物浓度成正比,酶促反应为一级反应,与低底物浓度靠近"0"坐标曲线(图 7-10)吻合。

(2) 如果[S]≫K_m 时,K_m 可以忽略不计,则米氏方程变为：

$$v=V_{\max}$$

此时,反应速率与底物浓度无关,酶促反应速率达到最大,亦即零级反应,与双曲线中(图7-10)高浓度底物部分相吻合。

(3) 如果[S]=K_m 时,则米氏方程变为:

$$v=\frac{1}{2}V_{\max}$$

亦即 K_m 是当酶促反应速率达到最大反应速率一半时所对应的底物浓度。由此可以看出米氏常数的单位是浓度单位,一般用 $mol \cdot L^{-1}$ 或 $mmol \cdot L^{-1}$ 表示。多数酶的 K_m 为 $10^{-6} \sim 10^{-1}\ mol \cdot L^{-1}$。常见酶的米氏常数见表7-8。

·**表**7-8　常见酶的米氏常数(K_m)

酶名称	底物	$K_m/\ (mol \cdot L^{-1})$
过氧化氢酶(肝)	H_2O_2	2.5×10^{-2}
己糖激酶(脑)	ATP	4.0×10^{-3}
	D- 葡萄糖	5.0×10^{-3}
	D- 果糖	1.5×10^{-3}
碳酸酐酶	CO_2	8.0×10^{-3}
蔗糖酶(酵母)	蔗糖	2.8×10^{-2}
	棉籽糖	3.2×10^{-1}
α- 淀粉酶(唾液)	淀粉	6.0×10^{-4}
麦芽糖酶(麦芽)	麦芽糖	2.1×10^{-1}
糜蛋白酶	甘氨酰酪氨酰甘氨酸	5.0×10^{-3}
β- 半乳糖苷酶	D- 乳糖	4.0×10^{-3}
脲酶(刀豆)	尿素	2.5×10^{-2}
琥珀酸脱氢酶(牛心)	琥珀酸盐	5.0×10^{-7}
谷氨酸脱氢酶(牛肝)	L- 谷氨酸	7.0×10^{-7}

7.3.2.3　动力学参数的意义

(1) 米氏常数的意义

① K_m 值是酶的特征常数之一。对于单底物酶,K_m 只与酶的性质、底物种类有关,不随酶浓度而改变。因此,不同的酶,K_m 也不同。K_m 可作为鉴定酶的一个指标。

② K_m 可以近似地反映酶对底物的亲和力大小。K_m 越小,表明酶促反应到达最大反应速率一半时所需要的底物浓度越小,则酶对底物的亲和力就越大。

③ K_m 可以判断酶的底物专一性和天然底物。对于有多种底物的酶来说,同一种酶催化不同底物反应时,对于每一种底物都有一个特定的 K_m,显然,对于那种 K_m 最小的,酶对其亲和力最大,该底物就是酶的天然底物。例如,蔗糖酶作用于蔗糖时,K_m 为 28 $mmol \cdot L^{-1}$;作用于棉籽糖时,K_m 为 320 $mmol \cdot L^{-1}$,表明蔗糖酶对蔗糖的亲和力大,所以蔗糖就是蔗糖酶的天然底物。

(2) 最大反应速率的意义　在一定酶浓度下,酶对特定底物的最大反应速率 $V_{\max}$ 也是一个常数,$V_{\max}$ 和 K_m 一样,同一种酶对于不同底物的最大反应速率 $V_{\max}$ 不同。$V_{\max}$ 受 pH、温度和离子强度等因素的影响而变化。

7.3.2.4 K_m 和 V_{max} 的测定

由于米氏方程是一个双曲线函数,直接用它来求 K_m 和 V_{max} 是不方便的。这是由于当[S]逐渐升高时,反应速率仍有少量增加,其反应速率难以达到最大值,不易准确测定到。为了精确得到 K_m 和 V_{max} 值,通常采用 Lineweaver-Burk 作图法(又称双倒数作图法),把米氏方程的形式两边求倒数,使之成为直线方程,那么 K_m 和 V_{max} 就可以比较准确地求得。米氏方程的双倒数形式为:

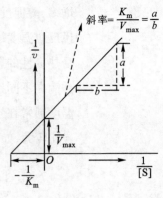

$$\frac{1}{v} = \frac{K_m}{V_{max}} \frac{1}{[S]} + \frac{1}{V_{max}}$$

式中,$1/v$ 与 $1/[S]$ 呈线性关系,以 $1/v$ 对 $1/[S]$ 作图得到一条直线(图 7-12),将直线延伸至与横轴相接,其横轴截距为 $-\dfrac{1}{K_m}$,纵轴截距为 $\dfrac{1}{V_{max}}$,斜率为 $\dfrac{K_m}{V_{max}}$,由此可求出 K_m 和 V_{max}。

· 图 7-12　米氏方程双倒数作图

双倒数作图法缺点是较低底物浓度时测定的点误差较大,而且实验点均比较靠近纵轴,往往所作延长线至横轴后产生的误差较大,影响结果的准确性。

7.3.3　酶浓度对于酶促反应速率的影响

多数酶在底物浓度远远超过酶浓度时,即反应液中底物浓度足以使酶饱和的情况下,其他因素均为最适条件时,增加酶浓度可以提高反应速率,此时酶促反应速率(v)与酶浓度成正比(图 7-13),即:

$$v = k[E]$$

式中,k 为反应速率常数。

7.3.4　温度对酶促反应速率的影响

酶促反应速率与温度的关系比较密切。在一定温度范围内,酶促反应速率随温度升高而增加。当温度增加到一定程度时,酶促反应速率达到最大值。温度进一步增加,酶促反应速率急剧降低(图 7-14)。在一般情况下,酶促反应速率随温度由低到高变化而呈不规则的钟罩形曲线。酶促反应速率最大时的温度为酶的最适温度(optimum temperature)。

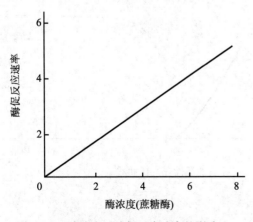

· 图 7-13　酶浓度对酶促反应速率的影响

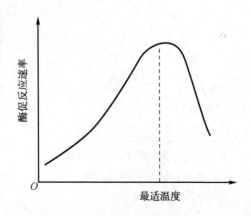

· 图 7-14　温度对酶促反应速率的影响

在达到最适温度之前,提高温度能促进反应系统中的活化分子数。因此,温度升高,活化分子数增多,酶促反应速率加快。对许多酶来说,温度系数(temperature coefficient)Q_{10}大多为$1 \sim 2$,也就是说反应温度每升高$10℃$,酶促反应速率增加$1 \sim 2$倍。相反,当温度高于酶的最适温度后,由于酶蛋白受热变性的影响,随温度继续增加,酶促反应速率会急剧下降。不同酶具有不同的最适温度,而且每种酶在不同条件下最适温度也不同,所以最适温度并非酶的特征常数。来源于植物的大多数酶最适温度通常在$45 \sim 50℃$;来源于动物的大多数酶最适温度一般为$35 \sim 45℃$;微生物中的酶最适温度差异比较大,如 *Taq* DNA 聚合酶的最适温度为$72℃$,细菌淀粉酶最适温度高达$93℃$。

7.3.5　pH 对酶促反应速率的影响

pH 也是酶最敏感的因子之一。酶活性和 H^+ 浓度关系极为密切,每一种酶只能在一定的 pH 范围内才表现出活性,即使同一种酶在不同的 pH 下测得的活性也不尽相同。能使酶表现出最大活性的 pH 称为该酶的最适 pH。高于或低于该最适 pH 时,活性就降低(图 7-15)。pH 对酶活性的影响机制有以下两个方面。

(1) pH 影响酶分子中基团的解离状态,从而影响酶分子构象的稳定性。pH 引起活性中心必需基团解离状态变化,影响酶对底物的结合与催化活性,使酶促反应速率降低;继续增大或减小 pH,则进一步使酶分子空间结构改变,引起酶变性。多数酶在 pH $6 \sim 8$ 时比较稳定,在一定浓度的强酸、强碱溶液中,酶的空间结构遭到破坏,引起酶变性。

(2) 当 pH 变化较大时,底物分子的解离状态或结构也会发生变化,从而影响酶对底物分子的结合与催化活性。

不同酶最适 pH 范围不同,各种酶在一定的条件下都有其特定的最适 pH,它是酶的特性之一,但不是酶的特征常数,因为最适 pH 受底物种类和浓度、缓冲液种类和浓度等诸多因素影响。由于不同酶的最适 pH 不同,可能恰巧适应长期进化以来在生物体内的生理需要,或许是作为一种酶活的调控方式。大多数酶的最适 pH 为 $5.0 \sim 8.0$,植物和微生物体内酶的最适 pH 为 $4.5 \sim 6.5$,动物体内酶的最适 pH 为 $6.5 \sim 8.0$。但也有一些酶的最适 pH 例外,如胃蛋白酶的最适 pH 为 1.5(图 7-16),肝中精氨酸酶的最适 pH 为 9.7。一些酶的最适 pH 见表 7-9。

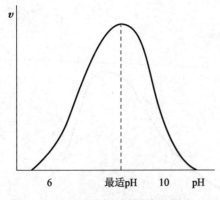

· 图 7-15　pH 对酶促反应速率的影响

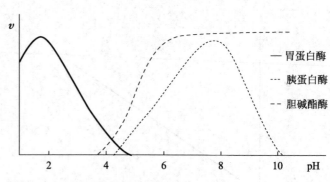

· 图 7-16　三种酶的活性:v-pH 曲线

•表7-9　一些酶的最适 pH

酶	底物	最适 pH
胃蛋白酶	卵清蛋白	1.5
	血红蛋白	2.2
酸性磷酸酶	3-磷酸甘油	4.5～5.0
延胡索酸酶	延胡索酸	6.5
	苹果酸	8.0
核糖核酸酶	RNA	7.8
碱性磷酸酶	3-磷酸甘油	9.5
精氨酸酶	精氨酸	9.7

7.3.6　激活剂对酶活性的影响

凡是能提高酶活性的小分子有机物或简单的无机离子都称为激活剂(activator)。激活剂按分子大小可分为无机离子激活剂、小分子有机化合物激活剂和蛋白酶激活剂三类,下面主要介绍其中的两类。

7.3.6.1　无机离子激活剂

无机离子激活剂有阳离子,如 K^+、Na^+、Mg^{2+}、Zn^{2+}、Fe^{2+}、Ca^{2+} 等,其中 Mg^{2+} 是多种激酶或合成酶的激活剂;激活剂也有阴离子,如 Cl^-、Br^-、I^-、CN^-、HPO_2^{3-} 等。金属离子作为激活剂的作用机制详见酶的作用机制中金属离子催化。阴离子的作用机制类似金属离子,它们能与酶蛋白分子的阳离子基团发生作用,从而稳定或诱导酶的活性构象,提高酶的活性。此外,许多酶只需要一种金属离子作为激活剂,有的酶则需要几种金属离子作为激活剂,如 α-淀粉酶至少需要 Ca^{2+} 和 Cl^- 作为激活剂。不同的金属离子之间有时还存在拮抗作用,如 Mg^{2+} 激活的酶常被 Ca^{2+} 所抑制。

7.3.6.2　小分子有机化合物激活剂

这类激活剂主要有半胱氨酸、还原型谷胱甘肽、维生素 C 等,它们能激活某些酶,使巯基酶中巯基从氧化态变成还原态,从而提高酶的活性。有些金属螯合剂,如乙二胺四乙酸(EDTA)等,可以络合重金属离子,解除重金属离子对巯基酶类(巯基作为活性中心必需基团的酶类)的抑制作用,从而提高酶活性起到激活剂的作用。

7.3.7　抑制剂对酶活性的影响

凡是能够与酶作用,降低酶活性的一些小分子化合物或离子称为酶的抑制剂(inhibitor)。它们与激活剂的作用正好相反,同时也有别于变性剂。变性剂是能够使酶蛋白结构破坏,引起酶蛋白变性,导致酶丧失活性,变性剂对酶蛋白没有选择性。而抑制剂则是与酶作用后改变酶的活性构象,酶蛋白并没有变性,只是酶的活性降低。一种抑制剂往往只能引起一种酶的活性降低或丧失,因此,抑制剂具有专一性。

抑制作用的机制比较复杂,归纳起来有以下几点:① 抑制剂与酶结合形成稳定的络合物,从而降低酶的活性;② 抑制剂与酶或辅基的活性基团共价结合,从而降低酶的活性;③ 抑制剂和底物与酶竞争性结合,减少酶与底物的作用机会,降低酶的活性;④ 抑制剂阻抑酶与底物结合或阻抑产物生成等。根据抑制剂与酶作用过程是否可逆,可分为可逆抑制作用与不可逆抑制作用两大类。

7.3.7.1 可逆抑制作用

这类抑制剂与酶以非共价形式结合,并可用透析、过滤等物理方法除去抑制剂而使酶的活性恢复,这种抑制方式称为可逆抑制(reversible inhibition)作用。根据抑制剂与底物的关系,可逆抑制作用可分为竞争性抑制、非竞争性抑制和反竞争性抑制三种类型。

(1)竞争性抑制 可逆抑制剂(inhibitor,I)和底物(substrate,S)竞争酶分子的结合部位,从而影响底物与酶正常结合的现象称竞争性抑制(competitive inhibition)。由于竞争性抑制剂分子的结构与底物分子相似,因此可与底物分子竞争酶的活性部位,以非共价键在酶分子活性部位与酶分子结合。抑制剂和底物产生的竞争形成一定的平衡关系,其作用过程见图7-17A,反应平衡方程见图7-17B。

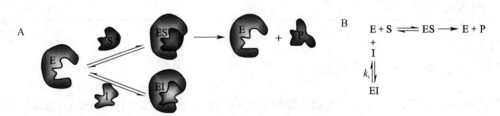

·图7-17 酶的竞争性抑制示意图

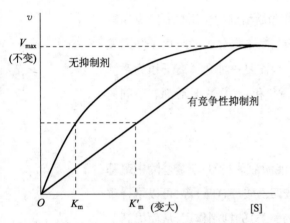

·图7-18 竞争性抑制剂对酶促反应速率的影响

抑制剂与酶形成的可逆物EI不能生成产物P,酶促反应速率下降,但抑制剂并没有破坏酶分子的特定构象,也没有使酶分子的活性中心解体。由于竞争性抑制剂与酶的结合是可逆的,因而可通过加大底物浓度,提高底物S竞争力的办法来消除竞争性抑制剂的抑制作用,从而使酶促反应速率接近或达到最大值。

丙二酸、草酰乙酸、苹果酸对琥珀酸脱氢酶的抑制作用是最典型的竞争性抑制。图7-18的曲线表明,加入竞争性抑制剂后,V_{max}没有发生变化,但达到V_{max}时所需底物的浓度明显增大,即表观米氏常数K'_m变大($K'_m > K_m$)。

由米氏方程的推导方法可以导出竞争性抑制剂对酶促反应的速率方程:

$$v = \frac{V_{max}[S]}{K_m(1+[I]/k_i)+[S]}, k_i = \frac{[E][I]}{[EI]} \qquad ①$$

设 $K'_m = K_m\left(1 + \dfrac{[I]}{k_i}\right)$,则式①变为:

$$v = \frac{V_{max}[S]}{K'_m + [S]} \qquad ②$$

式②中的K'_m称为表观K_m,将上式按双倒数处理,得:

$$\frac{1}{v} = \frac{K_m}{V_{max}}\left(1 + \frac{[I]}{k_i}\right)\frac{1}{[S]} + \frac{1}{V_{max}} \qquad ③$$

用$1/v$对$1/[S]$作图,得相应的Lineweaver-Burk图(图7-19直线b)。

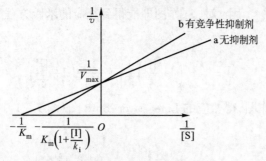

·图7-19 竞争性抑制作用的 Lineweaver–Burk 图

(2) 非竞争性抑制 非竞争性抑制（noncompetitive inhibition）作用的特点是底物与抑制剂和酶同时结合，两者没有竞争作用，表明非竞争性抑制剂分子的结构与底物分子的结构通常相差很大。酶与非竞争抑制剂结合后，酶分子活性部位结合基团依然存在，因此酶分子还可以与底物分子继续结合。但是结合生成的抑制剂－酶－底物三元复合物（IES）不能进一步分解为产物，从而降低酶的活性。非竞争性抑制作用可用下述反应式表示：

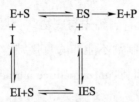

底物和非竞争性抑制剂在与酶分子结合时，互不排斥和竞争，因而不能用增加底物浓度的方法来消除这种抑制作用。大部分非竞争性抑制作用是由抑制剂与酶活性中心之外的巯基进行可逆结合而引起的。酶活性中心之外的这种—SH 基团对于酶活性来说也是很重要的，因为它们参与维持酶分子天然构象。这类试剂如含某些金属离子，如 Cu^{2+}、Hg^{2+}、Ag^+、Pb^{2+} 等与酶反应时，存在如下的平衡关系：

$$E\text{–}SH + Ag^+ \rightleftharpoons E\text{–}S\text{–}Ag + H^+$$

此外，EDTA 结合金属引起的抑制作用也属于非竞争性抑制，如它对需 Mg^{2+} 的己糖激酶活性的抑制作用。作为非竞争性抑制剂的还有非金属离子，如 F^-、CN^-、N^{3+}、邻二氮菲等，这些离子可通过与金属酶中的金属离子络合，而使酶活性受抑制。

根据实验结果，对非竞争性抑制作用作图（图7-20）。当加入非竞争性抑制剂后，抑制剂与酶分子生成不受[S]影响的 EI 和 IES，从而降低正常中间产物 ES 的浓度。所以当有非竞争性抑制剂存在时，V_{max} 降低，而 K_m 不变。K_m 是特征常数，不受[ES]变化的影响，因为 $v=k_2$[E–S]，V_{max} 是 v 的极限值，故 V_{max} 与[ES]有关。根据米氏方程的推导方法，同样可以导出非竞争性抑制作用的速率方程为：

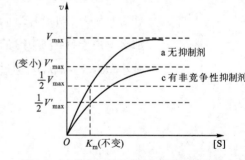

·图7-20 非竞争性抑制剂对酶促反应速率的影响

$$v = \frac{V_{max}[S]}{(1+[I]/k_i)(K_m+[S])} \qquad ④$$

设 $V'_{max}=V_{max}/(1+[I]/k_i)$，则式④转变为：

$$v' = \frac{V'_{max}[S]}{(K_m+[S]/k_i)} \qquad ⑤$$

式⑤中 V'_{max} 称为表观 V_{max}。用 v 对[S]作图即能得到相应的米氏方程图。再将上式作双倒数处理，得下式：

$$\frac{1}{v} = \frac{K_m}{V_{max}}\left(1 + \frac{[I]}{k_i}\right)\frac{1}{[S]} + \frac{1}{V_{max}}\left(1 + \frac{[I]}{k_i}\right) \qquad ⑥$$

同理，用 $1/v$ 对 $1/$[S]作图，得相应的 Lineweaver–Burk 图（图 7–21 中的直线 c）。

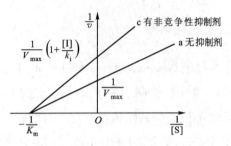

·图 7–21　非竞争性抑制作用的 Lineweaver–Burk 图

（3）反竞争性抑制　有些抑制剂只有当酶先与底物结合后，ES 才能与酶结合，即 ES+I → ESI，而且 ESI 不能转变成产物 P，该类型的抑制剂不能和酶直接结合。如叠氮化合物对氧化态细胞色素氧化酶的抑制作用就属这类。反竞争性抑制（uncompetitive inhibition）作用可用下述反应式表示：

$$E+S \underset{k_{-1}}{\overset{k_1}{\rightleftharpoons}} ES \overset{k_2}{\longrightarrow} E+P$$
$$+$$
$$I$$
$$k_i \big\Vert k_{-i}$$
$$ESI$$

当反应体系中存在此类抑制剂时，反应有利于向形成 ES 的方向进行，进而促使 ES 产生。由于这种情况与竞争性抑制作用恰恰相反，所以称为反竞争性抑制作用（图 7–22A）。

反竞争性抑制作用动力学曲线表示，在反应中即使底物浓度很高时，E 仍然在形成中间复合物 ES 和含 I 的复合物 ESI 之间进行分配，其分配比率取决于[I]和 k_i 的大小。如果 ESI 不能分解形成其产物，那么 v 由于(1+[I]/k_i)的增量而减小。在反应进程中，I 不断地将 ES"拉出"，从而增加 k_1，使表观 K'_m 减小($K'_m = k_{-1}+k_2/k_1$)。通过与竞争性抑制作用的类似处理，得出反竞争性抑制作用的动力学方程为：

$$v = \frac{V_{max}[S]}{K_m + (1+[I]/k_i)[S]} \qquad ⑦$$

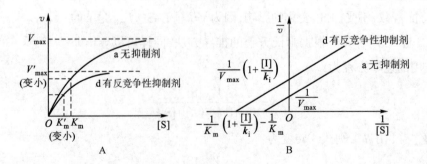

·图 7–22　反竞争性抑制作用曲线（A）与正常曲线（B）的比较

经双倒数处理得：

$$\frac{1}{v} = \frac{K_m}{V_{max}} \frac{1}{[S]} + \frac{1}{V_{max}} \left(1 + \frac{[I]}{k_i}\right) \qquad ⑧$$

由上述⑦和⑧两个方程作图，便可得图 7-22B。由于酶促反应速率大小取决于中间复合物[ES]的浓度，抑制剂对酶促反应的影响最终都表现在[ES]变小这一点上。

上述各类型，不管如何复杂，只要抓住[ES]变化规律，就不难理解。现将 3 种抑制类型及其特征归纳于表 7-10 及图 7-23。

· 表 7-10　正常米氏酶和可逆抑制作用酶的动力学特征比较

抑制类型	对动力学常数的影响	动力学方程
无抑制	K_m，V_{max}	$v = \dfrac{V_{max}[S]}{K_m + [S]}$
竞争性抑制	K_m' 增大，V_{max} 不变	$v = \dfrac{V_{max}[S]}{K_m(1+[I]/k_i) + [S]}$
非竞争性抑制	K_m' 不变，V_{max} 减小	$v = \dfrac{V_{max}[S]}{(K_m+[S])(1+[I]/k_i)}$
反竞争性抑制	K_m' 减小，V_{max} 减小	$v = \dfrac{V_{max}[S]}{K_m+[S](1+[I]/k_i)}$

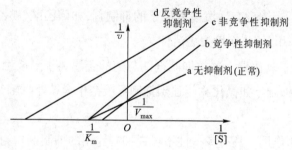

· 图 7-23　各种抑制类型的 Lineweaver-Burk 图

可逆抑制作用不仅是生物化学现象，在临床中很多疾病治疗也可以通过抑制酶活性达到治疗目的。例如，氨甲蝶呤（methotrexate）和甲氧苄啶（trimethoprim）都是二氢叶酸还原酶的竞争性抑制剂。前者可抑制脊椎动物二氢叶酸还原酶，用以选择性杀伤快速分裂的细胞，所以是最有效的癌症化疗药物之一；而甲氧苄啶作为原核生物二氢叶酸还原酶的强烈抑制剂，对于人的还原酶抑制作用却非常弱，所以常用于某些细菌感染和疟疾的治疗。

7.3.7.2　不可逆抑制作用

有些抑制剂能与酶活性中心功能基团共价结合，阻碍酶与底物结合或破坏酶的催化基团，使酶活性下降或丧失。这种抑制作用不能通过透析、超滤等简单的物理方法去除，因此称为不可逆抑制（irreversible inhibition）作用。不可逆抑制作用又分为专一性不可逆抑制作用和非专一性不可逆抑制作用。

（1）非专一性不可逆抑制作用　这类抑制剂能与酶分子上的不同基团发生修饰反应，或者与不同酶的相同基团反应。有以下 4 种类型抑制剂。

① 有机磷化合物。这类化合物能与某些蛋白酶和酯酶分子活性部位中的 Ser 羟基共价结合，从

而抑制酶活性,如敌敌畏、敌百虫等。这类抑制剂对酶的抑制反应如下所示。其中,R、R′代表烷基,X代表卤素(如 F)或其他基团。

$$R—O \underset{R'—O}{\overset{O}{\overset{\|}{P}}}—X \quad +E—Ser—OH \xrightarrow{HX} \quad R—O\underset{R'—O}{\overset{O}{\overset{\|}{P}}}—O—Ser—E$$

有机磷农药分子　　　酶—Ser—OH　　　　　　失去活性的酶

当有机磷农药进入虫害体内时,可抑制胆碱酯酶的活性,使乙酰胆碱积累,引起神经中毒,导致生理功能失调而死亡。因此,在农业生产上常使用有机磷农药消灭或控制虫害。

② 重金属离子、有机汞、有机砷化合物。如 Pb^{2+}、Hg^{2+}、Ag^+、As^{3+} 及它们的离子化合物和 As^{3+} 的有机化合物,可与巯基酶分子的巯基结合,使酶失去活性。以上的重金属离子,与巯基酶的反应(如 Hg^{2+})一样,使酶失去活性,反应如下所示:

$$E\underset{SH}{\overset{SH}{\diagdown\diagup}} + Hg^{2+} \longrightarrow E\underset{S}{\overset{S}{\diagdown\diagup}}Hg + 2H^+$$

不同重金属离子与酶的结合能力不同,亲和力较强的重金属离子在较低浓度情况下就会使酶变性失去活性,因此对生物具有较强的毒性。亲和力较弱的重金属离子在较低浓度时只是对某些酶活性有一定的抑制作用,可以通过金属螯合剂,如 EDTA 和半胱氨酸(Cys)等消除重金属离子的抑制作用,使酶恢复活性。化学毒剂"路易斯毒气"为有机砷化合物,与酶的巯基结合,抑制酶活性,可使人中毒。路易斯毒气的分子结构为 $Cl_2As—CH=CH—Cl$,毒性机制类似 Hg^{2+} 的毒理作用。

③ 烷基化试剂。这是一类含有活泼卤素原子的抑制剂,如碘乙酸、碘乙酰胺等。它们可与酶的巯基、氨基、羧基、咪唑基作用,使酶变性失去活性。

④ 氰化物、硫化物和一氧化碳。这类抑制剂能与酶的金属离子形成稳定的络合物,使金属酶或需要金属离子的酶活性受抑制。如氰化物能强烈抑制呼吸链中含铁卟啉辅基的细胞色素氧化酶的活性,因此为剧毒性化合物。

(2) 专一性不可逆抑制作用　具有专一性不可逆抑制作用的抑制剂均为底物的结构类似物,可分为 K_s 型和 k_{cat} 型两类不可逆抑制剂。

① K_s 型不可逆抑制剂。此类抑制剂又称为亲和标记试剂,除结构与底物十分类似外,同时携带一个活泼的化学基团,对酶分子必需基团的某一个侧链进行共价修饰,从而抑制酶活性。

② k_{cat} 型不可逆抑制剂。这是一种专一性很高的不可逆抑制剂,不但具有天然底物的类似结构,其本身也是酶的底物,能与酶结合发生类似底物的变化。抑制剂有一个潜伏的反应基团,当酶对它催化时,这个潜伏基团被暴露或活化,并作用于酶活性中心必需基团或辅酶,使酶不可逆失活,故又称酶的自杀性底物。这类不可逆抑制剂已经成为人类新型医药研究开发的新领域。

🔬 知识窗 ●┄┄

血管紧张素转换酶抑制剂——目前进展最快一类降压药物

血管紧张素(angiotensin)是一种作用很强的血管收缩物质,其对血压的收缩效力是去甲肾上腺素的 50 倍。肝中的血管紧张素原(angiotensinogen)经肾素作用首先使之水解成血管紧张素 Ⅰ(angiotensin Ⅰ,十肽)。血管紧张素 Ⅰ 本身无活性,通过血管紧张素转换酶(angiotensin converting enzyme,ACE)酶解成血管紧张素 Ⅱ(angiotensin Ⅱ,八肽),存在于血浆中。据报道,一种九肽的蛇毒素可降低人的血压,但口服无效。Squibb 研究小组发现,血管紧张素转换酶与羧肽酶 A 均为含锌的蛋白酶,可能具有相似的底物结合方式。根据羧肽酶 A 强抑制剂 L-苄基丁二酸及九肽蛇毒素 C 端为脯氨酸的特点,以丁二酰基脯氨酸作为血管紧张素转换酶的可能抑制剂,对其进行改造和设计,目前已成功开发出具有口服效应的治疗高血压药物——卡托普利(captopril)。这是第一种通过对酶作用机制研究而设计的肽酶抑制剂药物,其结构式如下:

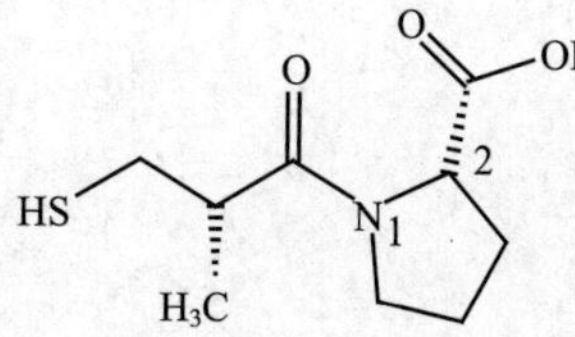

卡托普利结构

7.4 酶的结构和功能

酶是一类具有特殊催化功能的蛋白质,因此,酶蛋白分子特定的高级结构成为酶发挥催化作用的高效性、对底物的高度专一性、酶活性受调节控制和酶的不稳定性的基础。简而言之,酶蛋白的分子结构是其生物学功能的基础,它的催化功能是由酶蛋白分子上的活性部位来实现的,所以研究酶的结构与功能之间的关系,尤其是酶的活性部位是当前酶学领域的一个重要内容。

7.4.1 酶的活性中心及结构特征

利用酶的专一性、酶分子的侧链基团的化学修饰、X 射线晶体衍射等方法研究证明,酶只有少数氨基酸残基的基团参与底物的结合及催化作用。在酶蛋白分子中直接参与结合底物并起催化作用的区域称为酶的活性部位(active site)或活性中心(active center)。酶的活性部位一般包括结合部位(binding site)和催化部位(catalytic site)。酶的结合部位决定底物专一性,负责与底物结合,而催化部位具有催化能力,负责催化底物化学键的断裂并形成新键。

在一些酶中结合部位和催化部位有明显的分工,而有些酶的活性部位兼具催化功能,即结合部位就是催化部位,二者没有明显区别。对于单纯酶来说,活性部位就是由三维结构上比较靠近的少数氨基酸残基侧链基团构成的。对于复合酶来说,辅因子也是酶活性中心的必要组成成分,参与酶的催化过程。不同的酶在结构、专一性和催化方式等方面都有很大差别,但酶的活性中心具有共同的特点。

(1) 通常活性中心只占整个酶分子体积的 1% ~ 2%,仅由少数几个氨基酸残基组成。例如,胰蛋白酶(223 肽,单体酶)的活性中心氨基酸残基组成为 His$_{42}$、Ser$_{180}$、Asp$_{87}$ 和 Ser$_{195}$。这 4 个氨基酸残基在一级结构中相距甚远,但多肽链的折叠使其在空间上靠近,形成的局部结构构成该酶的活性中心。这 4 个氨基酸残基上的侧链基团参与胰蛋白酶的催化作用,因此,这 4 个侧链基团称为胰蛋白酶活性中心的必需基团(essential group)。胰凝乳蛋白酶属于寡聚酶,活性中心由 His$_{57}$ 和 Ser$_{195}$ 构成,这两个必需基团是分别位于两条肽链上的。酶的活性中心必需基团常见的有 Ser—OH、His—咪唑基、Cys—SH、Glu—COOH、Asp—COOH 等。部分常见酶活性中心的必需基团见表 7–11。

· 表 7-11　部分酶的活性中心基团

酶名称	氨基酸残基数	活性中心必需基团
胰蛋白酶	223	His_{42} Asp_{87} Ser_{180} Ser_{195}
弹性蛋白酶	240	His_{57} Asp_{102} Ser_{195} Asp_{194} Ile_{16}
胰核糖核酸酶	124	His_{12} His_{119} Lys_{41}
羧肽酶 A	307	Arg_{127} Glu_{270} Tyr_{248} Zn^{2+}
溶菌酶	129	Asp_{52} Glu_{35}
α- 胰凝乳蛋白酶	241	His_{57} Asp_{102} Ser_{195}
肝乙醇脱氢酶	374×2（二聚体）	Ser_{48} His_{51} NAD^+ Zn^{2+}

（2）酶活性中心常是酶分子三维结构的裂隙或洞穴。酶与底物结合时,底物分子（或一部分）结合到酶分子的裂隙（crevice）内并发生反应。此裂隙多数为由非极性氨基酸侧链疏水基团形成的疏水“口袋”,深入酶分子内部。非极性基团聚集在一起形成一个疏水微环境,介电常数较低,有利于活性中心必需的基团与底物分子发生作用,使催化基团发挥作用。例如,核糖核酸酶（RNase）为124肽的单体酶,活性中心的必需基团为 His_{12}、His_{119} 和 Lys_{41},整个肽链的空间走向示意图和整个肽链的实体模型见图 7-24。从图 7-24B 可看出,活性中心必需基团 His_{12}、His_{119} 和 Lys_{41} 在空间上明显比较靠近,并处于一个“洞穴”或“裂隙”内,而且具有一定的空间方位。研究表明,His_{12}、His_{119} 和 Lys_{41} 3 个氨基酸侧链化学基团直接参与结合和催化 RNA 的水解作用。

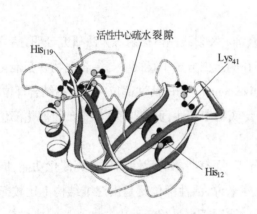

A. RNase整个肽链空间走向排布

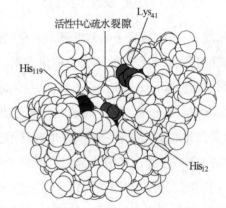

B. RNase分子的实体模型

· 图 7-24　核糖核酸酶的三维结构示意图

7.4.2　别构酶

7.4.2.1　别构酶的特点

别构酶（allosteric enzyme）又称变构酶,最初由 Monod 等提出,并用于解释结构与底物不相似的化合物为什么可作为酶的竞争性抑制剂。别构效应剂在酶上的调节部位不是酶的活性部位,甚至远离活性中心。它们之所以能引起酶活性变化,是在于它们与酶结合后,能引起酶的构象变化,从而阻止底物与酶结合。别构酶多为含有两个或两个以上亚基的寡聚酶。在别构酶分子上,活性部位与调节部位之间或者活性部位之间存在相互作用,分别称为别构效应和协同效应。也就是说,调节物与酶分子的调节部位结合后,引起酶分子构象发生变化,从而提高或降低酶活性的效应,称为别构效应。提高酶活性的别构效应,称为别构激活(allosteric activation)或正协同效应(positive cooperative effect);降低酶活性的别构效应,称为别构抑制(allosteric inhibition)或负协同效应(negative cooperative effect)。具有别构效应的酶称为别构酶。能使别构酶产生别构效应的物质称为效应物(effector),又称为效应子或调节物。与调节部位结合后,能提高酶活性的效应物,称为别构激活剂(或正效应物)。反之,称为别构抑制剂(或负效应物)。效应物一般是小分子有机化合物。有的是底物;有的是非底物的物质。根据调节物是不是底物分子,分为同促效应和异促效应。同促效应的调节物本身就是底物分子,若一分子底物和酶的一个亚基结合后,可改变另一分子底物与酶的另一亚基结合。异促效应的调节物不是底物分子,而是底物以外的代谢物。更多的别构酶既有同促效应又有异促效应,也就是说它们既受底物调节又受底物以外其他代谢物的调节。在细胞内,别构酶的底物通常是它的别构激活剂,而代谢途径的终产物常是它的别构抑制剂。

有关别构酶的协同效应机制,先后提出过两种别构效应的模型,即齐变模型(concerted model)和序变模型(sequential model)。

(1) 齐变模型 由 Monod、Wyman 和 Changeux 于 1965 年提出,所以又称为 MWC 模型。该模型认为:① 别构酶一般都是寡聚酶,含有确定数目的亚基,各亚基占有相等的地位,因此每个别构酶都有一个对称轴。② 每个亚基对一种效应物只有一个结合位点。③ 别构酶的每个亚基可能存在两种状态:T 态(紧张状态)和 R 态(松弛状态),前者不利于与底物结合,后者则有利于与底物结合。④ 别构酶每个亚基构象采取齐变方式转变,即每个酶分子的所有亚基要么全是 T 态,要么全是 R 态。在没有效应物时平衡偏向于 T 态。由于几乎所有的别构酶兼具同促效应,所以底物 S 往往也是别构激活剂,即当有少量的底物时,平衡偏向于 R 态,R 态的酶活性中心对底物亲和力较大。由于底物本身对于酶的这种正别构效应,$v-[S]$ 动力学曲线为 S 形。由于在亚基的构象互变过程中,酶分子的对称结构保持不变,所以这种模型又称为对称模型(图 7-25)。

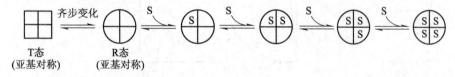

·图 7-25 别构酶的齐变模型(S 为效应物或底物)

这个模型可以用来解释别构激活剂和别构抑制剂对别构酶的影响。别构激活剂易于结合到 R 态,构象平衡偏向 R 态,增加酶与底物的亲和力,对酶产生别构激活。别构抑制剂易于结合到 T 态,使构象平衡偏向于 T 态,降低酶与底物的亲和力,对酶产生别构抑制。

(2) 序变模型 由 Koshland、Nemethy 和 Filmer 于 1966 年提出,所以又称为 KNF 模型。该模型指出:① 别构酶的每个亚基都可能存在 T 态(紧张状态)和 R 态(松弛状态)两种构象状态,当效应物不存在时,别构酶的各个亚基只有 T 态一种构象。只有当正效应物与亚基结合后,才诱导该亚基的构象从 T 态转变为 R 态,而未与效应物结合的亚基构象仍处于 T 态。② 别构酶中各个亚基的构象变化是以序变方式进行的,在序变过程中有各种 TR 过渡态,如 T_3R_1、T_2R_2、T_1R_3 杂合态。③ 结合正效应物并转变为 R 态的亚基能通过诱导作用促使邻近、处于 T 态的亚基更易于转变为 R 态,即影响后续亚基对效应物的亲和力。在一个别构酶分子中,R 态亚基数目越多,随后的 T 态亚基对正效应物的亲和力就越大,即产生正协同效应。序变模型可用图 7-26 加以说明。

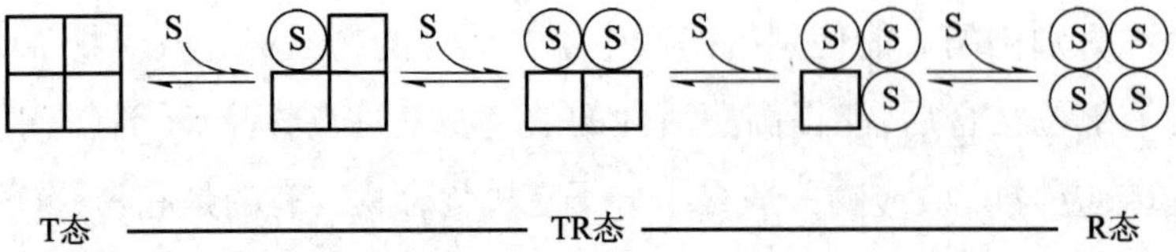

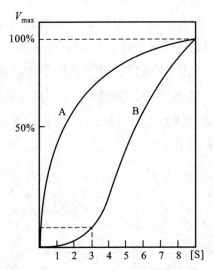

·图 7-26 别构酶的序变模型(S 为效应物或底物)

对于负协同效应物来说,序变模型认为,由于别构酶分子结合负效应物的亚基,通过诱导作用可降低后续 T 态亚基对负效应物(或对底物)的亲和力,因此呈现负协同效应。

7.4.2.2 别构酶 S 形动力学曲线

许多正协同效应别构酶的反应速率(v)对底物浓度([S])的动力学曲线不符合米氏方程,而是呈 S 形曲线(图 7-27)。由此可见,在[S]很低时,[S]的变化对酶活性的影响很小;在曲线陡段,[S]稍有改变,则酶活性有较大的变化,即酶活性对[S]的变化非常敏感;在反应速率接近最大反应速率时,[S]的变化对酶活性的影响很小。

·图 7-27 正协同效应别构酶动力学曲线
A. 非调节酶的曲线;B. 正协同效应别构酶的 S 形曲线

对上述 S 形曲线产生的机制可以作下列解释:第 1 个底物分子与酶分子中第 1 个亚基的活性部位结合后,使该亚基的构象发生变化,此亚基的构象变化引起相邻第 2 个亚基的构象发生变化,从而提高第 2 个亚基的活性部位对第 2 个底物分子的结合力(亲和力),其余第 3、第 4 个亚基对第 3、第 4 个底物分子的结合力依此类推,这就是正协同效应。在 S 形曲线的陡段,酶活性对[S]的变化十分敏感,这对于维持细胞内的[S]于一定水平颇为重要。在此浓度水平附近,[S]对酶活性有较强的调节作用。有这样一条代谢途径:

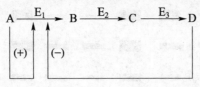

A. 原始底物;B、C. 中间产物;D. 终产物;E₁、E₂、E₃ 分别是催化 A、B、C 的不同酶。其中,E₁ 是别构酶,D 是 E₁ 的别构抑制剂,A 是 E₁ 的别构激活剂

别构抑制具有重要的生理意义。当终产物过多导致细胞中毒时,别构抑制剂 D 与别构酶 E₁ 的调节部位相结合,快速抑制该酶催化部位的活性,从而降低代谢途径的总反应速率。因此,既避免终产物过多产生,又有效地减少原始底物 A 的消耗量。这对于维持生物体内的代谢稳定有重要的作用。

7.4.3 同工酶

同工酶(isoenzyme)是一类来自同一生物不同组织或同一细胞不同亚细胞结构的,能催化相同反应但分子结构不同的一组酶。同工酶对生物细胞的生长、发育、遗传及代谢调节具有重要的作用。它们广泛分布于动物、植物和微生物中。自从 Markert(1959)首次发现大鼠的乳酸脱氢酶具有多种分子形式以来,迄今已知的 5 000 多种酶中 50% 以上均已发现同工酶。同工酶的研究在分子生物学、分子酶学、临床医学中均具有重要地位,是研究代谢调节、分子遗传、生物进化、个体发育、细胞分化和癌变机制的有力工具。

同工酶一级结构上的差异由遗传特性所决定,它们由不同基因或等位基因编码的多肽链组成,一般是两种或两种以上亚基的寡聚体。因为同工酶的活性中心结构相似,所以能催化相同底物,发生相同的化学反应,但对于同一种底物的 K_m 和 V_{max} 各不相同。由于同工酶在分子组成和亚基结构上有一定的差别,所以同组同工酶的相对分子质量、等电点、电泳谱带、最适 pH、最适温度和最适离子强度、催化性质及免疫特性均不同。

哺乳动物的乳酸脱氢酶(lactate dehydrogenase,LDH)有 5 种分子形式:LDH₁、LDH₂、LDH₃、LDH₄、LDH₅,它们都能催化乳酸脱氢生成丙酮酸的反应:

$$CH_3CHCOO^- + NAD^+ \underset{}{\overset{LDH}{\rightleftharpoons}} CH_3CCOO^- + NADH + H^+$$

这 5 种分子形式就是乳酸脱氢酶的同工酶。现已鉴定出骨骼肌型 M(或 A)亚基及心肌型的 H(或 B)亚基。同工酶属于多亚基结构,通常为 4 个亚基,每个亚基都有一定独立的生理功能。同一种而又不同电泳谱带的同工酶亚基只有少数几个氨基酸残基的差别,但也可能是不同基因的蛋白质亚基。同工酶在化学上可以通过离子交换层析和电泳方法加以区别。乳酸脱氢酶同工酶分子虽然都是四聚体,但其亚基组成不同:

分子形式:	LDH₁	LDH₂	LDH₃	LDH₄	LDH₅
亚基组成:	H₄	H₃M	H₂M₂	HM₃	M₄

对其两种亚基的测序分析表明,M 亚基和 H 亚基在氨基酸组成及一级结构上明显不同。由于上述分子组成与结构的差异,这 5 种分子形式在理化性质和免疫学性质方面都不同。例如,对哺乳动物的乳酸脱氢酶同工酶进行聚丙烯酰胺凝胶电泳,在电泳谱带上出现等距离的 5 条带(图 7-28),这说明乳酸脱氢酶同工酶因分子大小差异导致它们的电泳行为不同。

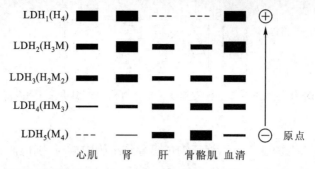

· 图 7-28　不同组织中的 LDH 同工酶电泳谱带

既然同工酶的分子结构有所差异,它们为什么能催化同一种化学反应?这是同工酶的活性部位结构相同或者极其类似的缘故。同工酶在哺乳动物体内不同组织或不同细胞器中的分布是不同的。例如,LDH 同工酶在心、肝、肾、骨骼肌及血清中的分布是不同的(图 7-28)。其中,LDH$_1$ 在心肌中含量高,而 LDH$_5$ 在肝和骨骼肌中含量较高。在临床医学上,常利用这些同工酶在血清中的相对含量变化来鉴别和诊断某些器官的病变。

7.4.4　诱导酶

诱导酶(inducible enzyme)是细胞在正常状态下很少存在或没有的一类酶,但当细胞中存在诱导物时此酶被诱导产生,它的含量在诱导物存在下显著增高,诱导物往往是该酶的底物类似物或底物本身。诱导酶是 20 世纪 40 年代微生物学者在研究大肠杆菌,以葡萄糖和山梨糖醇为培养基时出现二度生长时发现的(图 7-29)。大肠杆菌二度生长的量和两种碳源的浓度成比例,即第一次生长的量与葡萄糖浓度成比例,第二次生长的量与山梨糖醇浓度成比例。二度生长现象是由于一般情况下,大肠杆菌细胞内只含有利用葡萄糖的酶,而不含有分解山梨糖醇的酶,因此对葡萄糖无须适应即可利用,而对山梨糖醇必须在山梨糖醇的诱导下,生成能分解山梨糖醇的酶才能利用,但这种诱导作用受葡萄糖阻遏,故必须在葡萄糖消耗完后才能逐渐利用山梨糖醇。随后研究发现,大肠杆菌在以葡萄糖和乳糖作为培养基上生长时也出现这种二度生长的现象,表明酶的诱导机制对于细胞代谢的调节有重要的作用,也是生物自我调节的一种方式。

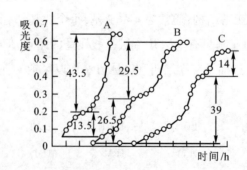

· 图 7-29　大肠杆菌二度生长现象

A. 葡萄糖 50 μg/mL + 山梨糖醇 150 μg/mL;B. 葡萄糖 100 μg/mL + 山梨糖醇 100 μg/mL;C. 葡萄糖 150 μg/mL + 山梨糖醇 50 μg/mL

7.5 酶的分离纯化和活性测定方法

7.5.1 酶的分离纯化

酶学研究及其他生物学领域中应用的工具酶都需要高度纯化的酶制剂,所以酶的分离、纯化是酶学研究的基础。由于绝大多数酶的化学本质是蛋白质,所以酶的分离、纯化类同于蛋白质的分离纯化技术。酶的分离纯化需要经过以下 3 个步骤。

7.5.1.1 材料的选择及预处理

通常选择目的酶含量丰富的生物组织、器官为材料,同时要考虑材料的价格、前处理是否方便等因素。目前,利用动植物细胞大规模培养,可以获得珍贵的原材料,如人参细胞、昆虫细胞,甚至组织器官等,用于酶的分离制备;利用 DNA 重组技术可以使细胞中含量甚微的酶在大肠杆菌中高效表达,从培养基或细菌中提取分离纯化酶。

细胞中的酶有胞内酶和胞外酶之分,破碎细胞后均可抽提分离。不同生物体、不同组织或细胞,它们的结构各不相同,所采用的破碎方法和条件也就有所不同。根据破碎组织的特点,常采用的方法有机械破碎法、超声法、冻融法、渗透压法和酶消化法等。动物组织常用组织匀浆器或组织捣碎机将细胞破碎,也可以采用渗透压法等。植物、微生物细胞壁较厚且坚韧,可以采用较强烈的破碎方法,如高压匀浆、超声波及溶菌酶、蛋白酶或糖苷酶等。

7.5.1.2 酶的抽提

由于大多数酶属于清蛋白或球蛋白类,因此一般都可以用稀盐、稀酸或稀碱的水溶液抽提出来。例如,抽提酶的溶液 pH 最好能远离等电点,即酸性酶蛋白用碱性溶液抽提,碱性酶蛋白用酸性溶液抽提。

7.5.1.3 分离纯化

根据酶的溶解度性质差异,常用盐析、等电点、有机溶剂等沉淀法进行粗分级分离,可得到酶的粗制品,再根据酶分子的大小、电荷性质、亲和专一性等性质,应用离心、层析、电泳及结晶、冷冻干燥等方法将酶进一步纯化。具体内容参见蛋白质章节中的蛋白质分离纯化的一般方法。

7.5.2 酶活性的测定方法与比活性

7.5.2.1 酶促反应的活性单位

酶活性(enzyme activity)是指酶催化一定化学反应的能力。通常用最适条件下酶所催化的某一化学反应的速率来衡量酶活性的大小。酶催化的反应速率越大,酶活性越高;反之,酶活性越低。按照国际酶学委员会的规定,酶单位以 unit 或 U 来表示。U 的定义是:在一定条件下,一定时间内将一定量的底物转化为产物的酶量。1961 年,国际酶学委员会统一规定,在特定条件下,1 min 内将 1 μmol 的底物转化成为产物的酶量,或是转化底物中 1 μmol 有关基团的酶量定义为一个酶活性单位(IU)。实际应用时,人们常根据需要往往采用各自规定的单位,如蛋白酶的单位规定为 1 min 内将底物酪蛋白分解出相当于 1 μg 酪氨酸的量定义为 1 个单位(1 μg 酪氨酸·min^{-1}=1 U);淀粉酶的活性单位可规定为每小时分解 1 g 淀粉的量为 1 个单位(1 g 淀粉·h^{-1}=1 U)等。这里的"一定条件",是指该酶作用时的最适宜条件,如最适温度、pH 等。通常测定酶促反应的温度范围在 25～40℃。

1972 年,国际酶学委员会提出另一个新的酶活性单位,即 Katal(简称 Kat)。Katal(Kat)单位较大,规定在最适反应条件下(25℃,最适离子强度和 pH、最适底物浓度等),每秒钟催化 1 mol 底物转化为产物的酶量定义为 1 Kat,即 1 Kat=1 mol/s。Kat 单位与 IU 单位之间的关系为:

$$1 \text{ Kat}=6 \times 10^7 \text{ IU}$$

7.5.2.2 酶的比活性

国际酶学委员会规定酶的比活性(specific activity)为每毫克蛋白质所含有的酶活性单位数,以酶的活性单位/mg 蛋白质表示。酶的比活性可用于衡量酶的纯度。例如,对于同一种酶来说,比活性越大,说明单位蛋白质中酶含量越高,酶的纯度越高。比活性的大小是表示酶纯度高低的一个重要指标。

假设某种酶的粗提取液经 4 个纯化步骤,分别测定出酶的总活性和样液中的蛋白质含量,各操作过程之后酶的比活性计算如表 7-12 所示。

·表 7-12　酶分离纯化过程中总活性、总蛋白含量和比活性比较

测定结果	分段盐析沉淀	有机溶剂沉淀	葡聚糖凝胶过滤	离子交换层析
总活性 /IU	50.6	30.5	22.8	18.0
总蛋白含量 /mg	200.2	80.6	50.0	4.0
比活性 /(IU·mg⁻¹)	0.25	0.38	0.46	4.5

从表 7-12 可看出,经过 4 个纯化步骤后,除去掉大量的杂蛋白外,在分离纯化过程中也损失一部分酶活性,但酶制品的纯度大大提高。总之,在酶的纯化过程中,酶的总活性和总蛋白含量均在减少,但比活性在增高。比活性越高,表明酶的纯度越高。通过跟踪测定各操作步骤之后酶的总活性、总蛋白含量,以计算出比活性,不仅可以了解所制备酶的纯度,还可以了解各操作步骤技术选择的合理程度。

在酶的制备过程中常需要了解其各操作步骤之后的纯化倍数和回收率。酶的纯化倍数为各操作步骤之后所得比活性与第一次纯化步骤的比活性之比,即:

$$纯化倍数 = \frac{每次比活性}{第一次比活性}$$

酶的回收率或称产率,则是每个操作过程之后所得酶的总活性占第一次总活性的百分数,即:

$$回收率 = \frac{每次总活性}{第一次总活性} \times 100\%$$

表 7-13 数据表示,从猪肾中提取纯化猪肾氨基酰化酶共 4 步,分别测得总活性单位和总蛋白含量的数据,从这些数据可进一步计算出比活性、纯化倍数和回收率。

·表 7-13　猪肾氨基酰化酶分离纯化倍数和回收率

序号	纯化步骤	初分体积 /mL	总蛋白含量 /mg	总活性 /IU	比活性 /(IU·mg⁻¹)	纯化倍数	回收率 /%
1	粗提取液	1 860	6 720	13 440	2	1.0	100
2	丙酮分级	80	960	9 600	105	7.5	71.43

序号	纯化步骤	初分体积 /mL	总蛋白含量 /mg	总活性 /IU	比活性 / (IU · mg^{-1})	纯化倍数	回收率 /%
3	凝胶层析（Sephadex G150）	80	300	8 700	29	14.5	64.47
4	离子交换层析（DEAE-cellulose 52）	22	90	4 230	47	23.5	31.47

7.5.2.3 酶活性的测定方法

（1）分光光度法（spectrophotometry） 主要利用底物和产物对不同波长如紫外或不同可见光吸收的不同，选择某一适当波长的光，测定反应过程中反应进行的程度。该方法的优点是简便、省时并节省样品，并可检测 nmol·L^{-1} 底物或产物的变化。该技术方法与计算机联用后，能连续地读出反应过程中光吸收的动态变化，已成为酶活性常规测定中最重要的方法。

（2）荧光法（fluorimetry） 主要根据底物或产物对荧光吸收的差别进行测定。该方法优点不仅在于其灵敏度比分光光度法大若干个数量级，而且荧光强度和激发光的光源有关，因此越来越广泛地被采用，特别是快速反应测定。其缺点是测定某一酶制剂活性时易受其他物质干扰。

（3）同位素（isotope）测定法 用放射性同位素标记的底物经酶作用后，所得到的产物通过适当分离，测定出产物的脉冲数即可换算出酶的活性单位。该方法的优点是灵敏度极高，可达 fmol（10^{-15} mol）或更高水平。通常用于底物标记的同位素有 ^{3}H、^{14}C、^{32}P、^{35}S 和 ^{131}I 等。

（4）电化学法（electrochemical method） 即 pH 测定法。最常用的是玻璃电极，配合一高灵敏度的 pH 计，跟踪反应过程中 H$^+$ 变化的情况，用 pH 的变化来测定酶的反应速率。

此外，还有一些测定酶活性的方法，如离子选择电极法、旋光法、量气法、量热法和层析法等，但这些方法限于灵敏度低、使用范围有限，只适合于少数酶活性的测定。

知识窗

酶工程（enzyme engineering）是 1971 年第一届国际酶工程会议上命名的一项新技术。其由酶学与化学工程技术、基因工程技术及微生物学技术相结合，主要内容包括酶的发酵工程、酶的分离工程、固定化酶与固定化细胞、化学酶工程、生物酶工程、酶反应器及酶传感器、酶的非水相催化、酶抑制剂及酶的应用等。酶工程的终极目标是充分发挥酶在人类生活中的催化潜能。当前，酶的应用领域涵盖医药、诊断、轻化工业、食品加工、农业、能源、环保、科研等。进入 21 世纪，随着现代生物技术的出现，酶制剂工业蓬勃发展，已成为生物工程领域的核心产业之一。

7.6 维生素与辅因子

维生素是维持细胞正常功能所必需的微量小分子有机化合物。不同于糖类、脂质和蛋白质，维生素既不是构成机体组织的主要原料物质，也不是供能物质，其主要功能是调节物质代谢和维持生理功能。维生素是维持机体正常生命活动所必需的一类特殊的有机化合物。当机体缺少某种维生素时，代谢过程受阻,生理反应和生长出现异常。但是,维生素摄入过量,也会引起异常反应或中毒。有些维生素在人和动物体中不能合成或合成量不足,所以必须从食物中摄取。

7.6.1 维生素及其分类

维生素具有 4 个特点:① 在生物体内以其本身的形式或其前体形式存在;② 既不供给能量,也不构成组织成分;③ 动物体内不能合成或合成甚微,而必须由食物供给;④ 需要量很少,但对物质代谢起着不可缺少的调节作用。

人类对于维生素的认识最初来自医药实践和临床观察。早在中国唐代,医学家孙思邈曾经指出,食用动物的肝可以防治夜盲症,用谷物的麸皮熬粥喝可以防治脚气病。现代医学已经证明,动物肝中含有维生素 A,缺乏可导致夜盲症;谷物麸皮中含有维生素 B,缺乏可导致脚气病;古代航海者由于长期吃不到新鲜水果蔬菜,因缺乏维生素 C 而患维生素 C 缺乏病,即坏血病。

维生素是由 "vitamin" 一词翻译而来的,其命名一般是按照发现的时间顺序,在维生素(简称 V)后面分别加 A、B、C、D 等字母,后因所发现维生素常以混合状态存在,故又在已有的维生素字母下方冠以 1、2、3、4 等阿拉伯数字以示区别。

目前已知的维生素有 60 多种,其化学结构已经清楚,有脂肪族、芳香族、杂环和甾类等。尽管维生素可按其化学结构进行分类和命名,但人们习惯上仍按维生素的溶解性将其划分为水溶性维生素和脂溶性维生素两大类。水溶性维生素主要包括维生素 B_1、维生素 B_2、维生素 B_3、维生素 B_5、维生素 B_6、维生素 B_7、叶酸、维生素 B_{12} 和维生素 C。硫辛酸虽为脂溶性维生素,但因发挥的生理作用伴随 B 族维生素,故在分类上被归于水溶性维生素。脂溶性维生素主要包括维生素 A、维生素 D、维生素 E 和维生素 K 等。

7.6.2 水溶性维生素及衍生的辅因子

水溶性维生素易溶于水,在体内贮存量有限,其功能是以辅酶形式参与结合酶组成,参与机体物质代谢和能量代谢。水溶性维生素大多具有以下共同特点:① 溶于水而不溶于脂,不易在体内储存,必须随时摄入;② 主要以辅酶或辅基形式参与酶促反应;③ 辅酶或辅基多为核苷酸的衍生物,是在原有维生素结构基础上磷酸化、核苷酸化而形成;④ 辅酶或辅基决定酶促反应的物质,主要参与代谢物脱氢与加氢、脱羧与羧化、一碳单位转运、基团转位、基团变位等。

7.6.2.1 维生素 B_1 与 TPP

维生素 B_1 也称为抗脚气病维生素,由一个含硫的噻唑环和一个含氨基的嘧啶环组成(图 7-30),故又称为硫胺素(thiamine)。维生素 B_1 为白色粉末状,其盐酸盐为白色针状晶体,在酸性条件下较稳定。维生素 B_1 在体内常以硫胺素焦磷酸(thiamine pyrophosphate,TPP)(图 7-31)的形式存在,是丙酮酸脱羧酶、乙酰乳酸合成酶和转酮酶等酶的辅酶。

TPP 作为酶的辅酶参与糖代谢过程中羰基碳的合成与裂解的酶促反应过程。因此,当维生素 B_1 缺乏时,TPP 不能合成,使糖类代谢的中间产物 α- 酮酸因不能氧化脱羧而堆积,积累的 α- 酮酸类酸性物质刺激机体的神经组织,从而易患神经炎,出现烦躁易怒、健忘、心力衰竭等症状,故维生素 B_1 又称为抗神经炎维生素。同时,因缺乏维生素 B_1 使得酮酸不能正常氧化脱羧,糖分解不能正常进行,能量供应不上,影响神经和心肌的正常机能,从而出现心跳加快、肢体麻木、无力等综合症状,临床上称

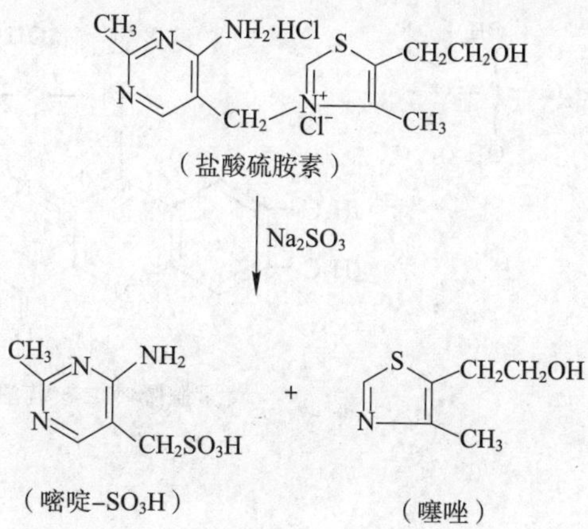

（盐酸硫胺素）

Na_2SO_3

（嘧啶–SO_3H） + （噻唑）

·图 7-30　维生素 B_1

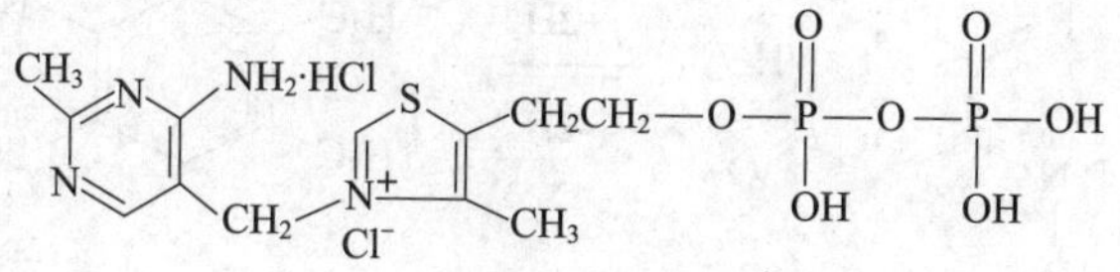

·图 7-31　硫胺素焦磷酸(TPP)

为“脚气病”。有关研究表明,维生素 B_1 可抑制胆碱酯酶的活性,因此当维生素 B_1 缺乏时,胆碱酯酶的活性升高,乙酰胆碱水解加速,使神经传导受到影响,从而造成胃肠蠕动缓慢、消化液分泌减少、食欲不振、消化不良等症状。维生素 B_1 在米糠和肝中含量丰富,其中酵母含量最多。其他食物(如豆类、水果、瘦肉和蛋类)中也含有一定量的维生素 B_1。

7.6.2.2　维生素 B_2 与 FMN 和 FAD

维生素 B_2 又称为核黄素(riboflavin),是 D- 核糖醇与 7,8- 二甲基异咯嗪的缩合物(图 7-32)。在异咯嗪的 N_1 位和 N_5 位上有两个活泼的双键,易发生氧化还原反应。所以维生素 B_2 有氧化型和还原型两种,在生物体内的氧化还原过程中起传递氢的作用。氧化型核黄素为橘黄色针状结晶体,在酸性条件下比较稳定,而在碱性条件下或遇光易被破坏。维生素 B_2 在生物体内的辅因子分别是黄素单核苷酸(FMN)和黄素腺嘌呤二核苷酸(FAD)(图 7-33)。这两种活性形式都是生物体内氧化还原酶——黄素蛋白的辅基,FMN 和 FAD 通过氧化型和还原型两种形态的互变,可作为很多氧化还原酶的氢传递体,可以从 NADH 或很多有机物处接受一对氢原子,形成 $FMNH_2$ 或 $FADH_2$(图 7-34)。为便于比较,现将 FMN 和 FAD 特征列于表 7-14 中。

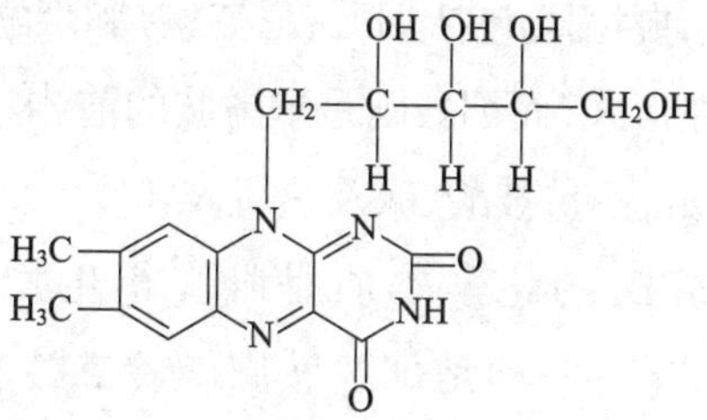

核黄素 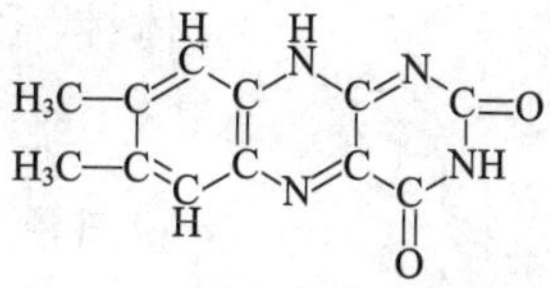　　　　　　　　　　　7,8–二甲基异咯嗪

·图 7-32　维生素 B_2 的分子结构

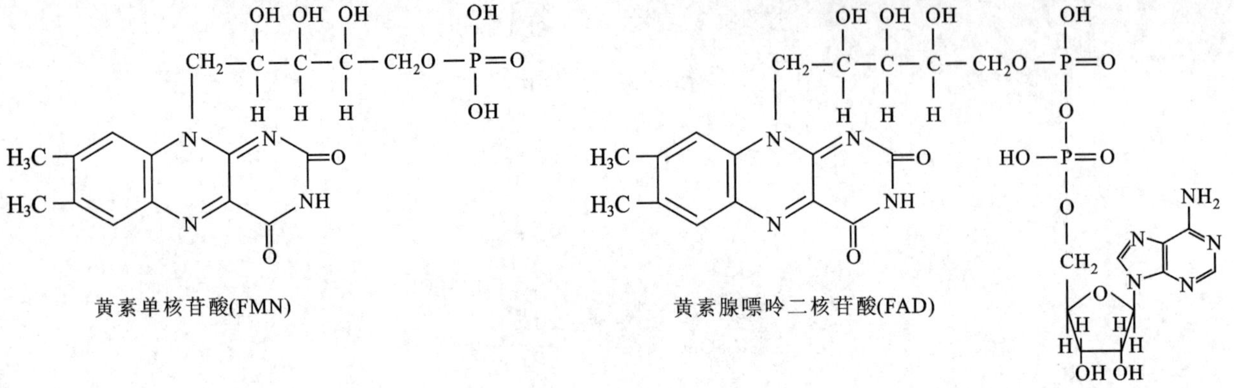

黄素单核苷酸(FMN)   黄素腺嘌呤二核苷酸(FAD)

· **图 7-33**　FMN 及 FAD 分子结构

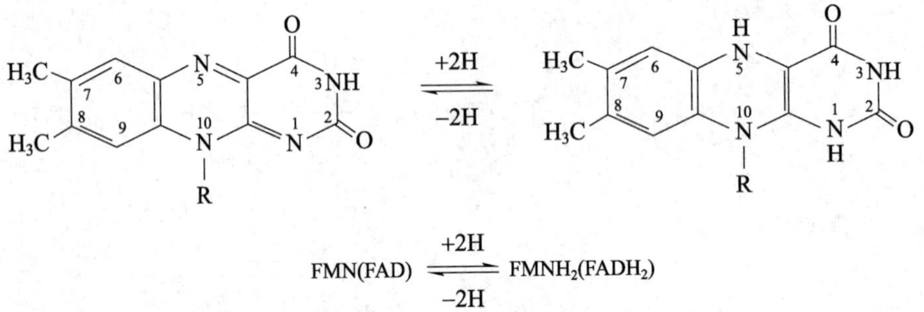

$$FMN(FAD) \underset{-2H}{\overset{+2H}{\rightleftharpoons}} FMNH_2(FADH_2)$$

· **图 7-34**　FMN 或 FAD 在酶催化过程中的氧化还原反应（R 为核糖醇）

· **表 7-14**　FMN 和 FAD 的比较

辅酶	合成部位	结构	参与呼吸链组成	作用
黄素单核苷酸（FMN）	FMN 在肠中合成	含维生素 B_2 及一分子磷酸	NADH 脱氢酶的辅基	参与体内各种氧化还原反应，促进糖类、脂质、蛋白质代谢，维持皮肤、黏膜和视觉的正常机能
黄素腺嘌呤二核苷酸（FAD）	FAD 在肾及肝中合成	比 FMN 多含一分子腺苷酸（AMP）	琥珀酸脱氢酶，线粒体内的磷酸甘油脱氢酶的辅基	

　　研究结果表明，由于 FMN 和 FAD 广泛参与生物体内的各种氧化还原反应，因此维生素 B_2 能促进蛋白质、脂质及糖类代谢，对维持皮肤、黏膜及视觉的正常机能都有一定的作用。当维生素 B_2 缺乏时，易发生口角炎、舌炎、唇炎、眼炎、阴囊炎、继发性贫血及皮肤的多种炎症等。维生素 B_2 在自然界分布很广，动物性食物的内脏（如肝、肾、心）及鳝鱼、蛋、奶等含量丰富。植物性食物，如豆类及绿叶蔬菜含量也较多，但谷类、一般蔬菜和水果含量相对较少。

7.6.2.3　维生素 B_3（PP）与辅酶 Ⅰ 及辅酶 Ⅱ

　　维生素 B_3 又名维生素 PP，也称为抗粗糙病维生素，包括烟酸（尼克酸）和烟酰胺（尼克酰胺）两种物质（图 7-35）。其中，烟酰胺在体内是主要存在形式，而烟酸则是烟酰胺的前体。烟酸为白色针状晶体，性质稳定，不易被酸、碱及热所破坏。

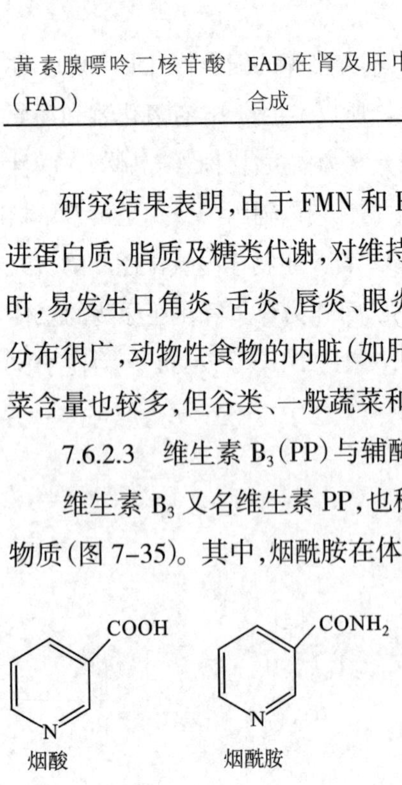

烟酸　　　　烟酰胺

· **图 7-35**　维生素 B_3

　　维生素 B_3 的化学本质是吡啶衍生物，在体内形成两种脱氢酶的辅酶：一种是烟酰胺腺嘌呤二核苷酸（NAD^+，又称为辅酶 Ⅰ，简写为 Co Ⅰ），另一种是烟酰胺腺嘌呤二核苷酸磷酸（$NADP^+$，又称为辅酶 Ⅱ，简写为 Co Ⅱ），其还原形式为 $NADH+H^+$

和 NADPH+H$^+$(图 7-36)。代谢物上脱下的氢先交给 NAD$^+$ 或 NADP$^+$,还原生成 NADH+H$^+$ 或 NADPH+H$^+$,后者再利用氢还原其他代谢物(图 7-37)。

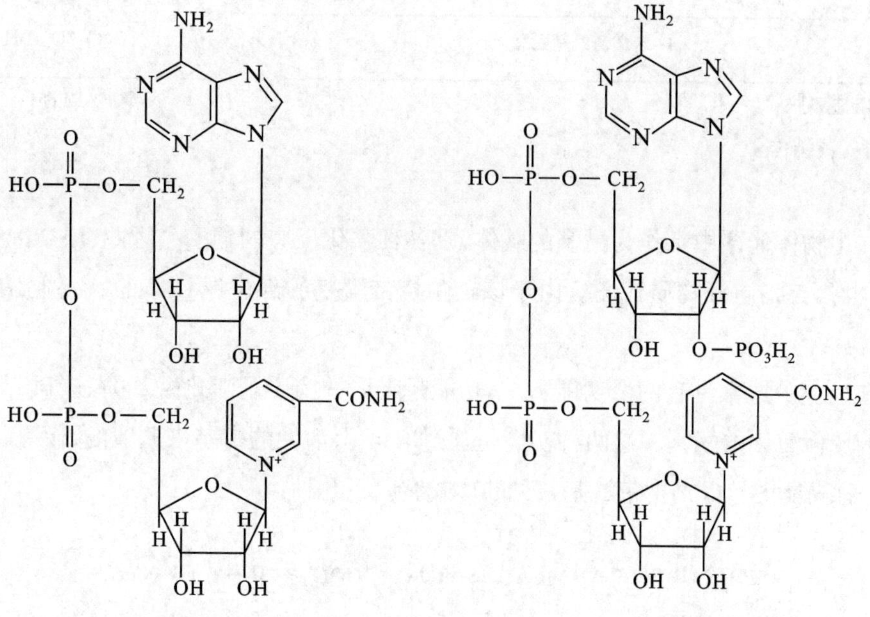

· 图 7-36 NAD$^+$ 和 NADP$^+$ 的结构

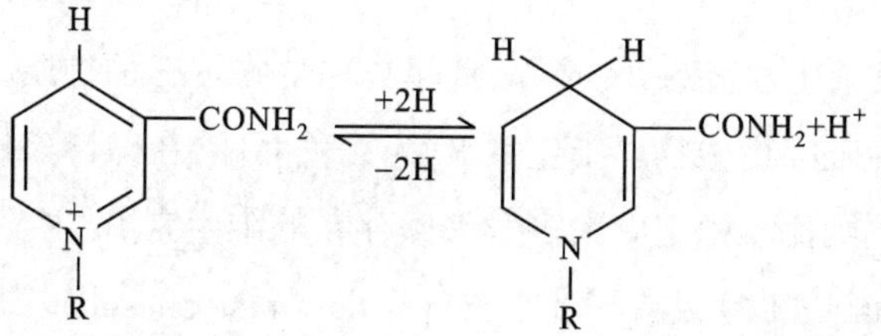

· 图 7-37 NAD$^+$ 和 NADP$^+$ 的氧化还原反应式

　　缺乏烟酰胺会导致神经营养障碍,出现糙皮病(也称对称性皮炎、癞皮病)。在临床实践中,常使用含烟酰胺的药物进行扩张血管和降低血液中的胆固醇和脂肪。维生素 PP 在自然界中分布很广,肉类、谷物及花生中含量丰富。此外,人体内也可利用色氨酸转化合成维生素 PP。

7.6.2.4　泛酸与辅酶 A

　　泛酸(pantothenic acid)(旧称维生素 B$_5$)是在自然界存在最广泛的维生素,故又名遍多酸。它是由 α,γ- 二羟基 -β,β- 二甲基丁酸与 β- 丙氨酸以肽键缩合而成的酸性物质。泛酸为淡黄色油状物,在中性条件下较稳定。泛酸的分子结构见图 7-38。

　　辅酶 A 是泛酸在体内的活性形式,它的结构包含 3 个主要成分:含一个游离—SH 的巯乙胺(辅酶 A 的酰化和去酰化部位)、泛酸单位(β- 丙氨酸和泛酸形成的酰胺)和 β- 羟基被磷酸基团酯化的 ADP。辅酶 A 的结构见图 7-39。

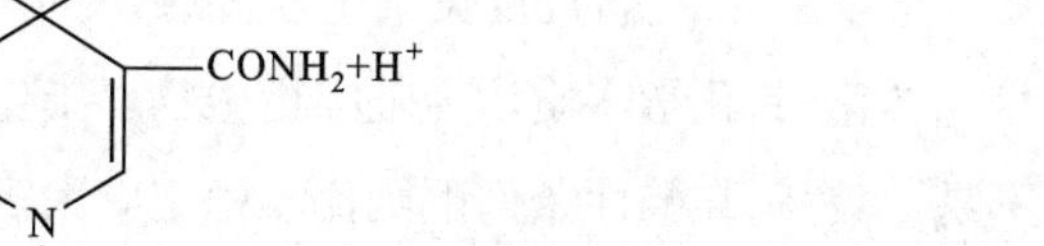

· 图 7-38　泛酸结构

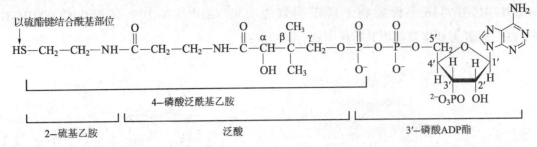

•图 7-39 辅酶 A 的结构

辅酶 A 在生物体代谢中常作为酰基的载体,是各种酰化反应的辅酶。因此,HS—CoA 作为辅酶参与糖类代谢,也参与脂质等物质代谢。由于该辅酶携带酰基的部位在 CoA 的巯基上,故通常用 CoA 表示辅酶 A。

辅酶 A 在反应中通常具有两个功能:一个功能是吸取一个质子活化酰基的 α- 碳,另一个功能是通过亲核攻击转移活化的酰基。这两种功能是通过 CoA 上活性的巯基来调节的,而巯基与酰基所形成硫酯键是一种高能键。CoA 携带酰基常见的形式有以下几种:

$$CH_3-\overset{\overset{\displaystyle O}{\|}}{C}\sim S-CoA \qquad R-\overset{\overset{\displaystyle O}{\|}}{C}\sim S-CoA \qquad {}^-OOC-CH_2-\overset{\overset{\displaystyle O}{\|}}{C}\sim S-CoA$$

乙酰CoA　　　　　脂酰CoA　　　　丙二酸单酰CoA

除此之外,在临床医学上,常用辅酶 A 作为 ATP 等的辅助药物,用于治疗肝炎、原发性血小板减少性紫癜、白细胞减少症等疾病。

7.6.2.5　维生素 B$_6$ 与辅酶

维生素 B$_6$ 又名抗皮炎维生素,包括吡哆醇、吡哆醛和吡哆胺三种物质,三种物质在生物体内可以相互转化,其化学本质均为吡啶衍生物。维生素 B$_6$ 为无色晶体,在碱性条件下或遇光时不稳定,高温下易被破坏,在酸性条件下则比较稳定。大多数天然存在的维生素 B$_6$ 主要是以磷酸化形式出现的磷酸吡哆醛(pyridoxal phosphate,PLP)或磷酸吡哆胺(pyridoxamine phosphate,PMP)(图 7-40)。

磷酸吡哆醛或磷酸吡哆胺是氨基酸代谢中多种酶的辅酶,这些酶催化转氨、消旋、脱羧和取代等反应。转氨酶催化一个氨基酸的氨基转移到另一个 α- 酮酸上生成相应的氨基酸和另一个 α- 酮酸,转氨酶的辅基都是磷酸吡哆醛或磷酸吡哆胺。缺乏维生素 B$_6$ 可产生中枢神经兴奋、呕吐、惊厥等症状,

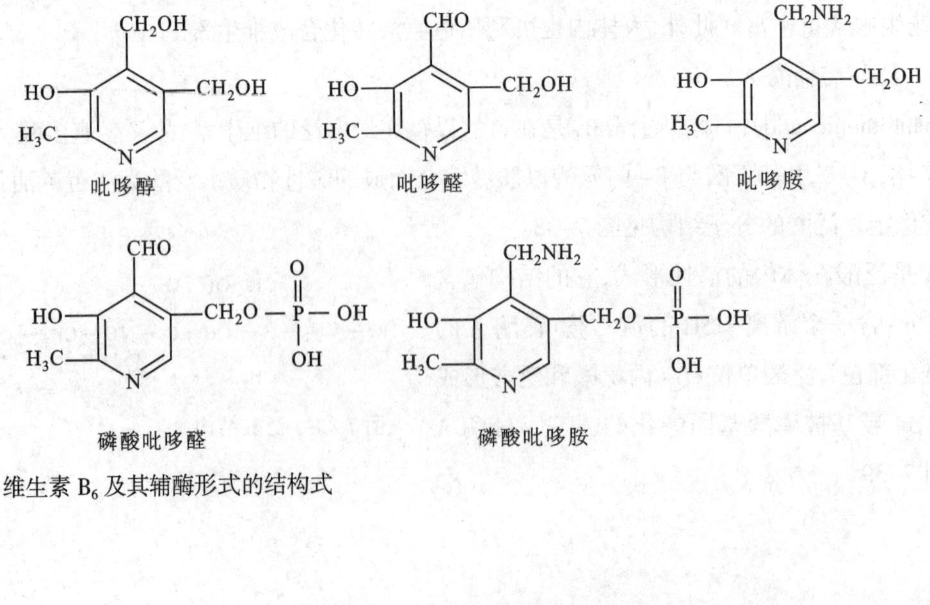

吡哆醇　　　　　　　　吡哆醛　　　　　　　　吡哆胺

磷酸吡哆醛　　　　　　　磷酸吡哆胺

•图 7-40 维生素 B$_6$ 及其辅酶形式的结构式

因此临床医学上,用维生素 B_6 治疗由于妊娠、放射及服用抗肿瘤药物所引起的呕吐。维生素 B_6 在动植物中分布很广,尤以谷类的外皮含量最为丰富,肠道中的细菌也可以合成人体所需的维生素 B_6,故人类很少患维生素 B_6 缺乏症。

7.6.2.6 叶酸与四氢叶酸

叶酸(folic acid)由 2-氨基-4-羟基-6-甲基蝶啶、对氨基苯甲酸和 L-谷氨酸三部分组成(图 7-41),故名为蝶酰谷氨酸(又称为维生素 B_9)。最初是从动物的肝中分离出来的,后来发现其在绿叶植物中含量丰富,因而命名为叶酸。叶酸在中性、碱性溶液中对热稳定,见光易失去活性。

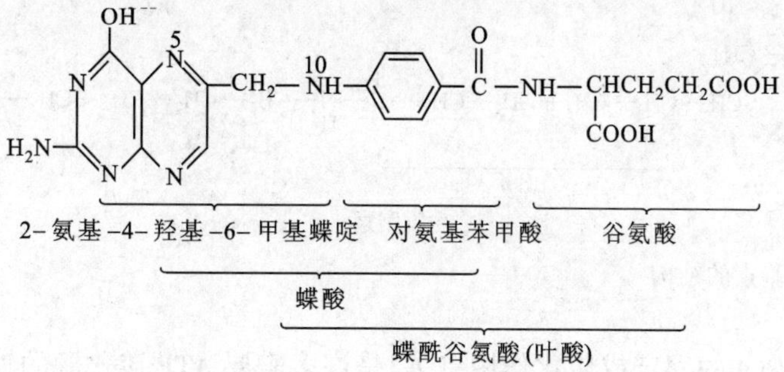

·图 7-41 叶酸的结构式

叶酸在生物体内的活性形式是四氢叶酸(tetrahydrofolate,THF 或 FH_4)(图 7-42),称为辅酶 F(简称 CoF),是一碳单位转移酶的辅酶,参与体内多种重要物质(如嘌呤、嘧啶、胆碱、甲硫氨酸等)的合成。四氢叶酸传递的单位可以是甲基、亚甲基或甲酰基等。FH_4 共价结合一碳基团的部位是 N^5 和 N^{10} 部位。FH_4 所结合的一碳单位常见形式列于表 7-15。叶酸与蛋白质和核酸的合成有关。因此,当叶酸缺乏时,DNA 的合成受阻,红细胞发育和成熟受到影响,从而造成巨红细胞性贫血。故在临床医学上,用叶酸来治疗巨红细胞性贫血。叶酸富含于绿色蔬菜、酵母及动物肝中,人体的肠道细菌也可以合成叶酸。

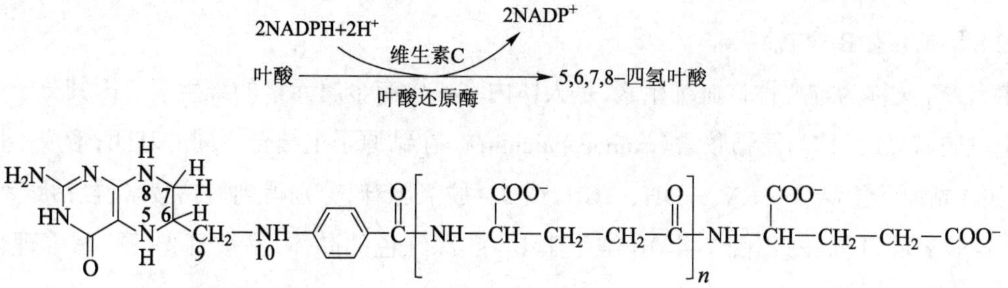

·图 7-42 四氢叶酸的合成及其结构式

·表 7-15 FH_4 通常结合的一碳单位

结合体	一碳单位
N^5-甲酰 FH_4	—CHO
N^{10}-甲酰 FH_4	—CHO
N^5-甲亚氨 FH_4	—CH=NH
N^5-甲基 FH_4	—CH_3
$N^{5,10}$-亚甲基 FH_4	—CH_2—
$N^{5,10}$-甲烯基 FH_4	—CH=

7.6.2.7 生物素

生物素(biotin)是酵母的生长素,又称为维生素 B_7 或维生素 H。生物素的结构是一个尿素和一个噻吩环结合的双环化合物,侧链上有戊酸结构。生物素在体内的活化形式是生物胞素,即生物素的戊酸羧基与酶蛋白的赖氨酸残基的 $\varepsilon-NH_2$ 以酰胺键共价结合(图 7-43)。

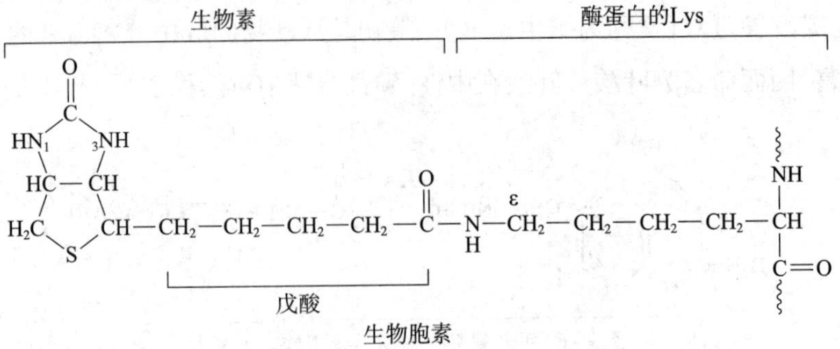

•图 7-43　生物素和生物胞素的结构

生物素与细胞内 CO_2 的固定或羧化作用有关,是许多需要 ATP 羧化酶的辅基,如丙酮酸羧化酶、乙酰辅酶 A 羧化酶等,并与酶蛋白紧密结合。羧化反应中,生物素作为羧基—COO^- 载体起作用,羧基可短暂地结合到生物素双环的 N 原子上,酶促反应将羧基转移给底物受体。生物素参与各种羧化过程,故而与糖类、脂质、蛋白质和核酸代谢关系密切。

$$生物素 + HOCOO^- + ATP \longrightarrow 生物素—COO^- + ADP + Pi$$

$$生物素—COO^- + CH_3COO^- \longrightarrow 生物素 + {}^-OOCCH_2COO^-$$

生物素对酵母、细菌等微生物的生长有强烈的促进作用。动物缺乏生物素时皮肤发炎、毛发脱落。吃生鸡蛋清过多或长期服用抗生素,易患缺素症,表现为鳞屑状皮炎、情绪抑郁等。生物素分布在肝、肾、蛋黄、酵母、蔬菜和谷类中。

7.6.2.8　维生素 B_{12} 与辅酶

维生素 B_{12} 又称为抗恶性贫血维生素,是人体内唯一含有金属元素的维生素。因其分子中含钴原子和多个酰胺基,故又称为氰钴胺素(cyanocobalamin)。在钴原子上结合不同的基团,形成不同的维生素 B_{12}。如在钴原子上结合—CN、—OH、—CH_3 或 5'-脱氧腺苷,分别得到氰钴胺素、羟钴胺素、甲基钴胺素和 5'-脱氧腺苷钴胺素(图 7-44)。维生素 B_{12} 是深红色的晶体,易被日光、酸、碱等理化因素所破坏。

维生素 B_{12} 通常以 5'-脱氧腺苷钴胺素和甲基钴胺素两种辅酶形式参与代谢。它们参与三种类型的反应:① 甲基转移;② 核苷酸还原成脱氧核苷酸;③ 分子内重排。维生素 B_{12} 参与 DNA 的合成,对红细胞的生长和成熟等有很重要的作用。机体中凡有核蛋白合成的地方都需要维生素 B_{12} 参加。缺乏维生素 B_{12} 时,会引起巨幼细胞性贫血(俗称恶性贫血)。临床上常使用维生素 B_{12} 和叶酸合剂治疗贫血。维生素 B_{12} 广泛存在于动物性食品,如肝、肉、鱼、蛋等类食物中,人体肠道细菌能合成,而自然界中只有微生物才可以合成。

7.6.2.9　维生素 C 与辅酶

维生素 C 又名抗坏血酸(ascorbic acid),是一种含有 6 个碳原子的不饱和酸性多羟基内酯化合物。维生素 C 自身可发生氧化还原反应,抗坏血酸和脱氢抗坏血酸(氧化性抗坏血酸)可以进行互变

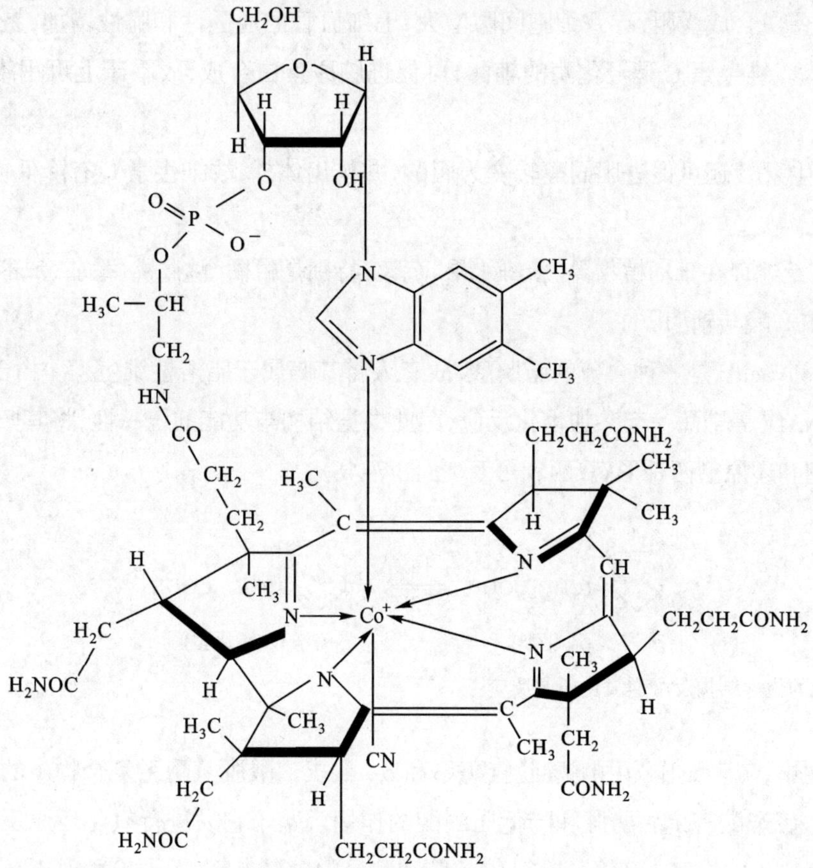

· 图 7-44 维生素 B_{12} 的结构

（图 7-45）。由于维生素 C 的 C_4 和 C_5 是两个不对称的碳原子,故有 D 型和 L 型光学异构体。D 型维生素 C 一般不具有抗坏血酸的生理功能,自然界存在的具有生理活性的是 L 型抗坏血酸。维生素 C 为无色晶体或粉末状物,在酸性条件下比较稳定,氧化后呈黄色。维生素 C 的生理功能主要表现在三个方面。

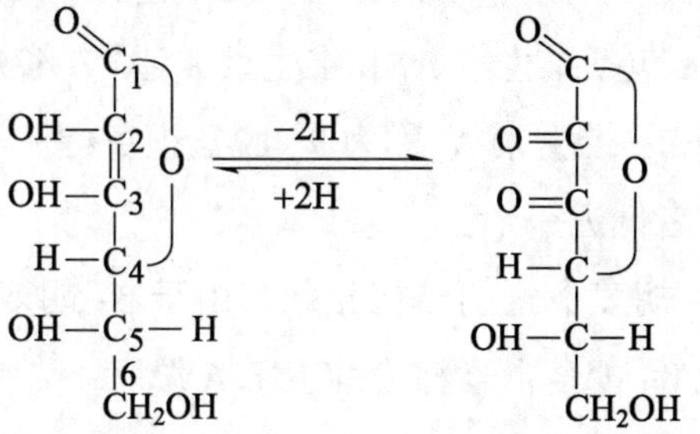

· 图 7-45 维生素 C 的结构与氧化还原反应

（1）作为氢的载体参与氧化还原反应。在体内以载体形式使巯基保持活性,使谷胱甘肽保持还原状态（GSH）,这对维持细胞膜的正常功能是有利的。因此,维生素 C 具有保护细胞和抗衰老的作用。此外,维生素 C 还能通过参与体内氧化还原反应,解除重金属离子铅、汞等的毒性,促进肠道内铁离子吸收等。

（2）参与体内多种羟化反应。因为胶原蛋白中含有较多的羟脯氨酸和羟赖氨酸。当体内缺乏维生素 C 时,胶原蛋白合成受阻,导致细胞间隙增大,毛细血管的通透性和脆性增加,易破裂出血,称为维生素 C 缺乏病。维生素 C 是羟化酶的辅酶,可促进胶原蛋白合成,故临床上可用维生素 C 防治维生素 C 缺乏病。

(3) 由于维生素 C 还可促进胆固醇转变为胆酸,并排出体外,故维生素 C 有降低血液中胆固醇的作用。

维生素 C 广泛地存在于动植物界。新鲜水果、蔬菜,特别是柑橘、猕猴桃、番茄、鲜枣等中含量较高。

7.6.2.10 硫辛酸与辅酶

硫辛酸(lipoic acid)是一种含硫的脂肪酸,故有人将其归属于脂溶性维生素。由于在体内代谢中硫辛酸与 TPP、NAD^+ 等辅酶一起参加生化反应,因此根据结构与功能的统一性,将其归入 B 族维生素。硫辛酸呈氧化型和还原型两种形态,两者可互变(图 7-46)。

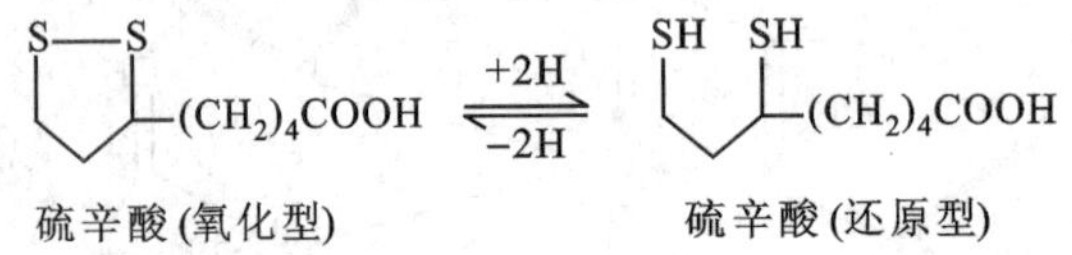

·图 7-46 硫辛酸的化学结构及可逆氧化还原反应

在糖类代谢中,硫辛酸作为丙酮酸脱氢酶系和 α- 酮戊二酸脱氢酶系复合物中的一种辅因子,起转酰基的作用。硫辛酸有抗脂肪肝和降低胆固醇的作用。鉴于它易进行氧化还原反应,还可保护巯基酶免受重金属离子的伤害。硫辛酸在动物的肝和酵母中含量丰富,人类未发现硫辛酸缺乏症。

7.6.3 脂溶性维生素

脂溶性维生素在生物体内常与脂质共存,与脂质的吸收、代谢过程密切相关。当脂质消化吸收异常时,该类维生素的吸收量大为减少,甚至产生缺乏症,导致一系列疾病,如眼干燥症、软骨病等。

7.6.3.1 维生素 A

维生素 A 又称抗眼干燥症维生素,是一个具有脂环的不饱和一元醇。维生素 A 为黄色油状液体,黏性较大。天然存在的维生素 A 包括维生素 A_1 和维生素 A_2(图 7-47)。其中,维生素 A_1 称为视黄醇,在体内可以氧化成视黄醛(retinal);维生素 A_2 称为 3- 脱氢视黄醇。后者因比维生素 A_1 在化学结构上多一个双键,故生物活性比前者低近一半。

维生素 A 的化学结构与 β- 胡萝卜素的结构相似。由于 β- 胡萝卜素在小肠黏膜内可被相关酶水解生成两分子的视黄醇,因此 β- 胡萝卜素称为维生素 A 源。

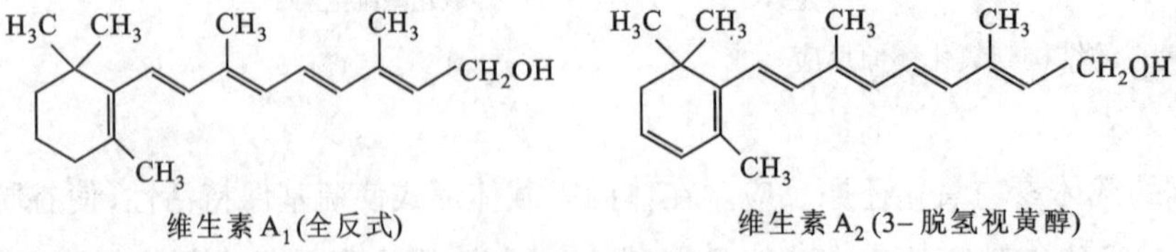

·图 7-47 维生素 A 的结构

维生素 A 的主要生理功能在于:① 构成视觉细胞感光物质的成分。眼球视网膜上的视杆细胞含有感光物质视紫红质,它对弱光敏感,与暗视觉有关。由于维生素 A 可氧化生成视黄醛,与视蛋白中

赖氨酸的 ε- 氨基结合成视紫红质,所以当维生素 A 缺乏时,导致视紫红质减少,引起视网膜对弱光的敏感度降低,从而在暗处不能辨别物体,暗适应能力下降,严重时可导致夜盲症。② 维持组织生长与分化所需的物质。维生素 A 的衍生物视黄醇磷酸酯是糖蛋白合成中所需寡糖基的载体,参与细胞膜糖蛋白的糖醛化反应,故上皮组织细胞膜糖蛋白与组织结构和分泌功能有关。当维生素 A 缺乏时,上皮组织细胞糖蛋白及膜糖蛋白的合成过程受到影响,黏液分泌功能降低,从而使上皮组织干燥、增生和角化,产生眼干燥症等。维生素 A 主要来源于动物性食物,其中以肝、蛋黄、乳制品含量较多。植物性食物中不含太多的维生素 A,但绿色植物如蔬菜中含有 β- 胡萝卜素,可在一定的条件下转化为维生素 A。

7.6.3.2　维生素 D

维生素 D 又称抗佝偻病维生素,其化学本质为类固醇的衍生物。维生素 D 为无色结晶体,酸性条件下易被破坏。维生素 D 主要包含维生素 D_2、维生素 D_3、维生素 D_4 和维生素 D_5。其中,以维生素 D_2(麦角钙化醇)和维生素 D_3(胆钙化醇)最为重要。两者的结构(图 7-48)很相似,只是在侧链结构上有所不同,维生素 D_2 比维生素 D_3 在侧链上多一个甲基的双键。

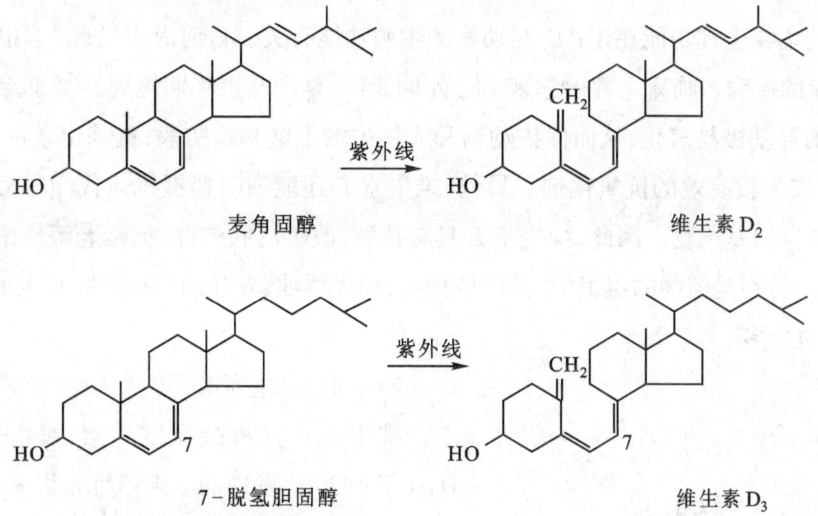

•图 7-48　维生素 D_2 和维生素 D_3 的结构及转化

植物性食物中所含的麦角固醇和人体内的胆固醇都可以经过紫外线照射转变为维生素 D_2 和维生素 D_3。维生素 D 的主要生理功能在于:① 促进小肠黏膜细胞对钙和磷的吸收,促进肾小管细胞对钙和磷的重吸收,从而维持血液中钙、磷代谢平衡,促使骨骼正常发育和钙化。人类缺乏维生素 D 容易引起儿童的佝偻病、孕妇和哺乳期妇女的软骨病,其主要原因在于磷酸钙不能在骨骼的胶原基质中形成合适的结晶,从而导致骨质疏松。② 促进钙盐的更新及新骨的生成。维生素 D 主要来源于动物性食物,如肝、奶及蛋黄中,尤以鱼肝油中含量最多,植物性食物中所含的麦角固醇也可经紫外线照射后转变成维生素 D。

7.6.3.3　维生素 E

维生素 E 与动物生殖有关,故又称生育酚(tocopherol),亦称抗不育症维生素,由 H. M. Evans 于 1922 年首先发现。天然维生素 E 有多种,均为淡黄色油状物质。维生素 E 的化学组成成分是 6- 羟基苯并二氢吡喃的衍生物(图 7-49)。根据环上甲基(—CH_3)数目和位置,可分为 α、β、γ、δ 等若干种。其中,以 α- 生育酚的生物活性最强(表 7-16)。

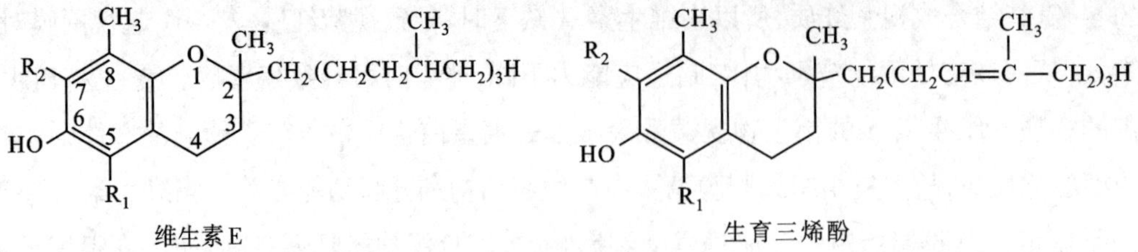

维生素E   生育三烯酚

· **图 7-49** 维生素 E 的基本结构

· **表 7-16** 各种生育酚结构差异、生物活性及抗氧化能力

生育酚	R_1	R_2	生物活性 /%	抗氧化能力
α	CH_3	CH_3	100	弱
β	CH_3	H	40	较弱
γ	H	CH_3	8	较弱
δ	H	H	1	强

    维生素 E 的主要生理功能在于:① 与动物的生殖功能有关。目前尚未发现人类因缺乏维生素 E 而影响生殖机能的疾病。临床上常用它来治疗先期流产、早产及更年期疾病。② 抗氧化作用。维生素 E 结构中的酚羟基极易氧化,从而保护动物和人体中的不饱和脂肪酸、巯基化合物、巯基酶等其他物质不被氧化,成为较有效的抗氧化剂。另外,维生素 E 还能随时捕捉机体代谢过程中所产生的各种自由基生成非自由基产物。因此,维生素 E 具有抗癌、改善皮肤弹性、抗衰老等作用。维生素 E 广泛存在于自然界,特别是植物的组织中,尤以植物油,如大豆油、麦胚油、玉米油、花生油中含量最为丰富,蔬菜中含量也较多。

(2- 甲基 -1,4- 萘醌)
维生素 K₃

(4- 亚氨基 -2- 甲基萘醌)
维生素 K₄

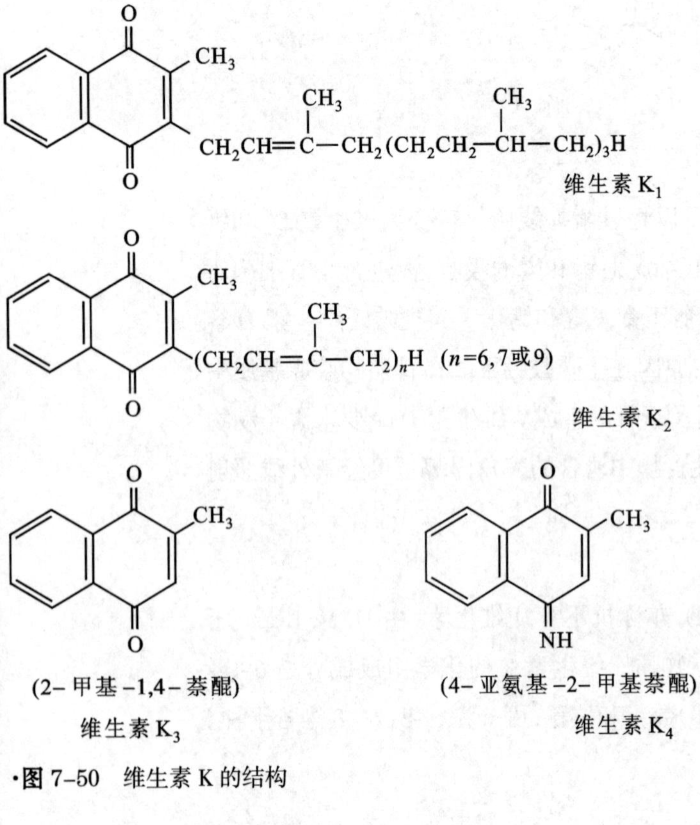

· **图 7-50** 维生素 K 的结构

7.6.3.4 维生素 K

    维生素 K 又称凝血维生素,是由丹麦科学家 H. Dam 于 1930 年发现的。天然维生素 K 有维生素 K₁ 和维生素 K₂ 两种,其化学组成均为 2- 甲基 -1,4- 萘醌的衍生物,仅在侧链 R 上有差异(图 7-50)。维生素 K₁ 为黄色油状物,在绿色植物中含量丰富;维生素 K₂ 为淡黄色晶体,是细菌的代谢产物。目前,临床上所用的维生素 K 为人工合成的维生素 K₃,即 2- 甲基 -1,4- 萘醌。维生素 K 是羧化酶的辅酶,在凝血酶原和其他蛋白质中谷氨酸残基羧化过程中起辅因子的作用。

    维生素 K 的主要生理功能在于具有凝血作用。维生素 K 促进肝合成凝血酶原并转变为凝血酶,调节凝血因子Ⅶ、Ⅸ及Ⅹ合成,加速血液凝固。因此,当缺乏维生素 K 时,血液中的凝血因子减少,凝血时间延长,从而发生肌肉及胃肠道出血。新生儿由于肠道无细菌合成维生素 K,因此有可能发生出血症。维生素 K 除绿色植物中含量较高外,人体肠道中的大肠杆菌也可合成维生素 K。因此,人体一般情况下不会缺乏维生素 K。

为便于比较和整体了解各种维生素主要作用,现将水溶性维生素与辅酶及脂溶性维生素的生理功能汇总如表 7-17。

· **表** 7-17　常见维生素及其辅酶、生理功能的比较

类别	名称	别名	辅酶	主要生化或生理作用	缺乏症	来源
水溶性维生素	维生素 B_1	硫胺素、抗脚气病维生素	TPP	参与 α- 酮酸氧化脱羧作用;抑制胆碱酯酶的活性	脚气病、多发性神经炎	酵母、米糠、肝、豆类、瘦肉、水果、蛋类等
	维生素 B_2	核黄素	FMN、FAD	构成黄素蛋白的辅基成分;作为氢载体	口角炎、舌炎、唇炎、眼炎、阴囊炎、继发性贫血等	肝、蛋、奶、豆类、绿叶蔬菜等
	维生素 B_3	维生素 PP、烟酸、烟酰胺、抗粗糙病维生素	NAD、NADP	构成脱氢酶辅酶的成分;作为氢载体	癞皮病	肉类、谷类、花生、人体可由色氨酸合成一部分
	维生素 B_5	遍多酸、泛酸	CoASH	构成 CoA 的成分;酰基转移	未发现缺乏病	动植物细胞中均含有
	维生素 B_6	抗皮炎维生素、吡哆醇、吡哆醛、吡哆胺	磷酸吡哆醛、磷酸吡哆胺	参与氨基酸的转氨、脱羧、消旋作用;β- 等消除作用	未发现缺乏病	谷类、酵母、蛋黄、大豆等,肠道细菌可以合成
	维生素 B_7	生物素、维生素 H	生物胞素	羧化辅酶	皮肤发炎、毛发脱落、情绪抑郁	肝、肾、蛋黄、酵母、蔬菜和谷类
	维生素 B_9	叶酸、蝶酰谷氨酸	THF	一碳单位载体	巨红细胞性贫血	绿色蔬菜、酵母、肝,人体肠道细菌也可以合成
	维生素 B_{12}	氰钴氨素、抗恶性贫血维生素	5'- 脱氧腺苷钴氨素、甲基钴氨素	参与分子内重排;参与甲基转移;促进 DNA 合成;促进血细胞成熟	巨幼细胞性贫血	肝、肉、鱼、蛋,人体肠道细菌也可合成
	维生素 C	抗坏血酸		参与氧化还原反应;具有解毒作用;促进铁吸收;参与羟化反应	维生素 C 缺乏病	新鲜水果、蔬菜,特别是柑橘、番茄、鲜枣等
	硫辛酸			转酰基载体;氢载体	未发现缺乏病	肝、酵母等
脂溶性维生素	维生素 A	抗眼干燥症维生素、视黄醇		构成视色素成分;维持上皮组织的正常功能;促进生长发育;参与糖蛋白合成	夜盲症、眼干燥症	肝、蛋黄、乳制品、胡萝卜、绿叶蔬菜等
	维生素 D	抗佝偻病维生素		调节钙磷代谢,促进骨骼发育	佝偻病、软骨病	鱼肝油、肝、奶、蛋黄等
	维生素 E	生育酚、抗不育维生素		抗氧化作用,保护生物膜;维持正常生殖机能		大豆油、麦胚油、玉米油、花生油、蔬菜等
	维生素 K	凝血维生素		促进凝血酶原合成	成人不缺乏,偶见新生儿及孕妇,出血或凝血时间延长	肝、蔬菜等,肠道细菌也可合成

小结

1. 酶是生物催化剂,具有催化效率高、对底物专一性及活性可调控等特点。除了某些少数 RNA 外,绝大部分酶的化学本质是蛋白质。

2. 按照酶的化学组成,可将其分为单纯酶和结合酶两大类。根据酶蛋白的结构特点,也可以分为单体酶、寡聚酶、多酶复合体三类。

3. 酶活性中心由结合部位和催化部位构成,结合部位与底物专一性有关,催化部位与酶催化性质有关。结合部位与催化部位处于同一个微区,功能上相互协调。

4. 别构酶(或调节酶)除了活性中心外还具有调节中心,结合正效应物后,能够稳定其活性,构象变化利于活性中心催化活性增强;一旦结合负效应物,酶活性中心构象不利于结合或催化底物反应,因此活性降低。别构酶 $v-[S]$ 曲线为 S 形。

5. 酶的催化活性受环境温度、pH、激活剂、抑制剂等因素的影响。每种酶都有其作用的最适温度和最适 pH;凡是能够与酶结合,提高酶活性的物质称为激活剂;凡是与酶结合改变酶构象,使酶活性降低的物质称为抑制剂。

6. 竞争性抑制剂结构与底物相似,能与底物竞争酶的活性中心,减少酶对底物的结合机会,降低酶催化效率;非竞争性抑制剂可与酶活性中心外的必需基团结合,改变酶活性构象,降低酶催化效率。

7. 酶活性是指一定条件下,酶催化一化学反应的能力,一般用催化反应的初速率表示。测定酶活性即是测定酶促反应的初速率。酶活性的大小用国际单位(IU)表示,即最适条件下 1 min 内催化 1 μmol 底物变成产物的量称为一个活性单位(IU)。每毫克酶蛋白所具有的活性单位数称为酶的比活性,比活性代表酶的纯度。

复习思考题

一、问答题

1. 什么是生物催化剂? 从化学本质上来分包含哪几类?

2. 酶的催化作用与一般催化剂相比有何异同点?

3. 酶的高效催化作用机制如何? 试说明各种学说的基本要点。

4. 结合酶的组成特点和主要功能有哪些?

5. 解释酶的立体专一性假说有几种? 要点如何?

6. 酶催化活性主要受哪些因素的调节? 试举例说明。

7. 测定酶活性时应注意什么? 为什么测定酶活性以选择测定其初速率为宜,而且其底物浓度应远大于酶浓度?

8. 通过米氏方程的推导过程,说明酶促反应的"快速平衡"与"稳态平衡"中间复合物学说的要点。

9. 与 K_m 相比,为什么酶的最适温度、最适 pH 不能作为酶的特征常数?

10. 什么是酶的活性中心? 对于单纯酶采用哪些方法可以研究酶的活性部位?

11. 说明水溶性维生素 B_1、B_2、B_3、B_5、B_6、FH_4、C 和脂溶性维生素 A、D、E、K 的主要生理和生化功能。

二、计算题

1. 在一级反应 A → B 中,若反应物 A 的起始浓度是 0.5 mmol/L,经 2 s 后的浓度是 0.25 mmol/L。试问 5 s 后 A 的浓度发生什么变化?

2. 用 1 mL 0.342 mmol/L 的 $AgNO_3$ 溶液加入 10 mL 纯酶(每毫升含 10 mg 酶蛋白)溶液中使酶完全失去活性,求该酶的相对分子质量。

3. 当一个酶促反应速率为 80% V_{max} 时,K_m 与 [S] 呈何关系?

4. 脲酶催化下述反应:$CO(NH_2)_2 + H_2O \rightarrow CO_2 + 2NH_3$,在研究脲酶的活性和尿素浓度的关系时得到如下结果:当尿素浓度(mmol/L)为 30,60,100,150,250 和 400 时,尿素减少的速率[mmol 尿素 /(mg E·min)]为 337,553,742,894,1 070 和 1 204。试求出此反应的 K_m 和 V_{max}。(提示:用米氏方程双倒数作图法求解)

5. 下表是一种酶的各个纯化步骤的实际测量数据,将粗酶提取液的纯化倍数定为 1,并将粗酶提取物的总活性定为 100%,完成下表。

项　目	总蛋白氮含量 /mg	总活性 /U	总蛋白含量 /mg	比活性	纯化倍数
初提取液	400	50 000			1
（NH_4）$_2SO_4$ 沉淀	80	300 000			
DEAE- 纤维素层析	24	150 000			

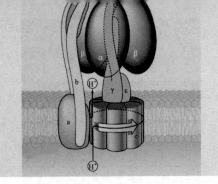

8 生物氧化

关键词

生物氧化　　自由能　　高能磷酸化合物　　高能键　　电子传递链　　呼吸链　　烟酰胺脱氢酶　　黄素脱氢酶
铁硫蛋白　　泛醌　　细胞色素氧化酶　　氧化磷酸化　　底物水平磷酸化　　化学渗透假说　　ATP 合酶
构象偶联假说　　解偶联剂　　磷酸甘油穿梭途径　　苹果酸 – 天冬氨酸循环途径

　　生物体需要从环境中获取营养物质来维持其生命活动,营养物质进入生物体后转变成生物体自身所需要的构造分子和生命活动所需要的物质及能量。这种生物体与环境进行物质交换过程中体内所经历的一切化学变化统称为代谢(metabolism)。根据生物体内各种代谢所起的作用,可将其归纳为物质代谢、能量代谢和信息代谢三个方面。物质代谢涵盖生物体内由环境小分子合成生物大分子和由生物大分子降解为环境小分子的过程;能量代谢是阐述生物体内伴随物质代谢所发生的能量吸收和释放过程;信息代谢则是探讨生物体为适应内外环境条件变化所经历的生物或细胞间信息传递和跨膜信号转导过程。众多研究表明,生物体内的物质代谢、能量代谢和信息代谢都不能自发进行,而是需要一系列的酶促反应来推动。酶催化作用的专一性、高效性和调控机制及多酶复合物所构成的连续化反应,是生物体内错综复杂代谢网络得以有序不紊、协调一致运行的基础。在生物体内由一系列酶催化下,一种化合物转变成另一种化合物的连续过程称为代谢途径(metabolic pathway)。各种生物正是通过这些代谢途径中的物质转化来实现能量转化。

　　生物体内的能量转化主要依靠生物细胞对糖、脂肪、蛋白质等有机物的氧化降解来实现。氧化有机物质释放的能量有相当一部分用于形成 ATP,这部分能做功的能量用于生命活动,其余能量主要以热能的形式释放,用于维持体温。ATP 看成是生物体内能量的传递者,常称为能量转换的"通货"。本章主要讨论生物体内物质氧化与能量转化的机制。

8.1　概述

8.1.1　生物氧化的概念和特点

　　生物氧化(biological oxidation)是指糖、脂肪、蛋白质等有机物质在细胞中被氧化分解,产生 CO_2 和 H_2O,同时释放出能量的过程。实际上,生物氧化是在组织细胞中进行的一系列氧化还原反应,常

伴随 O_2 的消耗和 CO_2 的产生,所以又称为组织或细胞的呼吸作用。在原核生物细胞内,生物氧化在细胞质膜上进行;在真核生物细胞内,生物氧化主要在线粒体内膜上进行,故称为线粒体氧化体系。此外,生物细胞内还存在一些与 ATP 形成无关的生物氧化过程,常发生在线粒体外,称为非线粒体氧化体系。

从化学本质上看,生物氧化与非生物氧化没有很大的差别,它们都是在反应过程中一种物质失去电子被氧化,另一种物质得到电子被还原,并且能量的转换过程也遵循能量守恒定律。从反应过程上看,生物氧化与非生物氧化有明显的差异,主要表现在以下 3 个方面。

(1) 生物氧化在温和条件下进行。细胞内的反应通常在常温、常压、pH 接近中性的环境下进行;非生物氧化大多在高温、高压等剧烈条件下进行。

(2) 生物氧化需要一系列酶、辅酶和中间传递体参与。生物氧化是在一系列酶、辅酶和中间传递体的作用下逐步进行,反应途径迂回曲折,井然有序。

(3) 生物氧化是逐步释放能量过程的,且大部分能量用于合成 ATP。生物氧化反应通常分阶段进行,能量逐步释放,这样不仅可以使能量被生物体充分有效地利用,而且可以避免能量骤然释放导致高温而对机体产生伤害。氧化过程中释放出的能量通常与磷酸化反应偶联在一起,从而将能量迅速转移到高能磷酸化合物,如 ATP 中,供生命活动需要。非生物氧化的能量则一次性释放,而且能量大多以光和热的形式散失。

8.1.2　生物化学反应中自由能的变化

8.1.2.1　自由能的概念

能的表现形式多种多样,其中热与功是一个体系的状态发生变化时,与环境交换能量的主要形式。对生物体内所发生的各种生化反应而言,最重要的热力学参数是自由能。在恒温恒压条件下,生物体内产生的并用以做功的能称为自由能(free energy)。自由能的概念是 1878 年热力学奠基人 J. W. Gibbs 提出的,所以又称为 Gibbs 自由能,用符号 G 表示。氧化还原反应前后自由能的变化量则用 ΔG 表示。生物氧化所释放的能量都是可被有机体利用的自由能,虽然一种化合物所含自由能的绝对量难以测得,但人们可以通过测定生物氧化反应前后自由能的变化(ΔG)来分析反应体系中释放出多少能量,其中有多少能量被转化成可被生物所利用的自由能,有多少能量没有用于做功,而是以热的形式散失到环境中。

Gibbs 在热力学第一定律(能量守恒定律)和热力学第二定律(热的传导只能由高温物体传至低温物体)的基础上,提出一个在恒温恒压条件下表达自由能变化的公式:

$$\Delta G = \Delta H - T\Delta S$$

式中,H 代表焓(enthalpy),ΔH 表示体系的焓变化。焓是一个体系的内能与其全部分子的压力和体积总变化之和,是一个反映体系内各种质点碰撞产生的相互作用和质点自身能量的状态函数。式中符号 S 代表熵(entropy),ΔS 表示体系的熵变化。熵是反映体系中质点运动混乱度或无序的热力学函数,可以用来判断一个体系中的化学反应能否自发进行。自然界孤立体系中的一切变化都是自发地向混乱度增加的方向进行,即向熵增大方向进行,所以熵是正值。式中符号 T 为体系的热力学温度(绝对温度),从上式可以看出,体系自由能的变化是焓变和熵变相结合的函数。由于 ΔG 是一个状态函数,只与反应的始态和终态有关,而与反应途径和反应机制无关,即自由能的变化仅取决于反应物(初始状态)自由能与产物(最终状态)自由能的差值。因此,可以用 ΔG 来判断一个化学反应的方向,但是不能用来判断一个化学反应的速率。ΔG 与化学反应方向的关系如下:

当 $\Delta G < 0$ 时,体系未达到平衡状态,反应可自发正向进行,能做有用功,为放能反应;

当 $\Delta G > 0$ 时,体系未达平衡状态,反应不能自发进行,为吸能反应,必须给体系供能,反应才能进行;

当 $\Delta G = 0$ 时,体系处于平衡状态。

8.1.2.2　自由能变化与化学反应平衡常数的关系

在化学反应中,与自由能变化密切相关的参数是反应的平衡常数。当反应体系处于 25℃ (即 298 K)、压力为 0.1 MPa、反应物浓度为 1 mol/L、pH 为 0 的条件时,其自由能变化称为标准自由能变化,用 $\Delta G^{\ominus}$ 表示。由于生物体内的 pH 接近 7,所以用 $\Delta G^{\ominus'}$ 表示在上述温度、压力、浓度下,pH 为 7 的标准自由能变化。

在反应 $A \rightleftharpoons B$ 中,自由能变化遵循下式:

$$\Delta G = \Delta G^{\ominus'} + RT\ln\frac{[B]}{[A]}$$

式中,$\Delta G^{\ominus'}$ 表示标准状态下的自由能变化;ΔG 表示非标准状况下的自由能变化;R 为摩尔气体常数 $[8.314\ \text{J/(mol·K)}]$;$T$ 为体系的绝对温度(298 K);[A] 和 [B] 分别为反应物和产物的浓度(单位为 mol/L)。

当反应体系处于平衡时,$\Delta G=0$,即自由能没有变化,此时 [B]/[A] 即为反应的平衡常数(K_{eq})。因此,K_{eq} 表示上述特定条件下生化反应的平衡常数,即

$$\Delta G^{\ominus'} = RT\ln K_{eq}$$

转换成常用对数,得

$$\Delta G^{\ominus'} = -2.303\ RT\lg K_{eq}$$

代入 R、T 值,得

$$\Delta G^{\ominus'} = -2.303 \times 8.314 \times 298 \lg K_{eq} = -5\ 706 \lg K_{eq}\ (\text{J/mol})$$

由此可见,$\Delta G^{\ominus'}$ 可以由已知的生化反应平衡常数(K_{eq})来计算,并可根据标准状态下 K_{eq} 来判断 $\Delta G^{\ominus'}$ 的正负。当 $K_{eq} > 1$ 时,$\Delta G^{\ominus'}$ 为负值,反应可以自发正向进行;当 $0 < K_{eq} < 1$ 时,$\Delta G^{\ominus'}$ 为正值,反应不能自发进行。K_{eq} 与 $\Delta G^{\ominus'}$ 之间的数值关系见表 8-1。

·表 8-1　K_{eq} 与 $\Delta G^{\ominus'}$ 之间的关系

K_{eq}	$\lg K_{eq}$	$\Delta G^{\ominus'}/(\text{kcal·mol}^{-1})$	$\Delta G^{\ominus'}/(\text{kJ·mol}^{-1})$
10^{-3}	−3	4.09	17.118
10^{-2}	−2	2.73	11.412
10^{-1}	−1	1.36	5.706
1.0	0	0	0
10	1	−1.36	−5.706
10^2	2	−2.73	−11.412
10^3	3	−4.09	−17.118

在探讨生物能学时须注意以下一些规定：

(1) 在一个稀释的水溶液体系中，如果水作为反应物或产物，那么水的活度为 1.0。

(2) 生物化学反应中提及的标准状态是指温度为 25℃(即 298 K)、压力为 0.1 MPa、pH 为 7 的状态，而不是物理化学中 pH 为 0 的标准状态。

(3) $\Delta G^{\ominus\prime}$ 表示在 25℃、0.1 MPa、pH 为 7 时的标准自由能变化。当 pH 不是 7 时，不能用 $\Delta G^{\ominus\prime}$ 表示生化反应系统中的标准自由能变化。

(4) 根据国际生物化学委员会的建议，自由能变化的单位为焦耳/摩尔(J/mol)或千焦耳/摩尔(kJ/mol)。

8.1.2.3 自由能变化与氧化还原电位的关系

氧化还原的本质是电子的得失，失电子是氧化(即电子供体)，得电子为还原(即电子受体)，通常用氧化还原电位(oxidation-reduction potential)相对表示各种化合物对电子亲和力的大小，包括氧化电位和还原电位，用 E 来表示。从理论上说，任何一个氧化还原反应都可以被设计成一个原电池。在该电池中，输出电子的一端为负极，得到电子的一端为正极，当用导线连接正负电极时，就有电流从导线上通过，两电极间的电位差即为电池的电动势。

目前，氧化还原电位的绝对值尚无法测定，通常采用比较法测得其相对数值，并且用标准状态下的氢电极作为比较电极。国际上规定，标准氢电极在 25℃时的氧化还原电位为零。把这个电极与待测电极组成原电池，在一定温度下，就可测得电池的电动势，即为待测电极在该温度下的氧化还原电位，用符号 E 表示。标准状态是指当溶液中氧化和还原态物质及参与电极反应的 H^+ 或 OH^- 的浓度都为 1 mol/L(若为气体则其分压为 1 个大气压)及 25℃ pH 为 7 时的状态。在此状态下测得的氧化还原电位为标准氧化还原电位，用 E_0 表示。在生物能学中，把 pH 为 7 时测得的氧化还原电位称为生化标准氧化还原电位，用 $E_0^\prime$ 表示。

参加氧化还原反应的氧化型与还原型化合物或基团称为电子对(氧化还原电子对)。氧化还原电位的大小主要取决于电子对本身的性质，同时也受溶液中各物质浓度、气体分压及反应温度等因素的影响。这些因素之间的定量关系可用 Nernst 方程表示。Nernst 方程规定标准氧化还原电位($E_0^\prime$)、待测电位(E)及反应体系中氧化剂与还原剂浓度比值之间的关系：

$$E = E_0^\prime + 2.3RT/nF \times \lg[\text{氧化剂}]/[\text{还原剂}]$$

式中，E 为全部浓度达 1 mol/L 时的待测电位；$E_0^\prime$ 为 pH 7 时电子对的标准电位；R 为摩尔气体常数[8.314 J/(mol·K)]；T 为绝对温度；F 为法拉第常数[86.5 kJ/(V·mol)]；n 为转移的电子数。生物体中许多重要物质参与氧化还原反应体系所得的标准氧化还原电极电位已被测定，表 8-2 列出若干物质的 $E_0^\prime$。通过比较各种物质标准氧化还原电位值的高低，可知它们对电子亲和力的大小。

电子总是从低氧化还原电位向高氧化还原电位流动。在表 8-2 中，$E_0^\prime$ 为负值时，其绝对值越大，表明这个电子对的还原态越易失去电子，即供出电子的倾向越大，是越强的还原剂；$E_0^\prime$ 为正值时，其值越大，表明这个电子对的氧化态越易获得电子，得到电子的倾向越大，是越强的氧化剂。O_2/H_2O 的 $E_0^\prime$ 值为 0.816 V，表明氧对电子具有很高的亲和力，是很强的氧化剂。

·表8-2　生物体中一些重要物质的标准氧化还原电位（E_0'）

反应系	氧化还原电位 /E_0'
$\frac{1}{2}O_2 + 2H^+ + 2e^- \longrightarrow H_2O$	+0.816
$Fe^{3+} + e^- \longrightarrow Fe^{2+}$	+0.771
细胞色素 $a_3Fe^{3+} + e^- \longrightarrow$ 细胞色素 a_3Fe^{2+}	+0.39
细胞色素 $aFe^{3+} + e^- \longrightarrow$ 细胞色素 aFe^{2+}	+0.29
细胞色素 $cFe^{3+} + e^- \longrightarrow$ 细胞色素 cFe^{2+}	+0.25
细胞色素 $c_1Fe^{3+} + e^- \longrightarrow$ 细胞色素 c_1Fe^{2+}	+0.22
辅酶 $Q + 2H^+ + 2e^- \longrightarrow$ 辅酶 QH_2	+0.10
细胞色素 $bFe^{3+} + e^- \longrightarrow$ 细胞色素 bFe^{2+}	+0.07
延胡索酶 $+ 2H^+ + 2e^- \longrightarrow$ 琥珀酸	+0.031
乙酸 $+ CO_2 + 2H^+ + 2e^- \longrightarrow$ 丙酮酸 $+ H_2O$	−0.70
琥珀酸 $+ CO_2 + 2H^+ + 2e^- \longrightarrow \alpha$-酮戊二酸 $+ H_2O$	−0.67
乙酸 $+ 2H^+ + 2e^- \longrightarrow$ 乙醛 $+ H_2O$	−0.58
3-磷酸甘油酸 $+ 2H^+ + 2e^- \longrightarrow$ 3-磷酸甘油醛 $+ H_2O$	−0.55
α-酮戊二酸 $+ CO_2 + 2H^+ + 2e^- \longrightarrow$ 异柠檬酸	−0.38
乙酰 $CoA + CO_2 + 2H^+ + 2e^- \longrightarrow$ 丙酮酸 $+ CoA$	−0.48
1,3-二磷酸甘油酸 $+ 2H^+ + 2e^- \longrightarrow$ 3-磷酸甘酸醛 $+ Pi$	−0.29
乙醛 $+ 2H^+ + 2e^- \longrightarrow$ 乙醇	−0.197
丙酮酸 $+ 2H^+ + 2e^- \longrightarrow$ 乳酸	−0.185
$FAD + 2H^+ + 2e^- \longrightarrow FADH_2$	−0.18[*]
草酰乙酸 $+ 2H^+ + 2e^- \longrightarrow$ 苹果酸	−0.166
延胡索酸 $+ 2H^+ + 2e^- \longrightarrow$ 琥珀酸	−0.031
$2H^+ + 2e^- \longrightarrow H_2$	−0.421
$NAD^+ + H^+ + 2e^- \longrightarrow NADH$	−0.32
$NADP^+ + H^+ + 2e^- \longrightarrow NADPH$	−0.32
NADH 脱氢酶（FMN 型）$+ 2H^+ + 2e^- \longrightarrow$ NADH 脱氢酶（$FMNH_2$ 型）标准氢电极 $E_0 = 0.00$	−0.30

E_0' 是在 pH 为 7.0，25℃，与标准氢电极构成原电池时的测定值。

[*] FAD/$FADH_2$ 是辅酶的单独测定值，当辅酶与酶蛋白结合构成全酶后，其 E_0' 在 0～3.0。

8.1.2.4　氧化还原电位与自由能的关系

生物体所需要的能量都是通过氧化还原反应体系供给的。要了解能量和氧化还原反应体系之间的关系，必须先理解氧化还原电位和自由能的关系。在恒温、恒压下，体系自由能的降低程度等于体系可做有用功（W）的能力。所以可把一个氧化还原反应看成是一个可以做最大功的原电池，其所能做的有用功（W）就是最大电功，它等于通过的电量 Q 和电池电动势 ε 的乘积，即：

$$-\Delta G = W_{max} = Q \varepsilon$$

根据法拉第定律：

$$Q = nF$$

式中,n 为转移电子的摩尔数,F 为法拉第常数,其值为 96.5 $C \cdot mol^{-1}$。所以,标准自由能变化 $\Delta G^{\ominus'}$ 与 ε_0' 之间存在以下关系式：

$$-\Delta G^{\ominus'} = nF\varepsilon_0'$$

式中,ε_0' 为标准氧化还原电位的变化,其值等于 $\Delta E_0'$,所以上式可写为：

$$-\Delta G^{\ominus'} = nF\Delta E_0'$$

利用以上公式,可以通过标准氧化还原电位的变化来计算氧化还原反应中标准自由能的变化。在生物化学反应中,$\Delta G^{\ominus'}$ 的大小可反映一个体系转移电子的能力。

8.1.3 高能化合物

8.1.3.1 生物体内的高能化合物

在生化反应中,某些化合物随水解或基团转位可释放出大量的自由能。一般将水解或基团转位反应能释放出超过 20.92 kJ/mol 自由能的化合物称为高能化合物(high-energy compound),并用符号"~"表示分子结构中能裂解释放出大量自由能的高能键(energy-rich bond)。须注意的是,生物化学中所定义的高能键与一般化学中的高能键含义有所不同。生物化学中的高能键是根据水解可释放出的自由能量来定义的,所以这种高能键不稳定,在水解酶的作用下很容易裂解;一般化学中定义的高能键是指需要提供大量能量才能断裂的化学键,因而这种高能键十分稳定,不容易断裂。

生物体内存在很多种高能化合物,它们都含有一个或若干个高能键,并且这些高能化合物在酸、碱、热条件下一般都不稳定。根据高能化合物的键型特点,通常把生物细胞中的高能化合物划分为高能磷酸化合物和高能非磷酸化合物两大类,尤以高能磷酸化合物在生物体内最为常见,而且含量也较高。两类化合物的组成如下所示：

高能磷酸化合物
- 磷氧键型化合物
  - 烯醇磷酸化合物
  - 酰基磷酸化合物
  - 焦磷酸化合物
- 磷氮键型化合物　胍基磷酸化合物

高能非磷酸化合物
- 硫酯键型化合物(注意:3′–磷酸腺苷–5′–磷酰硫酸是高能磷酸化合物)
- 甲酯键型化合物

在所有高能化合物中,ATP 是生物体内最重要的高能磷酸化合物,从低等单细胞生物到高等动植物的能量释放、储存、转移和利用都是以 ATP 的形态来实现的。当然,细胞中还存在其他高能磷酸化合物,如 1,3–二磷酸甘油酸、琥珀酸单酰辅酶 A 等。但是,并非含磷酸基团的化合物都是高能化合物,如 6–磷酸葡糖、3–磷酸甘油酸和 α–磷酸甘油等化合物水解时只能释放出 4.2 ~ 12.6 kJ /mol 的自由能,所以不能视为高能磷酸化合物。表 8–3 列出某些磷酸化合物水解时标准自由能的变化和磷酸基团的转移势能。在磷酸基团转位反应中,可用磷酸基团转位势能来衡量磷酸化合物中磷酸基团转位的热力学趋势,它在数值上等于其水解反应的 $\Delta G^{\ominus'}$。通常,磷酸基团由转位势能高的分子向转位势能低的分子上转位。

·表8-3　某些磷酸化合物水解时标准自由能的变化和磷酸基团转位势能

化合物	$\Delta G^{\ominus\prime}/$ (kcal·mol^{-1})	磷酸基团转位势能 $\Delta G^{\ominus\prime}/$ (kJ·mol^{-1})
磷酸烯醇丙酮酸	−14.8	−61.9
3-磷酸甘油酸	−11.8	−49.3
磷酸肌酸	−10.3	−43.1
乙酰磷酸	−10.1	−42.3
磷酸精氨酸	−7.7	−32.2
ATP（→ADP+Pi）	−7.3	−30.5
ADP（→AMP+Pi）	−7.3	−30.5
AMP（→腺苷+Pi）	−3.4	−14.2
1-磷酸葡糖	−5.0	−20.9
6-磷酸果糖	−3.8	−15.9
6-磷酸葡糖	−3.3	−13.8
1-磷酸甘油	−2.2	−9.2

8.1.3.2　ATP 的结构与功能

1929 年，德国生物化学家 C. H. Fiske 和 K. Lohmann 等分别从肌肉中分离出腺苷三磷酸（ATP），并认识到它在肌肉收缩中有重要的作用。随着研究的深入，人们越来越清楚地认识到 ATP 是生物体内各种生命活动所需能量的直接供给者，ADP 可利用代谢物分解所释放的能量磷酸化形成 ATP，ATP 又可将能量转移到需能反应中重新释放出来，所以它是一个能量的携带者和传递者。在生物体内，ATP 作为一个能量的"货币"，是一类极为重要的生物分子。

ATP 功能发挥与其结构特点有直接的关系（图 8-1）。在生理条件下，ATP 中 3 个磷酸基团的—OH 处于电离状态，使其分子中带有 4 个空间距离很近的负电荷。同时，ATP 末端以磷酸酐键连接的两个磷酸基团，由于 P═O 键极化，电子云偏向氧原子，使磷原子带部分正电荷，相距很近的正电荷相互排斥，也使磷酸酐键不稳定。很容易发生水解，并且水解时可释放出大量的自由能。此外，带 4 个负电荷的 ATP^{4-} 水解，形成 3 种产物，即 ADP^{3-}、HPO_4^{2-} 和 H^+，其中 H^+ 浓度在 pH 为 7 条件下仅为 10^{-7} mol/L。根据质量作用定律，这种低 H^+ 浓度易导致 ATP^{4-} 向分解的方向进行。因此，在生理 pH 下，ATP 水解生成 ADP 和 Pi 或 AMP 和 Pi 时，使平衡强烈地趋向水解，释放出大量的自由能，从而消除这种高能状态。再者，ATP 水解的产物具有更大的共振稳定性，这样也有利于反应向水解方向进行。ATP 的生物学功能可以概括为以下 5 点。

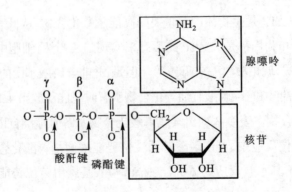

·图 8-1　ATP 的分子结构

（1）ATP 是细胞内磷酸基团转位的中间载体　由表 8-3 可见,ATP 的磷酸基团转位势能处于常见含磷酸基团化合物的中间位置,所以在磷酸基团转位势能高的供体与转位势能低的受体之间,它可以充当中间载体。例如,1,3-二磷酸甘油酸是高能磷酸化合物,它们在细胞内并不直接水解,而是经专一性激酶作用,以转位磷酸基团的方式将捕获的自由能传递给 ADP 而形成 ATP。同时,ATP 又可通过磷酸基团转位反应,将磷酸酐键的大部分自由能传递给磷酸基团转位势能比它低的葡萄糖分子上,在后者的分解过程中发挥作用。

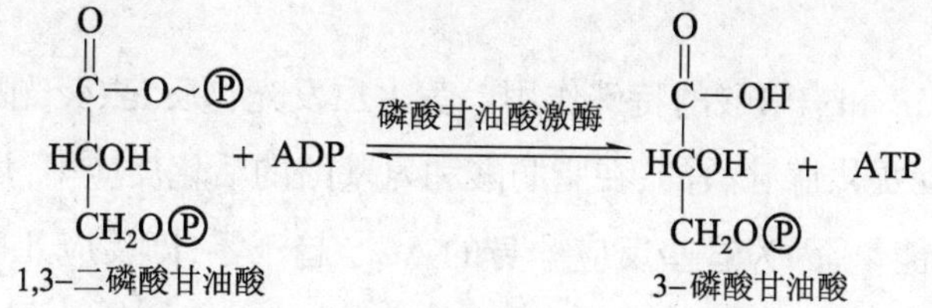

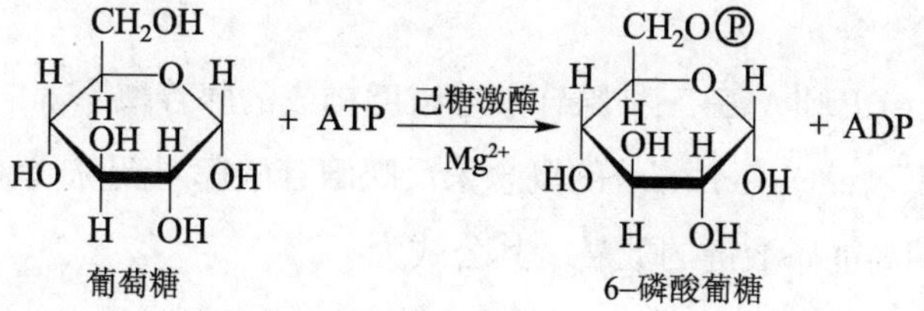

1,3-二磷酸甘油酸　+ ADP　$\xrightarrow{\text{磷酸甘油酸激酶}}$　3-磷酸甘油酸　+ ATP

葡萄糖　+ ATP　$\xrightarrow[\text{Mg}^{2+}]{\text{己糖激酶}}$　6-磷酸葡糖　+ ADP

（2）ATP 是产能反应和需能反应的重要能量介质　当 ATP + H_2O → ADP + Pi 时,可释放出 30.5 kJ/mol 的自由能,为生命活动提供能量;当 ADP + Pi → ATP 时,需要吸收等量的自由能。所以,ATP 将分解代谢的产能反应和合成代谢的需能反应偶联在一起。利用 ATP 释放的能量可以驱动各种耗能的生命活动,如原生质流动、分子和离子跨膜主动运输、腺体分泌、肌肉收缩、神经传导、生物合成等。当生物体内 ATP 的生成速率超过消耗速率时,ATP 可以与肌酸作用生成磷酸肌酸。在动物体内,磷酸肌酸是其能量储存形式之一。但是,磷酸肌酸不能被直接利用。当 ATP 的生成速率低于消耗速率(如剧烈运动的肌肉细胞),细胞内的 ATP 浓度降低而 ADP 浓度升高时,磷酸肌酸高能磷酸键中储存的能量和磷酸基团转位给 ADP 生成 ATP,以补充细胞内的能量需求。

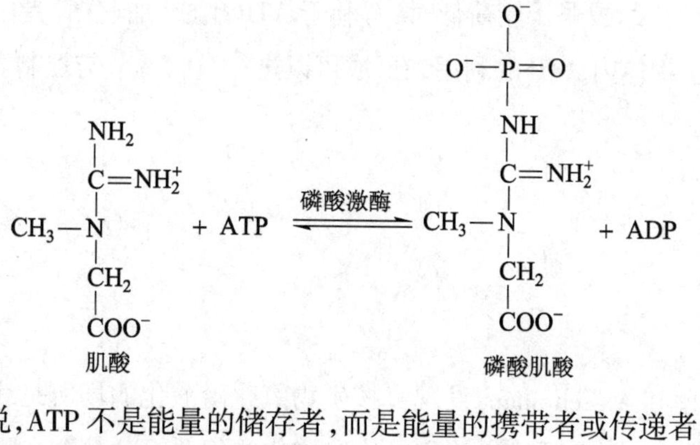

肌酸　+ ATP　$\xrightarrow{\text{磷酸激酶}}$　磷酸肌酸　+ ADP

因此,严格意义上说,ATP 不是能量的储存者,而是能量的携带者或传递者。

（3）ATP 可转变为核苷三磷酸(NTP)　除 ATP 以外,生物体内的其他 3 种核苷三磷酸都可作为某些合成反应所需能量的来源,如 CTP 用于磷脂合成、GTP 用于蛋白质合成、UTP 用于多糖合成。但是,这 3 种核苷三磷酸的合成与补充都依赖 ATP,即:

$$CDP + ATP \xrightarrow{\text{CDP 激酶}} CTP + ADP$$

$$GDP + ATP \xrightarrow{\text{GDP 激酶}} GTP + ADP$$

$$UDP + ATP \xrightarrow{\text{UDP 激酶}} UTP + ADP$$

（4）ATP 是某些酶和代谢途径的调节因子　细胞中有某些别构酶的别构调节物就是 ATP。例如，对于磷酸果糖激酶和 1,6- 二磷酸果糖酶这两种别构酶，前者受高浓度 ATP 抑制，后者受高浓度 ATP 激活。因此，当细胞内 ATP 浓度过高时，葡萄糖的分解速率下降，而由其他非糖物质转变为葡萄糖的糖异生作用将增强。

（5）ATP 断裂形成 AMP 和焦磷酸的特殊作用　萤火虫发光物质（虫荧光酰腺苷酸）的形成就是由 ATP 降解为 AMP 和 PPi 而提供腺苷酸的；在脂肪酸和氨基酸的活化反应中，均以 ATP 水解为 AMP 和 PPi 来提供反应所需要的能量，因为这些反应本身的 $\Delta G^{\ominus'}$ 趋于零，即反应几乎接近平衡，所以焦磷酸进一步水解为反应提供推动力。

8.1.3.3　能荷

细胞中存在由 ATP、ADP 和 AMP 三种腺苷酸总浓度构成的腺苷酸库（adenylic acid pool）。1968 年，D. E. Atkinson 提出"能荷"（energy charge）的概念来反映腺苷酸库对新陈代谢的影响。能荷的定义是指在腺苷酸库中所负荷的高能磷酸键的数量。其公式为：

$$能荷 = \frac{[ATP] + 0.5[ADP]}{[ATP] + [ADP] + [AMP]}$$

ATP、ADP 和 AMP 在某一时间的相对数量控制细胞的代谢活动。从以上方程式可以看出，能荷的大小主要取决于 ATP 和 ADP 的多少。当细胞内全部腺苷酸均以 ATP 形式存在时，能荷最大，能荷值为 1.0；当细胞内全部腺苷酸均以 AMP 形式存在时，能荷值为 0；当细胞内全部腺苷酸均以 ADP 形式存在时，由于 AMP 激酶催化两分子 ADP 转化为一分子 ATP 和一分子 AMP，ADP 只相当于 0.5 分子 ATP，所以能荷值为 0.5。三者并存时，能荷随三者含量的比例在 0 ~ 1.0 范围内变化。大多数细胞的能荷值为 0.8 ~ 0.95。

在某些条件下，能荷值可作为细胞产能和需能代谢过程中别构调节的信号。能荷高时，生物体内 ATP 的生成受抑制，分解代谢减弱。能荷低时，有利于 ATP 生成，加速糖、蛋白质、脂肪等有机物质分解。能荷的变化说明，生物体内 ATP 的利用和形成可以进行自我调节与控制。

8.2　呼吸链

8.2.1　线粒体

1948 年，E. Kennedy 和 A. Lehninger 发现真核生物氧化磷酸化的场所是线粒体，从而使生物能的研究进入一个新的时期。由于电子传递链和氧化磷酸化的相关组分都存在于线粒体内膜，所以线粒体内膜是真核生物能量转换的主要部位，因此线粒体称为生命活动的"动力工厂"。由于原核生物没有线粒体，所以原核生物的能量转换是在细胞质膜上进行的。在电子显微镜下，线粒体是由两层单位膜组成的封闭囊状结构，主要由外膜、内膜、膜间隙及基质四部分组成（图 8-2）。线粒体外膜上有排列整齐的孔蛋白，允许相对分子质量在 10^4 以下的小分子通过，所以外膜通透性较高，仅分布有少量的酶分子。内膜位于外膜内侧,膜脂质中含有大量的心磷脂,因而内膜的通透性极低,能严格地控制分子与离子通过。内膜的这种低通透性在 ATP 生成过程中具有重要作用。内膜向内折叠形成很多嵴(cristae),它使得内膜的表面积大大增加,嵴上分布有很多 ATP 合酶(F_0F_1-ATP 合酶)。内膜上分布有大量的蛋白质,其中包括与电子传递链和氧化磷酸化相关的蛋白质组分。在内外膜之间的空间为封闭的膜间隙,其中含有许多可溶性酶、底物及辅因子。线粒体的内腔充满半流动的基质(matrix),它们呈均质状,具有一定的 pH 和渗透压,其中包含大量的酶类及线粒体 DNA 和核糖体。糖代谢、脂质代谢、氨基酸分解代谢和蛋白质合成的众多酶类均分布在其中。线粒体 DNA(mtDNA)为双链环状分子,能以半保留的方式进行复制,但是它们的复制仍然受到细胞核的控制。组成线粒体各部分的蛋白质绝大多数都是由核 DNA 编码,并在细胞质中的核糖体上合成,然后再运送到线粒体中各功能位点上。mtDNA 仅能编码约 20 种蛋白质,其中包括细胞色素氧化酶、细胞色素 b 和 F_0 疏水亚基等。因此,线粒体是一种半自主的细胞器(semiautonomous organelle)。

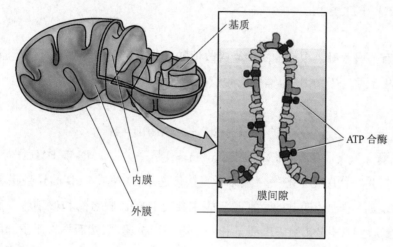

· **图 8-2** 线粒体的构造

8.2.2 电子传递链

8.2.2.1 电子传递链的成员

糖类、脂肪、氨基酸等有机物在代谢过程中形成还原型 NADH 和 $FADH_2$,两者分子上的氢原子以质子(H^+)和电子形式脱下,质子由基质向膜间隙转运,而电子则沿一系列按一定顺序排列的电子传递体转移,最后传递给分子氧,并与质子结合形成水,将这一系列电子传递体的总和称为电子传递链(electron transport chain)。由于电子传递过程需消耗氧,故也将该体系称为呼吸链(respiratory chain)。

线粒体内膜上的电子传递链是典型的多酶氧化还原体系,由多种氧化还原酶组成。根据代谢物脱氢反应初始氢载体的不同,线粒体内膜上的呼吸链可分为 NADH 呼吸链和 $FADH_2$ 呼吸链(图 8-3)。其主要组分包括烟酰胺脱氢酶、黄素脱氢酶、铁硫蛋白、辅酶 Q(或泛醌)和细胞色素等 5 个成员。

(1)烟酰胺脱氢酶　烟酰胺脱氢酶(nicotinamide dehydrogenase)是一类以 NAD^+ 或 $NADP^+$ 为辅酶的脱氢酶。此类酶催化脱氢时,将代谢物脱下的氢转移到 NAD^+ 上,使其还原成 NADH,该还原态辅酶在 340 nm 处有一吸收峰。当有其他氢受体时,NADH 又可重新被氧化脱氢转变成 NAD^+,此氧化态

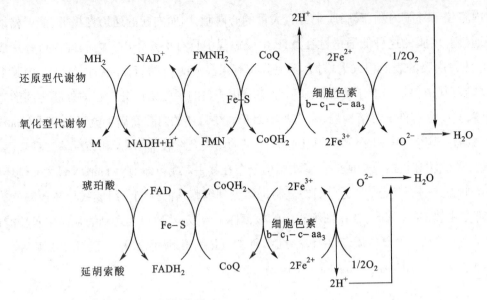

·图 8-3　NADH 呼吸链(上)和 $FADH_2$ 呼吸链(下)

辅酶在 260 nm 处有一吸收峰。根据辅酶的光吸收值的变化可判别该辅酶的氧化还原状态,并可用于测定此类脱氢酶的活性。以 NAD^+ 为辅酶的脱氢酶主要参与呼吸链,将质子和电子传递给氧。反应式为:

$$NAD^+ + 2H^+ + 2e^- \Longrightarrow NADH + H^+$$

(2) 黄素脱氢酶　黄素脱氢酶(flavin dehydrogenase)是一类以 FMN 或 FAD 作为辅基的脱氢酶。此类酶催化脱氢时,是将代谢物上的一对氢原子直接传递给 FMN 或 FAD 的异咯嗪基而形成 $FMNH_2$ 或 $FADH_2$。参与线粒体电子传递链的黄素脱氢酶主要有 NADH 脱氢酶和琥珀酸脱氢酶两种。前者以 FMN 为辅基,能从 NADH 上接受一个质子和两个电子而被还原,然后再将质子和电子传递给另外的中间载体重新转变为氧化型。反应式为:

$$NADH + H^+ + FMN \Longrightarrow NAD^+ + FMNH_2$$
$$琥珀酸 + FAD \Longrightarrow 延胡索酸 + FADH_2$$

(3) 铁硫蛋白　铁硫蛋白(iron-sulfur protein)又称为非血红素铁蛋白(nonheme ferritin),是一类含铁硫络合物的蛋白质,其作用是通过铁原子的价态变化($Fe^{2+} \Longrightarrow Fe^{3+}$)传递电子。铁硫蛋白最重要的特征是在酸化时可释放出对酸不稳定的 H_2S。其络合物中的铁和硫一般以等摩尔形式存在。通常,铁硫中心的 2Fe – 2S 和 4Fe – 4S 与蛋白质中的半胱氨酸连接,并以四面体的形式与蛋白质中的 4 个半胱氨酸的巯基络合(图 8-4)。

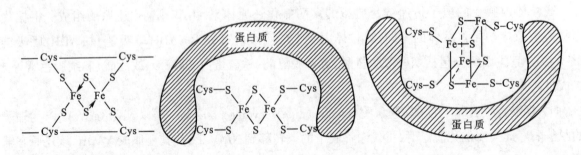

·图 8-4　铁硫蛋白示意图

铁硫蛋白最早在厌氧菌中发现,后来发现其在生物界广泛存在。在线粒体内膜上通常与黄素酶或细胞色素结合。

(4) 辅酶 Q　辅酶 Q(CoQ)广泛存在于生物界,所以又称为泛醌(ubiquinone),它是一种脂溶性的醌类化合物,并且是电子传递链中唯一的非蛋白质组分。辅酶 Q 具有 3 种不同的氧化还原状态,即氧化态 Q、还原态 QH_2 及介于两者之间的半醌 QH。结构如下:

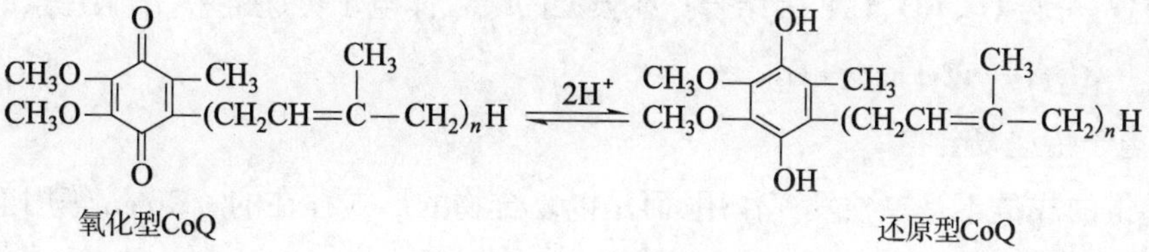

$$\text{氧化型CoQ} \rightleftharpoons_{2H^+} \text{还原型CoQ}$$

氧化型CoQ　　　　　　　　　　　　还原型CoQ

由于辅酶 Q 含有很长的脂肪烃侧链,所以容易结合到膜上或膜脂内。不同来源的辅酶 Q 的侧链长度不同,其异戊二烯的 n 值一般在 $6 \sim 10$。辅酶 Q 是一种中间传递体,它通过醌与酚结构的互变传递氢原子。辅酶 Q 在植物光合作用的电子传递中也有重要的作用。

(5) 细胞色素　细胞色素(cytochrome)是一类以铁卟啉为辅基,通过辅基中铁离子价态的可逆变化传递电子的色素蛋白。这种铁原子处于卟啉结构中心的化合物称为血红素(heme)。细胞色素都以血红素为辅基,并且这类蛋白质具有红色。

电子传递链的细胞色素类型最初是由 D. Keilin 根据细胞色素在可见光区的特征吸收光谱确定的。细胞色素在可见光区有 α、β 和 γ 三条吸收带,所以他将细胞色素分为 a、b、c 三类。在线粒体的电子传递链中至少含有 5 种不同的细胞色素,称为细胞色素 b、c、c_1、a 和 a_3。其中,细胞色素 c 是唯一不与跨膜蛋白复合体紧密结合的可溶性细胞色素,相对分子质量约为 12.5×10^3,是一个定位于线粒体内膜外表面的周边蛋白。其余细胞色素均为跨内膜的整合蛋白。此外,细胞色素 c 也是目前了解最清楚的蛋白质之一,其氨基酸序列已被广泛测定,并且该蛋白质的氨基酸序列差异可作为生物系统发生关系的一个判断指标。细胞色素 b、c_1、c 的辅基都是血红素,而细胞色素 a、a_3 的辅基是血红素 A,它与血红素的区别在于卟啉环上第 2 位的乙烯基被一个长的疏水链替代,第 8 位的甲基被甲酰基所替代(图 8-5)。

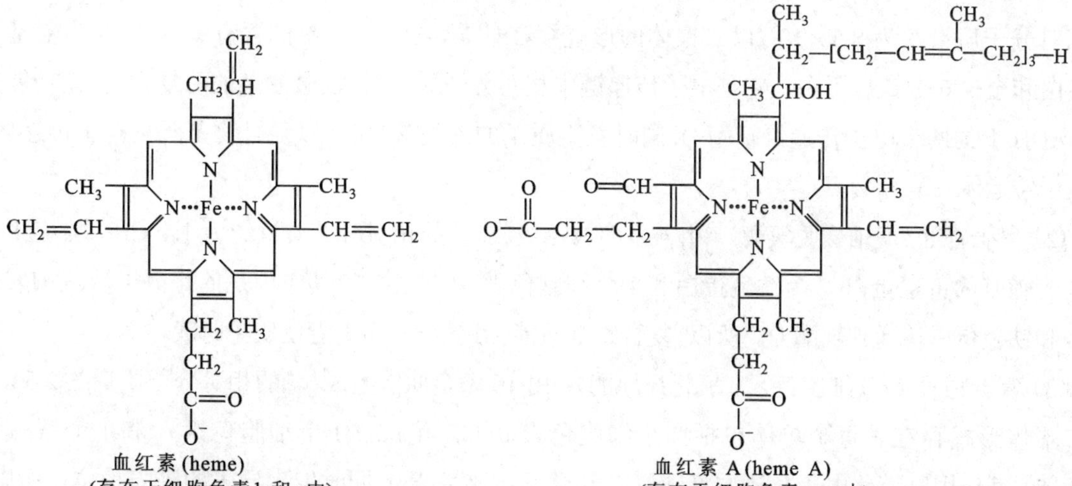

血红素 (heme)
(存在于细胞色素 b 和 c 中)

血红素 A(heme A)
(存在于细胞色素 aa_3 中)

· 图 8-5　血红素与血红素 A 的结构

细胞色素 aa_3 以复合物形式存在于线粒体内膜上,也称为细胞色素氧化酶(cytochrome oxidase)。该复合物中含有两个必需的铜离子,在氧化还原反应中铜发生价态变化($Cu^+ \rightleftharpoons Cu^{2+}+e^-$)而传递电子。除细胞色素 aa_3 外,其余的细胞色素中的铁原子均与卟啉环和蛋白质形成 6 个共价键或配位键(其中与卟啉环形成 4 个配位键,与蛋白质上的组氨酸和甲硫氨酸侧链相连形成两个共价键),因此,不能再与 O_2、CO、CN^- 等结合。细胞色素 aa_3 的铁原子与卟啉环和蛋白质只形成 5 个配位键,所以还剩余 1 个配位位置,可与 O_2、CO、CN^- 等结合。在典型的线粒体电子传递链中,细胞色素的传递顺序是:Cyt b → Cyt c_1 → Cyt c → Cyt aa_3 → O_2。

8.2.2.2 电子传递复合物

电子传递链的成员不是单独发挥作用,而是以复合物的形式存在的。Green 等用毛地黄皂苷、胆酸盐、脱氧胆酸等去垢剂溶解线粒体外膜,首先将电子传递链拆成 4 种功能复合物(Ⅰ~Ⅳ)及辅酶 Q 和细胞色素 c。这 4 种复合物的蛋白质主要包埋在线粒体的内膜中,在空间上具有一定的独立性,但相互之间又紧密联系,共同完成 H^+ 的跨膜转运和电子的传递。复合物的组分和定位见表 8-4。

·表8-4 线粒体内膜上电子传递链的组分和定位

酶复合物	相对分子质量	亚基数	辅基	与膜的结合方式	催化部位定位
复合物Ⅰ	850 000	≥42	FMN	嵌入	NADH:膜间隙
			Fe-S	嵌入	CoQ:基质
复合物Ⅱ	140 000	4	FAD	嵌入	琥珀酸:膜间隙
			Fe-S	嵌入	CoQ:中间
复合物Ⅲ	250 000	10	血红素 b_{562}	嵌入	CoQ:中间
			血红素 b_{566}	嵌入	细胞色素 c_1:基质
			血红素 c_1 Fe-S	嵌入	
复合物Ⅳ	204 000	13	血红素 a	嵌入	细胞色素 a:基质
			血红素 a_3	嵌入	O_2:膜间隙
			Cu_A、Cu_B	嵌入	

(1) 复合物Ⅰ(NADH-CoQ 氧化还原酶) 又称为 NADH 脱氢酶,由 42 条以上的多肽链组成,总的相对分子质量约为 8.5×10^5,以二聚体的形式存在(图 8-6)。每个单体含有 1 个 FMN 为辅基的黄素蛋白和至少 6 个铁硫蛋白。它是电子传递链中相对分子质量最大、最复杂的酶复合物,其功能是催化 NADH 上的两个电子传递给辅酶 Q,同时发生质子的跨膜输送,所以复合物Ⅰ既是电子传递体,又是质子转运体。

(2) 复合物Ⅱ(琥珀酸脱氢酶) 由 4 条多肽链组成,总的相对分子质量约为 1.4×10^5,含有 1 个以 FAD 为辅基的黄素蛋白、2 个铁硫蛋白和 1 个细胞色素 b(图 8-7)。其作用是催化电子从琥珀酸通过 FAD 和铁硫蛋白传递到辅酶 Q。所以,复合物Ⅱ只能传递电子,而不能使质子跨膜输送。

(3) 复合物Ⅲ(CoQ 细胞色素 c 氧化还原酶) 由 10 条多肽链组成,总的相对分子质量约 2.5×10^5,以二聚体形式存在。每个单体包括两个细胞色素 b(b_{562} 和 b_{566})、1 个细胞色素 c_1 和 1 个铁硫蛋白(图 8-8),其作用是催化电子从还原型辅酶 Q 转移给细胞色素 c,同时发生质子的跨膜移位。所以,复合物Ⅲ既是电子传递体,又是质子转运体。

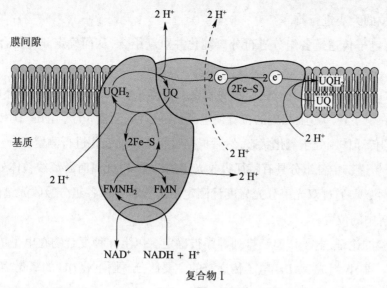

·图 8-6 NADH-CoQ 氧化还原酶

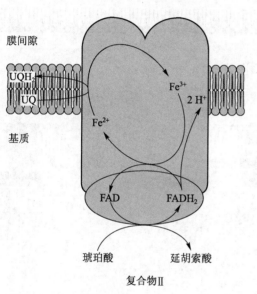

·图 8-7 琥珀酸脱氢酶

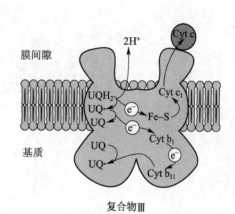

·图 8-8 CoQ 细胞色素 c 氧化还原酶

（4）复合物Ⅳ（细胞色素氧化酶） 由 10 条以上多肽链组成,总的相对分子质量约 2.04×10^5,以二聚体形式存在(图 8-9)。每个单体包括细胞色素 aa_3 和含铜蛋白质。其作用是催化电子从还原型细胞色素 c 传递给氧分子,同时发生质子的跨膜移位。所以,复合物Ⅳ既是电子传递体,又是质子转运体。

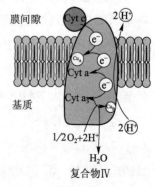

·图 8-9 细胞色素氧化酶

8.2.2.3 电子传递链的排列顺序

在电子传递链中,氢和电子的传递方向和顺序测定经历半个多世纪的探索,最终通过一些关键的实验明确氢和电子的传递有严格的方向和顺序。主要实验包括:

（1）测定电子传递链各组分的标准氧化还原电位(E'_0)。由于电子总是由低氧化还原电位向高氧化还原电位端流动,所以可以根据这些组分标准氧化还原电位的大小进行排序。

（2）在体外将电子传递链各组分进行分离纯化并重新组合，从而确定4种复合物的组成和排列顺序。

（3）通过加入电子传递链的专一性抑制剂或人工供体及受体，分段测定传递体的氧化还原状态。由于这些试剂可在电子传递链上相应的位置使电子传递中断，阻断位于"上游"的传递体均处于还原状态，而"下游"的传递体则处于氧化状态，然后根据吸收光谱的变化进行测定。

（4）利用电子传递链中各组分具有特征吸收光谱的性质，以无氧时游离线粒体处于的还原状态作为对照，然后缓慢供氧，通过双光束分光光度计测定游离线粒体中各组分吸收光谱的差别，从而判断它们在电子传递链中的位置。

经过上述实验的论证，电子传递链排列顺序被确定。以上4种复合物在电子传递过程中协同作用，其中复合物Ⅰ、Ⅲ、Ⅳ组成 NADH 电子传递链的主要部分，催化 NADH 的氧化，而复合物Ⅱ、Ⅲ、Ⅳ则组成 $FADH_2$ 电子传递链，催化琥珀酸的氧化（图8-10）。

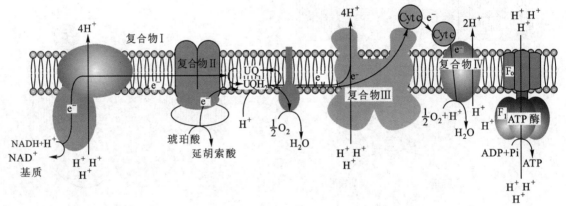

·**图8-10** 四种复合物在电子传递过程中的排序

8.2.2.4　电子传递抑制剂

凡是能够阻断电子传递链中某部位电子传递的物质称为电子传递抑制剂。由于抑制剂阻断部位物质的氧化还原状态能测定，因而可以根据不同电子传递抑制剂的作用特点推断电子传递顺序。下面列举若干种常见的重要的电子传递抑制剂，它们的抑制位点如图8-11所示。

（1）复合物Ⅰ抑制剂　鱼藤酮（rotenone）、安密妥（amytal）、杀青虫素 A（piericidin）等是复合物Ⅰ抑制剂，阻断电子由 NADH 向 CoQ 传递，但不影响 $FADH_2$ 到 CoQ 的氢原子传递。鱼藤酮是一种极毒的植物毒素，常用作杀虫剂。

（2）复合物Ⅲ抑制剂　抗霉素 A（antimycin A）是从灰色链球菌分离出的一种抗生素，抑制复合物Ⅲ的电子传递，即阻断细胞色素还原酶中的电子传递，从而抑制电子从还原型的 CoQ（QH_2）到细胞色素 c_1 的传递。

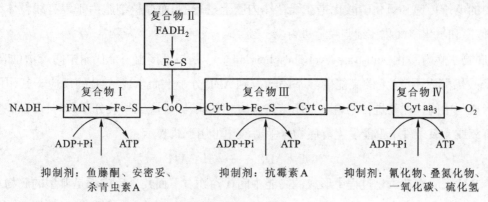

·**图 8-11** 电子传递链、生成 ATP 的部位及抑制剂作用部位示意图

(3) 复合物 Ⅳ 抑制剂　氰化物(cyanide, CN⁻)、叠氮化物(azide, N₃⁻)、一氧化碳(carbon monoxide, CO)和硫化氢(hydrogen sulfide)等抑制剂均能阻断电子在细胞色素氧化酶上传递,即阻断细胞色素 aa_3 至 O_2 的电子传递,其中氰化物(CN^-)和叠氮化物(N_3^-)能与血红素 a_3 的高铁形式作用而形成复合物,而一氧化碳(CO)则抑制血红素 a_3 的亚铁形式。

8.2.2.5　交替氧化酶

在植物线粒体中存在一条不经过细胞色素 c 氧化酶,直接将电子从 CoQ 传递给 O_2 的交替氧化酶(alternative oxidase)途径。由于这种交替氧化酶途径不受 CN^- 或氰化物抑制,但易受氧肟酸类,如水杨羟肟酸(salicylhydroxamic acid, SHAM)和 N- 丙基没食子酸等特异抑制,所以也将这条途径称为抗氰呼吸(cyanide resistant respiration)。交替氧化酶是抗氰呼吸链的末端氧化酶,该单体酶由核基因编码,是一种非血红素铁蛋白,相对分子质量约为 3.2×10^4。交替氧化酶以同源二聚体形式结合于线粒体内膜上,并且两个单体之间通过一个二硫键相连。交替氧化酶的活性位点可能存在一个或多个二价铁中心,因而可将电子从 CoQ 传递给 O_2 生成水,但所释放的能量大多以热量的形式散失。

在绝大多数高等植物的组织中,都能检测到不被氰化物所抑制,但对 SHAM 敏感的耗 O_2 代谢途径,这正是存在交替氧化酶活性的标志。抗氰呼吸是放热反应。研究发现,天南星科植物开花时,通过抗氰呼吸放出的热量可使花器官的温度升高,有利于植物开花;向日葵、芝麻、棉花和大豆种子萌发时,通过抗氰呼吸放出的热量也有利于种子萌发。此外,抗氰呼吸与果实成熟和植物的抗病性也有密切的关系。

8.3　氧化磷酸化

8.3.1　氧化磷酸化的概念

一切生命活动都是通过能量来驱动的,而 ATP 是生物体内主要供能载体。ATP 的生成途径有三条:底物水平磷酸化、氧化磷酸化和光合磷酸化。氧化磷酸化(oxidative phosphorylation)是指细胞内伴随有机物氧化,利用生物氧化过程中释放的自由能促使 ADP 与无机磷酸结合生成 ATP 的过程。氧化磷酸化作用与呼吸链偶联,是异养好氧生物中产生 ATP 的主要途径和生命活动的主要能量来源。真核细胞中的电子传递和氧化磷酸化是在线粒体内膜上进行的,而原核细胞由于没有线粒体结构的分化,电子传递和氧化磷酸化在细胞膜上进行。

(1) 底物水平磷酸化(substrate level phosphorylation) 是指直接由一个代谢中间产物(如高能磷酸化合物磷酸烯醇丙酮酸)上的高能磷酸基团转位到 ADP 分子上而生成 ATP 的反应。其作用特点是 ATP 的形成与中间代谢物进行的磷酸基团转位反应相偶联,因反应无须氧分子参与,所以底物水平磷酸化在有氧或无氧条件下都能发生。底物水平磷酸化可用下式表示:

$$X{\sim}P + ADP \longrightarrow XH + ATP$$

式中,X~P 代表底物在氧化过程中形成的高能中间代谢物。下面几个反应都是典型的底物水平磷酸化反应:

$$1,3\text{-}二磷酸甘油酸 + ADP \underset{\text{磷酸甘油酸激酶}}{\rightleftharpoons} 3\text{-}磷酸甘油酸 + ATP$$

$$磷酸烯醇丙酮酸 + ADP \xrightarrow{\text{丙酮酸激酶}} 烯醇丙酮酸 + ATP$$

在三羧酸循环中,有下列反应:

$$琥珀酰 CoA + GDP \underset{\text{琥珀酰 CoA 合成酶}}{\rightleftharpoons} 琥珀酸 + CoA + GTP$$

(2) 氧化磷酸化 是指电子从 NADH 或 $FADH_2$ 经电子传递链传递的同时,偶联 ADP 磷酸化生成 ATP 的反应。这一过程称为依赖电子传递体系的磷酸化或氧化磷酸化,它是需氧细胞生成 ATP 的主要方式。氧化磷酸化反应需要 4 种基本因素参与,即底物(如 NADH 和 $FADH_2$)、O_2、ADP 和 Pi。其中,ADP 是氧化磷酸化反应的关键底物,它在细胞中的浓度直接决定磷酸化的速率。

(3) 光合磷酸化(photophosphorylation) 详见第 10 章。

8.3.2　氧化磷酸化的机制

NADH 和 $FADH_2$ 的氧化和电子的传递过程是如何与 ADP 磷酸化生成 ATP 反应偶联起来的? 关于这一问题,目前至少有 3 种假说,即化学渗透偶联假说(chemiosmotic coupling hypothesis)、化学渗透假说(chemiosmotic hypothesis)和构象偶联假说(conformational coupling hypothesis)。

8.3.2.1　化学渗透偶联假说

这个假说于 1953 年由 E. Slater 最先提出。他认为,NADH 氧化和电子传递过程中产生一种活泼的高能共价中间物,通过此中间物进一步氧化产生的能量来驱动 ATP 合成。这一假说完全是依据底物水平磷酸化机制提出的。例如,在糖酵解中,由 3- 磷酸甘油醛脱氢酶催化的反应就产生一种活泼且具有高能磷酸基团转位势能的酰基磷酸化合物 1,3- 二磷酸甘油酸,随后其分子中的高能磷酸基团在磷酸甘油酸激酶的作用下转移到 ADP 生成 ATP。虽然在糖酵解过程中存在这种例证,但人们至今尚未在线粒体中分离到与之相类似的高能共价中间物。

8.3.2.2　化学渗透假说

英国生物化学家 P. Mitchell 在 1961 年提出化学渗透假说。由于该假说提出后逐渐拥有越来越多的实验证据,因而成为目前解释氧化磷酸化偶联机制最为公认的一种假说。Mitchell 因提出该假说而获得 1978 年的诺贝尔化学奖。化学渗透假说认为,偶联电子传递和 ATP 合成反应的因素是跨线粒体内膜的质子电化学梯度,而不是高能共价中间物。化学渗透假说的要点包括以下 4 点。

(1) 电子传递链中递氢体和递电子体间隔交替排列,有序定位于完整的线粒体内膜上,使氧化还原反应定向进行。

（2）在电子传递链中，复合物 I、III 和 IV 中的递氢体具有质子泵的作用，即递氢体在接受线粒体内底物上的氢原子($2H^+$)后，将其中的电子($2e^-$)传递给随后的电子传递体，而将两个 H^+ 释放到线粒体内膜外侧（膜间隙），所以电子传递系统是一个主动运输质子的体系，三种复合物都是由电子传递驱动的质子泵（质子转运体）。

（3）完整的线粒体内膜具有选择透性，即 H^+ 不能自由通过。由于泵到膜间隙的 H^+ 不能自由返回，导致线粒体内膜两侧形成质子浓度梯度。这种跨膜的质子电化学梯度中包含电子传递过程中释放的能量，犹如电池两极的离子浓度差造成电位差而产生电能一样，成为推动 ATP 合成的原动力，也称为质子推动力（图 8-12）。

（4）在线粒体内膜上嵌有 ATP 合酶（ATP synthase）复合体，它包含 F_o 和 F_1 两个结构单元（图 8-13）。内膜蛋白复合物 F_o 起质子通道的作用，是根据其寡霉素(oligomycin)敏感的特性命名的，由 a、b、c 三种蛋白质组成。其中，c 亚基含有 8~12 条多肽链，共同构成一条质子跨膜通道；a 和 b 亚基则起固定和支撑 F_1 单元中 α/β 六聚体的作用。F_1 单元位于线粒体内膜基质表面，起催化 ATP 合成的作用，由 α、β、δ、ε、γ 五种亚基共 8 条多肽链构成一球形复合体 $\alpha_3\beta_3\delta\epsilon\gamma$，其中头部由 3 个 α 亚基和 3 个 β 亚基组成。β 亚基有底物的结合位点，并具有催化活性，称为催化亚基。当质子穿过线粒体内膜上 ATP 合酶复合体的质子通道返回基质时，产生的质子推动力驱动 ATP 合酶催化 ADP 与 Pi 结合形成 ATP。γ 亚基穿过 α 亚基，起连接 F_1 单元头部和 F_o 单元 c 亚基的作用，并且它可以调节质子从 F_o 蛋白向 F_1 蛋白流动的速率，起阀门的作用。δ 和 ε 亚基可直接与 F_o 相互作用。

由上述化学渗透假说可知，该模型必须具备两个条件：一是线粒体内膜必须是质子不能透过的封闭系统，否则质子梯度不复存在；二是要求呼吸链和 ATP 合酶在线粒体内膜中定向地组织在一起，并定向地传递质子、电子和进行氧化磷酸化反应。目前，这两方面都获得一些实验证据，如能携带质子穿过线粒体内膜的物质（如 2,4- 二硝基酚）可破坏线粒体内膜对质子的透性壁垒，使质子电化学梯度消失。另外，根据测算，膜间隙的 pH 较内膜低 1.4 个单位，并且线粒体内膜两侧原有的外正内负跨膜电位升高。最有力的证据是 1960 年 E. Racker 等的线粒体重组实验。他们采用超声波破碎线粒

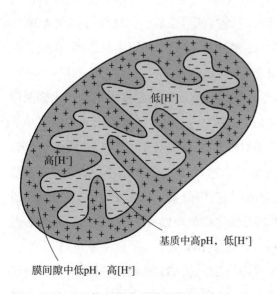

•**图 8-12** 线粒体内膜跨膜质子梯度示意图

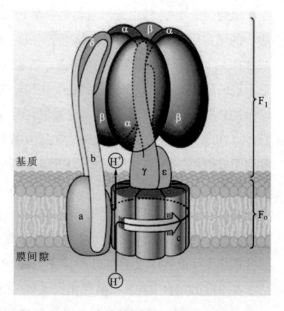

•**图 8-13** ATP 合酶示意图

体,使线粒体原来朝向基质一侧的内膜外翻形成亚线粒体小泡(submitochondrial vesicle)。用胰蛋白酶或尿素处理亚线粒体小泡,可使ATP合酶中的F₁球状体从小泡上解离下来,F₀单元仍留在小泡膜内。此时,小泡能进行电子传递,但不能使ADP磷酸化,而解离下来的F₁球状体具有催化ATP水解的功能。当F₁球状体重新组装到只有F₀的小泡上时,该小泡又恢复电子传递和磷酸化相偶联的能力(图8-14)。后有学者用提纯的细胞色素c、细胞色素氧化酶、磷脂、内膜疏水蛋白及偶联因子F₀和F₁等放在一起重组,结果也获得类似于亚线粒体的小囊泡结构。但是,这种小囊泡结构内外都存有细胞色素c,无法形成跨膜的质子梯度,所以它只能催化细胞色素c氧化,不能偶联生成ATP。所以,电子传递链各组分在线粒体内膜中的不对称分布是质子定向跨膜转移的必要条件。现已通过专一性抗体和外源凝激素与膜结合、不能透过膜的试剂标记等手段分别对完整线粒体和超声波处理过的亚线粒体小泡进行实验证明,复合物I、III和IV中的电子传递体在内膜上的排列的确是不对称的。

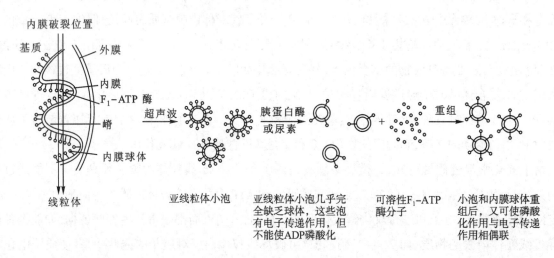

·图8-14 亚线粒体小泡的制备示意图

8.3.2.3 构象偶联假说

该假说于1964年由美国生物化学家P. Boyer最先提出。他认为,在电子传递过程中,线粒体内膜上的蛋白质组分发生构象变化而转变成一种高能形态。这种高能形态通过将能量转移到ADP合成ATP后,又得以恢复其原来的构象。随着人们对ATP合酶结构的研究和认识不断深入,在构象偶联假说的基础上形成ATP合酶结合变化和旋转催化假说。

ATP合酶结合变化和旋转催化假说认为,ATP合酶与底物核苷酸的作用是按照结合变化机制进行的。构成ATP合酶头部的α3β3亚基构成3个催化部位,中部的γε亚基在质子推动力的驱动下相对于α3β3进行旋转运动。由于3个β亚基与γε亚基不对称接触,使其分别处于3种不同的状态,即无核苷酸结合的空置状态(O,open)、结合ADP+ Pi的松散结合状态(L,loose)和结合ATP的紧密结合状态(T,tight)。当质子推动力驱使H⁺经F₀质子通道进入时,F₀组分质子化而发生构象变化,积累足够的扭矩力,推动γε相对α3β3旋转120°,使处于T态的催化部位释放ATP变成O态,同时L态催化部位上生成ATP变为T态,O态结合ADP+ Pi变为L态(图8-15)。

ATP合酶结合变化和旋转催化假说真正被阐明和接受还是在获得ATP合酶的晶体结构,并设计一些非常有说服力的实验之后。1994年,Walker等发表0.28 nm分辨率的牛心线粒体F₁-ATP合酶

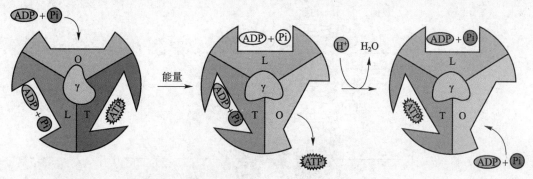

·**图 8–15** ATP 合酶催化 ATP 合成的转动模型

的晶体结构图。它不仅为 Boyer 提出的 ATP 合酶结合变化和旋转催化机制提供实验依据,而且使此酶成为目前在原子分辨率范围内描述的具有不对称结构的最大蛋白质。因此,Walker 与 Boyer 分享 1997 年的诺贝尔化学奖。随后,Noji 等利用线粒体 F_1–ATP 合酶晶体结构的研究结果,精心设计一系列的标记、突变实验,并采用最新的荧光显微镜摄像技术将 γε 亚基的转动展现出来。他们的实验结果不但肯定了 ATP 合酶结合变化和旋转催化假说的正确性,而且清楚地表明 F_1– ATP 合酶是一个分子"马达"。至此经过 20 多年的实验研究,终于证实 Boyer 早期提出的设想:当 H^+ 流跨膜转运时,带动 ATP 合酶基部类似车轮的结构和与之连接的轴进行转动,如同水流带动水轮机一样,继而引起与轴相连的 3 个叶片(即 3 个 β 亚基)发生一定的构象变化,结果使 ADP 与 Pi 结合形成 ATP 分子并释放出来。由此可见,ATP 合酶的催化作用犹如一部精密的分子水轮机。

8.3.2.4 ADP 和 ATP 的转运

ATP、ADP 和 Pi 都不能自由通过线粒体内膜。在一般情况下,基质中有足够的 ADP 和 Pi,要将它们转运到线粒体内才能生成 ATP。生成的 ATP 又要转运到基质中,因而必须有一种机制将线粒体外的 ADP 运入,同时把 ATP 运到线粒体外。现已证明,线粒体内膜上的 ATP– ADP 载体负责这种双向运输,ATP–ADP 载体又称为腺苷酸载体。ATP–ADP 载体是一种具有高度选择性的传递蛋白,以二聚体的形式嵌入内膜,在跨膜电位(外正、内负)的推动下,把 ADP 运入基质,同时将 ATP 运到膜外侧。ATP 和 ADP 经 ATP–ADP 载体反向交换,同时基质中 $H_2PO_4^-$ 经磷酸盐载体与 H^+ 同向转运到线粒体(图 8–16)。ATP 和 ADP 的流动是配对的,即一分子 ATP 转运出线粒体,则必有一分子 ADP 同时转运到线粒体。ATP–ADP 载体只有一个腺苷酸结合位点,面向膜外侧的结合位点对 ADP 有高亲和力,对苍术苷的抑制敏感;面向膜内侧的位点对 ATP 有高亲和力,对米酵霉酸的抑制敏感。ATP–ADP 载体仅仅是线粒体中许多转运体系中的一种。由于几乎所有离子和不带电的小分子化合物都不能自由通过线粒体内膜,所以线粒体内膜两侧的物质转运都依赖内膜上的转运载体。这些载体大多数是特殊的蛋白质,少数是酶,如携带脂酰辅酶 A 进入线粒体的肉碱脂酰转移酶,此酶决定脂肪酸的氧化速率。

8.3.2.5 P/O 值

P/O 值是指一对电子经呼吸链传递给 O_2 的过程中所产生的 ATP 分子数,即消耗的无机磷酸的分子数与消耗分子氧的氧原子数之比。用游离线粒体与不同的代谢物混合,同时加入 ADP、H_3PO_4 和 Mg^{2+} 一起保温,结果发现不同的代谢物在氧化分解消耗氧气的同时,ADP 被磷酸化而生成 ATP。通过测定无机磷与氧气的消耗量可计算出 P/O 值。不同代谢物的 P/O 值不同,产生的 ATP 数目也

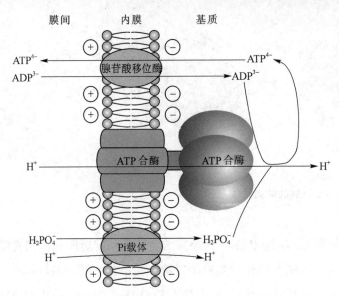

·**图 8-16**　线粒体内膜上的 ATP –ADP 载体和 Pi 载体转运 ATP、ADP、Pi 示意图

不同，P/O 值与产生的 ATP 数目之间存在一定的关系。例如，β- 羟丁酸经 NADH 途径的 P/O 值为 2.4 ~ 2.6，产生的 ATP 数目为 2.5；琥珀酸经 $FADH_2$ 的 P/O 值为 1.7，产生的 ATP 数目为 1.5。

多年来，很多生物化学教科书和相关参考文献都认为：一对电子经 NADH 途径传递到氧生成水的过程中所测得的 P/O 值约等于 3，即释放的自由能足以使 ADP 磷酸化生成 3 分子 ATP；一对电子经 $FADH_2$ 途径传递到氧生成水的过程所测得的 P/O 值约为 2，约产生 2 分子 ATP。但是，近年来很多精确测量 P/O 值的实验结果发现，以 NADH 作为电子供体时，测得的 P/O 值均接近 2.5；以琥珀酸作为电子供体时，测得的 P/O 值均接近 1.5，并且 P/O 值都不是整数。

虽然电子转移伴随 ATP 的合成，但不能仅以 P/O 值作为 ATP 生成数的依据，而应考虑一对电子从 NADH 或 $FADH_2$ 传递到氧的过程中，有多少质子从线粒体基质泵出，以及有多少质子必须通过 ATP 合酶返回基质以用于 ATP 合成，这样才能从本质上确定 ATP 的生成数量。一对电子从 NADH 传递到氧所转移质子的确切数目仍有争议，这是由于偶联质子转移和电子流动的复合物 I 和 IV 的机制尚未清楚地阐明。利用来源不同的线粒体进行研究显示，每分子 NADH 经呼吸链氧化可转移 10 个 H^+，但未见每分子 $FADH_2$ 经呼吸链氧化可转移质子数目的报道。目前，广泛接受的观点是每合成 1 分子 ATP 需要 3 个质子驱动 ATP 合酶，与此同时，一分子 Pi 从基质转运到线粒体基质需要与一个 HO^- 发生交换，也即相当于一个 H^+ 进入线粒体基质（图 8-16）。因此，每合成一分子 ATP 需要 4 个 H^+。依此推导，如果每分子 NADH 氧化需消耗 $1/2\ O_2$，并转移 10 个 H^+，P/O 值就应该是 2.5。

8.3.3　氧化磷酸化的解偶联和抑制

在正常情况下，电子传递与氧化磷酸化是两个紧密偶联在一起的过程。但利用某些特殊试剂可以将电子传递与氧化磷酸化过程分解成独立反应，或者直接抑制 ATP 的合成，这是研究氧化磷酸化中间步骤的有效方法。根据这些试剂不同的作用方式，可将它们分为三类，即解偶联剂、氧化磷酸化抑制剂和离子载体抑制剂。

8.3.3.1　解偶联剂

解偶联剂（uncoupler）是指那些不阻断呼吸链的电子传递，但能抑制 ADP 通过磷酸化作用转化为 ATP 的化合物,也称为氧化磷酸化解偶联剂。最早发现的一个解偶联剂是 2,4- 二硝基酚 (2,4-dinitrophenol,DNP),它是一种弱酸性亲脂化合物。在 pH 为 7 条件下,DNP 以解离形式存在,不能通过线粒体内膜。但是,在酸性环境中,DNP 转变为脂溶性的非解离形式,可携带质子透过线粒体内膜,这样就破坏了电子传递形成的跨膜质子电化学梯度(图 8-17)。所以,在解偶联剂存在时,电子沿呼吸链的传递能正常进行,但不能偶联产生 ATP,这样就使电子传递所产生的自由能以热的形式消耗。由于解偶联剂 DNP 只专一抑制与呼吸链相偶联的 ATP 形成反应,因此,它不会影响底物水平的磷酸化。目前,除 2,4- 二硝基酚外,已发现的解偶联剂还有多种,它们大多是带有酸性基团的芳香族化合物,如对三氟甲氧基苯胺羰基氰化物。

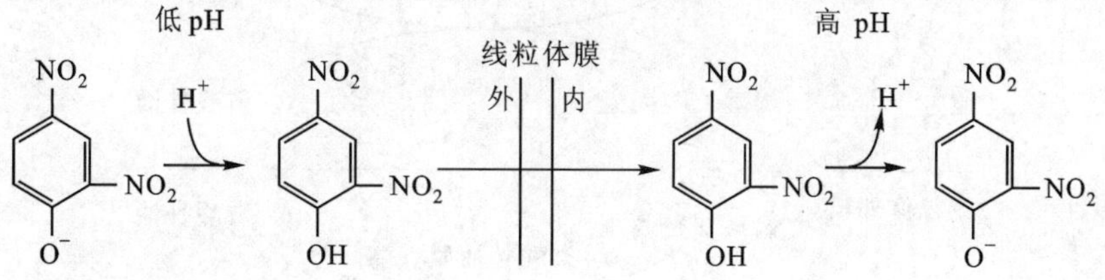

·图 8-17   2,4- 二硝基酚的作用机制

近年来,人们在生物体内还发现具有解偶联作用的蛋白质分子。例如,在新生儿及冬眠哺乳动物体内发现一种含有大量线粒体的褐色脂肪组织(brown adipose tissue),这种特化组织的线粒体中存在一种称为产热素(thermogenin)的解偶联蛋白(uncoupling protein),它含有两个亚基,相对分子质量为 64 000。该蛋白质分子可控制线粒体内膜对质子的通透率,并且可被游离脂肪酸激活,被 ATP、ADP、GTP 等嘌呤核苷酸抑制。褐色脂肪组织中的游离脂肪酸激活产热素后,导致大量质子在产热素协助下透过线粒体内膜进入线粒体,使氧化磷酸化解偶联,从而产生大量的热以维持动物的体温。

8.3.3.2 氧化磷酸化抑制剂

这类抑制剂的作用特点是直接干扰 ATP 生成过程,结果既阻断呼吸链的电子传递,又抑制 ATP 的形成。但它们并不与电子传递链上的载体作用,而是直接作用于线粒体内膜上的 ATP 合酶,如寡霉素就属于氧化磷酸化抑制剂,它可与 ATP 合酶柄部的一种蛋白质结合,干扰质子梯度的利用和 ATP 的形成过程。

8.3.3.3 离子载体抑制剂

离子载体(ionophore)抑制剂是指那些能与某种离子结合,并作为这些离子的载体携带离子穿过线粒体内膜的脂双层进入线粒体的化合物。这类抑制剂均是脂溶性物质,它们与解偶联剂的区别在于它们能结合除 H^+ 以外的其他一价阳离子,例如,缬氨霉素(valinomycin)可结合 K^+;短杆菌肽可结合 K^+、Na^+ 和其他一价阳离子穿过线粒体内膜。因此,离子载体抑制剂增大线粒体内膜对一价阳离子的通透率,从而破坏膜两侧的电位梯度,最终导致氧化磷酸化过程被抑制。

8.3.4 线粒体穿梭系统

NADH 或 NAD^+ 都不能自由穿过线粒体内膜,因此基质中由糖酵解途径产生的 NADH 必须通过特殊的穿梭系统才能进入线粒体内,进而进入电子传递链并最终产生 ATP。动物细胞中存在两种穿梭:一种是磷酸甘油穿梭(glycerophosphate shuttle)途径,另一种是苹果酸 – 天冬氨酸循环(malateaspartate cycle）途径。

8.3.4.1 磷酸甘油穿梭途径

这类穿梭途径是由一对 α- 磷酸甘油脱氢酶同工酶来完成的。基质中的 α- 磷酸甘油脱氢酶先将 NADH 中的氢原子转移至磷酸二羟丙酮上,形成 α- 磷酸甘油,后者扩散至线粒体外膜与内膜的间隙中,并且在内膜表面的 α- 磷酸甘油脱氢酶的作用下,将氢原子转移到内膜中的 FAD 上,并经 FADH$_2$ 呼吸链氧化。同时,脱氢产生的磷酸二羟丙酮又返回基质中,参与下一轮穿梭(图 8-18)。这类穿梭途径主要存在于动物的肌肉和神经组织中。

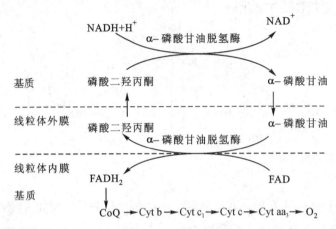

·图 8-18 磷酸甘油穿梭途径

8.3.4.2 苹果酸 – 天冬氨酸穿梭途径

这种穿梭途径比磷酸甘油穿梭途径复杂。当基质中的 NADH 浓度升高时,由于基质中的苹果酸脱氢酶对 NADH 有很强的亲和力,所以此酶以 NADH 作为还原剂,迅速催化草酰乙酸还原成苹果酸。苹果酸通过线粒体内膜上的苹果酸 /α- 酮戊二酸载体进入线粒体基质,然后在线粒体基质中的苹果酸脱氢酶的催化下又重新生成草酰乙酸和 NADH。所生成的 NADH 随即进入 NADH 呼吸链进行氧化磷酸化,而草酰乙酸则在线粒体基质中的谷草转氨酶催化下形成天冬氨酸,同时将谷氨酸转变为 α- 酮戊二酸并穿过线粒体内膜进入基质,再由基质中的谷草转氨酶催化,将其转变成草酰乙酸,并参与下一轮穿梭。与此同时,由 α- 酮戊二酸生成的谷氨酸又回到线粒体基质(图 8-19)。苹果酸 – 天冬氨酸穿梭途径主要存在于动物的心脏和肝细胞中。

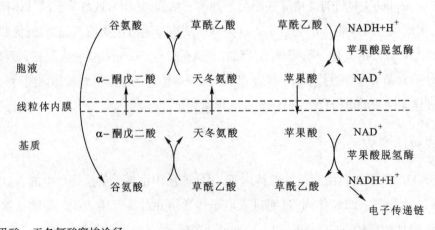

·图 8-19 苹果酸 – 天冬氨酸穿梭途径

8.3.5 植物线粒体内膜上的 NAD(P)H 脱氢酶

近年来,对植物线粒体的研究结果表明,在植物线粒体内膜的两侧分布有能氧化基质中的 NADH 和 NADPH,并将质子和电子传递给 CoQ 的 NADH 脱氢酶和 NADPH 脱氢酶(图 8-20)。这些脱氢酶与复合物 I 不同,它们对鱼藤酮不敏感,且不能把质子泵过内膜,因而称为鱼藤酮不敏感旁路。由于这条旁路对 NADH 的亲和力远小于复合物 I,所以它只在基质中 NADH 浓度很高时才运行。有关这些脱氢酶的调节机制目前还不清楚,推测它们可能与基质中的吡啶核苷酸库的氧化还原平衡有关。

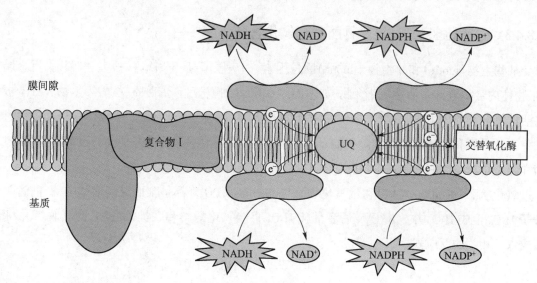

·图 8-20　植物线粒体内膜两侧的 NADH 脱氢酶和 NADPH 脱氢酶

8.4　其他末端氧化酶系统

在高等动植物细胞内,除上述呼吸链外,还存在一些线粒体外的氧化体系。这些氧化体系一般只产生 H_2O 或 H_2O_2,不产生 ATP,从底物脱下的 H^+ 和电子直接传递到氧形成 H_2O。这些末端氧化酶途径同样具有重要的生理功能,也称为非线粒体氧化体系。

8.4.1　多酚氧化酶/抗坏血酸氧化酶

多酚氧化酶系统存在于质体和微体中,是一类含铜的末端氧化酶,也称为儿茶酚氧化酶。植物细胞中的多酚氧化酶可催化各种酚氧化成醌,许多醌类物质对微生物具有毒害作用,所以植物组织受伤时,该酶活性迅速升高,可避免受伤组织感染。马铃薯块茎、苹果及茶叶中均富含多酚氧化酶,块茎、果实及叶片切伤后的褐变也与多酚氧化酶的作用密切相关。红茶制作时将细胞揉破,使多酚氧化酶与茶叶中的儿茶酚和单宁接触,将它们氧化并聚合形成红褐色的物质。绿茶制作时,把采下的茶叶立即焙火杀青,破坏多酚氧化酶,从而使茶叶保持绿色。

抗坏血酸氧化酶也是一种含铜的氧化酶,广泛存在于植物(特别是黄瓜、南瓜等作物)中,它是一种水溶性酶,容易制备,纯的抗坏血酸氧化酶显蓝色。脱氢抗坏血酸可以被还原型的谷胱甘肽(GSH)

所还原,并进一步与 NAD(P)H 为辅酶的脱氢酶相偶联,组成一个氧化还原系统,起到末端氧化酶的作用。抗坏血酸氧化酶系统可以防止含硫基蛋白质氧化,延缓细胞的衰老进程。该酶对氧的亲和力很低,受 CN⁻ 抑制,对 CO 不敏感。

8.4.2 乙醇酸氧化酶

乙醇酸氧化酶主要存在于过氧化物酶体中,催化光呼吸中乙醇氧化为乙醛的反应。由于其分子中不含金属离子,而含有黄素单核苷酸(FMN),故也称为黄素蛋白氧化酶。此末端氧化酶无须经细胞色素或其他载体,就可将脱下的氢直接交给 O_2 生成 H_2O_2;对氧的亲和力极低,不受 CN⁻ 和 CO 抑制。

8.4.3 过氧化氢酶、过氧化物酶和超氧化物歧化酶

受某些生物(biotic)和非生物(abiotic)胁迫因素,如病原菌、病毒、冷害、盐害、电辐射、重金属等影响,生物体内会积累许多活性氧化合物,如 H_2O_2、O_2^- 等。细胞膜脂、蛋白质、核酸等生物大分子极易受这些活性氧分子的攻击,造成严重损伤,并导致代谢紊乱、疾病,甚至死亡。生物体在长期进化过程中形成一套及时而有效的活性氧清除机制,使活性氧的生成与清除保持动态平衡。过氧化氢酶、过氧化物酶和超氧化物歧化酶就是这个清除体系中的重要成员。

过氧化氢酶(catalase,CAT)和过氧化物酶(peroxidase,POD)都是含血红素辅基的酶,前者可催化两分子 H_2O_2 生成 H_2O,并放出 O_2。后者催化 H_2O_2 直接氧化酚类和胺类等底物,使其脱氢并将 H_2O_2 还原成水。相关的反应式如下:

$$2H_2O_2 \xrightarrow{\text{过氧化氢酶}} 2H_2O + O_2$$

$$RH_2 + H_2O_2 \xrightarrow{\text{过氧化物酶}} R + 2H_2O$$

超氧化物歧化酶(superoxide dismutase,SOD)是动植物和微生物细胞中清除活性氧最重要的酶。它有三种主要的同工酶形式:Cu-Zn-SOD、Mn-SOD 和 Fe-SOD。其中,Cu-Zn-SOD 主要存在于高等植物细胞的叶绿体和细胞质中;Mn-SOD 主要分布于真核生物细胞的线粒体中;Fe-SOD 主要分布于细菌细胞中。它们在清除活性氧(O_2^-)时形成的 H_2O_2 进一步由过氧化氢酶清除。因此,这两种酶往往共同作用,解除超氧阴离子和过氧化氢对细胞的伤害。超氧化物歧化酶催化的反应式如下:

$$2O_2^- + 2H^+ \xrightarrow{\text{超氧化物歧化酶}} H_2O_2 + O_2$$

8.4.4 加氧酶

加氧酶是一类高效专一地催化分子氧的氧原子与底物结合的反应,根据加氧方式不同,可分为单加氧酶和双加氧酶。可催化包括甲烷、烯烃、芳烃、脂和多糖等一大类有机化合物加氧、开环等反应,在化学合成和生物转化中加氧酶具有重要的意义,广泛应用于环保行业、医药中间体的生产、资源开发利用、生态环境的生物修复、病虫害的防治等领域。

甲烷单加氧酶(methane monooxygenase,MMO,EC.1.14.13.25)是单加氧酶中非常重要的一种酶,可以将分子氧中的一个氧原子插入极稳定的甲烷分子的碳氢键中,另一个氧原子则还原成水。甲烷氧化细菌通过 MMO 作用,能清除大气中日益增加的甲烷温室气体。除此之外,MMO 还可以将氧原子插入其他烃类的碳氢键中,催化烯烃生成合成制药工业的重要中间体——环氧化合物,催化卤代烃类

(如三氯乙烯)和芳香烃类,并通过甲烷氧化细菌进一步将之氧化成酸性产物,达到降解卤代烃类以消除环境污染的目的,在环境保护中具有重要的应用价值。相关的化学反应式如下:

$$CH_4 + O_2 + NAD(P)H + H^+ \longrightarrow CH_3OH + NAD(P)^+ + H_2O$$

加氧酶还与我们身体的免疫防御、疾病发生和发展有很大关系。例如,很多血红素加氧酶是一种对细胞自身功能的稳定起重要作用的防御酶,具有抗炎抗氧化、抗凋亡和抗增生功能,可用于临床上的治疗。赖氨酸羟化酶在生理和病理过程中也有重要的作用,该酶与一些组织纤维化疾病和遗传性疾病有关,有望从对该酶的进一步研究中找到治疗这些疾病的新靶点。

 知识窗

呼吸链电子漏与细胞凋亡

早在20世纪40—50年代,人们开始认识线粒体的功能是制造ATP时,就已经知道线粒体也制造H_2O_2。20世纪70年代,美国著名生物能学家Chance等建立检测线粒体产生H_2O_2的实验方法,并证明在正常生理条件下,约有2%的线粒体耗氧量用于制造H_2O_2。那么,线粒体中的H_2O_2是如何产生的?线粒体产生H_2O_2的生理意义是什么?这些问题的研究在1980年以后才逐渐取得进展。现已知线粒体的H_2O_2是由超氧自由基(O_2^-)歧化而来,而O_2^-是呼吸链底物端漏出的电子导致氧分子进行单电子还原形成的。已确定呼吸链底物端复合物 I 和复合物 III 各有一个漏电子位点产生超氧自由基和H_2O_2。由于O_2^-和H_2O_2是线粒体产生有害活性氧(ROS)的根源,所以如果不能及时清除,将导致线粒体自身受到自由基的伤害。实验证明细胞色素 c 具有很强的抗氧化功能,在线粒体中氧化态的细胞色素 c($Cyt\ c-Fe^{3+}$)直接清除O_2^-,还原态的细胞色素 c($Cyt\ c-Fe^{2+}$)清除H_2O_2。呼吸链传递电子合成ATP的同时,总有少量电子从呼吸链底物端的复合物 I 和复合物 III 漏出,而且漏出的电子首先使氧分子还原成O_2^-,然后O_2^-歧化成H_2O_2,所以细胞色素 c 具有控制线粒体中O_2^-和H_2O_2水平的功能。

细胞凋亡是机体筛选和更新细胞的一种手段,衰老或过度受伤的细胞必须以一种不伤及相邻细胞的方式自行凋亡,以便让健康的细胞取代它的位置保持生命活力。是什么因素决定一个细胞必须凋亡呢?细胞培养实验证明,10^{-9} mol/L水平的氧自由基促进细胞增殖,10^{-6} mol/L水平的氧自由基引起细胞凋亡,10^{-3} mol/L水平的氧自由基引起细胞死亡。这说明线粒体的自由基代谢状态决定细胞的生死存亡。人们在实验中发现,把细胞色素 c 从呼吸链中抽提出来以后,呼吸链底物端漏电生成氧自由基的水平比正常呼吸链高出7~8倍;当把细胞色素 c 重新组合时,增高的氧自由基生成量会呈指数形式下降,直至达到正常水平。这说明呼吸链中细胞色素 c 含量对呼吸链底物端漏电子的程度有直接的影响。

小结

1. 生物氧化是指生物大分子物质在生理条件下,由一系列酶催化被氧化降解,最后生成CO_2和H_2O,同时将释放的能量逐步转移到ATP分子中的过程。

2. 生物体内的某些化合物在水解或基团转位反应中可释放出大量的自由能(一般大于21 kJ/mol),这些化合物称为高能化合物。在所有高能化合物中,ATP是最重要的能量传递体。

3. 构成呼吸链的酶和电子传递体主要有烟酰胺脱氢酶、黄素蛋白酶、铁硫蛋白、辅酶Q和细胞色素,它们分别组装成4种复合物嵌入线粒体内膜中。其中,细胞色素 c 氧化酶和交替氧化酶是线粒体中两种特性不同的末端氧化酶,前者以血红素和Cu为辅基,受CN^-和CO抑制;后者以非血红素Fe为辅基,不受CN^-和CO抑制。

4. 线粒体是生物氧化的主要场所。在线粒体内膜中存在两条电子传递链,其中 NADH 电子传递链传递电子的顺序是:NADH→FMN→CoQ→Cyt b→Cyt c_1→Cyt c→Cyt aa_3→O_2;$FADH_2$ 电子传递链传递电子的顺序是:$FADH_2$→CoQ→Cyt b→Cyt c_1→Cyt c→Cyt aa_3→O_2。1 对电子通过 NADH 电子传递链可推动 ATP 合酶催化形成 2.5 个 ATP 分子;1 对电子通过 $FADH_2$ 呼吸链可推动 ATP 合酶催化形成 1.5 个 ATP 分子。

5. 物质氧化释放的能量与 ADP 磷酸化生成 ATP 相偶联是生物氧化的核心。氧化磷酸化是指电子从 NADH 或 $FADH_2$ 沿电子传递链传递的同时,偶联 ADP 磷酸化生成 ATP 的反应。

6. 关于氧化磷酸化作用的机制目前公认的是化学渗透假说。该假说认为,跨线粒体内膜的 H^+ 所形成的质子电化学梯度是导致 ATP 生成的驱动力,催化 ATP 合成反应的酶是 F_oF_1-ATP 合酶系统。

7. 在高等动植物中,除分布在线粒体内膜上的氧化体系外,还存在其他非线粒体氧化体系,如多酚氧化酶、过氧化氢酶和超氧化物歧化酶系统,这些氧化酶系统在清除细胞中活性氧和自由基方面发挥重要作用,但是非线粒体氧化体系一般没有能量的截获和利用。

复习思考题

1. 把线粒体与琥珀酸和丙二酸一起保温时,发现氧的消耗量比只有琥珀酸单独存在时少,但 P/O 值没有多少变化,为什么?

2. 试简单说明细胞内的呼吸控制过程。

3. NADH 不能透过线粒体内膜,但在含有线粒体和所有细胞质中酶的鼠肝提取液里加入用 ^3H 标记的 NADH 后,很快发现放射性标记出现在线粒体基质中。如果加入 ^{14}C NADH,在线粒体的基质中就检测不到放射性标记。这是什么原因? 试解释。

4. F_oF_1-ATP 合酶的 F_o 的亚基形成跨线粒体内膜的离子通道。在哺乳动物体内,二环己基碳二亚胺(DCCD)只要与 F_o 蛋白中一个亚基的一个谷氨酸残基结合,就可以抑制质子通过 F_o 蛋白跨膜离子通道。试问:

   (1) DCCD 对完整的线粒体悬液中的电子传递和呼吸有什么作用?

   (2) 如果 DCCD 处理后的线粒体再加入 2,4- 二硝基酚,会导致什么现象?

   (3) 抗霉素 A、鱼藤酮、寡霉素和砷酸盐 4 种抑制剂中,哪一种与 DCCD 具有相似的作用?

5. 在 0.1 mol/L 的 6- 磷酸葡糖溶液中加入磷酸葡糖变位酶,使其催化反应:6- 磷酸葡糖→1- 磷酸葡糖,此反应的 $\Delta G^{\ominus}{}'=75$ kJ/mol(pH 7.0,25℃)。

   (1) 求此反应达到平衡时 6- 磷酸葡糖和 1- 磷酸葡糖浓度各是多少?

   (2) 细胞在什么条件下,此反应会以高速率不断产生 1- 磷酸葡糖?

6. 在测定 α- 酮戊二酸的 P/O 值时,必须向反应体系中加入一些丙二酸,为什么? 在这种条件下 P/O 值可能是多少?

数字课程学习资源

● 教学课件　　● 重难点讲解　　● 拓展阅读

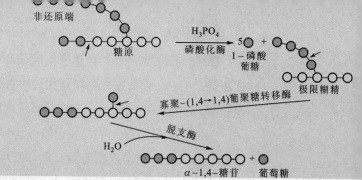

9 糖类的分解代谢

关键词

α-淀粉酶　　β-淀粉酶　　脱支酶　　淀粉磷酸化酶　　糖酵解　　三羧酸循环　　磷酸戊糖途径

生物体内的化学反应是在酶的催化下完成的。在细胞内,这些反应不是相互独立的,而是相互联系的,一个反应的产物可能就是下一个反应的底物,这样构成一连串的反应,称为代谢途径(metabolic pathway)。生物体内的代谢途径主要分为两类:一类是由生物大分子(多糖、蛋白质、脂质、核酸等)不断降解为小分子(如 CO_2、NH_3、H_2O 等)的过程,称为分解代谢(catabolism)。另一类是由小分子(如氨基酸)合成生物大分子(蛋白质)的过程,称为合成代谢(anabolism)。分解代谢主要分 3 个阶段进行:第一阶段是由复杂的生物大分子降解为物质基本组成单位的过程,如脂肪和蛋白质降解分别生成脂肪酸和氨基酸;第二阶段是由这些基本分子转变为代谢中间产物,如葡萄糖和脂肪酸分别降解为丙酮酸和乙酰 CoA,同时产生少量的 ATP;第三阶段是丙酮酸和乙酰 CoA 彻底氧化生成 CO_2 和 H_2O 的过程,同时生成 $NADH+H^+$ 和 $FADH_2$,NADH 和 $FADH_2$ 再分别通过呼吸链的氧化磷酸化过程生成大量的 ATP。合成代谢一般不是分解代谢简单的逆转过程,而是由不同酶催化的,通常需要消耗 ATP 和还原型供氢体($NADPH+H^+$)。

"新陈代谢"的概念及内涵见图 9-1。

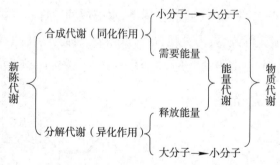

·图 9-1 "新陈代谢"的概念及内涵

糖类是自然界分布最广的物质之一,从细菌到高等动物的机体都含有糖类物质,其中植物体中含量最为丰富。植物可通过光合作用将 CO_2 和水同化成葡萄糖,葡萄糖可进一步合成寡糖和多糖,如蔗糖、淀粉和糖原,以及构成植物细胞壁的纤维素和肽聚糖等。

糖类代谢为生物体提供重要的能源和碳源。生物体生命活动所需的能量主要是由糖类物质分解代谢提供的,1 g 葡萄糖经彻底氧化分解可释放约 16.74 kJ 的能量。糖类代谢的中间产物还为氨基酸、核苷酸、脂肪酸、甘油的合成提供碳原子或碳骨架,进而合成蛋白质、核酸、脂质等生物大分子。

糖的分解代谢首先是大分子糖经酶促降解生成小分子单糖,动植物通过淀粉酶或淀粉磷酸化酶水解淀粉(糖原)而生成葡萄糖。含有纤维素酶的微生物水解纤维素而生成葡萄糖。蔗糖、乳糖等寡糖经水解和异构而生成葡萄糖。然后,葡萄糖再通过不同途径进一步氧化分解,包括:糖酵解——糖的共同分解途径;三羧酸循环——糖的最后氧化途径;磷酸戊糖途径——糖的直接氧化途径。葡萄糖经糖酵解 – 三羧酸循环氧化分解产生 CO_2、NADH 和 $FADH_2$;NADH 和 $FADH_2$ 可进入呼吸链,彻底氧化产生 H_2O 并释放大量能量。磷酸戊糖途径则生成 CO_2 和 NADPH,NADPH 是生物合成代谢反应的还原剂。

糖的分解代谢有不同的途径。同样,糖也可通过不同途径合成,并且各种途径都包括一系列复杂的反应。本章只介绍糖的分解代谢,糖的合成代谢在第 10 章中介绍。

9.1 双糖和多糖的降解

9.1.1 麦芽糖和蔗糖的降解

9.1.1.1 麦芽糖的降解

麦芽糖是由两分子葡萄糖通过 α–1,4– 糖苷键连接而成的还原型二糖,在麦芽糖酶(maltase)作用下分解成两分子的葡萄糖。其反应式如下:

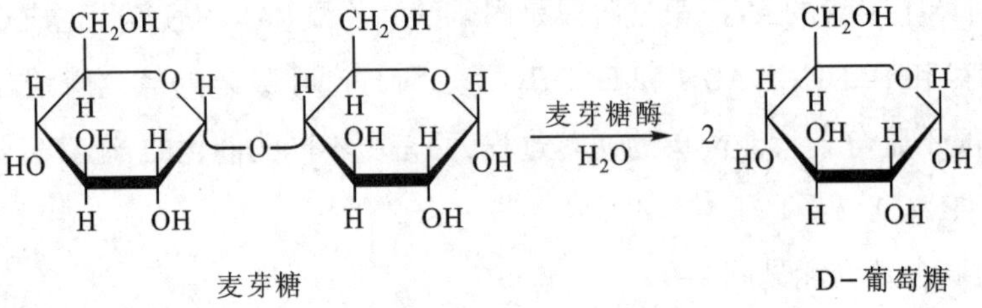

麦芽糖　　　　　　　　　　　　　　　　　　　D–葡萄糖

9.1.1.2 蔗糖的降解

蔗糖为非还原型糖,在蔗糖酶(sucrase)的作用下,水解成葡萄糖和果糖。蔗糖为右旋糖,水解生成葡萄糖和果糖混合液,其旋光度改变,为右旋 20°。蔗糖酶又称为转化酶(invertase),广泛存在于植物体内,蔗糖水解时,糖苷键断裂,自由能发生变化($\Delta G^{\ominus\prime}$=−27.62 kJ/mol),该反应不可逆。其反应式如下:

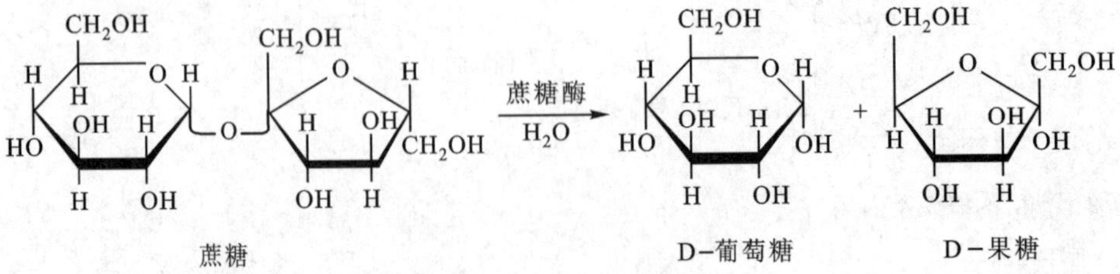

蔗糖　　　　　　　　　　　　　　D–葡萄糖　　　　　D–果糖

蔗糖降解的另一条途径是在蔗糖合酶(sucrose synthase)作用下,将其中的葡萄糖转移到 UDP 上,生成 UDPG(尿苷二磷酸葡糖),作为淀粉合成的糖基供体。其反应式如下:

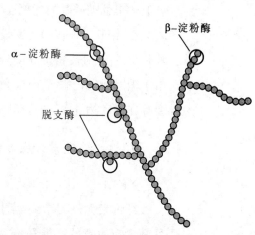

蔗糖   D - 果糖

9.1.2 淀粉和糖原的降解

淀粉在淀粉酶的作用下通过两种途径降解：一是水解途径，二是磷酸解途径。参与水解淀粉的酶有多种。在植物、动物和微生物中，主要有以下 4 种。

9.1.2.1 淀粉酶

催化 α-1,4 糖苷键水解的酶称为淀粉酶（amylase），按其催化特性和作用方式，可分为 α- 淀粉酶（α-amylase）与 β- 淀粉酶（β-amylase）两种，α- 淀粉酶与 β- 淀粉酶不同之处并不是指其与 α- 或 β- 糖苷键的作用，而是指这两种酶的作用方式不同。

（1）α- 淀粉酶 系统名称是 α-1,4-D- 葡聚糖 -4- 葡聚糖水解酶（α-1,4-D-glucan-4-glucanohydrolase）。α- 淀粉酶是一种需钙的金属酶，只有酶蛋白与 Ca^{2+} 结合才表现出活性，因此螯合剂 EDTA 等可抑制此酶。它广泛地存在于动物、植物和微生物中，可以随机地水解淀粉或含 3 个分子葡萄糖以上葡聚糖分子内的 α-1,4-D- 糖苷键，是淀粉的内切核酸酶。对于直链淀粉而言，水解产物为葡萄糖、麦芽糖、麦芽三糖及低聚糖的混合物；若是支链淀粉，水解产物为葡萄糖、麦芽糖、麦芽三糖及含有 α-1,6- 糖苷键由 3 个以上葡萄糖构成的极限糊精混合物。经过 α- 淀粉酶作用后的淀粉溶液黏度迅速降低，因此该酶又称为液化淀粉酶或液化酶。

α- 淀粉酶对酸比较敏感，在 pH 3.3 时酶易被破坏，而对温度比较稳定，在 70℃ 条件下保温 15 min 该酶仍保持活性。β- 淀粉酶则相反，在 pH 3.3 时虽然可以保持活性，但是在 70℃ 条件下保温 15 min 酶即被破坏。因此可以利用酸度和温度处理，将混合存在的两种酶去掉其中的一种，获得单一的酶制剂。

（2）β- 淀粉酶 系统名称是 α-1,4- 葡聚糖 - 麦芽糖基水解酶（α-1,4-glucan-maltohydrolase）。β- 淀粉酶属于巯基型酶类，氧化巯基的试剂可以抑制该酶类。β- 淀粉酶主要存在于高等植物的种子中，大麦芽中尤为丰富。β- 淀粉酶是淀粉外切核酸酶，只能水解淀粉中的 α-1,4- 糖苷键，作用有严格的顺序，只能从淀粉非还原端开始逐个水解下一个麦芽糖单位。β- 淀粉酶不能越过分枝点水解内部的 α-1,4- 糖苷键，同时该酶在水解过程中能使基团发生转位反应，使 α-D- 麦芽糖转变为 β-D- 麦芽糖，因而直链淀粉水解下来的产物为 β-D- 麦芽糖，该酶称为 β- 淀粉酶。对于支链淀粉，除水解生成 β-D- 麦芽糖外，还带有许多分支和不再被 β- 淀粉酶水解的极限糊精。α- 淀粉酶和 β- 淀粉酶作用方式见图 9-2。

9.1.2.2 脱支酶

脱支酶（debranching enzyme），也称为 R 酶，作用于 α-1,6- 糖苷键。脱支酶不能直接水解支链淀粉分子内部的 α-1,6- 糖苷键，而是支链淀

β-淀粉酶

α-淀粉酶

脱支酶

•图 9-2 α- 淀粉酶、β- 淀粉酶和脱支酶对淀粉的作用位点

粉经过 α- 淀粉酶和 β- 淀粉酶水解后留下的极限糊精中带有 α-1,6- 糖苷键的支链淀粉由脱支酶将它的支链水解,再由 α- 淀粉酶和 β- 淀粉酶作用水解生成麦芽糖和葡萄糖。

9.1.2.3 淀粉磷酸化酶

淀粉磷酸化酶(starch phosphorylase)催化淀粉非还原端的糖苷键与磷酸作用裂解释放出 1- 磷酸葡糖,此反应称为淀粉的磷酸解。该反应广泛存在于高等植物的叶片及绝大多数贮藏器官中。它有两种同工酶,以二聚体或四聚体形式存在,一个亚基的相对分子质量为 110 000,另一个亚基的相对分子质量为 90 000,绝大多数植物组织中的淀粉磷酸化酶都存在同工酶。磷酸化酶可以彻底降解直链淀粉或直链糊精,但是降解支链淀粉时只能降解至距分支点(α-1,6- 糖苷键)4 个葡糖残基处为止。支链淀粉磷酸解所留下的剩余部分,需要转移酶和脱支酶参与降解。

9.1.2.4 糖原的磷酸解

(1) 糖原磷酸化酶(glycogen phosphorylase) 是糖原磷酸解的限速酶,有活化态和非活化态两种形式,分别称为糖原磷酸化酶 a(活化态)和糖原磷酸化酶 b(非活化态),两者在一定条件下可以相互转变。糖原磷酸解时,在磷酸化酶 a 作用下,从糖原非还原端开始逐个加磷酸并切下葡萄糖生成 1- 磷酸葡糖,切至糖原分支点 4 个葡糖残基处为止(图 9-3)。

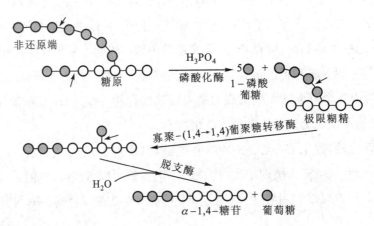

·图 9-3 糖原的降解过程

(2) 转移酶(transferase) 又称为寡聚 -(1,4 → 1,4) 葡聚糖转移酶,主要作用是将连接与分支点上 4 个葡糖残基的葡聚三糖转移至同一个分支点另一个葡聚四糖链的末端,使分支点仅留下一个 α-1,6- 糖苷键连接的葡糖残基(图 9-3)。再由脱支酶将这个葡萄糖水解下来,脱支酶即水解 α-1,6- 糖苷键的酶,使支链淀粉的分支结构变成直链结构,糖原磷酸化酶再进一步将其降解为 1- 磷酸葡糖。由于糖原磷酸化酶、转移酶和脱支酶协同作用,将糖原(或支链淀粉)降解成葡萄糖。糖原磷酸化酶主要存在于动物肝中,通过糖原分解直接补充血糖。

9.1.3 纤维素和果胶的降解

9.1.3.1 纤维素的降解

纤维素无色无味,不溶于水。纤维素是植物细胞壁的主要结构物质,木材、亚麻及各种作物的茎秆都含有大量的纤维素,尤其是棉花含有纤维素高达 90% 以上。纤维素由 β-D- 葡萄糖以 β-1,4- 糖苷键连接而成的多糖,有 5 万至数千万 β-D- 葡糖残基组成,基本组成为纤维二糖,在性质上与淀粉有明显的区别。纤维素不能被人体所吸收和利用,但是能促进人的胃肠蠕动,增加消化,减少便秘。只有反刍动物和微生物可以利用纤维素,它们分泌的纤维素酶(cellulase)将纤维素降解为葡萄糖加以利用。纤维素酶是参与纤维素水解的一类酶的总称,至少包括 3 种类型的酶,即破坏纤维素晶状结构的 C_1 酶,水解游离直链纤维素分子的 C_x 酶、水解纤维二糖的 β− 葡糖苷酶,部分作用如图 9-4 所示。

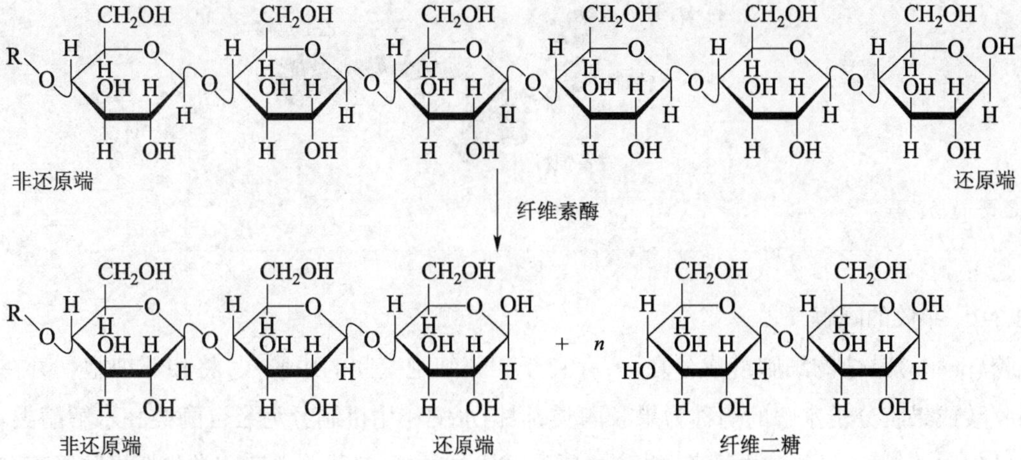

· 图 9-4 纤维素结构及其部分作用产物

在 C_1 酶、C_x 酶和 β− 葡糖苷酶共同作用下,纤维素可水解为葡萄糖,反应式如下所示:

$$晶状天然纤维素 \xrightarrow{C_1 酶} 无定型游离纤维素 \xrightarrow{C_x 酶} 纤维二糖 \xrightarrow{β-葡糖苷酶} 葡萄糖$$

知识窗

21 世纪的绿色能源

21 世纪所面临的能源、资源等危机已成为人类文明发展的主要障碍。目前,社会生产、生活所依赖的能源结构比较单一,石油是满足人类生产、生活需求的主要能源,传统的石化能源在使用过程中产生严重的环境问题,石油完全氧化后向空气中排放大量的二氧化碳,机动车的尾气含有大量的重金属铅,严重污染大气,因此寻找石化能源的替代品是当务之急。

生物乙醇是以生物质为原料的可再生能源。它可以单独或与汽油混配制成乙醇汽油作为汽车燃料。汽油掺乙醇有两个作用:一是乙醇辛烷值高达 115,可以取代污染环境的含铅添加剂来改善汽油的防爆性能;二是乙醇含氧量高,可以改善燃烧条件,减少发动机内的碳沉淀量和一氧化碳等不完全燃烧污染物排放量。同体积的生物乙醇汽油和汽油相比,燃烧热值低 30% 左右,但因为只掺入 10%,热值减少不显著,而且无须改造发动机就可以使用。

由生物质资源制备的生物乙醇已被世界公认为环境友好型能源。世界上的各种生物质资源按传统方法分为三类,即糖类、淀粉和纤维素。糖和淀粉的主要来源是粮食。在满足人们生存的同时很难供应充分的原料生产生物乙醇。纤维素物质主要来源于木材、农业废弃物、禽畜粪便等,利用纤维素酶水解纤维素生物质制备生物乙醇,不仅原料丰富,还可循环再生,使生态环境可持续发展(图 9-5)。

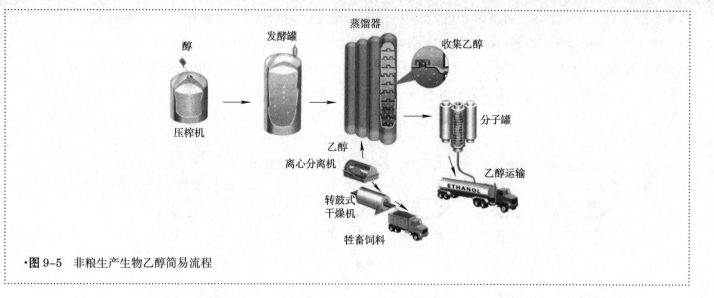

·图 9-5　非粮生产生物乙醇简易流程

9.1.3.2　果胶的降解

果胶（pectin）是植物细胞壁成分之一，存在于相邻细胞壁间的中胶层，将相邻细胞黏着在一起。催化果胶酸或果胶分子水解的酶称为果胶酶类，根据水解作用机制分为裂合酶类和水解酶类。裂合酶包括果胶酸外裂酶、果胶酸内裂酶、果胶外裂酶、果胶内裂酶四种。水解酶类包括果胶甲酯酶、外切果胶酸水解酶、内切果胶酸水解酶、果胶水解酶四种。

9.2　糖酵解

9.2.1　糖酵解的概念

"糖酵解"（glycolysis）一词来源于希腊语中的 glykys（sweet，甜）+ lysis（splitting，裂解）。为了纪念 Gustav Embden、Otto Meyerhof 和 Jacob Parnas 三位科学家在阐明这一途径中的贡献，常称为 EMP（Embden–Meyerhof–Parnas）途径。糖酵解是最早被阐明的重要代谢途径之一。许多生物化学家对此作出过重要贡献，从 1897 年 E. Büchner 兄弟发现酵母细胞提取液能使葡萄糖转变成乙醇和二氧化碳开始，经过 A. Harden 和 W. Yong 在 1905 年发现磷酸是葡萄糖发酵所必需的，到德国的生物化学家 G. Embden 和 O. Meyerhof 发现鸽胸肉组织提取液也能完成与酵母发酵十分相似的代谢过程结束，经过许多科学家长时间的探讨和研究，在 1930 年正式提出"糖酵解"这一概念。

糖酵解途径定位于细胞质内（见图 9-12）。葡萄糖在生物细胞内首先降解为丙酮酸，进一步在无氧条件下丙酮酸可以直接还原成乳酸，或丙酮酸先脱羧生成乙醛，然后再还原生成乙醇。因此，糖酵解的过程与乳酸和乙醇发酵有关。丙酮酸在有氧条件下，则生成乙酰 CoA，再进一步进入三羧酸循环，进而彻底氧化（见图 9-11）。

9.2.2　糖酵解的化学历程

葡萄糖降解为丙酮酸的过程可分为两个阶段，第一阶段为磷酸丙糖生成阶段（耗能过程），第二阶段为丙酮酸生成阶段（能量释放过程）。

第一阶段包括5步反应。在本阶段中,葡萄糖在己糖激酶(hexokinase)、磷酸葡糖异构酶(phosphoglucoisomerase)、磷酸果糖激酶(phosphofructokinase)、醛缩酶(aldolase)和磷酸丙糖异构酶(triose-phosphate isomerase)作用下生成3-磷酸甘油醛,同时消耗两分子ATP,进行两次磷酸化反应。

(1) 葡萄糖生成6-磷酸葡糖　葡萄糖在己糖激酶作用下生成6-磷酸葡糖,由ATP提供磷酸基团,同时还需要Mg^{2+}作为辅酶,该反应不可逆。磷酸化的葡萄糖有利于进一步参与代谢,使进入细胞的葡萄糖不再渗出。此酶是糖氧化反应过程中的关键酶(key enzyme)。

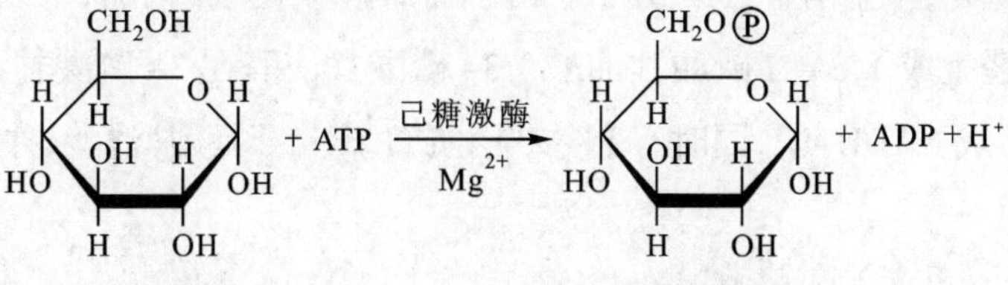

葡萄糖　＋ATP　己糖激酶／Mg^{2+}　6-磷酸葡糖　＋ADP＋H^+

(2) 6-磷酸葡糖生成6-磷酸果糖　6-磷酸葡糖在磷酸葡糖异构酶作用下生成6-磷酸果糖。此反应是可逆的。

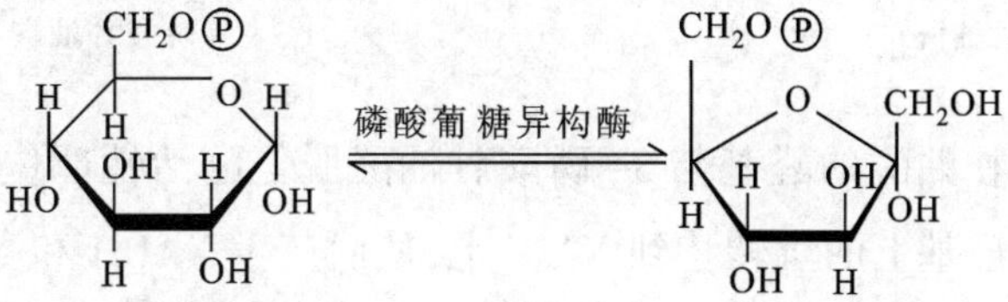

6-磷酸葡糖　磷酸葡糖异构酶　6-磷酸果糖

(3) 6-磷酸果糖生成1,6-二磷酸果糖　6-磷酸果糖在磷酸果糖激酶作用下生成1,6-二磷酸果糖,由ATP供给能量和磷酸基团。反应需要Mg^{2+}参加,反应不可逆。该反应是糖酵解的关键反应,该酶是别构酶。柠檬酸、ATP等是它的别构抑制剂,ADP、AMP和Pi等是它的别构激活剂。

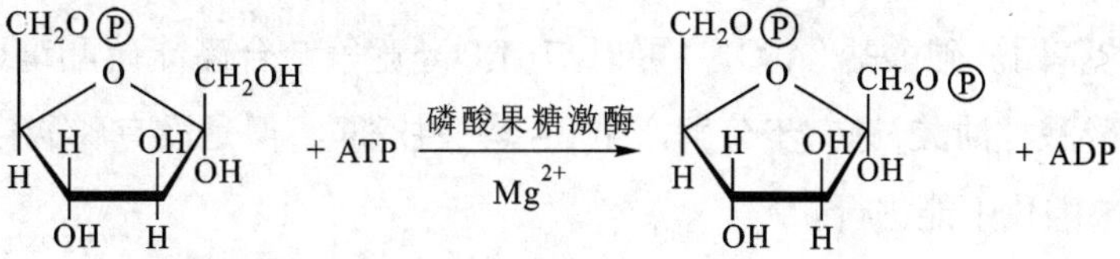

6-磷酸果糖　＋ATP　磷酸果糖激酶／Mg^{2+}　1,6-二磷酸果糖　＋ADP

(4) 1,6-二磷酸果糖分解成两个磷酸丙糖　1,6-二磷酸果糖在醛缩酶作用下裂解成两个三碳糖(即丙糖),即磷酸二羟丙酮和3-磷酸甘油醛,这一反应为可逆反应。

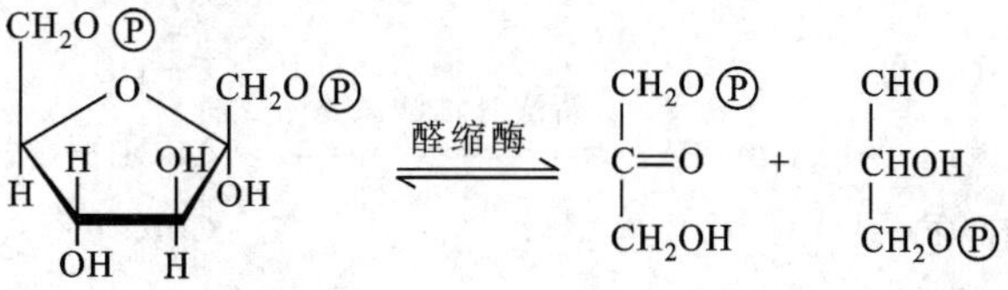

1,6-二磷酸果糖　醛缩酶　磷酸二羟丙酮　3-磷酸甘油醛

(5) 磷酸二羟丙酮生成3-磷酸甘油醛　磷酸二羟丙酮在磷酸丙糖异构酶作用下生成3-磷酸甘油醛,此步反应受下步反应的影响,主要向3-磷酸甘油醛方向进行。

$$\text{磷酸二羟丙酮} \quad \underset{\text{磷酸丙糖异构酶}}{\rightleftharpoons} \quad \text{3-磷酸甘油醛}$$

$$\begin{array}{ccc} CH_2O\,\textcircled{P} & & CHO \\ | & & | \\ C{=}O & & CHOH \\ | & & | \\ CH_2OH & & CH_2O\,\textcircled{P} \end{array}$$

第二阶段为丙酮酸的生成阶段。3-磷酸甘油醛在 3-磷酸甘油醛脱氢酶 (glyceraldehyde-3-phosphate dehydrogenase)、磷酸甘油酸激酶 (phosphoglycerate kinase)、磷酸甘油酸变位酶 (phosphoglycerate mutase)、烯醇化酶 (enolase) 和丙酮酸激酶 (pyruvate kinase) 作用下生成丙酮酸,同时进行两次底物水平磷酸化,产生两个 ATP 分子。由于葡萄糖产生两个丙糖,所以产生 4 分子 ATP。

(6) 3-磷酸甘油醛生成 1,3-二磷酸甘油酸 3-磷酸甘油醛在 3-磷酸甘油醛脱氢酶作用下脱下两个 H^+,使 NAD^+ 生成 $NADH+H^+$,同时有 Pi 参与生成 1,3-二磷酸甘油酸,并且产生一个高能磷酸酯键。

$$\begin{array}{c} CHO \\ | \\ CHOH \\ | \\ CH_2O\,\textcircled{P} \end{array} + NAD^+ + Pi \quad \underset{\text{3-磷酸甘油醛脱氢酶}}{\rightleftharpoons} \quad \begin{array}{c} O \\ \| \\ C{-}O{\sim}\textcircled{P} \\ | \\ CHOH \\ | \\ CH_2O\,\textcircled{P} \end{array} + NADH + H^+$$

3-磷酸甘油醛   1,3-二磷酸甘油酸

反应机制为 3-磷酸甘油醛的醛基与 3-磷酸甘油醛脱氢酶活性部位上半胱氨酸残基的 —SH 形成中间化合物,同时将羟基上的氢转移到 NAD^+ 上,从而产生 NADH 和高能磷酸酯键。另外一个 NAD^+ 将 NADH 从酶的活性部位上置换下来。无机磷酸攻击硫酯键形成 1,3-二磷酸甘油酸,同时释放出酶。3-磷酸甘油醛脱氢酶相对分子质量为 1.4×10^5,由 4 个相同的亚基组成四聚体,它与两个 NAD^+ 紧密结合。只有 NAD^+ 不断取代 NADH 才能持续氧化。若 NAD^+ 含量很少,糖酵解速率就要减慢或者停止,除非 NADH 重新氧化,才能使糖酵解得以维持。

碘乙酸可强烈抑制此酶的活性,因为碘乙酸可与酶活性部位的 -SH 反应,由此可以证明 -SH 是维持酶活性所必需的基团。砷酸盐 (AsO_4^{3-}) 可以与 H_3PO_4 竞争结合高能硫酯键中间物,形成不稳定的化合物 1-砷 -3-磷酸甘油酸,进一步分解产生 3-磷酸甘油酸,但是没有磷酸化作用。因此砷酸能使氧化正常进行,而磷酸化不能进行。

(7) 1,3-二磷酸甘油酸生成 3-磷酸甘油酸 催化这步反应的酶是磷酸甘油酸激酶,反应需要 Mg^{2+} 参加。同时,上步反应中 3-磷酸甘油醛氧化产生的高能磷脂键转移给 ADP 生成 ATP,这一过程称为底物水平磷酸化。由于一个葡萄糖产生两个丙糖,因此这里产生两分子 ATP。

$$\begin{array}{c} O \\ \| \\ C{-}O{\sim}\textcircled{P} \\ | \\ CHOH \\ | \\ CH_2O\,\textcircled{P} \end{array} + ADP + H^+ \quad \underset{\text{磷酸甘油酸激酶}}{\rightleftharpoons} \quad \begin{array}{c} O \\ \| \\ C{-}OH \\ | \\ CHOH \\ | \\ CH_2O\,\textcircled{P} \end{array} + ATP$$

1,3-二磷酸甘油酸   3-磷酸甘油酸

(8) 3-磷酸甘油酸生成 2-磷酸甘油酸 3-磷酸甘油酸在变位酶作用下,与酶上的磷酸基团作用,生成 2,3-二磷酸甘油酸,再在变位酶作用下生成 2-磷酸甘油酸。这个反应需要 Mg^{2+} 参加。

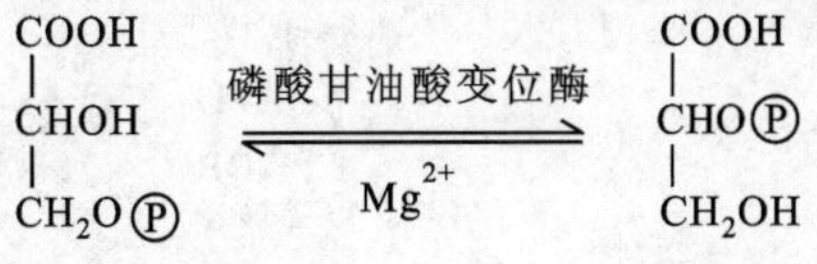

$$
\begin{array}{ccc}
\begin{array}{l}\text{COOH}\\ |\\ \text{CHOH}\\ |\\ \text{CH}_2\text{O}\ \textcircled{P}\end{array}
&
\xrightleftharpoons[\text{Mg}^{2+}]{\text{磷酸甘油酸变位酶}}
&
\begin{array}{l}\text{COOH}\\ |\\ \text{CHO}\ \textcircled{P}\\ |\\ \text{CH}_2\text{OH}\end{array}\\
\text{3-磷酸甘油酸} & & \text{2-磷酸甘油酸}
\end{array}
$$

(9) 2-磷酸甘油酸生成磷酸烯醇丙酮酸　在烯醇化酶的作用下,2-磷酸甘油酸脱去 1 个水分子生成磷酸烯醇丙酮酸(phosphoenolpyruvate,PEP)。磷酸烯醇丙酮酸含有一个高能磷脂键,同时具有很高的转移磷酸基团能力。这一反应需要 Mg^{2+} 或 Mn^{2+} 参加。

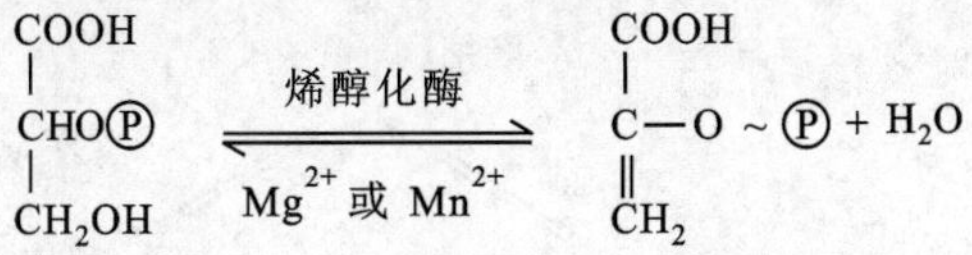

$$
\begin{array}{ccc}
\begin{array}{l}\text{COOH}\\ |\\ \text{CHO}\ \textcircled{P}\\ |\\ \text{CH}_2\text{OH}\end{array}
&
\xrightleftharpoons[\text{Mg}^{2+}\ \text{或}\ \text{Mn}^{2+}]{\text{烯醇化酶}}
&
\begin{array}{l}\text{COOH}\\ |\\ \text{C}-\text{O}\sim\textcircled{P}\ +\ \text{H}_2\text{O}\\ \|\\ \text{CH}_2\end{array}\\
\text{2-磷酸甘油酸} & & \text{磷酸烯醇丙酮酸}
\end{array}
$$

(10) 磷酸烯醇丙酮酸生成丙酮酸　在丙酮酸激酶(pyruvate kinase)催化下,将磷酸烯醇丙酮酸上的高能磷脂键转移到 ADP 上生成 ATP 和烯醇丙酮酸。在 pH 7.0 时烯醇丙酮酸很不稳定,烯醇式迅速转变成酮式,这一反应自发进行,不需要酶参加。该反应强烈地向丙酮酸方向进行,基本上不可逆。反应需要 Mg^{2+} 或 K^+ 参加。这一反应也是一个底物水平磷酸化的过程,同样产生 ATP。

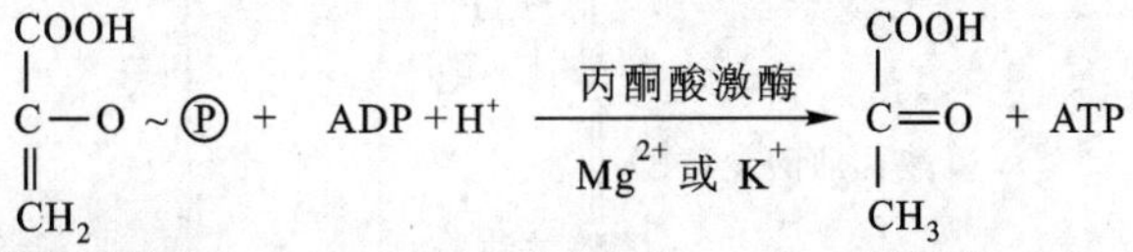

$$
\begin{array}{ccc}
\begin{array}{l}\text{COOH}\\ |\\ \text{C}-\text{O}\sim\textcircled{P}\ +\ \text{ADP}+\text{H}^+\\ \|\\ \text{CH}_2\end{array}
&
\xrightarrow[\text{Mg}^{2+}\ \text{或}\ \text{K}^+]{\text{丙酮酸激酶}}
&
\begin{array}{l}\text{COOH}\\ |\\ \text{C}=\text{O}\ +\ \text{ATP}\\ |\\ \text{CH}_3\end{array}\\
\text{磷酸烯醇丙酮酸} & & \text{丙酮酸}
\end{array}
$$

表 9-1 和图 9-6 给出糖酵解途径的全过程,便于更好地理解和学习糖酵解各步反应之间的关系,并清晰可见 3 个关键步骤和调节酶(也可参见表 9-2)。

•表 9-1 糖酵解的各步反应及所催化的酶等

步骤	反　　　应	催化的酶	反应类型	$\Delta G^{\ominus\prime}$	ΔG
1	葡萄糖 +ATP ⟶ 6-磷酸葡糖 +ADP+H⁺	己糖激酶	a	−16.7	−33.5
2	6-磷酸葡糖 ⇌ 6-磷酸果糖	磷酸葡糖异构酶	c	+1.67	−2.51
3	6-磷酸果糖 +ATP ⟶ 1,6-二磷酸果糖 +ADP+H⁺	磷酸果糖激酶	a	−14.2	−22.2
4	1,6-二磷酸果糖 ⇌ 磷酸二羟丙酮 + 3-磷酸甘油醛	醛缩酶	e	+23.8	−1.26
5	磷酸二羟丙酮 ⇌ 3-磷酸甘油醛	磷酸丙糖异构酶	c	+7.53	+1.67
6	3-磷酸甘油醛 +Pi+NAD⁺ ⇌ 1,3-二磷酸甘油酸 +NADH+H⁺	3-磷酸甘油醛脱氢酶	f	+6.28	−2.51
7	1,3-二磷酸甘油酸 +ADP+H⁺ ⇌ 3-磷酸甘油酸 +ATP	磷酸甘油酸激酶	a	−18.8	+1.26
8	3-磷酸甘油酸 ⇌ 2-磷酸甘油酸	磷酸甘油酸变位酶	b	+4.60	+0.84
9	2-磷酸甘油酸 ⟶ 磷酸烯醇丙酮酸 +H₂O	烯醇化酶	d	+1.67	−3.35
10	磷酸烯醇丙酮酸 +ADP+H⁺ ⟶ 丙酮酸 +ATP	丙酮酸激酶	a	−31.4	−16.7

注:① $\Delta G^{\ominus\prime}$ 和 ΔG 是以 kJ/mol 为单位;ΔG 为实际的自由能变化,是根据 $\Delta G^{\ominus\prime}$ 和典型的生理条件下已知的反应物浓度计算出来的。②反应类型:a 代表磷酰基转移反应;b 代表磷酰基转位反应;c 代表异构化反应;d 代表脱水反应;e 代表醛醇裂解反应;f 代表与氧化作用偶联的磷酸化反应。

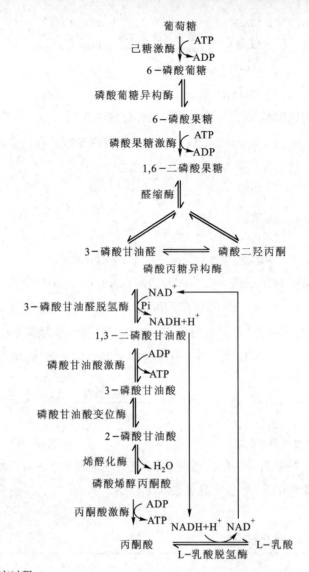

·**图 9-6** 糖酵解途径的反应过程

9.2.3 糖酵解途径的调控

糖酵解代谢途径中存在 3 个调控位点。

第一调控位点：由己糖激酶催化的葡萄糖转变成 6- 磷酸葡糖。己糖激酶的活性受其产物 6- 磷酸葡糖浓度调控，这一过程称为产物抑制。在哺乳动物细胞内，调控功能有两个目的。第一，如果细胞内有足够的 6- 磷酸葡糖供给能量需求，后续的葡萄糖磷酸化作用被减弱；第二，如果葡萄糖供给不断，而其磷酸化作用又被减弱，葡萄糖积累，血糖浓度增高。这使葡萄糖更利于被另一个磷酸化酶——葡糖激酶所利用。葡糖激酶是葡萄糖的特异酶，仅存在于肝中，催化葡萄糖生成 6- 磷酸葡糖。在正常情况下，所有的细胞都可以从血液中获取葡萄糖。己糖激酶有较低的 K_m 值（0.1 mmol/L），即使血糖浓度较低，它也能使葡萄糖快速进入细胞并转化为 6- 磷酸葡糖，再进入糖酵解途径。由于细胞需要能量，因此 6- 磷酸葡糖浓度升高，从而减弱己糖激酶的活性。若血糖浓度大量升高，在肝中葡糖激酶活性升高以维持葡萄糖流通。此时，己糖激酶已完全被葡萄糖饱和，而葡糖激酶只有在葡萄糖浓度大于其 K_m 值（10 mmol/L）时才能以接近最大反应速率的状态发挥作用。另外，葡糖激酶不受 6- 磷酸葡糖抑制。

第二调控位点：糖酵解途径的第三步由磷酸果糖激酶催化 6- 磷酸果糖生成 1,6- 二磷酸果糖。ADP 和 AMP 对磷酸果糖激酶有激活作用，而 ATP、NADH+H^+、柠檬酸和长链脂肪酸都能抑制磷酸果糖激酶的活性。当细胞处于低能状态时，ADP 和 AMP 含量较多，而 ATP 含量较少，此时，磷酸果糖激酶被激活，与底物 6- 磷酸果糖的亲和力较高。当细胞处于高能状态时，ATP 的含量较多，而 ADP 和 AMP 的含量较少，这时 ATP 与磷酸果糖激酶的调节部位结合，使酶的构象改变，酶与底物的亲和力降低，反应速率下降。6- 磷酸果糖有加速 1,6- 二磷酸果糖的合成作用，同时该化合物还能抑制酶水解作用。

第三调控位点：由丙酮酸激酶催化的磷酸烯醇丙酮酸生成丙酮酸的过程。1,6- 二磷酸果糖和磷酸烯醇丙酮酸是丙酮酸激酶的激活剂，ATP、柠檬酸和长链脂肪酸是丙酮酸激酶的抑制剂。丙酮酸激酶的调控方式类似于果糖激酶，在细胞处于高能状态时，这两种酶都受到抑制。在低能状态时，1,6- 二磷酸果糖能激活丙酮酸激酶。

糖酵解的调控位点、激活剂和抑制剂见表 9-2。

·表 9-2 糖酵解的调控位点、激活剂和抑制剂

调控位点	激活剂	抑制剂
己糖激酶	ATP	6- 磷酸葡糖、ADP
磷酸果糖激酶（限速酶）	ADP、AMP、1,6- 二磷酸果糖	ATP、柠檬酸、NADH、长链脂肪酸
丙酮酸激酶	1,6- 二磷酸果糖、磷酸烯醇丙酮酸	ATP、柠檬酸、长链脂肪酸

9.2.4 糖酵解化学计量

由 1 分子葡萄糖分解成两分子丙酮酸的过程可用下列反应式来表示：

$$葡萄糖 + 2NAD^+ + 2ADP + 2Pi \longrightarrow 2 丙酮酸 + 2ATP + 2NADH + 2H^+ + 2H_2O$$

本来由 1 分子葡萄糖降解生成 2 分子丙酮酸可以生成 4 分子 ATP，但从反应式可以看出，1 分子葡萄糖降解生成 2 分子丙酮酸的过程中，净生成 2 分子 ATP。这是由于葡萄糖磷酸化和 6- 磷酸果糖磷酸化各消耗 1 分子 ATP，则使整个糖酵解途径中净生成 2 分子 ATP。要注意的是，糖酵解途径中还产生 2 分子 NADH+H^+，后者如果进入呼吸链中，并彻底氧化，每分子 NADH+H^+ 还会生成约 2.5 分子 ATP。表 9-3 列出糖酵解过程中 ATP 的消耗量与产生量。

·表 9-3 糖酵解过程中 ATP 的消耗量与产生量

消耗或产生 ATP 的反应	每步反应 ATP 的消耗量或增加量
葡萄糖 $\longrightarrow$ 6- 磷酸葡糖	-1 ATP
6- 磷酸果糖 $\longrightarrow$ 1,6- 二磷酸果糖	-1 ATP
2×1,3- 二磷酸甘油酸 $\longrightarrow$ 2×3- 磷酸甘油酸	+2 ATP
2× 磷酸烯醇丙酮酸 $\longrightarrow$ 2× 丙酮酸	+2 ATP
总计	+2 ATP

9.2.5　糖酵解的生物学意义

糖酵解是生物界普遍存在的途径,为生物体提供一定的能量,但其释放的能量很少。1 mol 葡萄糖经过糖酵解只产生 2~3 mol ATP,产能水平很低。在正常的生理条件下,不是主要的供能途径,但在某些情况下,糖酵解有特殊的生理意义。例如,剧烈运动时,能量需求增加,糖分解加速,此时即使呼吸循环加快以增加氧的供应量,仍不能满足体内糖氧化所需要的能量,这时肌肉处于相对缺氧状态,必须通过糖酵解过程,以补充所需的能量,但这种剧烈运动导致血浆中的乳酸浓度成倍升高,从而导致剧烈运动后胳膊、腿脚酸疼。又如人们从平原地区进入高原地区的初期,由于缺氧,组织细胞也往往通过增强糖酵解获得额外的能量。

糖酵解的中间产物为生物合成提供原料,如丙酮酸可转变为氨基酸和磷酸二羟丙酮并合成甘油等。

糖酵解的逆过程则是糖异生作用的主要途径,凡是糖酵解的中间产物或能转变为此类中间产物的物质,如乳酸、甘油、氨基酸等,在氧化过程中生成的丙酮酸或草酰乙酸均可在肝中借助糖酵解的逆过程转变成葡萄糖。

9.3　丙酮酸的去路

糖酵解途径中生成的丙酮酸的去路取决于是否有氧。在无氧条件下,丙酮酸直接被 NADH+H$^+$ 还原,生成乳酸。另外,丙酮酸还能直接脱羧生成乙醛,然后在乙醇脱氢酶作用下由 NADH+H$^+$ 还原生成乙醇。在有氧条件下,丙酮酸通过三羧酸循环彻底氧化为 CO_2 和 H_2O(见 9.4 节"三羧酸循环")。

9.3.1　丙酮酸的无氧代谢

(1) 丙酮酸生成乳酸　在无氧条件下,丙酮酸在 L-乳酸脱氢酶(lactate dehydrogenase)作用下,由还原型辅酶 I 供给两个 H$^+$ 生成 L-乳酸,这两个氢来自 3-磷酸甘油醛脱下的两个 H$^+$。要注意的是,NAD$^+$ 在细胞内的含量是有限的。在糖酵解途径中,由 3-磷酸甘油醛脱下的两个 H$^+$ 使 NAD$^+$ 还原成 NADH+H$^+$,但 NADH 必须迅速被氧化成 NAD$^+$ 才能维持糖酵解继续进行,在血红细胞和肌红细胞中,NADH 的再氧化反应是通过丙酮酸被还原成乳酸的反应来完成的。生成的乳酸经特异的膜蛋白转运出细胞,随血液回流至肝,进行糖异生作用。哺乳动物细胞都含有乳酸脱氢酶,其酶活性随组织不同而异。

$$\begin{array}{c} \text{COOH} \\ | \\ \text{C=O} \\ | \\ \text{CH}_3 \\ \text{丙酮酸} \end{array} \quad \underset{\text{L-乳酸脱氢酶}}{\overset{\text{NADH+H}^+\qquad\text{NAD}^+}{\rightleftharpoons}} \quad \begin{array}{c} \text{COOH} \\ | \\ \text{HO-C-H} \\ | \\ \text{CH}_3 \\ \text{L-乳酸} \end{array}$$

(2) 丙酮酸生成乙醇　酵母中不含乳酸脱氢酶,只含有丙酮酸脱羧酶(pyruvate decarboxylase)。因此,丙酮酸在脱羧酶作用下,脱去羧基生成乙醛,进一步在乙醇脱氢酶(alcohol dehydrogenase)作用下,由 NADH 供给两个 H$^+$ 使乙醛还原生成乙醇。所以,在酵母中,NADH 的再氧化过程是通过丙酮酸脱羧酶和乙醇脱氢酶所催化的丙酮酸被还原成乙醇的反应来完成的。

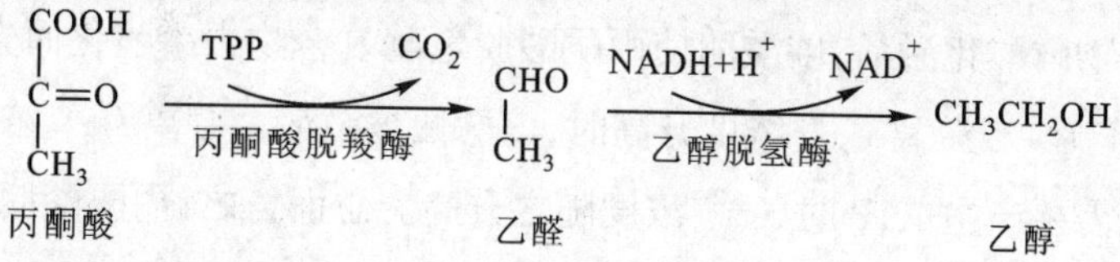

$$\underset{\text{丙酮酸}}{\overset{\displaystyle\text{COOH}}{\underset{\displaystyle\text{CH}_3}{|}}\overset{|}{\underset{|}{\text{C=O}}}} \xrightarrow[\text{丙酮酸脱羧酶}]{\text{TPP} \quad \text{CO}_2} \underset{\text{乙醛}}{\overset{\displaystyle\text{CHO}}{\underset{\displaystyle\text{CH}_3}{|}}} \xrightarrow[\text{乙醇脱氢酶}]{\text{NADH+H}^+ \quad \text{NAD}^+} \underset{\text{乙醇}}{\text{CH}_3\text{CH}_2\text{OH}}$$

9.3.2　丙酮酸的有氧代谢

糖酵解途径中生成的丙酮酸首先被转运到线粒体内,在有氧条件下先氧化脱羧生成乙酰CoA。然后,乙酰CoA进入三羧酸循环(TCA),进一步氧化成CO_2和H_2O。在上述各阶段中所产生NADH+H^+可经线粒体中的呼吸链传递,通过氧化磷酸化作用生成ATP。下面先介绍丙酮酸在线粒体内进行氧化脱羧生成乙酰CoA的生物化学过程。

(1) 丙酮酸的氧化过程　丙酮酸在有氧条件下进入线粒体内膜,在丙酮酸脱氢酶复合物(pyruvate dehydrogenase complex)作用下,氧化脱羧生成乙酰CoA。

$$\underset{\text{CH}_3}{\overset{\displaystyle\text{COOH}}{|}}\overset{|}{\underset{|}{\text{C=O}}} + \text{NAD}^+ \xrightarrow[\substack{\text{TPP, CoASH, S—S}\\\text{FAD, Mg}^{2+}\quad\quad L}]{\text{丙酮酸脱氢酶复合物}} \text{CH}_3\text{—}\overset{\displaystyle O}{\overset{\|}{\text{C}}}\text{~S—CoA} + \text{CO}_2 + \text{NADH} + \text{H}^+$$

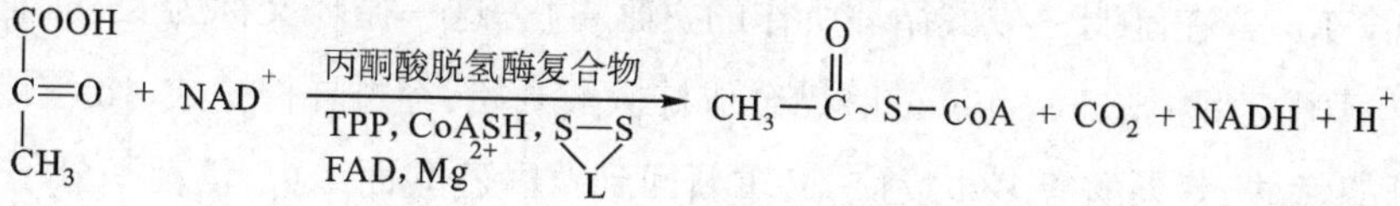

丙酮酸脱氢酶复合物是一种多酶复合物,由3种酶6种辅因子组成:酶包括丙酮酸脱氢酶(pyruvate dehydrogenase,或E_1)、二氢硫辛酰胺转乙酰基酶(dihydrolipoamide transacetylase,或E_2)和二氢硫辛酰胺脱氢酶(dihydrolipoamide dehydrogenase,或E_3);6种辅因子为TPP、CoASH、FAD、NAD^+、Mg^{2+}和硫辛酸(图9-7)。

第一步:丙酮酸在丙酮酸脱氢酶(E_1)作用下,脱去羧基并与焦磷酸硫胺素(TPP)作用生成羟乙基TPP和CO_2。第二步:羟乙基TPP在二氢硫辛酰胺转乙酰基酶(E_2)作用下,将乙酰基转移给CoA生成乙酰CoA,氧化型硫辛酸被转变成还原型硫辛酸。第三步:还原型6,8-二硫辛酸在二氢硫辛酰胺脱氢酶(E_3)作用下,脱去两个H^+使FAD生成$FADH_2$,$FADH_2$将两个氢转移给NAD^+生成NADH+H^+,$FADH_2$被氧化成FAD。丙酮酸最后生成乙酰CoA、还原型辅酶Ⅰ和二氧化碳。

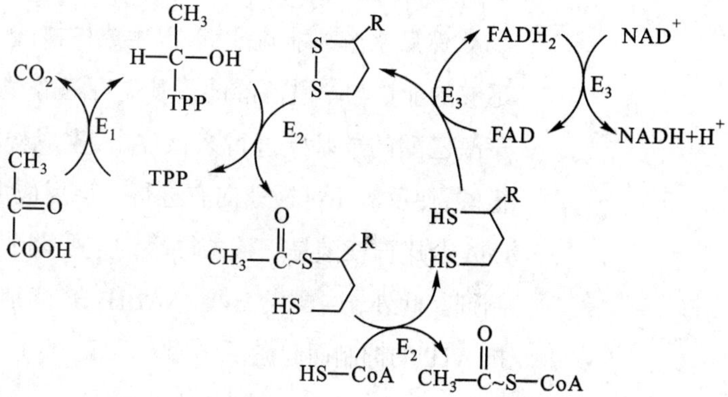

·图9-7　丙酮酸氧化脱羧机制

(2) 丙酮酸脱氢酶复合物的调控　丙酮酸脱氢酶复合物在丙酮酸转变成乙酰CoA过程中有不可替代的重要作用。乙酰CoA是三羧循环的入口物质。乙酰CoA既能合成脂肪酸,又能合成脂类物质。丙酮酸脱氢酶复合物的调控作用涉及两个方面的内容。

① 别构调控。由产物NADH和乙酰CoA与底物NAD^+和CoA竞争酶的活性部位,竞争性抑制该酶的活性。乙酰CoA抑制二氢硫辛酰胺转乙酰基酶(E_2)活性,而NADH抑制二氢硫辛酰胺脱氢酶(E_3)的活性。如果NADH/NAD^+和乙酰CoA/CoA的值较高,二氢硫辛酰胺转乙酰基酶则处于与乙酰基结合的形式,这时不可能接受丙酮酸脱氢酶(E_1)上经TPP结合的羟乙基,使丙酮酸脱氢酶上经TPP结合的羟乙基处于停留状态,从而抑制丙酮酸脱羧作用。

② 共价修饰调控。E_1的磷酸化和去磷酸化是使丙酮酸脱氢酶复合物激活和失活的重要方式。处于丙酮酸脱氢酶复合物核心部位E_2上结合这两种特殊的酶,一种是激酶,另一种是磷酸酶。激酶

使丙酮酸脱氢酶复合物磷酸化激活,磷酸酶使丙酮酸脱氢酶复合物去磷酸化而失活。同样,该磷酸酶的活性受 Ca^{2+} 浓度调节。当游离 Ca^{2+} 浓度升高时,该酶便被激活。游离 Ca^{2+} 浓度的变化取决细胞对 ATP 的需求。当细胞需要产生 ATP 时,Ca^{2+} 浓度随之升高。总而言之,丙酮酸脱氢酶复合物的活化或抑制受到多种因素的灵活调控。

9.4 三羧酸循环

9.4.1 三羧酸循环的化学历程

三羧酸循环(tricarboxylic acid cycle)首先是从柠檬酸开始的,又因为柠檬酸有 3 个羧基,所以称为三羧酸循环,简称 TCA 循环,或者称为柠檬酸循环。由于这一循环是德国科学家 Hans Krebs 在 1937 年发现的,为纪念 Krebs 在阐明三羧酸循环所作的贡献,过去这一循环又称为 Krebs 循环。三羧酸循环从乙酰 CoA 与草酰乙酸(oxaloacetic acid)缩合成柠檬酸开始,经过异柠檬酸、α- 酮戊二酸、琥珀酰 CoA、琥珀酸、延胡索酸、苹果酸等多步反应,又重新回到草酰乙酸而结束,消耗一分子乙酰 CoA,同时产生 CO_2、$NADH+H^+$、$FADH_2$、ATP 等物质。真核生物三羧酸循环在线粒体内膜上进行(见图 9–12),全部酶系位于线粒体基质中或内膜上,而原核生物三羧酸循环在细胞质膜上进行,全部酶系位于细胞质膜上。主要过程包括 8 步反应。

(1) 柠檬酸的生成　在柠檬酸合酶(citrate synthase)作用下,草酰乙酸与乙酰 CoA 缩合成柠檬酰 CoA,然后水解高能硫酯键,以生成柠檬酸,同时释放出 CoASH。乙酰 CoA 具有高能硫酯键,乙酰基有足够的能量与草酰乙酸的羧基进行醛醇型缩合。首先从 CH_3CO 基上解离出一个 H^+,生成的阴离子对草酰乙酸的羰基碳进行亲核攻击,生成柠檬酰 CoA 中间体,然后高能硫酯键水解并释放出游离的柠檬酸,使反应不可逆地向右进行。该反应由柠檬酸合酶催化,是很强的放能反应。由草酰乙酸和乙酰 CoA 合成柠檬酸是三羧酸循环的重要调节点,柠檬酸合酶是一个别构酶,ATP 是柠檬酸合酶的别构抑制剂。此外,α- 酮戊二酸、$NADH+H^+$ 能别构抑制其活性,长链脂酰 CoA 也可抑制它的活性,AMP 可拮抗 ATP 的抑制而起激活作用。

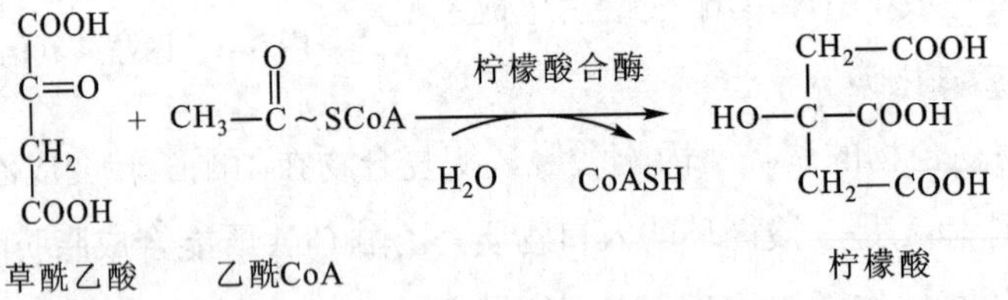

草酰乙酸　乙酰CoA　柠檬酸

(2) 柠檬酸生成异柠檬酸　在顺乌头酸酶(aconitase)作用下,柠檬酸脱下 1 分子 H_2O 而生成顺乌头酸。顺乌头酸在顺乌头酸酶作用下加上 1 分子 H_2O 生成异柠檬酸。

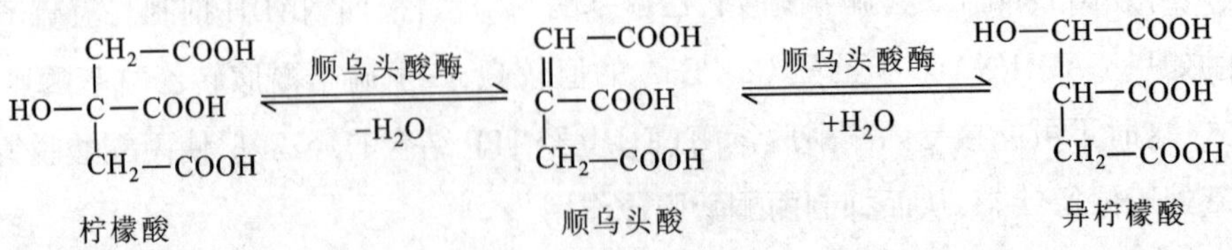

柠檬酸　顺乌头酸　异柠檬酸

(3) 异柠檬酸生成 α- 酮戊二酸　在异柠檬酸脱氢酶(isocitrate dehydrogenase)作用下,异柠檬酸脱下两个 H^+ 使 NAD^+ 生成 $NADH+H^+$,同时异柠檬酸生成草酰琥珀酸,草酰琥珀酸很不稳定,在

Mg^{2+} 或 Mn^{2+} 协助下脱去羧基,而生成 α- 酮戊二酸。这个酶是别构酶,受 $NADH+H^+$ 和 ATP 抑制,被 NAD^+、ADP 和 AMP 激活。这一反应在生理条件下不可逆。

$$HO-CH-COOH \atop CH-COOH \atop CH_2-COOH \xrightarrow[NAD^+ \quad NADH+H^+]{异柠檬酸脱氢酶} O=C-COOH \atop CH-COOH \atop CH_2-COOH \xrightarrow{CO_2} C=O \atop CH_2 \atop CH_2 \atop COOH \atop (COOH)$$

异柠檬酸 　　　　草酰琥珀酸 　　　　α- 酮戊二酸

(4) α- 酮戊二酸生成琥珀酰 CoA　　α- 酮戊二酸在 α- 酮戊二酸脱氢酶复合物(α-ketoglutarate dehydrogenase complex)作用下,脱氢、脱羧而生成琥珀酰 CoA。这个反应酶复合物与丙酮酸脱氢酶复合物十分相似,有 3 种酶,即 α- 酮戊二酸脱氢酶(E_1)、二氢硫辛酰胺转琥珀酰基酶(dihydrolipoamide transsuccinylase,E_2)、二氢硫辛酰胺脱氢酶(dihydrolipoamide dehydrogenase,E_3) 和 6 种辅因子 TPP、CoA、FAD、NAD^+、Mg^{2+} 和氧化型 6,8- 二硫辛酸组成多酶复合物,此反应也是不可逆的,反应受产物 NADH、琥珀酰 CoA、ATP、GTP 的反馈抑制。

$$COOH \atop C=O \atop CH_2 \atop CH_2 \atop COOH + NAD^+ \xrightarrow[TPP, CoASH, FAD, Mg^{2+}]{α-酮戊二酸脱氢酶复合物} COOH \atop CH_2 \atop CH_2 \atop CO{\sim}SCoA + NADH + H^+ + CO_2$$

α- 酮戊二酸 　　　　　　　　　　琥珀酰CoA

(5) 琥珀酰 CoA 生成琥珀酸　　在琥珀酰 CoA 合成酶(succinyl–CoA synthetase),也称为琥珀酸硫激酶(succinate thiokinase)作用下,水解琥珀酰 CoA 的硫酯键,同时释放出一个高能磷酸酯键,交给 GDP 生成一个 GTP。GTP 可将高能磷脂键转移给 ADP 生成 ATP。这是三羧酸循环中唯一的底物水平磷酸化反应。

$$COOH \atop CH_2 \atop CH_2 \atop CO{\sim}SCoA \xrightleftharpoons[GDP+Pi \quad GTP \quad CoASH]{琥珀酰CoA合成酶} COOH \atop CH_2 \atop CH_2 \atop COOH$$

琥珀酰CoA 　　　　　　　琥珀酸

(6) 琥珀酸生成延胡索酸　　琥珀酸脱氢酶(succinate dehydrogenase)催化琥珀酸氧化成为延胡索酸。该酶结合在线粒体内膜上,而其他三羧酸循环的酶则都是存在线粒体基质中。该酶含有与铁硫中心共价结合的 FAD,来自琥珀酸的电子通过 FAD 和铁硫中心,然后进入电子传递链到分子氧,丙二酸是琥珀酸的相似物,是琥珀酸脱氢酶强有力的竞争性抑制物,可以阻断三羧酸循环。琥珀酸在琥珀酸脱氢酶作用下,脱下两个 H^+ 交给 FAD 生成 $FADH_2$,琥珀酸脱氢后生成延胡索酸(反丁烯二酸),该酶受草酰乙酸和丙二酸的抑制,任何引起草酰乙酸积累的因素都能抑制该酶的活性,这种现象称为反馈抑制现象。

$$COOH \atop CH_2 \atop CH_2 \atop COOH \xrightleftharpoons[FAD \quad FADH_2]{琥珀酸脱氢酶} COOH \atop CH \atop \| \atop CH \atop COOH$$

琥珀酸 　　　　　　　延胡索酸

(7) 延胡索酸生成苹果酸　延胡索酸在延胡索酸酶(fumarase)作用下加水生成苹果酸,延胡索酸酶仅对反式双键的延胡索酸起作用,而对顺丁烯二酸(马来酸)则无催化作用,具有结构异构专一性。

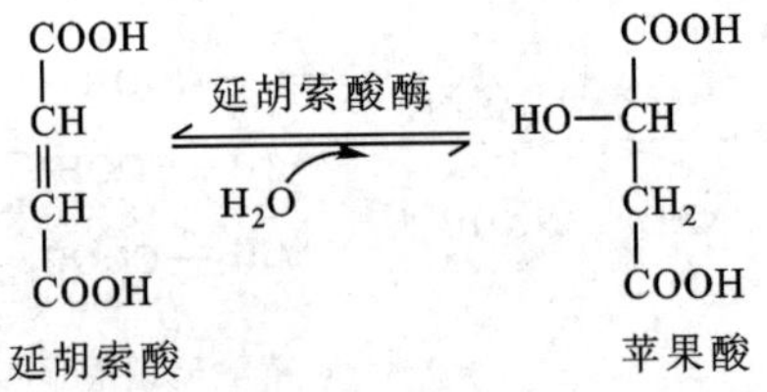

$$\underset{\text{延胡索酸}}{\begin{array}{c}COOH\\|\\CH\\\|\|\\CH\\|\\COOH\end{array}} \xrightleftharpoons[H_2O]{\text{延胡索酸酶}} \underset{\text{苹果酸}}{\begin{array}{c}COOH\\|\\HO-CH\\|\\CH_2\\|\\COOH\end{array}}$$

(8) 苹果酸生成草酰乙酸　在苹果酸脱氢酶(malate dehydrogenase)作用下,苹果酸脱下两个 H^+ 生成草酰乙酸(oxaloacetic acid),脱下的 H^+ 交给 NAD^+ 生成 $NADH+H^+$。

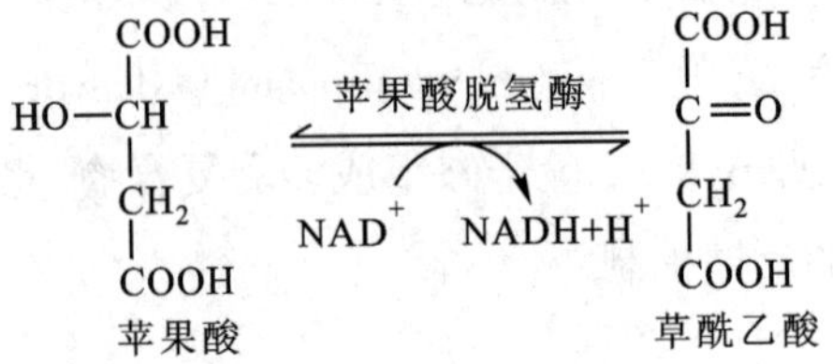

$$\underset{\text{苹果酸}}{\begin{array}{c}COOH\\|\\HO-CH\\|\\CH_2\\|\\COOH\end{array}} \xrightleftharpoons[NAD^+\quad NADH+H^+]{\text{苹果酸脱氢酶}} \underset{\text{草酰乙酸}}{\begin{array}{c}COOH\\|\\C=O\\|\\CH_2\\|\\COOH\end{array}}$$

整个三羧酸循环反应过程如表9-4和图9-8所示。

·表9-4　三羧酸循环的反应

步骤	反 应	酶	辅因子
1	乙酰 CoA + 草酰乙酸 + H_2O ⟶ 柠檬酸 + CoASH	柠檬酸合酶	CoASH
2	柠檬酸 ⟷ 异柠檬酸	顺乌头酸酶	Fe^{2+}
3	异柠檬酸 + NAD^+ ⟶ 草酰琥珀酸 + NADH + H^+	异柠檬酸脱氢酶	NAD^+、Mg^{2+}
	草酰琥珀酸 ⟶ α- 酮戊二酸 + CO_2	—	—
4	α- 酮戊二酸 + CoASH + NAD^+ ⟶ 琥珀酰 CoA + NADH + H^+ + CO_2	α- 酮戊二酸脱氢酶复合物	CoASH、NAD^+、硫辛酸、TPP、FAD、Mg^{2+}
5	琥珀酰 CoA + GDP + Pi ⟷ GTP + 琥珀酸 + CoASH	琥珀酰 CoA 合成酶	CoASH、GDP、GTP
6	琥珀酸 + FAD ⟷ 延胡索酸 + $FADH_2$	琥珀酸脱氢酶	FAD
7	延胡索酸 + H_2O ⟷ 苹果酸	延胡索酸酶	—
8	苹果酸 + NAD^+ ⟷ 草酰乙酸 + NADH + H^+	苹果酸脱氢酶	NAD^+

总反应:乙酰 CoA + $3NAD^+$ + FAD + GDP + Pi + $2H_2O$ ⟶ 3NADH + $3H^+$ + $FADH_2$ + $2CO_2$ + GTP + CoASH。

9.4.2　三羧酸循环的调控

三羧酸循环中有3个调控位点,分别是柠檬酸合酶催化的第一步反应、异柠檬酸脱氢酶催化的第三步反应、α- 酮戊二酸脱氢酶复合物催化的第四步反应。

(1) 第一个调控位点　柠檬酸合酶催化乙酰 CoA 与草酰乙酸缩合生成柠檬酸,这一反应不可逆,因为这里有一个水解高能硫酯键的放能反应。柠檬酸合酶活性受 $NADH + H^+$、琥珀酰 CoA、柠檬酸和 ATP 抑制,受 ADP 激活。

(2) 第二个调控位点　由异柠檬酸脱氢酶催化的异柠檬酸氧化脱氢、脱羧生成 α- 酮戊二酸、CO_2 和 $NADH+H^+$。这步反应在生理条件下不可逆地向 α- 酮戊二酸方向进行。异柠檬酸脱氢酶是

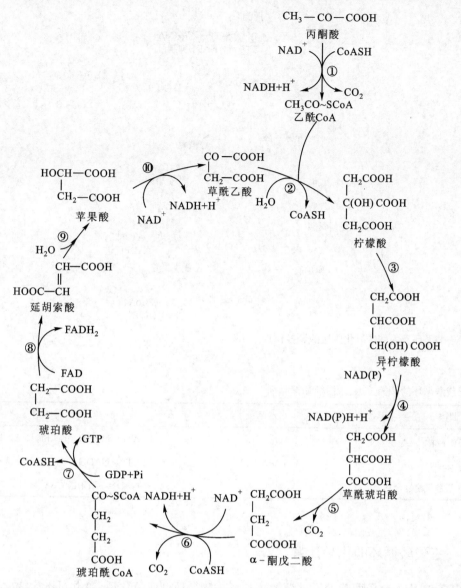

·**图 9-8 三羧酸循环(TCA)反应过程**

① 丙酮酸脱氢酶复合物;②柠檬酸合酶;③顺乌头酸酶;④⑤异柠檬酸脱氢酶;⑥ α-酮戊二酸脱氢酶复合物;⑦琥珀酰 CoA 合成酶;⑧琥珀酸脱氢酶;⑨延胡索酸酶;⑩苹果酸脱氢酶

一个别构酶,受 ADP 和 Ca^{2+} 激活。当 ATP 浓度升高时,异柠檬酸脱氢酶受到抑制,三羧酸循环反应速率减慢,柠檬酸积累,这主要因为是柠檬酸生成异柠檬酸是一个可逆反应,柠檬酸约占 93%,而异柠檬酸只占 7%。由于异柠檬酸脱氢酶受到抑制,导致柠檬酸浓度增大,这时特异转运蛋白将柠檬酸运出线粒体,进入基质,抑制糖酵解中的两个关键酶:磷酸果糖激酶和丙酮酸激酶。另外,柠檬酸在柠檬酸裂合酶作用下裂解成乙酰 CoA 和草酰乙酸,乙酰 CoA 同时激活丙酮酸羧化酶,使丙酮酸羧化,进行糖的异生,而乙酰 CoA 又可参加脂肪酸合成。

(3) 第三个调控位点　是由 α-酮戊二酸脱氢酶复合物催化的 α-酮戊二酸生成琥珀酰 CoA 的反应,这个多酶复合物活性受反应产物 NADH+H[+] 和琥珀酰 CoA 抑制,受 Ca^{2+} 促进。

三羧酸循环及丙酮酸氧化脱羧的调控位点见图 9-9,三羧酸循环的调控位点、激活剂和抑制剂见表 9-5。

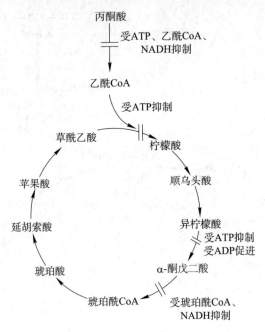

·图 9-9　三羧酸循环及丙酮酸氧化脱羧的调控位点

·表 9-5　三羧酸循环的调控位点、激活剂和抑制剂

调控位点	激活剂	抑制剂
柠檬酸合酶（限速酶）	ADP	ATP、NADH、琥珀酰 CoA、柠檬酸
异柠檬酸脱氢酶	ADP、Ca^{2+}	ATP、NADH
α- 酮戊二酸脱氢酶复合物	Ca^{2+}	NADH、琥珀酰 CoA

9.4.3　三羧酸循环的化学计量

在有氧条件下, 1 分子葡萄糖经过糖酵解和三羧酸循环彻底氧化后, 总共可产生 32 分子（原核细胞）或 30 分子 ATP（真核细胞）。其中, 以三羧酸循环中产生的 ATP 最多。各阶段产生的 ATP 量见表 9-6。

·表 9-6　葡萄糖在原核细胞内彻底氧化所产生的 ATP 量

反应顺序		1 分子葡萄糖氧化产生 ATP 分子的数目
糖酵解途径		
葡萄糖 ⟶ 6- 磷酸葡糖		−1 ATP
6- 磷酸果糖 ⟶ 1，6- 二磷酸果糖		−1 ATP
3- 磷酸甘油醛脱氢	$2 \times NADH + H^+$	+2.5 ATP×2
1，3- 二磷酸甘油酸 ⟶ 3- 磷酸甘油酸（底物水平磷酸化）		+1 ATP×2
磷酸烯醇丙酮酸 ⟶ 丙酮酸（底物水平磷酸化）		+1 ATP×2
糖酵解（基质）（小计）		+7 ATP
丙酮酸氧化脱羧		
丙酮酸 ⟶ 乙酰 CoA	$2 \times NADH + H^+$	+2.5×2 ATP

反应顺序	1分子葡萄糖氧化产生 ATP 分子的数目	
丙酮酸氧化脱羧（线粒体）（小计）		+5 ATP
三羧酸循环		
异柠檬酸 ——→ α- 酮戊二酸	$2 \times NADH+H^+$	+2.5 ATP × 2
α- 酮戊二酸 ——→ 琥珀酰 CoA	$2 \times NADH+H^+$	+2.5 ATP × 2
琥珀酰 CoA ——→ 琥珀酸（底物水平磷酸化）	$2 \times GTP$	+1 ATP × 2
琥珀酸 ——→ 延胡索酸	$2 \times FADH_2$	+1.5 ATP × 2
苹果酸 ——→ 草酰乙酸	$2 \times NADH+H^+$	+2.5 ATP × 2
三羧酸循环（线粒体）（小计）		+20 ATP
净生成 ATP 分子（共计）		+32 ATP

从表 9-6 可以看出 1 分子葡萄糖经过呼吸链彻底氧化成 CO_2 和 H_2O，伴随产生 32 分子 ATP，可简单表示为下式：

$$C_6H_{12}O_6 + 6O_2 + 32ADP + 32Pi \longrightarrow 6CO_2 + 6H_2O + 32ATP$$

$$C_6H_{12}O_6 + 6O_2 \longrightarrow 6CO_2 + 6H_2O + 2\ 867\ kJ/mol$$

从上式可以计算出，1 mol 葡萄糖经彻底氧化可产生 2 867 kJ 能量，而形成 1 mol ATP 分子需要的能量为 30.5 kJ，因此，$(30.5 \times 32)/2\ 867=0.340\ 4$，能量利用率约为 34.04%。

9.4.4 三羧酸循环的特点

(1) 三羧酸循环从草酰乙酸和乙酰 CoA 缩合生成柠檬酸开始到草酰乙酸结束，每循环一周消耗一个乙酰 CoA。在这个循环中有 2 次脱羧（产生 CO_2），4 次脱氢（3 次产生 NADH+H⁺，1 次产生 $FADH_2$），1 次底物水平磷酸化（产生 GTP）。

(2) 三羧酸循环必须在有氧条件下才能顺利进行。如果没有氧，脱下的 H⁺ 无法进入呼吸链彻底氧化。

(3) 因为在反应中 1、3、4 步反应不可逆，而且在循环中也没有绕过这 3 步的酶，所以该循环不可逆。

(4) 该途径在真核细胞内定位于线粒体，在原核生物中定位于细胞质膜上。

9.4.5 三羧酸循环的生物学意义

(1) 为生物体提供大量的能量。1 mol 葡萄糖经糖酵解途径三羧酸循环，可获得约 32 分子的 ATP，其中三羧酸循环就产生 20 分子 ATP。这些 ATP 可用于各种生物合成或生物体做功。

(2) 三羧酸循环的中间产物为其他物质合成提供原料。例如，为脂肪酸合成提供乙酰 CoA，为谷氨酸和天冬氨酸合成分别提供 α- 酮戊二酸和草酰乙酸的碳骨架。

(3) 三羧酸循环是糖类、脂质、蛋白质和核酸等代谢的枢纽。生物体内各种大分子物质要彻底氧化都需要经过三羧酸循环。凡是能转变成乙酰 CoA、α- 酮戊二酸、草酰乙酸、琥珀酰 CoA 等三羧酸循环的中间产物都可经过三羧酸循环彻底氧化分解。因此，三羧酸循环是糖类、脂质、蛋白质等各种大分子最终分解代谢的共同途径。

9.4.6 草酰乙酸的回补

三羧酸循环能够正常运行，主要依靠草酰乙酸接受乙酰 CoA。在理论上，草酰乙酸不被消耗，但由于生物代谢各个途径之间相互关联，草酰乙酸有可能不断地被输出和利用。一旦草酰乙酸浓度下降至一定程度，就会直接影响三羧酸循环正常运转。但是，生物细胞可以通过以下 4 个途径对草酰乙酸及时进行补充，称为草酰乙酸的回补。

(1) 丙酮酸生成草酰乙酸　丙酮酸在丙酮酸羧化酶（pyruvate carboxylase）催化下，在生物素、CO_2、ATP 参与下生成草酰乙酸。

丙酮酸　草酰乙酸

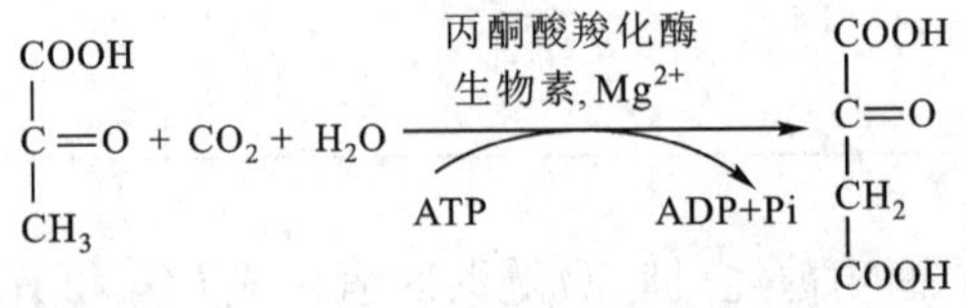

(2) 磷酸烯醇丙酮酸生成草酰乙酸　植物和细菌中存在一种磷酸烯醇丙酮酸羧化酶，该酶能催化磷酸烯醇丙酮酸生成草酰乙酸。该酶不需要生物素，也不需要 ATP。在植物中，磷酸烯醇丙酮酸羧化酶可以为三羧酸循环补充草酰乙酸。

磷酸烯醇丙酮酸　草酰乙酸

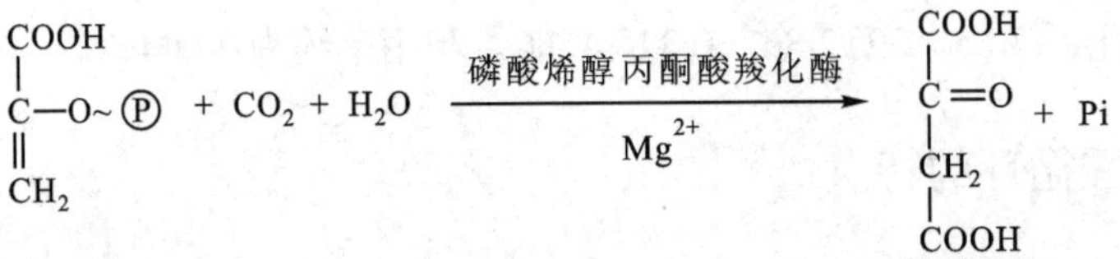

(3) 苹果酸酶（malic enzyme）催化丙酮酸羧化生成苹果酸　该反应在基质中进行，主要在糖异生途径中，生成的苹果酸可以通过专一性载体进入线粒体内。

丙酮酸　苹果酸

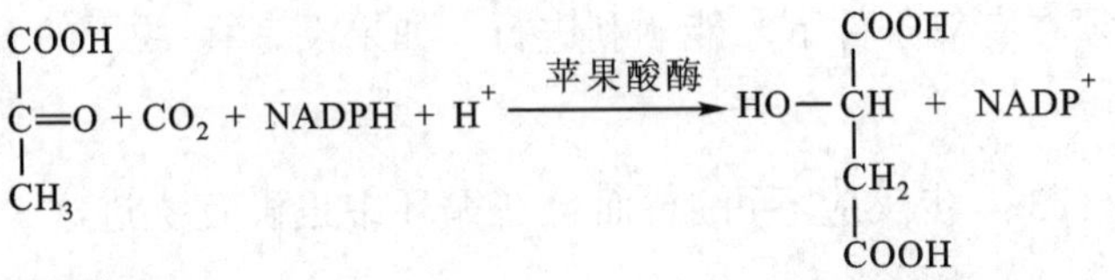

(4) 天冬氨酸在谷草转氨酶（glutamic-oxaloacetic transaminase，GOT）作用下与 α－酮戊二酸进行转氨基作用，生成草酰乙酸和谷氨酸。这里需要维生素 B_6 作为辅酶（即磷酸吡哆醛）参加。

天冬氨酸　α－酮戊二酸　草酰乙酸　谷氨酸

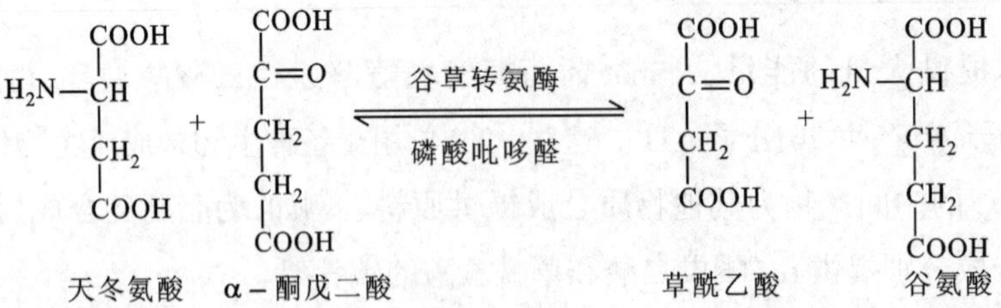

9.5 磷酸戊糖途径

糖酵解和三羧酸循环是生物体内糖有氧分解的主要途径，但这一途径是否为唯一途径？研究表明，当反应物中加入碘乙酸或氟化物后，糖酵解和三羧酸循环被抑制，但葡萄糖氧化仍可进行。这就表明除上述途径外，葡萄糖的氧化分解还存在其他途径。20 世纪 50 年代，科学家们发现 6- 磷酸葡糖可以转变成 5- 磷酸核酮糖和 CO_2，通过研究终于确定一系列的中间反应过程。由于这条途径涉及磷酸戊糖，因此称为磷酸戊糖途径（pentose phosphate pathway，PPP）或称磷酸己糖途径（hexose monophosphate pathway，HMP）。HMP 途径存在于细胞质内。

9.5.1 磷酸戊糖途径的化学历程

磷酸戊糖途径可分为氧化和非氧化两个阶段。第一阶段为 6- 磷酸葡糖氧化脱羧阶段，包括 3 个反应。

(1) 6- 磷酸葡糖生成 6- 磷酸葡糖酸内酯 6- 磷酸葡糖在 6- 磷酸葡糖脱氢酶（glucose 6-phosphate dehydrogenase）作用下脱去 2 个 H^+，生成 6- 磷酸葡糖酸内酯，这个反应以 $NADP^+$ 为辅酶。

6－磷酸葡糖　　6－磷酸葡糖酸内酯

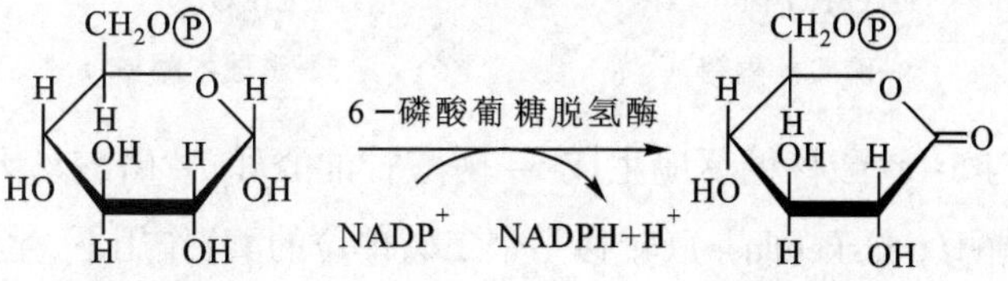

(2) 6- 磷酸葡糖酸内酯生成 6- 磷酸葡糖酸 6- 磷酸葡糖酸内酯在 6- 磷酸葡糖酸内酯酶（6-phosphogluconolactonase）作用下，生成 6- 磷酸葡糖酸。这个反应不可逆，同时需要 Mg^{2+} 参与。

6－磷酸葡糖酸内酯　　6－磷酸葡糖酸

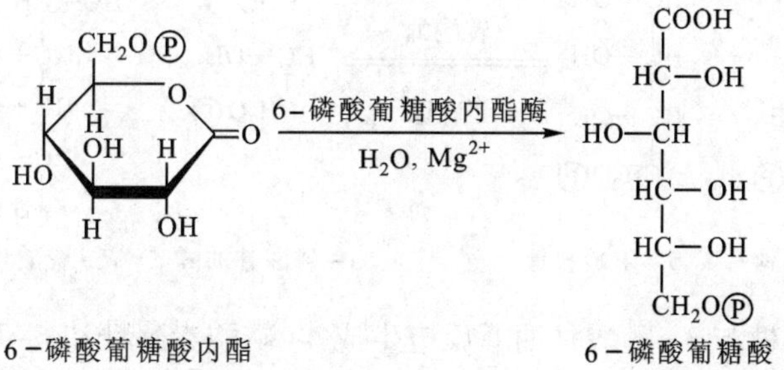

(3) 6- 磷酸葡糖酸生成 5- 磷酸核酮糖 6- 磷酸葡糖酸在 6- 磷酸葡糖酸脱氢酶（6-phosphogluconate dehydrogenase）作用下，脱氢、脱羧生成 5- 磷酸核酮糖，这个反应的辅酶是 $NADP^+$，并且需要 Mg^{2+} 参与，反应不可逆。

6－磷酸葡糖酸　　5－磷酸核酮糖

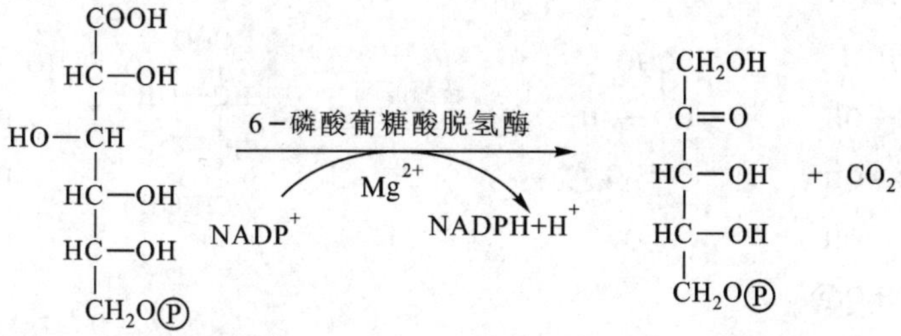

第二阶段为非氧化阶段，包括 5 步反应。

(4) 5- 磷酸核酮糖生成 5- 磷酸核糖 5- 磷酸核酮糖在磷酸戊糖异构酶（phosphate pentose isomerase）作用下，生成 5- 磷酸核糖。

$$
\begin{array}{ccc}
\text{CH}_2\text{OH} & & \text{CHO} \\
| & & | \\
\text{C}=\text{O} & & \text{HC}-\text{OH} \\
| & \xrightleftharpoons{\text{磷酸戊糖异构酶}} & | \\
\text{HC}-\text{OH} & & \text{HC}-\text{OH} \\
| & & | \\
\text{HC}-\text{OH} & & \text{HC}-\text{OH} \\
| & & | \\
\text{CH}_2\text{O}\ⓅP & & \text{CH}_2\text{O}\ⓅP
\end{array}
$$

5-磷酸核酮糖　　　　　　　　　　5-磷酸核糖

(5) 5-磷酸核酮糖生成 5-磷酸木酮糖　5-磷酸核酮糖在磷酸戊糖差向异构酶(phosphate pentose epimerase)作用下,生成 5-磷酸木酮糖。

$$
\begin{array}{ccc}
\text{CH}_2\text{OH} & & \text{CH}_2\text{OH} \\
| & & | \\
\text{C}=\text{O} & & \text{C}=\text{O} \\
| & \xleftarrow{\text{磷酸戊糖差向异构酶}} & | \\
\text{HC}-\text{OH} & & \text{HO}-\text{C} \\
| & & | \\
\text{HC}-\text{OH} & & \text{HC}-\text{OH} \\
| & & | \\
\text{CH}_2\text{O}\ⓅP & & \text{CH}_2\text{O}\ⓅP
\end{array}
$$

5-磷酸核酮糖　　　　　　　　　　5-磷酸木酮糖

(6) 5-磷酸木酮糖与 5-磷酸核糖反应生成 3-磷酸甘油醛和 7-磷酸景天庚酮糖　5-磷酸木酮糖与 5-磷酸核糖在转酮酶(transketolase)(转移一个二碳单位的酶)作用下,生成 3-磷酸甘油醛和 7-磷酸景天庚酮糖。该反应的辅酶为焦磷酸硫胺素(TPP)。

$$
\begin{array}{c}
\text{5-磷酸木酮糖} + \text{5-磷酸核糖} \xrightleftharpoons[\text{TPP,Mg}^{2+}]{\text{转酮酶}} \text{3-磷酸甘油醛} + \text{7-磷酸景天庚酮糖}
\end{array}
$$

5-磷酸木酮糖　　5-磷酸核糖　　　　3-磷酸甘油醛　　7-磷酸景天庚酮糖

(7) 7-磷酸景天庚酮糖与 3-磷酸甘油醛反应生成 4-磷酸赤藓糖和 6-磷酸果糖　7-磷酸景天庚酮糖与 3-磷酸甘油醛在转醛醇酶(transaldolase)(转移一个三碳单位的酶)作用下,把景天庚酮糖上的二羟丙酮转移给 3-磷酸甘油醛,生成 4-磷酸赤藓糖和 6-磷酸果糖。

$$
\begin{array}{c}
\text{7-磷酸景天庚酮糖} + \text{3-磷酸甘油醛} \xrightarrow{\text{转醛醇酶}} \text{4-磷酸赤藓糖} + \text{6-磷酸果糖}
\end{array}
$$

7-磷酸景天庚酮糖　　3-磷酸甘油醛　　　　4-磷酸赤藓糖　　6-磷酸果糖

(8) 5-磷酸木酮糖与 4-磷酸赤藓糖反应生成 6-磷酸果糖和 3-磷酸甘油醛　5-磷酸木酮糖与 4-磷酸赤藓糖在转酮酶作用下,生成 6-磷酸果糖和 3-磷酸甘油醛,辅酶为 TPP,也需要 Mg^{2+} 参加。

$$
\begin{array}{c}
\text{CH}_2\text{OH} \\
| \\
\text{C}=\text{O} \\
| \\
\text{HO—CH} \\
| \\
\text{HC—OH} \\
| \\
\text{CH}_2\text{O—}\textcircled{P}
\end{array}
\quad + \quad
\begin{array}{c}
\text{CHO} \\
| \\
\text{HC—OH} \\
| \\
\text{HC—OH} \\
| \\
\text{CH}_2\text{O—}\textcircled{P}
\end{array}
\quad
\underset{\text{TPP,Mg}^{2+}}{\overset{\text{转酮酶}}{\rightleftharpoons}}
\quad
\begin{array}{c}
\text{CH}_2\text{OH} \\
| \\
\text{C}=\text{O} \\
| \\
\text{HO—CH} \\
| \\
\text{HC—OH} \\
| \\
\text{HC—OH} \\
| \\
\text{CH}_2\text{O—}\textcircled{P}
\end{array}
\quad + \quad
\begin{array}{c}
\text{CHO} \\
| \\
\text{HC—OH} \\
| \\
\text{CH}_2\text{O—}\textcircled{P}
\end{array}
$$

5-磷酸木酮糖　　　4-磷酸赤藓糖　　　　　　　　　　6-磷酸果糖　　　3-磷酸甘油醛

图 9-10 和表 9-7 总结磷酸戊糖途径反应过程。

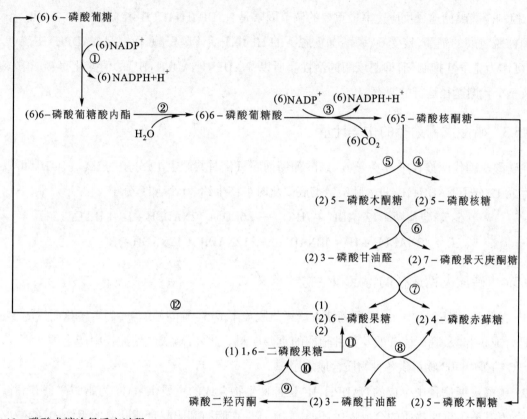

·图 9-10　磷酸戊糖途径反应过程

①6-磷酸葡糖脱氢酶；②6-磷酸葡糖酸内酯酶；③6-磷酸葡糖酸脱氢酶；④磷酸戊糖异构酶；⑤磷酸戊糖差向异构酶；⑥转酮酶；⑦转醛醇酶；⑧转酮酶；⑨磷酸丙糖异构酶；⑩醛缩酶；⑪磷酸果糖酯酶；⑫磷酸葡糖异构酶

·表 9-7　磷酸戊糖途径的反应

步骤		反　应	酶
不可逆的氧化阶段	1	6-磷酸葡糖 + NADP$^+$ ⟶ 6-磷酸葡糖酸内酯 + NADPH + H$^+$	6-磷酸葡糖脱氢酶
	2	6-磷酸葡糖酸内酯 + H$_2$O ⟶ 6-磷酸葡糖酸	6-磷酸葡糖酸内酯酶
	3	6-磷酸葡糖酸 + NADP$^+$ ⟶ 5-磷酸核酮糖 + CO$_2$ + NADPH + H$^+$	6-磷酸葡糖酸脱氢酶
可逆的非氧化阶段	4	5-磷酸核酮糖 ⇌ 5-磷酸核糖	磷酸核糖异构酶
	5	5-磷酸核酮糖 ⇌ 5-磷酸木酮糖	磷酸戊糖差向异构酶
	6	5-磷酸木酮糖 + 5-磷酸核糖 ⇌ 3-磷酸甘油醛 + 7-磷酸景天庚酮糖	转酮酶
	7	7-磷酸景天庚酮糖 + 3-磷酸甘油醛 ⇌ 4-磷酸赤藓糖 + 6-磷酸果糖	转醛醇酶
	8	5-磷酸木酮糖 + 4-磷酸赤藓糖 ⇌ 6-磷酸果糖 + 3-磷酸甘油醛	转酮酶

从图 9-10 清晰可见,在磷酸戊糖途径中,若以 6 个分子的 6- 磷酸葡糖同时进入该途径进行氧化分解,可产生 6 分子的 CO_2 和 5 分子的 6- 磷酸果糖,而 6- 磷酸果糖在磷酸葡糖异构酶(图 9-10⑫)作用下转化成 6- 磷酸葡糖。总的结果为消耗 1 分子 6- 磷酸葡糖,产生 12 分子的 $NADPH+H^+$。磷酸戊糖途径的总反应式如下:

$$6-磷酸葡糖 + 12NADP^+ + 7H_2O \longrightarrow 6CO_2 + 12NADPH + H^+ + H_3PO_4$$

9.5.2 磷酸戊糖途径的调控

在磷酸戊糖途径中,第一步反应是由 6- 磷酸葡糖脱氢酶催化的一个不可逆反应,也是一个限速步骤。控制磷酸戊糖途径反应速率最重要的调节因素是 $NADP^+/(NADPH+H^+)$ 的水平。$NADP^+$ 作为 6- 磷酸葡糖脱氢酶的辅酶,接受 6- 磷酸葡糖脱下的 H^+ 并激活该脱氢酶,而一旦 $NADPH+H^+$ 浓度相对较高,可作为竞争性抑制剂,抑制该酶的活性。所以,$NADP^+/(NADPH+H^+)$ 的值变化直接影响该酶的活性及整个代谢途径运行的速率。

9.5.3 磷酸戊糖途径的化学计量

在磷酸戊糖代谢途径中,1 分子 6- 磷酸葡糖彻底氧化时共产生 12 分子的 $NADPH+H^+$,可以通过转化生成 12 分子 $NADH+H^+$,进入呼吸链彻底氧化时可产生约 30 个 ATP 分子。

$$6-磷酸葡糖 + 12NADP^+ + 7H_2O \longrightarrow 6CO_2 + 12NADPH + H^+ + H_3PO_4$$

$$12NADPH + H^+ + 12NAD^+ \longrightarrow 12NADP^+ + 12NADH + H^+$$

9.5.4 磷酸戊糖途径的特点和生物学意义

(1) 在磷酸戊糖途径中,6- 磷酸葡糖直接氧化脱羧生成 5- 磷酸核酮糖,后者转化而成的 5- 磷酸核糖是合成核苷酸、脱氧核苷酸及各种辅酶的重要原料。此外,磷酸戊糖途径中产生的各种 3C、4C、6C 和 7C 糖等中间产物可供各种物质合成之用。

(2) 磷酸戊糖途径中生成的 $NADPH+H^+$ 是各种生物合成的重要供氢体,为脂肪酸、胆固醇、类固醇激素、氨基酸等重要物质的合成提供还原力。所以,在脂肪和固醇合成旺盛的组织中,磷酸戊糖途径是比较活跃的。

(3) 磷酸戊糖途径参与动植物的生物和非生物的抗逆性。磷酸戊糖途径中产生的 $NADPH+H^+$ 可使氧化型谷胱甘肽转变成还原型谷胱甘肽。在动物中,还原型谷胱甘肽能阻止红细胞膜上不饱和脂肪酸的氧化,避免细胞膜氧化损伤。在植物中,当叶片受到病虫害或机械伤害时,磷酸戊糖途径活性增强,导致受伤部位呼吸作用增强,抗性物质合成能力增大。

图 9-11 总结葡萄糖的主要分解代谢途径(EMP、TCA、PPP 等)。

图 9-12 表示的是动物和植物细胞区别及 EMP、TCA 和 PPP 各途径的反应定位。

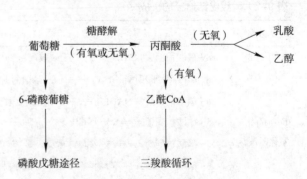

·图 9-11　葡萄糖的主要分解代谢途径关系图

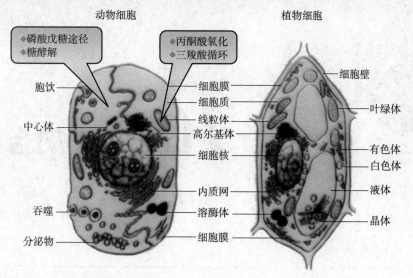

動物細胞　　　　　　　　　植物細胞

◆磷酸戊糖途径
◆糖酵解

◆丙酮酸氧化
◆三羧酸循环

胞饮　　　　　　　　　　　细胞膜
　　　　　　　　　　　　　细胞质
中心体　　　　　　　　　　线粒体
　　　　　　　　　　　　　高尔基体
　　　　　　　　　　　　　细胞核

吞噬　　　　　　　　　　　内质网
　　　　　　　　　　　　　溶酶体
分泌物　　　　　　　　　　细胞膜

细胞壁
叶绿体
有色体
白色体
液体
晶体

·图 9-12　动物和植物细胞区别及 EMP、TCA 和 PPP 各途径的反应定位

小结

1. 生物体内糖的分解代谢通过糖的各种氧化途径把蕴藏在糖中的能量逐步释放出来供生命活动之需。同时,在代谢过程中产生的各种中间产物可提供碳的骨架,进行各种生物合成,如乙酰 CoA 和 NADPH + H$^+$ 合成脂肪或类固醇激素,丙酮酸、草酰乙酸、α- 酮戊二酸等合成蛋白质,核糖合成核糖核酸或脱氧核糖核酸。

2. 糖酵解定位于基质中,从葡萄糖开始经过 6- 磷酸葡糖、6- 磷酸果糖、1,6- 二磷酸果糖、磷酸二羟丙酮、3- 磷酸甘油醛、1,3- 二磷酸甘油酸、3- 磷酸甘油酸、2- 磷酸甘油酸、磷酸烯醇丙酮酸,最后生成丙酮酸。丙酮酸在无氧的条件下被 3- 磷酸甘油醛脱下的 2 个 H$^+$ 还原成乳酸,同时产生 2 分子 ATP。糖酵解进行快慢主要取决于 NADH+H$^+$ 转化成 NAD$^+$ 的速率。丙酮酸在有氧的条件下进入三羧酸循环被彻底氧化成 CO_2。

3. 三羧酸循环定位于线粒体内膜上,乙酰 CoA 与草酰乙酸缩合开始合成柠檬酸,柠檬酸经过异柠檬酸、α- 酮戊二酸、琥珀酰辅酶 A、琥珀酸、延胡索酸、苹果酸、草酰乙酸,又回到柠檬酸,标志三羧酸循环结束。此过程经过 4 次脱氢、2 次脱羧、1 次底物水平磷酸化。供生命活动的能量主要来自三羧酸循环。

4. 磷酸戊糖途径定位于细胞质内,从 6- 磷酸葡糖开始,经过 6- 磷酸葡糖酸生成 5- 磷酸核酮糖、5- 磷酸核糖、5- 磷酸木酮糖,在转酮酶和转醛醇酶作用下经过 3- 磷酸甘油醛、7- 磷酸景天庚酮糖和 4- 磷酸赤藓糖,最后生成 6- 磷酸果糖和 3- 磷酸甘油醛。在这个循环中产生的核糖用于合成核酸,产生的 NADPH+H$^+$ 用于脂肪等各种生物合成代谢。

复习思考题

1. 糖酵解可分为几个阶段? 糖酵解的特点和意义是什么?
2. 说明葡萄糖在有氧条件和无氧条件下氧化分解的区别。
3. 试述三羧酸循环的特点与意义。
4. 1 分子葡萄糖在有氧条件下彻底氧化成二氧化碳和水,能产生多少 ATP? 写出产生能量和消耗能量及酶促反应方程式。
5. 糖代谢中有哪些主要辅酶参加?
6. 什么是磷酸戊糖途径? 它的特点和生物学意义是什么?
7. 糖酵解、三羧酸循环、磷酸戊糖途径之间有何联系?

数字课程学习资源

● 教学课件　　● 重难点讲解　　●拓展阅读

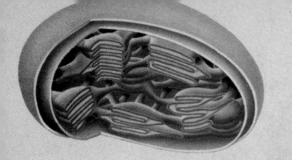

10 糖类的合成代谢

关键词

光合作用　　光反应　　暗反应　　希尔反应　　光系统 I　　光系统 II　　光合链　　光合磷酸化
卡尔文循环　　CO_2固定　　1,5-二磷酸核酮糖羧化酶/加氧酶　　糖异生　　磷酸蔗糖合酶途径　　淀粉合酶
糖组学

生物按其利用碳源的类型可分为两类:一类是自养生物(autotroph),即能够吸收和利用 CO_2 或无机碳化物,合成自身所需全部有机物的生物,如绿色植物、藻类、硫细菌等。这类生物利用的供氢体也是无机的,如 H_2O、H_2S 等。另一类是异养生物(heterotroph),这类生物至少需要提供一种有机物才能转变为体内所需的其他有机物,如人、动物,是利用食物中的有机物参与体内代谢而生存的。

供生命活动所需的能源主要有化学能和光能两种。按获得能源方式不同,生物又分为两类:光养生物(phototroph)和化养生物(chemotroph)。绿色植物和光合细菌属于光养生物,它们在阳光照耀下,利用光能进行体内的代谢而茁壮成长。人类和动物属于化养生物,它们无法直接吸收光能来供机体的生命活动,只能利用有机物分解代谢产生的化学能。

生物按利用营养所需的能源和碳源可分成四大类,如表 10-1 所示。

•表 10-1　生物营养类型和特征

营养类型	能源	碳源	供氢体	生物
光能自养	光能	CO_2、无机碳化物	无机物	绿色植物、藻类
光能异养	光能	有机物或 CO_2	有机物	红螺菌科细菌
化能自养	化能	CO_2、无机碳化物	无机物	氢细菌
化能异养	化能	有机物	有机物	动物、人、真菌

自然界中绿色植物利用光能合成的有机物主要是糖类,如种子及块茎中的淀粉,水果中的葡萄糖、果糖,根茎中的纤维素等。异养生物是依赖光养生物提供的糖类等有机物而进行体内代谢的。

10.1 光合作用

10.1.1 光合作用概述

光合作用（photosynthesis）是指自然界中绿色植物或光合细菌捕获光能并将其转变为化学能，再将 CO_2 和 H_2O 等转变为有机化合物，释放 O_2 或 S 等物质的过程。1941 年，C. van Niel 比较细菌和绿色植物光合作用的特点，并用同位素 ^{18}O 的实验证实光合作用通式：

$$2H_2D + CO_2 \xrightarrow{\text{光、光合器}} (CH_2O) + H_2O + 2D$$

式中，H_2D 代表各种还原剂，是氢和电子供体。

当 H_2D 为 H_2O 时，2D 为 O_2，这是绿色植物将 CO_2 还原成糖类并产生 O_2 的机制。总反应可写成：

$$nH_2O + nCO_2 \xrightarrow{\text{光、叶绿体}} (CH_2O)_n + nO_2$$

当 H_2D 为 H_2S 时，2D 为 2S，这是硫细菌等生物将 CO_2 还原成有机物并产生硫的机制。总反应式可写成：

$$2H_2S + CO_2 \xrightarrow{\text{光、光合器}} (CH_2O) + H_2O + 2S$$

此外，微生物中还发现用乳酸、乙醇等有机物取代 H_2D 作为氢和电子供体的情况。以红螺菌科细菌为例，总反应式可写成：

$$2CH_3CH_2OH + CO_2 \xrightarrow{\text{光、光合器}} (CH_2O) + H_2O + 2CH_3CHO$$

10.1.1.1 希尔反应

1937 年，英国剑桥大学的 R. Hill 以叶绿体的叶片提取液作为光合作用实验的反应体系，加入人工电子受体（氢受体），在光照下产生氧气。经过分析发现这氧气并不出自 CO_2，而是从 H_2O 中获得。其反应式如下：

$$2H_2O + 2A \xrightarrow{\text{光、叶绿体}} 2H_2A + O_2$$

Hill 的实验所用的电子受体即上述式子中的 A 是非生物电子受体，如 Fe^{3+}、醌类、醛类或有机染料，也常称为希尔试剂或希尔氧化剂。其中，染料 2,6- 二氯酚靛酚是希尔反应常用的电子受体试剂。该试剂氧化态时为蓝色，还原态时为无色。当叶片提取液中加入氧化态 2,6- 二氯酚靛酚时是蓝色的溶液。在无 CO_2，有 H_2O 的条件下照光，则上述氧化还原反应发生，溶液变成无色，并且体系中释放出 O_2。如果将叶片提取液和蓝色的染料一起放在黑暗处时，既无 O_2 释放，又无染料被还原成无色，体系仍然是蓝色。这就是著名的希尔反应（Hill reaction）。

希尔反应在正常情况下是热力学上很不利的反应。2,6- 二氯酚靛酚（标准氧化还原电势 $E_0'=+22$ V）作为氧化剂比 O_2（标准氧化还原电势 $E_0'= +0.82$ V）弱得多，没有光照的条件下反应平衡向左有利。所以，在黑暗处希尔反应的染料不变色。在光照和有叶绿体的条件下，能驱动热力学上不利反应向右进行，染料变成无色，水神奇地裂解，产生氧气。

希尔反应促进光合作用的深入研究。研究者发现：在希尔反应的基础上，把照了光的叶绿体移至暗处，并加入 CO_2 时，则可观察到有净的己糖合成。由此可见，O_2 释放和 CO_2 固定反应是可以暂时分开的，CO_2 的固定和糖的合成反应并不直接依赖光，而是利用的化学能。数年后，S. Ochoa 还发现生物体内光合作用中的重要电子受体 NADPH（标准氧化还原电势 $E_0'=+0.32$ V）。随后，光能转换成化学能 ATP 的机制及光合电子传递链的机制越来越深入地揭晓。希尔反应的意义在于人们逐渐明确地把光合作用总过程分为两个阶段：第一阶段是光反应（light reaction），第二阶段是暗反应（dark reaction）。其中，光反应是在叶绿体的类囊体膜上进行的吸收光能并且利用光能使 H_2O 裂解，释放 O_2，同时生成高能磷酸化合物 ATP 和还原性辅酶 NADPH 的过程。暗反应是在叶绿体基质中进行的酶促反应，利用光反应形成的 ATP 和重要的还原力 NADPH，将 CO_2 还原成糖类等有机物的过程。

10.1.1.2 光合作用的偶联反应

光养生物利用光能进行体内的合成代谢。其中的奥秘一直是人类研究的重要课题。光合作用包括光反应和暗反应两个阶段。光合作用的两个阶段是偶联的关系（图 10-1）。

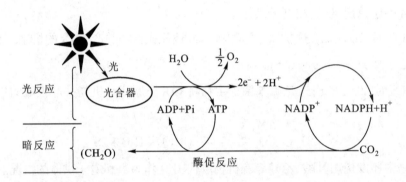

·**图 10-1** 光合作用偶联反应示意图

10.1.1.3 光合作用的重要场所——叶绿体

高等植物的叶肉细胞中一般含有 50~200 个光合作用的细胞器——叶绿体（chloroplast）。藻类细胞通常只有一个大的叶绿体。光合细菌等光合原核生物光合作用的场所常位于细胞质膜上。叶绿体的形状和大小因植物种类不同有差异，有板状、杯状、星状等结构，常见的是椭圆形，直径为 4~6 μm，厚度为 2~3 μm（图 10-2）。

叶绿体的外膜和内膜都不含叶绿素，不直接参与光合作用。叶绿体内部堆叠许多类囊体（thylakoid）。每个类囊体呈扁平小囊袋或圆盘状。类囊体膜上镶嵌着捕获光能的叶绿素等辅助色素及膜蛋白，光反应主要在类囊体膜上进行。类囊体腔在光能转变成化学能 ATP 过程中有重要的作用。叶绿体中的类囊体外侧区域称为基质，这里含有大量将 CO_2 转变成糖类的酶类，光合作用的暗反应就在这里进行。叶绿体像线粒体一样，是半自主细胞器。它们有 DNA、RNA 与核糖体，可以表达一部分光合作用的酶类。叶绿体的另一部分组分是靠核基因编码，经跨膜转移至叶绿体中的。

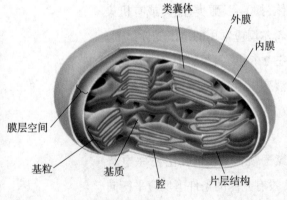

·**图 10-2** 叶绿体亚细胞微结构图

10.1.1.4 光合作用的意义

(1) 充分利用太阳能 地球上的植物捕获太阳能,转换为化学能储存在有机物中,成为工农业生产和日常生活中的重要动力资源。地下的石油、天然气、煤等能源物质都是古代生物利用光合作用积累的产物。采用基因工程技术,利用大量的光合细菌或光合器将太阳能转换成化学能或电能,也许未来可以缓解地下资源枯竭的问题。

(2) 合成有机物 绿色植物通过光合作用合成大量的有机物,对生物界的贡献是巨大的。这些有机物不仅是植物组织结构成分,也是植物各种生理活动的基础,还是人类和动物赖以生存的食物和原料。人类每天消耗的粮、油、蔬菜、水果、烟、茶,无不来自光合作用的产物。

(3) 改善大气成分 人类和动物时刻都需要呼吸,吸入 O_2,吐出 CO_2。绿色植物光合作用时,固定 CO_2,放出 O_2,维持大气中的 O_2 比例。甚至一部分 O_2 转变为臭氧(O_3),在大气中形成一种屏障,阻挡强紫外线的辐射,保护地球上的生物。另外,植树造林还可阻挡沙尘,可起到净化空气的作用。

10.1.2 光反应

10.1.2.1 光合色素

光合色素因生物不同,大体分为三类:叶绿素(chlorophyll,Chl)、类胡萝卜素(carotenoid)、藻胆素(phycobilin)。绿色植物叶绿体中主要含叶绿素 a 和叶绿素 b,以及 β- 胡萝卜素和叶黄素。藻类中含有藻青素、藻红素或 α- 胡萝卜素、γ - 胡萝卜素。光合色素分子结构上的共同特点是单键、双键交替排列。图 10-3 示叶绿素 a、叶绿素 b 的分子结构及光吸收波长。图 10-4 为 β- 胡萝卜素的分子结构。图 10-5 为藻蓝素的分子结构。在光合器中,光合色素大量堆叠在一起,遇到特定的光波时,共轭双键共振,可将生物外表面接收的光波传递到内部光反应中心。这就是光吸收的过程。

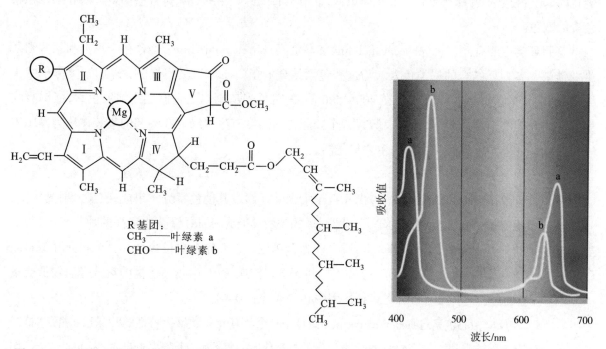

·**图 10-3** 叶绿素 a、叶绿素 b 的分子结构及光吸收波长

·图 10-4 β- 胡萝卜素的分子结构

·图 10-5 藻蓝素的分子结构

高等植物的叶绿体中往往同时含有叶绿素 a 和叶绿素 b。这两种光合色素均是绿色的。它们的吸收光谱都在 400 ~ 650 nm 的可见光范围内,均有两个光吸收峰,只是峰值略有差异。如菠菜的叶绿素 a 的两个光吸收峰分别是 λ_1=428 nm,λ_2=662 nm;叶绿素 b 的两个光吸收峰则分别是 λ_1=452 nm,λ_2=644 nm。

类胡萝卜素存在于所有植物、藻类、光合细菌的光合细胞中。作为辅助色素的类胡萝卜素已发现有 70 多种。其中,最重要的是橙红色的 β- 胡萝卜素和黄色的叶黄素(lutein)。类胡萝卜素的吸收光谱在 400 ~ 500 nm 的可见光范围内。它们吸收光能并将光能传递给叶绿素 a,再由叶绿素将光能传递给光合作用中心,从而发生光化学反应。在叶片中类胡萝卜素的颜色被大量的叶绿素掩盖了,当叶片老化时,光合色素中叶绿素被分解的速率最快,此时就看到叶片中红、橙、黄等类胡萝卜素和其他辅助色素的颜色。

藻胆素类主要有藻蓝素(phycocyanobilin)和藻红素(phycoerythrobilin),是存在于藻类和某些细菌中并能够与蛋白质结合的一类色素。与这些色素结合的蛋白质称为藻胆蛋白。藻胆素类分子中主要含有开环四吡咯结构,吸收光谱在 400 ~ 500 nm 的可见光范围内。它们也是辅助色素,能够吸收光能并将光能完全传递给叶绿素 a。数百万个藻胆蛋白高度有序地缔合在一起的集装体称为藻胆体(phycobilisome)。它们是藻类生物的主要集光器。

10.1.2.2 光合单位

一个光合单位(photosynthetic unit)由几百个集光叶绿素或其他色素分子组成,收集入射光子,是通过诱导共振方式进行能量传递的单元。叶绿体的类囊体(thylakoid)垛叠成扁平的片状组织,其上紧密有序地排列着大量的光合作用基本颗粒,即光合单位。一个光合单位包括几百个集光叶绿素或其他色素分子,收集入射光,通过诱导共振方式传递能量,由较高能量的短波光向较低能量的长波光方向传递,最后汇集到作用中心色素(图 10-6)。

反应中心色素(reaction center pigment)是一个具有光化学反应特性的叶绿素 a 特殊对(二聚体),即能量陷阱。当中心的叶绿素分子被氧化时,就变为一个阳离子自由基 Chla+,Chla+ 作为电子受体参与光化学反应。光反应的最初阶段是色素分子吸收光能并进行氧化还原反应,以及光能转变为电能的过程。当聚光色素分子吸收光能并将其传递给作用中心时,作用中心

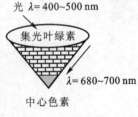

光 λ= 400~500 nm

集光叶绿素

λ= 680~700 nm

中心色素

·图 10-6 光合单位示意图

色素分子(P)由基态变为激发态(P*),一个电子跃迁到较高的外轨道上。这种激发态极不稳定,只能维持 $10^{-11} \sim 10^{-9}$ s。当激发态 P* 恢复到基态时,释放多余的能量,可转变成以下多种形式(图 10-7)。① 以热能的形式散发;② 以荧光的形式散发;③ 转移至邻近的色素分子上,并激发其成为 P_2^*;④ 跃迁的电子和激发能量均转移给另一个载体 A,A 接受电子被还原成 A^-,激发态 P* 失去电子并氧化成 P^+。

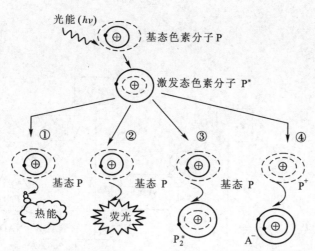

·图 10-7 色素分子被光能激发后的几种转变形式

其中,③是聚光色素分子重要的光能转移过程。④是作用中心色素分子光能转变为电能的过程。当 P 转变为 P^+ 时,P^+ 对电子有极大的吸引力,可以从供电子体 D 处获得电子,P^+ 变为基态 P,而 D 变为 D^+。第④种过程可以用下式表示能量和电子的转移过程:

$$D \cdot P \cdot A \xrightarrow{hv} D \cdot P^* \cdot A \longrightarrow D \cdot P^+ \cdot A^- \longrightarrow D^+ \cdot P \cdot A^-$$

光反应中充当 D、A 角色的可以是光合链中各种电子载体,高等植物最初的电子供体 D 是水。

10.1.2.3 光系统

光系统(photosystem)是一个完整的对光具有吸收、光能传递和转换功能,并由多种色素和蛋白质组成的独立结构。高等植物和藻类同时具有两种光系统中心:光系统 I (photosystem I,PS I) 和光系统 II (photosystem II,PS II)。光系统 I、II 是根据发现的先后顺序命名的。PS I 于 1955 年由 L. Duysens 发现。PS I 中心色素分子的吸收峰为 700 nm,可用代号 P_{700} 表示,中心色素复合蛋白属于铁氧还蛋白型,类似于绿色硫细菌的光合系统。PS II 是 1956 年由 B. Kok 发现。它的中心色素分子吸收峰为 680 nm,可用代号 P_{680} 表示,中心色素复合蛋白属于脱镁叶绿素 – 醌型,类似于紫色细菌的光系统。植物中同时具有 PS I、PS II,可能是两种光合细菌进入植物后内共生进化的结果。

植物中两个光系统在叶绿体类囊体膜上定位研究表明:PS I 和 ATP 合酶复合体位于面向基质的基粒片层表面,在这里与基质的 ADP 和 $NADP^+$ 接近,有利于 ADP 磷酸化合成 ATP,以及 $NADP^+$ 还原成 NADPH。Cyt b_6f 复合体存在于类囊体膜上,离 PS I 较近。PS II 位于基粒片层靠近基粒内部紧密堆叠的膜层上(图 10-8)。

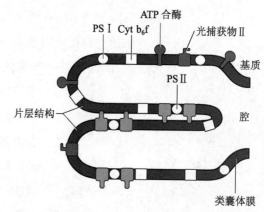

·图 10-8 PS I 和 PS II 在类囊体膜上的定位

10.1.2.4 光合电子传递链

光合电子传递链简称光合链（photosynthetic chain），主要指以植物为代表的叶绿体类囊体膜上有序地排列着电子传递体，两个光系统串联在其中。光驱动电子从 H_2O 流向 $NADP^+$，H_2O 被氧化、光解，释放出 O_2；$NADP^+$ 变为具有还原力的 NADPH。质子跨膜梯度为光能转变为化学能提供条件。光合链图形像侧排的 Z 字母，所以也称为 Z 图式（图 10-9）。

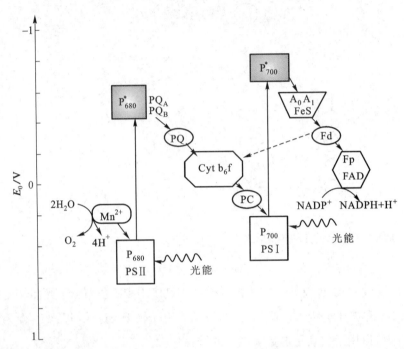

·图 10-9　光合电子传递链的 Z 图式

PQ:质体醌　Cyt b_6f:细胞色素 b_6、细胞色素 f 复合体　PC:质体蓝素　A_0:特殊叶绿素 a　A_1:叶绿醌　FeS:铁硫蛋白　Fd:铁氧还蛋白　Fp:Fd-NADP 氧化还原酶

现介绍光合链中各载体:含四个 Mn 串的膜蛋白是一种放氧复合物（oxygen-evolving complex，OEC），位于类囊体膜的内腔一侧。它能使水发生光解反应:

$$2H_2O \longrightarrow 4H^+ + 4e^- + O_2$$

放氧复合物（OEC）因此也称为水裂解复合物（water-splitting complex），这种 Mn 串是单电子传递体，能将 4 个 e^- 分 4 次传递给 P_{680}^+，将 $4H^+$ 释放到类囊体腔中，放氧复合物起电子传递质子泵的作用。偶联反应如图 10-10 所示。

水的光解反应需要 4 个光子。进一步的研究表明，从水中获取的 4 个电子不是一次全部传递给 P_{680}^+ 的，因为 P_{680}^+ 一次只能接纳一个电子。生物在进化过程中巧妙地利用放氧复合物分 4 次传递（图 10-11），每一次将一个电子传递给 P_{680}^+。P_{680}^+ 的直接电子供体是 PS Ⅱ作用中心的 Tyr 残基，它失去一个质子和一个电子，转变成电中性的 Tyr 自由基，Tyr 自由基通过氧化水裂解复合物中的 Mn 串（四锰中心）重新获得缺失的电子和质子。每传递一个电子，Mn 串的氧化状态增高一点，4 次单电子传递（每次相当于吸收一个光子）在锰络合物上产生 4 个正电荷。[Mn 络合物]$^{4+}$ 可以从 $2H_2O$ 中取得 4 个电子，并释放 $4H^+$ 和 O_2。因反应中产生的 4 个质子被泵入类囊体腔中，

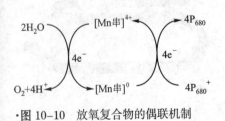

·图 10-10　放氧复合物的偶联机制

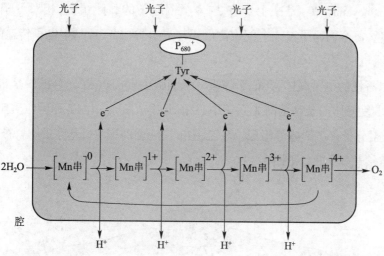

·图 10-11　水裂解与氧气产生机制

使得类囊体腔内外形成 ΔpH 和 $\Delta\psi$，所以放氧复合物起电子传递驱动的质子泵作用。

高等植物和藻类的 PS II 中包含 20 多个蛋白质亚基，还包括两个重要的脱镁叶绿素（Pheo）。PS II 中获得电子的 P_{680} 受光激发，变为高势能电子供体 P_{680}^{*}，P_{680}^{*} 将电子传递给脱镁叶绿素，获得电子的 $Pheo^{-}$ 再将电子传递给质体醌 A（plastoquinone，PQ_A）。PQ_A 与 PQ_B 的电子传递得到位于两者之间铁原子的协助。PQ_A 是单电子载体；质体醌 PQ_B 类似于线粒体内膜上呼吸链的 CoQ，是一种苯醌的衍生物，PQ_A 两次传递电子给 PQ_B，PQ_B 获得两个电子，又获取 $2H^+$，变成还原型的醌醇——PQ_BH_2。PQ_BH_2 电子与质子进入膜中质体醌库中。PQ 是脂溶性的，能在膜内游动，PQ 以氧化还原两种形式（PQ、PQH_2）进行双氢、双电子的传递（图 10-12）。

细胞色素 b_6f（Cyt b_6f）复合体是较大的多聚蛋白质，有 22~24 个跨膜 α 螺旋。类似于线粒体中呼吸链复合体Ⅲ，其组分较复杂，含有细胞色素 b_6、铁硫蛋白，还有细胞色素 f（f 来自拉丁文 frons，意思是"叶子"）等。Cyt b_6f 复合体是单电子载体，同时伴有将基质中的 $2H^+$ 转移到类囊体腔的作用，产生的跨膜质子浓度梯度成为合成 ATP 的动力。

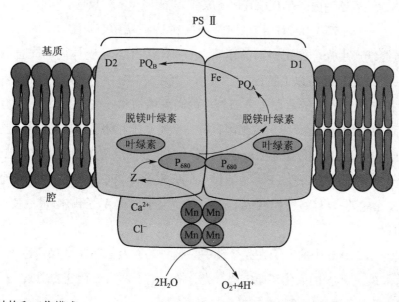

·图 10-12　PS Ⅱ 结构和工作模式

质体蓝素(plastocyanin,PC)是一个含有 2~4 个铜原子的载体蛋白,相对分子质量为 2.1×10^4。PC 的氧化态呈蓝色,每个铜原子以 4 个配位键形式与蛋白质结合,且是单电子传递的:

$$Cu^+ \rightleftharpoons Cu^{2+} + e^-$$

质体蓝素是水溶性的电子载体,类似于呼吸链上细胞色素 c。PC 在光合链中是 PS Ⅰ 反应中心(P_{700})的电子供体。PS Ⅰ 复合体与蓝细菌的光系统中心相似,组成复杂,由 11 种蛋白质亚基、100 个叶绿素分子、P_{700} 的叶绿素分子 a 二聚体等组成。光合链电子经过 PS Ⅰ 时,基态的 P_{700} 被光激发变为 P_{700}^*,P_{700}^* 立即将电子传给载体 $ChlA_0$(图 10-13)。

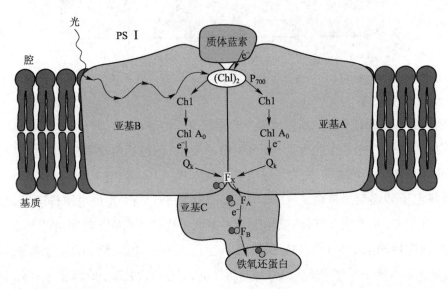

·**图 10-13** PS Ⅰ 结构及工作模式

$Chl\ A_0$ 是一种特化叶绿素 a 分子,功能上有点类似于 PS Ⅱ 中的脱镁叶绿素,获得电子的 $Chl\ A_0^-$ 将电子传递给 $Chl\ A_1$ 的叶绿醌(phylloquinone),叶绿醌也称为维生素 K_1。$Chl\ A_1^-$ 又将电子传递给膜结合的铁硫蛋白(FeS)。铁硫蛋白再将电子传给铁氧还蛋白(Fd)。铁氧还蛋白又将电子传递给黄素蛋白(Fp),Fp 也称为铁氧还蛋白 $-NADP^+$ 氧化还原酶,该酶催化下列反应:

$$2Fd_{red} + 2H^+ + NADP^+ \longrightarrow 2Fd_{ox} + NADPH + H^+$$

至此,光合链终端产生光合作用所需的还原力——NADPH。植物体内的光合电子传递链,除了具有一般的传氢、传电子外,还有以下特征。

(1) 适用范围 Z 图式光合链适用于分布较广的高等植物和一些藻类,它们均有两个光系统,有产氧的机制。然而,少数紫色细菌、绿色硫细菌只有一个光系统和相应简单的光合链且不产氧。

(2) 顺序特征 电子从 H_2O 传递至 $NADP^+$ 时,首先 PS Ⅱ 的反应中心色素 P_{680} 被光能激发后变成 P_{680}^*,P_{680}^* 将电子传给载体 PQ_A、PQ_B、PQ,再通过 Cyt b_6f 复合体、PC 等传递,电子流至 PS Ⅰ 的反应中心色素 P_{700},P_{700} 被光能进一步激发,而变成 P_{700}^*。以后电子传给 A 等载体,最后使 $NADP^+$ 获得电子和质子,变为 NADPH。

(3) 氧化还原电势 H_2O 中的电子在光合链中总趋势是逆氧化还原电势到达 $NADP^+$。光对 P_{680}、P_{700} 激发,分别提高 P_{680}^*、P_{700}^* 的氧化还原电势。光合链中电子两次被跃迁的现象,这正是光合链比喻成 Z 图式的原因。其余是顺氧化还原电势梯度自发进行的。

(4) 电子流向有两种　一种是顺 Z 图式实线箭头电子流向 $NADP^+$,也称为非环式电子传递途径;另一种是从中部 P_{700} 开始被光能激发成 P_{700}^*,电子经载体传递至 Fd 处,沿虚线箭头流向 Cyt b_6f 复合体,经 PC 返回 P_{700}。电子仅在 PS Ⅰ 周围循环,也称为环式电子传递途径。环式电子传递途径特点:只有 PS Ⅰ 参与;不涉及水的分解;不释放氧气;不生成光合链终端还原物 NADPH。

(5) 最终电子受体　光合链的终端电子受体可以是 $NADP^+$。然而,光合作用大环境包括光反应和暗反应两个阶段,其最终的电子受体是 CO_2。所以,$NADP^+$ 仅是整个光合作用中的传氢、传电子载体。

10.1.2.5　光合细菌的光合链

光合细菌的光合链较短,只有一个光系统。它们的光能转换机构随细菌种类不同有差异。大体上按载体特征分为两类光合细菌:Ⅰ 型是铁氧还蛋白型,其光系统中心是 P_{840},如绿色硫细菌。Ⅱ 型是脱镁叶绿素型的,其光系统中心是 P_{870},如紫色细菌。现以紫色细菌(purple bacteria)为例,简单介绍其光合链情况(图 10-14):当光能使基态的 P_{870} 转变为激发态的 P_{870}^* 时,激发电子又通过细菌脱镁叶绿素(bacteriopheophytin,BPheo)(也称细菌叶褐素)传递给醌类载体 Q,然后 Q 将电子传给细胞色素 bc_1(Cyt bc_1)、细胞色素 c_2(Cyt c_2),最后电子返回至光系统中心 P_{870}。

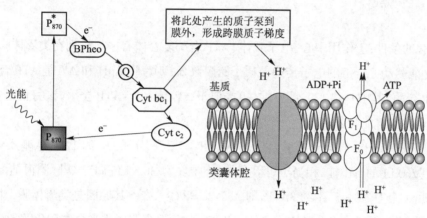

·图 10-14　紫色细菌光合链示意图

紫色细菌光合链的特点有:①具有 P_{870} 光系统中心的简单光合链;②BPheo 载体属于细菌脱镁叶绿素型;③电子以循环方式在光合链中流动,光合链中没有最终电子载体;④不产生 O_2,也不产生还原性辅酶 NADPH;⑤跨膜载体 Cyt bc_1 一边传递电子,一边将 H^+ 泵到膜外,保证跨膜质子浓度梯度形成。

目前已经阐明紫色细菌光合链中载体的组成、三维结构,以及它们传递电子的机制,如 P_{870} 光系统中心是复合成分组成的,有跨膜的 α 螺旋蛋白质、细菌脱镁叶绿素(BPheo),还有受光激发的特殊细菌叶绿素(bacterio chlorophyll,BChl)等。它们成为高等植物 PS Ⅱ 机制研究的参考素材。绿色硫细菌的光合链有点像植物 PS Ⅰ 附近的光合链规律,也有环式和非环式电子传递两种形式,只是载体和最终的辅酶不同而已。

10.1.2.6　光合磷酸化

光合磷酸化(photophosphorylation)是指光合生物细胞利用光能驱动光合链的电子传递,引起质子形成跨膜梯度和电位差,膜上 CF_0CF_1–ATP 合酶利用质子返回势能,使 ADP 磷酸化形成 ATP 的过程。光合磷酸化的机制类似于线粒体中呼吸链的氧化磷酸化(图 10-15)。从图 10-15 可以看到,整个光合电子传递链中有 3 个跨膜超分子络合物(transmembrane supermolecular complex),它们是 PS Ⅱ 复合体、细胞色素 b₆f 复合体和 PS Ⅰ 复合体,其余一些载体有的靠近内囊体腔一侧,有的则靠近基质一侧。

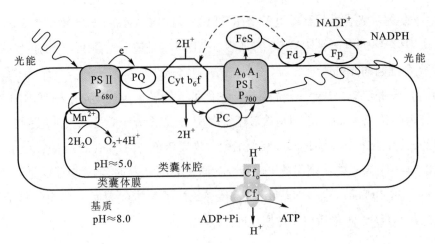

·图 10-15 光合磷酸化机制

光合磷酸化的条件:①作用中心、电子载体、ATP 合酶复合体有序地排列在类囊体膜上;②膜必须是完整的;③光能驱动光合链的电子传递及质子跨膜泵入;④跨膜 ΔpH 和 $\Delta \Psi$ 是 ATP 合成的驱动力;⑤ CF_oCF_1–ATP 合酶(其中 C 为 Chl,即叶绿体)类似于线粒体 F_oF_1–ATP 合酶,该酶利用类囊体腔内质子返回基质的电化学势能合成 ATP。

理论推算:跨膜 $\Delta pH \approx 3$,电子从 H_2O 流向 $NADP^+$,产生一分子 O_2,约 $12H^+$ 从基质转移到类囊体腔内,足以产生 260 kJ 的自由能,相当于可以合成 8ATP($G^{\Theta'}=30.5$ kJ/mol)。实际测得结果是:非环式光合磷酸化每放出 1 个 O_2 时只产生约 3ATP,即 ATP/2e⁻=P/O≈3/2。其原因是类囊体膜上阴离子通透移动,损失部分电势能。循环式光合磷酸化也伴有 ATP 形成,但是非环式光合磷酸化的 5% 以下,该途径不释放 O_2,也无 NADPH 产生,电子流循环作用可能是辅助调节 ATP 和 NADPH 的产生比例。

10.1.2.7 盐细菌的光合磷酸化

盐细菌即嗜盐杆菌(*Halobacterium salinarum*)是一种生活在盐浓度高于 3 mol/L 的死海、盐水湖、晒盐场中或盐腌的海产品上的一种古细菌。它们能够在逆境条件下生存。经研究发现:盐细菌光合磷酸化方式与一般植物有所不同,没有叶绿素、类胡萝卜素、藻胆素,也没有复杂的两个光系统组成的光合链,不释放 O_2,也不产生 NADPH。以一种比其他光合细菌更简单的机构进行光合磷酸化。

盐细菌是需氧生物,可以在有氧条件下发生氧化分解代谢,产生化学能 ATP,供盐细菌生命活动之用。高盐浓度的海水中 O_2 的溶解度很低。尽管如此,盐细菌能够利用日光能,通过光合磷酸化产生 ATP。其中的关键是其质膜上有一种光驱动的质子泵——细菌视紫红质跨膜复合蛋白,与人眼中的一种蛋白质——视紫红质(rhodopsin)十分相似。视黄醇是承担吸收光能作用的辅基。反式结构的视黄醇吸收一个光子后就变成顺式结构的视黄醇,顺式视黄醇将光能传递给细菌视紫红质蛋白,用于跨膜质子泵。此后,顺式视黄醇又变成反式视黄醇,以接受下一个光子。该跨膜复合蛋白分布在细胞质膜上,呈多个紫色斑块,故也将紫色膜斑简称为紫膜。

细菌视紫红质蛋白含有 247 个氨基酸残基,是一条以 7 个 α 螺旋段反平行来回跨膜折叠形成的球状膜蛋白。N端在质膜外侧,C端在基质一侧。蛋白质中一个Lys残基的ε-氨基与视黄醇连接。膜内侧的质子借助细菌视紫红质蛋白的作用泵到膜外。在膜内外形成跨膜质子浓度梯度(图10-16)。

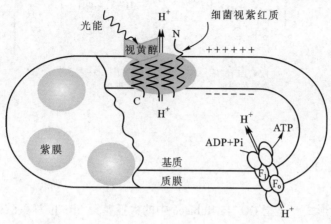

·图10-16 盐细菌光合磷酸化示意图

质膜上ATP合酶复合体是一种含8~10个跨膜α螺旋段的膜蛋白。该酶利用质子返回膜内的势能,ADP磷酸化合成ATP。盐细菌的质子泵模型后来成为钠钾泵-ATP酶、线粒体氧化磷酸化、叶绿体光合磷酸化中复杂离子泵的基本原型。

10.1.3 卡尔文循环(C$_3$途径)

1945年,美国的M. Calvin等利用单细胞小球藻作为实验材料,应用^{14}C示踪技术和双向纸层析法,经过10年的研究揭示了光合作用暗反应阶段碳素同化及受体再生的循环途径,因此称为卡尔文循环(Calvin cycle)。卡尔文于1961年为此获得诺贝尔化学奖。由于途径中的最初产物是三碳化合物(3-磷酸甘油酸),故也称为C$_3$途径。仅以C$_3$途径方式进行CO$_2$固定、同化的植物简称为C$_3$植物,如水稻、小麦、大豆、棉花、烟草、油菜等。整个循环可分为3个阶段:CO$_2$固定、羧化产物还原、受体再生。

10.1.3.1 CO$_2$固定

CO$_2$固定(CO$_2$ fixation),即游离的CO$_2$经酶促反应转变为有机物分子中的羧基,也称为CO$_2$羧化(carboxylation)。CO$_2$的受体是1,5-二磷酸核酮糖(ribulose-1,5-bisphosphate,RuBP),此五碳糖与CO$_2$结合,经不稳定的6C中间体(2-羧-3-酮-D-核糖醇-1,5-二磷酸),水解成两分子的3-磷酸甘油酸(3PG)。催化此反应的酶是1,5-二磷酸核酮糖羧化酶/加氧酶(ribulose-1,5-bisphosphate carboxylase/oxygenase,Rubisco)(图10-17)。

上述反应在黑暗条件下受阻,因为在黑暗处植物会合成一种化合物:2-羧-阿拉伯醇-1-磷酸,这种化合物与反应中过渡态2-羧-3-酮-D-1,5-二磷酸核糖醇结构相似,成为催化CO$_2$固定反应中的关键酶——Rubisco的强抑制剂。该化合物也称为夜间抑制剂(nocturnal inhibitor)。当光出现时,该化合物被分解,Rubisco解除抑制,重新工作。

CO$_2$固定反应是卡尔文循环的限速步骤。其关键酶——Rubisco是种双功能的酶。它的活性中心有两种功能,既可以催化上述羧化反应,又可以催化加氧反应(在光呼吸中)。该酶位于叶绿体基质中,约占叶子可溶性蛋白的50%,是植物中含量最丰富的酶。研究发现,植物的Rubisco以3种形式

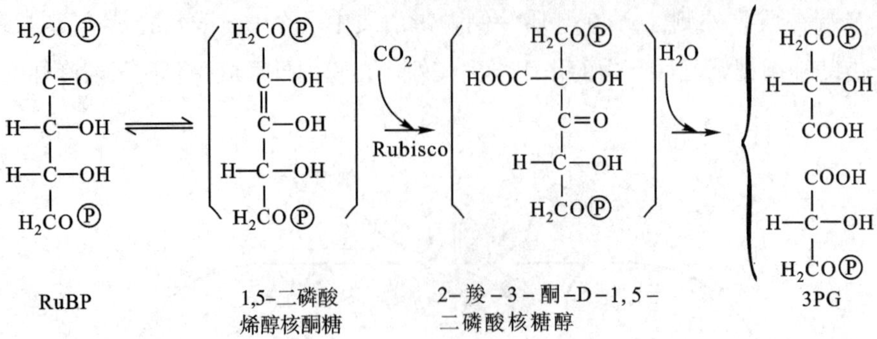

·图 10-17 CO_2 固定反应

存在于体内。

（1）无活性形式。

（2）氨甲酰化过渡形式　是指 CO_2 与 Rubisco 中的大亚基第 201 位赖氨酸残基上的 ε-NH_2 缩合，形成共价键结合的氨酰化物质（ε-NH-COO⁻ 衍生物）的形式。此时，Rubisco 并没有活性。

（3）活性形式　在氨甲酰化过渡形式的基础上，Rubisco 受环境中弱碱性促进，暴露出与辅因子 Mg^{2+} 结合的部位，Mg^{2+} 与 Rubisco 结合，才能成为有活性的形式。

Rubisco 活性中心受 CO_2、Mg^{2+} 及 ATP 的活化，酶的最适 pH 约为 8。已知底物 RuBP 与 Rubisco 结合较牢，反而降低羧化反应的速率，在 Rubisco 活化酶（Rubisco activase）调节下，可以促进 RuBP 的释放，活化了 Rubisco。活化过程中 Rubisco 活化酶需要 ATP，因 ATP 来自光反应，所以光是 Rubisco 的间接激活剂。Rubisco 的活化机制见图 10-18。

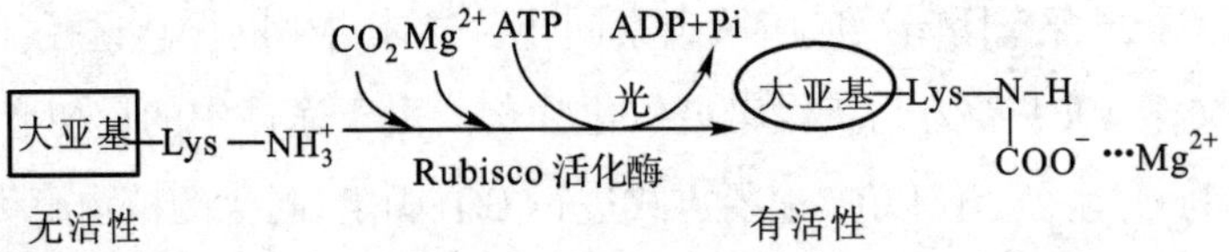

·图 10-18 Rubisco 的活化机制

高等植物中的 Rubisco 是由 8 个相同的大亚基（相对分子质量为 5.3×10^4）和 8 个相同的小亚基（相对分子质量为 1.4×10^4）组成的多聚体。催化部位在大亚基上，它能结合底物 CO_2 和 RuBP，以及辅因子 Mg^{2+}。小亚基具有调节酶活性作用。编码大亚基的基因在叶绿体 DNA 上，编码小亚基的基因在核 DNA 上。当核基因编码的小亚基穿越叶绿体膜进入叶绿体基质后，再与叶绿体基因编码的大亚基结合装配成 Rubisco。光合细菌的 Rubisco 结构较简单，如深红红螺菌只有两种亚基组成。这两种亚基的功能与植物的 Rubisco 大亚基功能相似。

10.1.3.2　羧化产物还原

这一阶段包括两步反应：①在磷酸甘油酸激酶催化下，高能键转移，产生 1,3- 二磷酸甘油酸（BPG）；②在磷酸甘油醛脱氢酶催化下，还原产生 3- 磷酸甘油醛（G3P）。第二步反应中的酶是光调节酶。反应中消耗的 ATP 和 NADPH 来自前面介绍的光合作用光反应所产生的化学能和还原力（图 10-19）。

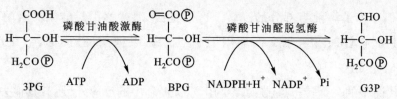

·图 10-19　羧化产物还原反应

上述反应过程相似于糖酵解中的两步逆向反应。第一步是相同的,第二步氧化还原反应有差异(表 10-2)。

·表 10-2　两种磷酸甘油醛脱氢酶比较

	卡尔文循环	EMP 途径
反应部位	叶绿体基质中	细胞质中
辅酶类型	NADPH	NAD^+
辅酶作用	供氢体	受氢体
光调节活性	是	不是

10.1.3.3　受体再生

这一阶段经历多步反应,类似于 EMP 途径、磷酸戊糖途径中的部分反应,进行 $C_3 \sim C_7$ 糖互变,最终变为循环开始 CO_2 受体——RuBP。

在磷酸丙糖异构酶催化下,3- 磷酸甘油醛(G3P)异构为磷酸二羟丙酮(DHAP);在醛缩酶的催化下,缩合成 1,6- 二磷酸果糖(FBP);在光调节酶 1,6- 二磷酸果糖酶(fructose –1,6–bisphosphatase,FBPase)催化下,水解去掉一个磷酸基团,变为 6- 磷酸果糖(F6P);再经磷酸葡糖异构酶催化,就变为 6- 磷酸葡糖(G6P)(图 10-20)。

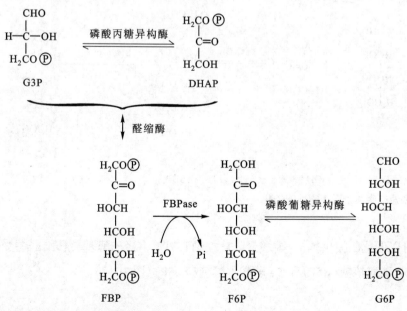

·图 10-20　3- 磷酸甘油醛变为 6- 磷酸葡糖的过程

这些反应类似于糖酵解前半部分的逆转。区别是:①糖酵解用磷酸果糖激酶,催化耗能反应 $F6P + ATP \longrightarrow FBP + ADP$;②卡尔文循环用 1,6- 二磷酸果糖酶(FBPase),催化水解反应 $FBP + H_2O \longrightarrow F6P + Pi$,完成这一逆转。

磷酸丙糖是代谢中的一个转折点,除了参与卡尔文循环中的反应外,还有其他去路:①转化为淀粉,作为植物储存形式备用;②外运到细胞质中先形成蔗糖,再转移到植物生长的区域;③在发育的叶片中,相当一部分磷酸丙糖转移到细胞质,进入糖酵解、三羧酸循环等途径为生物供能。磷酸丙糖参与卡尔文循环,以及 CO_2 受体再生的过程如下:转酮酶(transketolase)辅基是焦磷酸硫胺素(TPP),也需要 Mg^{2+},可将酮糖供体 6- 磷酸果糖的羟乙醛基转移给醛糖受体 3- 磷酸甘油醛(G3P),形成 4- 磷酸赤藓糖(E4P)和 5- 磷酸木酮糖(Xu5P)。此反应式在磷酸戊糖途径中出现过(图 10-21)。

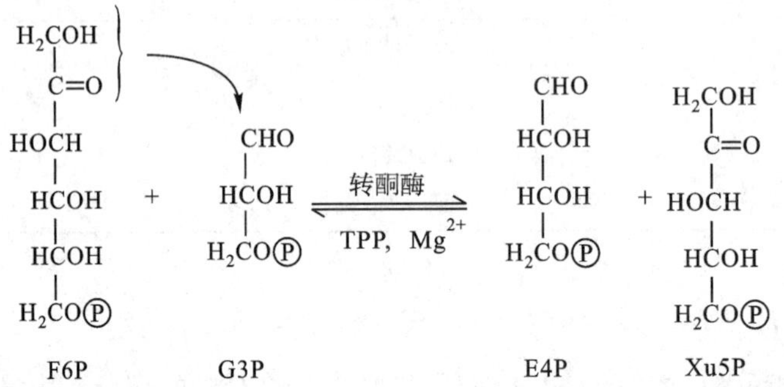

·**图 10-21** 转羟乙醛酶催化 6- 磷酸果糖反应

醛缩酶还可将上述反应产生的 4- 磷酸赤藓糖与磷酸二羟丙酮缩合,形成七碳糖:1,7- 二磷酸景天庚酮糖(SBP)。在二磷酸景天庚酮糖酶(sedoheptulose bisphosphatase,SBPase)作用下,SBP 水解,去除一个磷酰基,成为 7- 磷酸景天庚酮糖(S7P)。此水解酶是光调节酶,也是植物中特有的酶(图 10-22)。

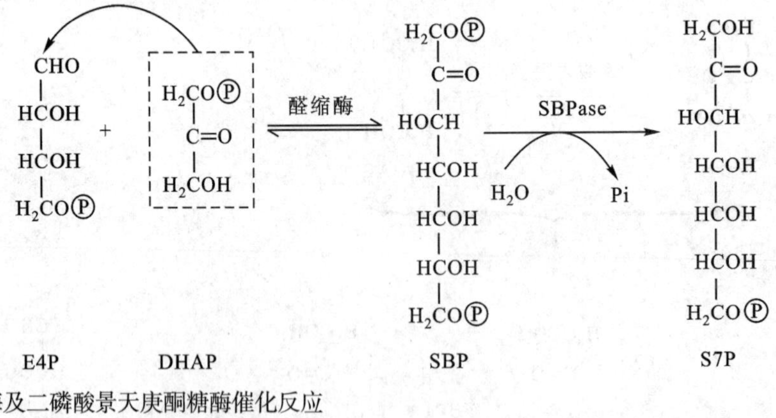

·**图 10-22** 醛缩酶及二磷酸景天庚酮糖酶催化反应

转酮酶还可以催化酮糖供体 7- 磷酸景天庚酮糖(S7P),将羟乙醛基转移给醛糖受体 3- 磷酸甘油醛(G3P),产生 5- 磷酸核糖(R5P)和 5- 磷酸木酮糖(Xu5P)(图 10-23)。

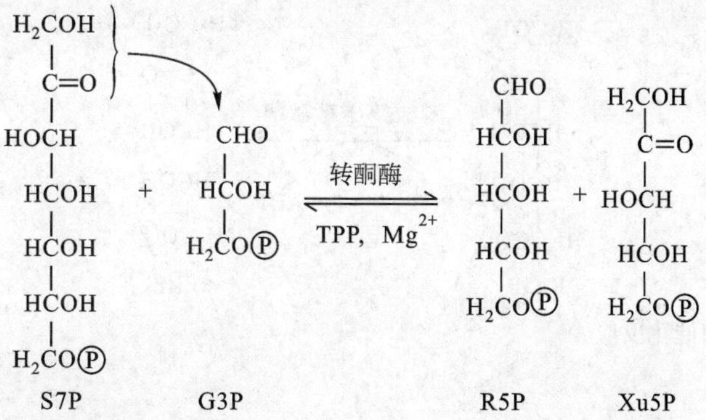

·图 10-23 转酮酶催化 7- 磷酸景天庚酮糖反应

再经两种异构酶催化,可转变五碳糖,其共同的目标是形成 5- 磷酸核酮糖(Ru5P)。5- 磷酸木酮糖(Xu5P)经磷酸核酮糖差向异构酶催化,C_3 上羟基位置改变,就可以变成 Ru5P,反应式如图 10-24 所示。

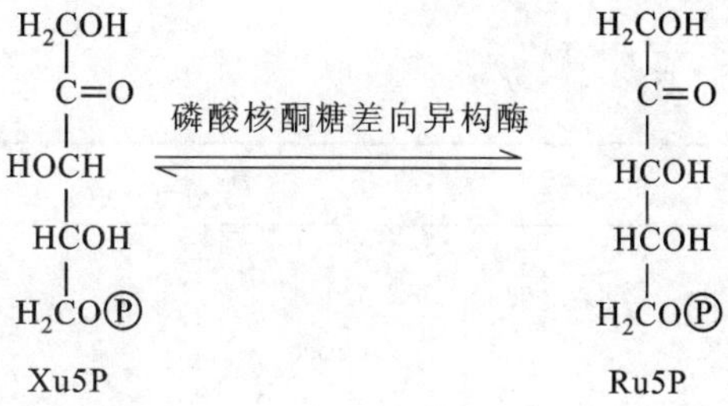

·图 10-24 磷酸核酮糖差向异构酶催化反应

5- 磷酸核糖(R5P)经磷酸核糖异构酶催化,醛糖就可以变成 5- 磷酸核酮糖(Ru5P),反应式如图 10-25 所示。这些反应在磷酸戊糖途径中均出现过。

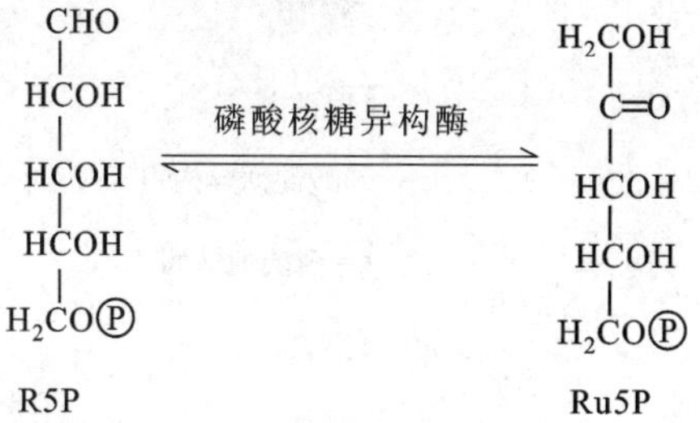

·图 10-25 磷酸核糖异构酶催化反应

最后在磷酸核酮糖激酶(phosphoribulose kinase)催化下,消耗 1 分子 ATP,产生 1,5- 二磷酸核酮糖(RuBP),完成了受体的再生(图 10-26)。该激酶也是植物中特有的光调节酶。

卡尔文循环中有许多反应与糖酵解、磷酸戊糖途径相同,催化这些相同反应的酶不能说是同一种酶,只能说它们互为同工酶。通过分析序列,证实它们是不同基因表达的产物,且各途径中的酶所在的细胞部位也不同。卡尔文循环反应在叶绿体中进行,糖酵解、磷酸戊糖途径则在细胞质中进行。

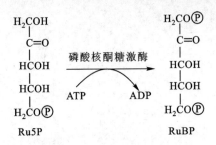

·图 10-26　磷酸核酮糖激酶催化反应

10.1.3.4　卡尔文循环反应化学计量

卡尔文循环中各步酶促反应如图 10-27 所示，从 CO_2 与 RuBP 结合开始，经复杂的转变反应既合成糖类，RuBP 又得以再生，从而完成一次卡尔文循环。接着 RuBP 又可以从头开始与 CO_2 结合，进行新一轮的 CO_2 固定和卡尔文循环。植物就这样不断地将大气中的 CO_2 吸收转化为生物体内的碳架物质。

卡尔文循环反应简式及碳数目变化规律如表 10-3 所示。

·表 10-3　卡尔文循环的各步反应

反应阶段及简化式	酶	碳数目变化规律
1. CO_2 固定（羧化）阶段：		
(1) CO_2+H_2O+ RuBP $\longrightarrow$ 3PG	Rubisco*	$6C_1+6C_5 \longrightarrow 12C_3$
2. 羧化产物还原阶段：		
(2) 3PG+ATP $\rightleftharpoons$ BPG+ADP	磷酸甘油酸激酶	$12C_3 \longrightarrow 12C_3$
(3) BPG+NADPH+H^+ $\rightleftharpoons$ G3P+$NADP^+$+Pi	磷酸甘油醛脱氢酶*	$12C_3 \longrightarrow 12C_3$
3. 受体再生阶段：		
(4) G3P $\rightleftharpoons$ DHAP	磷酸丙糖异构酶	$5C_3 \longrightarrow 5C_3$
(5) G3P + DHAP $\rightleftharpoons$ FBP	醛缩酶	$3C_3+3C_3 \longrightarrow 3C_6$
(6) FBP+H_2O $\longrightarrow$ F6P+ Pi	FBPase*	$C_6 \longrightarrow C_6$
(7) F6P $\rightleftharpoons$ G6P	磷酸葡糖异构酶	$C_6 \longrightarrow C_6$
(8) G6P+ H_2O $\longrightarrow$ G+ Pi	6- 磷酸葡糖酶	$C_6 \longrightarrow C_6$
(9) F6P+G3P $\rightleftharpoons$ E4P+ Xu5P	转酮酶	$2C_6+2C_3 \longrightarrow 2C_4+2C_5$
(10) E4P+DHAP $\rightleftharpoons$ SBP	醛缩酶	$2C_4+2C_3 \longrightarrow 2C_7$
(11) SBP+ H_2O $\longrightarrow$ S7P+ Pi	SBPase*	$2C_7 \longrightarrow 2C_7$
(12) S7P+G3P $\rightleftharpoons$ R5P+Xu5P	转酮酶	$2C_7+2C_3 \longrightarrow 2C_5+2C_5$
(13) Xu5P $\rightleftharpoons$ Ru5P	磷酸核酮糖差向异构酶	$4C_5 \longrightarrow 4C_5$
(14) R5P $\rightleftharpoons$ Ru5P	磷酸核糖异构酶	$2C_5 \longrightarrow 2C_5$
(15) Ru5P+ATP $\longrightarrow$ RuBP+ADP	磷酸核酮糖激酶*	$6C_5 \longrightarrow 6C_5$

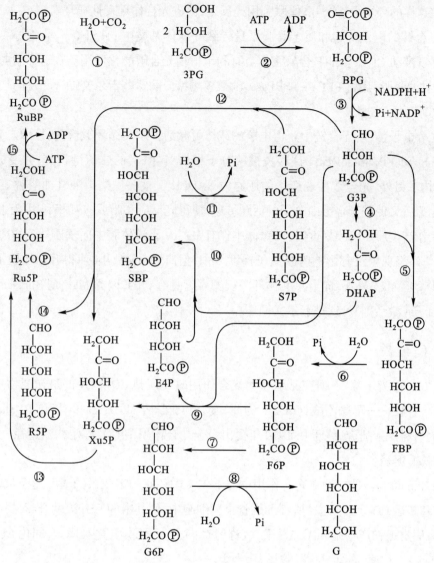

·**图 10-27** 卡尔文循环（C_3 循环）

① Rubisco*；② 磷酸甘油酸激酶；③ 磷酸甘油醛脱氢酶*；④ 磷酸丙糖异构酶；⑤ 醛缩酶；⑥ FBPase*；⑦ 磷酸葡糖异构酶；⑧ 6- 磷酸葡糖酶；⑨ 转酮酶；⑩ 醛缩酶；⑪ SBPase*；⑫ 转酮酶；⑬ 磷酸核酮糖差向异构酶；⑭ 磷酸核糖异构酶；⑮ 磷酸核酮糖激酶*

图 10-27 和表 10-3 带有 "*" 符号的酶是光调节酶。有 5 种光调节酶，分别是 Rubisco、磷酸甘油醛脱氢酶、FBPase、SBPase、磷酸核酮糖激酶。有光存在时，这些酶激活；在黑暗中这些酶钝化。它们均是卡尔文循环中的调控酶。

由表 10-3 得总反应式：

$$6CO_2 + 18ATP + 12NADPH + 12H^+ + 12H_2O \longrightarrow C_6H_{12}O_6 + 18ADP + 18Pi + 12NADP^+$$

将总反应式除以 6，得

$$CO_2 + 3ATP + 2NADPH + 2H^+ + 2H_2O \longrightarrow (CH_2O) + 3ADP + 3Pi + 2NADP^+$$

可见，在光合作用的卡尔文循环中，每同化 1 分子 CO_2，需要消耗 3 分子 ATP 和 2 分子的 NADPH。

10.1.3.5　光诱导调节卡尔文循环

叶绿体中光诱导变化包括：基质 pH 改变；还原力产生；Mg^{2+} 从类囊体腔外流；光调节卡尔文循环

的关键酶。在这样的环境下,关键酶偶联利用光反应,促进光合作用良性循环。

光诱导光合链的电子传递和质子跨膜泵送导致叶绿体基质中 pH 升高。呈现弱碱性,有利于跨膜质子浓度梯度推动 CF_oCF_1-ATP 合酶工作。有利于植物光合磷酸化作用。在这样的弱碱性条件下,Rubisco、磷酸甘油醛脱氢酶、FBPase、SBPase、磷酸核酮糖激酶这些卡尔文循环关键酶均有激活作用,也促进卡尔文循环顺利进行。

光引发光合电子传递,光合链中获得电子的载体可激活卡尔文循环关键酶:还原态硫氧还蛋白载体,可激活 Rubisco、FBPase、SBPase 这些关键酶分子中"Cys–Cys"的二硫键打开,并变成有活性的巯基(—SH)结构。另外,光合链末端产生的还原力 NADPH 又被关键酶磷酸甘油醛脱氢酶偶联利用。载体变成氧化型后又促进光合链中电子的活跃传递,使得光反应和暗反应互相利用、互相促进。

光合链工作产生质子跨膜梯度时,叶绿体中伴有 Mg^{2+} 从类囊体腔中向基质外流的离子渗透现象。虽然这种 Mg^{2+} 外流现象没有影响跨膜质子梯度 ΔpH,但跨膜 $\Delta\psi$ 减小,使得叶绿体膜上实际产生的 ATP 数目减少。但 Mg^{2+} 外流,向卡尔文循环关键酶靠近是有利的,因为 Mg^{2+} 是 Rubisco 和 FBPase 等关键酶的辅因子或激活剂,可促进卡尔文循环。

10.1.4 C$_4$ 途径

有人用 $^{14}CO_2$ 作为示踪物,研究某些植物光合作用时发现其 CO_2 固定的最初产物不是三碳化合物,而是四碳化合物——草酰乙酸(OAA)。为此,澳大利亚学者 M. D. Hatch 和 C. R. Slack 自 1966 年开始用甘蔗为材料深入研究,终于在 1970 年提出一个光合作用中 CO_2 固定的新途径——C$_4$ 途径,也称为 Hatch-Slack 途径。

C$_4$ 途径(C$_4$ pathway)是一种在光合作用中与卡尔文循环有一定联系的辅助途径。该途径的作用是固定、浓缩和转运 CO_2 到 C$_3$ 途径所在的维管束鞘细胞中,使其中的 CO_2 浓度升高,提高其光合作用速率。因 CO_2 固定最初产物是四碳二羧酸,故称为 C$_4$ 途径。通过 C$_4$ 途径固定、同化 CO_2 的植物简称为 C$_4$ 植物,如玉米、甘蔗、高粱、苋菜、狼尾草、黍等。

10.1.4.1 C$_4$ 途径中主要的酶促反应

C$_4$ 途径 CO_2 的最初受体是一种三碳化合物——磷酸烯醇丙酮酸(PEP),在 PEP 羧化激酶催化下固定 CO_2,生成草酰乙酸(OAA)(图 10-28)。

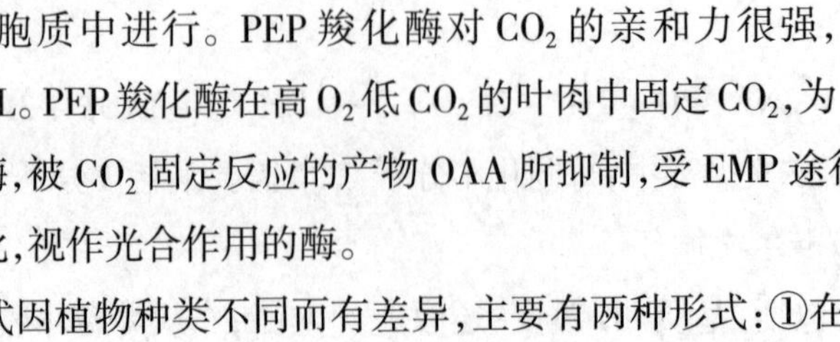

$$
\underset{\text{PEP}}{\begin{array}{c} CH_2 \\ \parallel \\ CO\sim\textcircled{P} \\ \mid \\ COOH \end{array}} + CO_2 + H_2O \xrightarrow{\text{PEP 羧化激酶}} \underset{\text{OAA}}{\begin{array}{c} COOH \\ \mid \\ CH_2 \\ \mid \\ C=O \\ \mid \\ COOH \end{array}} + H_3PO_4
$$

·图 10-28 PEP 羧化酶催化反应

这个反应在叶肉细胞质中进行。PEP 羧化酶对 CO_2 的亲和力很强,其 $K_m \approx 7$ μmol/L,而此时 Rubisco 的 $K_m \approx 450$ μmol/L。PEP 羧化酶在高 O_2 低 CO_2 的叶肉中固定 CO_2,为 CO_2 转移、同化奠定基础。PEP 羧化酶是一种调节酶,被 CO_2 固定反应的产物 OAA 所抑制,受 EMP 途径中的 6-磷酸葡糖(G6P)活化。该酶遇到光也活化,视作光合作用的酶。

草酰乙酸的转变形式因植物种类不同而有差异,主要有两种形式:①在叶肉细胞的叶绿体中,经

NADP-苹果酸脱氢酶催化,转变为苹果酸(MA)(图 10-29);②在叶肉细胞质内,由谷草转氨酶催化,转变为天冬氨酸(图 10-30)。

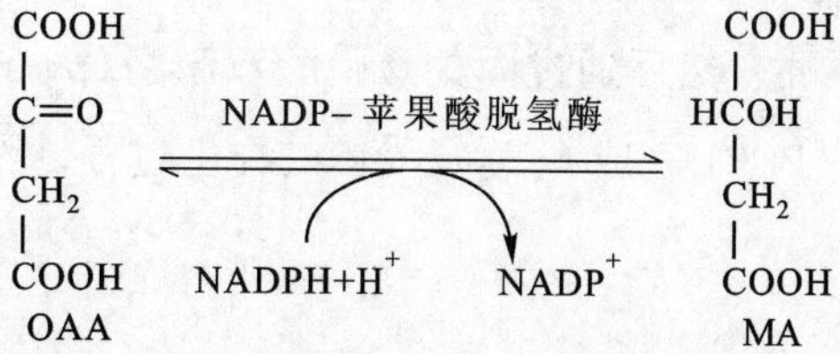

· **图 10-29** 草酰乙酸转变为苹果酸

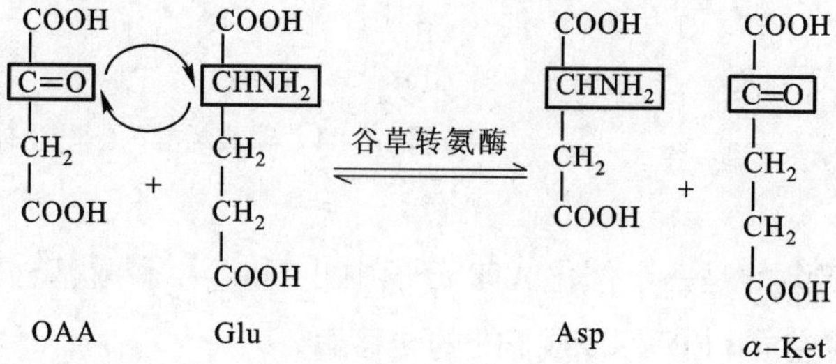

· **图 10-30** 草酰乙酸转变为天冬氨酸

上述苹果酸(MA)或天冬氨酸(Asp)均能够从叶肉细胞转移到维管束鞘细胞中。这些四碳二羧酸起 CO_2 携带体的作用。在维管束鞘细胞中,它们发生脱羧反应,放出 CO_2,以利于 CO_2 进入卡尔文循环,再参与糖合成。

脱羧反应因植物不同也有差异,主要有 3 种形式。

(1) 在维管束鞘细胞的叶绿体中,经 NADP-苹果酸酶催化,氧化脱羧变为丙酮酸(Pyr)。属于这类的植物是玉米、甘蔗、高粱等。反应式见图 10-31。

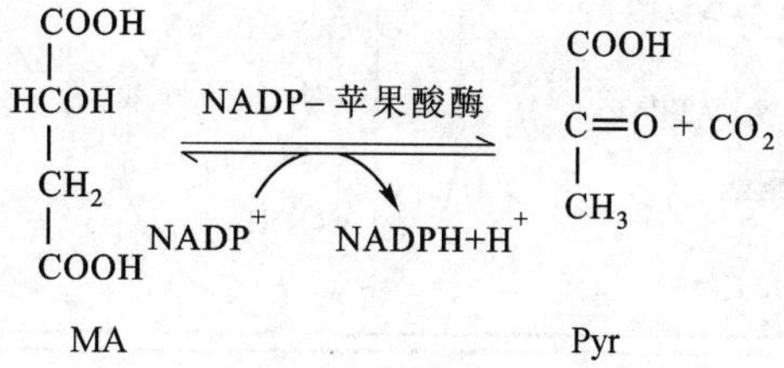

· **图 10-31** 苹果酸转变为丙酮酸

(2) 在维管束鞘细胞质中,先经谷草转氨酶作用,变成最初的草酰乙酸,然后在 PEP 羧化激酶催化下,脱羧变为磷酸烯醇丙酮酸(PEP)。属于这类的植物是狼尾草、大黍等。反应式见图 10-32。

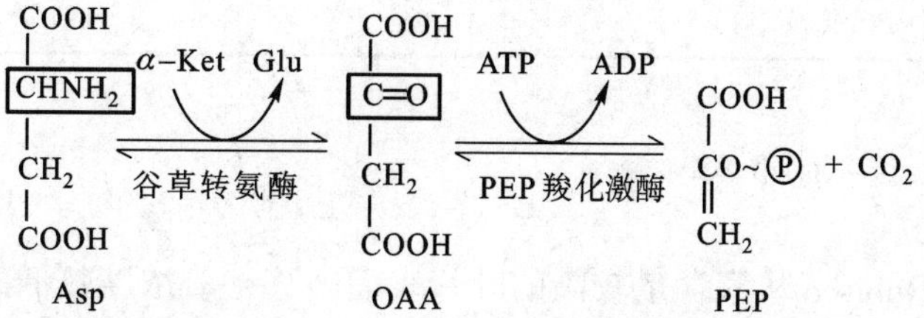

· **图 10-32** 天冬氨酸的转变及脱羧过程

(3) 在维管束鞘线粒体中,经 NAD- 苹果酸酶作用,氧化脱羧,形成丙酮酸(Pyr)。属于这类植物的是马齿苋、黍等。反应式见图 10-33。

脱羧后,形成的丙酮酸先经转氨酶作用变为丙氨酸,从维管束鞘细胞转移到叶肉细胞的叶绿体中,再经转氨酶作用又变回丙酮酸,然后通过丙酮酸磷酸双激酶(pyruvate phosphate dikinase)的催化作用才转变成磷酸烯醇丙酮酸(PEP),完成 C_4 途径受体的再生过程,反应式见图 10-34。

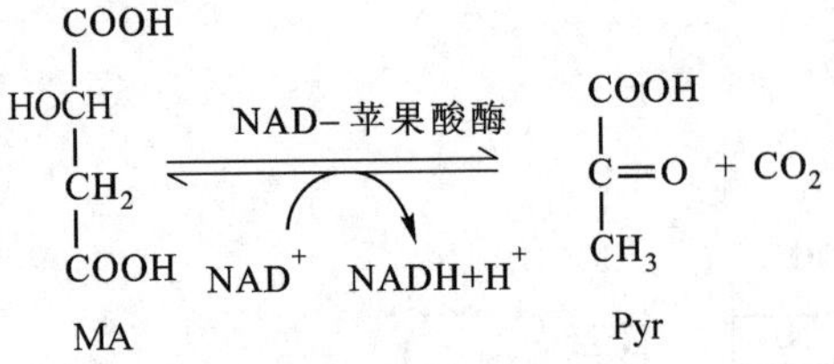

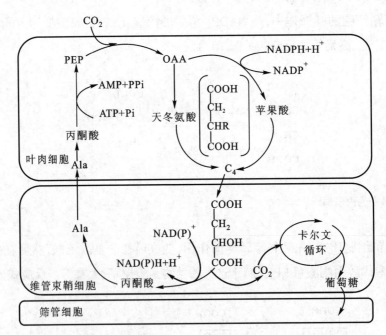

・图 10-33　苹果酸脱羧反应　　　　　　　　　　　　　・图 10-34　磷酸烯醇丙酮酸受体的再生过程

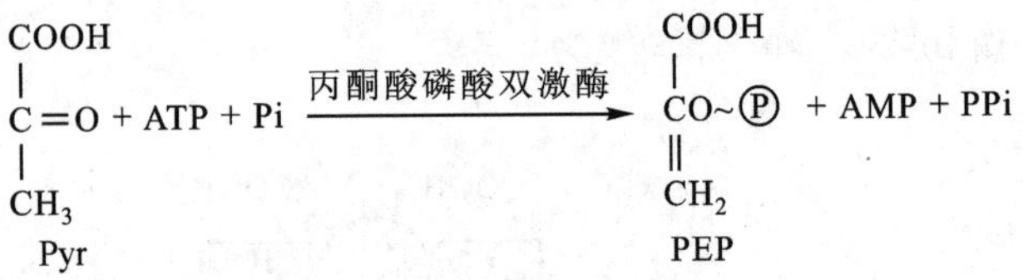

反应中丙酮酸磷酸双激酶是一个催化 ATP 分子中 β- 和 γ- 磷酰基分别转移给丙酮酸和磷酸,使 ATP 变成 AMP,丙酮酸变成 PEP,Pi 变成 PPi 的转移酶。

10.1.4.2　C_4 途径与 C_3 途径的关系

C_3 植物与 C_4 植物光合作用的差异在于暗反应阶段:C_3 植物的 CO_2 固定及碳素同化途径均在叶肉细胞的叶绿体中进行。C_4 植物的 CO_2 固定先靠近叶表面的叶肉细胞中进行,然后经 C_4 途径的四碳二羧酸转移,把 CO_2 运输到叶片内部维管束鞘细胞的叶绿体中,再进行卡尔文循环。可见 C_4 植物碳同化过程应包括 C_4 途径和 C_3 途径。C_4 途径的简要过程见图 10-35。

・图 10-35　C_4 途径简要过程

R 基团:① -OH(代表苹果酸);② -NH$_2$(代表天冬氨酸)

C_4 途径将 CO_2 和 Rubisco 从氧含量较高的叶片表面转移到氧浓度较低的内部维管束鞘细胞中,再进行 CO_2 固定反应,其目的是避免 Rubisco 发生另一种浪费资源的加氧反应。热带禾本科植物采

用 C_4 途径的原因之一是防止高温条件下 CO_2 和 Rubisco 亲和力下降。

10.2 糖异生作用

糖异生(gluconeogenesis)作用是指以非糖有机物作为前体合成为葡萄糖的过程。这是植物、动物体内一种重要的单糖合成途径。非糖物质包括乳酸、丙酮酸、甘油、草酰乙酸、乙酰 CoA 及生糖氨基酸(如丙氨酸)等。

植物果实成熟期间,有机酸含量下降,糖分含量增加,就是糖异生作用的结果。动物体内糖异生作用是必不可少的。它对维持血糖浓度恒定,为大脑、肌肉、眼晶状体、中枢神经系统等组织利用葡萄糖分解供能提供了保障。人剧烈运动时,肌肉中糖酵解产生大量的乳酸,乳酸通过血液转移到肝,肝中启动糖异生作用,将乳酸等非糖物质有效地利用,又转化为葡萄糖,再输送到血液中。既解除了乳酸的积累,又确保了不断提供葡萄糖的问题。

10.2.1 糖异生途径

糖异生途径几乎是 EMP 途径的逆转,但要绕过 EMP 途径三处不可逆反应,采用糖异生作用特有的酶催化、转移作用,才能完成非糖有机物合成为葡萄糖的过程。糖异生途径 3 处迂回路径是:

(1) 丙酮酸→磷酸烯醇丙酮酸 丙酮酸(Pyr)逆转为高能磷酸化合物——磷酸烯醇丙酮酸(PEP)经历较复杂的迂回路径。其简式过程为:

$$\underset{C_3}{\text{Pyr}} + \underset{C_1}{CO_2} \longrightarrow \underset{C_4}{\text{OAA}} \longrightarrow \underset{C_4}{\text{苹果酸穿梭}} \longrightarrow \underset{C_4}{\text{OAA}} \longrightarrow \underset{C_3}{\text{PEP}} + \underset{C_1}{CO_2}$$

这里的迂回反应不仅步骤较多,而且还有化合物碳数目的变化,甚至还发生线粒体内物质向细胞质转移的穿梭(图 10-36)。

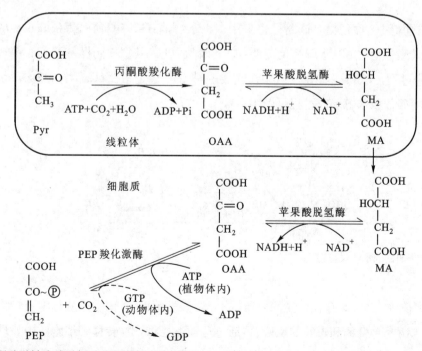

· **图 10-36** 丙酮酸逆转为磷酸烯醇丙酮酸的反应过程

线粒体基质的丙酮酸羧化酶(pyruvate carboxylase)是由4个亚基组成的四聚体。每个亚基(相对分子质量为120 000)都与Mg^{2+}结合。该酶含有一种重要的辅基——生物素,该生物素与丙酮酸羧化酶共价结合。当丙酮酸从细胞质中进入线粒体后,在该酶催化下,消耗ATP,以生物素作为CO_2的载体,使丙酮酸羧化产生草酰乙酸。乙酰CoA是丙酮酸羧化酶强有力的别构激活剂,如果乙酰CoA没有与该酶结合,则生物素不能羧化。

草酰乙酸(OAA)不能直接穿出线粒体,需要转变成苹果酸(MA)形式,苹果酸借助穿梭系统穿出线粒体到细胞质中,再变回草酰乙酸,经历四碳二羧酸的变迁过程。

在磷酸烯醇丙酮酸羧化激酶(phosphoenolpyruvate carboxykinase,PEPCK)催化下,草酰乙酸脱羧并获得能量,完成PEP这一高能磷酸化合物形成的转变。细胞质中PEPCK是由一条肽链组成的(相对分子质量为140 000),其序列、理化特性随生物不同有差异:植物体内该反应消耗的是ATP;动物体内该反应消耗的是GTP。研究发现动物中PEPCK所在的细胞部位还有差异。多数动物此酶存在于细胞质中,而人类除了细胞质中有PEPCK外,线粒体中也有;鸟类、兔子的肝细胞中PEPCK全部存在于线粒体中。

(2) 1,6-二磷酸果糖 → 6-磷酸果糖　此路径采用一种水解酶:1,6-二磷酸果糖酶(fructose-1,6-bisphosphatase,FBPase),使得1,6-二磷酸果糖(FBP)分解为6-磷酸果糖(F6P)和磷酸(Pi)。这一反应的意义在于避开EMP途径在此处不可逆的吸能反应过程(图10-37)。

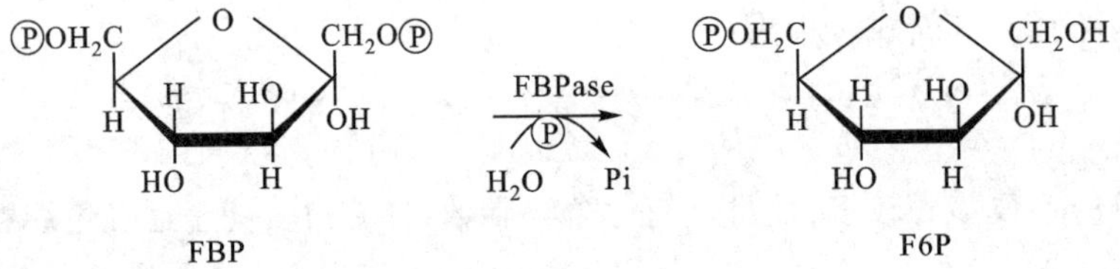

·图10-37　1,6-二磷酸果糖水解反应

(3) 6-磷酸葡糖 → 葡萄糖　该路径也采用一种水解酶:6-磷酸葡糖酶(glucose-6-phosphatase,G6Pase),将6-磷酸葡糖(G6P)水解为葡萄糖(G)和磷酸(Pi)。其意义同样避开了EMP途径在此处不可逆的吸能反应过程。G6Pase催化反应中还需要一种Ca^{2+}稳定蛋白(Ca^{2+}-binding stabilizing protein)协助作用。6-磷酸葡糖水解反应过程见图10-38。

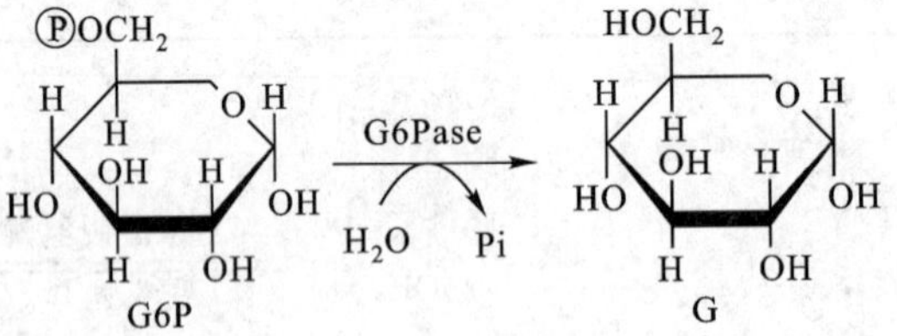

·图10-38　6-磷酸葡糖的水解反应

在高等生物体内,G6Pase存在于光面内质网上,6-磷酸葡糖(G6P)须先从细胞质转移到内质网中,才能发生G6P水解为葡萄糖和磷酸的反应,再通过运输途径将产物转移到细胞质中。现以乳酸为例,经糖异生途径形成葡萄糖的主要反应、酶及碳数目变化规律列于表10-4。

·表 10–4　糖异生途径主要反应

反应	酶	碳数目变化规律
在细胞质中:		
（1）Lac + NAD$^+$ $\rightleftharpoons$ Pyr + NADH + H$^+$	乳酸脱氢酶	$2C_3 \rightleftharpoons 2C_3$
在线粒体中:		
（2）Pyr + CO$_2$ + ATP $\rightleftharpoons$ OAA + ADP + Pi	丙酮酸羧化酶	$2C_3 + 2C_1 \rightleftharpoons 2C_4$
（3）OAA + NADH + H$^+$ $\rightleftharpoons$ MA + NAD$^+$	苹果酸脱氢酶	$2C_4 \rightleftharpoons 2C_4$
在细胞质中:		
（4）MA + NAD$^+$ $\rightleftharpoons$ OAA + NADH + H$^+$	苹果酸脱氢酶	$2C_4 \rightleftharpoons 2C_4$
（5）OAA + GTP（或 ATP）$\rightleftharpoons$ PEP+ CO$_2$ + GDP（或 ADP）+ Pi	PEPCK	$2C_4 \rightleftharpoons 2C_3 + 2C_1$
（6）PEP + H$_2$O $\rightleftharpoons$ 2PG	烯醇化酶	$2C_3 \rightleftharpoons 2C_3$
（7）2PG $\rightleftharpoons$ 3PG	磷酸甘油酸变位酶	$2C_3 \rightleftharpoons 2C_3$
（8）3PG + ATP $\rightleftharpoons$ BPG + ADP	磷酸甘油酸激酶	$2C_3 \rightleftharpoons 2C_3$
（9）BPG + NADH + H$^+$ $\rightleftharpoons$ G3P + NAD$^+$ + Pi	磷酸甘油醛脱氢酶	$2C_3 \rightleftharpoons 2C_3$
（10）G3P $\rightleftharpoons$ DHAP	磷酸丙糖异构酶	$C_3 \rightleftharpoons C_3$
（11）G3P + DHAP $\rightleftharpoons$ FBP	醛缩酶	$C_3 + C_3 \rightleftharpoons C_6$
（12）FBP + H$_2$O $\longrightarrow$ F6P + Pi	FBPase	$C_6 \longrightarrow C_6$
（13）F6P $\rightleftharpoons$ G6P	磷酸葡糖异构酶	$C_6 \rightleftharpoons C_6$
（14）G6P + H$_2$O $\longrightarrow$ G + Pi	6– 磷酸葡糖酶	$C_6 \longrightarrow C_6$

由表 10–4 可知,动物体内若以乳酸为原料,糖异生总反应式为:

$$2Lac + 4ATP + 2GTP + 6H_2O \longrightarrow G + 4ADP + 2GDP + 6Pi$$

植物体内若以丙酮酸为原料,其糖异生总反应式可写成:

$$2Pyr + 6ATP + 6H_2O + 2NADH + 2H^+ \longrightarrow G + 6ADP + 6Pi + 2NAD^+$$

可见,糖异生途径是一条消耗能量的糖类合成途径。以其他有机物(如甘油、乙酰 CoA 、氨基酸)为原料进入糖异生途径将在脂代谢和氨基酸代谢中介绍。它们通过一些转化反应,产生与糖异生相同的中间产物后,即可插入糖异生途径,如丙氨酸经转氨反应可以变成丙酮酸,甘油经磷酸化等步骤可以转变成磷酸二羟丙酮,乙酰 CoA 经乙醛酸循环(油料作物)可以变成苹果酸等。

10.2.2　糖酵解与糖异生的关系

糖酵解途径与糖异生途径的关系见图 10–39。糖酵解中许多可逆反应与糖异生途径是通用的,这两个途径有关联,但不是完全逆转的关系。表 10–5 列举这两种途径中的主要差异。

糖异生途径和糖酵解途径以一种互相制约、互相协调的关系存在于生物中。

（1）**AMP/ATP 的比例影响两种代谢途径**　高水平的 ATP 抑制糖酵解途径。此时,糖异生途径中特有的酶 1,6– 二磷酸果糖酶（FBPase）和 6– 磷酸葡糖酶（G6Pase）的活性被激活,导致糖异生作用加速进行。反之,AMP 浓度升高时,机体需要糖的氧化分解产能。AMP 激活糖酵解途径中关键酶——磷酸果糖激酶（PFK）和丙酮酸激酶的活性,促进糖酵解途径和三羧酸循环的产能过程活跃进行。而糖异生途径中的 1,6– 二磷酸果糖酶（FBPase）等活性下降,则糖异生作用受阻。

（2）**乳酸的产生和有效利用**　人剧烈运动时,肌肉中糖酵解产生大量的乳酸。乳酸是无氧代谢的产物,除了再转变为丙酮酸外别无去路。过多的乳酸在体内积累,易引起中毒现象。为了解除乳酸的中毒现象,大部分乳酸通过血液转移到糖异生作用的重要场所——肝。肝利用乳酸等非糖有机物合成葡萄糖,更新肝糖原,补充血糖和组织中的葡萄糖。动物体内这种乳酸的产生和异生为葡萄糖的循环过程,称为可立氏循环(Cori's cycle)或乳酸循环(图 10-40)。

(3) 调节物和信号分子对两种代谢途径的调节　细胞中 2,6- 二磷酸果糖(F-2,6-BP)是 1980 年发现的一种调节物和信号分子,它是 1,6- 二磷酸果糖(F-1,6-BP)的同分异构物,是一种对糖代谢中

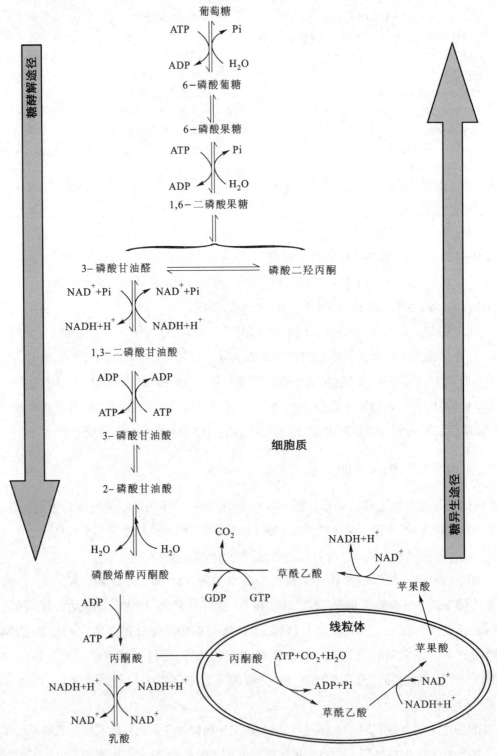

·图 10-39　糖酵解途径与糖异生途径的关系

表 10-5　糖酵解与糖异生途径的主要区别

	糖酵解途径	糖异生途径
（1）反应部位	均在细胞质中	部分反应在线粒体中
		多数反应在细胞质中
（2）物质代谢	糖分解	糖合成
（3）能量代谢	产能	耗能
（4）不同的酶	己糖激酶	6-磷酸葡糖酶
	磷酸果糖激酶	二磷酸果糖酶
	丙酮酸激酶	丙酮酸羧化酶
		苹果酸脱氢酶
		PEP 羧化激酶

间产物转折点——6-磷酸果糖(F6P)附近的一些酶活性起调节作用的物质。它是由特殊的磷酸果糖激酶 2(phosphofructokinase 2,PFK2)催化产生的。2,6-二磷酸果糖对 EMP 途径中的关键酶——磷酸果糖激酶(PFK)有强烈的激活作用,而对糖异生途径中的关键酶——1,6-二磷酸果糖酶(FBPase)有抑制作用(图 10-41)。

实验证明,当动物饱食时,血糖浓度升高,F6P 充足,可激活磷酸果糖激酶 2(PFK2),产生调节物 F-2,6-BP,该调节物水平上升,一方面激活磷酸果糖激酶,促进糖酵解进行;另一方面抑制 FBPase 活性,糖异生作用受阻。以此来控制血糖浓度上升。反之,动物饥饿时,血糖含量下降,低水平的 F-2,6-BP 解除对 FBPase 的抑制作用,使糖异生作用占优势,从而调节血糖浓度。

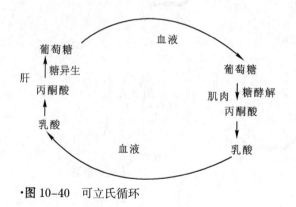

·图 10-40　可立氏循环

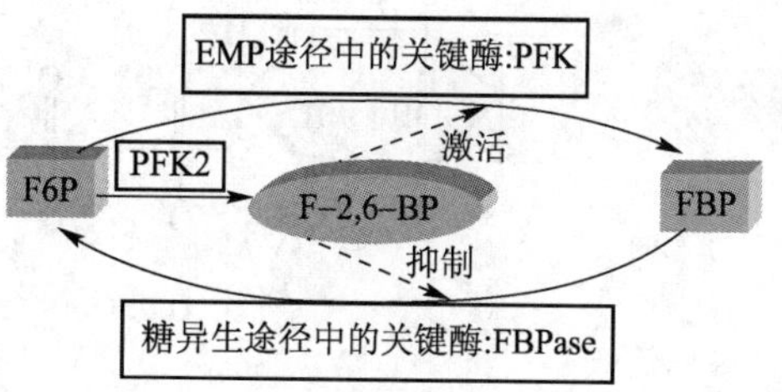

·图 10-41　2,6-二磷酸果糖对两种代谢的调节

10.3　蔗糖和多糖的生物合成

10.3.1　糖核苷酸的作用

在高等植物、动物体内,游离的单糖不能参与双糖和多糖的合成反应,延长反应中提供的单糖基必须是活化的糖供体,这种活化的糖是一类糖核苷酸,即糖与核苷酸结合的化合物。糖核苷酸的作用是在双糖、多糖或糖蛋白等复合糖合成过程中,作为参与延长糖链的单糖基活化形式或供体。最早发

现的糖核苷酸是尿苷二磷酸葡糖(uridine diphosphate glucose, UDPG),Luis Leloir 因这一发现于 1970 年获诺贝尔化学奖。UDPG 的结构式如图 10-42 所示。

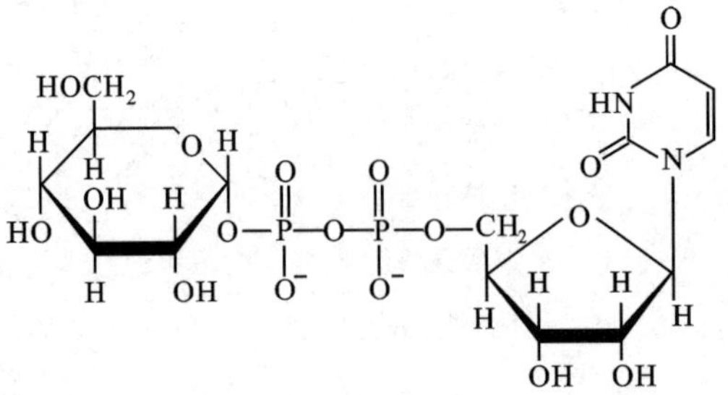

·图 10-42　UDPG 结构式

以后,又发现腺苷二磷酸葡糖(ADPG)、鸟苷二磷酸葡糖(GDPG)等。它们之间的差异仅在于碱基不同。不同的双糖和多糖合成酶系对各种糖核苷酸的专一性有差异。如蔗糖合成酶系、糖原合成酶系均优先采用 UDPG,淀粉合成酶系优先采用 ADPG,纤维素合成酶系优先采用 GDPG 和 UDPG 等。现以 UDPG 形成为例,介绍糖核苷酸的合成反应(图 10-43)。

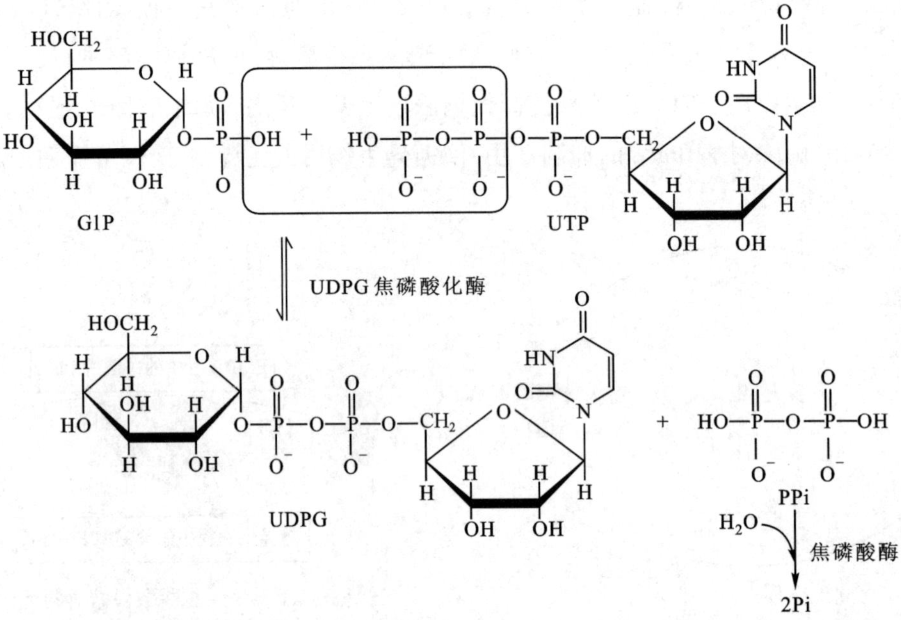

·图 10-43　UDPG 合成反应

在图 10-43 中,UDPG 焦磷酸化酶(UDP-glucose pyrophosphorylase)是一种转移酶类,催化 UTP 中焦磷酸脱落,将 UMP 残基转移到 G1P 上,组合形成 UDPG。虽然活化反应中的第一步是可逆的,但接着焦磷酸被水解成无机磷酸是不可逆的放能反应,所以整个活化反应向形成 UDPG 的方向进行。UDPG 形成的反应式可简写成:

$$G1P + UTP + H_2O \xrightarrow[\text{UDPG 焦磷酸化酶}]{} \xrightarrow[\text{焦磷酸酶}]{} UDPG + 2Pi$$

同理,ADPG 形成的反应式可简写成:

$$G1P + ATP + H_2O \xrightarrow[\text{ADPG 焦磷酸化酶}]{} \xrightarrow[\text{焦磷酸酶}]{} ADPG + 2Pi$$

以此类推,糖核苷酸合成反应通式可简写成:

$$G1P + NTP + H_2O \xrightarrow[\text{NDPG 焦磷酸化酶}]{\text{焦磷酸酶}} NDPG + 2Pi$$

由上述反应可知,以 G1P 为原料,每活化一个葡糖残基,至少消耗一分子的 NTP,即至少损失一个高能磷酸键。糖的活化反应中 G1P 可来自多种途径(图 10-44)。

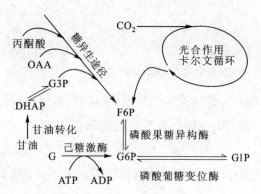

· **图 10-44** G1P 的多种来源途径

10.3.2 蔗糖的生物合成

蔗糖是植物光合作用的主要产物,也是植物在体内运输的主要形式。在高等植物中,常见两种与蔗糖合成有关的途径。

(1) 磷酸蔗糖合酶途径 该途径存在于光合组织的细胞质中,被认为是植物合成蔗糖的主要途径。磷酸蔗糖合酶(sucrose phosphate synthase)属于转移酶类。它利用 UDPG 作为葡萄糖的供体,以 F6P 为葡萄糖的受体,反应产物是 6- 磷酸蔗糖;通过磷酸蔗糖酶水解,脱去磷酸基团而生成蔗糖。在反应过程中,虽然第一步基团转位反应是可逆的,但第二步水解反应是不可逆的,所以该途径总趋势向合成蔗糖方向进行。详细的反应结构式见图 10-45。

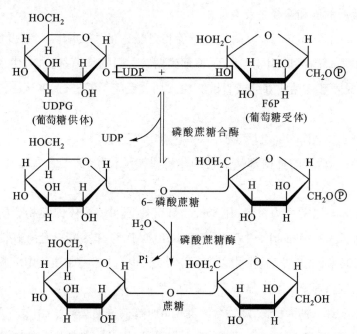

· **图 10-45** 磷酸蔗糖合酶途径

植物在叶绿体中进行光合作用,使空气中的 CO_2 固定、还原形成磷酸丙糖化合物,再将磷酸丙糖化合物转移到细胞质中。磷酸丙糖缩合形成六碳糖,进而合成蔗糖。蔗糖再运输到各个器官,用以各种多糖合成或供生命活动的其他需要。

(2) 蔗糖合酶途径　在非光合组织中蔗糖合酶(sucrose synthase)活性较高。蔗糖合酶属于转移酶类,可催化糖基转移,反应过程可简写为:

$$\left.\begin{array}{l}\text{ADPG}\\ \text{UDPG}\end{array}\right\} + \text{果糖} \xrightleftharpoons{\text{蔗糖合酶}} \text{蔗糖} + \left\{\begin{array}{l}\text{ADP}\\ \text{UDP}\end{array}\right.$$

(葡萄糖供体) (葡萄糖受体)

玉米和绿豆中的蔗糖合酶是一种具有 4 个相同亚基的寡聚酶(相对分子质量为 375 000)。此后,许多植物中均发现有此酶。现经实验证明:在发育的谷物籽粒中,上述可逆反应向蔗糖分解,形成糖核苷酸方向进行,呈活跃状态。产生的糖核苷酸,尤其是 ADPG 为淀粉合成提供活化的单糖基。该途径的主要用途应该是蔗糖向淀粉转变,形成糖核苷酸。不能视作合成蔗糖的主要途径。

10.3.3　淀粉和糖原的生物合成

植物体内的淀粉(starch)和动物体内的糖原(glycogen)都属于葡聚糖(glucan)。糖原比淀粉具有更多的分支。支链淀粉(amylopectin)每 24~30 个葡糖残基有一个分支;糖原每 8~12 个葡糖残基有一个分支。

淀粉和糖原的生物学意义在于它们既是能量和碳架物质的储存形式,又是容易分解的多糖。如禾谷类植物种子中积累大量的淀粉,是种子萌发和生长的能量和物质基础;动物在肝等细胞中储备糖原,当大脑和肌体运动时,就会启动糖原分解供能。医学证明,当人血糖水平低下时,影响中枢神经系统的正常功能,严重时出现休克症状。有些人采用饥饿方式减肥,导致四肢无力、头晕眼花,可能与糖原含量下降、低血糖有关。

10.3.3.1　直链淀粉的生物合成

参与直链淀粉合成的酶和途径主要有以下几种。

(1) 淀粉合酶(starch synthase)　该酶是直链淀粉延长中的主要酶类。它以糖核苷酸(ADPG 等)为原料,将活化的葡糖基转移到"引物"上,延长葡聚糖链。引物是糖基受体,由 3 个以上的葡糖基以 α-1,4- 糖苷键连接成麦芽三糖或寡糖或直链淀粉。加成反应不断进行,葡聚糖链逐渐延长。催化反应式可简写成:

$$\text{ADPG} + \text{G}_n(\text{引物}) \xrightarrow{\text{淀粉合酶}} \text{G}_{n+1}(\text{直链淀粉}) + \text{ADP}$$

式中,①引物的 $n \geqslant 3$;②活化的葡糖基从引物的非还原端延长;③淀粉合酶催化连接的键是 α-1,4- 糖苷键。

Cardini 和 Frydaman 以蚕豆为材料,用米氏常数大小证明植物体内淀粉合酶对 ADPG 的亲和力远大于 UDPG。前者 K_m=2~4 mol/L,后者 K_m=60 mol/L。ADPG 作为糖核苷酸在淀粉合成中占主要地位的观点又在水稻、玉米等植物实验中得以印证。当然,也有特例,如粳稻中淀粉合酶利用 ADPG 和 UDPG 的反应速率大致相等。

图 10-46 介绍以麦芽三糖为引物,淀粉合酶催化 ADPG 的葡糖基转移,由麦芽三糖(G_3)延长为麦芽四糖(G_4)的反应。可了解到淀粉延长中葡糖基转移的位置,以及淀粉中葡糖基之间连接的糖苷键类型。

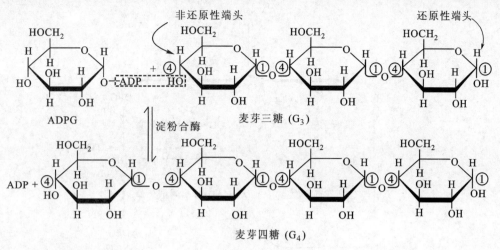

非还原性端头　　　　　　　　　　　　　　　　　　　　　　还原性端头

ADPG　　　　　　　　　　麦芽三糖 (G₃)

麦芽四糖 (G₄)

·图 10-46　淀粉合酶催化反应

　　糖核苷酸含有较高的自由能,当其降解为核苷二磷酸和糖时,释放的自由能为 33.5 kJ/mol;在淀粉合酶催化反应中,每个单糖基加到引物上,需要自由能 21 kJ/mol,则反应的自由能变化为 $\Delta G^{\ominus\prime}=-12.5$ kJ/mol,表明反应可以自发地向淀粉延长的方向进行。

　　(2) D 酶　在马铃薯、大豆中发现有这种酶。D 酶是一种糖苷基转移酶,作用的键是 $\alpha\text{-}1,4\text{-}$ 糖苷键;转移的基团主要是麦芽糖残基;催化的底物可以是葡萄糖、麦芽多糖;起加成反应作用。故有人称之为加成酶。D 酶有利于葡萄糖转变为麦芽多糖,为直链淀粉延长反应提供必要的引物。例如,当葡萄糖与麦芽五糖混合时,D 酶可催化产生两分子的麦芽三糖。其反应式如图 10-47 所示。

　　可见,D 酶在不额外消耗 ATP 的情况下,催化产生两分子麦芽三糖。此反应是可逆的,以两分子麦芽三糖为底物,D 酶可催化产生麦芽五糖和葡萄糖。麦芽五糖也可以作为引物,参与淀粉合酶的延长反应。

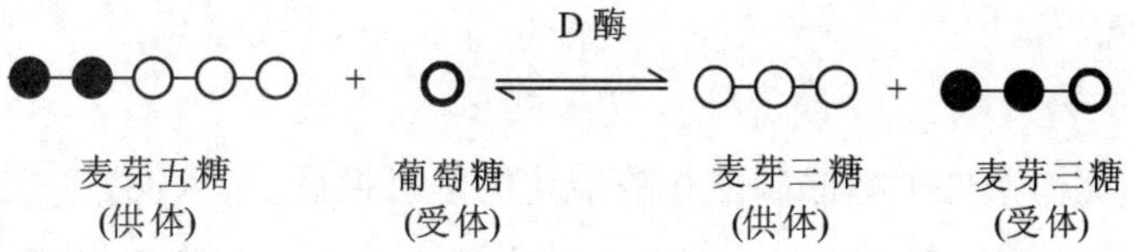

　　　　　　　　　　　　　　　　D 酶
●●○○○　　　+　　○　　⇌　　○○○　　+　　●●○
麦芽五糖　　　　　葡萄糖　　　　　麦芽三糖　　　　麦芽三糖
(供体)　　　　　　(受体)　　　　　(供体)　　　　　(受体)

·图 10-47　D 酶催化反应

　　(3) 蔗糖转化为淀粉　光合组织中蔗糖的合成活性较高,蔗糖可运输到非光合组织中,通过一些酶的催化转变为淀粉。图 10-48 列举蔗糖转化为淀粉的一种途径。

　　(4) 淀粉磷酸化酶　该酶在淀粉磷酸解中介绍过。离体实验表明,催化的是可逆反应:

$$G1P + G_n \xrightleftharpoons{\text{淀粉磷酸化酶}} G_{n+1} + Pi \, (n \geqslant 3)$$

　　淀粉磷酸化酶属于转移酶类,转移的基团是葡糖基,可以将 G1P 的葡糖基转移到淀粉非还原性末端 C_4 的羟基上,淀粉以 $\alpha\text{-}1,4\text{-}$ 糖苷键连接形式增加一个葡糖基。但是,近来实验证明,植物细胞中无机磷酸含量比离体实验高出许多,淀粉磷酸化酶在生物细胞中的主要趋向是催化淀粉磷酸解生成 G1P,且 G1P 比游离的葡萄糖更经济有效地被生物所利用。所以,该酶不是生物体内直链淀粉合成的主要酶类。

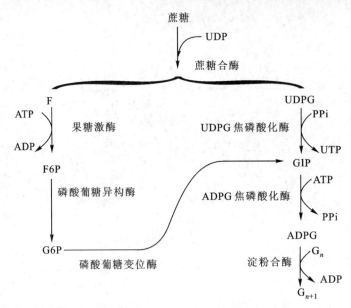

·图 10-48　蔗糖转化为淀粉的一种途径

10.3.3.2　支链淀粉的生物合成

支链淀粉分支点 α-1,6- 糖苷键的形成需要淀粉分支酶又称为 Q 酶（Q enzyme）的作用，将直链淀粉的一部分拆下来，装配成侧链。Q 酶具有双重功能：既能催化直链淀粉的 α-1,4- 糖苷键断裂，又能催化 α-1,6- 糖苷键连接，从而形成支链淀粉。图 10-49 说明 Q 酶作用淀粉的过程。支链淀粉是通过淀粉合酶与 Q 酶等共同作用而合成的。先进行直链淀粉合成，接着在 Q 酶作用下：从直链淀粉的非还原性末端切下一含 6~7 个葡糖残基的寡糖片段。将该片段寡糖转移到淀粉中某一葡糖残基上。以寡糖游离的 C_1 羟基与淀粉中某一葡糖残基 C_6 的羟基缩合，连接成 α-1,6- 糖苷键，形成支链淀粉。以后在淀粉合酶作用下，继续延长直链；Q 酶反复作用，淀粉分支增加，进而合成大分子的支链淀粉。

10.3.3.3　糖原的生物合成

早期研究发现，在离体条件下糖原磷酸化酶催化的是可逆反应，人们曾设想糖原的合成与分解过程有一定的可逆关系，但经历了反复的动物体内实验和医学临床观察后推翻了这一设想。1957 年，L. Leloir 等发现糖原合成中所用的糖基供体是 UDPG，并阐明 UDPG 的结构式，而不是糖原磷酸解的产物 G1P。从此，研究糖原合成的大门打开。以后的实验证实 L. Leloir 等的发现：糖原合成与糖原分解走的是完全不同的途径。为了表彰 L. Leloir 等在糖类合成代谢中贡献，1970 年授予他们诺贝尔化学奖。糖原合成中主要酶类有以下几种。

（1）UDPG 焦磷酸化酶　该酶在糖核苷酸作用中介绍过。催化反应式可简写成：

$$\text{G1P} + \text{UTP} + \text{H}_2\text{O} \underset{\text{焦磷酸酶}}{\overset{\text{UDPG 焦磷酸化酶}}{\rightleftharpoons}} \text{UDPG} + 2\text{Pi}$$

由于焦磷酸水解，致使反应不可逆地单向进行，有利于 UDPG 形成。UDPG 重要的生物学意义就在于它使葡萄糖变成更活泼的活化形式。高能态的 UDPG 有利于单糖基供给糖原合成。

（2）糖原蛋白　糖原蛋白（glycogenin）也称为糖原引物蛋白或糖原素，其相对分子质量大约是 37 000。糖原蛋白具有自催化（autocatalysis）功能，单糖基的供体是 UDPG，第一个葡糖基以共价键方式连接到糖原蛋白的专一酪氨酸残基的酚基上。逐个催化约 8 个葡糖残基，并以 α-1,4- 糖苷键

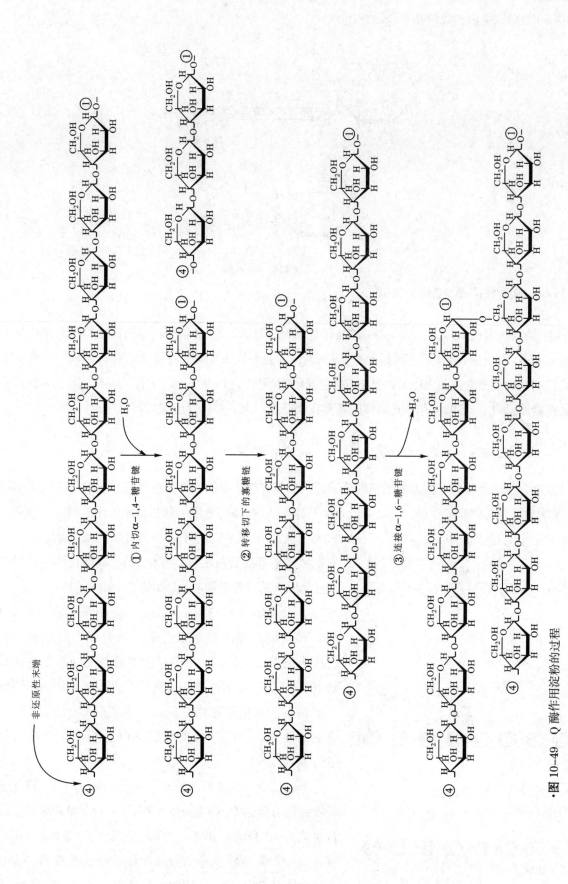

① 内切 α-1,4-糖苷键

② 转移切下的寡糖链

③ 连接 α-1,6-糖苷键

非还原性末端

·图 10-49 Q 酶作用用淀粉的过程

连接成葡聚糖,形成糖原分子的核心(core)。细胞中糖原的核心数目取决于糖原蛋白的分子数目。图 10-50 是糖原蛋白与葡糖基结合示意图。

UDPG

糖原蛋白

葡萄糖 – 糖原蛋白

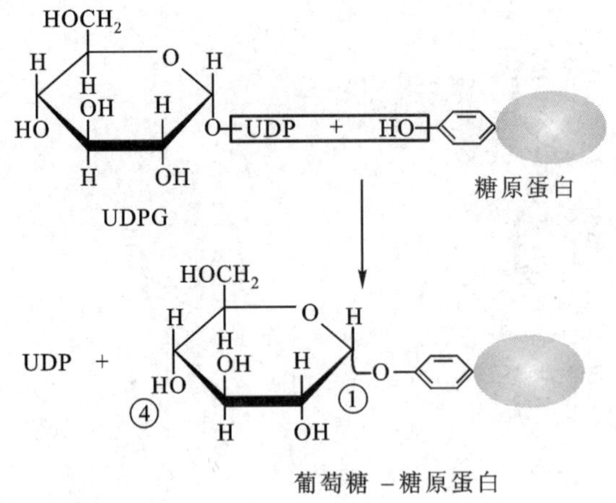

·图 10-50　糖原蛋白与葡糖基结合示意图

(3) 糖原合酶(glycogen synthase)　该酶是延长糖原直链的酶,类似于淀粉合酶。糖原合酶连接的键是 α-1,4- 糖苷键;转移的基团是葡糖基;从糖原非还原性末端延长糖原的直链。不同的是糖原合酶优先利用的糖核苷酸是 UDPG;"引物"有多种形式:可以是具有 4 个以上葡糖基以 α-1,4- 糖苷键串联在糖原蛋白上;可以是有分支的糖原连接在糖原蛋白上。催化反应式可以简写成:

$$UDPG + G_n-糖原蛋白 \xrightarrow{\text{糖原合酶}} G_{n+1}-糖原蛋白 + UDP （式中: n \geqslant 4）$$

糖原合酶不能将两个游离的葡萄糖分子连接成麦芽糖。只有 4 个以上葡聚糖与糖原蛋白紧密结合,才能发挥延长糖原的作用。一旦糖原合酶与糖原蛋白分离,就停止延长糖原作用。糖原合酶是由相同的两个亚基组成的二聚体,每个亚基由 737 个氨基酸残基构成,其中含 9 个丝氨酸残基。这 9 个丝氨酸残基可被蛋白激酶类催化,发生磷酸化而不同程度地使糖原合酶活性受抑制,从而调节该酶的活性。

(4) 糖原分支酶(glycogen branching enzyme)　即 1,4 → 1,6- 转葡糖基酶。类似于支链淀粉合成中的 Q 酶。它的作用包括:①对含有 11 个以上葡糖基的葡聚糖进行切割,从非还原性末端约 7 个葡糖基处切断 α-1,4- 糖苷键;②将切下的寡糖片段向糖原核心附近转移;③连接分支点的 α-1,6- 糖苷键,分支点的间隔至少有 4 个葡糖基(图 10-51)。

上述反应可以自发地进行。因为水解 α-1,4- 糖苷键释放的自由能为 15.5 kJ/mol,而连接 α-1,6- 糖苷键需要的自由能为 7.1 kJ/mol,糖原分支酶催化反应的每一步 $\Delta G^{\ominus\prime}=$ −8.4 kJ/mol,是放能反应。糖原比淀粉的分支更多。这对动物机体是非常有利的,它增加糖原在细胞内的溶解度,提

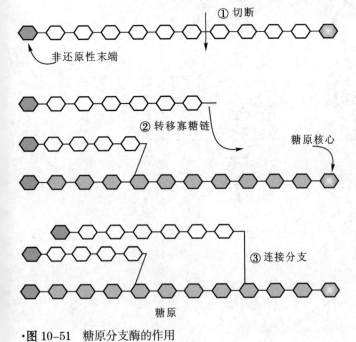

①切断

非还原性末端

②转移寡糖链

糖原核心

③连接分支

糖原

·图 10-51　糖原分支酶的作用

高糖原合成或分解的速率。注意,糖原分支酶与糖原脱支酶是两种不同功能的酶。这两种酶的主要功能区别见表10-6。植物体内也有植物糖原,其分支程度比一般的支链淀粉高一倍。合成植物糖原时,需要一种支链淀粉分支糖基转移酶在支链淀粉的基础上进一步催化,才能完成高分支淀粉的合成过程。

· 表10-6 糖原分支酶与糖原脱支酶的主要功能区别

	糖原分支酶	糖原脱支酶
①切断 α-1,4- 糖苷键	√	×
②连接 α-1,6- 糖苷键	√	×
③切断 α-1,6- 糖苷键	×	√

10.3.4 纤维素的生物合成

纤维素(cellulose)是植物和某些微生物细胞壁的主要成分。纤维素占植物碳素含量的50%以上。尤其是棉花、麻、树木和麦秆中纤维素含量非常丰富。天然纤维素材料以它们的多种优势在纺织、造纸和家居材料中占有重要的地位。纤维素分子是由葡糖基以 β-1,4- 糖苷键形式连接成的直链葡聚糖(图 10-52)。

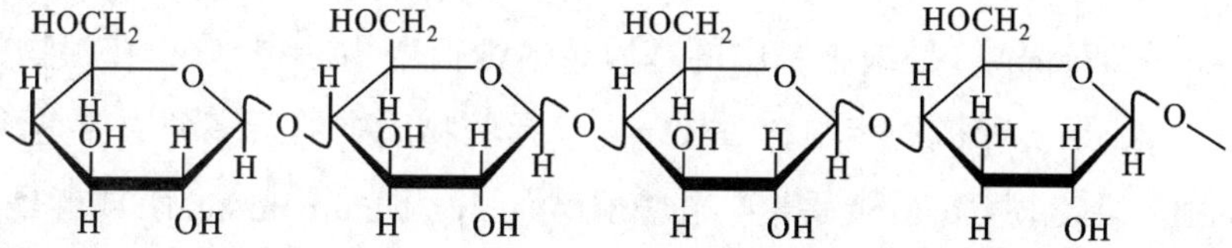

· 图 10-52 纤维素结构

催化 β-1,4- 糖苷键连接的酶是纤维素合酶。延长纤维素的合成反应式可简写为:

$$NDPG + (G)_n \xrightarrow{\text{纤维素合酶}} NDP + (G)_{n+1}$$

式中,$(G)_n$ 是纤维素合成所需的引物,是一段由 β-1,4- 糖苷键连接的葡聚糖。NDPG 是糖核苷酸,作为延长纤维素的糖基供体。随生物不同,糖核苷酸的种类有差异,玉米、绿豆、豌豆和茄子、棉花类植物采用 GDPG,而细菌中采用的是 UDPG。1964 年,Hassid 等在未成熟的棉花种子中证明该生物纤维素合酶所需的糖核苷酸是 GDPG,催化的产物是 β-1,4- 葡聚糖。目前,研究纤维素合酶仍然是个难题。因为,纤维素合酶嵌插在质膜外侧,当用一般实验方法将坚固的细胞壁与质膜分离时,极易破坏纤维素合酶的完整性。

10.3.5 半纤维素的生物合成

半纤维素是指碱溶性的植物细胞壁多糖,是那些从植物细胞壁中去掉果胶物质,能被 150 g/L NaOH 溶液提取的多糖统称。属于半纤维素的有木聚糖(xylan)、甘露聚糖(mannan)、葡甘露聚糖(glucomannan)、半乳甘露聚糖(galacto glucomannan)、木葡聚糖(xyloglucan)等。它们的主链多数是由 β-1,4- 糖苷键连接的多聚己糖或多聚戊糖;侧链上以 α-1,6- 糖苷键形式连接杂糖。少数主链是由

β-1,3- 糖苷键连接的,如愈伤葡萄糖(callose),也称为 β-1,3- 葡聚糖。

半纤维素合成较复杂,不同植物中半纤维素的糖类也各异。其糖基供体是核苷二磷酸戊糖或核苷二磷酸己糖。可通过 UDPG 等糖核苷酸经脱氢酶、脱羧酶、异构酶催化,转变为各种半纤维素的糖基供体,再参与半纤维素合成(图 10-53)。

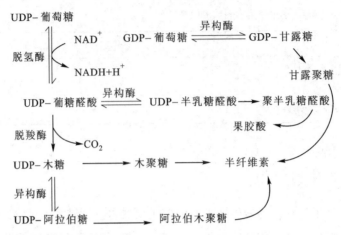

·图 10-53　半纤维素、果胶酸合成中糖核苷酸的转化

10.3.6　果胶的生物合成

果胶物质(pectin substance)是细胞壁中的基质杂多糖衍生物,主要分布在植物初生细胞壁和细胞间的中层内,在浆果、果实和植物茎中含量较丰富。果胶物质中的杂多糖主要是酸性的,故也称为果胶酸(pectin acid)。果胶酸主链或者是聚半乳糖醛酸(polygalacturonic acid),或者是鼠李聚糖半乳糖醛酸(rhamnogalacturonan)。其长侧链有:阿拉伯聚糖、阿拉伯半乳聚糖、半乳聚糖。短侧链杂糖有:D-半乳糖、L-阿拉伯糖、D-木糖、L-岩藻糖、D-葡糖醛酸等。果胶酸的结构比半纤维素更复杂。每种植物因其品种、组织、发育阶段不同,其果胶酸中侧链杂糖数目、种类、连接方式及取代基情况有很大的差异。

合成果胶酸所用的糖核苷酸最初也是 UDPG,经脱氢、异构等步骤转变为 UDP- 半乳糖醛酸等各种所需的糖核苷酸,再参与果胶酸合成(图 10-53)。

果胶酸羧基不同程度甲酯化可转变为果胶。其甲基供体是 S- 腺苷甲硫氨酸。甲基化程度小于45% 的为低甲氧基果胶;甲基化程度大于45% 的为高甲氧基果胶。果胶溶液是一种亲水胶体。果胶进一步与纤维素或半纤维素结合,就成为水不溶性的原果胶(protopectin)。

10.4　糖组学简介

糖组学(glycomics)是研究生物中所有糖类化合物的分子结构与生物功能的关系,糖类的生物合成与分解代谢规律,糖类工具酶的基因表达与调控机制,以及糖脂、糖蛋白合成与组装机制等内容的一门学科。

人类认识、研究和利用糖类的历史早于核酸和蛋白质。但糖类化合物种类繁多、结构复杂,对其结构与功能的研究,因干扰因素很多,测试手段不理想而发展缓慢。糖组学这一浩瀚工程令许多科学家望而却步。随着全世界科学家联合完成人类基因组的破译,多种动植物、微生物基因组研究迅速展开,从而有力地推动糖组学的研究。近年来,先进的测试手段在糖结构研究中的应用,以及对糖工具酶等蛋白因子在糖类合成中分子机制的了解,使人们对糖组学的研究充满信心。法国、美国、澳大利亚等7个国家率先筹建糖类数据库。其中,美国建立糖组学数据库(glycomics database),澳大利亚建立细菌多糖基因数据库(database of bacterial polysaccharide genes,BPGD),法国建立糖类活性酶数据库(carbohydrate active enzymes,CAZy);丹麦建立糖基化位点数据库;日本、德国、荷兰等国家建立糖结构与功能的数据库。相应的网站已经开通,供大家交流、使用,并不断扩充数据库。当今世界糖类数据库的资源分布见图10-54。

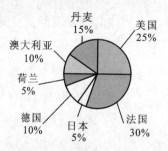

·图10-54 世界糖类数据库的资源分布

10.4.1 糖链结构的多样性

糖链一级结构的多样性超过核酸和蛋白质。例如,对核酸进行测序时,获得的是以核苷酸残基为基本单位的线性序列。蛋白质中的每条肽链也基本以氨基酸残基为基本单位组成为线性结构,只有少数氨基酸因 R- 基团的作用,导致了侧链连接。糖链情况复杂得多。以甘露糖(mannose,Man)、半乳糖(galactose,Gal)组成的二糖为例,甘露糖可以同半乳糖中 C_2、C_3、C_4、C_6 中的任意一个碳原子连接,两种糖因位置连接不同有 4 种异构体,考虑两个单糖分别以 α、β 两种异头构型连接,则异构体增至 8 种,再考虑甘露糖有呋喃糖和吡喃糖两种形式,则异构体上升至 16 种。如果是三糖以上的糖链结构,还出现侧链异构形式,异构体就更多。4 种不同单糖组合的糖链异构体以几何数量级增加,可达 36 864 种异构体。一个寡糖链中单糖的种类、连接位置、糖苷键形式、糖环类型、主侧链情况的排列组合,其同分异构体可成为一个天文数字。杂多糖链的差异增加糖蛋白的复杂度。若再出现蛋白质的差异,则分析糖蛋白结构与功能的关系就更困难。生物中还有糖脂,甚至有糖核苷酸 – 肽、糖蛋白 – 脂等复合糖类。因此,糖类数据库非常庞大。

10.4.2 糖类的生物功能

为什么生物体内有如此复杂的糖类结构?糖类复杂的结构究竟分别代表什么功能?这是糖组学所要研究的重要课题。糖类的生物功能,除了前面介绍的是细胞的重要结构成分、是生物碳架和能源物质、参与分子或细胞间的特异性结合、参与信息传递和物质运输外,还发现糖类其他重要的生物功能。

(1) 糖链可促进糖蛋白的肽链正确折叠 在糖蛋白合成中,G 寡糖上连接的葡糖基数目影响内质网中肽链的折叠。葡糖苷酶和葡糖基转移酶等糖链加工酶类,通过反复切、接,调整 G 寡糖上连接的葡糖基数目,可引导肽链正确折叠和糖基化。已经发现肽链折叠错误时,糖链能促使折叠异常的肽链降解,以此来确保糖链与正确折叠的肽链结合。

(2) 糖链影响糖蛋白的分泌和稳定性 折叠正确并糖基化的糖蛋白从内质网向高尔基体转移时,糖链特征或修饰情况作为分拣信号投递到细胞的特定部位。实验发现,当流感病毒红细胞凝集素(一种糖蛋白)缺失糖链时,肽链不能正确折叠,继而不能形成三聚体,更不能在不成熟时分泌到胞外。又如,低密度脂蛋白受体在缺失 $O-$ 糖链情况下,该蛋白虽能转移到质膜外,但易被细胞表面的蛋白酶降解。

(3) 糖类与血型物质有关　早期输血是盲目的,常因血型不合,导致患者产生输血反应,甚至死亡。1900 年,奥地利医生 Landsteiner 首次发现血型抗原,从而提出 ABO 血型系统。以后人类又发现了许多血型决定簇,其中血型差异的关键是由血型抗原中寡糖结构差异引起的。现划分为 20 多个独立的血型系统。每一种血型系统的合成中有特定的糖基转移酶参与。

(4) 修饰多糖具有抗病毒、抗凝血等活性　自 1983 年人们确定艾滋病(AIDS)由人免疫缺陷病毒(HIV)引起后,许多科学家都在寻找抗病毒的药物。2001 年美国《科学》杂志上有一篇以《寻觅医学上的甜蜜之点》为标题的综述介绍了糖类药物在医药方面应用的进展。多糖上羟基多,易被多种基团修饰。如今发现硫酸葡聚糖或硫酸多糖衍生物不仅对一般病毒具有抑制作用,而且在体内能抗肿瘤、抗凝血,还可在体外完全抑制 HIV-1 复制。多糖还具有络合多种微量元素的能力,多糖半合成有机硒制剂,对化疗所至骨髓毒性有明显的解毒作用。医药上以糖类作为药物开发研制,在抗病、抗肿瘤、抗凝血、抗氧化等方面均取得可喜的效果。糖类研究的分支学科正在兴起,如糖生物学(glycobiology)等。

10.4.3　糖链结构研究方法

糖组学的研究离不开糖结构分析的方法和手段。目前有 3 类方法应用于糖链结构分析。

10.4.3.1　化学方法

(1) 高碘酸氧化法　多糖链因其糖种类、糖苷键不同,与高碘酸发生氧化作用,再经水解、还原等步骤形成的产物有差异。借此逐步分析可测定直链多糖的聚合度、支链多糖的分支数目。还可用来确定糖苷键的位置。

(2) 寡糖顺序降解法　从寡糖还原端逐步降解分析糖的品种,其思路与氨基酸序列分析中的 Edman 降解法相似。用 $NaBH_4$ 作用于糖的还原端形成糖醇,再经水解等反应,逐步检测切下的单糖衍生物,可推测糖链顺序。

(3) 甲基化分析　糖上的羟基经甲基化可形成甲醚基。多糖经水解、还原等反应,可测定出甲基化的单糖。还可对糖链逐步甲基化,逐步水解,逐步测定,进而分析多糖链中单糖种类、糖苷键类型。

10.4.3.2　酶学方法

糖苷酶是目前研究糖链一级结构的重要工具。它除了能从糖蛋白上断裂完整的聚糖链外,还能通过顺序降解,阐明糖链的一级结构,并能确定组成单糖的异头构型。糖苷酶分为以下两类。

(1) 外切糖苷酶(exoglycosidase)　如 $\beta-$ 半乳糖苷酶、$\alpha-$ 甘露糖苷酶等。各种外切糖苷酶能从糖链非还原端逐个切下单糖,并对糖苷键或糖的构型有专一性。

(2) 内切糖苷酶(endoglycosidase)　如 $O-$ 糖苷酶、内切 $\beta-D-$ 半乳糖苷酶等。它们能水解糖链内部的糖苷键,释放糖链片段,或从糖蛋白上切下完整的聚糖链。

10.4.3.3　波谱方法

2001 年 3 月,美国汇编《糖和糖生物学》专辑,一篇导论题为《灰姑娘的马车来了》,比喻历经磨难的糖类研究搭上了先进科学技术的马车,将展示其亮丽的面貌。文章生动的比喻吸引全世界的读者对糖类研究的关注。近年来,波谱技术在糖链结构分析上的应用推动糖组学的发展。现按波谱技术类型,介绍其用于糖类结构研究的概况。

(1) 红外光谱技术　红外光谱(infrared spectrum,IR)技术的应用在多糖分析上取得可喜的成果。如表 10-7 所示,一些糖在红外光谱中有特征吸收峰。

·表10-7　一些糖的红外吸收峰

糖种类	红外吸收峰 /cm^{-1}
α-D- 木吡喃糖	740 ~ 760
α-D- 半乳吡喃糖	810 ~ 839
α-D- 葡萄吡喃糖	833 ~ 855
β-D- 甘露吡喃糖	888 ~ 898

(2) 核磁共振技术　微型计算机的脉冲傅立叶转换方法与 ^{13}C 核磁共振(nuclear magnetic resonance,NMR)技术结合,以检测糖的结构清晰度高于 ^{1}H 核磁共振法。现已能够测定糖的一级结构,甚至高级结构,以及糖的异头碳构型鉴定、多糖残基取代位置、多糖分支点的位置、多糖中各残基种类和比例、纤维素等多糖固态和液态的螺旋形和随机形的差异、糖蛋白溶液的构象等。

(3) 质谱技术　质谱(mass spectrometry,MS)分析的关键是使样品发生电离。早期因糖难挥发和对热不稳定,限制了电子轰击质谱(FI-MS)法对多糖的研究。近年来,发展各种软电离技术,如化学电离(I)、场解析电离(FI)等,结合同位素标记法,用飞行时间检测器、激光解析质谱法(MALDI-MS)在检测糖的序列、推导糖苷键连接位置、分支点的信息等方面已取得很大的成果。现已将高达 40 个残基的聚糖链序列借助质谱分析等技术而予以破译。

 知识窗

溶菌酶、青霉素和肽聚糖

溶菌酶(lysozyme)的作用机制与肽聚糖的糖链结构有关。早在 1922 年,英国人 A. Flemming 就发现溶菌酶能够水解 G^{+} 细菌的细胞壁,当时医疗上称为杀菌剂(bactericide),后来了解到杀菌剂瓦解细菌细胞壁的关键是催化水解肽聚糖链上的 β-1,4- 糖苷键,且杀菌剂组成是蛋白质,因此改称为溶菌酶。

肽聚糖的合成受青霉素(penicillin)抑制。青霉素又是 A. Flemming 于 1929 年的一个重大发现,它成为人类第一个专一抑制细菌生长的抗生素(antibiotics)。但人们一直不了解青霉素专一抑制细菌生长的详细机制,直到 20 世纪 60 年代以后,青霉素分子结构与酶作用机制,以及细菌肽聚糖合成代谢过程被揭晓,人们才从分子水平阐明青霉素的作用机制。原来青霉素是细菌肽聚糖合成中肽基转移酶的抑制剂。青霉素的分子结构与肽聚糖单体的肽"尾"两个 D- 型丙氨酸组成的二肽结构相似。

R—CONH—CH—CH$_3$　CH$_3$
　　　　　O=C—NH—CH—COOH
肽聚糖中 "D- Ala- D- Ala"
R:肽聚糖单体其余部分

R$_2$—CONH—CH$_2$—CH
　　　　　　　　　S　　CH$_3$
　　　　　　　　　　C—CH$_3$
　　　　O=C—NH—CH—COOH
青霉素
R$_2$:各种青霉素的侧链基团

当肽聚糖合成进入肽"桥"连接阶段时,如果青霉素占据转肽酶的活性中心,则青霉素与酶活性中心 Ser 残基的羟基共价键连接,形成青霉素－酶复合物,导致转肽酶不可逆失活,无法进行肽"尾"与肽"桥"连接反应,只能产生缺乏肽"桥"结构的肽聚糖链。这样的细胞壁在外界环境中渗透压稍有变化,就发生破裂而导致细胞死亡。

小结

1. 光合作用可分为两个阶段:第一阶段是光反应,第二阶段是暗反应。光反应是指光合色素将光能转变为化学能 ATP 和还原力 NADPH 的过程。暗反应即酶促反应,是指利用 ATP 和 NADPH,将 CO_2 还原成糖类等有机物的代谢过程。光合作用的两个阶段是偶联的关系。

2. 卡尔文循环是指游离的 CO_2 经酶促反应转变为糖类的过程。途径中的最初产物是 3-磷酸甘油酸,故也称作 C_3 途径。整个循环可分为三个阶段: CO_2 固定、羧化产物还原和受体再生。在光合作用卡尔文循环中,每同化 1 分子 CO_2,需要消耗 3 分子 ATP 和 2 分子 NADPH。

3. C_4 途径因 CO_2 固定的最初产物是草酰乙酸而得名,是一种与卡尔文循环有联系的辅助途径。该途径固定、浓缩和转运 CO_2 到 C_3 途径所在的维管束鞘细胞中,可提高其光合作用速率。

4. 糖异生作用是指非糖有机物合成为葡萄糖的过程。这是植物、动物体内糖的一种重要合成途径。非糖物质包括乳酸、丙酮酸、甘油、草酰乙酸、乙酰 CoA 等。

5. 糖酵解和糖异生途径有一定的关联,但不是完全逆转的关系。糖酵解途径中三处不可逆反应,糖异生途径借助其他酶催化迂回逆转。

6. 光合组织中磷酸蔗糖合酶途径活性高,认为是植物中合成蔗糖的主要形式。

7. 淀粉合酶是直链淀粉延长中的主要酶类。支链淀粉是在直链淀粉合成的基础上,由 Q 酶将一部分直链淀粉拆下来,再装配成侧链而合成的。

8. 糖原合成中第一个葡糖基与糖原蛋白共价键连接,在糖原合酶作用下形成糖原。

9. 糖链一级结构的多样性超过核酸和蛋白质。一个寡糖链中同分异构体非常多。复杂的糖类结构蕴含大量的生物信息和生物功能。糖组学是研究生物中所有糖类的分子结构与生物功能关系、糖类代谢机制、糖类工具酶的基因表达与调控等内容的一门学科。

复习思考题

1. $NADP^+$ 在整个光合作用中是否作为最终电子受体? 为什么?
2. 光合生物细胞中进行光合磷酸化必须具备什么条件?
3. 卡尔文循环分几个阶段? 该循环中的关键酶有哪些?
4. C_4 植物有哪些品种? 它们的光合作用方式与 C_3 植物有何不同?
5. 什么是糖异生作用? 它在生物中有何作用?
6. 为什么说糖酵解与糖异生途径不是完全的逆转关系?
7. 植物体内主要采用什么方式进行蔗糖的生物合成?
8. 淀粉合酶与 Q 酶是如何协同作用参与支链淀粉生物合成的?
9. 列表对照淀粉合酶与糖原合酶催化功能上的异同点。
10. 糖类有哪些生物功能? 试举例说明。

数字课程学习资源

● 教学课件　　● 重难点讲解　　● 拓展阅读

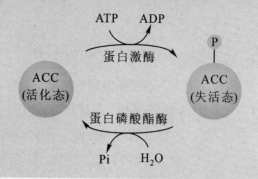

11 脂质代谢

关键词

脂肪酸的 β− 氧化　　乙醛酸体　　饱和脂肪酸的从头合成　　柠檬酸穿梭　　脂肪酸合酶系统
酰基载体蛋白

脂质是脂肪(三酰甘油)和类脂的总称,广泛存在于动植物和微生物体内。根据脂质的功能,可将其分为结构脂质和贮藏脂质两大类。前者为细胞和组织的结构成分,后者为机体能源物质的主要储存形式。由于贮藏脂质的含氧量比糖类等有机物少,氧化时可以产生更多的能量。脂质代谢研究中最重要的内容是脂肪的代谢,包括脂肪的分解代谢和合成代谢,它们分别在细胞不同部位进行。影响人类健康的主要疾病——心血管疾病、高血脂、肥胖等都与脂肪代谢失调密切相关,油料作物的产油量也与脂肪代谢有关。本章重点阐述脂肪及脂肪酸的代谢。

11.1　脂肪的分解代谢

脂肪是生物体中重要的贮藏物质,它可为各种生命活动提供两倍以上相同质量糖或蛋白质所产生的能量及各种代谢中间物。动物体在糖源不足时可利用食物中的脂肪或自身的贮藏脂质作为能源物质,油料种子萌发时所需的能量及碳架也主要来自脂肪,这些过程都要通过脂肪的分解代谢来实现。脂肪首先经水解作用生成甘油和脂肪酸,这两种产物再按不同的途径进一步分解或转化为其他物质(图 11–1)。

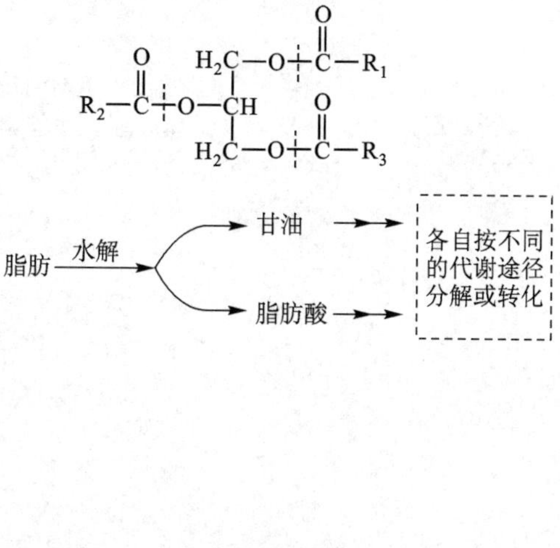

·图 11–1　脂肪的分解

11.1.1　脂肪的水解

动物体内脂肪的消化过程需要 3 种脂肪酶（lipase）参与，逐步水解脂肪的 3 个酯键，最后生成甘油和脂肪酸。水解步骤如图 11-2 所示。例如，在哺乳动物的十二指肠中，三酰甘油首先由 α- 脂酶（即三酰甘油脂肪酶和二酰甘油脂肪酶），经两次水解作用释放出两分子脂肪酸，先后生成 α，β- 二酰甘油和 β- 单酰甘油，然后由 β- 脂酶（即单酰甘油脂肪酶）水解释放出第 3 个脂肪酸，进而生成甘油。在植物油料种子萌发时，贮藏在种子内的脂肪也有类似的水解作用。

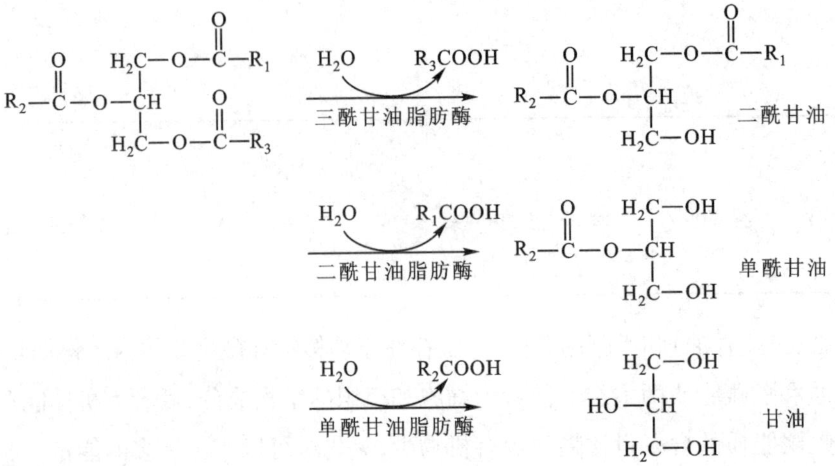

•图 11-2　脂肪的水解反应

水解产物脂肪酸、甘油和 β- 单酰甘油等在胆酸的帮助下可经扩散作用进入肠黏膜细胞，在肠黏膜细胞中重新酯化成脂肪，并和一些磷脂和胆固醇混合，由脂蛋白外壳包裹，形成乳糜微粒，经胞吐作用由黏膜细胞分泌至细胞间隙，再经淋巴系统进入血液。小分子的脂肪酸（$C_6 \sim C_{10}$）可不经酯化而直接渗入血液。

11.1.2　甘油代谢

甘油在甘油激酶催化下，被磷酸化生成 3- 磷酸甘油，然后氧化脱氢生成磷酸二羟丙酮。其反应过程如下：第一步反应消耗 ATP，第二步反应可生成还原性辅酶 I（图 11-3）。磷酸二羟丙酮是糖酵解和糖异生途径的共同中间产物，因此既可以经糖酵解途径氧化为丙酮酸，进入三羧酸循环，并最终彻底氧化成 CO_2 和 H_2O，又可经糖异生途径合成葡萄糖，进而合成多糖。

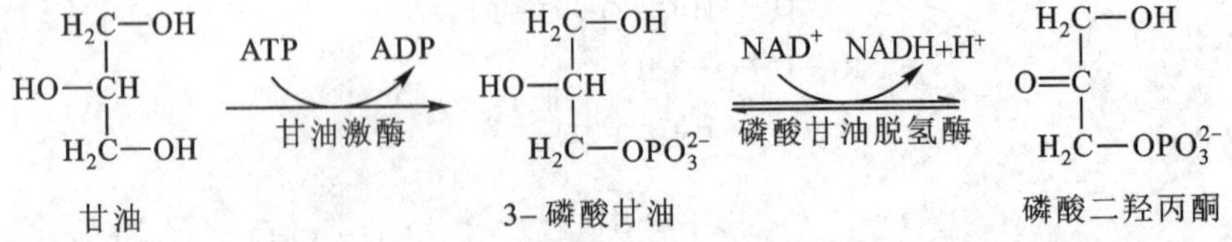

•图 11-3　甘油的代谢

11.1.3　脂肪酸的氧化分解

生物体内脂肪酸的氧化分解存在几条不同的途径,主要有 β- 氧化、α- 氧化和 ω- 氧化途径,其中 β- 氧化是最为重要和普遍的途径。

11.1.3.1　脂肪酸的 β- 氧化作用

β- 氧化作用是在 1904 年由 F. Knoop 提出的。他将末端甲基上连有苯环的脂肪酸衍生物的饲料喂食狗,然后分离并检测狗尿液中的化合物。结果发现,喂食含偶数碳脂肪酸的尿液中含有由苯乙酸结合甘氨酸而生成的苯乙尿酸;喂食含奇数碳脂肪酸的尿液中含有由苯甲酸结合甘氨酸而生成的马尿酸(图 11-4)。

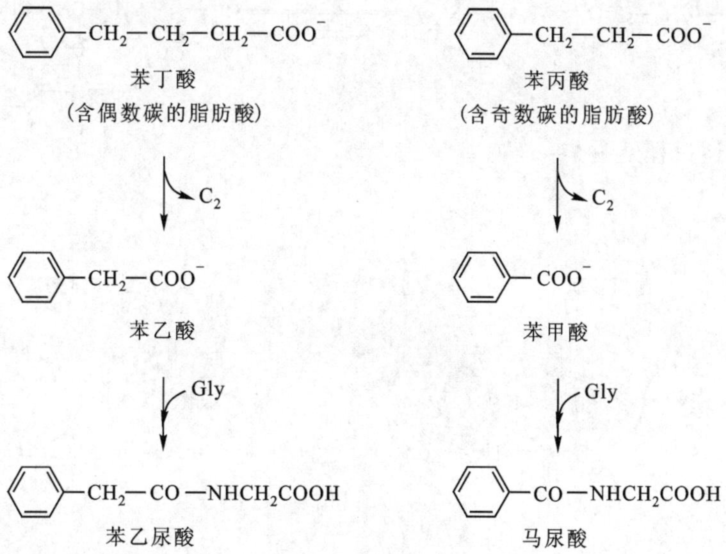

苯丁酸
(含偶数碳的脂肪酸)
苯丙酸
(含奇数碳的脂肪酸)

苯乙酸
苯甲酸

苯乙尿酸
马尿酸

·**图 11-4**　Knoop 的苯基标记喂养实验

Knoop 由此推测无论脂肪酸链的长短,脂肪酸的降解总是发生在 β- 碳原子上,即 C_α 与 C_β 之间的键发生断裂每次水解下 2 个碳原子。1949 年,Eugene Kennedy 和 Albert Lehninger 证实 β- 氧化学说,并发现氧化发生的部位是在线粒体中。

(1)脂肪酸 β- 氧化的过程　脂肪酸在进行 β- 氧化作用之前须进行活化,并且须转运到氧化作用的部位。

① 脂肪酸的活化。脂肪酸的活化是指脂肪酸的羧基与 CoASH 酯化成脂酰 CoA 的过程。活化反应由脂酰 CoA 合成酶催化,反应式如下:

在体内,焦磷酸很快被磷酸酶水解,使得此活化反应几乎不可逆。脂肪酸的活化需要 ATP 参与。每活化 1 分子脂肪酸,需要 1 分子 ATP 转化为 AMP,即要消耗 2 个高能磷酸键,这可以换算成需要 2 分子 ATP 水解成 ADP。细胞中有 2 种脂酰 CoA 合成酶:内质网脂酰 CoA 合成酶,也称为硫激酶(thiokinase),活化 12 个碳原子以上的脂肪酸;线粒体脂酰 CoA 合成酶,活化 4 ~ 10 个碳原子的脂肪酸。

② 脂肪酸的转运。脂肪酸的 β- 氧化作用通常是在线粒体基质中进行。中链、短链脂肪酸可直接穿过线粒体内膜,而长链脂肪酸须依靠肉碱(carnitine)携带,以脂酰肉碱的形式跨越内膜而进入细胞质基质,故称肉碱转运。

肉碱的结构:

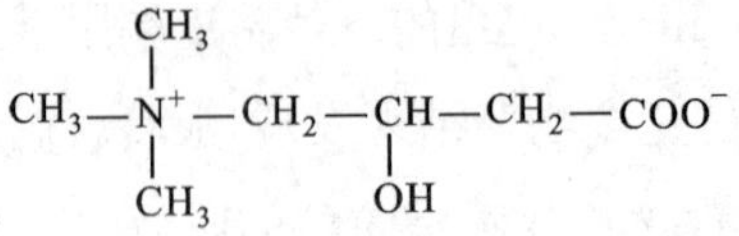

$$CH_3-\overset{\overset{\displaystyle CH_3}{|}}{\underset{\underset{\displaystyle CH_3}{|}}{N^+}}-CH_2-\underset{\underset{\displaystyle OH}{|}}{CH}-CH_2-COO^-$$

脂酰肉碱的形成:

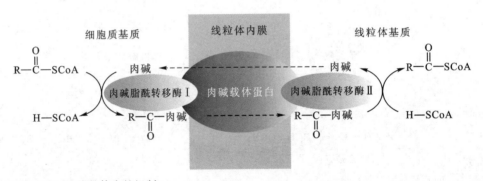

脂酰 CoA 的转运过程见图 11-5。

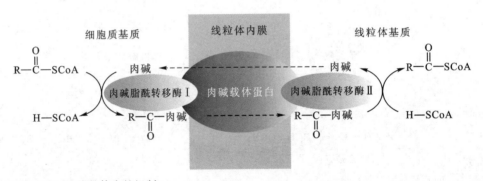

·图 11-5　脂肪酸转运至线粒体内的机制

其中的肉碱脂酰转移酶 I 和 II 是一组同工酶:前者在线粒体内膜外侧催化脂酰 CoA 上的脂酰基转移给肉碱,生成脂酰肉碱;后者则在线粒体基质内将运入的脂酰肉碱上的脂酰基重新转移至 CoA。游离的肉碱被运回内膜外侧循环使用,以上转运机制首先在动物细胞中证实。目前,发现在植物细胞中脂酰 CoA 进入过氧化物酶体也有类似的转运机制。

③ β- 氧化作用的反应历程。脂酰 CoA 进入线粒体后,经历多轮 β- 氧化作用而逐步降解下多个二碳单位——乙酰 CoA。每轮 β- 氧化作用包括 4 个反应步骤(图 11-6)。

a. 脱氢:在脂酰 CoA 脱氢酶催化下,脂酰 CoA 在 α、β 位碳原子上脱氢,形成反式双键的脂酰 CoA,即反式 $-\Delta^2-$ 烯脂酰 CoA,同时 FAD 接受氢而还原成 $FADH_2$。

$$R-CH_2-CH_2-\overset{\overset{\displaystyle O}{\|}}{C}-SCoA \underset{\text{脂酰 CoA 脱氢酶}}{\overset{FAD \quad FADH_2}{\rightleftharpoons}} R-\overset{\overset{\displaystyle H}{|}}{\underset{\underset{\displaystyle H}{|}}{C}}=C-\overset{\overset{\displaystyle O}{\|}}{C}-SCoA$$

脂酰 CoA　　　　　　　　　　　　反式$-\Delta^2-$烯脂酰 CoA

b. 水化:在烯脂酰 CoA 水化酶催化下,反式 $-\Delta^2-$ 烯脂酰 CoA 在双键上加上 1 分子水,形成 L (+)-β- 羟脂酰 CoA。

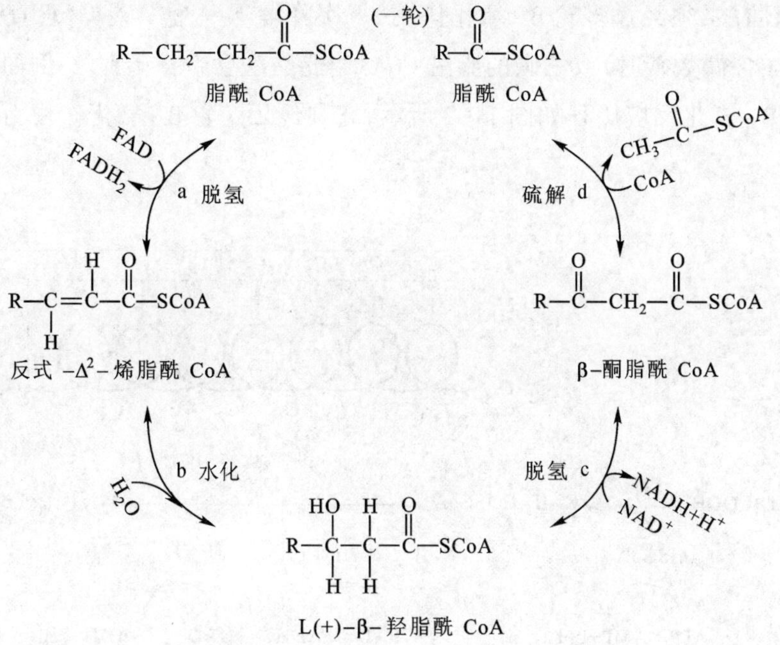

(一轮)

R—CH₂—CH₂—$\overset{\overset{\text{O}}{\|}}{\text{C}}$—SCoA   R—$\overset{\overset{\text{O}}{\|}}{\text{C}}$—SCoA

脂酰 CoA   脂酰 CoA

FAD
FADH₂   a 脱氢

CH_3—$\overset{\overset{\text{O}}{\|}}{\text{C}}$—SCoA

硫解 d   CoA

R—$\overset{\text{H}}{\underset{}{\text{C}}}$=$\overset{\text{C}}{\underset{\text{H}}{}}$—$\overset{\overset{\text{O}}{\|}}{\text{C}}$—SCoA

反式 –Δ² –烯脂酰 CoA

R—$\overset{\overset{\text{O}}{\|}}{\text{C}}$—CH₂—$\overset{\overset{\text{O}}{\|}}{\text{C}}$—SCoA

β–酮脂酰 CoA

H₂O   b 水化

脱氢 c   NADH+H⁺
NAD⁺

R—$\overset{\text{HO}}{\underset{\text{H}}{\text{C}}}$—$\overset{\text{H}}{\underset{\text{H}}{\text{C}}}$—$\overset{\overset{\text{O}}{\|}}{\text{C}}$—SCoA

L(+)–β–羟脂酰 CoA

· 图 11-6 脂肪酸的 β– 氧化作用

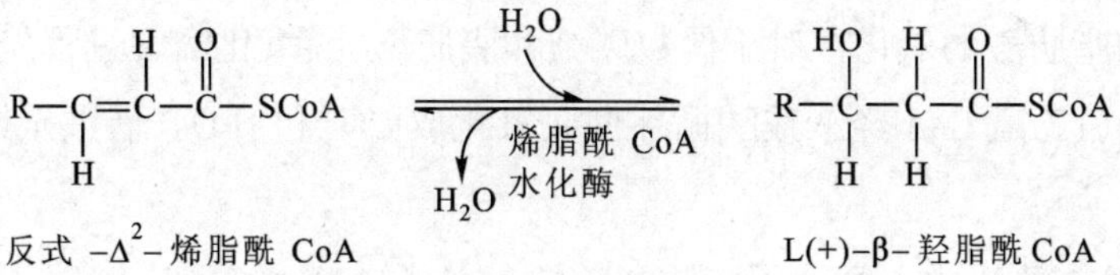

R—$\overset{\text{H}}{}$C=C$\overset{\text{H}}{}$—$\overset{\text{O}}{}$C—SCoA $\xrightarrow[\text{H}_2\text{O}]{\text{H}_2\text{O}}$ R—$\overset{\text{HO}}{}$C—$\overset{\text{H}}{}$C—$\overset{\text{O}}{}$C—SCoA

烯脂酰 CoA
水化酶

反式 –Δ² –烯脂酰 CoA   L(+)–β–羟脂酰 CoA

c. 脱氢:在 β– 羟脂酰 CoA 脱氢酶催化下,L(+)– 羟脂酰 CoA 的 β 位上的羟基脱氢氧化成 β–酮脂酰 CoA,同时 NAD⁺ 接受氢,而还原成 NADH。

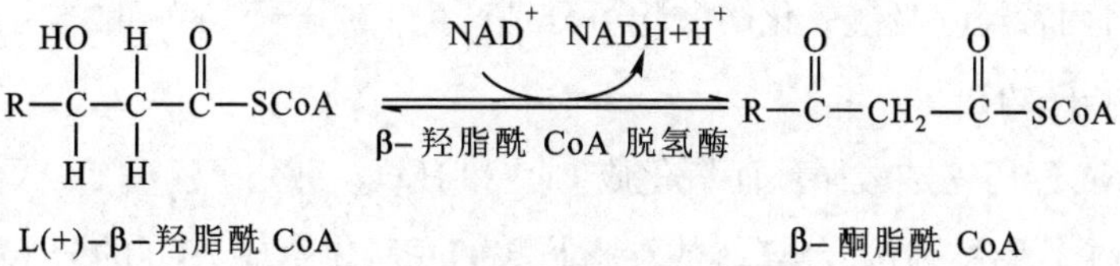

R—$\overset{\text{HO}}{}$C—$\overset{\text{H}}{}$C—$\overset{\text{O}}{}$C—SCoA $\xrightleftharpoons[\text{β– 羟脂酰 CoA 脱氢酶}]{\text{NAD}^+ \quad \text{NADH+H}^+}$ R—$\overset{\text{O}}{}$C—CH₂—$\overset{\text{O}}{}$C—SCoA

L(+)–β–羟脂酰 CoA   β– 酮脂酰 CoA

d. 硫解:在 β– 酮脂酰 CoA 硫解酶(简称硫解酶,thiolase)催化下,β– 酮脂酰 CoA 在 α 和 β 位之间被 1 分子 CoA 硫解。

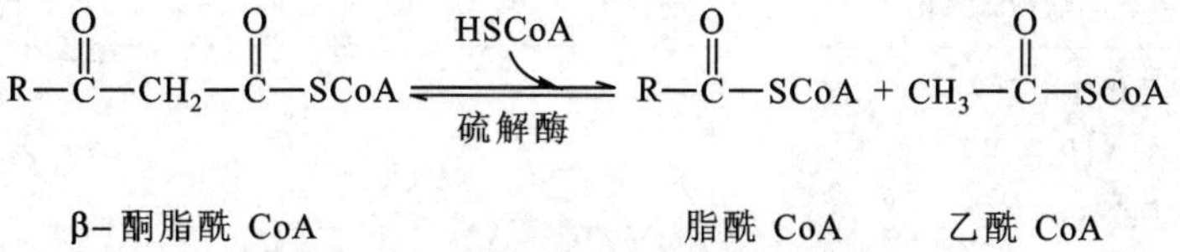

R—$\overset{\text{O}}{}$C—CH₂—$\overset{\text{O}}{}$C—SCoA $\xrightleftharpoons[\text{硫解酶}]{\text{HSCoA}}$ R—$\overset{\text{O}}{}$C—SCoA + CH_3—$\overset{\text{O}}{}$C—SCoA

β– 酮脂酰 CoA   脂酰 CoA   乙酰 CoA

以上的 4 步反应组成了一轮 β– 氧化作用,即脱氢、水化、脱氢、硫解,产生乙酰 CoA 和缩短了 2 个碳原子的脂酰 CoA。每轮 β– 氧化作用的总反应式如下:

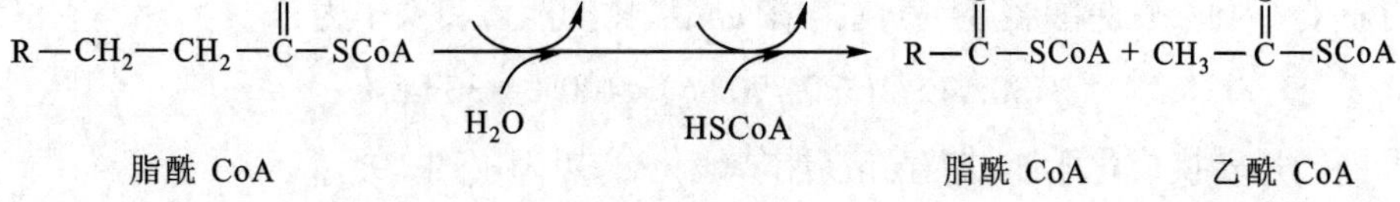

R—CH₂—CH₂—$\overset{\text{O}}{}$C—SCoA $\xrightarrow[\text{H}_2\text{O} \quad \text{HSCoA}]{\text{FAD FADH}_2 \quad \text{NAD}^+ \quad \text{NADH+H}^+}$ R—$\overset{\text{O}}{}$C—SCoA + CH_3—$\overset{\text{O}}{}$C—SCoA

脂酰 CoA   脂酰 CoA   乙酰 CoA

对于长链脂肪酸,须经过多轮 β- 氧化作用,每次降解下一个二碳单位,直至剩下二碳的脂酰 CoA(当脂肪酸含偶数碳时)或三碳的脂酰 CoA(当脂肪酸含奇数碳时)。例如,软脂酸(棕榈酸 $C_{15}H_{31}COOH$)的 β- 氧化反应历程如图 11-7 所示,它须经历 7 轮 β- 氧化作用而生成 8 分子乙酰 CoA。

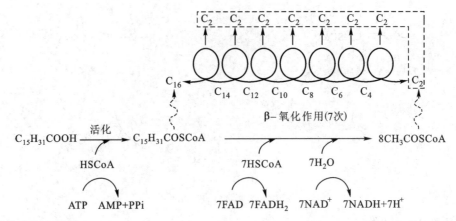

·图 11-7 软脂酸的 β- 氧化

(2) 偶数碳饱和脂肪酸的氧化 对于偶数碳饱和脂肪酸,其氧化降解过程先经历 β- 氧化作用生成多个乙酰 CoA,然后乙酰 CoA 经三羧酸循环彻底氧化成 CO_2 和 H_2O。偶数碳饱和脂肪酸彻底氧化的化学计量。

① β- 氧化作用前的活化。每分子脂肪酸需要 1 分子 ATP 转变成 AMP,消耗 2 个高能磷酸键,相当于消耗了 2 分子 ATP。

② 活化的脂肪酸经历若干轮 β- 氧化作用。每进行一轮,1 分子 FAD 还原成 $FADH_2$、1 分子 NAD^+ 还原成 NADH,两者经呼吸链氧化磷酸化可分别产生 1.5 分子 ATP 和 2.5 分子 ATP,因此每轮 β- 氧化作用可产生 4 分子 ATP。

③ 产物乙酰 CoA 经历三羧酸循环而氧化成 CO_2 和 H_2O。每分子乙酰 CoA 可产生 10 分子 ATP。

表 11-1 以 1 分子软脂酸为例,计算偶数碳脂肪酸彻底氧化生成 ATP 的分子数。

·表 11-1 1 分子软脂酸彻底氧化生成 ATP 的分子数

1 分子软脂酸彻底氧化	生成 ATP 分子数
一次活化作用	−2
7 轮 β- 氧化作用	+4×7=+28
8 分子乙酰 CoA	+10×8=80
总计	+106

软脂酸彻底氧化时自由能变化($\Delta G'$)为 −9 790.56 kJ/mol,ATP 水解成 ADP 和 Pi 时自由能变化($\Delta G'$)为 −30.54 kJ/mol。因此,软脂酸经 β- 氧化作用彻底氧化的能量转换率为:

$$(30.54 \times 106/9\,790.56) \times 100\% \approx 33.06\%$$

即约有 33% 的能量转换成化学能,储存在高能磷酸化合物中用于做功。

(3) 不饱和脂肪酸的氧化　生物体中不饱和脂肪酸的双键都是顺式构型,而且位置也相当有规律,即第 1 个双键都是在 C_9 和 C_{10} 之间(写作 Δ^9),以后每隔 3 个碳原子出现 1 个。不饱和脂肪酸的氧化与饱和脂肪酸基本相同,只是某些反应步骤还需要其他酶参与。现以油酸、亚油酸为例说明。

① 单不饱和脂肪酸的氧化。油酸($18:1\Delta^9$)为单不饱和脂肪酸,其活化形式的氧化过程如图 11-8 所示。它经历 3 轮 β- 氧化作用后,产物在 β,γ 位有一顺式双键,因此接下来的反应不是脱氢,而是双键的异构化,生成反式的 α,β 双键,然后 β- 氧化作用继续正常进行。因此,与相同碳的饱和脂肪酸(硬脂酸)相比,油酸的氧化反应只是以一次双键异构化反应取代一次脱氢反应,所以少产生一分子 $FADH_2$。所有的不饱和脂肪酸(包括多不饱和脂肪酸)前 4 轮 β- 氧化作用都与油酸相似,都在第 4 轮时需要一种异构酶参与。

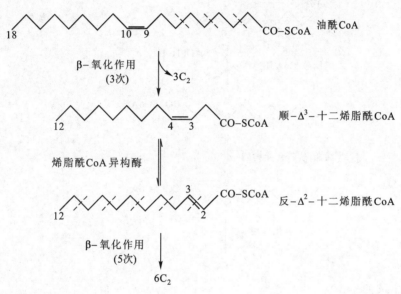

·图 11-8　油酰 CoA 的 β- 氧化

② 多不饱和脂肪酸的氧化。亚油酸($18:2\Delta^{9,12}$)为多不饱和脂肪酸,其活化形式的氧化过程如图 11-9 所示。在它的 8 轮 β- 氧化作用中,前 4 轮与油酸的相同,第 5 轮 β- 氧化作用在正常的第一步脱氢反应和第二步水化反应之间增加了两步特殊反应,即加氢和异构化,结果去掉 C_4 位的不饱和键。如果脂肪酸含有 3 个不饱和键,则它的 β- 氧化作用的前 4 轮与油酸相同,第 5~6 轮则重复亚油酸第 5 轮的步骤;如果脂肪酸含有 4 个不饱和键,则第 5~7 轮 β- 氧化作用同亚油酸的第 5 轮。其余类推。

(4) 奇数碳链脂肪酸的氧化　一些植物和海洋生物能合成奇数碳脂肪酸,它们经历最后一轮 β- 氧化作用后,生成丙酰 CoA。丙酰 CoA 的代谢有两条途径:一是生成琥珀酰 CoA,主要发生在动物体内;另一条途径是通过 β- 羟丙酸生成乙酰 CoA,在植物和微生物中较普遍。

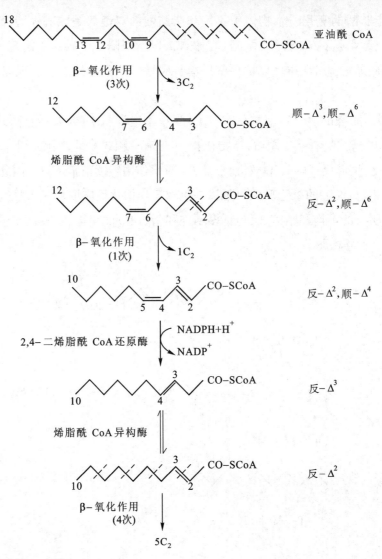

·图 11-9 亚油酰 CoA 的 β- 氧化

① 丙酰 CoA 生成琥珀酰 CoA。在该途径中,丙酰 CoA 先进行羧化,然后经过两次异构化,形成琥珀酰 CoA(图 11-10)。其中,第一步的羧化作用需要生物素,最后一步的变位作用需要维生素 B$_{12}$ 作为辅酶。形成的琥珀酰 CoA 汇入三羧酸循环进行代谢。此外,一些氨基酸,如异亮氨酸、缬氨酸和甲硫氨酸在降解过程中也会产生丙酰 CoA 或丙酸。还有反刍动物瘤胃中的细菌可将糖类发酵产生大量的丙酸,从而被宿主细胞吸收。这些代谢过程中产生的丙酸先活化成丙酰 CoA,然后通过上述途径进行代谢。

② 丙酰 CoA 生成乙酰 CoA。丙酰 CoA 先经历 β- 氧化作用的两步反应(脱氢、加水),生成 β- 羟丙酰 CoA,然后水解成 β- 羟丙酸,后者继续氧化脱羧,形成乙酰 CoA(图 11-11)。同样,形成的乙酰 CoA 也可汇入三羧酸循环进行代谢。

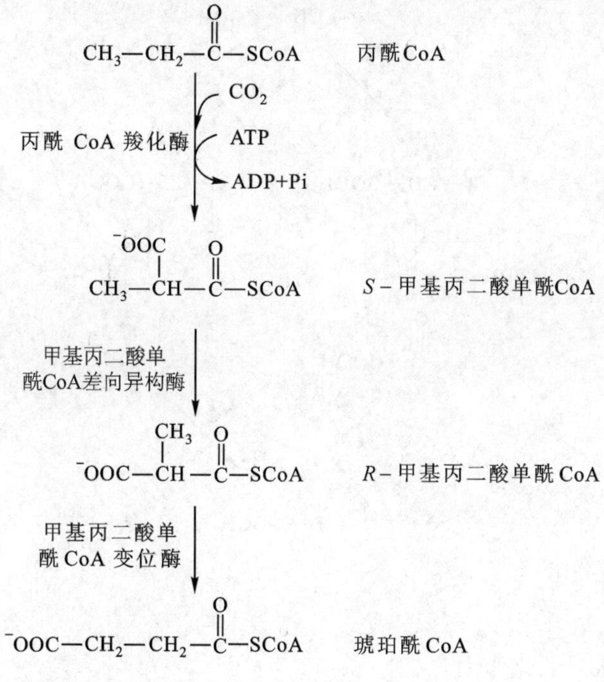

$$CH_3-CH_2-\overset{\overset{\displaystyle O}{\|}}{C}-SCoA \quad \text{丙酰CoA}$$

丙酰 CoA 羧化酶

CO_2
ATP
ADP+Pi

$$\overset{\displaystyle ^-OOC}{\underset{}{CH_3-\overset{|}{CH}-\overset{\overset{\displaystyle O}{\|}}{C}-SCoA}} \quad S\text{-甲基丙二酸单酰CoA}$$

甲基丙二酸单
酰CoA差向异构酶

$$\overset{\displaystyle CH_3\ \ O}{\underset{}{^-OOC-\overset{|}{CH}-\overset{\|}{C}-SCoA}} \quad R\text{-甲基丙二酸单酰 CoA}$$

甲基丙二酸单
酰 CoA 变位酶

$$^-OOC-CH_2-CH_2-\overset{\overset{\displaystyle O}{\|}}{C}-SCoA \quad \text{琥珀酰 CoA}$$

· **图 11-10** 丙酰 CoA 转变成琥珀酰 CoA

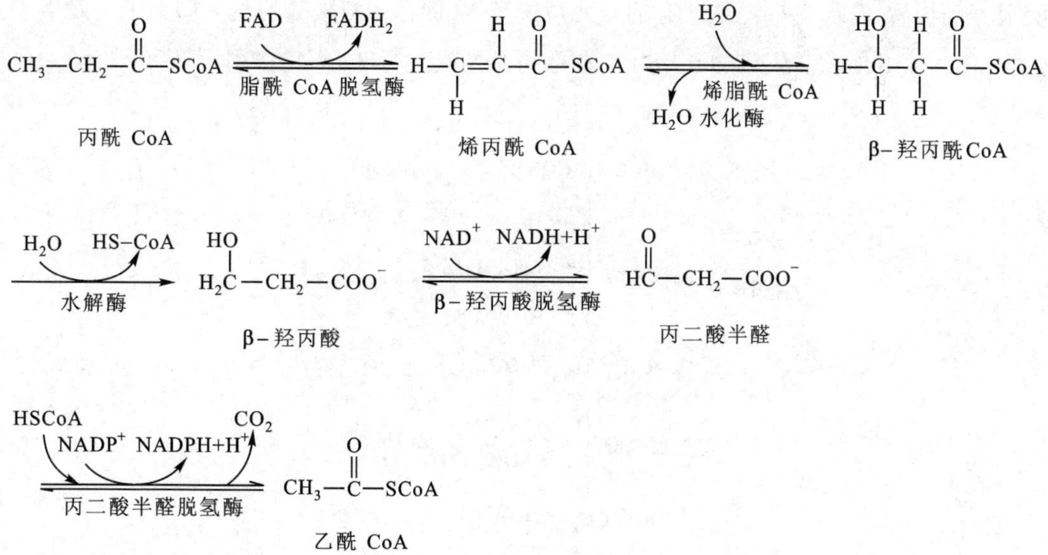

· **图 11-11** 丙酰 CoA 转变成乙酰 CoA

11.1.3.2 脂肪酸的 α- 氧化作用

脂肪酸在一些酶催化下,在 α 碳原子上发生氧化作用,分解出一个一碳单位 CO_2,生成缩短一个碳原子的脂肪酸。这种氧化作用称为脂肪酸的 α- 氧化。脂肪酸的 α- 氧化是 1956 年由 Stumpf 首先在植物种子和叶片中发现的,后来在动物脑和肝细胞中也发现了脂肪酸的这种氧化作用。该作用以游离脂肪酸作为底物,在 α- 碳原子上发生羟化(-OH)或氢过氧化(-OOH),然后进一步氧化脱羧,其可能的机制如图 11-12 所示。α- 氧化作用对于生物体内奇数碳脂肪酸形成,对含甲基的支链脂肪酸降解,或过长的脂肪酸(如 C_{22}、C_{24})降解有重要的作用。

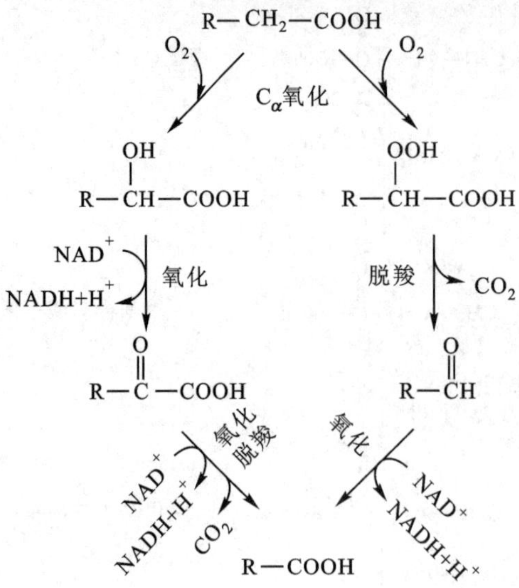

R—CH2—COOH
O2
O2
Cα氧化
OH
R—CH—COOH
OOH
R—CH—COOH
NAD+
NADH+H+
氧化
脱羧
CO2
O
R—C—COOH
O
R—CH
氧化 脱羧
NAD+
NADH+H+
CO2
氧化
NAD+
NADH+H+
R—COOH

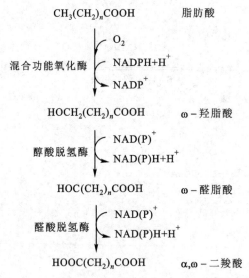

·**图 11-12** 脂肪酸的 α- 氧化作用

11.1.3.3 脂肪酸的 ω – 氧化作用

ω – 氧化作用是指脂肪酸的末端（ ω 端）甲基氧化，先转变成羟甲基，继而再氧化成羧基，从而形成 α，ω – 二羧酸的过程。脂肪酸的 ω – 氧化作用是 1932 年由 Verkade 首先发现的，他用一元羧酸 C_{11} 羧酸喂养动物后，发现有 C_{11}、C_9、C_7 的二元羧酸产生，即在远离羧基的 ω – 碳原子上发生了氧化。反应过程如图 11–13 所示。生成的 α，ω – 二羧酸可从两端进行 β- 氧化作用而降解。

CH3(CH2)nCOOH
脂肪酸
O2
混合功能氧化酶
NADPH+H+
NADP+
HOCH2(CH2)nCOOH
ω – 羟脂酸
NAD(P)+
醇酸脱氢酶
NAD(P)H+H+
HOC(CH2)nCOOH
ω – 醛脂酸
NAD(P)+
醛酸脱氢酶
NAD(P)H+H+
HOOC(CH2)nCOOH
α,ω – 二羧酸

·**图 11-13** 脂肪酸的 ω – 氧化作用

研究发现，动物体内十二碳以下的脂肪酸常通过 ω – 氧化作用进行降解；植物体内在 ω 端具有含氧官能团（羟基、醛基或羧基）的脂肪酸大多也是通过 ω – 氧化作用生成的，这些脂肪酸常是角质层或细胞壁的组成成分。尤其引人注目的是，一些需氧微生物能将烃或脂肪酸迅速降解成水溶产物，这种降解过程首先进行的是 ω – 氧化作用，生成二羧基脂肪酸，而后再通过 β- 氧化作用进行降解，如海洋中的某些浮游细菌可降解海面上的浮油，其氧化速率可高达每天 0.5 g/m^2。

11.1.3.4 脂肪酸分解的调节

脂肪酸最主要的分解代谢途径是β-氧化,其限速步骤是活化的脂酰CoA从线粒体外转运至线粒体内。在参与转运的酶及蛋白质中,关键酶是肉碱脂酰转移酶Ⅰ,脂肪酸合成途径的第一个中间产物丙二酸单酰CoA是该酶的抑制剂。当细胞中能荷较高时,丙二酸单酰CoA含量丰富,使肉碱脂酰转移酶Ⅰ活性降低,脂酰CoA不能穿膜进入线粒体,因而无法氧化放能。此外,当细胞处于高能荷状态时,参与β-氧化作用的另两个酶的活性也被抑制——β-羟脂酰CoA脱氢酶被NADH抑制,硫解酶被乙酰CoA抑制。以上的这些调节方式可以保证细胞在高能荷状态时,抑制脂肪酸的氧化分解放能,而进行脂质合成的途径。

11.1.4 酮体的代谢

由脂肪酸的β-氧化及其他代谢所产生的乙酰CoA在一般的细胞中可进入三羧酸循环,而进行氧化分解。但在动物的肝、肾、脑等组织中,尤其在饥饿、禁食、糖尿病等情形下,乙酰CoA还有另一条代谢途径,最终生成乙酰乙酸、β-羟丁酸和丙酮,这3种产物统称为酮体(ketone body)。乙酰乙酸和β-羟丁酸在血液和尿液中是可溶的,它们是酮体的主要成分。

11.1.4.1 酮体的合成

肝中酮体的生成包括以下几个反应步骤(图11-14):

(1) 2分子乙酰CoA缩合成乙酰乙酰CoA,反应由硫解酶催化。此外,脂肪酸β-氧化作用的最后一轮也能产生乙酰乙酰CoA。

(2) 另1分子乙酰CoA与乙酰乙酰CoA缩合,生成β-羟-β-甲基戊二酸单酰CoA(HMG-CoA),反应由HMG-CoA合酶催化。

(3) HMG-CoA分解成乙酰乙酸和乙酰CoA,反应由HMG-CoA裂合酶催化。

(4) 生成的乙酰乙酸一部分可还原成β-羟丁酸,反应由β-丁酸脱氢酶催化;有极少一部分可脱羧形成丙酮,反应可自发进行,也可由乙酰乙酸脱羧酶催化。

11.1.4.2 酮体的分解

酮体在肝中产生后,并不能在肝中分解,而必须由血液运送到肝外组织中进行分解。酮体的分解代谢过程见图11-15。其中重要的一步是乙酰乙酸转变为乙酰乙酰CoA,它需要琥珀酰CoA作为CoA的供体,反应由β-酮脂酰CoA转移酶催化。由于肝中缺乏该酶,因此只有在肝外组织中才能给乙酰乙酸加上CoA。接下来,乙酰乙酰CoA裂解成乙酰CoA(相当于β-氧化作用的最后一步)。产物乙酰CoA可通过三羧酸循环彻底氧化放能,也可作为合成脂肪酸的原料。由酮体的代谢可以看出,肝组织将乙酰CoA转变为酮体,而肝外组织则再将酮体转变为乙酰CoA。这并不是一种无效的循环,而是乙酰CoA在体内的运输方式。目前认为,肝组织正是

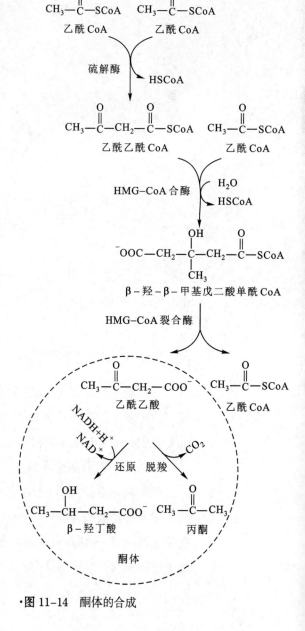

·图11-14 酮体的合成

以酮体的形式将乙酰CoA通过血液运送至外周器官中的。骨骼、心脏和肾上腺皮质细胞的能量消耗主要就是来自这些酮体,脑组织在葡萄糖供给不足时也能利用酮体作为能源。

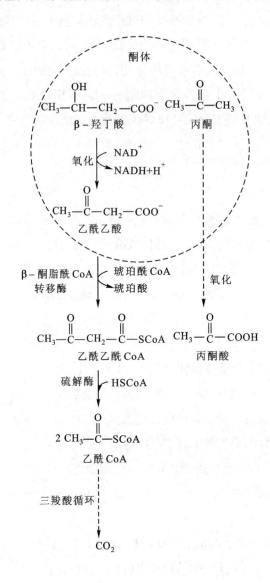

·图11-15 酮体的分解

11.1.5 乙醛酸循环

对于有不少的细菌、藻类和处于一定生长阶段的高等植物(如正在萌发的油料种子),其脂肪酸降解的主要产物乙酰CoA还可以通过另外一条途径——乙醛酸循环(glyoxylate cycle),将2分子乙酰CoA合成一分子四碳化合物——琥珀酸。

11.1.5.1 乙醛酸循环的过程

在该循环中,乙酰CoA首先经柠檬酸合酶和顺乌头酸酶催化生成异柠檬酸(图11-16),然后异柠檬酸在异柠檬酸裂合酶(isocitrate lyase)催化下裂解为乙醛酸和琥珀酸。乙醛酸和另1分子乙酰CoA在苹果酸合酶(malate synthase)催化下生成苹果酸,后者经苹果酸脱氢酶催化,重新生成草酰乙酸。整个过程构成一个循环反应。

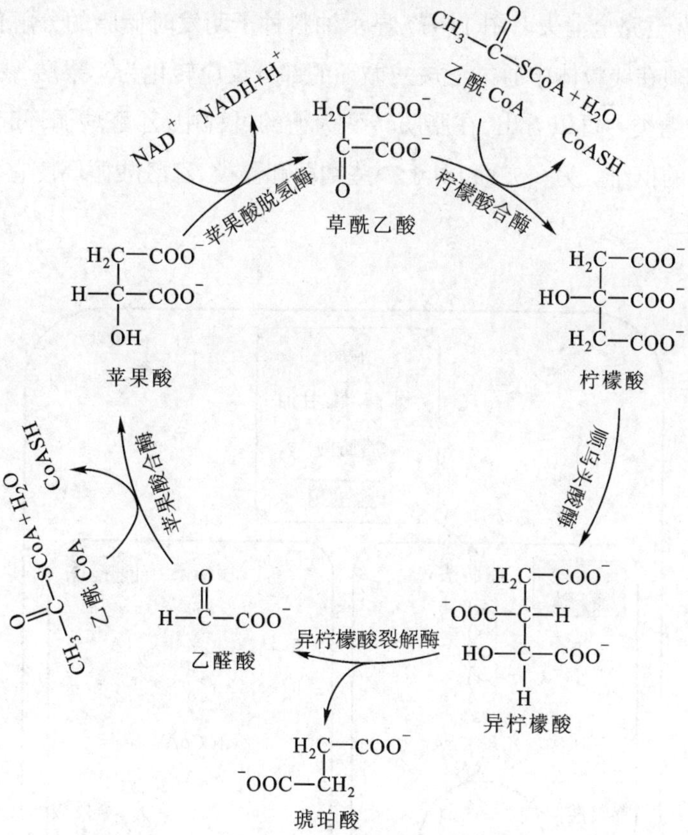

草酰乙酸 苹果酸脱氢酶 NAD⁺ NADH+H⁺

$CH_3-C(=O)-SCoA + H_2O$ 乙酰 CoA CoASH 柠檬酸合酶

H_2C-COO^-
$C(=O)-COO^-$
草酰乙酸

H_2C-COO^-
$H-C-COO^-$
OH
苹果酸

H_2C-COO^-
$HO-C-COO^-$
H_2C-COO^-
柠檬酸

顺乌头酸酶

苹果酸合酶 $CH_3-C(=O)-SCoA + H_2O$ 乙酰 CoA CoASH

$H-C(=O)-COO^-$
乙醛酸

异柠檬酸裂解酶

H_2C-COO^-
$^-OOC-C-H$
$HO-C-COO^-$
H
异柠檬酸

H_2C-COO^-
$^-OOC-CH_2$
琥珀酸

• **图 11-16 乙醛酸循环**

乙醛酸循环的净结果是把 2 分子乙酰 CoA 转变成 1 分子琥珀酸。其总反应式为:

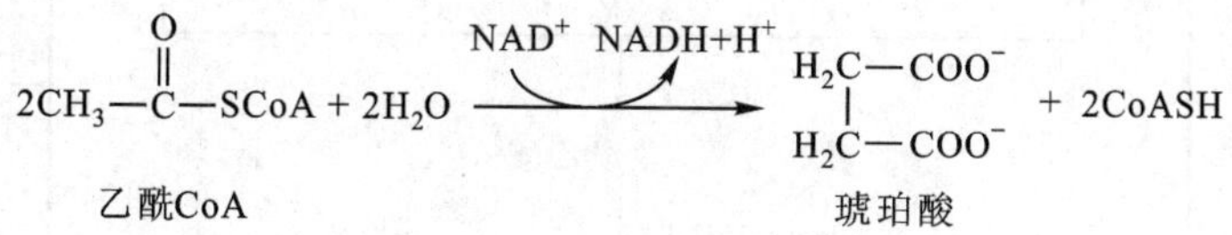

$$2CH_3-C(=O)-SCoA + 2H_2O \xrightarrow{NAD^+ \quad NADH+H^+} \begin{matrix} H_2C-COO^- \\ H_2C-COO^- \end{matrix} + 2CoASH$$

乙酰CoA 琥珀酸

与三羧酸循环相比,可以将乙醛酸循环看成是三羧酸循环的一个支路:在异柠檬酸处分支,绕过三羧酸循环的两步脱羧反应,因而不发生氧化分解。参与乙醛酸循环的酶除了异柠檬酸裂合酶和苹果酸合酶外,其余的酶都与三羧酸循环的酶相同。异柠檬酸裂合酶和苹果酸合酶是乙醛酸循环的关键酶。

亚细胞研究表明,顺乌头酸酶主要存在于植物细胞质和线粒体内,在乙醛酸循环体和过氧化物酶体内则未发现,这与以前人们普遍认为顺乌头酸酶存在于乙醛酸循环体内的观点有所不同。由于乙醛酸循环必须有顺乌头酸酶参与,暗示乙醛酸循环可能需要柠檬酸从乙醛酸循环体经跨膜运输进入细胞质基质,同时经细胞质基质顺乌头酸酶催化生成的异柠檬酸再转运回乙醛酸循环体中。

11.1.5.2 乙醛酸循环的生物学意义

乙醛酸循环不存在于动物及高等植物的营养器官内,而存在于一些细菌、藻类和油料植物种子的乙醛酸循环体中。油料植物种子中主要的贮藏物质是脂肪,在种子萌发时乙醛酸循环体大量出现,由于它含有脂肪分解和乙醛酸循环的整套酶系,因此可以将脂肪分解,并将分解产物乙酰 CoA 转变为琥珀酸,后者可异生成糖,并以蔗糖的形式运至种苗的其他组织,供给生长所需的能源和碳源。当种子萌发终止、储脂耗尽,同时叶片能进行光合作用,植物的能源和碳源可以由阳光和 CO_2 获得时,乙醛酸体的数量迅速下降,直至完全消失。图 11-17 显示油料种子萌发时储脂的分解代谢过程。由乙醛酸循环转变成的琥珀酸须在线粒体中通过三羧酸循环的部分反应转化为苹果酸,然后进入细胞质基质,经糖异生途径转变成糖类。可以看出,在脂肪转变为糖的过程中,乙醛酸循环起着关键的作用,它是连接糖代谢和脂代谢的枢纽。另一方面,对于一些细菌和藻类,乙醛酸循环使它们能够仅以乙酸盐作为能源和碳源生长。

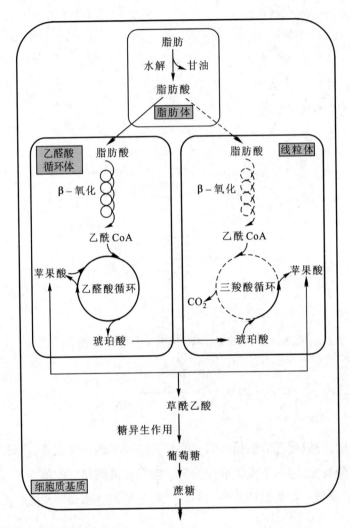

· **图** 11-17 油料种子萌发时脂肪酸的代谢途径

虚线示脂肪用作能源时的代谢途径;实线示脂肪异生成糖时的代谢途径

11.2 脂肪的合成代谢

脂肪的生物合成可分为 3 个部分:甘油的生物合成、脂肪酸的生物合成、三酰甘油的生物合成。但大多数情况下,脂肪合成的直接底物是 3- 磷酸甘油和脂酰 CoA。

11.2.1 甘油的生物合成

甘油的生物合成在细胞质基质中进行,由糖酵解的中间产物磷酸二羟丙酮还原而成。其反应式如下：

NADH+H⁺
NAD⁺
磷酸甘油脱氢酶
H₂O
Pi
磷酸酯酶

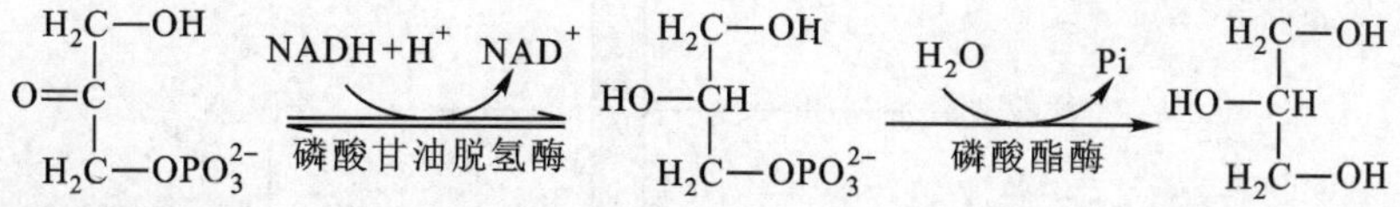

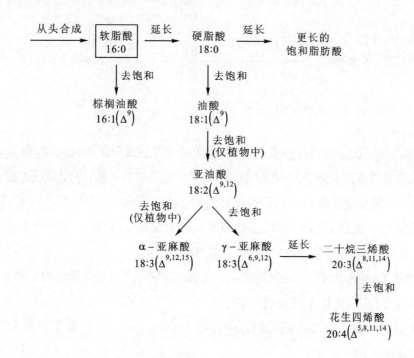

事实上，在甘油和脂肪酸缩合成脂肪时，需要的底物是3-磷酸甘油，而不是游离的甘油。

11.2.2 脂肪酸的生物合成

生物体内的脂肪酸多种多样，不但链的长短不一，而且不饱和键的数目和位置也各不相同，它们的合成包括三部分：饱和脂肪酸的从头合成（*de novo* synthesis）、脂肪酸碳链的延长、脂肪酸链中不饱和键的形成。图11-18是由软脂酸衍生合成各种脂肪酸的示意图。

从头合成
软脂酸
16:0
延长
硬脂酸
18:0
延长
更长的
饱和脂肪酸
去饱和
去饱和
棕榈油酸
16:1(Δ9)
油酸
18:1(Δ9)
去饱和
(仅植物中)
亚油酸
18:2(Δ9,12)
去饱和
(仅植物中)
去饱和
α-亚麻酸
18:3(Δ9,12,15)
γ-亚麻酸
18:3(Δ6,9,12)
延长
二十烷三烯酸
20:3(Δ8,11,14)
去饱和
花生四烯酸
20:4(Δ5,8,11,14)

·**图11-18** 由从头合成的软脂酸衍生合成各种脂肪酸

11.2.2.1 饱和脂肪酸的从头合成

动物体内这一过程在细胞质基质中进行，植物则在叶绿体和前质体中进行。该过程以乙酰CoA作为碳源，合成不超过十六碳的饱和脂肪酸。

（1）乙酰CoA的来源和转运　合成脂肪酸的原料主要是乙酰CoA，它主要来自脂肪酸β-氧化、丙酮酸氧化脱羧及氨基酸氧化等过程。这些代谢过程大多是在线粒体内进行的，而脂肪酸的合成发生在线粒体外，因此产生的乙酰CoA必须转移到线粒体外。乙酰CoA不能直接穿过线粒体内膜，需要通过柠檬酸穿梭（citrate shuttle）的方式从线粒体基质转运到达细胞质基质（图11-19）。

首先，线粒体内的乙酰CoA先与草酰乙酸缩合成柠檬酸，通过内膜上的柠檬酸载体进入细胞质基质中。然后，在细胞质中柠檬酸裂合酶的催化下裂解为乙酰CoA和草酰乙酸。乙酰CoA可参与脂

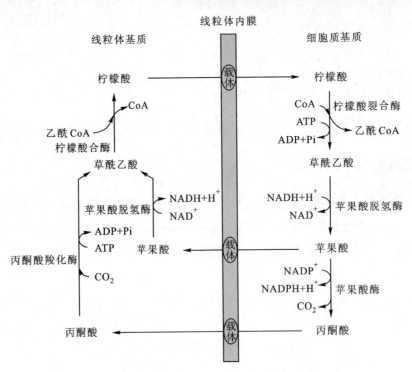

·图 11-19 乙酰 CoA 从线粒体到细胞质的转运过程

肪酸合成,而草酰乙酸不能直接透过内膜,它必须转变成苹果酸或丙酮酸,再经内膜载体返回线粒体。到达线粒体后的苹果酸或丙酮酸分别以不同的方式重新生成草酰乙酸,至此完成乙酰 CoA 的一次转运过程。循环的净结果是将乙酰 CoA 从线粒体转运到细胞质,同时消耗化学能 ATP。在植物体中,线粒体内产生的乙酰 CoA 先脱去 CoA,并以乙酸的形式运出线粒体,再在线粒体外由脂酰 CoA 合成酶催化重新形成乙酰 CoA,因此植物体内可能不存在柠檬酸穿梭。

(2) 丙二酸单酰 CoA 的形成   在脂肪酸的从头合成过程中,进入脂肪酸链的二碳单位的直接提供者并不是乙酰 CoA,而是乙酰 CoA 的羧化产物——丙二酸单酰 CoA(malonyl CoA)。丙二酸单酰 CoA 是由乙酰 CoA 和 HCO_3^- 在乙酰 CoA 羧化酶(acetyl CoA carboxylase,ACC)催化下形成的,反应需要消耗 ATP。其反应式如下:

$$\underset{\text{乙酰 CoA}}{CH_3-\overset{O}{\overset{\|}{C}}-SCoA+HCO_3^-}+H^+ \xrightarrow[\text{乙酰 CoA 羧化酶}]{ATP \quad ADP+Pi} \underset{\text{丙二酸单酰 CoA}}{HOOC-CH_2-\overset{O}{\overset{\|}{C}}-SCoA}$$

在原核生物中,乙酰 CoA 羧化酶是由 2 种酶和 1 种蛋白质组成的三元多酶复合体。这 3 种组分是生物素羧基载体蛋白(biotin carboxyl carrier protein,BCCP)、生物素羧化酶和羧基转移酶。其中 BCCP 上结合有辅基生物素,它是羧基的中间载体。在动物及高等植物体内,乙酰 CoA 羧化酶是由多个亚基组成的寡聚酶,每个亚基兼具原核生物中三种组分的功能,但只有当它们聚合成完整的寡聚酶后才有活性。乙酰 CoA 羧化酶的作用机制可简要表示为:

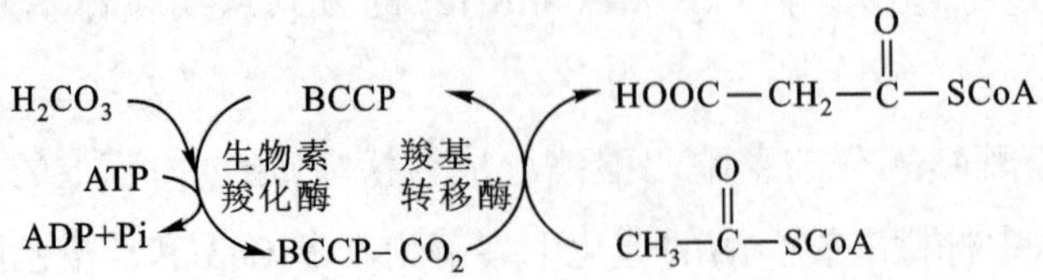

可见,辅基生物素是羧基的中间载体。乙酰 CoA 的羧化反应为不可逆反应,是脂肪酸合成的限速步骤,故乙酰 CoA 羧化酶的活性控制脂肪酸合成的速率。

(3) 脂肪酸链的形成

① 脂肪酸合酶系统。脂肪酸合酶系统(fatty acid synthase system,FAS)是一个多酶复合体,它包含下列 6 种酶和 1 种载体蛋白。

a. 乙酰 CoA:ACP 酰基转移酶(acetyl CoA:ACP transacetylase,AT)

b. 丙二酸单酰 CoA:ACP 转移酶(malonyl CoA:ACP transferase,MT)

c. β-酮脂酰 -ACP 合酶(β-ketoacyl-ACP synthase,KS)

d. β-酮脂酰 -ACP 还原酶(β-ketoacyl-ACP reductase,KR)

e. β-羟脂酰 -ACP 脱水酶(β-hydroxyacyl-ACP dehydratase,HD)

f. 烯脂酰 -ACP 还原酶(enoyl-ACP reductase,ER)

g. 酰基载体蛋白质(acyl carrier protein,ACP)

尽管不同生物体内脂肪酸的合成过程相似,但 FAS 的组成却不相同(图 11-20)。在大肠杆菌中,上述 6 种酶以 ACP 为中心,有序地组成多酶复合体。在许多真核生物中,每个单体具有多种酶的催化活性,即一条多肽链上有多个不同催化功能的结构域,如酵母的 FAS 中含有 6 条 α 链和 6 条 β链(α₆β₆),其中 α 链具有 β-酮脂酰 -ACP 合酶(KS)、β-酮脂酰 -ACP 还原酶(KR)及 ACP 的活性,β 链具有其余 4 种酶的活性;如脊椎动物的 FAS 为含 2 个相同亚基的二聚体,每个亚基都具有上述 7 种蛋白质及一种硫酯酶(thioesterase)(图 11-20N)的活性,但只有当它们聚合成二聚体后才具有活性。

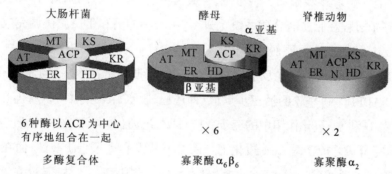

· 图 11-20 不同生物中脂肪酸合酶系统模式图

不同生物体中 ACP 的同源性很高,大肠杆菌中的 ACP 是一个由 77 个氨基酸残基组成的热稳定蛋白质,在其第 36 位丝氨酸残基的侧链上连有 4′-磷酸泛酰巯乙胺(图 11-21)。该辅基犹如一个转动的手臂,以其末端的巯基将脂酰基依次转到各酶的活性中心,发生各种反应(图 11-22)。

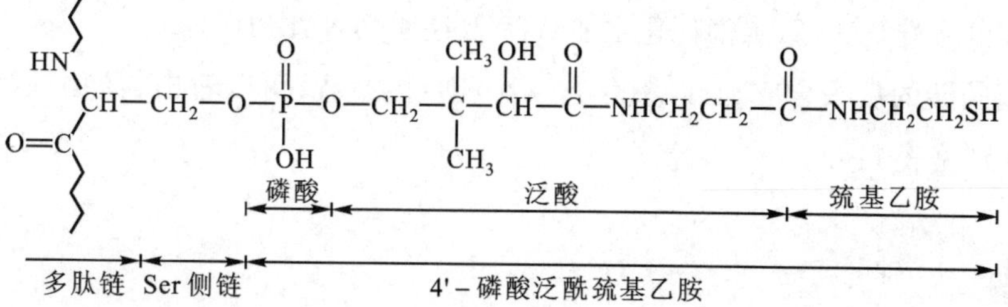

· 图 11-21 ACP 辅基的结构

除 ACP 上有一活性巯基外, β- 酮脂酰 -ACP 合酶 (KS) 上也有一活性巯基 (图 11-23), 这是由该酶多肽链上的半胱氨酸残基提供的, 是脂肪酸合成过程中脂酰基的另一个载体。因此, 脂肪酸合酶系统上有两种活性巯基用于运载脂肪酸, 通常把 ACP 上的称为中央巯基, β- 酮脂酰 -ACP 合酶上的称为外围巯基。

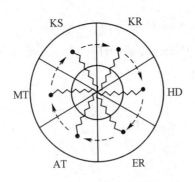

·图 11-22　ACP 辅基的作用模式
中央的圆点为 ACP

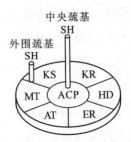

·图 11-23　FAS 中的活性巯基

② 脂肪酸链的形成过程。在脂肪酸合成之前, 最初的乙酰 CoA 和丙二酸单酰 CoA 首先要进行转化。乙酰 CoA 和丙二酸单酰 CoA 在乙酰 CoA：ACP 酰基转移酶 (AT) 和丙二酸单酰 CoA：ACP 转移酶 (MT) 催化下分别形成乙酰 -ACP 和丙二酸单酰 -ACP。在此基础上, 以乙酰 -ACP 为起点, 在其羧基端由丙二酸单酰 -ACP 逐步添加二碳单位, 合成出不超过十六碳的脂酰 ACP, 最后脂酰基水解成游离的脂肪酸。整个过程在脂肪酸合酶系统上进行, 由其中的酶和蛋白质协调完成。脂肪酸链的合成反应包括 4 步反应, 即缩合、还原、脱水和还原 (图 11-24)。

首轮反应结束后立即进行第二轮反应。每经历一轮, 脂肪酸链在羧基端延长一个二碳单位, 并消耗 2 分子还原剂 NADPH。每一轮的后三步反应 (即还原、脱水、再还原) 可以将连在 ACP 上的 β- 酮脂酰基变成脂酰基, 这和 β- 氧化作用中的三步反应 (即氧化、加水、再氧化) 的性质恰好相反。值得注意的是, 在脂肪酸链合成之前乙酰 CoA 羧化消耗的 CO_2 并没有进入脂肪酸链, 而在缩合反应中被释放。其作用是乙酰 CoA 通过羧化将 ATP 的能量储存在丙二酸单酰 CoA 中, 从而在缩合反应中通过脱羧放能而使反应向正方向, 即合成的方向进行。

对于软脂酸的合成, 该阶段包含有 7 轮反应, 每一轮包括上述 6 步反应。当中央巯基上的脂酰基延长到一定程度 (不超过十六碳) 后, 它与 ACP 之间的硫酯键被硫酯酶水解, 从而得到游离的脂肪酸。由此可见, 脂肪酸合酶系统合成 1 分子软脂酸须消耗 1 分子乙酰 CoA、7 分子丙二酸单酰 CoA 及 14 分子还原辅酶Ⅱ, 同时释放出 7 分子 CO_2。综合整个脂肪酸的从头合成过程, 可以看出：① 合成脂肪酸的碳源全部来自乙酰 CoA；② 须消耗化学能 ATP 及还原剂 NADPH。

比较饱和脂肪酸的从头合成和 β- 氧化这两个相反的过程, 可以看出它们绝不是简单的逆转关系。两者主要区别见表 11-2。

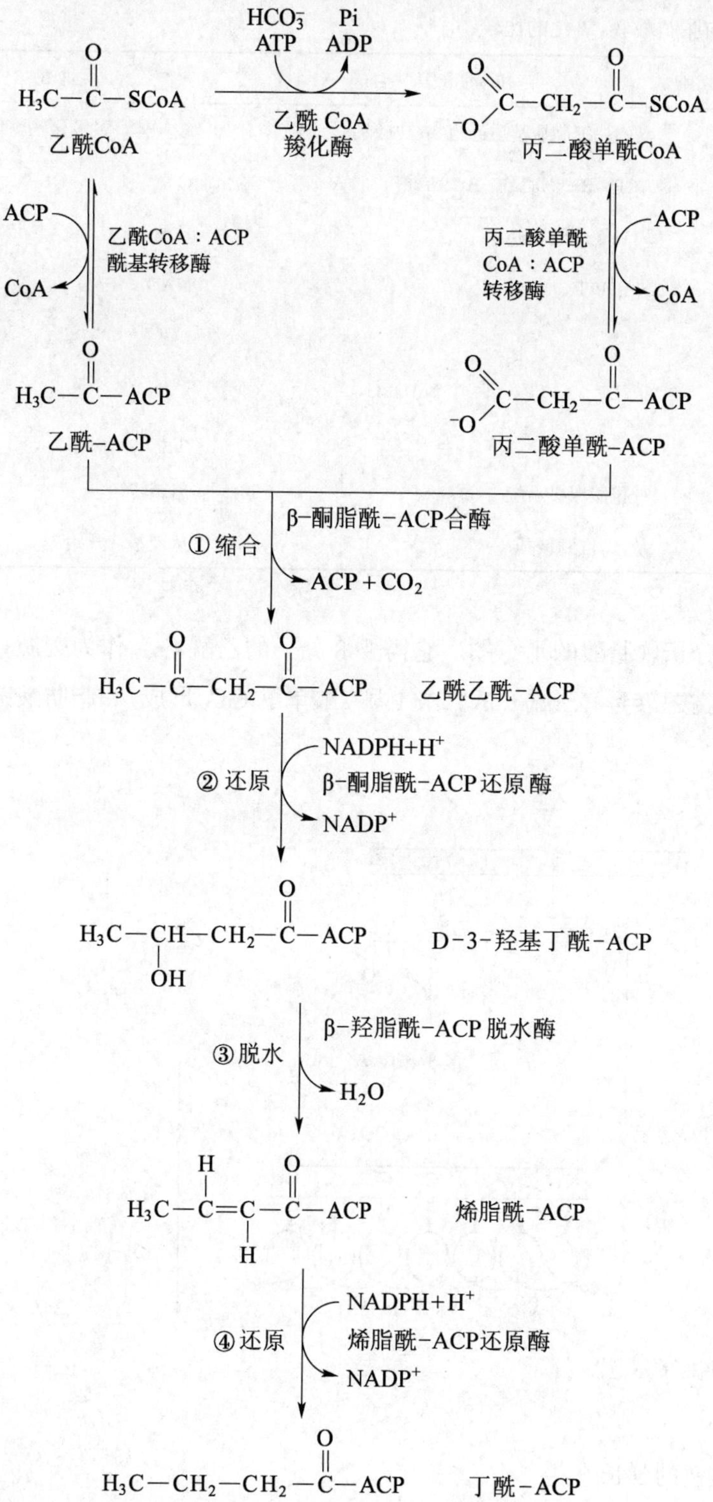

图 11-24 软脂酸的合成反应

①缩合:经 β- 酮脂酰 -ACP 合酶催化,乙酰 -ACP 和丙二酸单酰 -ACP 缩合成乙酰乙酰 -ACP,同时释放 1 分子 CO_2;②还原:乙酰乙酰 -ACP,即 β- 酮脂酰 -ACP 在 β- 酮脂酰 -ACP 还原酶催化下,其 β 位的羰基被 $NADPH+H^+$ 还原成羟基,从而生成 D-3- 羟基丁酰 -ACP;③脱水:D-3- 羟基丁酰 -ACP 在 β- 羟脂酰 -ACP 脱水酶催化下,在 α、β 碳原子间脱水生成烯脂酰 -ACP;④还原:烯脂酰 -ACP 中的双键被 $NADPH+H^+$ 还原成单键,生成丁酰 -ACP,反应由烯脂酰 -ACP 还原酶催化完成

·表 11-2　脂肪酸从头合成与脂肪酸 β- 氧化的比较

区别	饱和脂肪酸从头合成	脂肪酸 β- 氧化
细胞内进行部位	动物：细胞质基质；植物：叶绿体 / 前质体	线粒体、过氧化物酶体、乙醛酸循环体
脂酰基载体	ACP、β- 酮脂酰 -ACP 合酶、CoA	CoA
加入或断裂的二碳单位	丙二酸单酰 CoA	乙酰 CoA
电子供体或受体	NADPH	NAD^+、FAD
羟脂酰基的立体异构	D 型	L 型
能量（以软脂酸为例）	消耗 7 个 ATP 及 14 个 NADPH	产生 106 个 ATP
对 HCO_3^- 和柠檬酸的需求	需要	不需要
底物的转运	柠檬酸穿梭系统	肉碱转运
链延伸或缩短的方向	从 ω 位到羧基	从羧基端开始

图 11-25 为合成 1 分子软脂酸的示意图。它需要 8 分子的乙酰 CoA 作为碳源。整个过程可分为 3 个阶段：乙酰 CoA 穿梭（转运）、乙酰 CoA 羧化（丙二酸单酰 CoA 形成）和脂肪酸链的形成。

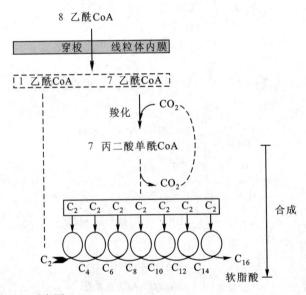

·图 11-25　合成 1 分子软脂酸的示意图

11.2.2.2　脂肪酸碳链的延长

脂肪酸碳链的延长过程以脂酰 CoA（不是脂肪酸）作为起点（引物），通过与从头合成相似的步骤，即缩合→还原→脱水→还原，逐步在羧基端增加二碳单位。延长过程发生在内质网及动物的线粒体和植物的叶绿体或前质体中。在细胞的不同部位，其延长的具体方式也不相同（表 11-3）。

（1）动物体中脂肪酸链的延长　线粒体中的延长过程相当于脂肪酸 β- 氧化的逆过程，只是第二次还原反应由还原酶而不是脱氢酶催化，电子载体为 NADPH 而不是 $FADH_2$。内质网上的延长过程与从头合成过程相似，只是脂酰基的载体为 CoA 而不是 ACP。

（2）植物体中脂肪酸链的延长　植物的脂肪酸延长系统有两个：①叶绿体或前质体中的延长系统

· 表 11-3　脂肪酸碳链延长的不同方式

细胞内发生部位	动物		植物	
	线粒体	内质网	叶绿体、前质体	内质网
二碳单位的供体	乙酰 CoA	丙二酸单酰 CoA	丙二酸单酰 CoA	不明确
脂酰基的载体	CoA	CoA	ACP	不明确
电子供体	NADH、NADPH	NADPH	NADPH	不明确

只负责将软脂酸转变为硬脂酸(18：0)，这一过程类似于从头合成途径；②碳链的进一步延长则由内质网上的延长系统完成。

11.2.2.3　脂肪酸链中不饱和键的形成

生物体内存在大量的各种不饱和脂肪酸，如棕榈油酸(16：$1\Delta^9$)、油酸(18：$1\Delta^9$)、亚油酸(18：$2\Delta^{9,12}$)、亚麻酸(18：$3\Delta^{9,12,15}$)等，它们都是由饱和脂肪酸经去饱和作用而形成的。去饱和作用有需氧和厌氧两条途径，前者主要存在于真核生物中，后者存在于厌氧微生物中。

（1）需氧途径　该途径由去饱和酶系催化，需要 O_2 和 NADPH 共同参与。去饱和酶系由去饱和酶(desaturase)及一系列的电子传递体组成。在该途径中，一分子氧接受来自去饱和酶的两对电子而生成两分子水，其中一对电子通过电子传递体从 NADPH 获得，另一对则从脂酰基获得，结果 NADPH 被氧化成 $NADP^+$，脂酰基的特定部位被氧化形成双键(图 11-26)。

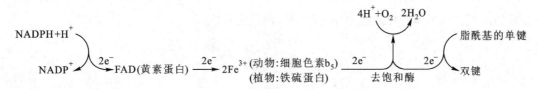

· 图 11-26　脂肪酸去饱和酶系的作用方式

动物和植物体内的去饱和酶系略有不同：前者结合在内质网膜上，以脂酰 CoA 为底物；后者游离在细胞质基质中，以脂酰 ACP 为底物。此外，两者电子传递体的组成也略有差别，动物体内细胞色素 b_5 的功能在植物体内由铁硫蛋白行使(图 11-26)。去饱和作用一般首先发生在饱和脂肪酸的 9、10 位碳原子上，生成单不饱和脂肪酸，如棕榈酸、油酸。接下来，对于动物，尤其是哺乳动物，从该双键向脂酸的羧基端继续去饱和而形成多不饱和脂肪酸。而植物则是从该双键向脂酸的甲基端继续去饱和而生成如亚油酸、亚麻酸等多不饱和脂肪酸。此外，植物并不通过上述这条需氧途径，而是在内质网膜上由单不饱和脂肪酸以磷脂或甘油糖脂的形式继续去饱和的，但它也是一个需氧的过程。由于动物不能合成亚油酸和亚麻酸，但这两种不饱和脂肪酸对维持其正常生长十分重要，所以必须从食物中获得，它们对人类和哺乳动物是必需脂肪酸。动物通过去饱和作用和延长脂肪酸碳链的过程能将它们转变为二十碳四烯酸。

（2）厌氧途径　厌氧途径是厌氧微生物合成单不饱和脂肪酸的方式。这一过程发生在脂肪酸从头合成的过程中。当 FAS 系统从头合成到 10 个碳的羟脂酰 -ACP(β- 羟癸酰 -ACP)时，接下来的脱水作用不是由 β- 羟脂酰 -ACP 脱水酶催化发生在 α、β 位，而是由另一专一的 β- 羟癸

酰 –ACP 脱水酶催化发生在 β、γ 位,生成 β,γ– 烯癸酰 –ACP,然后不再进行烯脂酰 –ACP 的还原反应,而是继续参入二碳单位,进行从头合成的反应过程。这样,就可产生碳链长短不同的单不饱和脂肪酸。厌氧途径只能生成单不饱和脂肪酸,因此厌氧微生物中多不存在不饱和脂肪酸。

11.2.2.4　脂肪酸合成的调节

乙酰 CoA 羧化酶是脂肪酸合成的限速酶,该酶的活性控制脂肪酸合成的速率。

(1) 乙酰 CoA 羧化酶的别构调节　乙酰 CoA 羧化酶为别构酶。在动物体中,柠檬酸是该酶的正别构剂,能加速脂肪酸合成;软脂酰 CoA 则是该酶的负别构剂,抑制脂肪酸合成。当细胞处于高能荷状态时,线粒体中的乙酰 CoA 和 ATP 含量丰富,可抑制三羧酸循环中异柠檬酸脱氢酶的活性,使柠檬酸浓度升高。进入细胞质的柠檬酸一方面可促进乙酰 CoA 羧化,另一方面可裂解成乙酰 CoA 而参入乙酰 CoA 的穿梭过程。这些都加速了脂肪酸的合成。当细胞含有过量的脂肪酸时,软脂酰 CoA 不但抑制了乙酰 CoA 羧化酶的活性,而且还抑制柠檬酸从线粒体基质到细胞质基质转移、抑制 6- 磷酸葡糖脱氢酶产生脂肪酸合成所需要的还原剂 NADPH,以及抑制柠檬酸合酶产生柠檬酸,从而抑制脂肪酸合成。从以上的调节效应可以看出,当生物体内糖含量高而脂肪酸含量低时,脂肪酸的合成最为有利。

(2) 乙酰 CoA 羧化酶的共价修饰调节　乙酰 CoA 羧化酶的某些丝氨酸残基上可以共价连上磷酸基团,这种磷酸基团的共价修饰可以改变酶的活性——当酶分子上连有磷酸基团时,酶分子处于失活态;脱去磷酸基团后,酶处于活化态(图 11–27)。

由图 11–27 可以看出,乙酰 CoA 羧化酶的活性受到蛋白激酶及蛋白磷酸酯酶的活性影响。在动物体中,后两种酶的活性又间接受一些激素,如胰高血糖素、肾上腺素、胰岛素等调节。这些激素通过影响乙酰 CoA 羧化酶的磷酸化来控制体内脂肪酸的生物合成。

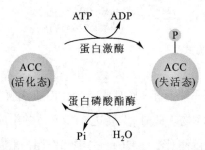

·**图** 11–27　乙酰 CoA 羧化酶的共价修饰调节

11.2.3　三酰甘油的生物合成

合成三酰甘油即脂肪的原料是 3- 磷酸甘油和脂酰 CoA,是由 3- 磷酸甘油逐步与 3 分子脂酰 CoA 缩合而成的(图 11–28)。① 3- 磷酸甘油先后与 2 分子脂酰 CoA 缩合形成磷脂酸,反应由磷酸甘油脂酰转移酶催化。②磷脂酸在磷酸酶催化下脱去磷酸,生成二酰甘油。③二酰甘油与 1 分子脂酰 CoA 缩合形成三酰甘油,反应由二酰甘油脂酰转移酶催化。

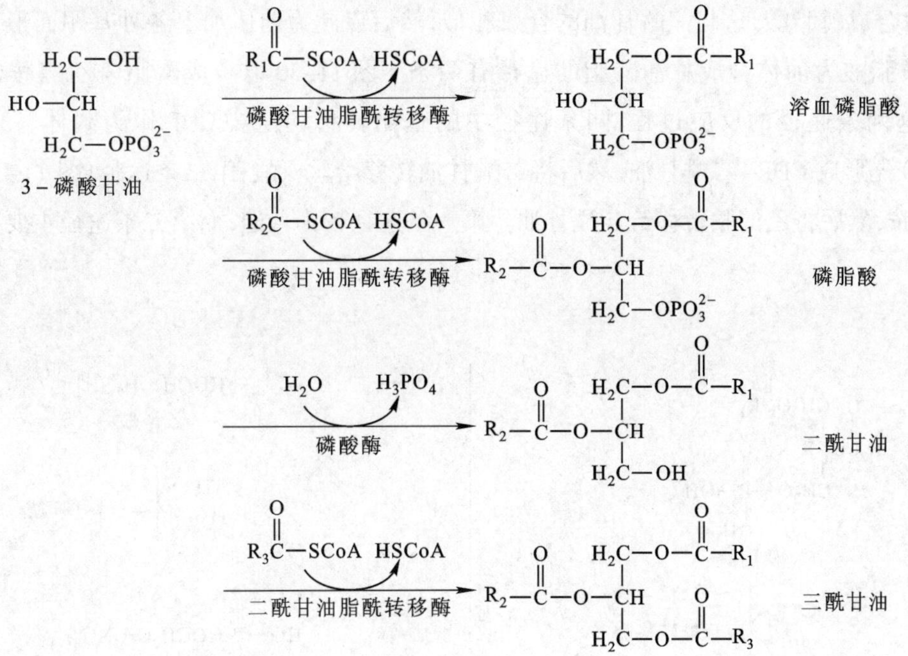

·图 11-28　三酰甘油的生物合成

11.3　其他脂质的代谢

11.3.1　磷脂的降解与生物合成

磷脂是生物膜的主要成分,由于膜处于不断的代谢变化中,因此磷脂在细胞内比脂肪有更高的代谢速率,不断地进行合成与分解的代谢。

11.3.1.1　磷脂的降解

和甘油三酯一样,甘油磷脂的降解过程也是先经水解生成甘油、脂肪酸、磷酸及氨基醇,然后水解产物按各自不同的途径进一步分解或转化。现以卵磷脂为例介绍水解的过程。卵磷脂中有 4 个酯键,须经过多步水解反应。第一步水解反应由磷脂酶(phospholipase)催化,已发现的磷脂酶有 4 种,分别为磷脂酶 A_1、磷脂酶 A_2、磷脂酶 C 和磷脂酶 D。它们对磷脂酶水解的部位不一样(图 11-29),因而产物也不一样。磷脂酶 A_1 广泛分布于动物细胞内;磷脂酶 A_2 存在于蛇毒、蝎毒和蜂毒中;磷脂酶 C 存在于动物脑、蛇毒和细菌毒素中;磷脂酶 D 主要存在于高等植物中。磷脂酶 A_1 或磷脂酶 A_2 作用于卵磷脂,水解一个脂肪酸生成溶血卵磷脂。溶血卵磷脂在溶血磷脂酶(lysophospholipase)作用下再水解一个脂肪酸,生成 3-磷酸胆碱甘油。由以上水解酶催化生成的 3-磷酸胆碱甘油、磷脂酸、二酰甘油等物质在磷酸酯酶(phosphatase)、脂肪酶等作用下进一步水解,最终生成脂肪酸、甘油、磷酸及胆碱。同样,鞘磷脂的降解过程也须先经历水解过程,再将水解产物分解或转化。

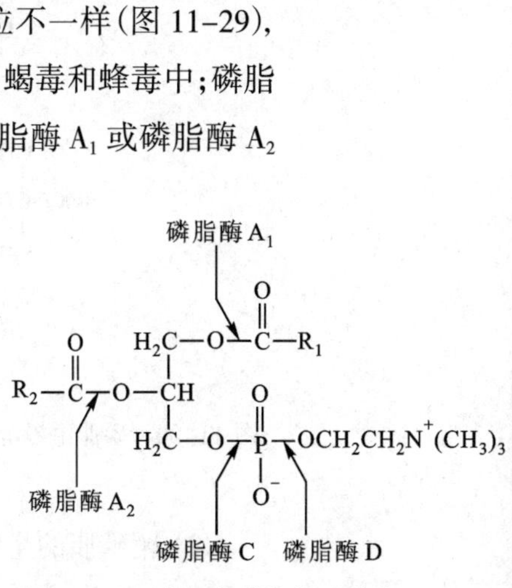

11.3.1.2　磷脂的生物合成

(1) 甘油磷脂的生物合成　甘油磷脂合成时,首先由磷酸甘油与两分

·图 11-29　水解卵磷脂的 4 种酶

子脂肪酸缩合成磷脂酸,这与三酰甘油的合成相似,然后以此为前体加上各种基团而形成磷脂。生物体中以磷脂酸为前体合成甘油磷脂的途径有两条。图 11-30 以合成磷脂酰乙醇胺(脑磷脂)为例描述了这两条途径的反应过程,两条途径中的基团转移均需要 CDP 作为载体。第一条途径(图 11-30A)先形成 CDP-二酰甘油,然后将二酰甘油转移给丝氨酸;第二条途径(图 11-30B)先形成 CDP-乙醇胺,然后将乙醇胺转移给二酰甘油。第一条途径较为普遍,而第二条途径主要存在于哺乳动物中。

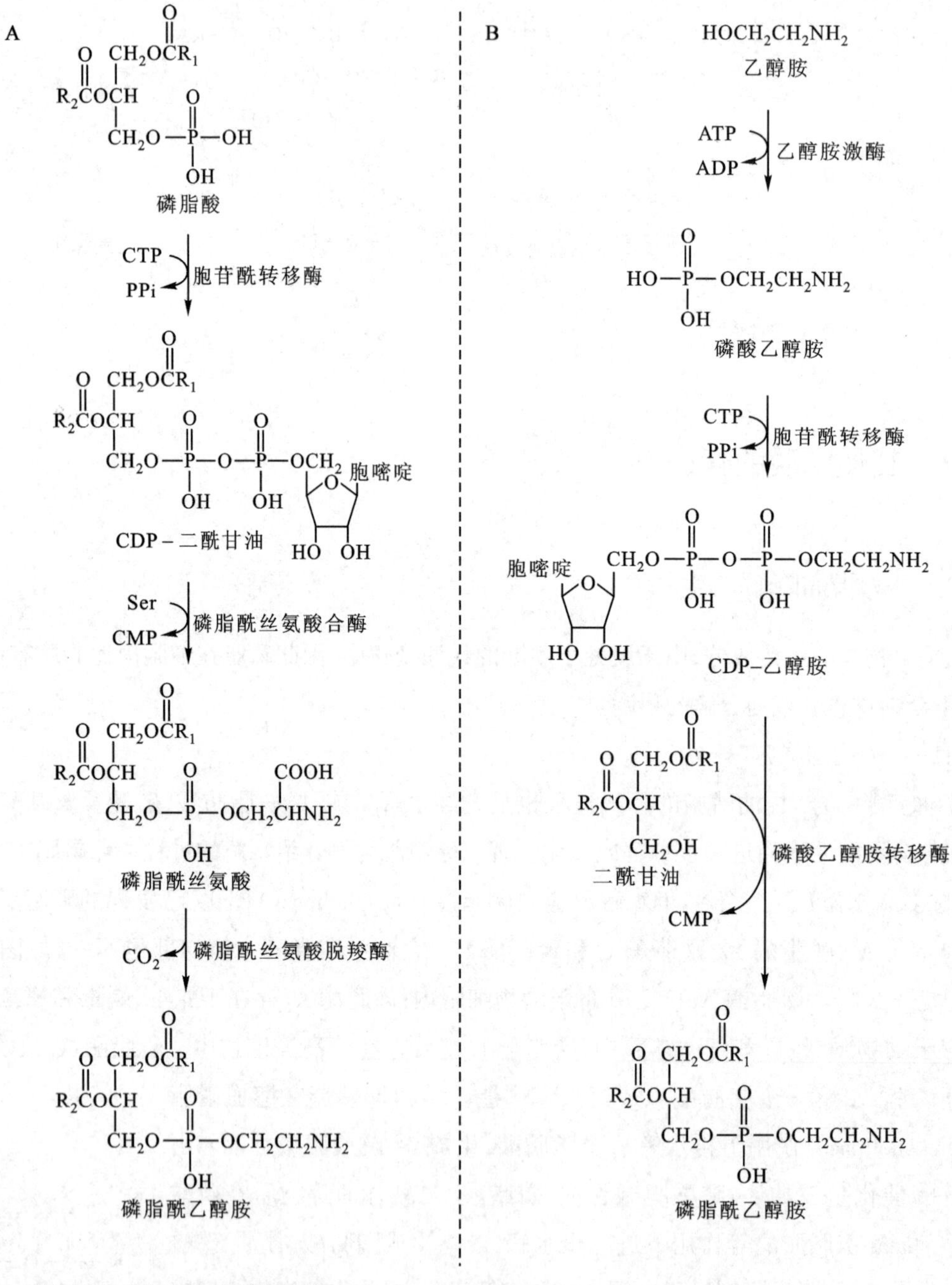

· 图 11-30 磷脂酰乙醇胺生物合成的两条途径

(2) 鞘磷脂的生物合成　鞘磷脂与甘油磷脂在结构上的不同之处在于由鞘氨醇代替了甘油,它是与一分子脂肪酸、磷酸和胆碱结合而形成的。鞘磷脂的合成过程分为三个阶段:①由软脂酰 CoA 与丝氨酸经一系列酶促反应形成鞘氨醇(图 11-31A);②由鞘氨醇的氨基与软脂酰 CoA 的脂酰基连接形成神经酰胺(图 11-31B);③由神经酰胺接受 CDP 胆碱上的磷酸胆碱形成鞘磷脂(图 11-31C)。

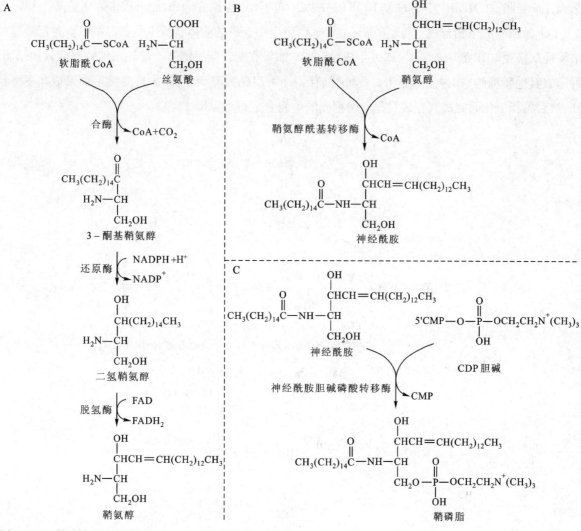

·图 11-31　鞘磷脂的生物合成

11.3.2　糖脂的降解与生物合成

11.3.2.1　糖脂的降解

糖脂上的糖基成分可以在一些糖苷酶作用下水解,其他成分在各种脂酶作用下可水解成甘油或鞘氨醇、脂肪酸等。例如,当叶细胞受到破坏时,单半乳糖二酰甘油(MGDG)和双半乳糖二酰甘油(DGDG)可在半乳糖脂酶(galactolipase)、β-半乳糖苷酶(β-galactosidase)等酶催化下,迅速水解成甘油、脂肪酸和半乳糖。

11.3.2.2　糖脂的生物合成

(1) 甘油糖脂的生物合成　植物体内的甘油糖脂主要有单半乳糖二酰甘油和双半乳糖二酰甘油,它们是叶绿体膜中的主要脂质,研究证明,它们是在叶绿体膜上合成的。

① 单半乳糖二酰甘油的合成。首先合成磷脂酸,然后水解掉磷酸生成二酰甘油。二酰甘油接受

UDP 半乳糖上的半乳糖基,从而生成 MGDG。该反应由 UDP 半乳糖二酰甘油半乳糖基转移酶催化。

② 双半乳糖二酰甘油的合成。由单半乳糖二酰甘油再接受 1 分子 UDP 半乳糖上的半乳糖基,即可生成 DGDG。研究发现,植物体内合成多烯脂肪酸时,去饱和酶的底物不是自由脂肪酸,而是磷脂或甘油糖脂,如 MGDG,其脂酰基 R_2 可以被去饱和酶作用继续去饱和,而形成多烯脂肪酸。

(2) 鞘糖脂的生物合成 与鞘磷脂一样,鞘糖脂生物合成的前体物质也是神经酰胺。神经酰胺的末端羟基接受 UDP 糖上的糖基,即可生成脑苷脂。如果在脑苷脂的糖基上继续添加糖基或其他基团,可形成其他鞘糖脂,如神经节糖脂。此外,脑苷脂还可以鞘氨醇为前体,先接受糖基而形成鞘氨醇糖苷,然后再脂酰化而完成其合成过程。鞘糖脂的生物合成过程见图 11-32。

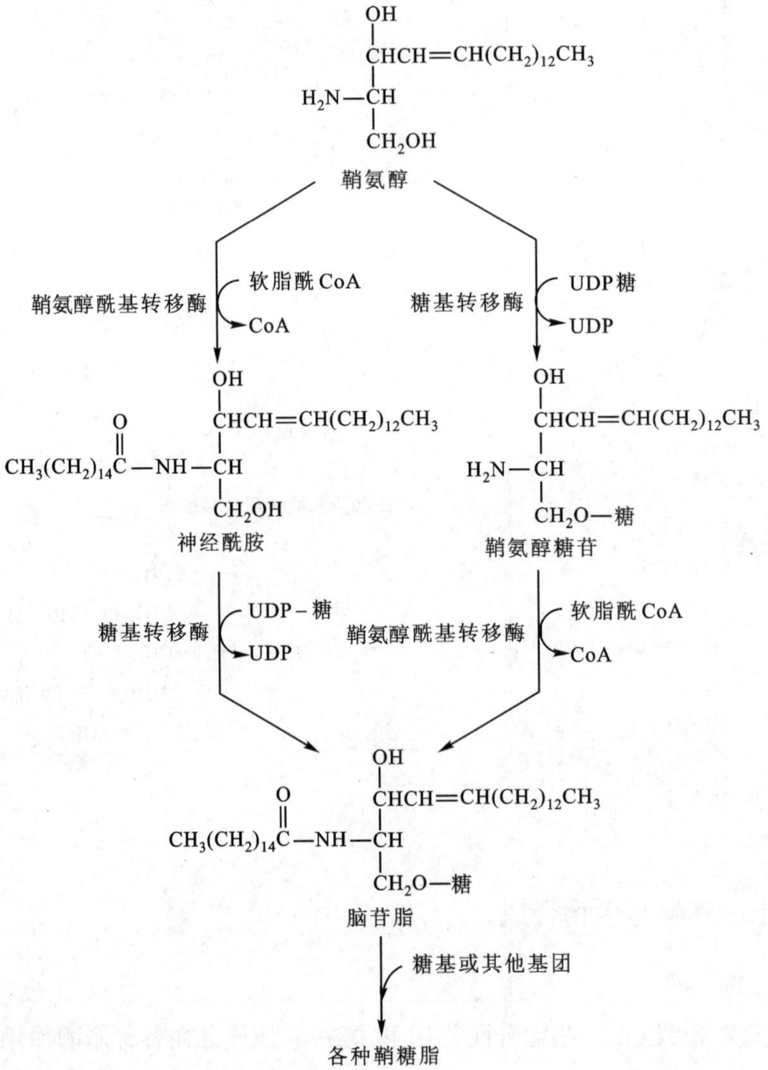

·图 11-32 鞘糖脂的生物合成

11.3.3 胆固醇的生物合成与转化

11.3.3.1 胆固醇的生物合成

合成胆固醇的碳源为乙酰 CoA,此外还需要还原剂 NADPH 和能源 ATP 参与。其合成过程可分为 4 个阶段。

（1）先由两分子乙酰 CoA 缩合成乙酰乙酰 CoA，后者再与 1 分子乙酰 CoA 缩合成 β- 羟 -β- 甲基戊二酸单酰 CoA（HMG–CoA），这与酮体合成途径的前两步一样。HMG–CoA 是酮体合成与胆固醇合成的分支点——若被裂合酶作用，则合成酮体乙酰乙酸；若被还原酶作用，则被两分子 NADPH 还原成甲羟戊酸（mevalonic acid，MVA），此反应正是胆固醇合成的限速反应（图 11–33 左）。

（2）MVA 在有关激酶催化下，经 3 次磷酸化生成 3- 磷酸 -5- 焦磷酸 MVA，后者不稳定，在脱羧酶作用下脱羧形成异戊烯焦磷酸（isopentenyl pyrophosphate，IPP）（图 11–33 右）。IPP 不仅是合成胆固醇的活泼前体，也是植物合成萜类物质，昆虫合成保幼激素、蜕皮素等的活泼前体。

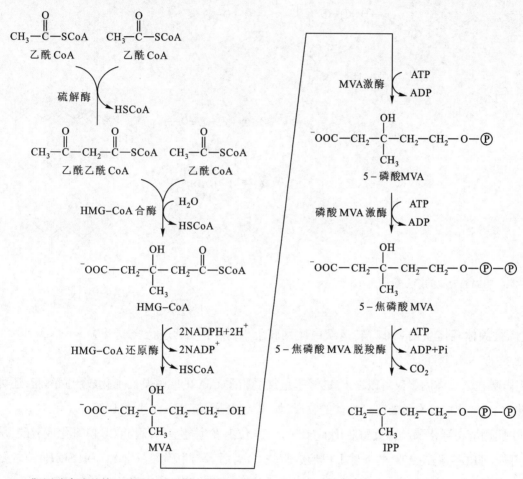

·图 11–33　胆固醇合成的第一阶段（左）和第二阶段（右）

（3）由 6 分子 IPP 缩合成 1 分子鲨烯（squalene）。1 分子 IPP 先异构成 3,3- 二甲丙烯焦磷酸（DPP），然后与 2 分子 IPP 逐一进行头尾缩合，先后生成牻牛儿焦磷酸（GPP）和法尼焦磷酸（FPP）。2 分子 FPP 尾尾缩合并被 NADPH 还原脱去 2 分子焦磷酸而生成鲨烯（图 11–34）。

（4）鲨烯首先在 2、3 位上环氧化生成 2,3- 环氧鲨烯，然后整条长链环化形成羊毛固醇。羊毛固醇经 3 次脱甲基，双键从 7、8 位至 5、6 位移动及侧链双键被 NADPH 还原成单键等多步反应，最终形成胆固醇（图 11–35）。值得一提的是，环氧鲨烯除了在动物中形成胆固醇外，在植物中可转化成豆甾醇，在真菌中可转化成麦角固醇。胆固醇主要在脊椎动物的肝中合成。研究发现，在胆固醇合成的 4 个阶段中，第一阶段由膜酶催化，第二、三阶段由可溶酶催化，第四阶段合成鲨烯

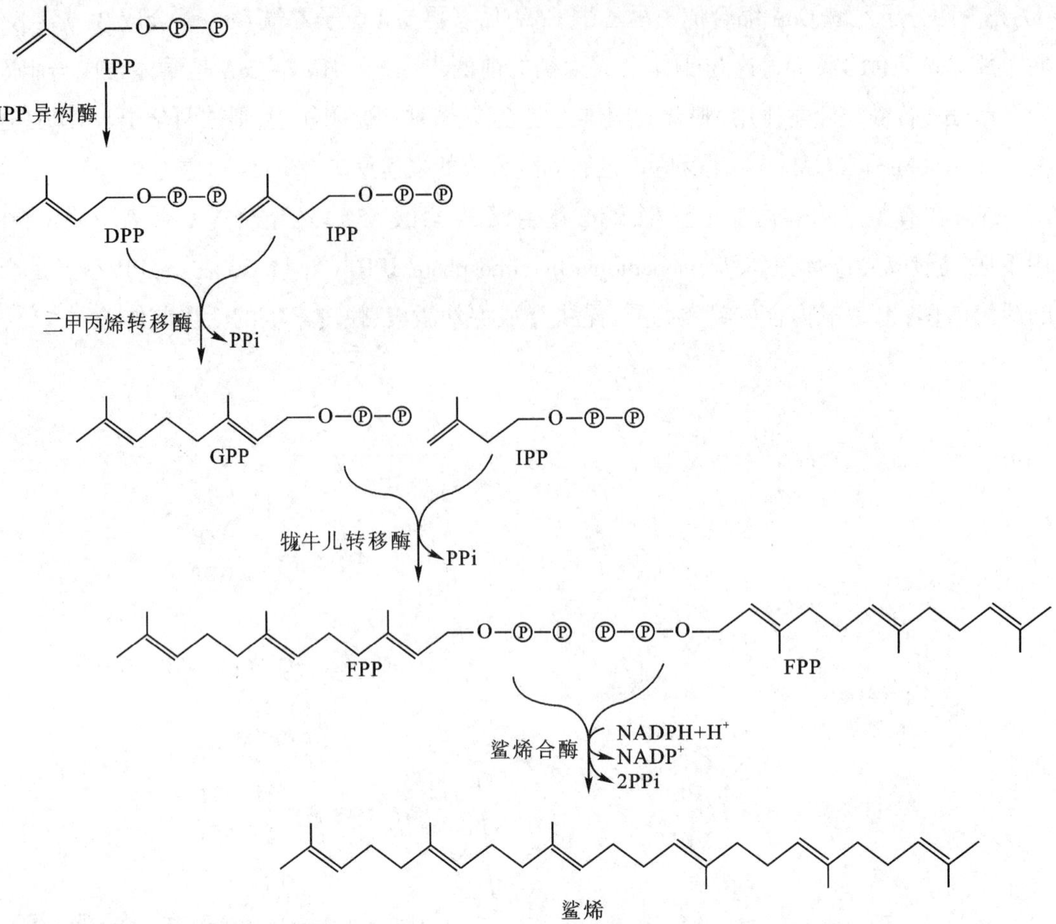

·图 11-34　胆固醇合成的第三阶段

后,鲨烯被固体载体蛋白(SCP)转运至内质网膜上,在那里继续进行合成反应。

11.3.3.2　胆固醇的转化

胆固醇在动物体内不仅可以在 C_3 的羟基上接受脂酰 CoA 的脂酰基而酯化成胆固醇脂,还可在有关酶催化下,转化成具有重要生理功能的物质,如胆酸、类固醇激素、维生素 D 等。

(1) 胆固醇在羟化酶及脱氢酶催化下,在 C_7、C_{12} 位上发生羟基化,侧链 C_{24} 位氧化成羧酸,从而转变为胆酸。胆酸在消耗 ATP 的条件下可形成胆酰 CoA,后者与牛磺酸($H_2NCH_2CH_2SO_3H$)或甘氨酸缩合形成牛黄胆酸或甘氨胆酸,这两种胆汁盐对脂质的消化和脂溶性维生素的吸收有重要作用。

(2) 胆固醇在羟化酶、脱氢酶、异构酶和裂合酶催化下,可转化成各种类固醇激素,如糖皮质激素、盐皮质激素、黄体酮、雄激素和雌激素等。

(3) 胆固醇先转化成 7- 脱氢胆固醇,后者在紫外线作用下,C_9 与 C_{10} 间开环,再进一步转化变为维生素 D_3。此外,麦角固醇在紫外线作用下可转变成维生素 D_2。

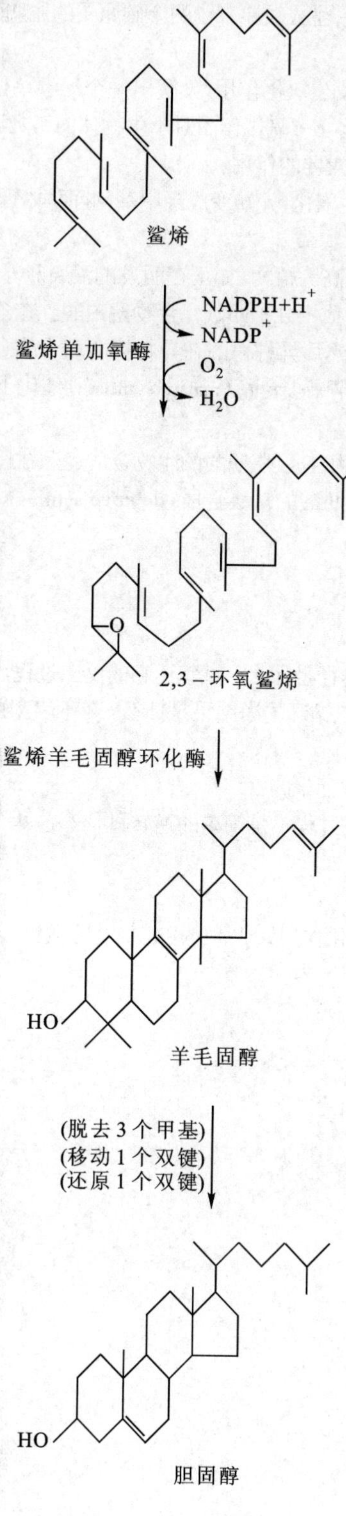

鲨烯

鲨烯单加氧酶 ⟶ NADPH+H⁺ / NADP⁺ / O₂ / H₂O

$NADPH+H^{+}$
$NADP^{+}$
O_2
H_2O

2,3-环氧鲨烯

环氧鲨烯羊毛固醇环化酶

HO 羊毛固醇

(脱去 3 个甲基)
(移动 1 个双键)
(还原 1 个双键)

HO 胆固醇

·图 11-35　胆固醇合成的第四阶段

小结

1. 脂肪的分解需要 3 种脂肪酶(lipase)参与,脂肪酶逐步水解脂肪的 3 个酯键,最后生成甘油和脂肪酸。
2. 生物体内脂肪酸的氧化分解有几条不同的途径,主要包括 β- 氧化、α- 氧化和 ω- 氧化。其中,β- 氧化是最为重要和普遍的途径。β- 氧化作用是指脂肪酸在 β- 碳原子上进行氧化,然后 α- 碳原子和 β- 碳原子之间键断裂。每

进行一次 β- 氧化作用,分解出一个二碳片段,生成较原来少两个碳原子的脂肪酸。β- 氧化作用主要发生在细胞的线粒体基质中。

3. 脂肪酸在一些酶的催化下,在 α- 碳原子上发生氧化作用,分解出一个一碳单位 CO_2,生成缩短了一个碳原子的脂肪酸。这种氧化作用称为脂肪酸的 α- 氧化。α- 氧化作用对于生物体内奇数碳脂肪酸形成、对含甲基的支链脂肪酸降解,或过长的脂肪酸(如 C_{22}、C_{24})降解有重要的作用。

4. ω- 氧化是指脂肪酸的末端(ω 端)甲基发生氧化,先转变成羟甲基,继而再氧化成羧基,从而形成 α,ω- 二羧酸的过程。

5. 对于某些细菌、藻类和处于一定生长阶段的高等植物(如正在萌发的油料种子),脂肪酸降解的主要产物乙酰 CoA 可以通过乙醛酸循环,将 2 分子乙酰 CoA 合成 1 分子四碳化合物琥珀酸。在乙醛酸循环中,乙酰 CoA 首先经柠檬酸合酶和顺乌头酸酶催化而生成异柠檬酸,然后异柠檬酸在异柠檬酸裂合酶(isocitrate lyase)催化下裂解为乙醛酸和琥珀酸。乙醛酸和另一分子乙酰 CoA 在苹果酸合酶(malate synthase)催化下生成苹果酸。后者经苹果酸脱氢酶催化,重新生成草酰乙酸。

6. 脂肪的生物合成可分为 3 个部分:甘油的生物合成、脂肪酸的生物合成、三酰甘油的生物合成。

7. 生物体内脂肪酸的合成包括 3 部分:饱和脂肪酸的从头合成(*de novo* synthesis)、脂肪酸碳链的延长、脂肪酸链中不饱和键的形成。

复习思考题

1. 脂肪酸的氧化分解有哪些途径?最重要的途径是什么?试叙述它的反应过程。

2. 乙醛酸循环在植物细胞的什么部位进行?该循环的净结果是什么?有何生物学意义?它有哪两个关键的酶,与三羧酸循环相同的酶有哪些?

3. 脂肪的生物合成需要哪些原料?它们是从何而来的?

4. 为什么说脂肪酸的 β- 氧化过程和从头合成过程不是简单的逆转过程?这两个途径的调控点分别在哪儿?各受到什么因子的调控?

5. 叙述甘油磷脂的生物合成过程。

6. 计算 1 mol 的 β- 羟辛酸经脂肪酸的 β- 氧化作用氧化,可生成 ATP 的数目;若彻底氧化成 CO_2 和 H_2O,计算可生成 ATP 的数目。

数字课程学习资源

● 教学课件　　● 重难点讲解　　●拓展阅读

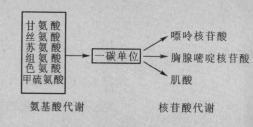

氨基酸代谢　　　　　　　核苷酸代谢

12　氨基酸和核苷酸代谢

> **关键词**
>
> 谷氨酸脱氢酶　转氨基作用　氨基转移酶　磷酸吡哆醛　谷丙转氨酶　谷草转氨酶
> γ-谷氨酰-半胱氨酸合成酶　谷胱甘肽　谷胱甘肽合成酶　谷胱甘肽还原酶　谷氧还蛋白
> 谷氧还蛋白还原酶　谷氨酸合酶　谷氨酰胺合成酶　生物固氮　固氮酶　自生固氮微生物
> 共生固氮微生物　硝酸还原酶　从头合成　补救合成

　　蛋白质和核酸是生物体内最重要的两类含氮生物大分子。氨基酸和核苷酸分别是蛋白质和核酸的基本组成单位。由于蛋白质和核酸在体内首先降解为氨基酸和核苷酸,然后再进一步分解,所以氨基酸代谢和核苷酸代谢是蛋白质代谢和核酸代谢的中心。生物体内的氨基酸主要通过联合脱氨基作用脱去氨基,剩下的碳骨架可进入三羧酸循环,并彻底氧化分解,或转变为糖或酮体。根据氨基酸的生物合成碳骨架的来源,可将其分为丙氨酸族、丝氨酸族、天冬氨酸族、谷氨酸族、芳香氨酸族和组氨酸族6大类。各种单核苷酸被细胞内磷酸单酯酶水解成为核苷和磷酸。核苷降解的途径和产物在各种生物体内略有不同,但一般都要经过磷酸的反应生成嘌呤碱与嘧啶碱及1-磷酸戊糖,后者能转变为5-磷酸戊糖。5-磷酸戊糖可以通过戊糖磷酸途径进行代谢,而磷酸脱氧核糖则可能在组织中分解为乙醛和3-磷酸甘油醛,并进一步氧化分解。核苷酸有从头合成和补救途径两条基本的生物合成途径。嘌呤核苷酸从头合成的起始物是5-磷酸核糖基焦磷酸,经一系列酶促反应后形成肌苷-磷酸(IMP),再由IMP转变为腺苷-磷酸(AMP)和鸟苷-磷酸(GMP)。嘧啶核苷酸则先形成嘧啶环,然后与磷酸核糖作用形成乳清苷酸,再转化为其他嘧啶核苷酸。

12.1　氨基酸的分解代谢

　　一般情况下,氨基酸不作为提供能量的物质而被降解。只有在细胞内糖类、脂肪供应不足,代谢紊乱等情况下,细胞才会启动氨基酸降解程序。氨基酸通过脱氨基作用生成游离氨和碳骨架。在动物体内,氨进入尿素循环转化为无毒中性的尿素而排出体外,碳骨架进入三羧酸循环被彻底氧化分解。在植物中,碳骨架可以重新合成新的氨基酸或转变为糖类和脂肪。

12.1.1 氨基酸的分解与转化共同途径

12.1.1.1 脱氨基作用

氨基酸失去氨基的作用称为脱氨基作用,有氧化脱氨基和非氧化脱氨基两种常见方式。氧化脱氨基作用普遍存在于动植物中,主要在线粒体中进行;非氧化脱氨基作用则主要存在于微生物中。

(1) 氧化脱氨基作用 氨基酸首先在氨基酸氧化酶催化下,以黄素腺嘌呤二核苷酸(FAD)或黄素腺嘌呤单核苷酸(FMN)为辅酶发生脱氢反应,产生极不稳定的中间体化合物亚氨基酸,在水溶液中亚氨基酸易自发水解为 α- 酮酸和氨(图 12-1)。

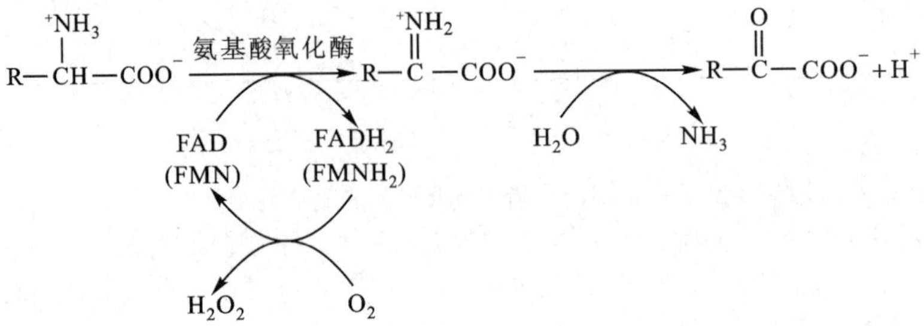

·图 12-1 氨基酸氧化脱氨基作用

值得注意的是,氨基酸氧化脱氨基作用不能为机体提供生命活动所需的能量,因为该过程中产生的 $FADH_2$ 或 $FMNH_2$ 并不进入呼吸链,而是直接与分子氧反应产生过氧化氢。动植物细胞内的过氧化氢在过氧化氢酶作用下分解为水和氧气。催化氧化脱氨基作用的酶主要有以下 3 种。

① L- 氨基酸氧化酶(L-amino acid oxidase)。具有立体异构专一性,作用底物为 L- 氨基酸,需氧,产物为 α- 酮酸、氨和过氧化氢。据其结合的辅基不同,可以分为两种类型,一类以 FAD 为辅基,一类以 FMN 为辅基,人和动物体内的 L- 氨基酸氧化酶属于后一类。但是 L- 氨基酸氧化酶在生物体内分布不普遍,且离体实验研究表明其最适 pH 为 10 左右,可以推测在正常生理条件下(pH 近中性)活性不强,对 L- 氨基酸脱氨基作用有限。

② D- 氨基酸氧化酶(D-amino acid oxidase)。具有立体异构专一性,作用的底物为 D- 氨基酸,而对 L- 氨基酸不起作用,辅基为 FAD,需氧,产物为 α- 酮酸、氨和过氧化氢。与 L- 氨基酸氧化酶相比,其在体内分布相当广泛,其最适 pH 接近生理 pH,活性也很强,但是生物体内的天然氨基酸绝大多数为 L 型,D 型氨基酸主要存在于某些微生物体内,故该酶在氨基酸脱氨基过程中所起的作用不大。

③ L- 谷氨酸脱氢酶(L-glutamate dehydrogenase,GDH)。具有绝对专一性,作用的底物仅为 L- 谷氨酸。其辅酶既可以是 NAD^+,也可以是 $NADP^+$,不需要氧,产物为 α- 酮戊二酸和 NH_4^+。其催化的反应式如下:

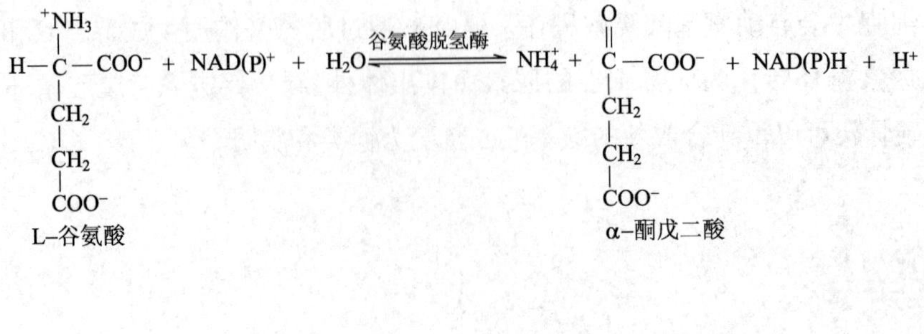

L- 谷氨酸脱氢酶广泛存在于动植物和微生物体内,其最适 pH 在 7.0 左右,在正常生理条件下活性很强,但只能催化 L- 谷氨酸发生氧化脱氨基作用,而对其他氨基酸不起作用,故仅依赖此酶不能使体内大多数氨基酸脱去氨基。当其与转氨酶联合作用时,几乎可以使所有的氨基酸脱去氨基,同时它还参与其他氨基酸合成,因此 L- 谷氨酸脱氢酶在氨基酸代谢中有举足轻重的作用。

来源于不同生物细胞的谷氨酸脱氢酶都是别构酶,活性均受 GTP、ATP 和 NADH 的别构抑制,而 GDP 和 ADP 对该酶活性起别构激活作用。当细胞内的能荷降低时,谷氨酸脱氢酶活性升高,氨基酸氧化作用速率加快,从而可以使机体能荷升高。这实际上是能荷反馈调节机体能量代谢的一种方式。

(2) 非氧化脱氨基作用　氧化脱氨基作用普遍存在于动植物细胞中,而非氧化脱氨基作用则多见于微生物细胞内,主要有还原脱氨基作用、水解脱氨基作用、脱水脱氨基作用和脱硫脱氨基作用等。

还原脱氨基作用

$$R—\overset{\overset{\displaystyle NH_2}{|}}{C}H—COOH + 2H^+ \longrightarrow R—CH_2—COOH + NH_3$$

水解脱氨基作用

$$R—\overset{\overset{\displaystyle NH_2}{|}}{C}H—COOH + H_2O \longrightarrow R—\overset{\overset{\displaystyle OH}{|}}{C}H—COOH + NH_3$$

(3) 脱酰胺基作用　谷氨酰胺和天冬酰胺可分别在谷氨酰胺酶(glutaminase)和天冬酰胺酶(asparaginase)催化下发生脱酰胺基作用而形成谷氨酸和天冬氨酸。谷氨酰胺酶和天冬酰胺酶广泛存在于动物、植物和微生物细胞中,有相当高的专一性。

$$谷氨酰胺 + H_2O \xrightarrow{\text{谷氨酰胺酶}} 谷氨酸 + NH_3$$

$$天冬酰胺 + H_2O \xrightarrow{\text{天冬酰胺酶}} 天冬氨酸 + NH_3$$

(4) 转氨基作用　转氨基作用是 α- 氨基酸和 α- 酮酸之间氨基的转移作用。一种 α- 氨基酸的 α- 氨基借助氨基转移酶(transaminase)催化作用转移到 α- 酮酸的羰基上,生成新的酮酸,而原来的 α- 酮酸则形成相应氨基酸。这种作用称为转氨基作用(transamination)或氨基移换作用。其反应通式如下:

$$
\underset{\underset{\displaystyle COOH}{|}}{\overset{\overset{\displaystyle R_1}{|}}{H—C—NH_2}} + \underset{\underset{\displaystyle COOH}{|}}{\overset{\overset{\displaystyle R_2}{|}}{C=O}} \underset{\text{氨基转移酶}}{\rightleftharpoons} \underset{\underset{\displaystyle COOH}{|}}{\overset{\overset{\displaystyle R_2}{|}}{H—C—NH_2}} + \underset{\underset{\displaystyle COOH}{|}}{\overset{\overset{\displaystyle R_1}{|}}{C=O}}
$$

上述反应中的 α- 氨基酸可以认为是氨基供体,α- 酮酸是氨基受体。生物细胞绝大多数转氨基反应的氨基受体都是 α- 酮戊二酸。许多氨基酸不能通过氧化脱氨基作用直接脱去氨基,只有通过转氨基作用,首先将其氨基交给 α- 酮戊二酸,并形成谷氨酸,然后再由 L- 谷氨酸脱氢酶催化而发生氧化脱氨基作用。

催化转氨基反应的酶称为氨基转移酶,简称转氨酶。其反应是可逆的,在生物细胞中实际进行的反应方向由氨基酸和酮酸的相对浓度来决定。由此可见,α- 酮酸与 α- 氨基酸在生物细胞中可以相互转化,转氨基作用既是氨基酸氧化分解代谢的必经之路,同时也是非必需氨基酸合成的重要途径。氨基转移酶的种类很多,至今已发现 50 种以上,广泛存在于动植物和微生物细胞的细胞质和线粒体中。因此,氨基酸的转氨基作用在生物体内极为普遍。用含 ¹⁵N 标记的氨基酸实验证明,构成蛋白质的氨基酸除甘氨酸(Gly)、赖氨酸(Lys)、苏氨酸(Thr)和脯氨酸(Pro)外,其他的 α- 氨基酸都可以参加转氨基作用,并且每一种氨基酸都有其特异的氨基转移酶催化反应。在各种氨基转移酶中,以 L- 谷氨酸与 α- 酮酸的氨基转移酶最为重要,如谷丙转氨酶(glutamic-pyruvic transaminase,GPT)和谷草转

氨酶(glutamic-oxaloacetic transaminase, GOT),它们催化的反应式如下:

$$谷氨酸 + 丙酮酸 \xrightleftharpoons[\text{谷丙转氨酶}]{} \alpha- 酮戊二酸 + 丙氨酸$$

$$谷氨酸 + 草酰乙酸 \xrightleftharpoons[\text{谷草转氨酶}]{} \alpha- 酮戊二酸 + 天冬氨酸$$

在正常情况下,动物和人体不同组织中 GPT 和 GOT 两种酶活性各不相同,GOT 以心脏中的活性最高,其次为肝;GPT 以肝中的活性最高,其次为心脏。在血清中两种酶的活性都极低,如正常成人心脏中 GOT 的活性约是血清的 12 000 倍,肝中 GPT 的活性约是血清的 9 000 倍。当某种原因使肝细胞膜透性增高或肝细胞遭到破坏时,则有大量的 GPT 逸入血液中,造成血液中氨基转移酶活性显著上升,故可以根据血清中 GPT 活性升高的程度作为判断急性肝炎的依据。氨基转移酶的辅酶是维生素 B_6 的磷酸酯——磷酸吡哆醛(pyridoxal phosphate, PLP),其功能为携带氨基,此时它迅速地转变为磷酸吡哆胺。转氨基作用分两步进行(图 12-2)。

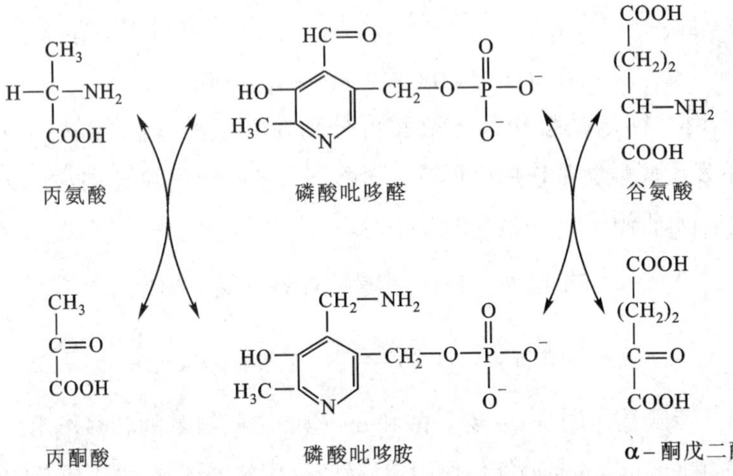

·图 12-2 谷丙转氨酶催化的转氨基作用机制

(5) 联合脱氨基作用 联合脱氨基作用是生物体内氨基酸脱氨的主要途径。其过程如下:各种 L- 氨基酸(非 L- 谷氨酸)先将 $\alpha-NH_2$ 转移到 $\alpha-$ 酮戊二酸分子上,生成相应的 $\alpha-$ 酮酸和谷氨酸,然后谷氨酸在 L- 谷氨酸脱氢酶催化下进行氧化脱氨基作用,生成 $\alpha-$ 酮戊二酸,同时释放出游离氨,其反应需要磷酸吡哆醛作为辅酶(图 12-3)。

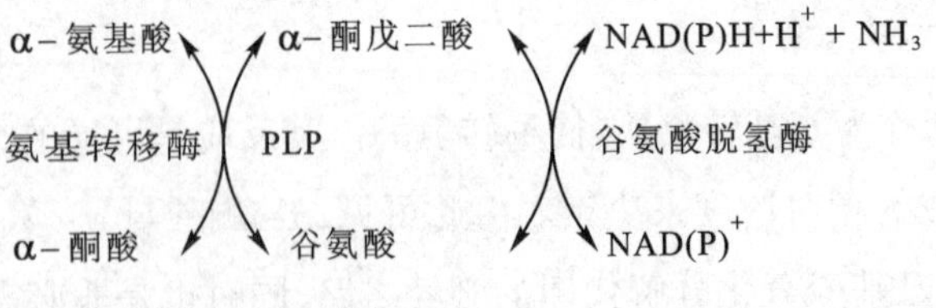

·图 12-3 联合脱氨基作用

在上述反应中,$\alpha-$ 酮戊二酸是氨基的传递体,并不会因为参加联合脱氨基作用而被消耗,即细胞中 $\alpha-$ 酮戊二酸的含量在反应前后不改变,其作用相当于三羧酸循环中的草酰乙酸,起催化剂作用。以 L- 谷氨酸脱氢酶为中心的联合脱氨基作用虽然在机体内广泛存在,但不是所有组织细胞的主要脱氨方式。研究表明,在肝组织中加入谷氨酸时,其中只有 10% 是经谷氨酸脱氢酶催化脱氨基的,90%

是经转氨基作用转化为天冬氨酸,进入嘌呤核苷酸循环而脱去氨基。因此,目前一般认为联合脱氨基作用包括两方面的内容:一是以 L- 谷氨酸为中心的转氨基作用和氧化脱氨基作用相偶联的脱氨基作用;二是以肌苷一磷酸(IMP)为中心的嘌呤核苷酸循环的联合脱氨基作用。这是一种存在于骨骼肌中的氨基酸脱氨基作用的主要方式(骨骼肌中 L- 谷氨酸脱氢酶活性较低,无法满足细胞内脱氨基作用的需要)。首先,转氨基作用生成的天冬氨酸与 IMP 在腺苷酸代琥珀酸合成酶作用下生成腺苷酸代琥珀酸,该反应需要消耗 GTP 中的一个高能磷酸键,使 GTP 转化为 GDP 和 Pi;其次,在腺苷酸代琥珀酸裂合酶作用下腺苷酸代琥珀酸裂解为延胡索酸和腺苷一磷酸;最后,腺苷一磷酸在腺苷酸脱氨酶作用下脱掉氨基,又生成 IMP(图 12-4)。

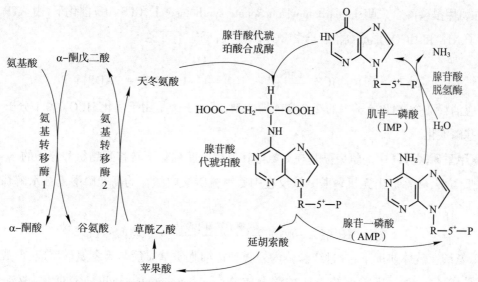

· **图 12-4** 氨基酸联合脱氨与嘌呤核苷酸循环图

腺苷酸脱氨酶是嘌呤核苷酸循环的关键酶。如果肌肉中腺苷酸脱氨酶有遗传缺陷,那么个体在运动时很容易疲劳。因为腺苷酸脱氨酶缺乏导致循环所需的 IMP 不能产生,使该循环受到限制,减少延胡索酸的产生。延胡索酸是细胞中三羧酸循环的重要底物,其水平的降低限制了三羧酸循环的有效运转,从而减少对肌肉收缩所需 ATP 的供应。

12.1.1.2 脱羧基作用

在氨基酸脱羧酶催化下进行脱羧作用,生成一个伯胺类化合物和 CO_2,其反应可以用下式表示:

$$\underset{\text{R—CH—COOH}}{\overset{NH_2}{|}} \xrightarrow[\text{PLP}]{\text{氨基酸脱羧酶}} \underset{\text{R—CH}_2}{\overset{NH_2}{|}} + CO_2$$

氨基酸的脱羧反应在微生物体中很普遍,在高等动植物组织中也可以发生,但不是氨基酸代谢的主要方式。氨基酸脱羧酶的专一性很高。除个别脱羧酶外,一种氨基酸脱羧酶一般只对一种 L- 氨基酸或其衍生物起脱羧作用。除组氨酸脱羧酶外,其余各种氨基酸脱羧酶都需要磷酸吡哆醛(PLP)作为辅酶。

经氨基酸脱羧作用产生的胺类中许多具有重要的生理作用。例如,由 L- 谷氨酸脱羧形成的 γ- 氨基丁酸是重要的神经递质,由酪氨酸脱羧形成的酪胺和色氨酸脱羧形成的 5- 羟色胺有升高血压的作用,由组氨酸脱羧形成的组胺可使血管舒张、降低血压。医学上认为过敏性鼻炎患者因体内组胺产生过多,引起鼻道毛细血管扩张,分泌量增加,故鼻涕很多。绝大多数胺类对动物是有毒的,如果在体内大量积累,则能引起神经或心血管系统的功能紊乱。体内的胺氧化酶能将胺氧化成醛和氨。醛可以再氧化成脂肪酸,氨则可以被机体用来合成尿素、酰胺、新氨基酸或变成铵盐排出体外。

12.1.2 氨基酸分解产物的去路

12.1.2.1 氨的转变——尿素循环

该循环由 H. Krebs 和 K. Henselcit 于 1932 年发现,主要发生在动物肝细胞内。尿素的合成反应分 5 个步骤进行,前 2 步反应在线粒体中进行,后 3 步反应在细胞质基质中进行。

(1) 在氨甲酰磷酸合成酶 I（carbamoyl phosphate synthetase I,CPS-I）催化下,由 ATP 提供能量推动 1 分子 NH_3 和 HCO_3^- 形成高能化合物氨甲酰磷酸,反应不可逆。

$$2ATP + NH_3 + HCO_3^- \xrightarrow{\text{CPS-I}} {}^+H_3N-\overset{\overset{\displaystyle O}{\|}}{C}-O-PO_3^{2-} + 2ADP + Pi$$

该反应消耗 2 个 ATP 分子中的 2 个高能磷酸键,其中 1 个是用于活化 HCO_3^-,另 1 分子 ATP 则用于氨甲酰基磷酸化。

(2) 氨甲酰磷酸分子中的氨甲酰基在鸟氨酸转氨甲酰酶催化下转移到鸟氨酸分子的 γ-氨基上,从而形成瓜氨酸,并释放出无机磷酸。该反应中氨甲酰磷酸中储存的高能磷酸键被水解释放能量以驱动反应进行。

$$\text{氨甲酰磷酸} + \text{鸟氨酸} \xrightarrow{\text{鸟氨酸转氨甲酰酶}} \text{瓜氨酸} + Pi$$

(3) 瓜氨酸在载体协助下,穿过线粒体内外膜到达细胞质基质后与天冬氨酸反应,形成精氨琥珀酸（arginosuccinic acid）。反应由精氨琥珀酸合成酶（arginosuccinate synthetase）催化,驱动力是水解 1 个 ATP 分子中的 2 个高能磷酸键。

$$\text{瓜氨酸} + \text{天冬氨酸} + ATP \xrightarrow{\text{精氨琥珀酸合成酶}} \text{精氨琥珀酸} + AMP + PPi$$

(4) 精氨琥珀酸在精氨琥珀酸裂合酶作用下裂解为精氨酸和延胡索酸。延胡索酸可透过线粒体膜进入线粒体基质。

$$\text{精氨琥珀酸} \xrightarrow{\text{精氨琥珀酸裂合酶}} \text{延胡索酸} + \text{精氨酸}$$

(5) 精氨酸在精氨酸酶催化下水解为尿素和鸟氨酸。鸟氨酸可穿过线粒体膜到达基质,又可参与下一轮循环。

$$\text{精氨酸} + H_2O \xrightarrow{\text{精氨酸酶}} \text{尿素} + \text{鸟氨酸}$$

延胡索酸进入线粒体基质后可沿三羧酸循环途径水化为苹果酸,后者脱氢即转化为草酰乙酸,再经一次转氨基作用,又可形成天冬氨酸参与尿素循环。延胡索酸是尿素循环和三羧酸循环联系的纽带。由于这两个循环都是 Krebs 发现的,故又称为 Krebs 双循环（Krebs bicycle）（图 12-5）。

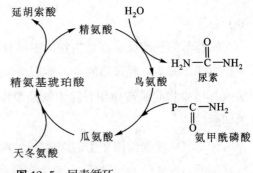

·图 12-5 尿素循环

12.1.2.2 氨基酸碳架的分解

组成蛋白质的 20 种基本氨基酸经脱氨基作用,大

部分生成相应的 α- 酮酸,它们的具体代谢途径虽然各不相同,但有下列三种去路:①动植物体内 20 种氨基酸进行分解代谢的途径各异,但它们都集中形成乙酰 CoA、α- 酮戊二酸、琥珀酰 CoA、延胡索酸及草酰乙酸等 5 种中间产物而进入三羧酸循环,彻底氧化生成 CO_2 和水,并释放出能量用来合成 ATP(图 12-6)。②通过转氨基作用的逆反应重新合成氨基酸。③转变为糖类和脂肪。

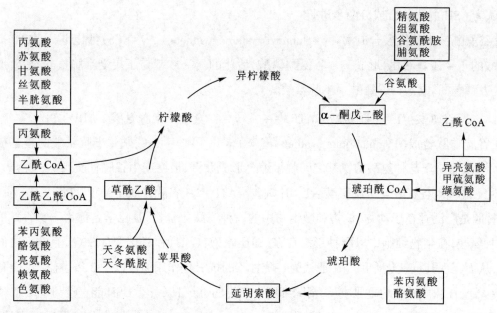

· **图 12-6** 氨基酸碳骨架进入三羧酸循环的途径

12.1.3 个别氨基酸的分解

12.1.3.1 甘氨酸的分解代谢

甘氨酸的化学名称为 L- 氨基乙酸,是一种最简单的氨基酸,但其在生物细胞中的作用是无法替代的。

(1) 脱氨基作用 甘氨酸的脱氨基需要专一的甘氨酸氧化酶催化,首先以 FAD 为辅酶脱氢产生亚氨基酸,后者自动水解脱去氨基,同时生成乙醛酸。其反应过程如下:

$$
\begin{array}{ccc}
CH_2\!-\!NH_2 & CH\!=\!NH & CHO \\
| & \xrightarrow{\text{甘氨酸氧化酶}} \quad | & \longrightarrow \quad | \\
COOH & COOH & COOH \\
\quad\; FAD \quad FADH_2 & \;\; H_2O \quad NH_3 &
\end{array}
$$

此外,甘氨酸也可在甘氨酸氨基转移酶催化下与 α- 酮戊二酸起转氨基作用,而产生乙醛酸和 L- 谷氨酸。其反应过程如下:

$$ \text{甘氨酸} + \alpha\text{- 酮戊二酸} \xrightleftharpoons{\text{甘氨酸氨基转移酶}} \text{乙醛酸} + \text{L- 谷氨酸} $$

上述反应中的乙醛酸可氧化生成草酸或脱羧转变为甲酸,其反应过程如下:

$$
\begin{array}{cc}
CHO & COOH \\
| \quad + \tfrac{1}{2}O_2 & \xrightarrow{\text{乙醛酸氧化酶}} \quad | \\
COOH & COOH
\end{array}
$$

$$
\begin{array}{c}
CHO \\
| \quad + \tfrac{1}{2}O_2 \xrightarrow{\text{乙醛酸氧化脱羧酶}} HCOOH + CO_2 \\
COOH
\end{array}
$$

(2) 转变成其他化合物　通过代谢作用,甘氨酸除可作为合成蛋白质的成分外,还可转变为丝氨酸、甘氨胆酸、马尿酸、谷胱甘肽、血红蛋白、乙醇胺、胆碱、肌酸、嘌呤等。下面以谷胱甘肽(glutathione,GSH)合成为例说明其合成过程。

$$2GSH \underset{+2H^+}{\overset{-2H^+}{\rightleftharpoons}} GSSG$$

一般认为 GSH 的生物合成分两步进行:

① 在谷氨酰 – 半胱氨酸合成酶(γ–glutamyl systeine synthetase,γ–ECS)催化下,由 ATP 提供能量使谷氨酸的 γ– 羧基活化,形成 γ– 谷氨酰磷酸,活化的 γ– 羧基易于接受半胱氨酸氨基,形成肽键,同时脱去磷酸,形成 γ– 谷氨酰 – 半胱氨酸。

$$L-谷氨酸 + L- 半胱氨酸 + ATP \xrightarrow{\gamma-ECS} \gamma- 谷氨酰 - 半胱氨酸 + ADP + Pi$$

② 在谷胱甘肽合成酶(glutathione synthetase,GS)催化下,γ– 谷氨酰 – 半胱氨酸的羧基被一分子 ATP 活化,从而易于与甘氨酸的氨基之间脱水缩合形成肽键,最终产生谷胱甘肽。

$$\gamma- 谷氨酰 - 半胱氨酸 + L- 甘氨酸 + ATP \xrightarrow{GS} 谷胱甘肽 + ADP + Pi$$

谷胱甘肽是广泛存在于动物、植物和微生物中的一种三肽化合物,其化学名称为 γ– 谷氨酰 – 半胱氨酰 – 甘氨酸,在生物细胞中以两种形态存在,即还原型(GSH)和氧化型(GSSG),且它们之间可以相互转变,从而实现其抗氧化作用。一般认为谷胱甘肽的抗氧化作用通过以下 3 条途径:① GSH 作为抗坏血酸 – 谷胱甘肽循环中的重要成员,清除细胞中产生的过量 H_2O_2;② GSH 能直接与单线态氧($^1O_2$)、超氧阴离子(O_2^-)和羟基自由基($\cdot OH$)等活性氧(reactive oxygen species)发生非酶促反应而清除之;③ GSH 是谷胱甘肽转硫酶的底物,可清除因·OH 造成的膜脂过氧化物和 DNA 氧化降解产物等。此外,谷胱甘肽还能帮助动物和人体保持正常的免疫系统功能,并具有整合解毒作用,半胱氨酸残基上的巯基为其活性基团,易与某些药物(如对乙酰氨基酚)、毒素(如碘乙酸、芥子气,以及铅、汞、砷等重金属)等结合,而具有整合解毒作用。谷胱甘肽具有广谱解毒作用,不仅可用于药物,更可作为功能食品的基料,在延缓衰老、增强免疫力、抗肿瘤等功能食品上应用广泛。

12.1.3.2　精氨酸的分解代谢

精氨酸在精氨酸酶作用下水解为尿素和鸟氨酸;经鸟氨酸转氨酶作用,将 δ– 氨基转给 α– 酮戊二酸,本身则转变为谷氨酰 – γ– 半醛,再经脱氢酶作用形成谷氨酸,后者经转氨又可形成 α– 酮戊二酸。

12.1.3.3　芳香族氨基酸的分解代谢

芳香族氨基酸代谢对动物和人类的健康十分重要。酪氨酸可在酪氨酸羟化酶催化下,转变成 3,4–二羟苯丙氨酸,又称为多巴,是酪氨酸代谢的一种十分重要的中间物(图 12-7)。多巴脱羧转变成多巴胺,多巴胺可以进一步转变为去甲肾上腺素和肾上腺素,这三种产物统称为儿茶酚,是重要的小分子含氮激素。多巴又可以在黑色素细胞中经氧化、脱羧转变成吲哚醌。皮肤黑色素即是吲哚醌的聚合物。人类黑色素细胞中的酪氨酸酶先天遗传缺陷可引起白化病。酪氨酸还是体内合成甲状腺素的原料。此外,苯丙氨酸、酪氨酸都能经由对羟苯丙酮酸、尿黑酸最终分解成延胡索酸和乙酰乙酸。因此,这两种芳香族氨基酸是生糖兼生酮氨基酸。当尿黑酸氧化酶有缺陷时,尿黑酸进一步分解受阻,可出现尿黑酸症,是一种人类遗传病。

色氨酸与 α– 酮戊二酸经转氨基作用后产生吲哚丙酮酸,吲哚丙酮酸脱羧产生吲哚乙酸(图 12-8A)。吲哚乙酸又称为植物生长素,是促进高等植物发育的一种植物激素。此外,细菌可使色氨酸脱羧

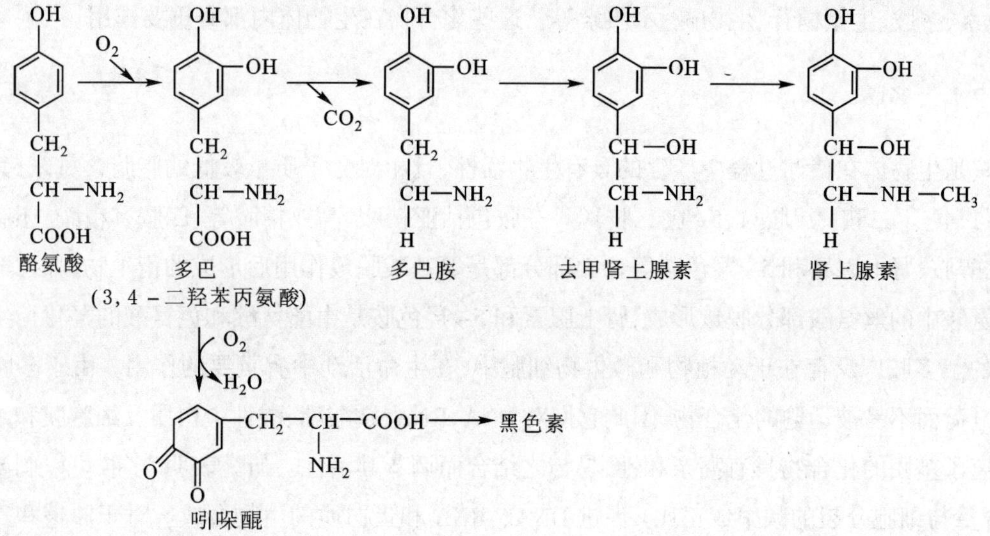

酪氨酸 多巴 多巴胺 去甲肾上腺素 肾上腺素
(3,4-二羟苯丙氨酸)

吲哚醌 → 黑色素

· 图 12-7 黑色素和肾上腺素的合成途径

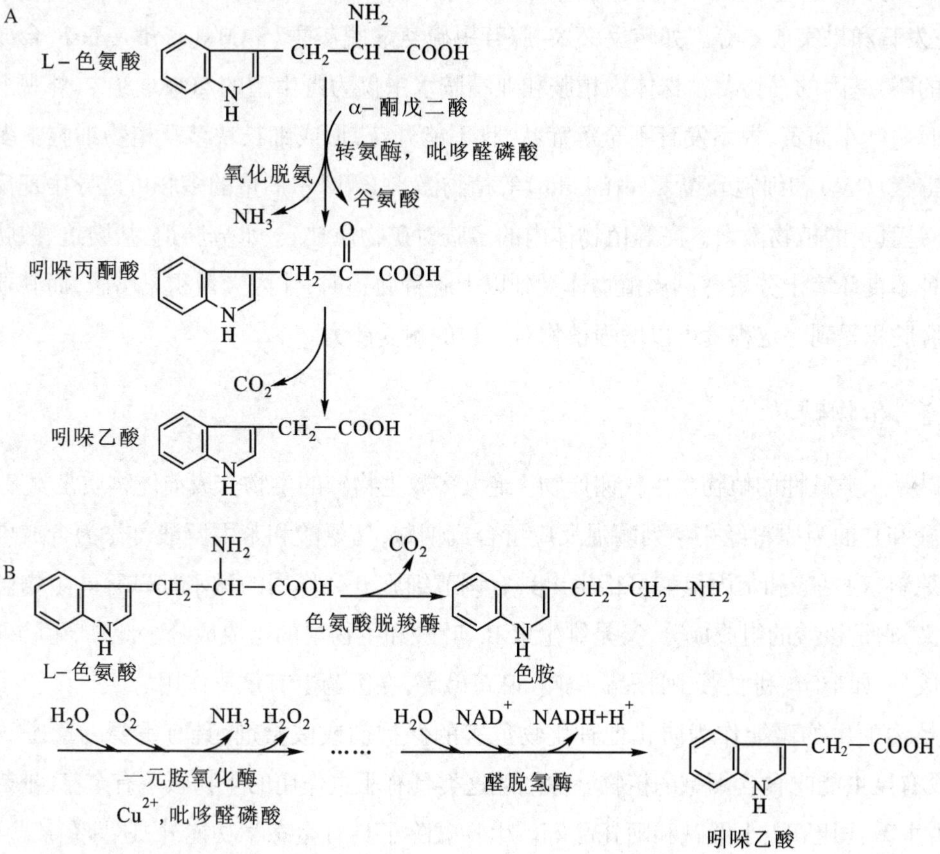

A
L-色氨酸
α-酮戊二酸
转氨酶,吡哆醛磷酸
氧化脱氨
NH₃ 谷氨酸
吲哚丙酮酸
CO_2
吲哚乙酸

B
L-色氨酸
CO_2
色氨酸脱羧酶
色胺
H_2O O_2 NH_3 H_2O_2
一元胺氧化酶
Cu^{2+},吡哆醛磷酸
……
H_2O NAD^+ $NADH+H^+$
醛脱氢酶
吲哚乙酸

· 图 12-8 吲哚乙酸合成的两条途径

产生色胺,色胺经一元胺氧化酶作用,再经醛脱氢酶作用而产生吲哚乙酸(图 12-8B)。

12.2 由氨基酸转化为其他化合物

在生物体内,氨基酸不仅是合成蛋白质的原料,而且是合成其他含氮化合物的原料,包括核苷酸、脂质、激素、多胺、生氰糖苷、生物碱、木质素等。这些化合物在生物体内都有重要作用。

12.2.1 多胺

多胺是生物体在代谢过程中产生的具有生物活性,且相对分子质量较低的脂肪含氮碱,其二胺包括腐胺(1,4-丁二胺)、尸胺(1,5-戊二胺)等,三胺包括亚精胺、高亚精胺等,四胺有精胺,还有其他胺类,如乙醇胺、肾上腺素和5-羟色胺等。大部分都是氨基酸脱羧作用后形成的衍生物,如乙醇胺由磷脂酰丝氨酸中的丝氨酸部分脱羧形成,肾上腺素和5-羟色胺是由酪氨酸和色氨酸的羟化衍生物脱羧而产生的。多胺广泛存在于动植物和微生物细胞中,在生命活动中有重要的作用。由于多胺通常都是带正电荷而不易被运输的化合物,因此它们对 DNA、RNA、磷酸酯、酸性蛋白质及细胞膜和细胞壁中含有阴离子基团的化合物具有高亲和性,易与之结合而调节其活性。研究表明,多胺可以刺激细胞分裂(其含量与细胞分裂的频率成正比),促进 DNA、RNA 和蛋白质的生物合成。对于原核和真核细胞而言,多胺是其生长发育不可或缺的成分。

在高等植物中,多胺可诱导各种生理过程,包括细胞分裂、马铃薯等植物块茎形成、根的起源、胚胎发生、花发育和果实成熟等。如转反义 S-腺苷甲硫氨酸脱羧酶(SAM decarboxylase,合成精胺和亚精胺途径的酶)基因的马铃薯植株体内精胺和亚精胺水平仅为野生型的 20%~30%,外观上则表现出矮小、节间短、叶小而黄、根系发育不全等症状,且不能开花,形成细长块茎。植物细胞中多胺的水平远高于赤霉素(GA_3)和细胞分裂素(cytokinin)等植物激素,微摩尔剂量的多胺可诱导生理反应。实际上,多胺不是真正的植物激素。高等植物体内的多胺对矿物质缺乏、水分胁迫、盐胁迫、酸胁迫和寒害胁迫等各种不良环境十分敏感。当植物体受到以上各种胁迫时,体内大量积累腐胺,而其他多胺则变化不大。腐胺积累到一定程度可以增强植物对胁迫的耐受能力。

12.2.2 生物碱

生物碱是一类碱性的植物次生代谢产物。绝大多数生物碱的生物合成前体物质是氨基酸。例如,以天冬氨酸和甘油为原料经一系列酶促反应可合成烟碱,鸟氨酸和苯丙氨酸可作为合成可卡因和天仙子胺的原料,赖氨酸和苯丙氨酸可衍生出具有调节细胞分裂作用的秋水仙碱等。生物碱具有重要的生理意义,它是核酸的组成成分,又是维生素 B_1、叶酸和生物素的组成成分。此外,生物碱是重要药物的有效成分,如奎宁、利血平、阿托品、吗啡、麻黄碱等,在医药上有重要作用。

植物体内的生物碱能作为防止他种生物危害的保护剂或威慑剂,具有重要的生态学功能。例如,几乎没有昆虫能吃食含烟碱的植物。像烟碱这类具有驱虫作用的生物碱还有奎宁、地麻黄、吗啡、莨菪碱、番木碱、司巴丁、小檗碱和阿托品等。生物碱除了具有生态学功能外,还具有某些生理功能。它可以作为生长调节剂,特别是作为种子萌发抑制剂。生物碱大都具有螯合能力,在细胞内可帮助维持离子平衡。另外,生物碱能作为植物的含氮分泌物,它们可用为植物体内储存氮的化合物。

12.2.3 氨基酸衍生的植物激素和生长调节剂

乙烯(ethylene)是最简单的烯烃气体,也是一种挥发性植物激素,它能在植物内部以及植物之间作为信号分子进行传递,有促进果实成熟、调控植物叶片的发育和衰老、促进种子萌发,以及响应生物和非生物胁迫等功能。植物中,乙烯生物合成起始于甲硫氨酸活化形式——S-腺苷甲硫氨酸

(*S*-adenosylmethionine, SAM)，它是由 *S*- 腺苷甲硫氨酸合成酶(SAM synthetase, SAMS; EC 2.5.1.6)催化 ATP 的腺苷转移到甲硫氨酸形成的。随后，SAM 在 1- 氨基环丙烷 -1- 羧酸合酶(1-aminocyclo-propane-1-carboxylic acid synthase, ACS; EC 4.4.1.14)的催化下转变成 1- 氨基环丙烷 -1- 羧酸(1-aminocyclo-propane-1-carboxylic acid, ACC)，这一步需要磷酸吡哆醛作为辅基。ACC 比较稳定，可在植物不同组织间传输，最后由 ACC 氧化酶(ACC oxidase, ACO; EC 1.14.17.4)催化 ACC、氧气和抗坏血酸(ascorbic acid, AsA)生成乙烯、二氧化碳、氰化氢(HCN)和水(图 12-9)。其中，ACC 合酶催化的反应是乙烯合成的限速步骤，其活性受基因转录水平、蛋白稳定性的维持，以及二聚体水平等的调控。ACC 合酶催化生成的副产物 5′- 脱氧 -5′- 甲硫腺苷[5′-deoxy-5′-(methylthio) adenosine, MTA]可通过甲硫氨酸循环重新生成甲硫氨酸(Met)，进而又为乙烯合成提供底物。乙烯一旦合成即从植物体或组织释放出来，或者直接在细胞内质网与乙烯受体结合，进而激发下游包括细胞核中基因表达在内的多种响应。

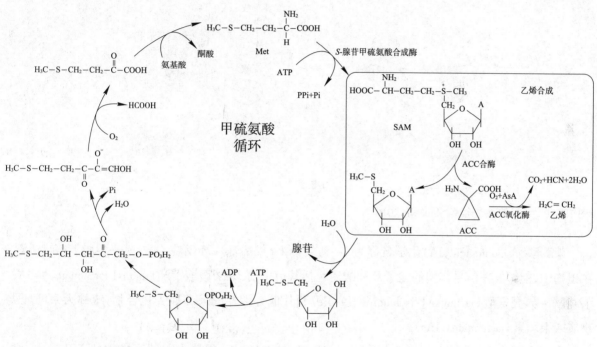

·图 12-9　植物乙烯合成和甲硫氨酸循环(Sauter 等, 2013)

水杨酸(salicylic acid, SA)是广泛存在于植物界中的一种小分子酚类物质，化学名称为邻 - 羟基苯甲酸。植物体内源水杨酸是通过莽草酸途径合成的，其中通过糖酵解和磷酸戊糖途径而来的莽草酸是重要的前体，之后通过分支酸形成，经过两条不同酶催化的途径转化为水杨酸(图 12-10)。首先，在苯丙氨酸氨裂合酶(phenylalanine ammonia-lyase, PAL)途径(图 12-10 左)中，PAL 催化苯丙氨酸转化为肉桂酸，肉桂酸脱羧为苯甲酸，然后苯甲酸通过 2- 羟基化形成水杨酸。同时，肉桂酸也可以通过 2- 羟基化生成邻香豆酸，然后脱羧成水杨酸。第二条途径(图 12-10 右)是在异分支酸合成酶(isochorismate synthase, ICS)催化分支酸形成异分支酸(isochorismate)，异分支酸在假定的异分支酸丙酮酸裂合酶(isochorismate pyruvate lyase, IPL)催化下形成水杨酸。PAL 催化的分支途径最初被认为是水杨酸生物合成的唯一贡献者。但随后的研究表明，植物还可以 ICS 途径合成水杨酸，此途径合成的水杨酸对拟南芥中病原微生物诱导的水杨酸贡献约为 98%，并且这种途径产生的水杨酸是局部和全身获得抵抗性所必需的。水杨酸在植物抗生物胁迫反应中具有重要的生理意义。番茄和烟草等植物在受病毒、真菌和细菌侵染后，侵染部位的水杨酸水平显著升高，同时出现坏死病斑，即变态反应（allergic reaction），又称过敏反应（hypersensitive reaction，HR），并引起非感染部位水杨酸含量的升高，从而使其对同一病原或其他病原的再侵染产生抗性。近些年文献报道，水杨酸还能诱导植物对非生物胁迫的抗性，这些胁迫包括干旱、冷害、盐害、铝、镉等。

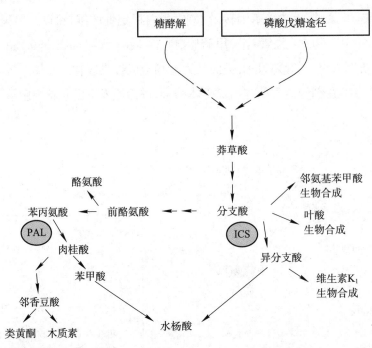

·图 12-10　水杨酸合成途径（Shine 等，2016）

　　茉莉酸（jasmonic acid，JA）化学名称为 3- 氧 -2-(2′- 戊烯基)- 环戊烷乙酸，是一种脂类植物激素。在植物中，能够发挥信号作用的除了茉莉酸还包括其衍生物，如茉莉酸甲酯（methyl jasmonate，MeJA）、茉莉酰 - 异亮氨酸（jasmonoyl–isoleucine，JA–Ile）和其他有活性的茉莉酸类化合物，统称为茉莉酸类物质或茉莉素（jasmonates，JAs）。

　　在拟南芥中，JA 合成从 α- 亚麻酸（α–linolenic acid；18∶3）或从十六碳三烯酸（hexadecatrienoic acid；16∶3）开始。亚麻酸可由叶绿体膜组分甘油脂质（glycerolipid）分解生成，催化这一反应的酶是脂肪酶（lipase），如 DAD1（defective in antherdehiscence 1）、DGL（dongle）、磷脂酶 A1（phospholipase A1，PLA1）等。茉莉酸类物质合成途径分布在三个亚细胞场所，在叶绿体（质体）中由脂氧合酶（lipoxygenase，LOX；EC 1.13.11.12）、丙二烯氧化物合酶（allene oxide synthase，AOS；EC 4.2.1.92）和丙二烯氧化物环化酶（allene oxide cyclase，AOC；EC 5.3.99.6）催化 α- 亚麻酸或十六碳三烯酸生成 12- 氧 - 植物二烯酸（12-oxo-phytodienoic acid，OPDA）或二氧 -12- 氧 - 植物二烯酸（dinor-12-oxo-phytodienoic acid，dnOPDA）（图 12-11）。紧接着，在过氧化物酶体中经 β - 氧化生成 JA，而 JA 随后在细胞质中转化成衍生物 MeJA、JA–Ile、12–OH–JA（12- 羟基茉莉酸，12-hydroxyjasmonic acid）等。

　　茉莉酸参与植物生长发育调控及植物对生物胁迫和非生物胁迫的防御反应，如昆虫噬咬植物叶片后机械损伤的反应。因此，JA 信号被认为是调控植物生长模式和防御模式平衡的开关。

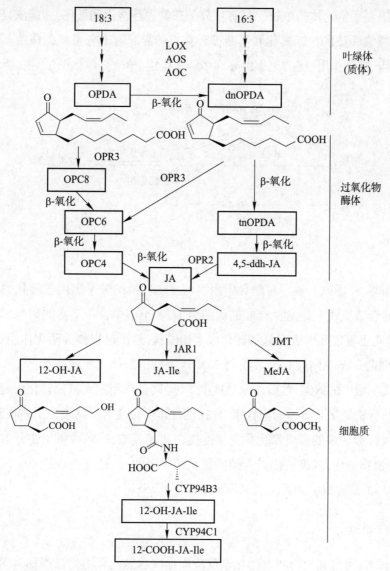

·图 12-11　拟南芥中已知的茉莉酸合成途径（Ruan 等 ,2019）

LOX：脂氧合酶；AOS：丙二烯氧化物合酶；AOC：丙二烯氧化物环化酶；OPR：12- 氧 - 植物二烯酸还原酶；JAR1：茉莉酸抗性 1；JMT：茉莉酸羧甲基转移酶；18：3：α- 亚麻酸；16：3：十六碳三烯酸；OPDA：12- 氧 - 植物二烯酸；dnOPDA：二氧 -12- 氧 - 植物二烯酸；OPC8：8-[3- 氧 -2-（氨基 -2- 烯）环戊基] 辛酸；OPC6：6-[3- 氧 -2-（氨基 -2- 烯）环戊基] 己酸；OPC4：4-[3- 氧 -2-（氨基 -2- 烯）环戊基] 丁酸甲酯；tnOPDA：四氧 -OPDA；4,5-ddh-JA：4,5- 双脱氢茉莉酸；JA：茉莉酸；12-OH-JA：12- 羟基 - 茉莉酸；JA-Ile：茉莉酰 - 异亮氨酸；MeJA：茉莉酸甲酯；12-OH-JA-Ile：12- 羟基 - 茉莉酰 - 异亮氨酸；12-COOH-JA-Ile：12- 羧基 - 茉莉酰 - 异亮氨酸；CYP94B3：细胞色素 P94B3；CYP94C1：细胞色素 P94C1

12.3　氨基酸的合成代谢

12.3.1　氮素循环

素有生命元素之称的氮素是蛋白质和核酸的主要成分,酶、某些激素(如吲哚乙酸、胰岛素)、维生素、叶绿素和血红素等化合物中亦含有氮元素。它在动植物和微生物的生命活动中有极其重要的作用。

虽然大气体积中约有 79% 是氮气,但 N_2 是稳定而不易发生反应的物质,所有动植物和大多数微生物都不能直接利用。作为生态系统中初级生产者的植物所需的氨盐、硝酸盐等无机氮化物在自然界为数不多,常常限制了生物体的生长。只有将分子态氮进行转化和循环,才能满足植物体对氮素营养的需要。因此,氮素物质的相互转化和不断循环在自然界起着十分重要的作用。氮素循环包括固氮作用、氨基化作用、硝化作用、反硝化作用等许多转化作用,整个循环如图 12-12 所示。

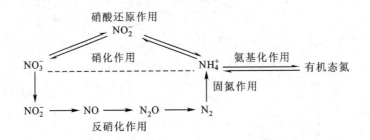

·图 12-12　氮素循环

　　通过固氮作用将 N_2 还原为氨。自然界中由固氮生物完成的分子氮向氨转化的量约占地球总固氮量的 2/3,由工业合成氨或其他途径合成的氨约为 1/3。土壤中含量丰富的硝化细菌进行氧化氨形成 NO_3^- 的过程,因此土壤中几乎所有氨都转化成了硝酸盐,这个过程称为硝化作用。此外,土壤中还存在一些反硝化细菌(denitrifying bacteria),将 NO_3^- 作为电子供体逐步还原为 N_2,再返回大气中。植物和微生物可吸收土壤中的 NO_3^-,然后还原形成氨,再经同化作用把无机氮转化为有机氮。存在于植物和微生物体内的有机氮化合物为动物食用,并在动物体内转变为动物蛋白质和核酸等含氮化合物。各种动植物尸体及排泄物中的有机氮化物主要是蛋白质和核酸,被各种微生物分解后以氨的形式释放出来,可直接被植物利用,或被氧化成为硝酸盐供植物吸收,或被进一步还原为气态氮而返回自然界。这样,在生物界的总有机氮和总无机氮形成平衡。

12.3.2　生物固氮

　　在特定条件下,N_2 可与其他物质发生化学反应而形成含氮化合物的过程称为固氮作用。生物固氮是微生物、藻类和与微生物共生的高等植物通过自身固氮酶复合物把分子氮转变成氨的过程。与工业固氮相比,其条件相当温和(常温常压),无须外界供给能量,且不会造成环境污染,是最理想的固氮方式,且对维持地球生命有不可替代的作用。据初步估算,地球上的动植物共含氮约 1.5×10^{10} t,而每年通过硝化细菌以气态氮的形式释放到大气中的氮就有 $2.0 \times 10^8 \sim 5.0 \times 10^8$ t,全世界氮肥厂每年生产的化肥仅含氮约 10^8 t,因此如果没有生物固氮,生命很快就不复存在。目前,生物固氮的生物化学与分子生物学机制已成为生物学工作者研究热点,其机制一旦被揭晓,将可以通过基因工程手段使非固氮植物,尤其是禾本科植物转化为固氮植物,从而可以在不破坏土壤生态环境的前提下大大提高农作物产量。

　　从目前了解的情况来看,能够进行生物固氮作用的微生物主要有两大类:一类是能够独立生存的自生固氮微生物(free-living nitrogen fixer),主要包括好氧细菌(以固氮菌属 *Azotobacter* 为主),厌氧细菌(以梭菌属 *Clostridium* 为主)和蓝藻三种;另一类是与其他植物共生的共生固氮微生物(symbiotic nitrogen fixer),如与豆科植物共生的根瘤菌、与非豆科植物(如禾本科植物)共生的放线菌及与水生蕨类红萍(亦称满江红)共生的蓝藻(鱼腥藻)等,其中以根瘤菌最重要。在根瘤中,植物为固氮菌提供碳源,而细菌利用植物提供能源固氮,形成一个很好的互惠共生体系。

固氮微生物之所以能在常温常压下将分子氮还原为氨,与其细胞中存在固氮酶(nitrogenase)是分不开的。固氮酶是由两种蛋白质组分组成的活性功能单位,一种是由两个相同亚基组成的二聚体铁蛋白,依靠其铁硫中心(Fe_4-S_4)传递电子,起还原酶作用;另一种是由两种不同亚基组成的四聚体($\alpha_2\beta_2$),因其分子中含有金属元素钼和铁,故称为钼铁蛋白。两种组分中任何一种单独存在均没有活性,只有铁蛋白和钼铁蛋白结合在一起才能发挥固氮作用。钼铁蛋白组分中有两个含有金属原子的活性中心,即 M- 簇和 P- 簇。M- 簇是由 MoS_3Fe_3 和 FeS_3Fe_3 这两种具有缺口的类立方烷型簇合物通过 3 个非蛋白配体桥联而成,被认为是与 N_2 络合的活性中心,而 P- 簇则在催化固氮反应中参与电子传递过程。在催化过程中,氮气分子与 M- 簇结合,8 个电子由铁蛋白传递给钼铁蛋白的 P- 簇,然后通过 P- 簇再将电子传递给 M- 簇,进而完成 N_2 的还原过程。在该反应过程中,Mg-ATP 结合到铁蛋白和钼铁蛋白上,通过水解释放能量,驱动该催化反应。此外,Mg-ATP 与铁蛋白结合后也可以改变其构象及电势,促进铁蛋白与钼铁蛋白结合,也有利于反应进行。由此可见,生物固氮是一个耗能过程,必须有 ATP 参与。在一般情况下,1 mol N_2 通过生物固氮途径固定需要消耗 16 mol ATP。固氮酶催化的反应如下:

$$N_2 + 8H^+ + 8e^- + 16ATP \longrightarrow 2NH_3 + H_2 + 16ADP + 16Pi$$

固氮酶最大的特点就是对 O_2 浓度极其敏感,只能在数十纳摩尔 O_2 浓度下才能发挥其固氮作用。然而,为了维持细胞内呼吸链中的各种酶类活性,细胞内 O_2 浓度一般都在数百摩尔左右,以确保为细胞生命活动提供源源不断的能量。为了解决这一矛盾,在根瘤内存在与动物肌红蛋白同源且功能较类似的豆血红蛋白(leghemoglobin,Lb)。Lb 对 O_2 有极高的亲和力,它与大量自由的 O_2 结合,既大大降低自由 O_2 浓度,又能将分子氧直接输送到呼吸链,从而调节根瘤细胞氧含量。此外,固氮酶活性还与氨浓度呈高度负相关,当氨浓度高于 4 mmol/L 时,固氮酶活性完全消失,出现氨阻遏现象。

12.3.3 硝酸盐的还原作用

高等植物不能利用空气中的氮气,仅能吸收化合态氮。植物可以吸收氨基酸、天冬酰胺和尿素等含氮化合物,但是植物的氮源主要是无机氮化物,而无机氮化物中又以铵盐和硝酸盐为主,它们广泛存在于土壤中。植物从土壤中吸收铵盐后,即可直接利用它合成氨基酸。如果吸收硝酸盐,则必须经过代谢还原才能利用,因为蛋白质的氮呈高度还原状态,而硝酸盐的氮呈高度氧化状态。硝酸盐同化是绿色植物、藻类和许多微生物获取氮源的主要方式。据估计,99% 无机氮是通过该途径同化后进入有机体。

一般认为,硝酸盐还原分两步进行:第一步在硝酸还原酶(nitrate reductase,NR)催化下,由 NAD(P)H 提供 1 对电子,硝酸盐还原为亚硝酸盐;第二步是在亚硝酸还原酶(nitrite reductase,NiR)催化下,由还原型铁氧还蛋白(Fd_{red})提供 3 对电子,使亚硝酸盐(NO_2^-)还原成氨。

$$NO_3^- + 2H^+ + 2e^- \xrightarrow{NR} NO_2^- + H_2O$$

$$NO_2^- + 8H^+ + 6e^- \xrightarrow{NiR} NH_4^+ + 2H_2O$$

(1)硝酸还原酶 典型的硝酸还原酶是相对分子质量为 2.2×10^5 的同源二聚体结合蛋白,其结合的辅基由巯基基团、黄素腺嘌呤二核苷酸(FAD)、细胞色素 b_{557} 和钼蝶呤(MoCo)等 4 种成分组成。这些辅基恰好构成一电子传递链,将电子从 NAD(P)H 传至 NO_3^-,具体的电子传递过程见图 12-13。

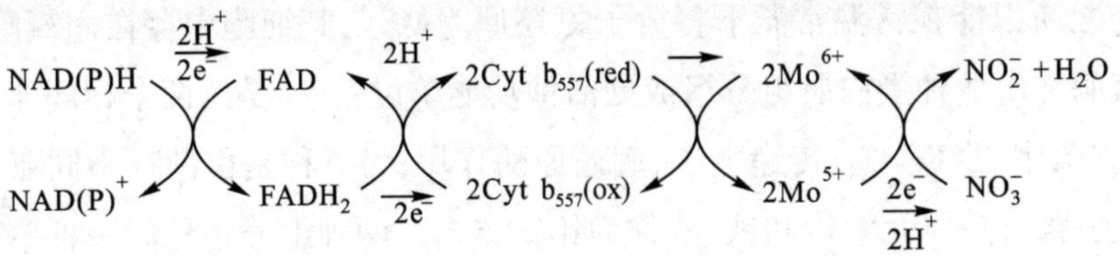

$$\text{NAD(P)H} \xrightarrow[\text{2e}]{2H^+} \text{FAD} \xrightarrow{2H^+} \text{2Cyt b}_{557}\text{(red)} \longrightarrow \text{2Mo}^{6+} \longrightarrow \text{NO}_2^- + H_2O$$

图中反应示意

·图 12-13　硝酸还原酶催化机制

(2) 亚硝酸还原酶　亚硝酸还原酶的 N 端有一段转导肽,且由核基因编码的一条多肽链,相对分子质量为 6×10^4,有两个功能域和电子传递辅基。N 端为铁氧还原蛋白结合位点,C 端为 NO_2^- 结合位点,其中间部分为传递电子的 Fe_4-S_4 和尿卟啉衍生物西罗血红素(siroheme)。当 NO_3^- 被还原为 NO_2^- 后,NO_2^- 在亚硝酸还原酶催化下,由还原型铁氧还蛋白(Fd_{red})提供 6 个电子,最终被还原为氨。这一过程主要发生在绿色组织的叶绿体中:

$$NO_2^- + 6Fd_{red} + 8H^+ \longrightarrow NH_4^+ + 6Fd_{ox} + 2H_2O$$

在某些情况下,NO_2^- 也可以在非光合组织,如根细胞的白色体中进行。在白色体中,由磷酸戊糖途径产生的 NADPH 在 Fd–NADP 还原酶催化下,将氧化态铁氧还蛋白(Fd_{ox})还原为还原态:

$$NADPH + 2Fd_{ox}(Fe^{3+}) \longrightarrow NADP^+ + 2Fd_{red}(Fe^{2+}) + H^+$$

亚硝酸还原酶(NiR)活性的调控通常发生在转录水平。NO_2^- 为毒性物质,细胞中必须有足够的 NiR 并维持较高活性,以便能及时将硝酸还原酶(NR)产生的所有 NO_2^- 还原为氨。因此,无论何时 NR 基因被诱导表达,NiR 都必定要保持高活性。如果 NiR 蛋白含量下降(在突变体或反义表达时),植物将积累 NO_2^- 而出现缺绿症状。在野生型植物中,调控 NiR 活性的机制被认为有助于防止 NO_2^- 在细胞中积累至毒性水平。

12.3.4　氨的同化作用

当植物吸收铵盐的氮,或者经生物固氮和硝酸盐还原作用形成的无机态氨必须立即被同化成含氮化合物中的有机态氮,因为游离氨的量稍多即会毒害生物,主要原因是氨能抑制呼吸过程中电子传递系统。氨的同化包括以下三条途径。

(1) 在氨甲酰磷酸合成酶 I(CPS–I)催化下,每合成 1 分子氨甲酰磷酸须消耗 2 分子 ATP,其中 1 分子 ATP 用于活化 HCO_3^- 使之易于与 NH_4^+ 反应;另一分子 ATP 则使氨甲酸磷酸化。氨甲酰磷酸合成酶 I 是一种别构酶,其活性受 $N-$ 乙酰谷氨酸别构激活。

$$2ATP + NH_3 + HCO_3^- \xrightarrow{CPS-I} {}^+H_3N-\overset{\displaystyle O}{\overset{\|}{C}}-O-PO_3^{2-} + 2ADP + Pi$$

(2) 在谷氨酸脱氢酶(glutamate dehydrogenase,GDH)催化下,以 NADH 或 NADPH 为氢供体,$\alpha-$酮戊二酸还原为谷氨酸。这种还原氨直接使酮酸氨基化而形成相应氨基酸的过程称为还原氨基化。

$$\alpha - 酮戊二酸 + NH_3 + NADH + H^+ \longrightarrow 谷氨酸 + NAD^+$$

上式中的 $\alpha-$ 酮戊二酸是三羧酸循环的中间代谢产物之一,因此该反应是联系氮代谢和碳代谢的重要纽带,反应可逆。在脊椎动物中,谷氨酸合成方向的辅酶是 NADPH,分解代谢方向的辅酶则为 NAD^+。

(3) 谷氨酰胺合成酶(glutamine synthetase,GS)催化谷氨酸氨基化。形成的谷氨酰胺是合成嘌吟、嘧啶和其他多种氨基酸等含氮化合物的氮源供体，同时又结合高浓度的氨，以免发生氨中毒。然而，研究发现，GDH/GS 所催化的反应并不是绿色植物同化氨的主要方式，因为 GDH 对氨的 K_m 值为 $10 \sim 120$ mmol/L，满足其反应所需的氨浓度大大超出植物所能承受的范围（正常组织中氨的浓度为 $0.2 \sim 1.0$ mmol/L）。所以，一般认为，在正常生理条件下，GDH 主要参与氨基酸分解代谢，在氨同化过程中并不起主要作用。GS 对氨的 K_m 值比 GDH 低得多，仅为 $3 \sim 5$ μmol/L，在正常组织中氨浓度范围内可以发挥同化氨作用。为了弥补所消耗的谷氨酸，在植物细胞中由谷氨酸合酶（glutamate synthase, GOGAT）催化 1 分子 α-酮戊二酸和 1 分子谷氨酰胺，合成 2 分子谷氨酸，反应所需要的还原力由磷酸戊糖途径产生的 NADPH 提供。由此可见，在正常生理条件下，GS 和 GOGAT 联合催化可以实现氨同化。

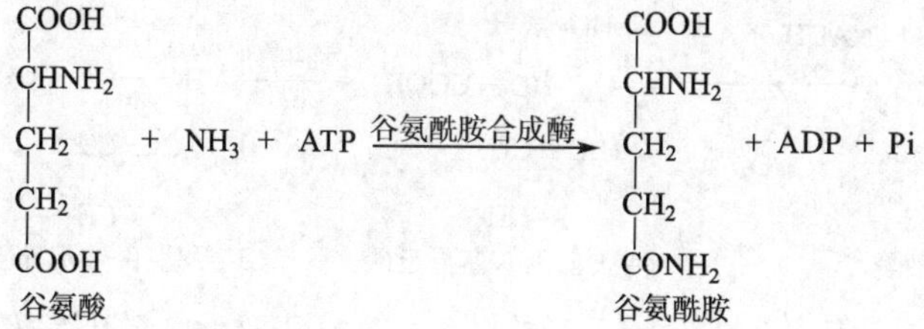

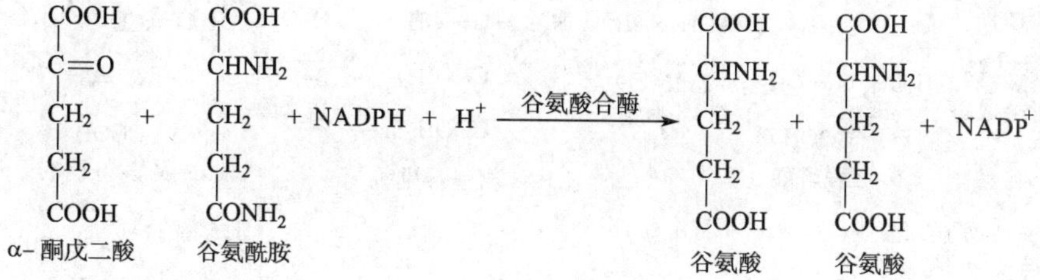

总之，在植物组织中 GS/GOGAT 组成另一条氨同化途径，其中只有 GS 催化的反应固定氨，而 GOGAT 的作用是再生谷氨酸，每合成 1 分子谷氨酰胺，需要消耗 1 分子 ATP 和 1 分子 NADPH（通过 GDH/GS 途径合成 1 分子谷氨酰胺消耗 1 分子 ATP 和 1 分子 NADPH）。值得注意的是，谷氨酸合酶的系统名称是 L-谷氨酸:α-酮戊二酸转氨酶（glutamate:oxoglutarate aminotransferase, GOGAT），是一种氧化还原酶，而非合成酶。合酶和合成酶不同点如下：① 英文名称不同，合成酶是 synthetase，而合酶是 synthase。② 合成酶属于第六大类酶，其催化的反应需要 ATP；而合酶或者是属于第一大类的氧化还原酶，或者是属于第四大类的裂合酶（如三羧酸循环中的柠檬酸合酶），其催化的反应不需要 ATP。

12.3.5　氨基酸的生物合成

12.3.5.1　氨基酸的生物合成与转氨基作用

不同生物体内氨基酸的生物合成途径各不相同，而且同种生物的不同器官往往也存在差异。然而，它们都有重要的共同特点：氨基通常来源于谷氨酸的转氨基作用，碳骨架来自糖酵解、三羧酸循环、磷酸戊糖途径的中间产物。也就是说，氨基酸的合成通常是先有 α-酮酸碳骨架，然后由其相对应的 α-酮酸与谷氨酸发生转氨反应而生成。根据合成氨基酸的碳骨架来源，氨基酸可划分为 6 个家族（表 12-1）。同一族内的几种氨基酸有共同的碳骨架来源。

12.3.5.2　各族氨基酸的合成

（1）丙氨酸族　该族氨基酸包括丙氨酸、缬氨酸和亮氨酸等 3 种，其共同碳骨架为糖酵解途径的中间产物丙酮酸。丙酮酸与谷氨酸经谷丙转氨酶催化，发生转氨基作用即生成丙氨酸（图 12-14）。

·表12-1 氨基酸生物合成的6个家族

家族	成员	共同碳骨架
丙氨酸族	丙氨酸、缬氨酸、亮氨酸	丙酮酸
丝氨酸族	丝氨酸、甘氨酸、半胱氨酸	3-磷酸甘油酸
天冬氨酸族	天冬氨酸、天冬酰胺、苏氨酸、甲硫氨酸、异亮氨酸、赖氨酸	草酰乙酸
谷氨酸族	谷氨酸、谷氨酰胺、脯氨酸、精氨酸、赖氨酸	α-酮戊二酸
组氨酸族	组氨酸	4-磷酸赤藓糖和PEP
芳香氨基酸族	苯丙氨酸、酪氨酸、色氨酸	5-磷酸核糖

注:不同的生物组织中赖氨酸生物合成的前体不同。

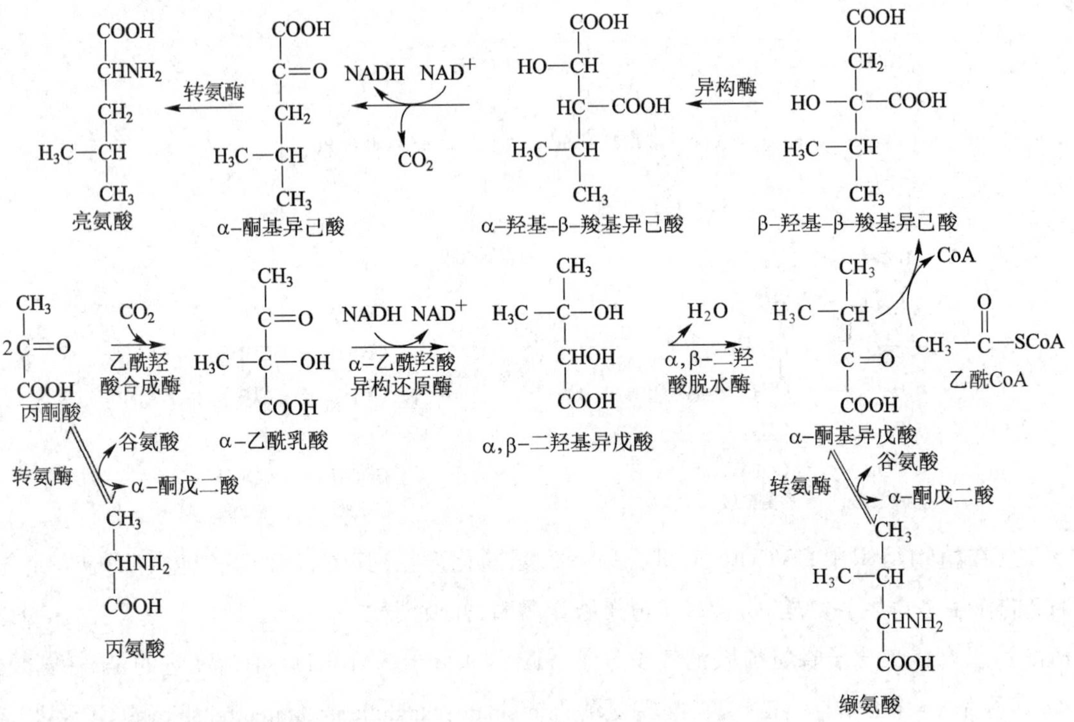

·图12-14 丙氨酸、缬氨酸和亮氨酸的合成途径

(2) 丝氨酸族 该族氨基酸包括甘氨酸、丝氨酸和半胱氨酸,其共同碳骨架为3-磷酸甘油酸(来源于糖酵解途径)。3-磷酸甘油酸在3-磷酸甘油酸脱氢酶催化下,发生脱氢反应,生成3-磷酸羟基丙酮酸,后者与谷氨酸发生转氨反应,生成3-磷酸丝氨酸,再经磷酸酶催化作用脱去磷酸基团而形成丝氨酸。丝氨酸可以反馈抑制3-磷酸甘油酸脱氢酶的活性,从而可以控制该合成途径的速率。

在丝氨酸羟甲基转移酶催化下,丝氨酸分子中的羟甲基转移给四氢叶酸而直接形成甘氨酸和N^5, N^{10}-羟甲基四氢叶酸。由丝氨酸形成半胱氨酸伴随转硫反应。在植物和大多数微生物细胞中,在丝氨酸转乙酰酶催化下,丝氨酸与乙酰CoA反应,活化为O-乙酰丝氨酸(由乙酰CoA分子中高能硫酯键提供能量),后者在O-乙酰丝氨酸硫氢解酶催化下与1分子H_2S作用,脱去乙酰基而形成半胱氨酸。现已发现,在某些细菌中丝氨酸可以直接与H_2S作用形成半胱氨酸,该反应由依赖磷酸吡哆醛的酶催化(图12-15)。

(3) 天冬氨酸族 该族氨基酸包括天冬氨酸、天冬酰胺、甲硫氨酸、苏氨酸、赖氨酸和异亮氨酸等6种。其共同碳骨架为草酰乙酸(来源于三羧酸循环)。天冬氨酸的生物合成相当简单,草酰乙酸只要

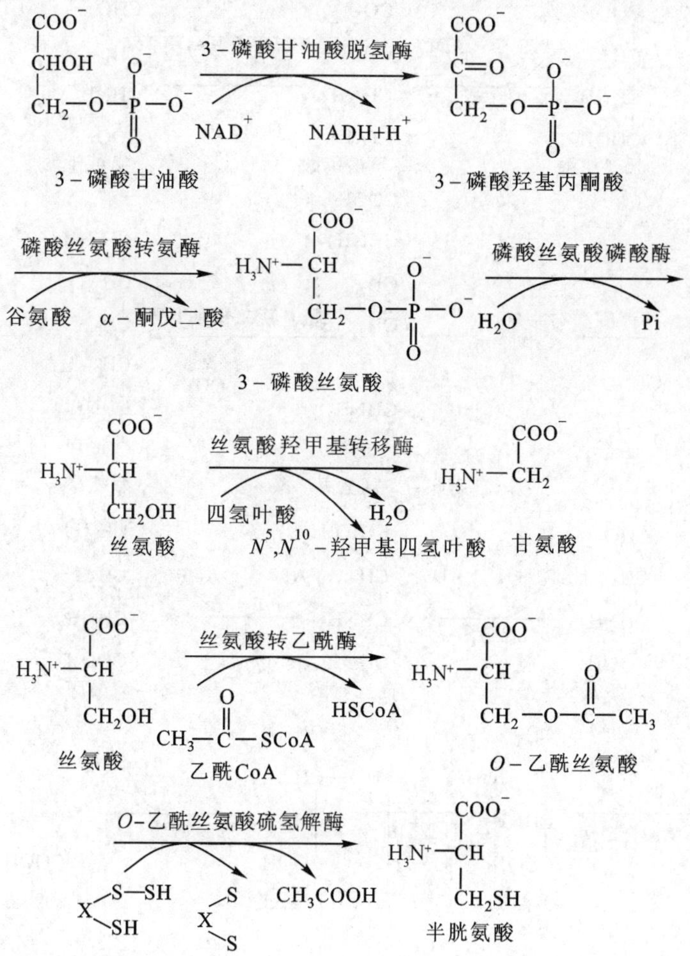

· 图 12-15　甘氨酸、丝氨酸、半胱氨酸合成途径

经一次转氨作用即可转化为天冬氨酸。天冬氨酸的 β- 羧基被氨基化就形成天冬酰胺。天冬酰胺的生物合成与谷氨酰胺类似,在天冬酰胺合成酶催化下,由谷氨酰胺提供氨基,通过水解 ATP 分子中的 2 个高能磷酸键释放的自由能推动天冬氨酸的 β- 羧基氨基化而形成天冬酰胺(在细菌中,天冬氨酸直接与 NH_4^+ 作用而被氨基化):

$$天冬氨酸 + ATP + 谷氨酰胺 \xrightarrow{\text{天冬酰胺合成酶}} 天冬酰胺 + 谷氨酸 + AMP + PPi$$

该族的赖氨酸、苏氨酸、异亮氨酸和甲硫氨酸的生物合成过程见图 12-16。

(4) 谷氨酸族　该族氨基酸包括谷氨酸、谷氨酰胺、脯氨酸、精氨酸和赖氨酸等 5 种,其共同碳骨架为 α- 酮戊二酸(来源于三羧酸循环)。谷氨酸和谷氨酰胺的生物合成见 "氨的同化作用"。下面着重讨论脯氨酸和精氨酸的生物合成途径。脯氨酸生物合成的直接前体是谷氨酸。由谷氨酸转化为脯氨酸须经过活化、还原、脱水和再还原等 4 步反应。首先,在谷氨酸激酶催化下,由 ATP 提供能量使谷氨酸的 γ- 羧基活化,形成 γ- 谷氨酰磷酸;其次,在谷氨酸 -γ- 半醛脱氢酶催化下由 NADPH 提供还原力,γ- 谷氨酰磷酸还原为谷氨酸 -γ- 半醛,后者很不稳定,易自发脱水环化形成 Δ¹- 二氢吡咯 -5- 羧酸;最后,Δ¹- 二氢吡咯 -5- 羧酸在 Δ¹- 二氢吡咯 -5- 羧酸还原酶催化下由 NADPH 提供还原力,被还原为脯氨酸。其具体的化学反应途径见图 12-17。

精氨酸生物合成与脯氨酸类似,其直接前体亦为谷氨酸,且也要经过活化、还原、脱水等化学反应。然而,精氨酸生物合成过程比脯氨酸更复杂,因为由谷氨酸转变为精氨酸时需要延长碳链。赖氨

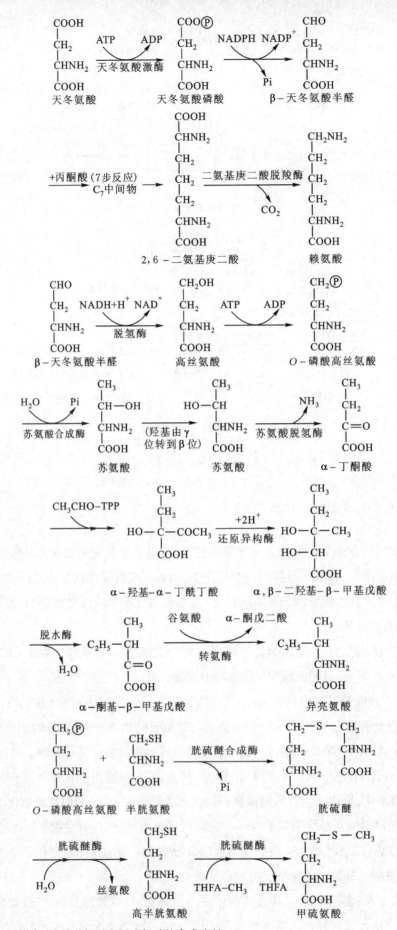

·图 12-16　赖氨酸、苏氨酸、异亮氨酸和甲硫氨酸的合成途径

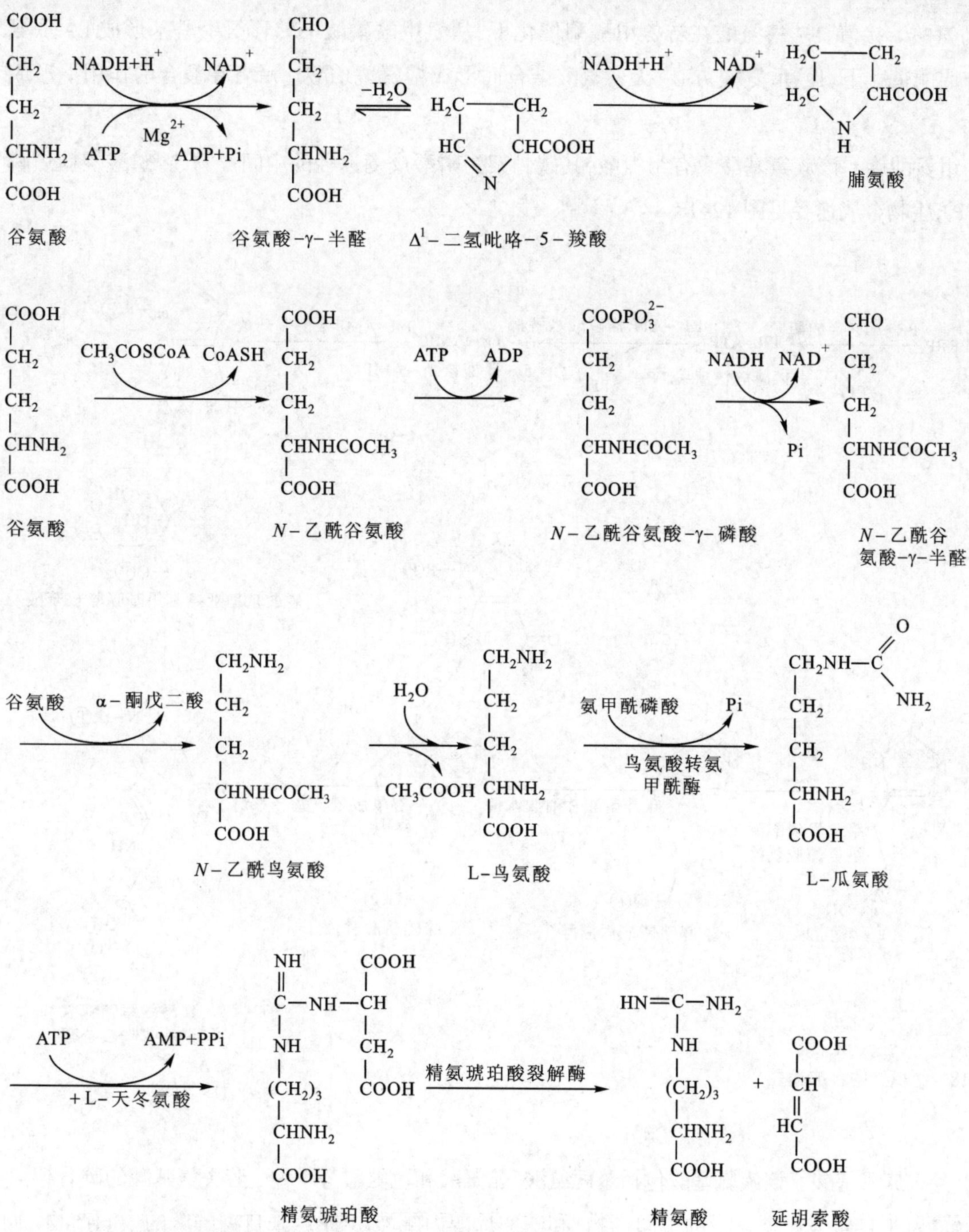

COOH

CH$_2$

CH$_2$ NADH+H$^+$ NAD$^+$

CHNH$_2$ ATP Mg^{2+} ADP+Pi

COOH

谷氨酸

CHO

CH$_2$

CH$_2$ $-H_2O$ H$_2$C——CH$_2$

CHNH$_2$ HC   CHCOOH

COOH   N

谷氨酸-γ-半醛   Δ^1-二氢吡咯-5-羧酸

NADH+H$^+$ NAD$^+$

H$_2$C——CH

H$_2$C   CHCOOH

N

H

脯氨酸

COOH

CH$_2$

CH$_2$ CH$_3$COSCoA CoASH

CHNH$_2$

COOH

谷氨酸

COOH

CH$_2$

CH$_2$ ATP ADP

CHNHCOCH$_3$

COOH

N-乙酰谷氨酸

COOPO$_3^{2-}$

CH$_2$

CH$_2$ NADH NAD$^+$

CHNHCOCH$_3$ Pi

COOH

N-乙酰谷氨酸-γ-磷酸

CHO

CH$_2$

CH$_2$

CHNHCOCH$_3$

COOH

N-乙酰谷
氨酸-γ-半醛

谷氨酸 α-酮戊二酸

CH$_2$NH$_2$

CH$_2$

CH$_2$

CHNHCOCH$_3$

COOH

N-乙酰鸟氨酸

H$_2$O

CH$_2$NH$_2$

CH$_2$

CH$_2$

CH$_3$COOH CHNH$_2$

COOH

L-鸟氨酸

氨甲酰磷酸 Pi

鸟氨酸转氨
甲酰酶

O

CH$_2$NH—C

CH$_2$ NH$_2$

CH$_2$

CHNH$_2$

COOH

L-瓜氨酸

ATP AMP+PPi

+L-天冬氨酸

NH COOH

C—NH—CH

NH CH$_2$

(CH$_2$)$_3$ COOH

CHNH$_2$

COOH

精氨琥珀酸

精氨琥珀酸裂解酶

HN=C—NH$_2$

NH

(CH$_2$)$_3$

CHNH$_2$

COOH

精氨酸

COOH

CH

HC

COOH

延胡索酸

·图 12-17 脯氨酸和精氨酸的合成途径

酸、苏氨酸、异亮氨酸和甲硫氨酸的合成途径中氨基酸分子中有 5 个碳原子,精氨酸分子中有 6 个碳原子,而且为了防止发生环化反应,谷氨酸的 α- 氨基须乙酰化而被保护(图 12-17)。

谷氨酸先在 N- 乙酰谷氨酸合酶催化下,与 1 分子乙酰 CoA 反应生成 N- 乙酰谷氨酸;接着在 N- 乙酰谷氨酸激酶作用下,由 ATP 供能使 N- 乙酰谷氨酸活化而形成 N- 乙酰谷氨酸 -γ- 磷酸,再经以 NAPDH 为辅酶的 N- 乙酰谷氨酸 -γ- 半醛脱氢酶作用被还原为 N- 乙酰谷氨酸 -γ- 半醛,后者经转氨酶作用,自谷氨酰分子转移 1 个 α- 氨基,形成 N- 乙酰鸟氨酸,经酶促脱去乙酰基而形成 L- 鸟氨酸。接着,L- 鸟氨酸在转氨甲酰酶催化下,从氨甲酰磷酸中转移氨甲酰基形成 L- 瓜氨酸;在合成酶催化下,L- 瓜氨酸与 L- 天冬氨酸结合而形成精氨琥珀酸。后者在裂合酶作用下形成精氨酸。

(5) 组氨酸族 该族氨基酸只有组氨酸,其碳骨架为磷酸戊糖途径的中间产物 5- 磷酸核糖焦磷酸(PRPP),生物合成途径见图 12-18。

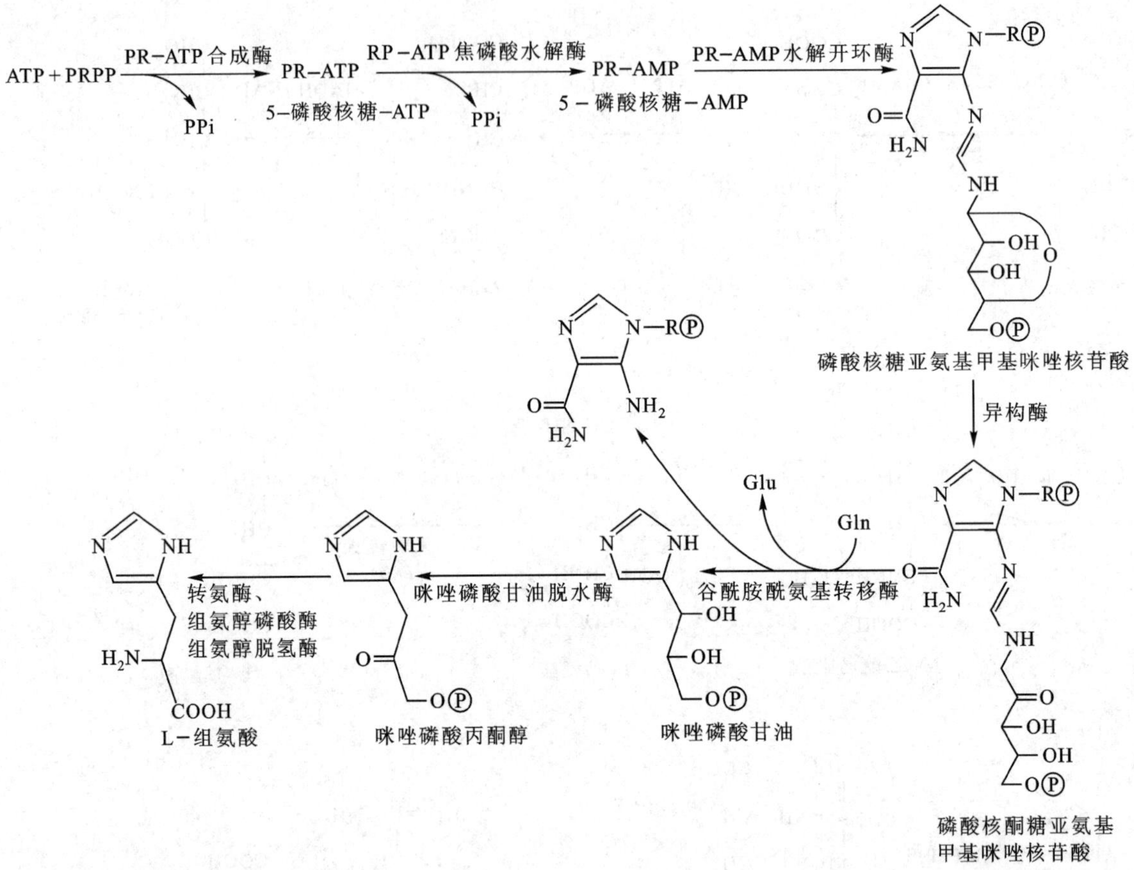

·图 12-18 组氨酸的合成途径

(6) 芳香族氨基酸 该族氨基酸包括苯丙氨酸、酪氨酸和色氨酸等 3 种。芳香氨基酸的碳骨架 4-磷酸赤藓糖(来自磷酸戊糖途径的中间产物)和磷酸烯醇丙酮酸(PEP)(来自糖酵解的中间产物),两者化合后经几步反应生成莽草酸,由莽草酸可生成芳香族氨基酸和其他多种芳香族化合物,称为莽草酸途径(shikimic acid pathway)(图 12-19)。

动物能利用食物中的苯丙氨酸合成酪氨酸,但本身不能合成苯丙氨酸。植物及某些微生物(如大肠杆菌及粗链孢霉的几个变种)能合成苯丙氨酸。大肠杆菌合成苯丙氨酸和酪氨酸的途径基本相同,苯丙氨酸可转变为酪氨酸。由苯丙氨酸转变为酪氨酸只需加上一个羟基,需要羟化酶催化。在各反应中,分支酸(chorismic acid)是微生物合成苯丙氨酸、酪氨酸与色氨酸的转折点。一方面,分支酸可转变为预苯酸,进入苯丙氨酸和酪氨酸的途径;另一方面,分支酸又可转变为邻氨基苯甲酸,趋向于色氨酸的合成途径。预苯酸是微生物合成苯丙氨酸和酪氨酸的转折点。预苯酸可以转变为苯丙氨酸,也可转变为酪氨酸。由于色氨酸可抑制邻氨基苯甲酸酶活性,当机体内色氨酸浓度增高时,分支酸向邻氨基

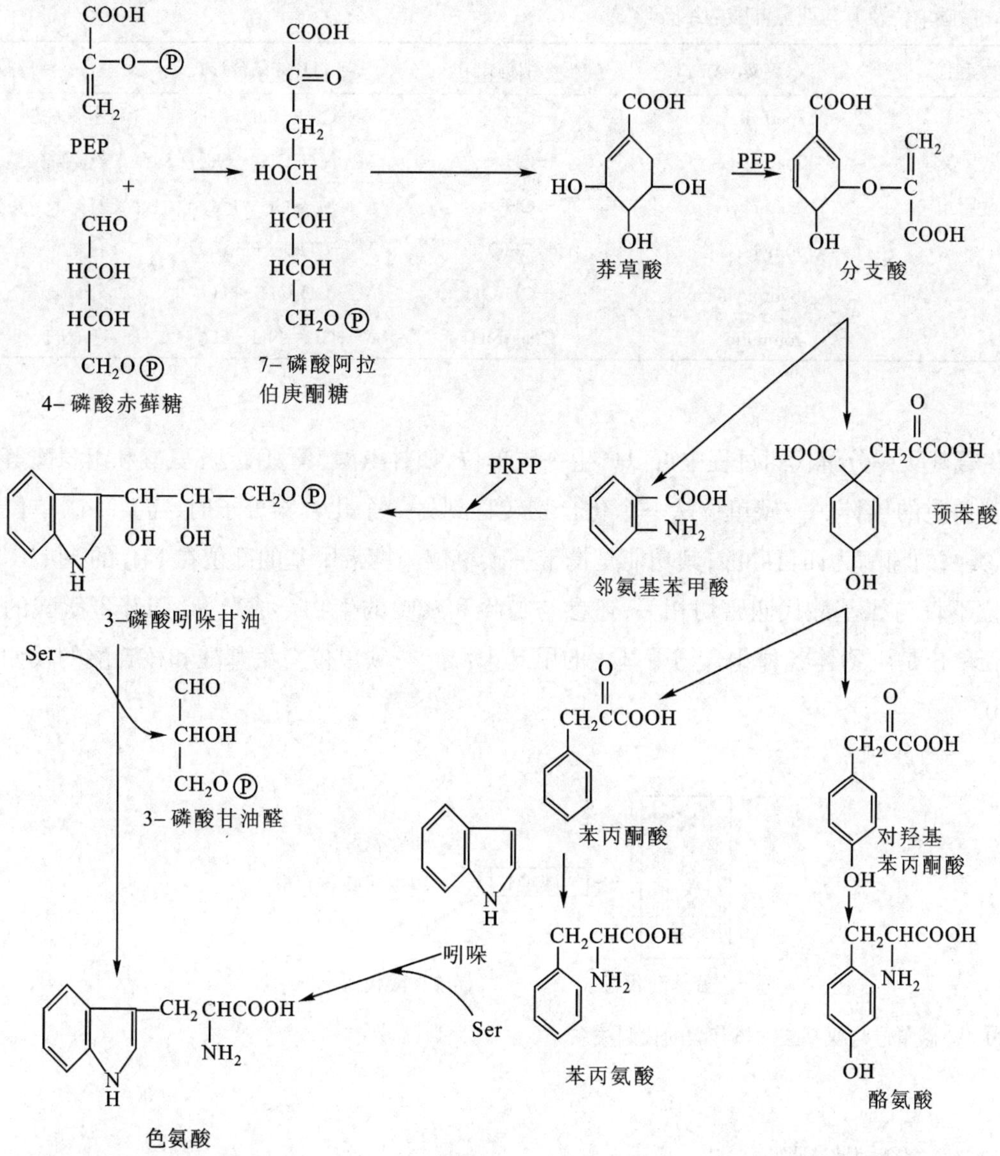

·图 12-19 芳香族氨基酸的合成途径

苯甲酸转变的速率减慢,而使分支酸向合成酪氨酸、苯丙氨酸的方向进行。因酪氨酸可抑制预苯酸脱氢酶,苯丙氨酸可抑制预苯酸脱水酶,故当酪氨酸浓度高时反应即受阻抑;当苯丙氨酸浓度增高时,反应合成苯丙氨酸的速率即降低,所以苯丙氨酸、酪氨酸和色氨酸的生物合成可以自动控制。

人及高等动物不能合成色氨酸或不能合成足够维持健康水平的色氨酸,粗链孢霉及大肠杆菌可以合成。微生物合成色氨酸的途径在形成分支酸之前的一段与芳香族氨基酸合成途径完全相同。在色氨酸生物合成中,分支酸经邻氨基苯甲酸合成酶催化,与 L- 谷氨酰胺作用转变为邻氨基苯甲酸。后者经一系列反应而生成 3- 磷酸吲哚甘油。3- 磷酸吲哚甘油与丝氨酸作用产生色氨酸。

12.3.6　一碳单位代谢

含有一个碳原子的基团称为一碳单位(one carbon unit)或一碳基团。生物体内一碳单位有多种形式(表 12-2)。

·表 12-2 　一碳单位及其与四氢叶酸的结合形式

中文名称	英文名称	结构式	与 FH₄ 的结合形式	主要来源
甲基	methyl	$-CH_3$	$N^5-CH_3-FH_4$	甲硫氨酸
亚甲基或甲叉基	methylene	$-CH_2-$	$N^5, N^{10}-CH_2-FH_4$	丝氨酸
次甲基或甲川基	methenyl	$-CH=$	$N^5, N^{10}-CH=FH_4$	甘氨酸、苏氨酸
甲酰基	fomyl	$-CHO$	$N^{10}-CHO-FH_4$	色氨酸
羟甲基	hydroxymethyl	$-CH_2OH$	$N^{10}-CH_2OH-FH_4$	
亚氨甲基	fominino	$CH=NH$	$N^5-CH=NH-FH_4$	色氨酸

　　某些氨基酸在分解代谢过程中可以产生一碳单位,如甘氨酸、丝氨酸、苏氨酸和组氨酸等都可以作为一碳单位的供体。一碳单位从一个化合物转移到另一个化合物分子时,需要一碳单位转移酶参加,这类酶的辅酶为四氢叶酸,其功能是携带一碳单位。携带甲基的部位在 FH₄ 的 N^5、N^{10} 位上。一碳单位不仅与氨基酸代谢密切相关,还参与嘌呤和嘧啶的生物合成及 S- 腺苷蛋氨酸的生物合成。一碳单位是生物体各种化合物甲基化的甲基来源。一碳单位与氨基酸和核苷酸的代谢关系如图 12-20。

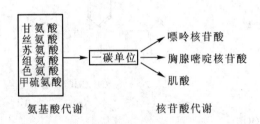

·图 12-20 　一碳单位与氨基酸和核苷酸的代谢关系

12.3.7　硫酸根还原

　　半胱氨酸、甲硫氨酸均含有硫元素,这些有机硫主要来源于硫酸根还原。细菌、藻类和高等植物都可进行硫酸根还原。要还原硫酸根离子,首先要使硫酸根离子活化(activation)。在 ATP- 硫酸化酶(ATP-sulfurylase)催化下,硫酸根离子与 ATP 反应,产生 5′- 腺苷磷酰硫酸(adenosine-5′-phosphosulfate,APS)和焦磷酸盐(pyrophosphate,PPi)。接着,APS 在 APS 激酶(APS-kinase)催化下,与另一分子 ATP 作用,产生 3′- 磷酸腺苷 -5′- 磷酰硫酸(3′-phosphoadenosine-5′-phosphosulfate,PAPS)。APS 和 PAPS 可以相互转化,它们都是硫酸根的活化形式,前者是硫酸根还原的底物,后者是活化硫酸根在细胞内积累形式。

　　活化的硫酸根在转硫酶催化下转移到载体蛋白上,还原态铁氧还蛋白(Fd_red)将载体上的硫酸根还原为亚硫酸根(sulfite)。接着,在亚硫酸还原酶(sulfite reductase,SR)催化下,由铁氧还蛋白提供 6 个电子,亚硫酸根还原为巯基(hydrosulfide group, —SH),进一步与 O- 乙酰丝氨酸作用,形成半胱氨酸(图 12-21),后者可进一步合成其他含硫氨基酸。

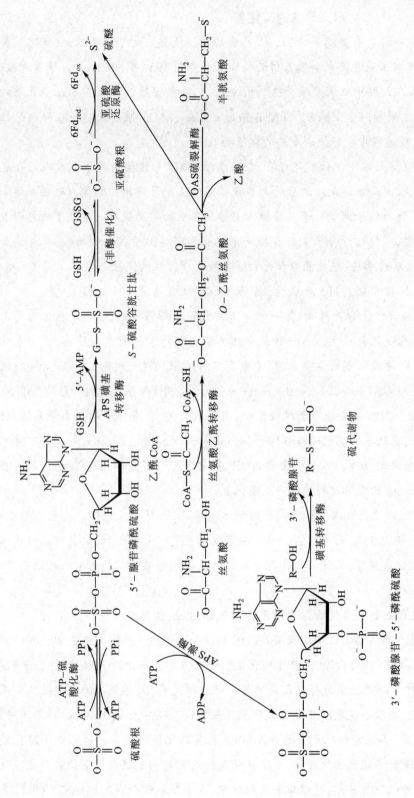

• 图 12-21　植物中硫代谢途径

耐人寻味的硫化氢

硫化氢(hydrogen sulfide,H₂S)是一种具有臭鸡蛋味、无色、易燃的酸性气体。近300年以来,研究人员对于硫化氢的研究都主要集中在生理毒性及对工业生产中金属器材的损坏上。直到1989年,Warenycia等首次报道,在研究急性H₂S脑中毒时,发现H₂S可以在大脑中低浓度地产生。近年来,已陆续报道内源性H₂S在哺乳动物及人体的脑缺血再灌注损伤、脑梗死、高热惊厥和阿尔茨海默病(Alzheimer's disease,AD)、帕金森综合征和血管性痴呆等多种病理及舒张血管、降低血压等生理过程中也行使着重要的调节功能。

在植物学领域,尽管人们在20世纪七八十年代就已经在大麦、黄瓜、烟草等植物中发现H₂S内源合成及释放现象,但H₂S一直被认为是植物次生代谢产物。在此之后的大多数研究均集中于解析植物体内硫的转运和代谢途径上,而关于气体分子H₂S是否能够作为信号调节分子在植物体中行使其生物学功能却一直处于被忽视且未知的状态。直到2007年,人们惊奇地发现,气体信号分子H₂S在植物体中也具有类似于NO的功能,参与诸如根形态建成、种子萌发、气孔运动、光合作用、胁迫响应、植物衰老和死亡等多种生理过程的调控。

目前,有关动物和植物内源性气体信号分子H₂S合成途径的研究相对比较清楚。

在哺乳动物体内H₂S的合成途径大体上分为两种,第一种是不需要酶进行催化的过程,动物体内葡萄糖的氧化代谢过程中葡萄糖氧化硫元素会有硫化氢产生。另一种是有相关酶类进行催化的系列反应,其中半胱氨酸因其含有硫元素而使其代谢过程成为内源硫化氢的主要来源,主要有三种酶催化这一过程,它们是β-胱硫醚合酶(cystathionine-β-synthase,CBS)、γ-胱硫醚裂合酶(cystathionine-γ-lyase,CSE)和半胱氨酸转移酶。CBS、CSE广泛分布在机体内,并具有组织特异性。CBS主要分布于神经系统、消化系统;CSE分布于心脑血管系统;肝同时存在CBS和CSE。除了半胱氨酸途径,在巯基丙酮酸硫转移酶(mercaptopyruvate sulfur transferase,MPST)催化下,β-巯基丙酮酸也会分解产生硫化氢。哺乳动物体内另一个重要的硫化氢来源是肠道菌群,如硫黄还原细菌在大肠中通过含硫氨基酸与肠黏蛋白(sulfomucin)的发酵过程能够产生硫化氢。

哺乳动物体内通过以上途径产生的硫化氢以两种形式在动物体内存在,一种是以气体硫化氢的形式存在,另一种是以硫氢化钠的形式存在,前者约占33%,后者约占67%。由于硫化氢是小分子物质,故其可以自由通过磷脂双分子层,在哺乳动物体内既作为硫化氢供体,又作为硫化氢前体的硫氢化钠与硫化氢保持着一种动态平衡,并维持着体内的pH平衡。

植物中内源气体信号分子硫化氢主要来自植物体内硫元素的代谢途径,植物根部通过主动运输吸收硫元素后,以硫酸盐形式存在的硫元素在进入质体后与三磷酸腺苷(ATP)相结合而形成5′-磷酸腺苷硫酸酐(APS),之后在载体(CAR)传递作用下参与半胱氨酸(Cys)代谢,并产生硫化氢(H₂S),但是大多数的APS被APS还原酶(APR)和亚硫酸还原酶(SiR)还原成硫。对于以硫氢根为存在形式的另一部分硫元素,大部分在进入叶绿体中而还原成硫醚,硫醚进一步组合形成半胱氨酸,之后半胱氨酸在半胱氨酸脱巯基酶(cysteine desulphydrase)作用下降解,进而形成丙酮酸和内源硫化氢。由此可见,不论哪种硫元素的存在形式,在其转化成硫化氢的过程中半胱氨酸都是十分重要的一环。当研究人员对植物进行半胱氨酸处理时,发现植物无论在黑暗和光照条件下均能合成硫化氢。半胱氨酸的合成反应发生在植物细胞的细胞质基质、叶绿体和线粒体中,在半胱氨酸合成酶(OASTL)催化下,O-乙酰丝氨酸(OAS)与硫反应生成半胱氨酸,硫化氢作为此反应的附带产物产生。在此过程中,L-半胱氨酸脱巯基酶(LCD,EC 4.4.1.1)和D-半胱氨酸脱巯基酶(DCD,EC 4.4.1.15)、3-巯基丙酮酸硫基转移酶(MST,EC 2.8.1.2)均有重要的作用。

12.4 核苷酸的分解代谢

12.4.1 核苷酸的降解

核酸在酶促作用下降解为核苷酸,核苷酸再降解为碱基、戊糖(核糖或脱氧核糖)和磷酸。核苷酸首先在核苷酸酶催化下水解为核苷和无机磷酸。其反应式为:

$$\text{核苷酸} + H_2O \xrightarrow{\text{核苷酸酶}} \text{核苷} + Pi$$

核苷酸酶有的是非特异性的,有的具有较强的特异性,如 3′- 核苷酸酶只水解 3′- 核苷酸,5′- 核苷酸酶只水解 5′- 核苷酸。核苷在核苷酶作用下分解为嘌呤碱(或嘧啶碱)和戊糖。分解核苷的酶有两类:一类是核苷磷酸化酶,广泛存在于生物体内,催化可逆反应,将核苷分解为含氮碱基和 1- 磷酸戊糖;另一类是核苷水解酶,主要存在于植物和微生物中,只作用于核糖核苷,催化不可逆反应,水解产物为碱基和戊糖。两类反应式如下:

$$\text{核苷} + Pi \underset{\text{核苷磷酸化酶}}{\rightleftharpoons} \text{碱基} + 1- \text{磷酸戊糖}$$

$$\text{核苷} + H_2O \xrightarrow{\text{核苷水解酶}} \text{碱基} + \text{戊糖}$$

上述反应中产生的核糖或脱氧核糖是嘌呤核苷酸降解产物中唯一可氧化分解为机体生命活动提供能量的物质。放射性同位素标记实验证明,动物细胞几乎不以从膳食中摄取的核苷酸作为合成核酸的原料,这表明通过从头合成途径合成的核苷酸是合成 DNA 或 RNA 的主要来源,从膳食中摄取的核苷酸绝大部分被降解而排泄出体外。这就是目前市场上销售的所谓"核酸"补品难以进补的原因。

12.4.2 嘌呤的分解

嘌呤核苷酸既可以依次在核苷酸酶和核苷磷酸化酶作用下水解为腺苷和腺嘌呤,再在腺嘌呤脱氨酶作用下脱氨转化为次黄嘌呤,也可以在腺苷—磷酸和腺苷的水平上直接脱去氨基而转变为肌苷—磷酸和肌苷,肌苷经核苷磷酸化酶分解为次黄嘌呤,并进一步在黄嘌呤氧化酶作用下生成黄嘌呤和尿酸。但在人和大鼠体内不含腺嘌呤脱氨酶,腺嘌呤的脱氨反应是在腺苷或腺苷—磷酸水平上进行,其产物是肌苷或肌苷—磷酸,它们再进一步分解生成次黄嘌呤。鸟苷也转变成次黄嘌呤和黄嘌呤,它是在核苷磷酸化酶和鸟嘌呤脱氨酶催化下完成的。黄嘌呤在黄嘌呤氧化酶作用下生成尿酸。其分解的具体过程见图 12-22。

上述反应中的黄嘌呤氧化酶(xanthine oxidase)是广泛存在动物的肝、肠黏膜和乳腺等组织中的一种非特异的需氧脱氢酶,它既可将次黄嘌呤氧化为黄嘌呤,又可将黄嘌呤氧化为尿酸,还可以蝶呤和乙醛等作为底物,且不管以哪种物质作为底物都产生 H_2O_2。从结构上看,黄嘌呤氧化酶是一种多辅因子的酶,由 FAD、钼原子和 4 个非血红素铁 – 硫中心组成其电子传递链,以分子氧作为电子受体,生成 H_2O_2。

嘌呤分解的最终产物在不同种类的动物中各不相同。在灵长类、鸟类、爬行动物和大部分昆虫中,嘌呤分解的最终产物是尿酸。然而,在灵长类之外的某些哺乳动物的肝中有一种尿酸氧化酶,是一种

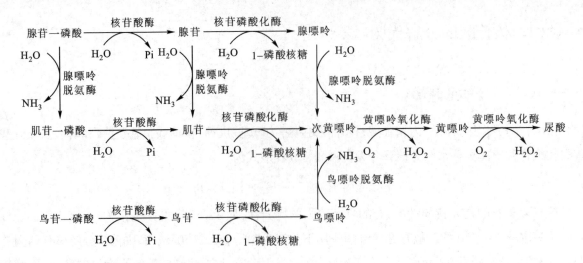

·图 12-22 嘌呤核苷酸及其碱基的相互转化

铜蛋白,催化尿酸被进一步氧化成尿囊素。在硬骨鱼中,尿囊素经尿囊素酶作用生成尿囊酸。在大多数鱼类、两栖动物和软体动物中,尿酸进一步分解成尿素。在某些海生无脊椎动物和甲壳动物中,尿素分解成氨而排出(图 12-23)。植物与微生物体内嘌呤的降解途径大致相似。植物体内广泛存在使嘌呤分解的酶,如尿囊素酶、尿囊酸酶、脲酶等。植物体内嘌呤分解主要发生在衰老叶片和贮藏胚乳的组织内,而胚和幼苗内不发生嘌呤分解。微生物分解嘌呤后最终生成氨、二氧化碳及一些有机酸,如甲酸、乙酸等。

12.4.3　嘧啶的分解

在胞嘧啶、胞苷、胞苷一磷酸转变成尿嘧啶过程中,不同生物对嘧啶的分解过程也不完全相同。研究表明,胞嘧啶脱氨酶只存在于酵母和细菌中,而胞苷脱氨酶广泛分布于细菌、植物和哺乳动物中。此外,细菌和动植物中还存在一种特殊的脱氧核糖胞苷氨基水解酶,它使胞苷、胞苷一磷酸先转变成尿苷与尿苷一磷酸,再进一步转变成尿嘧啶。脱氧胞苷先转变成脱氧尿苷,再经尿苷磷酸化酶作用而转变成尿嘧啶(图 12-24)。β- 丙氨酸转变成乙酸,再按乙酸代谢,β- 氨基异丁酸经转氨作用变成甲基丙二酸半醛。它是缬氨酸降解途径的一种中间产物,将进一步转变成甲基丙二酸单酰 CoA 和琥珀酰 CoA,并进入三羧酸循环。在尿嘧啶和胸腺嘧啶降解过程中,它们的二氢衍生物生成是由还原酶催化的。在哺乳动物肝中,尿嘧啶还原酶和胸腺嘧啶还原酶都是以 NADPH 作为供氢体,而细菌中则利用 NADH 作为供氢体。

12.5　核苷酸的生物合成

核酸是生物遗传物质,其基本结构单位是核苷酸,细胞内存在多种游离的核苷酸,如 ATP 和 GTP 等。

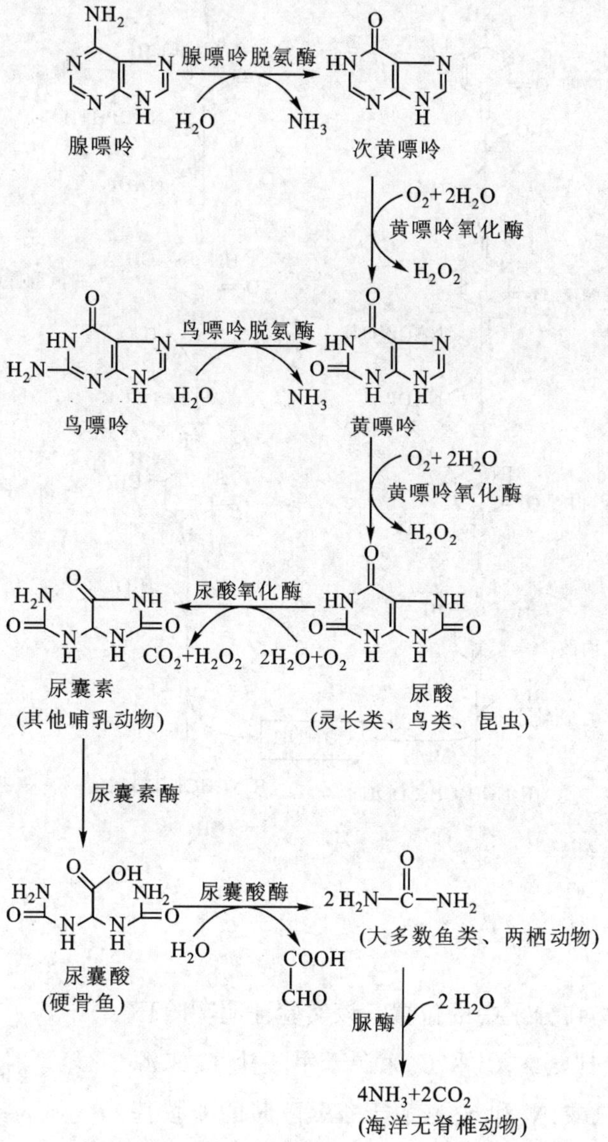

·图 12-23　嘌呤的分解

12.5.1　核糖核苷酸生物合成

核苷酸生物合成有两条基本途径:其一是利用核糖磷酸、某些氨基酸、CO_2 和 NH_3 等简单物质为原料,经一系列酶促反应合成核苷酸。此途径并不经过碱基、核苷的中间阶段,称为从头合成(de novo synthesis)途径或从无到有途径。其二是利用体内游离的碱基或核苷合成核苷酸,称为补救合成途径。两者在不同组织的重要作用各不相同,如肝主要进行从头合成,而脑、骨髓等只进行补救合成。此外,遗传、疾病、药物、毒物,甚至生理紧张都能造成从头合成途径中某些酶缺乏,致使合成核苷酸的速率不能满足细胞生长的需要。此时,补救途径对正常生命活动维持来说是必不可少的。补救途径所需要的碱基和核苷主要来源于细胞内核酸分解,细菌生长介质或动物消化管食物分解产生的核苷和碱基进入细胞后也可用于补救途径。

12.5.1.1　嘌呤核苷酸的从头生物合成

由于鸟类体内含氮化合物的最终代谢产物尿酸是一种嘌呤类似物,用各种添加标记的营养物

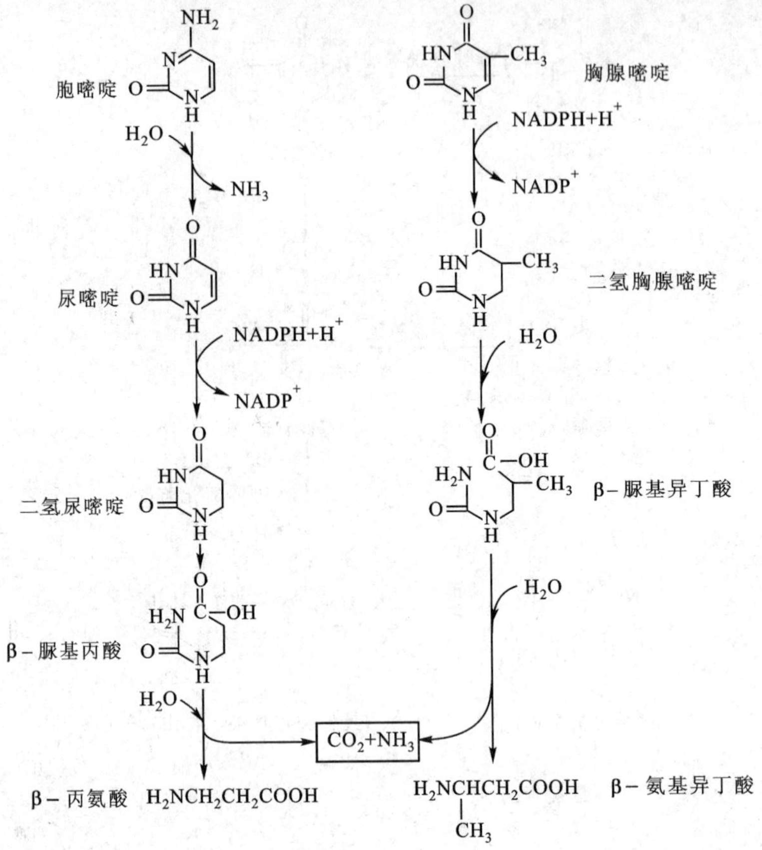

胞嘧啶 ... H_2O → NH_3 → 尿嘧啶 ... $NADPH+H^+$ → $NADP^+$ → 二氢尿嘧啶 ... H_2O → β-脲基丙酸 ... H_2O →

胸腺嘧啶 ... $NADPH+H^+$ → $NADP^+$ → 二氢胸腺嘧啶 ... H_2O → β-脲基异丁酸 ... H_2O →

CO_2+NH_3

β-丙氨酸 $H_2NCH_2CH_2COOH$　　　H_2NCHCH_2COOH β-氨基异丁酸
　　　　　　　　　　　　　　　　　　　　　　CH_3

·图 12-24　嘧啶的分解

喂鸽子,即可找出标记物在分子中的位置。该实验证明嘌呤环中的 C_4、C_5、N_7 来源于甘氨酸,C_2 和 C_8 来源于甲酸盐,C_6 来源于 CO_2,N_1 来源于天冬氨酸,N_3 和 N_9 来源于谷氨酰胺的酰胺基(图 12-25),其口诀为:1 天,2、8 甲,3、9 谷酰胺,4、5、7 甘,6 CO_2。

由于环内的 C 和 N 基本上是相间排列的,合成过程必然涉及很多形成 C—N 键的反应。Greenberg 等从动物和细菌提取物中分离和鉴定了一系列与嘌呤合成有关的酶,基本确定了嘌呤的合

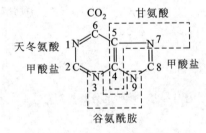

·图 12-25　嘌呤环中各原子的来源

成途径。该途径在细胞质基质中进行,反应过程比较复杂,可以分为两个阶段:首先以 5-磷酸核糖焦磷酸(5-phosphoribosyl pyrophosphate,PRPP,核苷酸中核糖磷酸部分的供体)为起始物,逐步增加原子合成肌苷一磷酸苷酸(inosine monophosphate,IMP)(图 12-26),然后 IMP 再转变为腺苷一磷酸(adenosine monophosphate,AMP)和鸟苷一磷酸(guanosine monophosphate,GMP)(图 12-27)。比较 IMP 与 AMP 的结构式可知,IMP 的 C_6 上为氧原子,AMP 的 C_6 上为氨基,即 AMP 是 IMP 氨基化的产物。在腺苷代琥珀酸合成酶催化下,IMP 与天冬氨酸和 GTP 反应,生成腺苷代琥珀酸(SAMP)、GDP 和磷酸。接着,在腺苷代琥珀酸裂合酶催化下,腺苷代琥珀酸分解为腺苷一磷酸和延胡索酸。由此可知,AMP 的 C_6 上的氨基来源于天冬氨酸。

与 IMP 相比,GMP 的 C_2 上多 1 个氨基。与 AMP 的合成不同的是,IMP 不能直接在 C_2 位磷酸化,必须先经肌苷一磷酸脱氢酶(以 NAD^+ 作辅基)催化,发生氧化脱氢反应生成黄嘌呤核苷酸中间物。

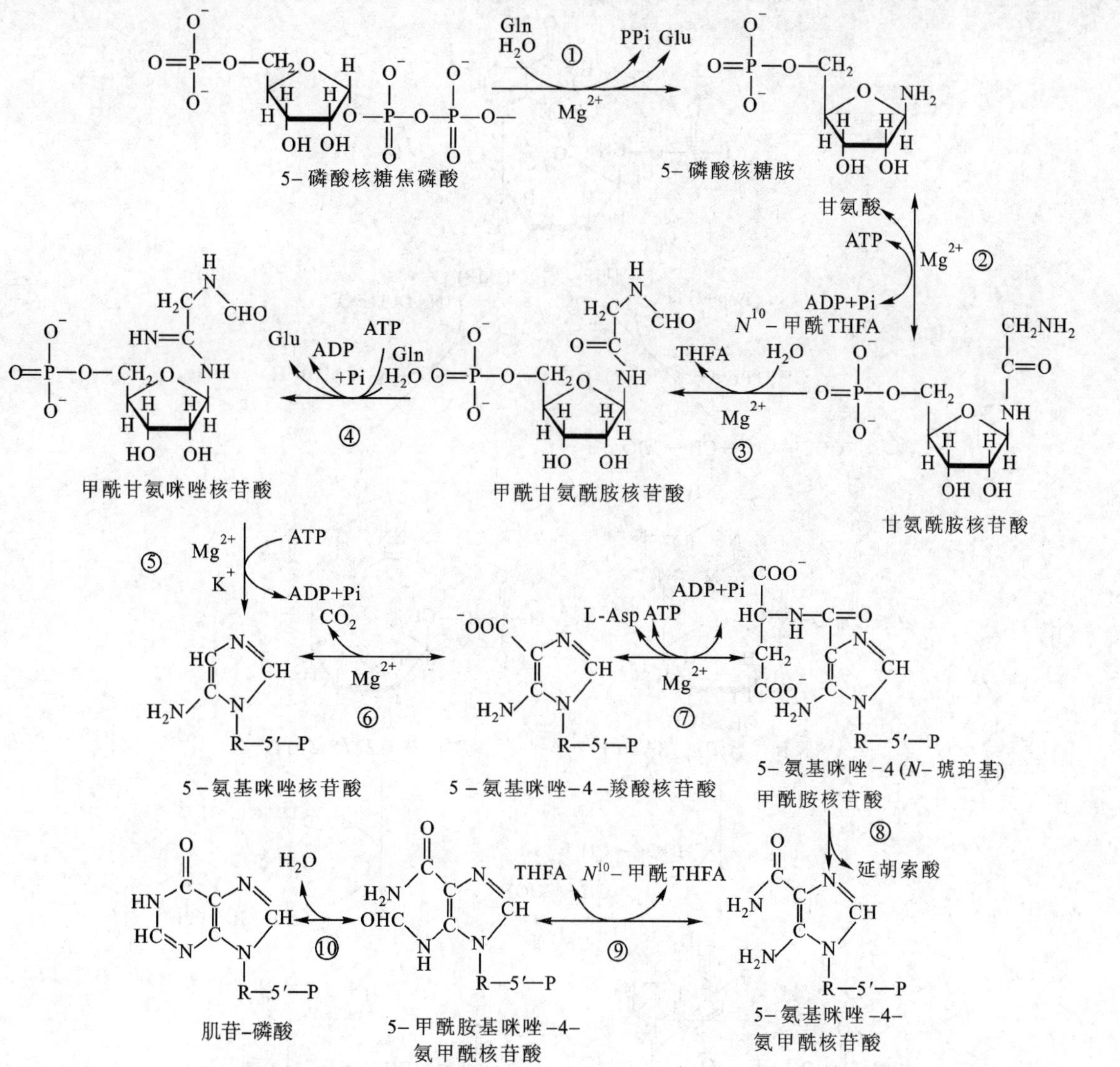

· 图 12-26　肌苷一磷酸(IMP)合成途径

①谷氨酰胺 5′－磷酸核糖焦磷酸转酰胺酶；②甘氨酰胺核苷酸合成酶；③甘氨酰胺转甲酰基酶；④甲酰甘氨咪唑核苷酸合成酶；⑤氨基咪唑核苷酸合成酶；⑥氨基咪唑核苷酸羧化酶；⑦氨基咪唑琥珀基甲酰胺核苷酸合成酶；⑧酰苷酸琥珀酸裂合酶；⑨氨基咪唑氨甲酰核苷酸转甲酰基酶；⑩肌苷一磷酸合成酶

在鸟苷一磷酸合成酶催化下,由谷氨酰胺提供酰胺氮,ATP 供给能量,黄嘌呤核苷酸(XMP)氨基化为 GMP,同时 ATP 水解为 AMP 和焦磷酸。AMP 和 GMP 可进一步在激酶作用下,以 ATP 为磷酸供体,经过两步磷酸化反应,分别生成 ATP 和 GTP。由上述反应过程可知:嘌呤的合成一开始就沿着合成核苷酸的途径进行,磷酸核糖分子上逐步合成嘌呤核苷酸,而不是首先单独合成嘌呤,然后再与磷酸核糖结合的。这是嘌呤核苷酸从头合成的一个重要特点。

12.5.1.2　嘧啶核苷酸的从头生物合成

同位素示踪实验证明,嘧啶核苷酸中嘧啶合成的原料来源于氨甲酰磷酸和天冬氨酸(图 12-28)。

与嘌呤核苷酸从头合成途径不同的是,嘧啶核苷酸合成是先合成嘧啶环,再与磷酸核糖基团结合,形成乳清酸核苷酸(DMP)。乳清酸核苷酸脱羧形成尿苷一磷酸(UMP),再转化为其他嘧啶核苷酸。其合成的过程如下。

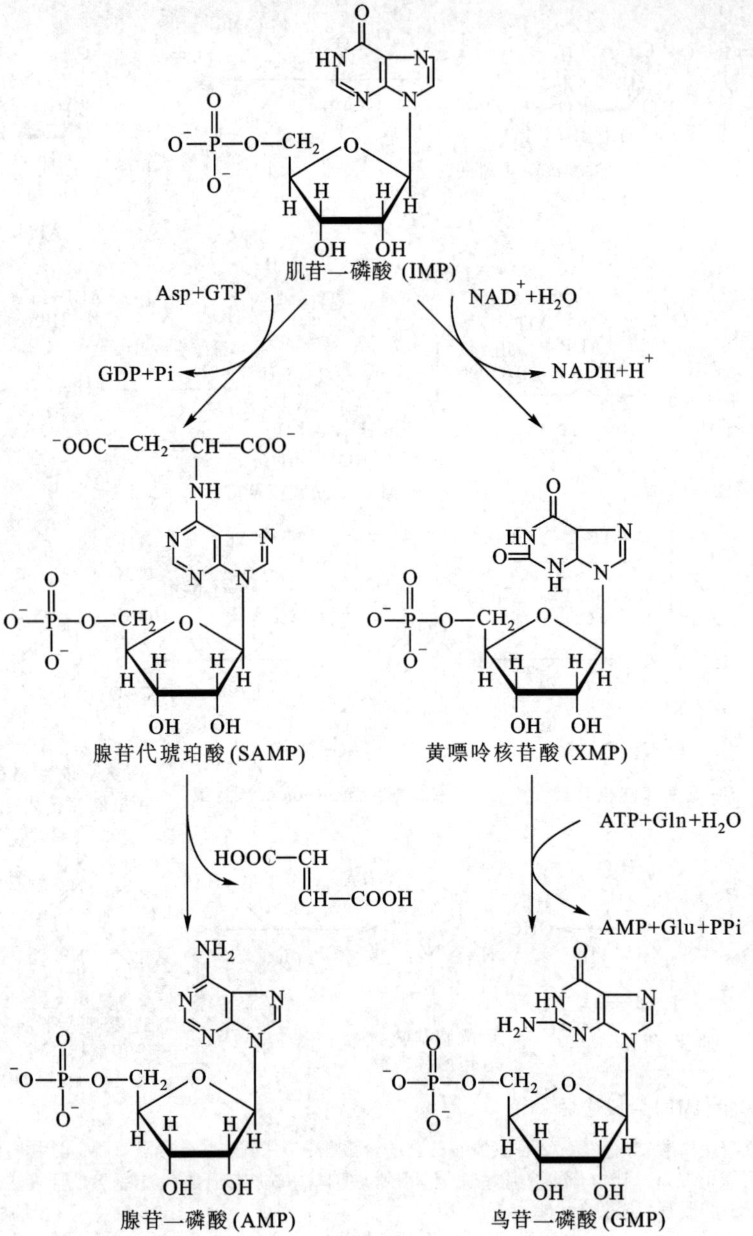

·图 12-27 由 IMP 合成 AMP 和 GMP 途径

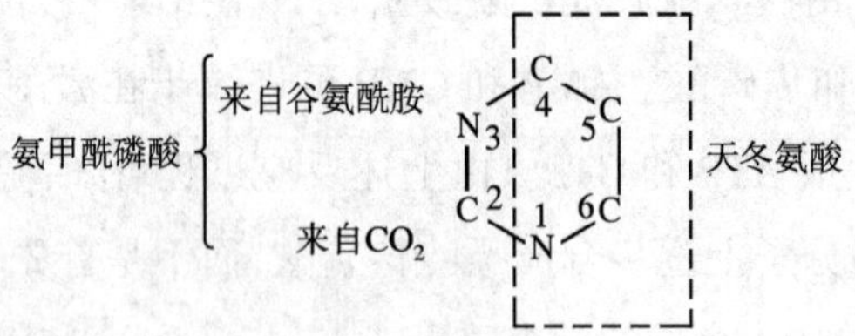

·图 12-28 嘧啶环中各原子的来源

(1) 尿苷一磷酸从头合成 嘧啶环的合成开始于氨甲酰磷酸的生成：

$$谷氨酰胺 + 2ATP + HCO_3^- \xrightarrow{\text{氨甲酰磷酸合成酶}} 氨甲酰磷酸 + 2ADP + Pi + 谷氨酸$$

该反应由 ATP 供给能量,谷氨酰胺提供氨基,且消耗 1 分子 HCO_3^-,催化其反应的酶是氨甲酰磷酸合成酶Ⅱ,而尿素循环中催化氨甲酰磷酸合成的酶为氨甲酰磷酸合成酶Ⅰ。这两种酶的性质有许多不同(表12-3)。

· 表12-3 两种氨甲酰磷酸合成酶的比较

	氨甲酰磷酸合成酶Ⅰ	氨甲酰磷酸合成酶Ⅱ
分布	线粒体(肝)	细胞质基质(所有细胞)
氮源	氨	谷氨酰胺
别构激活剂	N-乙酰谷氨酸	无
反馈抑制剂	无	尿苷二磷酸(UDP)、尿苷三磷酸(UTP)(哺乳动物)
功能	尿素合成	嘧啶合成

在天冬氨酸转氨甲酰酶(aspartate transcarbamylase)催化下,由上述反应生成的氨甲酰磷酸与天冬氨酸化合生成氨甲酰天冬氨酸。天冬氨酸转氨甲酰酶是细菌嘧啶核苷酸合成过程的关键酶,受到产物反馈抑制。接着,由二氢乳清酸酶催化氨甲酰天冬氨酸脱水,形成二氢乳清酸,后者在二氢乳清酸脱氢酶催化下脱氢生成乳清酸(orotic acid)。乳清酸不是构成核酸的嘧啶碱,但它在乳清酸磷酸核糖转移酶催化下可与PRPP化合,生成乳清酸核苷酸,后者再由乳清酸核苷酸脱羧酶催化脱去羧基,进而形成尿苷一磷酸(UMP)(图12-29)。

现已阐明,在真核细胞中嘧啶核苷酸合成的前三个酶,即氨甲酰磷酸合成酶、天冬氨酸转氨甲酰酶、二氢乳清酸酶,位于相对分子质量约为 2×10^5 的同一条多肽链上,因此是一个多功能酶。后两种酶也是位于同一条多肽链上的多功能酶,从而更有利于以均匀速率参与嘧啶核苷酸的合成,提高嘧啶

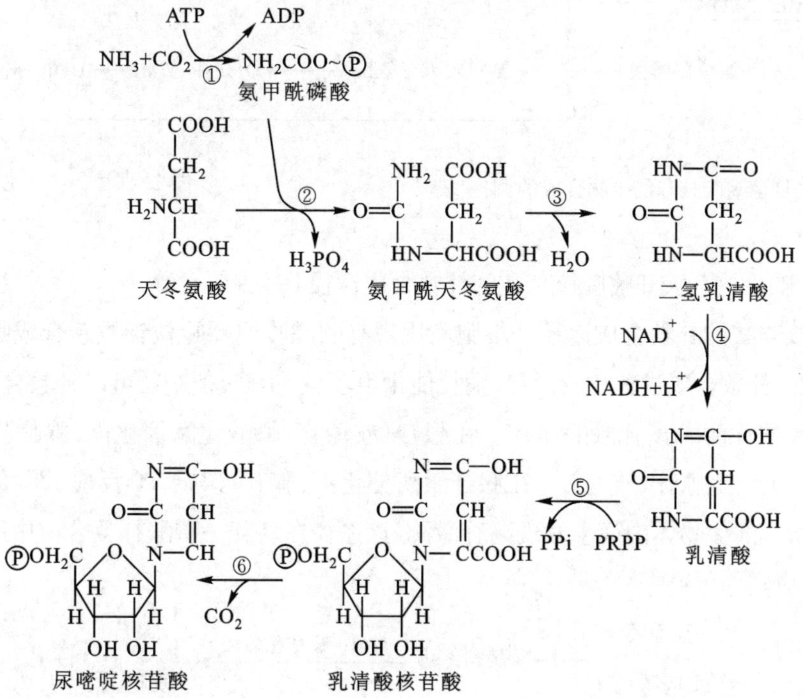

· 图12-29 尿苷一磷酸(UMP)合成途径
①氨甲酰磷酸合成酶;②天冬氨酸转氨甲酰酶;③二氢乳清酸酶;④二氢乳清酸脱氢酶;⑤乳清磷酸核糖转移酶;⑥乳清酸核苷酸脱羧酶

核苷酸的合成效率。

(2) 胞苷三磷酸的生物合成　UMP 通过尿苷酸激酶和二磷酸核苷激酶连续作用,生成尿苷三磷酸(UTP)。UTP 在胞苷三磷酸合成酶催化下,消耗 1 分子 ATP,从谷氨酰胺接受氨基而成为胞苷三磷酸(CTP)。胞苷二磷酸(CDP)和胞苷一磷酸(CMP)可由 CTP 水解生成,但不能由尿嘧啶、尿苷、尿苷一磷酸和尿苷二磷酸直接转变而来(图 12-30)。

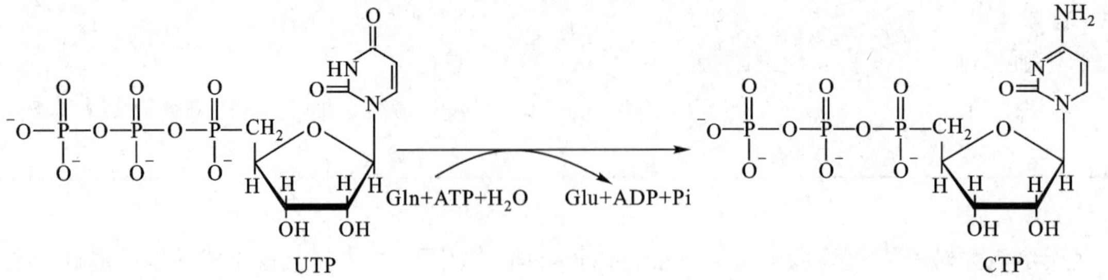

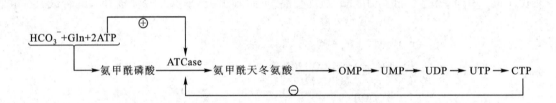

·**图 12-30**　由 UTP 合成 CTP 途径

(3) 从头合成的调控　大肠杆菌中嘧啶核苷酸生物合成主要的限速酶是天冬氨酸转氨甲酰酶(aspartate transcarbamylase,ATCase),它受终产物 CTP 的反馈抑制和 ATP 的前馈激活。ATP 和 CTP 竞争 ATCase 的别构中心。当 ATP 含量高、CTP 含量低时,表明细胞中嘌呤核苷酸和能量充足,ATP 结合到 ATCase 别构中心而使之活性急剧升高,有利于嘧啶核苷酸的生物合成,反之则抑制嘧啶核苷酸的生物合成(图 12-31)。

·**图 12-31**　大肠杆菌嘧啶核苷酸生物合成的调控

12.5.1.3　嘌呤核苷酸和嘧啶核苷酸的补救合成途径

(1) 嘌呤核苷酸的补救合成途径　细胞利用现有的嘌呤或嘌呤核苷重新合成嘌呤核苷酸的反应称为补救合成。补救合成过程比较简单,消耗能量也较少。有两条途径可以补救合成嘌呤核苷酸。

① 核苷磷酸化酶－核苷激酶途径。在腺苷(或鸟苷)磷酸化酶催化下,腺嘌呤(或鸟嘌呤)可与 1-磷酸核糖反应产生腺苷(或鸟苷);在腺苷激酶催化下,腺苷可与 ATP 反应,即可形成腺苷一磷酸。迄今为止,在所有的生物体内尚未发现鸟苷激酶,该途径在鸟苷一磷酸补救合成中所起的作用可能有限。相关的反应式如下:

$$\text{腺嘌呤(或鸟嘌呤)} + 1\text{-磷酸核糖} \xrightarrow{\text{腺苷一磷酸化酶}} \text{腺苷(或鸟苷)} + Pi$$

$$\text{腺苷} + ATP \xrightarrow{\text{腺苷激酶}} \text{腺苷一磷酸} + ADP$$

② 磷酸核糖转移酶途径。有两种特异性不同的磷酸核糖转移酶参与嘌呤核苷酸补救合成,即

腺嘌呤磷酸核糖转移酶(adenine phosphoribosyltransferase，APRT)和次黄嘌呤鸟嘌呤磷酸核糖转移酶(hypoxanthine-guanine phosphoribosyltransferase，HGPRT)。由 5- 磷酸核糖焦磷酸提供磷酸核糖，它们分别催化 AMP 和 IMP、GMP 的补救合成。嘌呤核苷则可先分解为嘌呤碱，再与 5- 磷酸核糖焦磷酸反应生成核苷酸。APTR 受 AMP 的反馈抑制，HGPTR 受 IMP 与 GMP 的反馈抑制。相关的反应式如下：

$$腺嘌呤 + 5- 磷酸核糖焦磷酸 \xrightarrow{APRT} 腺苷一磷酸 + PPi$$

$$次黄嘌呤 + 5- 磷酸核糖焦磷酸 \xrightarrow{HGPRT} 肌苷一磷酸 + PPi$$

$$鸟嘌呤 + 5- 磷酸核糖焦磷酸 \xrightarrow{HGPRT} 鸟苷一磷酸 + PPi$$

嘌呤核苷酸补救合成的生理意义是：一方面可以节省从头合成时能量和一些氨基酸的消耗；另一方面，体内某些组织器官，如脑、骨髓等由于缺乏有关酶，不能从头合成嘌呤核苷酸，它们只能利用由红细胞从肝运送来的自由嘌呤碱及腺苷补救合成嘌呤核苷酸。因此，对这些组织器官来说，补救合成途径具有更重要的意义。例如，由于鸟嘌呤和次黄嘌呤补救途径的障碍，导致过量产生尿酸。嘌呤核苷酸的从头合成和补救途径之间通常存在平衡。5- 磷酸核糖胺的合成受到嘌呤核苷酸的抑制；缺少补救途径会引起嘌呤核苷酸合成速率增加，结果大量积累尿酸，并导致肾结石和痛风。

(2) 嘧啶核苷酸的补救合成途径　与嘌呤核苷酸相同的是，补救合成嘧啶核苷酸也有两条途径：核苷磷酸化酶 - 核苷激酶途径和磷酸核糖转移酶途径。嘧啶核苷激酶在嘧啶的补救途径中起重要的作用。现以尿苷一磷酸为例说明其合成的具体途径。

① 核苷磷酸化酶 - 核苷激酶途径。在尿苷磷酸化酶催化下，尿嘧啶与 1- 磷酸核糖反应生成尿苷，后者在尿苷激酶作用下被磷酸化而形成尿苷一磷酸。相关的反应式如下：

$$尿嘧啶 + 1- 磷酸核糖 \xrightarrow{尿苷磷酸化酶} 尿苷 + Pi$$

$$尿苷 + 1-ATP \xrightarrow{尿苷激酶} 尿苷一磷酸 + ADP$$

② 磷酸核糖转移酶途径。在尿苷 - 磷酸核糖转移酶(UPRT)催化下，尿嘧啶与 5- 磷酸核糖焦磷酸反应，产生尿苷一磷酸和焦磷酸。磷酸核糖转移酶不能催化胞嘧啶，而直接与 5- 磷酸核糖焦磷酸反应生成胞苷一磷酸，但是胞苷可在尿苷激酶催化下被 ATP 磷酸化而形成胞苷一磷酸。UPRT 已从人红细胞中纯化，它能利用尿嘧啶、胸腺嘧啶及乳清酸作为底物，但对胞嘧啶不起作用。相关的反应式如下：

$$尿嘧啶 + 5- 磷酸核糖焦磷酸 \xrightarrow{UPRT} 尿苷一磷酸 + PPi$$

$$胞苷 + ATP \xrightarrow{尿苷激酶} 胞苷一磷酸 + ADP$$

12.5.2　脱氧核糖核苷酸的生物合成

DNA 由各种脱氧核糖核苷酸组成，细胞分裂旺盛时，脱氧核糖核苷酸含量明显增加，以适应合成 DNA 的需要。

(1) 核糖核苷二磷酸的还原反应　用同位素标记核苷酸方法已证实机体细胞内正常合成脱氧核糖核苷酸的方法不是以脱氧核糖为起始物进行合成，而是用还原方法使相应的核苷酸分子中 D- 核糖第 2 位碳原子上的羟基脱氧转变为 2′- 脱氧核苷酸。这种还原反应通常发生在核苷二磷酸(NDP)的水平上，体内的 ADP、CDP、GDP、UDP 可分别还原成 dADP、dCDP、dGDP、dUDP 等脱氧核苷二磷酸(dNDP)。这种还原反应比较复杂，需要多种酶和辅因子共同参与方能完成。迄今为止，已在生物细胞中发现 2 套氢传递系统可以将 NADPH(来源于磷酸戊糖途径或光合作用)中的氢原子传递给核苷二磷酸还原酶,而核苷二磷酸还原酶可通过自由基反应将核苷二磷酸还原为脱氧核苷二磷酸(图 12-32)。

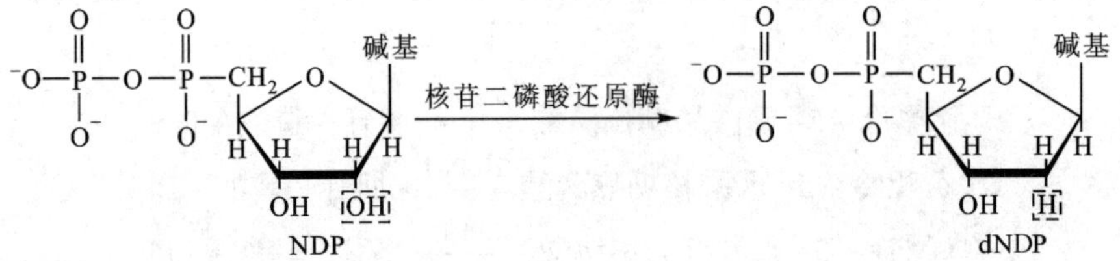

· 图 12-32　核苷二磷酸还原为脱氧核苷二磷酸的途径

① 第一套系统由 4 种酶和 2 对氧化还原对组成,即谷胱甘肽还原酶(glutathione reductase,GR)、谷氧还蛋白(glutaredoxin)、谷氧还蛋白还原酶(glutaredoxin reductase)、核苷二磷酸还原酶和 NADPH/NADP$^+$、还原型谷胱甘肽(GSH)/氧化型谷胱甘肽(GSSG)。在 GR 催化下,NADPH 可将氧化型谷胱甘肽还原为还原型谷胱甘肽。还原型谷胱甘肽又可将氧化型的谷氧还蛋白中的二硫键打断,使其还原为 1 对巯基。这对巯基上的 2 个氢原子传递给核苷二磷酸还原酶。

② 第二套系统由 3 种酶和 2 对氧化还原对组成,即硫氧还蛋白、硫氧还蛋白还原酶、核苷二磷酸还原酶和 NADPH/NADP$^+$、FADH$_2$/FAD。该系统中氢的最终供体仍然是 NADPH。NADPH 中的氢原子首先传递给硫氧还蛋白还原酶的辅基 FAD,使其转变为 FADH$_2$。在硫氧还蛋白还原酶催化下,FADH$_2$ 中的氢原子可将硫氧还蛋白中的二硫键还原为 1 对巯基,这对巯基上的 2 个氢原子将使硫氧还蛋白中的二硫键还原为 1 对巯基,最后由还原型的硫氧还蛋白使核苷二磷酸还原酶中的二硫键还原为巯基,从而发挥还原 NDP 的作用(图 12-33)。

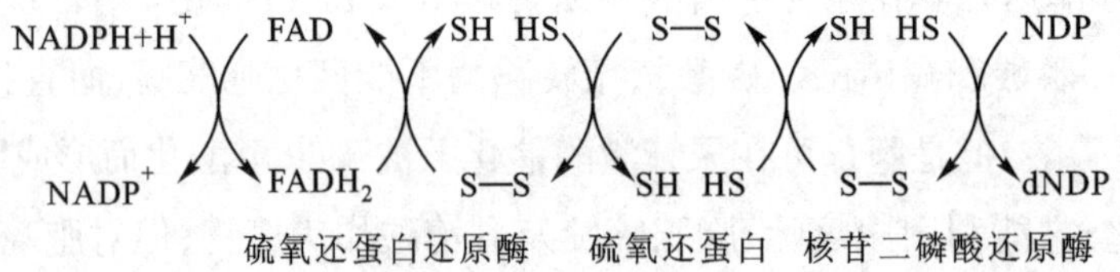

· 图 12-33　核苷二磷酸还原为脱氧核苷二磷酸的第二套系统

根据产生自由基的基团,可将已发现的核苷二磷酸还原酶分为 4 种类型:Ⅰ 型以大肠杆菌核苷二磷酸还原酶为代表,由双核铁中心(Fe^{3+})产生酪氨酸自由基,有氧条件下有活性;Ⅱ 型主要存在于某些微生物和藻类中,由 5′- 脱氧腺苷钴胺素产生自由基;Ⅲ 型酶的底物为核糖核苷三磷酸,由铁硫中心产生自由基,无氧条件下有活性;Ⅳ 型酶存在于某些微生物中,由双核锰中心(Mn^{4+})产生自由基。然而,目前只有大肠杆菌核苷二磷酸还原酶的结构和催化机制已研究清楚。

(2) 胸苷三磷酸的生物合成　合成 DNA 的 4 种原料是 dATP、dCTP、dGTP、dTTP 等脱氧核苷三磷酸(dNTP),前 3 种 dNTP 可由核糖核苷二磷酸还原酶系的产物 dADP、dCDP、dGDP 经激酶催化磷酸化转变而来,而脱氧胸苷三磷酸(dTTP)则必须由另一途径合成。生物细胞首先合成脱氧胸苷一磷酸(dTMP),dTMP 再经两次磷酸化即可转变为脱氧胸苷三磷酸(dTTP)。

合成 dTMP 的直接前体是脱氧尿苷一磷酸(dUMP)。在胸苷酸合酶(thymidylate synthase)催化下,

由 N^5, N^{10}-亚甲基四氢叶酸提供甲基,dUMP 被甲基化而转变为 dTMP。N^5, N^{10}-亚甲基四氢叶酸给出甲基后即转变为二氢叶酸。由 NADPH 供给氢,经二氢叶酸还原酶催化,二氢叶酸又可被还原为四氢叶酸。如果有亚甲基的供体,如丝氨酸存在时,四氢叶酸可获得亚甲基而转变成 N^5, N^{10}-亚甲基四氢叶酸(图 12-34)。

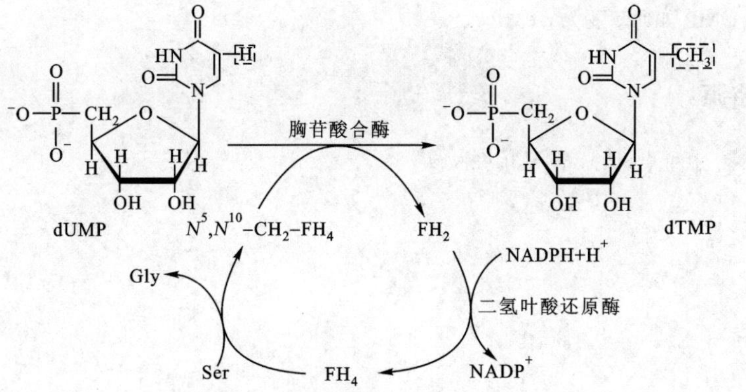

·图 12-34　dTMP 的合成途径

　　合成胸苷一磷酸时所需要的底物脱氧尿苷一磷酸,可以由尿苷二磷酸还原成脱氧尿苷二磷酸,经磷酸化成为脱氧尿苷三磷酸,再经嘧啶脱氧核苷三磷酸酶转变为脱氧尿苷一磷酸。另一条途径由脱氧胞苷三磷酸脱氨,经脱氧尿苷三磷酸再转变成脱氧尿苷一磷酸。

小结

1. 生物体内的氨基酸主要通过转氨和氧化脱氨作用,即联合脱氨方式将氨基脱去,剩下的碳骨架可进入三羧酸循环而彻底氧化分解,也可转变为糖或酮体。

2. 氮素循环包括固氮作用、氨基化作用、硝化作用、反硝化作用等许多转化作用。在特定的条件下,N_2 可与其他物质发生化学反应而形成含氮化合物的过程称为固氮作用。其中,生物固氮是地球生命氮元素的主要来源。

3. 半胱氨酸、甲硫氨酸等均含有硫元素,这些有机硫主要来源于硫酸根还原。细菌、藻类和高等植物都可进行硫酸根的还原反应。

4. 嘌呤核苷酸既可以依次在 5′-核苷酸酶和核苷磷酸化酶作用下水解为腺苷和腺嘌呤,再在腺嘌呤脱氨酶作用下脱氨转化为次黄嘌呤,也可以在腺苷一磷酸和腺苷的水平上直接脱去氨基,转变为肌苷一磷酸和肌苷,肌苷经核苷酸酶分解为次黄嘌呤,并进一步在黄嘌呤氧化酶作用下生成黄嘌呤和尿酸。

5. 胞苷、胞苷一磷酸先转变成尿苷与尿苷一磷酸,再进一步转变成尿嘧啶。脱氧胞苷先转变成脱氧尿苷,再经尿苷磷酸化酶作用转变成尿嘧啶。

6. 核苷酸有从头合成和补救途径两条基本的生物合成途径。嘌呤核苷酸从头合成的起始物是 5-磷酸核糖焦磷酸,经一系列的酶促反应后形成 IMP,再由 IMP 转变为 AMP 和 GMP;嘧啶核苷酸则先形成嘧啶环,然后与磷酸核糖作用形成乳清酸核苷酸,再转化为其他嘧啶核苷酸。

7. 氨基酸生物合成的碳骨架来源于三羧酸循环、糖酵解、磷酸戊糖途径等几条主要代谢途径的中间产物。根据其碳骨架的来源不同,可将氨基酸的生物合成分为丙氨酸族、丝氨酸族、天冬氨酸族、谷氨酸族、芳香氨基酸族和组氨酸族 6 个家族。

8. 生物体内脱氧核糖核苷酸可由核糖核苷酸还原形成,是在核苷二磷酸的水平上被还原的。脱氧胸苷一磷酸(dTMP)是脱氧尿苷一磷酸(dUMP)的甲基化产物。

复习思考题

1. 为什么说谷氨酰胺合成酶是生物体内参与氮代谢的重要酶之一?

2. 联合脱氨方式的主要内容是什么?

3. 食物中的甲硫氨酸在哺乳动物中至少有 3 种重要的生物合成作用,这些作用是什么?

4. 什么是一碳单位? 常见形式有哪些? 它与氨基酸和核苷酸代谢有何关系?

5. 试述核苷酸在物质代谢中的重要作用。

6. 写出嘌呤核苷酸与嘧啶核苷酸合成过程的区别。

7. 试述嘌呤和嘧啶环中各个原子的元素来源。

8. 在代谢过程中,UMP 如何转变为 dTMP ?

数字课程学习资源

● 教学课件　　● 重难点讲解　　●拓展阅读

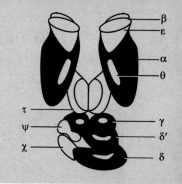

13 核酸的生物合成与降解

关键词

关键词

DNA 复制　　中心法则　　冈崎片段　　前导链　　后随链　　引物　　复制叉　　半保留式复制　　模板
反转录　　转换　　错配修复　　核苷酸切除修复　　碱基切除修复　　限制性内切核酸酶　　单链结合蛋白
RNA 衰减　　RNA 降解　　脱腺苷酸化　　脱帽　　RNA 外切体　　氨酰化　　核糖体自噬

　　核酸是储存和传递生物遗传信息的大分子。生物体的遗传信息以密码形式编码在 DNA 的分子内，并以特定的核苷酸序列表现出来。DNA 通过转录（transcription）先将遗传信息传递给 mRNA，后者通过翻译（translation）指导蛋白质合成。DNA 通过自身复制（replication）可将遗传信息由亲代传递至子代，使子代细胞呈现与亲代相同的遗传性状；有些生物也存在以 RNA 为模板来合成 DNA 的过程，即反转录（reverse transcription）或逆转录，使得遗传信息由 RNA 传向 DNA。遗传信息在 DNA、RNA 和蛋白质等生物大分子间转移的这一过程称为遗传信息传递的中心法则（central dogma）（图 13-1）。

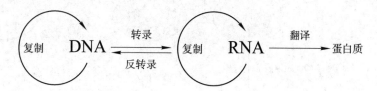

· **图 13-1**　中心法则

13.1　DNA 的生物合成

　　DNA 的生物合成是指以亲代 DNA 的两条链为模板，以 4 种脱氧核苷三磷酸为底物，在 DNA 聚合酶催化下进行的脱氧核苷酸聚合反应，产物是与亲代一致的两条子代 DNA 分子，因此这一合成过程也称为复制。DNA 的复制过程除了需要 DNA 模板和 DNA 聚合酶外，还需要数十种酶和蛋白因子、引物及镁离子等物质参与。

　　当生物体细胞在增殖周期的一定阶段时，染色体 DNA 便开始复制，完成后细胞随即进行分裂，并以染色体为单位将复制的基因组分配到两个子细胞中。细胞分裂结束后，又可开始新一轮的 DNA 复制过程。染色体外的遗传物质（如细菌质粒、X174 噬菌体、T7 噬菌体和 T4 噬菌体等）、真核细胞器（如线粒体、叶绿体）的 DNA 也具有类似的复制过程。

13.1.1 DNA 的半保留复制

在 Watson 和 Crick 提出 DNA 双螺旋结构模型后，不久又提出半保留复制机制的设想。按照 DNA 碱基对的互补配对原则，双链中的每一条链都含有完整的遗传信息，在 DNA 复制过程中双链间的氢键首先断裂，双螺旋解旋并被分开，每条链分别作为模板各自合成一条新的互补链。这样就产生两个与原来 DNA 分子碱基顺序一样的 DNA 分子。新 DNA 分子中一条链来自亲代 DNA 分子，另一条链是新合成的，这种复制方式称为半保留复制（semiconservative replication）。

1958 年，Meselson 和 Stahl 采用同位素 ^{15}N 标记和 CsCl 密度梯度超速离心法研究大肠杆菌（*Escherichia coli*）DNA 复制的过程，从而证实了双链 DNA 的半保留复制方式（图 13–2）。他们以重氮（^{15}N）标记的 ^{15}NH$_4$Cl 作为唯一氮源，培养 *E. coli* 数十个世代，使所有细菌 DNA 都带有 ^{15}N 标记，然后

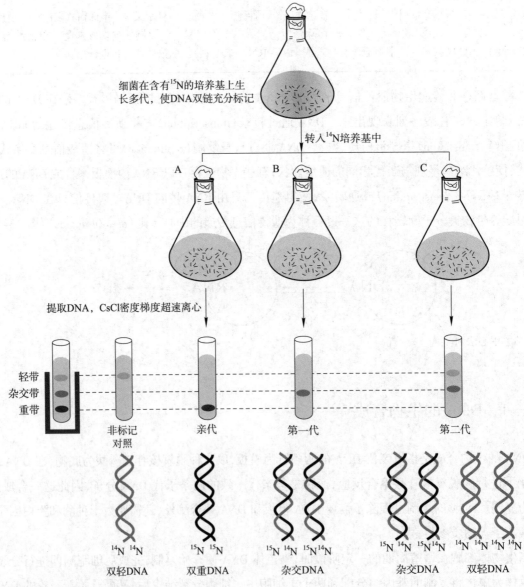

·**图 13-2** DNA 的半保留复制模式

A. 转入 ^{14}N 后立即取出；B. 繁殖一代后取出；C. 繁殖二代后取出

将这些细菌转移到含轻氮(^{14}N)标记的 ^{14}NH$_4$Cl 培养基中培养,并在不同时间取样,提取细菌 DNA,通过密度梯度超速离心进行分析。^{15}N-DNA 的密度大于 ^{14}N-DNA,两者在超速离心管中可分离成不同的 DNA 密度梯度带。实验结果如下。

(1) 在 ^{14}N 中培养的第一代菌液中只得到一条密度介于 ^{15}N-DNA 与 ^{14}N-DNA 之间的杂交带(图 13-2),此区带是 ^{14}N/^{15}N 杂合分子,而此时 ^{15}N-DNA 重带已消失,同时未出现纯 ^{14}N-DNA 轻带,说明子代 DNA 含有来自亲代 DNA 的 ^{15}N-DNA 链。

(2) 第二代细菌中出现两条等量的区带,一条为杂交带,另一条为轻带,即 ^{14}N-DNA,此时重带(即 ^{15}N-DNA)仍未出现。随着培养代数增加,杂交带减弱,而 ^{14}N-DNA 轻带增加,直至完全看不到杂交带。

上述实验结果表明,在复制过程中亲代 DNA 并没有作为一个完整的单位保存下来,而是亲代两条链分别作为独立单位参与复制反应。这一结果完全符合 DNA 半保留复制的理论模型。

13.1.2　原核生物 DNA 的复制

参与原核生物(如大肠杆菌)DNA 复制的蛋白质和酶有 30 多种,它们结合于 DNA 模板上,形成一个高效、高精度复制的完整实体复合物,称其为 DNA 复制体(replisome)或 DNA 复制多酶系统(表 13-1)。下面分别介绍原核生物 DNA 复制中所必需的各种主要成分。

·表 13-1　参与大肠杆菌复制的蛋白质和酶

酶或蛋白质	相对分子质量 /10^3	亚基数	功　能
SSB(单链结合蛋白)	75.6	4	
Dna T	66	3	与单链 DNA 组装形成核蛋白细丝
n 蛋白	28	2	预引发
Dna A	50	1	预引发引物体装配
Dna C	29	1	在复制起点特异部位解开双链 DNA
Dna B(解旋酶)	300	6	传送 Dna B 至解旋的模板 DNA 上
HU(类组蛋白)	19	2	利用 ATP 水解能量分开双链 DNA
Dna G(引发酶)	60	1	促进起始
DNA 连接酶 I	74	1	合成 RNA 引物
拓扑异构酶 II	100	4	共价连接切口
拓扑异构酶 III	400	4	松弛负超螺旋
A 亚基	105	2	引入负超螺旋
B 亚基	95	2	链断裂、再连接
Rep 蛋白	66	1	ATP 酶
解旋酶 I	180		3′ → 5′ 分开双链
解旋酶 II	75	1	解链
解旋酶 III	20		解链

(1) DNA 聚合酶　DNA 聚合酶(polymerase)在催化 DNA 链延伸过程中发挥主要作用。它以 4 种脱氧核糖核苷三磷酸(dATP、dGTP、dCTP 和 dTTP)为底物,在亲代 DNA 模板链指导下,按互补配对原则合成一条新的 DNA 链。延伸反应需要引物存在 3′-OH,新生链的延伸方向为 5′ → 3′。DNA 聚

合酶只能催化脱氧核糖核苷酸加到现有核酸链的游离 3′-OH 上，形成一个新的 3′,5′- 磷酸二酯键（图 13-3），其中提供游离 3′-OH 的核酸链称为引物（primer）。

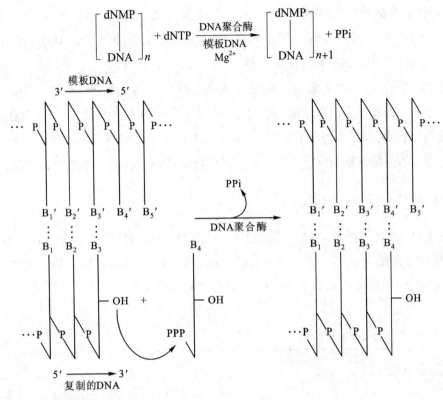

·**图** 13-3　DNA 聚合酶催化的聚合反应

大肠杆菌中主要有 3 种 DNA 聚合酶：DNA 聚合酶 Ⅰ（DNA polymerase Ⅰ，DNA pol Ⅰ）、DNA 聚合酶 Ⅱ（DNA pol Ⅱ）和 DNA 聚合酶Ⅲ（DNA pol Ⅲ）。3 种聚合酶均具有聚合与外切的多重酶活性，但彼此间催化聚合的反应速率有较大差异，在细胞内的主要功能也不尽相同（表 13-2）。

·**表** 13-2　大肠杆菌中 3 种 DNA 聚合酶的性质比较

	DNA 聚合酶 Ⅰ	DNA 聚合酶 Ⅱ	DNA 聚合酶Ⅲ
结构基因	*pol A*	*pol B*	*pol C(Dna E)*
相对分子质量	109 000	88 000	791 500
亚基数	1	7	大于 10
聚合作用 5′→3′	+	+	+
3′→5′ 外切核酸酶活性	+	+	+
5′→3′ 外切核酸酶活性	+	−	−
聚合速率 /（nt·s⁻¹）	16~20	40	250~1 000

DNA 聚合酶 Ⅰ 为一种多功能酶，其催化活性主要包括催化脱氧核糖核苷单磷酸（dNMP）掺入新生链中，并按 5′→3′ 方向延伸进行新生链的聚合。同时，DNA 聚合酶 Ⅰ 还具有外切 DNA 的功能，一般从 3′ 端水解外切 DNA（即 3′→5′ 外切核酸酶活性），切下错配的核苷酸，因此其具有校对功能。此外，

DNA 聚合酶 I 还能从 5' 端水解 DNA（即 5' → 3' 外切核酸酶活性），此功能主要用于修复 DNA 损伤和切除引物。DNA 聚合酶 I 的相对分子质量为 1.09×10^5，是一条单链多肽，内含一个锌原子。DNA 聚合酶 I 所具有的 3' → 5' 外切核酸酶校对功能可大大减少 DNA 复制时的错误率。

DNA 聚合酶 II 的相对分子质量为 88 000，由 7 个亚基构成。它含有聚合酶活性和 3' → 5' 外切核酸酶活性，却不含 5' → 3' 外切核酸酶活性。该聚合酶催化聚合反应时，除需要 4 种 dNTPs 和 Mg^{2+} 外，还需要 NH_4^+、一条带有 50~200 bp 缺口的双链 DNA 和带有 3'-OH 端的引物，此时才会按 5' → 3' 方向催化合成 DNA。经测定，每个大肠杆菌细胞约含 100 个 DNA 聚合酶 II 分子。

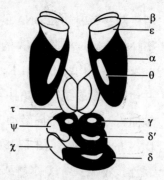

·图 13-4　天然的 DNA 聚合酶 III 全酶装配模式图

DNA 聚合酶 III 是由多个亚基构成的寡聚体，全酶包含 10 个不同的亚基，相对分子质量约为 7.9×10^5（图 13-4）。其中，α 亚基具有沿 5' → 3' 聚合酶活性；ε 亚基具有 3' → 5' 外切核酸酶活性，起校对作用，确保 DNA 复制的保真性；θ 亚基与 α、ε 结合，能协调并促进 α 亚基的聚合作用，并使 ε 亚基的外切核酸酶活性提高 10~80 倍。α、ε、θ 三种亚基组装为核心酶（表 13-3）。大肠杆菌 DNA 聚合酶 III 不具有 5' → 3' 外切核酸酶活性。

·表 13-3　大肠杆菌 DNA 聚合酶 III 全酶的组成与功能

亚　基	相对分子质量 /10^3	结构基因	功　能
α	129.9	pol C (ona E)	含 5' → 3' 聚合酶活性
ε	27.5	Dna Q (mut D)	3' → 5' 外切核酸酶活性
θ	8.6	hol E	稳定模式
τ	71.1	Dna X	结合 ATP
γ	47.5	Dna X	夹子作用
δ	38.7	hol A	夹子作用
δ'	36.9	hol B	夹子作用
χ	16.6	hol C	与 SSB 结合
ψ	15.2	hol D	与 χ 和 γ 结合
β	40.6	Dna N	夹子作用

（2）DNA 解旋酶　DNA 解旋酶（DNA helicase）具有腺苷三磷酸酶（简称 ATP 酶，ATPase）和 DNA 解旋酶双重活性，能利用 ATP 水解释放的能量将 DNA 的双链解开为单链。由于解旋酶水解 ATP 的活性依赖单链 DNA，故在复制时，一旦双链 DNA 中出现缺口或单链末端，DNA 解旋酶必须首先结合到该部位，随即一部分 DNA 解旋酶沿模板链的 5' → 3' 方向随复制叉移动而向前推进。而另一类称为 Rep 蛋白的解旋酶，则沿 3' → 5' 方向移动。两类解旋酶协同作用，共同解开 DNA 双链。

（3）单链结合蛋白　经 DNA 解旋酶作用后所产生的 DNA 单链区很快被松弛蛋白（relaxation protein，又称单链结合蛋白，single-strand-binding protein，SSB）所覆盖，以防止单链重新配对结合成双链，并保护单链 DNA 不被核酸酶所降解。在原核生物中，SSB 与单股 DNA 的结合表现类似别构效应，DNA 的空间结构或构象发生变化，从而有利于后续 SSB 与单链 DNA 结合。

（4）拓扑异构酶　拓扑异构酶（topoisomerase）是一类能调节 DNA 分子超螺旋类型与数量的酶，作用机制是暂时切断 DNA 的一条或两条链,经旋转后重新连接,引入或释放超螺旋,从而改变 DNA 的拓扑学性质。根据 DNA 的断裂方式,可将拓扑异构酶分为 I 型和 II 型。

拓扑异构酶 I(Top I,曾称松旋酶、ω 蛋白、转轴酶、松弛酶等)能与 DNA 结合形成稳定的复合物,并包裹住断裂位点。拓扑异构酶 I 在酶促反应作用过程中只切开 DNA 的一条链,使链的末端沿螺旋轴向松开螺旋的方向转动,而另一条链便从切口中穿越,随后原来断裂的 DNA 链重新连接,从而改变 DNA 的超螺旋数(图 13-5A)。由于整个反应是键的可逆水解,没有能量的释放,因此 DNA 断裂和重新连接不需要 ATP 水解或外界供能。原核生物中的拓扑异构酶 I 只消除或减少负超螺旋,对正超螺旋不起作用;真核生物中的拓扑异构酶 I 既能消除负超螺旋,又能消除正超螺旋。

拓扑异构酶 II(Top II,也称 DNA 促旋酶)能同时切断 DNA 两条链产生平端切口,将一个 DNA 双链经过另一个双链的裂口穿过,将断裂的两条链重新连接,从而将负超螺旋引入双链闭环 DNA 分子中(图 13-5B),该反应需要通过 ATP 水解提供能量。参与 DNA 复制的主要是拓扑异构酶 II,在复制前可将负超螺旋松旋,有利于复制起始;复制过程中,也可清楚由于复制叉移动产生的正超螺旋,使得 DNA 复制叉得以向前移动,新生链得以延伸。

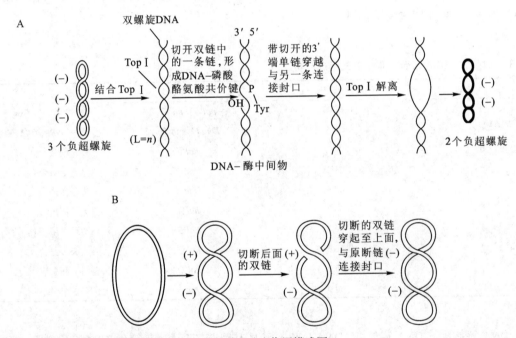

·图 13-5 大肠杆菌拓扑异构酶 I(A)和拓扑异构酶 II(B)作用模式图

总之,拓扑异构酶 I 和拓扑异构酶 II 广泛存在于原核生物和真核生物中,拓扑异构酶 I 主要集中在转录区,与转录密切相关;拓扑异构酶 II 则分布在染色质骨架蛋白和核基质部位,说明拓扑异构酶 II 与复制过程有关。拓扑异构酶 I 减少负超螺旋,拓扑异构酶 II 则引入负超螺旋,它们通过协同作用共同控制 DNA 的拓扑结构。如当 DNA 复制时,需要较高水平的负超螺旋来抵消复制叉移动时所产生的正螺旋,以利于 DNA 新链的延伸;复制结束后,则须降低负超螺旋水平,以便在活性染色质部位进行转录。除在 DNA 复制时解开 DNA 双螺旋外,拓扑异构酶还在遗传重组、DNA 损伤修复及其他 DNA 转录方面起重要作用。

(5) 引发酶 由于 DNA 聚合酶催化 DNA 链延伸时必须以寡核苷酸链的 3′-OH 为底物,需要引发酶(primase)以一条解开的 DNA 为模板,按照 5′→3′ 方向合成 RNA 短链,从而为 DNA 聚合酶提供 3′-OH,这段 RNA 短链即称为引物(primer)。引发酶本质上是一种 RNA 聚合酶,它能辨认复制起始位点,并与 Pri A、Dna B、Dna C 等蛋白质共同组装成引发体(primosome),启动 DNA 新链的合成。

首先,利用 ATP 水解释放出的化学能,在拓扑异构酶和解旋酶的共同作用下,模板 DNA 双螺旋沿复制叉的前进方向解开为单链,并与单链结合蛋白相结合以维持单链的稳定状态。随后,由引发体合成 RNA 引物,DNA 聚合酶在引物的 3′ 端催化合成 DNA 新生链并延伸。最后,在 DNA 新链初步合成结束后,由 DNA 聚合酶的 5′→3′ 外切核酸酶活性除去 RNA 引物,所产生的缺口填补仍由 DNA 聚合酶产生互补的 DNA 片段填补,最终切口由 DNA 连接酶连接。

(6) DNA 连接酶　DNA 聚合酶只能催化和延伸 DNA 多核苷酸链,却不能使 DNA 片段之间的 3′-羟基与 5′- 磷酸基团共价连接。1967 年,研究人员从 T4 噬菌体感染的大肠杆菌中发现 DNA 连接酶(DNA ligase)。此酶可催化双链 DNA 切口的 5′- 磷酸基团和 3′- 羟基生成磷酸二酯键,该过程需要消耗能量。噬菌体和动物细胞的 DNA 连接酶以 ATP 作为能量来源,大肠杆菌和其他细菌的 DNA 连接酶则以 NADH 作为能源物质。这种 T4 DNA 连接酶不仅能连接 DNA-DNA 的切口,也能将缺乏单链黏端(sticky end)的平端(blunt end)双链 DNA 通过形成磷酸二酯键而连接。此外,还能连接 RNA-RNA 或 RNA-DNA 的切口(图 13-6)。

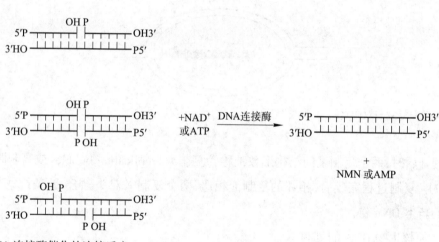

·图 13-6　DNA 连接酶催化的连接反应

连接酶反应分多步进行,首先由 ATP(或 NADH)与连接酶形成共价连接的中间复合物(酶 -AMP 复合物),AMP 的磷酸基与连接酶 Lys 残基的 ε- 氨基以磷酰胺键结合。接着连接酶将 AMP 转移给 DNA 切口处的 5′- 磷酸,形成高能焦磷酸酯,然后由相邻链的 3′-OH 对活化的磷原子进行亲核攻击。最后发生连接反应,进而生成 3′,5′- 磷酸二酯键,并释放出 AMP。

13.1.3　DNA 复制过程

13.1.3.1　复制子、复制起始点与方向
DNA 复制时,从特定的起始点(origin)开始,沿 DNA 链延伸,直至到达复制终点(terminus)而完成整个复制过程,这种能进行独立复制的单位称为复制子(replicon)。原核生物染色体、质粒、许多噬菌体与病毒的 DNA 及真核生物细胞器(线粒体、叶绿体)的 DNA 多为环状分子,一般只含单个复制子。

真核生物染色体 DNA 分子较大,无法由单个复制单位来完成,因此有多个复制起点,即含有多复制子(multireplicon)。一个典型的哺乳动物细胞有 50 000 ~ 100 000 个复制子,每个复制子长 100 ~ 200 kb。

复制过程开始以后,复制起点处的双链 DNA 解开成两条单链,分别作为模板进行复制,使复制起点呈现 Y 形结构,称为复制叉(replication fork);随着复制的进行,复制叉从复制起点处沿 DNA 链移动。多数生物的 DNA 在复制时由一个起点开始向两侧等速延伸,形成两个复制叉,称为双向复制(bidirectional replication);少数生物中的复制起点只形成一个复制叉,向一个方向移动进行复制,称为单向复制(unidirectional replication)(图 13-7)。通常,两条 DNA 单链分开后同时进行复制,即以对称方式复制,但也有些生物先复制一条单链,再复制另一条单链,我们将之称为不对称方式复制。

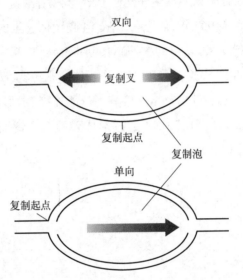

·图 13-7 DNA 单向复制与双向复制

复制过程开始时,两个复制叉间结构形象地称为复制泡(replication bubble)或复制眼(replication eye)(图 13-7)。复制过程完成后,相邻的复制泡相遇,两个复制叉对头融合,两条链解开,从而形成连续而完整的新生 DNA 链。

13.1.3.2　原核生物 DNA 的复制

原核生物 DNA 的复制过程可分为起始、延伸和终止三个阶段。

(1) 复制的起始　以大肠杆菌为例来说明原核生物 DNA 复制的起始过程。大肠杆菌 DNA 的复制起点称为 ori C,长度一般为 245 bp,富含 A-T 碱基对,有利于复制时解开双链;还有两组短的重复序列,即 4 个 9 bp 的序列和 3 个 13 bp 序列,能够被相关蛋白因子所识别(图 13-8)。多数细菌、真菌、线粒体和叶绿体中都含有类似 ori C 高度保守的复制起始序列。

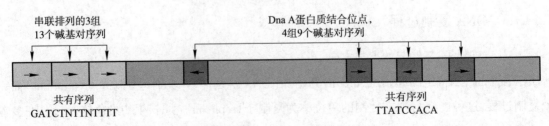

·图 13-8　大肠杆菌 DNA 复制起点(ori C)的序列分布

大肠杆菌 DNA 复制起始时,在 HU 蛋白(细菌内最丰富的 DNA 结合蛋白)和整合宿主因子(integration host factor,IHF)的帮助下,结合有 ATP 的 Dna A 首先识别并结合于 ori C 的 4 组重复的 9 bp 序列上,形成预起始复合物。然后利用 Dna A 蛋白的 ATPase 活性水解结合的 ATP 进行供能,驱动富含 A–T 碱基对的 3 个 13 bp 序列部分的双链解开,由此形成约 45 bp 的开放型复制泡复合体。紧接着,在 Dna C 蛋白(具有递送 Dna B 至模板的功能)协助下,两个具有解旋酶活性的 Dna B 六聚体分别附在 DNA 的两条链上,从起点处的两个相反方向对 DNA 进行解旋并形成两个潜在的复制叉。Dna B 形成一个类似夹子的结构,将模板 DNA 夹住,使得自身可以沿 DNA 链不停地向前解旋,从而提高 DNA 聚合酶进行聚合反应的持续时间。解旋产生的单链区由 SSB 覆盖,防止模板复性或形成链内双螺旋,同时阻止核酸酶对其进行降解。

Dna B 一边解旋,一边指示引发酶 Dna G 与其他蛋白质组分(包括 Pri A、Pri B、Pri C、Dna T、Dna B 和 Dna C 等)在引发体组装位点(primosome assembly site,PAS)上一起组装成一个相对分子质量约为 6.0×10^5 的大复合体,称为引发体(primosome)(图 13-9)。引发体中的 Pri A 具有解旋和置换 SSB 蛋白两种活性,即当 Pri A 在双链部位按照 5′→3′ 方向与 Dna B 协同解旋并移动时,能将 SSB 蛋白转换下来并激活引物合成酶的活性;Dna G 蛋白须在组合成引发体后其引发酶活性才被活化,在模板 DNA 链上按照碱基配对原则合成一小段 RNA 作为引物。

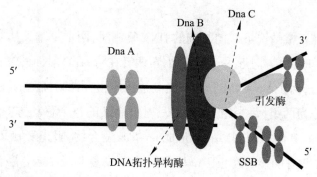

•图 13-9　大肠杆菌 DNA 复制的引发体结构

(2) DNA 链的延伸　复制叉上的 RNA 引物合成后,DNA 聚合酶Ⅲ即结合到模板链上,按照碱基互补配对原则,以 4 种 dNTP 为底物,在 RNA 引物的 3′ 端合成新的 DNA 单链。目前,已知的 DNA 聚合酶只能按 5′→3′ 方向进行 DNA 新链的延伸,而亲代 DNA 两条链的走向呈反向平行,一条链的走向为 5′→3′,另一条链的走向为 3′→5′。因此,子链中有一条链是以亲代 DNA 单链 3′→5′ 方向(即新合成链的方向仍是 5′→3′)连续合成长链,与复制叉移动方向一致,该链称为前导链或先导链(leading strand);另一条子链则以 5′→3′ 方向的亲代 DNA 单链为模板,沿着与复制叉移动相反的方向先合成许多小片段(每个小片段的合成方向仍是 5′→3′),随后再将这些小片段连接成一条完整的长链,称为后随链(lagging strand),是一个不连续合成的过程。1968 年,日本科学家冈崎(Okazaki)首先发现并研究这些小片段,故称为冈崎片段(Okazaki fragment)。原核生物中冈崎片段长为 1 000～2 000 个核苷酸;真核生物中冈崎片段则只有 150～200 个核苷酸。前导链连续合成,后随链不连续合成,DNA 复制的这一特性称为半不连续复制(semidiscontinuous replication)(图 13-10)。

在 DNA 链的延伸过程中,前导链和后随链并非由两个 DNA 聚合酶Ⅲ分别进行合成,而是由一个具有不对称双活性部位的 DNA 聚合酶Ⅲ全酶同时合成两条链。此时,后随链模板在 DNA 聚合酶Ⅲ上回折 180° 形成一个突环,使两条链合成都按 5′→3′ 方向延伸(图 13–11)。随着冈崎片段的延长,后随链模板及冈崎片段形成的突环从 DNA 聚合酶Ⅲ上释放,已解离成单链的下一段后随链模板由新的引发体在引发位点上合成新的引物,然后与 DNA 聚合酶Ⅲ结合形成新的突环,再启动新的冈崎片段合成过程。

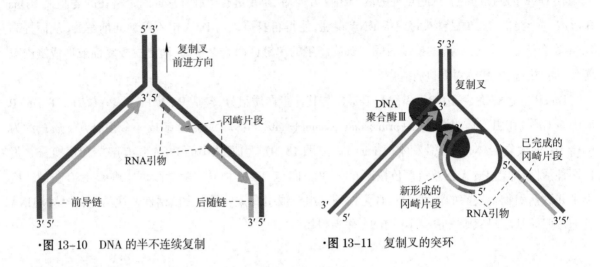

·图 13–10　DNA 的半不连续复制　　　　·图 13–11　复制叉的突环

(3) 复制的终止　在正常情况下双向复制的 DNA 复制时,两个复制叉从复制起始点(ori C)开始以两个相反(顺时针和逆时针)方向近乎等速移动,至两者在与 ori C 对面的终止区(termination region)相遇时,两个复制叉融合,两条 DNA 新链分开,复制过程停止。大肠杆菌的终止区含有 10 个终止位点序列(ter A ~ ter K),分为两组,每一组 ter 位点只对复制叉的一个移动方向有专一性;它们通过与 Tus 蛋白(一种解旋酶 Dna B 的抑制剂)结合,形成 ter–Tus 复合物,阻止复制叉继续移动,从而终止复制过程。有些环状 DNA 没有明显的终止区,只要两个相对的复制叉相遇并融合,就能完成复制过程。

后随链的不连续复制使得复制叉前进过程中及复制叉融合后还有大量冈崎片段存在,须对其进行连接。DNA 聚合酶Ⅰ利用其 5′→3′ 外切核酸酶活性切除冈崎片段 5′ 端的 RNA 引物,形成一个缺口;之后以上一冈崎片段的 3′–OH 为引物,用其 5′→3′ 方向聚合酶活性补齐这一缺口。最后,两段冈崎片段间的切口由 DNA 连接酶连接起来。

13.1.4　真核生物 DNA 的复制

(1) 真核生物中的 DNA 聚合酶　真核生物 DNA 复制的基本原则和过程与大肠杆菌相似,但在细节上略有差异,并且需要更多蛋白质因子的参与。目前,已从各种真核生物中分离鉴定出多种 DNA 聚合酶。哺乳动物细胞中发现的 DNA 聚合酶多达 15 种,主要有 5 种:聚合酶 α、聚合酶 β、聚合酶 γ、聚合酶 δ 和聚合酶 ε。它们的性质列于表 13–4。真核生物 DNA 聚合酶的酶促反应性质与原核生物 DNA 聚合酶相似,均以 4 种 dNTP 为底物,需要 Mg^{2+} 激活,要求有模板和引物 3′–OH 端的存在,链的延伸方向 5′→3′,也按半不连续合成机制分别合成前导链和后随链。

(2) 真核生物 DNA 复制的特点　与原核生物相比,真核生物染色体结构复杂,因此它的 DNA 复制过程有其独特的特点。

·表13-4　真核生物 DNA 聚合酶相关生物学特性

生物学特性	DNA 聚合酶				
	α	β	γ	δ	ε
相对分子质量（×10³）	110~220	45	60	122	
亚基数	4	1	2	2	> 1
聚合酶活性 5′ → 3′	+	+	+	+	+
外切（校正）酶活性 3′ → 5′	−	−	+	+	+
聚合酶从 RNA 引物 3′-OH 端合成 DNA	+	−	−	−	−
引物合成酶活性	+	−	−	−	−
持续合成能力	中	低	高	有 PCNA 时高	高
对抑制剂敏感	蚜肠霉素	双脱氧 TTP	双脱氧 TTP	蚜肠霉素	蚜肠霉素
细胞定位	细胞核	细胞核	线粒体	细胞核	细胞核

① 原核生物 DNA 没有核小体的结构，但真核生物的 DNA 通常都与组蛋白构成核小体。在复制过程中，随着复制叉的移动，前方的核小体组蛋白需要先解聚，待复制后再重新组装成核小体。

② 真核生物不仅基因组庞大，而且 DNA 复制速率比原核生物慢得多（如细菌 DNA 复制叉移动的速率为 5.0×10^4 bp/min，哺乳动物复制叉移动的速率有 1 000 ~ 3 000 bp/min，两者相差几十倍）。如以哺乳动物 DNA 复制速率计算，用两个复制叉来复制 10^5 bp 大小的细胞 DNA 约需要 30 天。

③ 真核生物 DNA 上存在多个复制子。例如，酿酒酵母每个染色体有 40 个复制子。原核生物 DNA 中多数只有一个或几个复制子，因此原核生物的快速复制是与其复制子少相适应的。真核生物 DNA 的多复制子可以同时启动复制过程，大大提高其总体复制速率，同样可弥补其单个复制叉移动速率慢的缺点。

④ 原核生物快速生长时，在 DNA 复制起始点上可以连续复制，而真核生物染色体 DNA 的复制子在每个细胞周期仅起始复制一次，在全部复制完成前起点不再重新开始复制。

（3）真核细胞端粒 DNA 的复制　真核生物 DNA 为线状分子，在其复制即将终止时，最后一个冈崎片段上引物 RNA 被切除后留下的缺口应由 DNA 聚合酶合成相应的 DNA 来填补，但此时已没有其他冈崎片段可提供 5′ 端引物，正常的合成机制无法进行，末端的这一缺口就会保留下来，导致 DNA 在细胞传代过程变得越来越短。因此，真核细胞利用端粒 DNA 和端粒酶来解决这个难题。

端粒 DNA 是真核生物染色体线形 DNA 分子末端重复数达到上百个的特殊重复序列（如人类中的重复单位序列为 5′-TTAGGG-3′），它与一些特殊的结合蛋白组成有序结构，称为端粒（telomere）（图 13-12）。端粒 DNA 的复制是由端粒酶（telomerase）催化完成的，这是一种含 RNA 的核糖核蛋白复合物，其本质是一种反转录酶，能够以所含 RNA 上的部分序列为模板合成互补的 DNA 片段。在真核生物 DNA 终止复制过程中，在最后一个 RNA 引物被切除后，端粒酶结合到未配对的模板链 3′ 端，以所含 RNA 中一段富含

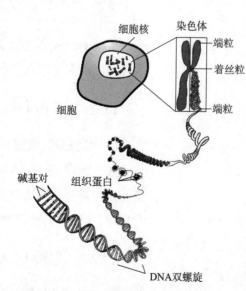

·图 13-12　真核生物端粒结构及功能

C 的序列为模板,合成一连串的重复序列。随后,这一重复序列自身回折并配对,以折回的 3′ 端为引物,在 DNA 聚合酶的催化下延伸互补 DNA 链,直至与最后一个冈崎片段的 5′ 端相遇,在连接酶作用下将两段片段连成一条完整的 DNA。最后,回折形成的 U 型末端被切除,端粒 DNA 序列的长度有所缩短,等下一次复制时再由端粒酶进行延长。端粒 DNA 的主要功能有:第一,保护染色体不被核酸酶降解;第二,防止染色体相互融合;第三,为端粒酶提供底物,解决 DNA 复制的末端隐缩,保证染色体完全复制。

 知识窗

端粒长度与细胞寿命

哺乳动物体细胞生长时,细胞分裂的次数是有限的,一般为 20～40 次。在端粒酶不存在或其活性受到抑制的情况下,随着细胞的分裂,染色体端粒逐渐缩短。据文献报道,一些早衰的个体细胞中的端粒是非常短的,如早衰的大鼠生长到幼年时期就死亡,其端粒完全被截短。由此看来,端粒的截短或丢失很可能是细胞衰老和老化的重要原因。端粒发挥其功能需要两种特殊的蛋白,即端粒结合蛋白 1(TRF1)和端粒结合蛋白 2(TRF2)。TRF2 起保护染色体末端的作用,TRF1 参与端粒长度的调节。由此有人提出端粒长度调节的计数模型。该模型的基本思想是:①当端粒 DNA 结合 TRF1 达到一个临界数时,便产生抑制端粒酶复合物活性的信号,于是端粒 DNA 的延伸即行终止;若染色体 DNA 不能完全复制,此种 DNA 则将遭受外切核酸酶降解或发生重组,导致端粒的长度缩短,而当其缩短到一定极限时,细胞即行衰老直至死亡。所以,端粒的长度在这种意义上说是人体细胞寿命的生物标志。②随着端粒长度减短,端粒 DNA 结合 TRF1 的数目相应减少,当 TRF1 减少到临界数目时,端粒酶复合物又重新激活,端粒 DNA 再次延伸至特定的长度。当端粒 DNA 结合 TRF1 又重新达到临界数目时,再次抑制端粒酶复合物的活性,从而维持细胞端粒长度的稳定性。细胞癌变时端粒酶被激活,导致癌细胞扩张,最终变成为无限分裂的恶性细胞。

13.2 确保 DNA 复制忠实性的机制

DNA 作为遗传物质,其稳定性和完整性至关重要,生物体为了忠实地传递自身的遗传信息,细胞内必须拥有多种保真机制来确保 DNA 复制的忠实性。

13.2.1 采用 DNA 聚合酶催化聚合反应的保真机制

DNA 复制时,依据 DNA 模板链上的碱基排列顺序,DNA 聚合酶将保障底物以 dNMP 逐个聚合形成磷酸二酯键,使得 DNA 新链不断延伸。该过程中,DNA 聚合酶通过与模板结合,引起自身空间构象变化来识别和保障底物的正确掺入,唯有符合 Watson-Crick 型正确配对的碱基对才能进行下一步聚合反应,从而避免碱基的错配。

13.2.2 依赖 DNA 聚合酶 3′ → 5′ 外切核酸酶活性的校对机制

这一机制的过程先是将错配的碱基进行特异性切除,然后聚合酶自动沿模板链滑动到另一个位置,并对下一个 dNTP 的掺入量进行控制,从而继续进行聚合反应,该过程称为校对(proofreading)。DNA 聚合酶 I 和 DNA 聚合酶 III 既有聚合活性,也具有 3′→5′ 校对(外切核酸酶)活性,这样就大大地增加了 DNA 复制过程中的忠实性。

13.2.3　使用 RNA 引物

研究表明,在 DNA 复制过程中错误率最高的部位就是最初几个脱氧核苷酸聚合的核酸链。由 RNA 聚合酶催化的一段引物中,碱基配对错误率也最高。这段引物最终被剔除,从而保证 DNA 在复制过程中不产生差错。

13.2.4　错配修复系统

在 DNA 链复制完成后,还可能有 $10^{-8} \sim 10^{-7}$ 的错配率,这些错配碱基可被细胞内错配修复系统所修正,从而使 DNA 复制的忠实性再提高 $10^2 \sim 10^3$ 倍。

13.3　反转录作用

以 RNA 为模板按照 RNA 核苷酸排列顺序合成 DNA 的过程称反转录(reverse transcription)或逆转录,其特征与中心法则中遗传信息的主流向(DNA → RNA →蛋白质)相反。催化反转录反应的酶是反转录酶(reverse transcriptase,RT),也称为 RNA 指导的 DNA 聚合酶(RNA–directed DNA polymerase)。

13.3.1　反转录酶与反转录

反转录酶为一种含 Zn^{2+} 的酶,从禽类成髓细胞瘤病毒分离得到的反转录酶由一个 α 亚基(相对分子质量 6.5×10^4)和一个 β 亚基(相对分子质量 9.0×10^4)组成。反转录酶具有与 DNA 聚合酶相似的特性,所催化的 DNA 合成反应需要以 RNA 作为模板和引物,以 4 种 dNTP 为底物,并需要 Mg^{2+}、Mn^{2+} 和保护酶蛋白中巯基的还原剂(如谷胱甘肽等);反转录酶沿 RNA 模板 3′→5′ 方向移动,催化合成一条与模板 RNA 序列互补的 DNA 单链,延伸方向为 5′→3′,这条 DNA 单链称为互补 DNA(complementary DNA,cDNA)。反转录酶是一个多功能酶,具有以下 3 种酶活性:① RNA 指导的 DNA 聚合酶活性,催化合成与 RNA 模板互补的 DNA,并形成 RNA–DNA 杂合分子;②含 RNase H 活性,特异水解 RNA–DNA 杂合分子中的 RNA;③ DNA 指导的 DNA 聚合酶活性,以新合成的 cDNA 单链为模板合成另一条互补的 DNA 链。由于反转录酶不具有 3′→5′ 校正的外切核酸酶活性,因此具有相当高的复制错误率,每掺入 20 000 个核苷酸约有一个错误的核苷酸。

反转录病毒以 RNA 作为遗传物质,在其侵入宿主细胞后,须先反转录为双链 DNA,再整合入宿主 DNA,并随宿主 DNA 的复制而增殖。其反转录过程是以 dNTP 为底物,以自身的 RNA 为模板,tRNA(主要是色氨酸 tRNA)为引物,在 tRNA 3′ 端上,按 5′→3′ 方向,由反转录酶的 RNA 指导的 DNA 聚合酶活性催化合成一条与 RNA 模板互补的 cDNA 单链,这条 cDNA 单链与 RNA 模板形成 RNA–cDNA 杂交双链;随后,在反转录酶的 RNase H 活性作用下,水解 RNA 链,再以剩下的 cDNA 为模板合成第二条 DNA 链(图 13–13)。由两条新合成链形成的 cDNA 双链即可整合入宿主 DNA,并可在适当条件下

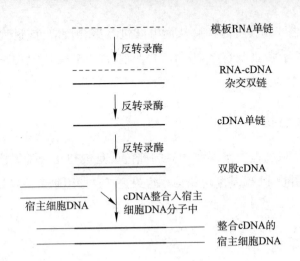

反转录酶

RNA-cDNA
杂交双链

反转录酶

cDNA单链

反转录酶

双股cDNA

宿主细胞DNA   cDNA整合入宿主
            细胞DNA分子中

整合cDNA的
宿主细胞DNA

·**图 13-13** 反转录过程

表达,从而合成大量的子代 RNA。

13.3.2　反转录的生物学意义

(1) 对分子生物学的中心法则进行修正和补充。早期的经典中心法则认为:DNA 的功能兼有遗传信息传递和表达,因此,DNA 处于生命活动的中心位置。反转录现象说明:对于某些生物,RNA 同样兼有遗传信息传递和表达功能。

(2) 许多反转录病毒与人类的疾病有密切的关系,如肺炎病毒、人类免疫缺陷病毒(human immunodeficiency virus,HIV)等,这些病毒繁殖机制的阐明有助于对相关疾病防治的研究。另外,在人类一些癌细胞,如膀胱癌、小细胞肺癌等细胞中,分离出与致癌的反转录病毒中病毒癌基因相同的碱基序列,称为细胞癌基因或原癌基因,这为肿瘤发病机制的研究提供很有前途的线索。

(3) 反转录酶在基因工程上也广泛应用,如用于克隆真核生物中不易从 DNA 上分离的特异基因,也可用于构建 cDNA 文库。

13.4　DNA 的突变

DNA 突变(mutation)是指生物在生长过程中,因内在因素或外界环境因子的作用导致 DNA 结构改变,从而导致个体表现型的改变。突变表型在遗传学研究中非常重要。它不仅能为基因的结构和功能、基因定位及基因调控研究提供材料,而且突变过程的本身在理论上对于遗传物质进化的研究具有重要的意义。

13.4.1　化学诱变

化学诱变剂可以通过与碱基或其他基团发生化学反应而引起 DNA 结构的变化。常见的化学诱变剂有 5- 溴尿嘧啶(5-BrU)、亚硝酸(HNO_2)、羟胺(NH_2OH)、烷化剂和嵌合剂等,它们以不同的作用方式使一个基因或一段 DNA 的内部结构发生变化,也称为基因或 DNA 突变。根据 DNA 遭受结构改变的情况分为碱基置换、碱基插入与缺失、移码突变和插入失活等。实际上,一种化学诱变剂可能涉及一种或一种以上的作用机制。

（1）碱基置换　碱基置换包括转换（transition）和颠换（transversion）。转换是指 DNA 损伤部位中一个嘌呤（如 A）被另一个嘌呤（如 G 或 H，H 是次黄嘌呤）置换，或一个嘧啶（如 T）被另一个嘧啶（如 C）取代；颠换则是指其中的一个嘧啶被另一个嘌呤置换，反之亦然。它们突变的范围有限，属于点突变。在 DNA 损伤部位中缺失或插入若干个碱基，因其突变范围小，也属于点突变。以碱基置换原理致突变的诱变剂有 5- 溴尿嘧啶、α- 氨基嘌呤（α-AP）、亚硝酸、羟胺（NH_2OH）和烷化剂等。

（2）碱基插入、缺失和移码突变　吖啶橙（acridine orange）、原黄素（proflavine）等都含有吖啶稠环，其大小与 DNA 碱基对的大小相当，当其嵌入到两个碱基对之间时，原来的两个相邻碱基分割开来，复制时就会出现一个或几个碱基对的插入或缺失突变。偶尔还有单个碱基对的缺失突变。由插入或缺失单个或两个碱基而改变整个基因序列、突变阅读框，称为移码突变。人线粒体基因突变与许多疾病有关，如 tRNA-Leu 基因碱基 3243 位 A 转换为 G 的突变，与非胰岛素依赖性糖尿病、神经性耳聋等疾病有关。tRNA-Gln 基因碱基 4336 位 A 转换为 G 的突变与帕金森病和老年痴呆有关。

13.4.2　物理因素致突变

物理因素，如 X 射线、γ 射线等高能离子辐射的吸收能引起靶分子失去电子，这些游离电子在体内会引起 DNA 发生广泛的化学变化。非离子化辐射则引起靶分子内振动或促进电子进入较高的能级，从而形成新的化学键。紫外线以其高能粒子直接作用和以自由基间接作用于 DNA，从而引起分子内产生各种损伤。紫外线照射诱发产生 DNA 两条链间嘧啶 5,6 双链之间的加成反应，形成嘧啶（如 T-T）二聚体交联体，从而阻碍 DNA 双链解开和复制；如果在一条链相邻碱基之间形成 T-T 二聚体，复制时将阻碍正确碱基（A）的掺入与配对，导致复制过程突然终止，或者发生错误配对和复制。在紫外线诱发的突变（如碱基互换、缺失、重排和移码等）中，以碱基置换，即 $G \cdot C \rightarrow A \cdot T$ 转换为最多，而且在 TCA 序列中产生的 $C \rightarrow T$ 转换比 ACA 序列中的 $C \rightarrow T$ 高出 10 倍以上。各种电离辐射，如 X 射线、γ 射线等都能诱发类似的突变。

13.5　DNA 的损伤与修复

DNA 分子的完整性对生物功能至关重要，这一点是其他生物分子无法比拟的。在生物的进化中，DNA 复制可因 DNA 聚合酶催化作用而发生偶然错误，环境因素（如辐射、紫外线照射、化学诱变物等）也可引起 DNA 序列上的错误（表 13-5）。这些错误若不能予以改正而保留下来，会直接影响机体的生

·表 13-5　需要进行修复的 DNA 损伤

DNA 损伤	起　因
碱基丢失	酸及热去除嘌呤（每日约 10^4 嘌呤 / 哺乳动物细胞）
碱基变化	电离辐射，烷化剂
碱基错配	自发脱氨基作用：$C \rightarrow U$，$A \rightarrow$ 次黄嘌呤
缺失 / 插入	嵌入剂（如吖啶染料）
环丁基二聚体	紫外线照射
链断裂	电离辐射，化学物质（如博莱霉素）
链交联	补骨脂衍生物（光活化），丝裂霉素

理功能,以致影响后代正常生长和发育。生物体内存在有效的修复(repair)体系,可保证 DNA 复制过程高度精确。

13.5.1 DNA 损伤的类型及产生的原因

(1) 环丁烷二聚体 紫外线照射可以造成 DNA 损伤,这是由于 DNA 链上相近的胸腺嘧啶间可以通过加成为环丁烷环(cyclobutane ring)而形成胸腺嘧啶二聚体(thymine dimer,T–T)(图 13–14),造成 RNA 引物的合成过程停止,DNA 的合成受阻。

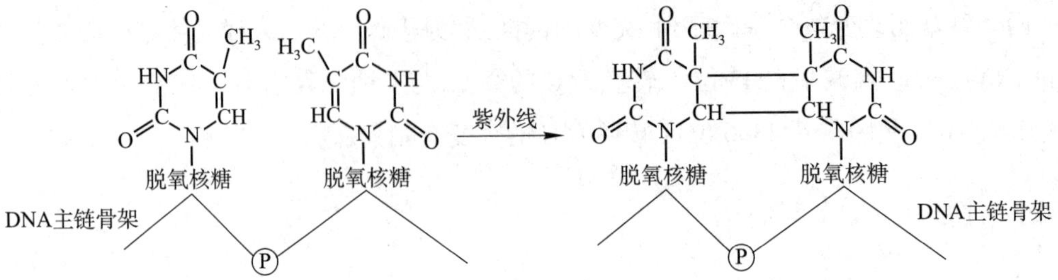

·图 13–14 紫外线照射形成胸腺嘧啶二聚体

(2) 脱嘌呤作用 嘧啶对紫外线照射的反应较敏感,而嘌呤则易有其他类型的损伤。在细胞内正常的 pH 及温度下,自发进行的脱嘌呤作用可见于 DNA 嘌呤组分内、核苷酸中连接碱基与脱氧核糖的糖苷键发生断裂,于是嘌呤脱落,造成 DNA 长链中有部分光秃的脱氧核糖残基。据估算,哺乳动物细胞中每 24 h 有 10 个嘌呤脱氧核糖之间的糖苷键发生断裂,导致 DNA 中出现许多无嘌呤情况。

(3) 脱氨基作用 嘧啶核苷酸中的糖苷键较嘌呤核苷酸的糖苷键相对稳定,因此不易进行脱嘧啶作用。但是,胞嘧啶在 37℃ 条件下易发生脱氨基作用,生成尿嘧啶。如果此变化无法修复,则 DNA 复制时 C∶G 配对变为 A∶T 配对。

13.5.2 修复的方式与机制

(1) 直接修复

① 光修复(photoreactivation repair)。生物细胞中含有一种 DNA 光裂合酶(photolyase,或称光修复酶),此酶可在可见光(400~700 nm)下激活,识别并结合到紫外线照射所形成的胸腺嘧啶–胸腺嘧啶二聚体上,切开嘧啶二聚体的环丁烷环使其解聚恢复为单体的过程。这种修复方式只适合于由紫外光引起的 DNA 嘧啶二聚体损伤。DNA 光裂合酶广泛存在于原核生物和真核生物细胞中,但高等哺乳动物(包括人类)细胞内目前尚未发现。该酶(相对分子质量 $5.5 \times 10^4 \sim 6.5 \times 10^4$)为单体酶,含两个光吸收辅因子和 FAD。在大肠杆菌中,DNA 光裂合酶辅因子为 N_5, N_{10}– 甲酰四氢叶酸,能吸收紫外线、可见光,并将激发的能量转移给 FAD,然后将一个电子转移给 T–T(嘧啶–嘧啶)二聚体,由此将二聚体断开为单体。

② 其他酶对 DNA 损伤的直接修复。目前,已了解到有几种能识别 DNA 上的修饰碱基并使其回复到原来状态的酶,以 O^6– 甲基鸟嘌呤 –DNA 甲基转移酶(O^6–methyl guanine–DNA methyltransferase)为例,复制过程中如果模板链上有烷基化修饰的鸟嘌呤(如 O^6– 甲基鸟嘌呤),极易将错误配对的核苷酸掺入新生链中。这种烷基化的鸟嘌呤碱基可被 O^6– 甲基鸟嘌呤 –DNA 甲基转移酶所识别,将其上

O^6 位的甲基转移到酶自身的半胱氨酸残基上,从而使鸟嘌呤碱基回复到原来的状态。

(2) 切除修复(excision repair) 该类修复方式是指在一系列酶作用下,将 DNA 分子中受损伤的部分切除,并以完整的那一条链为模板补全被切除的部分,然后使损伤的 DNA 恢复正常结构的过程。切除修复有核苷酸切除修复(nucleotide excision repair, NER)和碱基切除修复(base excision repair, BER)两种,可对多种损伤起修复作用(图 13-15)。

① 核苷酸切除修复。大肠杆菌中 NER 系统的切除酶包括 Uvr A、Uvr B、Uvr C 三个亚基,其中 Uvr A 既含有 ATPase 活性,也是 DNA 损伤部位的识别蛋白。其切除修复过程为:Uvr A 和 Uvr B 首先结合形成 A_2B_1 复合物并与 DNA 结合,沿 DNA 移动并定位到损伤的部位;损伤部位解开的双螺旋引起 Uvr B 构象变化,使其与损伤部位牢固结合,同时引起 DNA 螺旋扭曲 130°;然后 Uvr A 二聚体从复合物上脱离并释放,含内切核酸酶活性的 Uvr C 结合到损伤 DNA 部位,Uvr C 与 Uvr B 分别在损伤部位的两侧(相隔 12~13 bp)切开磷酸二酯键,接着解旋酶Ⅱ(Uvr D)解开靠近损伤区的螺旋,使 Uvr B 和 Uvr C 解离并释放出含错误核苷酸的单链寡核苷酸,从而产生一个缺口。此缺口最后由 DNA 聚合酶 I 和 DNA 连接酶连接封口,使损伤部位得以修复。

② 碱基切除修复。细胞中有许多特异的 DNA 糖苷酶,能够识别 DNA 分子中未严格遵循碱基互补配对的不正常碱基,并将其水解切除。如掺入错误的碱基是尿嘧啶,则可利用特异性尿嘧啶 -N- 糖苷酶(uracil-N-glycosylase)将其水解切除。此酶能准确地识别并水解尿嘧啶碱基与脱氧核糖之间的 N-糖苷键,由此在 DNA 链上留下一个无嘌呤位点(apurinic site)或无嘧啶位点(apyrimidinic site),称为 AP 位点,此位点极易被 AP 裂合酶(AP endonuclease)识别并在附近将 DNA 链切开;接着,外切核酸酶继续作用,切出一个缺口。在大肠杆菌中,缺口是由 DNA 聚合酶 I 以互补链为模板合成新链来填补,缝隙则由连接酶通过磷酸二酯键的形成来封口。在真核生物中,碱基切除的缺口由 DNA 聚合酶 β 来填补,而核苷酸切除中的缺口由 DNA 聚合酶 δ 或 ε 来填补。

(3) 错配修复 错配修复(mismatch repair, MMR)从本质上来说也是一种特定的切除修复,只不过它是用来修复那些在复制中错配并且未被校正检查出来的单个或少数错配的碱基。由于子代 DNA 链中往往存在有复制错配的碱基,因此要求该系统必须具有一种在复制叉通过之后能分辨亲代链和子代链的方法,并特异性地除去子代链上的错配碱基。在原核细胞 DNA 上,GATC 序列中的腺嘌呤 N^6 通常是甲基化的,由于子代链的甲基化是在复制完成几分钟后进行的,因此新复制的子代 DNA 链是半甲基化的,即亲代链甲基化而子代链未被甲基化。大肠杆菌的 Mut HLS 错配修复系统中的 Mut H 蛋白能分辨甲基化的亲代链和未被甲基化的子代链,并特异地结合在半甲基化的 GATC 序列上,而那些在复制前已存在的错配碱基在靠近序列 GATC 的异常碱基处,由 Mut S 蛋白结合上去。图 13-16 显示:① Mut S 蛋白特异地识

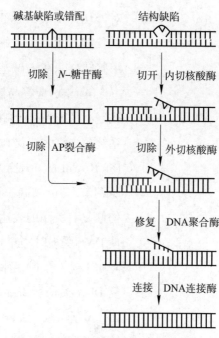

·图 13-15 DNA 损伤的切除修复过程

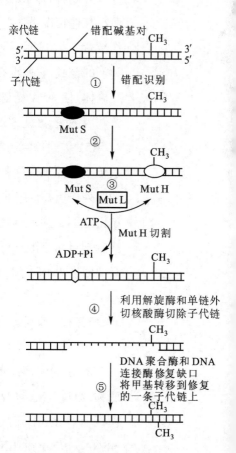

·图 13-16 大肠杆菌 Mut HLS 修复系统对错配碱基的修复模式

别并结合于错配的碱基对处;② Mut H 蛋白特异识别并结合于半甲基化的 GATC 序列上;③ 由于 Mut S 的结合触发 Mut L 的结合并与 Mut H 交联,由此激活 Mut H 的内切核酸酶活性,在 ATP 存在的条件下,Mut H 从错配的碱基对处切开磷酸二酯键;④ 通过螺旋酶和单链外切核酸酶切除子代链上的寡核苷酸产生一个大缺口;⑤ 由 DNA 聚合酶 I 和连接酶修复缺口,再由 Dam 甲基转移酶在 A 碱基上转移一个甲基。

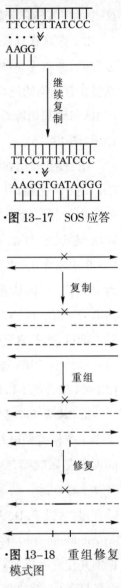

·图 13-17　SOS 应答

(4) SOS 应答与修复　SOS 应答(SOS response)是在细胞 DNA 受到损伤或复制系统受到抑制的紧急情况下,为求得生存而出现的应急效应。SOS 应答系统包含许多涉及 DNA 损伤修复的酶,如大肠杆菌中的 Uvr A、Uvr B、Him A、Din B、Sul A、Rec A 和 Lex A 等,它们的转录至少部分地被共同阻遏物 Lex A 所调节,并能被同一诱导物协同诱导。没有 DNA 损伤的细胞,其与 DNA 损伤修复有关酶的表达均被 Lex A 蛋白所阻遏;当有紫外线等环境或化学因素使 DNA 受损时,会产生单链寡聚核苷酸片段,激活 Rec A 蛋白的蛋白酶活性,降解 Lex A 蛋白,解除 SOS 应答系统相关基因的阻遏,进而转录、翻译产生修复 DNA 损伤所需要的各种酶,以修复 DNA;当 DNA 损伤被修复后,活化的 Rec A 蛋白减少,Lex A 蛋白的分解活动也减少,细胞中 Lex A 水平提高,从而逐渐关闭 SOS 应答。

大肠杆菌的 DNA 聚合酶 I 具有 3' 外切核酸酶活性,可起到校对作用。但在某些情况下,这一校对功能可能使 DNA 聚合酶 I 在 DNA 分子上某一损伤位置“徘徊”而不能继续合成 DNA。此时,SOS 应答可诱导 DNA 聚合酶IV 和 V 的合成,它们没有 3' 外切核酸酶活性,因此可越过这一损伤部位(如嘧啶二聚体)使 DNA 复制得以继续进行(图 13-17),但容易造成复制错配,最终导致基因突变,因此 SOS 应答可能在生物进化中有重要的作用。

·图 13-18　重组修复模式图

(5) 重组修复　重组修复是指遗传信息有缺损的子代 DNA 分子可通过遗传重组而加以弥补,即先从同源 DNA 的母链上将相应核苷酸序列片段移至子链缺口处,再用合成的序列来填补母链的空缺,因其发生于复制之后,故又称复制后修复。重组修复是一种通过同源 DNA 单链之间交换来修复子链上空隙部位的方式,因此无须将损伤的碱基除去,只需要 DNA 聚合酶和连接酶即可对空隙进行修复(图 13-18),而留在亲代链上的损伤残基可通过细胞的不断分裂而被稀释,必要时亦可通过 NER 系统进行修复。

13.6　RNA 的生物合成

RNA 的生物合成是以 DNA 分子中一条链为模板,按照碱基互补配对原则,以 4 种核苷三磷酸为底物,通过 RNA 聚合酶催化合成 RNA 的过程(图 13-19),所产生的 RNA 链与模板 DNA 链互补,包含模板 DNA 链信息,故此过程称为转录(transcription)。细胞内的各种 RNA,包括合成蛋白质所需要的 mRNA、tRNA 和 rRNA,以及具有特殊功能的各种小分子 RNA 等,都须通过转录来合成。转录生成的原始产物称为 RNA 前体,一般没有功能活性,通常必须经加工后才能变为成熟而有活性的 RNA 分子。

RNA 所携带的遗传信息也可以用于指导 RNA 或 DNA 合成，前一过程称为 RNA 复制，后一过程即为前面提到的反转录。由于 RNA 既能携带遗传信息，又具有催化功能，还能指导并参与蛋白质合成，故推测生命起源的早期为 RNA 的世界。RNA 的信息加工和各种细胞功能，以及近年来具有调控作用的小分子 RNA 大量发现，使 RNA 研究成为现今生物化学与分子生物学领域最活跃的热点之一。

RNA 的转录起始于 DNA 模板链的一个特定位点，并在另一特定终点处终止。转录起始序列部位称为启动子，控制终止的序列部位称为终止子，两者间的转录区域称为转录单位（transcription unit）。一个转录单位可以是一个基因，也可以包含多个基因。基因是遗传物质的最小功能单位，相当于 DNA 的一个片段。基因的转录过程是一个有选择的过程，细胞会随着不同生长发育阶段和细胞内外条件的变化而转录不同的基因。

在转录过程中，双链 DNA 只有一条链可作为模板，称为模板链，也称为反义链；另一条不作为模板的 DNA 单链正好与转录出的 RNA 链的核苷酸序列相同（仅 T 和 U 有所区别），称为编码链或有义链（图 13-20）。这种只有一条链用于转录的方式称为不对称转录（asymmetrical transcription）。转录时，仅有转录单位的双链局部解开，转录完成后又重新结合成双螺旋结构，已合成的 RNA 单链则离开 DNA 链。

$$\left.\begin{array}{l} n_1\mathrm{ATP} \\ n_2\mathrm{GTP} \\ n_3\mathrm{CTP} \\ n_4\mathrm{UTP} \end{array}\right\} \xrightarrow[\text{DNA模板，}\mathrm{Mg^{2+}}]{\text{RNA聚合酶}} \mathrm{RNA}+(n_1+n_2+n_3+n_4)\mathrm{PPi}$$

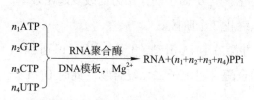

·图 13-19　RNA 聚合酶催化 RNA 的合成反应

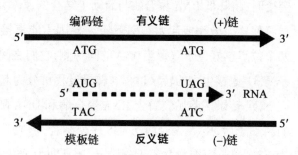

·图 13-20　RNA 合成中有义链与反义链的关系

13.6.1　原核生物的转录

(1) 原核生物的 RNA 聚合酶　目前研究得最为透彻的是大肠杆菌 RNA 聚合酶。它由 5 个亚基组成，即 $\alpha_2\beta\beta'\omega\sigma$，它们组合起来即得到 RNA 聚合酶全酶（holoenzyme），相对分子质量为 4.65×10^5。其中，σ 亚基（相对分子质量为 $3.2\times10^4\sim9\times10^4$）与其他亚基结合较松弛，常易从全酶上解离下来。全酶中除去 σ 亚基外的部分称为核心酶（core enzyme）。σ 亚基参与启动子的特异性识别，以及转录起始物的异构化。细胞内哪条 DNA 链被转录、转录方向和转录起点的选择都与 σ 亚基有关。α 亚基相对分子质量为 4×10^4，常以二聚体的形式存在，可作为核心酶装配的骨架，与 DNA 启动子直接结合。β 亚基（相对分子质量 1.55×10^5）与 β′ 亚基（相对分子质量 1.6×10^5）一起构成 RNA 聚合酶的催化中心，负责 RNA 的催化。ω 亚基可对 β′ 亚基起到保护作用。

(2) 启动子　原核生物的启动子是指位于结构基因的上游（upstream）由 10 个左右保守核苷酸组成的一段序列，它能被 RNA 聚合酶所识别并结合，但启动子本身不被转录（图 13-21）。在启动子下游（downstream）有 3 个 ATG 碱基，为起始密码，其中 A 为 mRNA 开始转录的第一个核苷酸，位置定为 +1，由此向右称为下游，其核苷酸依次编为正序号；起始点左侧称为上游，其核苷酸顺序向左依次以负号表示，因此紧接起始点左侧的核苷酸为 −1。启动子的 −10 区大都含有 TATAAT 共有的保守序列，也称为 TATA 框（或普里布诺框，Pribnow box），是 RNA 聚合酶与 DNA 结合之处，使起始复合物由关闭状态转

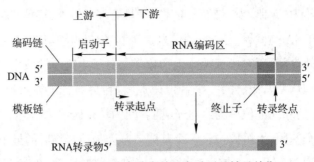

·图 13-21 与 RNA 聚合酶有关的启动子及转录单位

变为启动状态的特定序列。启动子上游 –35 区还有一个框,其中含有保守序列 TTGACA,它是 RNA 聚合酶对模板初始识别的位点,这一序列的核苷酸结构在很大程度上决定启动子的强度。–10 和 –35 区也可称为核心启动子(core promoter)或调控元件(element)。这些元件中的碱基非常保守。改变上述核心启动子中的碱基会导致 RNA 转录的起始频率,即单位时间内的转录强度变化。例如,当 –35 区序列突变时,将降低 RNA 聚合酶与启动子结合的速率,而 –10 区序列的突变会降低 DNA 双链解开的速率,最终使转录效率或起始频率下降。σ 因子能直接和启动子的 –35 区序列及 –10 区序列相互作用,这两个位点正好位于双螺旋 DNA 的同一侧,它们之间距离的变化影响 σ 因子的作用力而改变起始效率。

(3) 原核生物的转录过程　转录过程可分为起始、延伸、终止 3 个阶段。

① 转录的起始。首先 RNA 聚合酶和 DNA 随机结合,并沿着 DNA 滑动,直至 σ 因子识别 DNA 的启动子后,RNA 聚合酶与 –35 序列结合,形成一个封闭的全酶 – 启动子二元复合物。此时 DNA 仍为双链,这一复合物并不十分稳定,半衰期为 15 ~ 20 min。

然后,随着 RNA 聚合酶与启动子的进一步结合,聚合酶构象发生变化,使得 DNA 序列解链,封闭式复合物转换为开放式复合物(图 13-22)。开放式复合物非常稳定,其半衰期在几个小时以上。

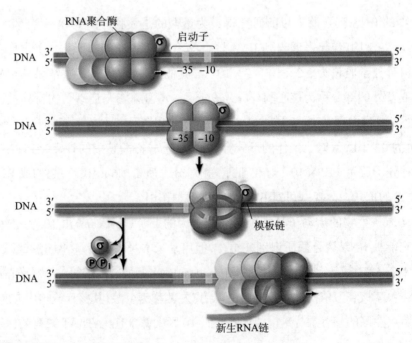

·图 13-22 转录起始及新生 RNA 链合成图解

开放的二元复合物首先结合 2 分子 dNTP,通过形成第一个磷酸二酯键产生 RNA–DNA–RNA 聚合酶三元复合物。当三元复合物形成并合成 6~9 个磷酸二酯键后,转录物与 σ 因子由于空间上的冲突而迫使 σ 因子与核酸酶解态,从而结束起始阶段,转录过程进入延伸阶段。解离出来的 σ 因子可以循环使用,并参与新一轮转录反应。

② RNA 链的延伸。RNA 聚合酶释放 σ 因子后,RNA 链的合成进入延伸阶段,核心酶沿 DNA 链移动,解开 DNA 螺旋,裸露一段新的单链模板区,核苷酸通过 3′,5′-磷酸二酯键加到新生 RNA 链 3′ 端的—OH 上,形成一段 RNA–DNA 杂交链。随着核心酶在模板链上的前移,RNA 酶通过特定结构迫使 RNA 在 5′ 端与 DNA 分开,从而将 RNA 以自由的单链形式被释放出来,DNA 模板链又与原配对 DNA 链重新形成双螺旋。

③ 转录终止。DNA 模板链上的终止子序列一般为回文结构,富含 GC 对,其下游序列富含 AU 对。当 RNA 聚合酶移动到这一区段时,所产生的 mRNA 会形成茎环结构,阻碍酶移动。同时,转录出富含 C 和 G 的 RNA 链也可与模板形成较强的氢键,同样有利于终止转录反应。在回文结构的下游,一般有 6~8 个 AU 对,转录后形成的 RNA 具有与 A 相对应的寡聚 U,与模板结合的氢键较弱,是使 RNA 聚合酶脱离模板的信号。

富含 GC 回文结构的终止子称为强终止子。还有一类转录必须依赖 ρ 因子(Rho 蛋白)的终止子称为弱终止子。ρ 因子是一种强碱性蛋白质(相对分子质量为 4.6×10^4),由 3 个二聚体组成,能与 RNA 结合。由于原核生物基因表达是转录与翻译耦合,结合于 RNA 上的 ρ 因子只能跟在核糖体后面移动,当转录过程终止时,RNA 从复合物上释放,ρ 因子沿 RNA 链移动到终止信号,与 RNA 聚合酶相互作用,释放出 RNA,随即 RNA 聚合酶和 ρ 因子也释放而完成终止反应。

13.6.2 真核生物的转录

真核生物 DNA 上存在对基因表达有调节活性的特定序列,称为顺式作用元件(cis-acting element),因为它们与受控的基因位于同一条染色体 DNA 上,呈顺式关系。按其功能可分为启动子、增强子(enhancer)和沉默子(silencer)等。真核生物的转录过程是由 RNA 聚合酶与这些元件相互作用,在蛋白质辅因子 ρ 协作下完成的。

(1) 真核生物的 RNA 聚合酶　真核生物中至少有 3 种 RNA 聚合酶,即 RNA 聚合酶 I、RNA 聚合酶 II 和 RNA 聚合酶 III,它们分布于细胞核的不同部位,在功能上高度分工,不同性质的 RNA 由不同的 RNA 聚合酶负责催化转录。它们之间的主要区别在于对 α-鹅膏蕈碱(α-amanitin)的敏感度不同(表 13-6)。其中最敏感的是 RNA 聚合酶 II,其存在于核质中,转录产物是 mRNA 前体;其次是 RNA 聚合酶 III,也存在于核质中,转录 tRNA、5S rRNA 和其他几种结构上比较稳定的小分子 RNA;不敏感

·表 13-6　真核细胞的 3 种 RNA 聚合酶

酶	位置	产物	相对活性	对 α-鹅膏蕈碱敏感度
RNA 聚合酶 I	核仁	45S rRNA	50%~70%	不敏感
RNA 聚合酶 II	核质	mRNA 前体	20%~40%	敏感
RNA 聚合酶 III	核质	tRNA、5S rRNA、其他小分子 RNA	~10%	介于 RNA 聚合酶 I 和 II 之间

的是 RNA 聚合酶 I,存在于核仁中,催化 rRNA 的转录。这 3 种聚合酶的相对分子质量均在 5×10^5 左右,一般为 8 ~ 14 个亚基。

除上述 3 种 RNA 聚合酶外,在线粒体和叶绿体中也发现少数 RNA 聚合酶,它们都由核基因编码,在细胞质中合成后再运送到细胞器中。这些 RNA 聚合酶的相对分子质量小,活性也较低,这与细胞器 DNA 简单的特点是相适应的。

(2) 真核生物启动子的结构　启动子位于基因转录起始点(+1)5′ 上游近端,长 10 bp 左右(图 13-23)。在 –25 bp 处为 TATA 框(TATA box),它能选择转录起始位点,可靠地控制转录的过程。在 –40 bp 附近为 CAAT 框,共有序列是 GGCCCAATCT,决定启动子的起始频率。在 –110 bp 左右或在 TATA 框的上游处存在 GC 框,也具有调控起始和转录效率的功能。

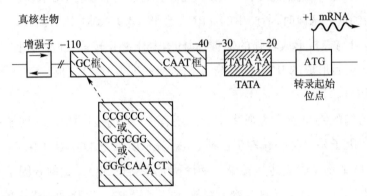

· 图 13-23　真核生物启动子模式图

(3) 增强子的结构　增强子位于转录起始点上游几百甚至几千 bp 的位置,是一种远程控制元件,通过影响启动子来提高转录效率。增强子最主要的功能是能使和它连锁的基因转录频率明显增加,一般能使基因转录频率增加 10 ~ 200 倍。增强子多为重复序列,一般长度为 50 bp,其内部常含有一个核心序列(G)TGGA/TA/TA/T(G),具有反向重复序列(或回文结构)。增强子的增强效应与其位置和取向无关,不受距离基因远近、位于基因上游或下游、相对于基因的方向等因素影响。

(4) 转录因子　真核生物的基因转录过程除 RNA 聚合酶外,还需要一系列称为转录因子(transcriptional factor,TF)的蛋白质参与,即 RNA 聚合酶必须在特定的转录因子参与下才能起始转录。按功能,转录因子可分为通用转录因子(general transcription factor)、启动子特异性转录激活蛋白(promoter-specific transcriptional activator)和辅激活物(co-activator)。通用转录因子是一类基本的蛋白因子,包括 TF II A、TF II B、TF II D、TF II E、TF II F、TF II H、TF II J 等,是维持所有基因最低水平转录所必需的。启动子特异性转录激活蛋白通过与启动子附近或远离启动子的 DNA 分子上调控区(增强子)结合,作用于转录起始复合体组装过程,具有 DNA 结合域和激活转录所需要的激活结构域。辅激活物是转录激活因子进行转录调控作用的介质(mediator)。

上述介绍的是带有普遍意义的转录因子,即在一般情况下它们都参与基因组成型表达(constitutive expression)。此外,生物体内还有一系列特异性转录因子,这些蛋白因子通常不起作用,只有在生物体受到一些生物胁迫(如病原菌侵入等)或非生物胁迫(如热激、旱灾、冷害、重金属毒害等)后才会调节表达,作用于基因上游的调节序列或应答元件(responsive element),如热激应答元件(heat-shock response element,HSE)、金属应答元件(metal response element,MRE)等。这些转录因子的最大特点是在细胞内具有高度的专一性或组织特异性。它们与相关的应答元件组合,协调基因转录,调控相关基因的特异表达。图 13-24 描述相关转录因子、增强子及转录的相互关系。

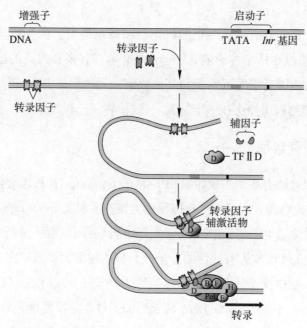

·图 13-24　相关转录因子、增强子及转录的相互关系示意图

(5) 真核生物转录过程　转录过程分为起始、延伸、终止 3 个阶段。

① 起始复合物的装配。由于真核生物 RNA 聚合酶自身不能识别和结合到启动子上,因而需要依赖一系列转录因子协助。第一步是转录因子 TF Ⅱ D 与 TATA 框特异地结合到 DNA 双螺旋的小沟内,形成 TF Ⅱ D- 启动子复合体。TF Ⅱ D 含有两类组分:一类是 TATA 框结合蛋白(TATA-binding protein,TBP,相对分子质量为 3×10^4);另一类是称为 TBP 结合因子(TBP-associated factor,TAF)的其他类型的亚单位。TF Ⅱ D 与 TATA 框上游序列结合后,一方面使 DNA 不被 DNA 聚合酶 Ⅰ 降解,另一方面使受保护的 DNA 序列进一步向上游延伸。

第二步,TF Ⅱ A 进入复合物,使 TF Ⅱ D 能够保护上游更远的区段,并可解除 TAF 的抑制作用而激活 TBP。同时,TF Ⅱ B 结合于 TATA 框的下游,从 -10 到 +10,保护模板链的起始区域,并连接于 TBP,沿着 DNA 的一面扩展接触,从而为 RNA 聚合酶提供识别表面。TF Ⅱ B 由两种亚单位组成,其中比较大的一种亚单位(RAP74)具有依赖 ATP 的 DNA 解旋酶的活性,于转录起始点促进 DNA 解链;比较小的亚单位(RAP30)与细菌的 σ 因子同源,能紧密地结合在 RNA 聚合酶 Ⅱ 上。

第三步,TF Ⅱ F 通过携带 RNA 聚合酶 Ⅱ 装配转录复合物,使 TBP 和 TAF 复合物与 RNA 聚合酶 Ⅱ 的羧基末端结构域(carboxyl terminal domain,CTD)尾相接触。TF Ⅱ E 结合于 +30 处,保护延伸的下游区段。最后 TF Ⅱ H 和 TF Ⅲ 也进入复合物。TF Ⅱ H 具有 ATPase、解链酶和能够磷酸化 RNA 聚合酶 Ⅱ 的 CTD 尾的激酶等数种活性,它也与 DNA 损伤修复有关。形成闭合复合体后,DNA 在起始处解旋,形成开放复合体,然后聚合酶离开启动子,开始转录。

② RNA 链的延伸。在 RNA 聚合酶 Ⅱ 离开启动子前,大部分 TF Ⅱ 因子释放,便于聚合酶滑动转录。释放各种因子的过程由 RNA 聚合酶 Ⅱ 尾部的磷酸化所引起。TF Ⅱ 因子释放后,RNA 聚合酶转

变为延伸形式。在线性模板上包括 ATP 水解、TFⅡE 存在和 TFⅡH 解链酶活性,这是聚合酶通过超螺旋模板时必须具备的条件。TFⅡH 和 TFⅡE 结合进入无缠绕的 DNA 区带,使 RNA 聚合酶Ⅱ开始移动进行转录。在初始转录物 RNA 的 5′ 端加帽 PPPG,延伸至多腺苷酸 [poly(A)] 位点时,RNA 链脱离聚合酶加上 poly(A) 尾。

③ 转录过程终止。真核基因转录终止的机制目前尚不清楚。由于真核细胞 DNA 双螺旋的模板链可能受到来自压缩的核小体结构影响,或转录的 3′ 端具有亲和力高的蛋白质因子与之结合,或 DNA 双螺旋结构的变化,或因远端的沉默子和其他负调控元件形成 DNA 链的环状结构等情况,因此真核生物的转录起始复合物被迫停止在一定位置上,致使转录过程终止。

13.6.3　RNA 的转录后加工

在细胞内,由 RNA 聚合酶合成的初级转录物(primary transcript)往往需要经过一系列的加工处理,才能转变为具有活性的、成熟的 RNA 分子,此过程称为转录后加工(post-transcriptional processing)。

原核生物中,大多数转录生成的 mRNA 通常立即进行翻译,一般不进行转录后加工,但 tRNA 和 rRNA 都要经过一系列加工才能成为有活性的分子。真核生物的大多数基因都是不连续的,其中插入序列称为内含子(intron),被内含子隔开的基因序列称为外显子(exon),而且由于存在细胞核结构,真核生物的转录与翻译过程并不耦合,因此 RNA 转录后加工过程非常复杂。

(1) mRNA 前体的一般加工　原核生物的 mRNA 大多是含有多个基因的多顺反子 mRNA,由于转录与翻译过程相偶联,大多数原核生物 mRNA 都无须加工,转录后就直接翻译。只有少数多顺反子 mRNA 需要经过剪接加工后再进行翻译。

真核生物的转录过程中内含子与外显子一起转录成为前体 mRNA,也称为核内不均一 RNA(heterogeneous nuclear RNA,hnRNA),此后必须经过多种形式的后加工反应,才能成为有功能的分子,并被运输到细胞质中进行蛋白质的翻译(图 13-25)。哺乳动物 hnRNA 的平均长度为 8 000 ~ 10 000

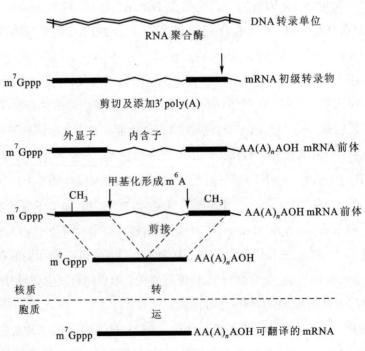

·图 13-25　mRNA 前体的加工

个核苷酸,大于 20 000 个核苷酸的 RNA 也较多,而细胞质 mRNA 的平均长度为 1 800 ~ 2 000 个核苷酸,因此很多片段被切除。

真核生物 mRNA 的加工包括:在 5′ 端形成帽结构;在 3′ 端切断并连接上一段多腺苷酸(polyA)的尾结构;在内部少数腺苷酸的腺嘌呤 6 位氨基发生甲基化;对 hnRNA 进行剪接(splicing),除去由内含子转录来的序列,将外显子的转录序列连接起来。

① 5′ 端帽结构的生成。真核生物转录生成 mRNA 的 5′ 端为三磷酸嘌呤核苷(pppNp-),不久后经磷酸酶催化水解脱去一个磷酸,并在鸟苷酸转移酶催化下,与另一分子三磷酸鸟苷(pppG)反应,末端成为 G-5′-ppp-5′-Np-。继而在甲基转移酶催化下,由腺苷蛋氨酸(SAM)供给甲基,生成 m⁷GpppNᵐp-,也就是加帽(capping)(图 13-26)。5′ 端加帽是在细胞核内进行的,但细胞质中也有反应酶体系,动物病毒的 mRNA 就是在宿主细胞的细胞质中进行的。一般认为 5′ 帽结构可以提高 mRNA 的稳定性,以保护 mRNA 不被外切核酸酶水解。同时,这种 5′ 端的标记有助于提高剪接反应的效率,参与翻译起始阶段识别起始密码子的过程。

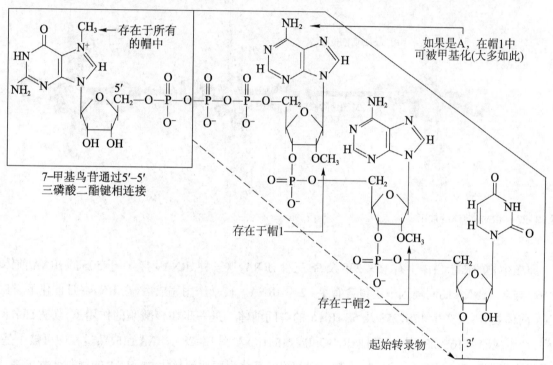

· 图 13-26 真核生物 mRNA 5′ 端的三种不同的帽结构

② 3′ 端多腺苷酸尾的生成。真核生物 mRNA 前体(hnRNA)分子中 3′ 端也有多腺苷酸尾[poly(A)],说明 poly(A) 是在细胞核中生成的,但是在细胞质中也有反应的酶体系,所以仍可在细胞质中继续进行反应。poly(A) 是在多腺苷酸聚合酶催化下由 ATP 聚合而成,长度为 20 ~ 250 个 A,但 poly(A) 的形成过程并不是简单地加入 A,而是先要在 mRNA 前体的 3′ 端切除一些多余的核苷酸,然后再加入多腺苷酸。在 mRNA 前体 3′ 端 10 ~ 30 个核苷酸处有一段 AAUAA 保守序列,在 U7-snRNP 的协助下识别,由一种特异的内切核酸酶催化切除多余的核苷酸。随后,在多腺苷酸聚合酶催化下,发生聚合反应形成 3′ 端 poly(A)。

(2) tRNA 前体的加工　tRNA 前体 5′ 端多余核苷酸在内切核酸酶 RNase P 的作用下被切除;3′ 端

多余的核苷酸则是在外切核酸酶 RNase D 的作用下从末端逐个将核苷酸切下,如真核生物中 3′ 端的 UU。tRNA 前体包含有内含子,可通过剪接作用而被切除,即由内切核酸酶催化进行剪切反应,并通过连接酶将其余部分连接起来。CCA-OH 加到 tRNA 前体的 3′ 端是 tRNA 前体加工过程的特有反应,在 tRNA 核苷酰转移酶的催化下进行,由 CTP 和 ATP 提供胞苷酰基和腺苷酰基。tRNA 前体的加工还包括碱基的甲基化反应、脱氨基反应及还原反应等化学修饰作用,一般发生在 tRNA 中特定的核苷酸上(图 13-27)。

(3) rRNA 前体的加工　染色体 DNA 中 rRNA 基因是多拷贝的,如原核生物基因中 rRNA 基因有 5~10 拷贝;真核生物中 rRNA 基因的拷贝数更多,如果蝇为 260 拷贝。rRNA 基因纵向串联而成重复排列,由非转录的间隔区(spacer)将它们分隔开来。在每一个 rRNA 基因内,包含有 3~4 段 rRNA 的编码区,其间也有间隔区。这些间隔区中有些不编码有效产物,有些间隔区的转录产物则是 tRNA。

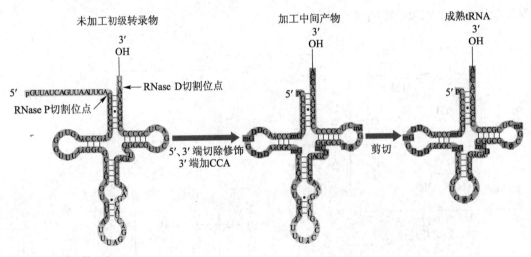

·图 13-27　tRNA 前体的加工

原核生物的核蛋白体中有 16S、23S 及 5S 三种 rRNA,这三种 rRNA 均存在于 30S 的 rRNA 前体中。在 16S 与 23S rRNA 的间隔区中还包含有 1~2 个 tRNA。转录作用完成后,在 RNase Ⅲ 催化下,将 30S rRNA 前体切开,以产生 17S、25S 及 5S rRNA 的中间前体。进一步在核酸酶的作用下,切去部分间隔序列,产生成熟的 16S、23S 及 5S 三种 rRNA 和成熟的 tRNA(图 13-28)。rRNA 在成熟过程中可被甲基化,主要发生在核糖 2′- 羟基上,而真核生物 rRNA 的甲基化程度比原核生物 rRNA 的甲基化程度高。

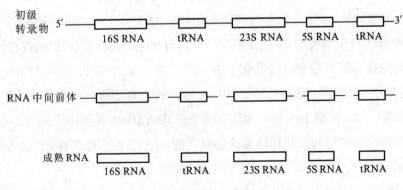

·图 13-28　细菌 rRNA 前体的加工

真核生物的核蛋白体中有 18S、5.8S、28S 及 5S rRNA。5S rRNA 自成体系，在成熟过程中加工甚少，不进行修饰和剪切。前体中 45S rRNA 包含有 18S、5.8S 及 28S rRNA 三个组分。在加工过程中，分子广泛地进行甲基化修饰，主要在 28S 及 18S 中。随后 45S 的 rRNA 前体经过剪切成为 41S rRNA 中间前体，又继续被剪切为 20S 及 32S rRNA 前体，再经过剪切成为 18S rRNA 及 28S-5.8S rRNA 复合体。最后，28S-5.8S rRNA 复合体剪切变为成熟的 28S rRNA 及 5.8S rRNA（图 13-29）。

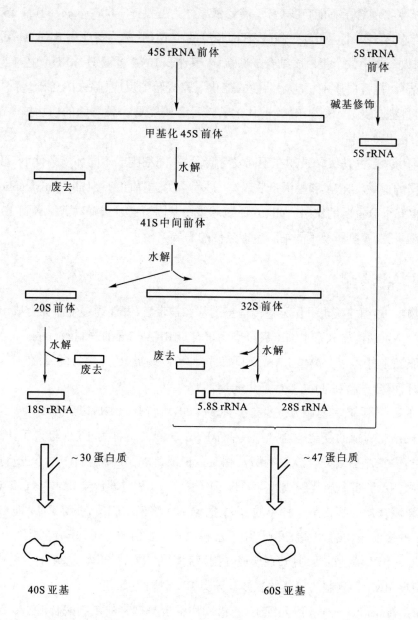

·**图 13-29** 真核生物 rRNA 前体的加工

（4）RNA 的剪接　大多数真核生物基因都是割裂基因（interrupted gene），其转录出来的前体中包含保留在最终成熟 RNA 中的序列外显子（exon）和插入在外显子间非编码序列内含子（intron）。在转录后加工的过程中，内含子被切除，外显子拼接在一起，而形成连续的序列，这一过程即称为剪接（splicing）。

真核细胞的 hnRNA 中包含长而数量多的内含子，有些内含子本身具有催化能力，能够自我完成剪接过程。如真核生物的细胞器(叶绿体和线粒体)基因、低等真核生物核的 rRNA 基因、某些细菌和噬菌体的个别基因。这种具有催化能力的 RNA 称为核酶(ribozyme),核酶的发现是对"酶"概念一个具有重大意义的扩展。这类内含子两端有特定的保守序列,通过鸟苷酸或腺苷酸的游离—OH 攻击 5′磷酸引起转磷酸酯反应,使得内含子最终形成环状套索结构而被切除,两个外显子得以连接在一起。磷酸酯键只发生转移反应而未水解,故这一剪接反应过程无须额外供给能量。

大多数真核生物内含子不能自我剪接,需要依靠称为剪接体(splicesome)的蛋白质复合体才能完成剪接。核内存在许多大小为 100~300 核苷酸长度的小 RNA,称为核内小 RNA(small nuclear RNA,snRNA),它们与数个或十数个蛋白质结合成剪接体,其中 snRNA 可识别 hnRNA 中内含子与外显子的交接处并与之结合,在蛋白质中相应酶活性的催化下完成转酯反应,除去内含子,将两个外显子连接起来,完成剪接过程。此外,核内 tRNA 前体的剪接过程则需要一种特殊的内切核酸酶和 RNA 连接酶催化,并由 ATP 提供能量。

一些真核生物基因的初级转录物在不同发育阶段、不同细胞或不同环境条件下,可通过不同的剪接方式得到不同的成熟 mRNA 和翻译产物,这一过程称为选择性剪接(alternative splicing),在基因表达的调节控制中有十分重要的作用。如 α- 原肌球蛋白基因可通过选择性剪接得到 10 个不同的蛋白质产物,以适应不同发育阶段及不同细胞生理条件的需要。

13.6.4 RNA 的复制

在有些生物中,核糖核酸也可作为遗传信息的基本携带者,并能通过复制而合成出与其自身相同的分子,如某些 RNA 病毒侵入寄主细胞后可借助于自身 RNA 指导的复制酶(replicase)进行复制。从RNA 病毒感染的细胞中可以分离出 RNA 复制酶,这种酶以病毒 RNA 作为模板,在有 4 种核苷三磷酸和镁离子存在时,可合成出互补链,最后产生病毒 RNA。

RNA 病毒的种类很多,其复制方式也是多种多样的,可将其归纳成以下 4 类。

(1) 含正链 RNA 病毒的复制 通常把具有 mRNA 功能的链称为正链,与它互补的链称为负链。该类病毒进入宿主细胞后首先合成复制酶及相关蛋白质,然后在复制酶作用下进行病毒 RNA 的复制,最后由病毒 RNA 和蛋白质装配成病毒颗粒。噬菌体 Qβ 和脊髓灰质炎病毒(poliovirus)即为这种类型的代表。脊髓灰质炎病毒是一种小的 RNA 病毒。它感染细胞后,病毒 RNA 即与宿主核糖体结合,产生一条长的多肽链,在宿主蛋白酶作用下水解成 6 个蛋白质分子,其中包括 1 个复制酶、4 个外壳蛋白和 1 个功能仍不清楚的蛋白质,在形成复制酶后病毒 RNA 才开始复制。

(2) 含有负链 RNA 和复制酶病毒的复制 该类 RNA 病毒,如狂犬病毒(rabies virus)和水疱性口炎病毒(vesicular stomatitis virus),侵入细胞后,借助病毒自身携带的复制酶合成出正链 RNA,再以正链 RNA 为模板合成病毒蛋白质,并复制病毒 RNA。

(3) 含有双链 RNA 和复制酶病毒的复制 这类病毒以呼肠孤病毒(reovirus)为代表,其遗传物质是双链 RNA。在病毒复制酶作用下,以负链为模板,通过不对称复制而合成出正链 RNA,并以正链 RNA 为模板翻译成病毒蛋白质。然后再合成病毒负链 RNA,最终形成双链 RNA 分子。

(4) 致癌性 RNA 病毒的复制 这类 RNA 病毒主要包括白血病病毒(leukemia virus)和肉瘤病毒(sarcoma virus)等,它们的复制过程须经过 DNA 前病毒阶段,由反转录酶所催化。

13.7 DNA 的酶促降解

生物体内的核酸基本上以核蛋白形式存在,核蛋白在胃肠道内经胃酸及蛋白酶作用而分解成核酸(DNA 与 RNA)和蛋白质。核酸在小肠内受胰液中的核酸酶(含 RNA 酶和 DNA 酶)、肠液中的多核苷酸酶(磷酸二酯酶)作用,而生成单核苷酸;单核苷酸通过核苷酸酶(磷酸单酯酶)进一步作用,分解为核苷和磷酸;核苷酸及其水解产物(即核苷、磷酸)均可被细胞吸收利用,被吸收的核苷酸及核苷绝大部分在肠黏膜细胞中进一步被分解,产生的戊糖被吸收后参与体内戊糖代谢,而嘌呤和嘧啶绝大部分参与含氮化合物分解途径。因此,食物来源的嘌呤和嘧啶实际上很少被利用,只有戊糖和磷酸可被机体利用。

核酸降解过程中产生的核苷酸几乎在所有生物化学过程中有重要的作用,如作为 DNA 和 RNA 合成的原料、辅酶(NAD、FAD 及 HSCoA)的组成成分、第二信使分子(cAMP、cGMP)前体等(参见第 5 章)。核苷酸主要来自核酸的酶促降解,而核酸的降解涉及核酸酶、脱氧核糖核酸酶和限制性内切核酸酶。其中,限制性内切核酸酶具有降解外源 DNA 的特殊作用,在基因工程操作中还作为切割 DNA 分子的手术刀,用以制作 DNA 限制酶图谱分离限制内切片段及进行 DNA 体外重组,具有重要的生物学作用。

13.7.1 核酸酶

凡能水解核酸的酶均称为核酸酶(nuclease)。所有细胞都含有核酸酶,只是特异性有所差异。核酸酶催化的反应都是使磷酸二酯键水解,故核酸酶属磷酸二酯酶。由于多核苷酸链内部每个磷酸基涉及与两端的两个戊糖残基上 C-3′ 位和邻近戊糖残基 C-5′ 位的—OH 形成磷酸二酯键,酯键可能在磷酸基的 3′ 端或者 5′ 端水解,因而产物的 3′ 端或 5′ 端含有磷酸基。为了简单地表示出核酸酶在核酸链上的水解部位,水解发生在磷酸基 3′ 端者用 a 表示,磷酸基留在相邻核苷酸的 5′ 端;若水解发生在磷酸基的 5′ 端者用 b 表示,磷酸基则留在相邻核苷酸的 3′ 端(图 13-30)。有些核酸酶的作用部位位于多核苷酸链的内部,称为内切核酸酶(endonuclease);有些核酸酶从多核苷酸链的 3′ 端或 5′ 端依次水解产生单核苷酸,这类酶称为外切核酸酶(exonuclease)。

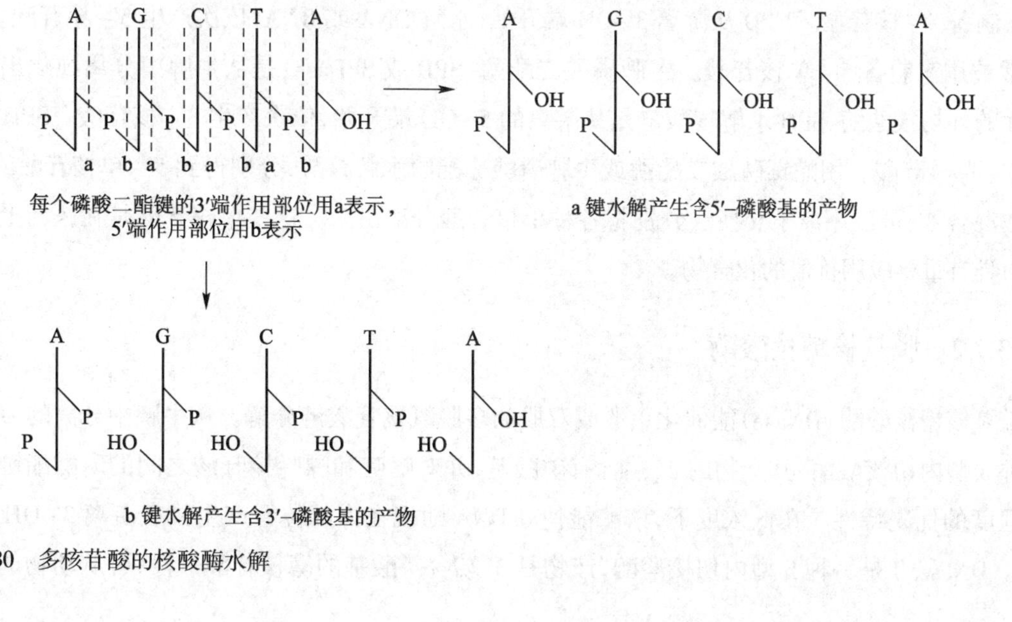

每个磷酸二酯键的3′端作用部位用a表示,
5′端作用部位用b表示

a 键水解产生含5′-磷酸基的产物

b 键水解产生含3′-磷酸基的产物

·**图** 13-30 多核苷酸的核酸酶水解

像大多数酶一样,核酸酶对它们所作用的底物具有不同的专一性。作用于 DNA 的酶称为 DNA 酶(DNase),而催化 RNA 水解的酶称为 RNA 酶(RNase)。有些核酸酶可催化多种核苷链水解,即对戊糖和碱基不具有专一性,它们既能作用于 DNA,又能作用于 RNA,这类酶称为非专一性核酸酶,如核酸酶 S1(nuclease S1)。有的核酸酶只对单链核酸(ssRNA 或 ssDNA,ss 表示单链)表现出专一性,有的核酸酶可能只作用于双链核酸(dsRNA 或 dsDNA,ds 表示双链)。有些核酸酶可能对多核苷酸链中的碱基具有不同的选择条件,因而表示出不同的碱基专一性。有的核酸酶只能识别特定的碱基序列,并在该序列内降解核酸。

胰核糖核酸酶 A(RNase A)是一种被详细研究和具有广泛应用的内切核酸酶。该酶催化核糖核酸多核苷酸链内嘧啶核苷酸 C-3′ 位磷酸基与相邻核苷酸 C-5′ 位—OH 之间的酯键水解,产生 3′ 端含磷酸基的寡核苷酸片段(图 13-31)。

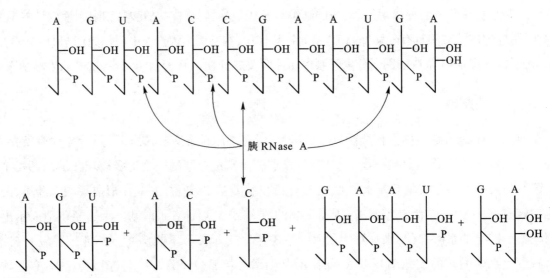

· 图 13-31　胰核糖核酸酶 A 催化反应的专一性

蛇毒磷酸二酯酶(VPD 或 VPDase)是从腹蛇毒液中分离出来的一种非专一性的外切核酸酶,广泛用于制备 5′- 核苷酸。VPD 从游离 3′-OH 端开始,水解 DNA 或 RNA,依次产生 5′- 核苷酸。因此,VDP 常被用来制备 5′- 单核苷酸。牛脾磷酸二酯酶(SPD 或 SPDase)是从牛脾中分离纯化出来的非专一性的外切核酸酶,SPD 水解核酸链是从游离的 5′-OH 端开始,依次产生 3′- 核苷酸。SPD 常用于制备 3′- 单核苷酸。用蛇毒磷酸二酯酶或牛脾磷酸二酯酶水解核酸,分别得到 5′- 单核苷酸或 3′- 单核苷酸混合物,可以用离子交换法分别将各种单核苷酸分离出来。这些单核苷酸是在医药上或在实验室中具有重要应用价值的化合物。

13.7.2　脱氧核糖核酸酶

脱氧核糖核酸酶(DNase)能催化单股或双股的多脱氧核苷酸链分解。从牛胰中分离的 DNase Ⅰ 是一种 a 型内切核酸酶,其产物的 5′ 端含有磷酸基,并对嘧啶和嘌呤核苷酸之间的磷酸酯键表现出某种程度的优先特性。在低浓度下,该酶能使 dsDNA 随机在内部位置产生具有游离 3′-OH 的缺口(nick)。DNase Ⅱ 是一种 b 型内切核酸酶,产物是 3′ 端含磷酸基的寡核苷酸片段,可从动物的胸腺和脾中分离得到。

13.7.3 限制性内切核酸酶

(1) 限制性内切核酸酶的发现　微生物中的修饰和限制现象是 20 世纪 50 年代初发现的,这是细菌自卫的一种方式。例如,从大肠杆菌 K 株繁殖出来的噬菌体 λ (K)只能感染大肠杆菌 K 株,不能感染大肠杆菌 B 株,反之亦然。这个现象称为限制现象。然而,被某菌株限制的噬菌体群体中也会有极少个体幸存下来,幸存者的子代可以在原来受限制的菌株中正常繁殖,这个现象称为修饰现象。修饰和限制的性质都是由宿主的基因所决定的,同噬菌体的基因无关。

Arber 和他的合作者对这个现象做了深入研究,并从生物化学角度提出一种假设。他认为细菌内有两种不同功能的酶:一种是内切核酸酶,它能识别并切开 DNA 分子上一个特定的碱基序列,这就是限制性内切核酸酶(restriction endonuclease),简称限制酶;另一种酶是甲基化酶,它能识别限制性内切核酸酶所识别的碱基顺序,并把其中某些碱基甲基化,这是修饰酶。被修饰酶甲基化的 DNA 就不能被限制性内切核酸酶降解。这样,限制性内切核酸酶和它的"搭档"修饰酶一起组成限制修饰系统(restriction modification system)。细菌的 DNA 总是被自身的修饰酶修饰,因此不会被自身的限制酶所降解。异源的 DNA 由于没有被修饰过,它一旦侵入细菌就会被限制酶降解,因此这个系统可以保护细菌免受外来 DNA 入侵。限制性内切核酸酶的这种识别特定核酸序列的高度专一性在 DNA 结构和功能的研究将起到重要的作用。

(2) 限制性内切核酸酶的命名　鉴于该类酶作用的特性及来源,限制性内切核酸酶的命名采用 Nathans 等所提议的方案。限制性内切核酸酶名称的第一个字母取自获得此内切核酸酶的细菌属名的第一个字母(大写),名称的第二、三个字母取自该细菌种名的头两个字母(小写),以上 3 个字母代表了细菌的物种名称,生物学中属以下(含属)的拉丁学名应该用斜体字母表示,因此,这 3 个字母都应该是斜体。如果该细菌还有不同的株系,则另加第四个代表株系的字母或数字(正体);最后是用罗马字大写的数字,代表同一菌株中不同限制性内切核酸酶的编号。如 *Bam*H Ⅰ 表示解淀粉芽孢杆菌(*Bacillus amyloliquefaciens*)H 株中分离的第 1 种限制性内切核酸酶,*Hind* Ⅲ 表示流感嗜血杆菌(*Haemophilus influenzae*)Rd 株的第 3 个限制酶修饰体系。目前,已从 200 多种微生物中分离到上千种限制性内切核酸酶,其中许多已在分子生物学和生物工程研究中得到广泛应用。

(3) 限制性内切核酸酶的分类　根据限制性内切核酸酶的识别切割特性、催化条件及是否具有修饰酶活性,可分为 Ⅰ 型、Ⅱ 型、Ⅲ 型三大类。

① Ⅰ 型限制性内切核酸酶属于复合功能酶,由 3 种不同亚基构成。它能识别和结合于特定的 DNA 序列位点,随机切断在识别位点以外 400~700 bp 的 DNA 序列,没有固定的切割位点,不产生特异片段。这类酶的作用需要 Mg^{2+}、ATP 和 S- 腺苷酰甲硫氨酸作为催化反应的辅因子,在 DNA 降解时伴随 ATP 水解,即具有内切核酸酶、甲基化酶(修饰功能)、ATP 酶和 DNA 解旋酶 4 种活性。

② Ⅱ 型限制性内切核酸酶只由一条肽链构成,其限制 – 修饰系统分别由内切核酸酶和甲基化酶两种不同的酶组成,仅需要 Mg^{2+} 作为催化反应的辅因子,它能识别和切割双链 DNA 的特异顺序,产生特异的 DNA 片段,切割 DNA 特异性最强,且就在识别位点范围内切断 DNA,是分子生物学中应用最广的工具酶。

③ Ⅲ 型限制性内切核酸酶与 Ⅰ 型酶相似,也是多亚基蛋白质,既有内切核酸酶活性,又有修饰酶

活性,在 DNA 链上有特异切割位点,但切断位点在识别序列周围 25~30 bp,酶促反应除 Mg^{2+} 外,也需要 ATP 供给能量。Ⅰ、Ⅲ型限制性内切核酸酶对重组 DNA 技术无重要价值。

(4) Ⅱ型限制性内切核酸酶的作用特点　Ⅱ型限制性内切核酸酶有严格的识别、切割顺序,它以内切核酸方式水解 DNA 链中的磷酸二酯键,产生的 DNA 片段 5′ 端为磷酸基,3′ 端为羟基,识别序列一般为 4~6 个碱基对,通常具有回文序列特征。不同的 Ⅱ型限制性内切核酸酶识别和切割的特异性不同,会产生 3 种不同的切口。

① 在识别序列的对称轴上,对双链 DNA 同时切割,产生平端(blunt end),如 *Hae* Ⅲ 的酶切结果为:

$$
\begin{array}{c}
\downarrow \\
Hae\text{Ⅲ 的识别序列是: } 5'\text{GGCC}3' \quad \text{产物末端是平端 } 5'\text{GGC} \cdots \text{C}3' \\
3'\text{CCGG}5' \qquad\qquad\qquad 3'\text{CCG} \cdots \text{G}5' \\
\uparrow
\end{array}
$$

② 在识别序列的双侧末端交错切割 DNA 双链,产生 5′ 端突出的黏端(cohesive end 或 sticky end)。如 *Eco*R Ⅰ 的酶切结果为:

$$
\begin{array}{c}
\downarrow \\
Eco\text{R Ⅰ 的识别序列是: } 5'\text{GAATTC}3' \quad \text{产物带有 5′端突出的黏端 } 5'\text{G} \cdots \text{pAATTC}3' \\
3'\text{CTTAAG}5' \qquad\qquad\qquad 3'\text{CTTAAp} \cdots \text{G}5' \\
\uparrow
\end{array}
$$

③ 在识别序列的双侧末端交错切割 DNA 双链,产生 3′ 端突出的黏端。如 *Pst* Ⅰ 的酶切结果为:

$$
\begin{array}{c}
\downarrow \\
Pst\text{Ⅰ 的识别序列是: } 5'\text{CTGCAG}3' \quad \text{产物带有 3′端突出的黏端} 5'\text{CTGCAp} \cdots \text{G}3' \\
3'\text{GACGTC}5' \qquad\qquad\qquad 3'\text{G} \cdots \text{pACGTC}5' \\
\uparrow
\end{array}
$$

一个相对分子质量不太大的 DNA 中所包含的内切核酸酶识别位点是有限的,因此酶切后产生的片段大小和数目都是固定的。表 13-7 列出部分限制性内切核酸酶的识别序列。

·表 13-7　限制性内切核酸酶的识别序列(↓表示酶切位点)

酶	识别序列
Sau 3 A	↓GATC/CTAG↓
Bam Ⅲ	G↓GATCC/CCTAG↓G
*Eco*R Ⅰ	G↓AATTC/CTTAA↓G
Pst Ⅰ	CTGCA↓G/G↓ACGTC
Hind Ⅲ	A↓AGCTT/TTCGA↓A
Sma Ⅰ	CCC↓GGG/GGG↓CCC
Not Ⅰ	GC↓GGCCGC/CGCCGG↓CG

13.8　RNA 的酶促降解

RNA 降解或衰减(decay)是指生物体内 RNA 分子在 RNA 核酸酶的催化下发生降解的过程。真核生物中存在多种 RNA 衰减途径,其发生不仅可以清除异常或无用的 RNA,还可以调控正常 RNA 的种类与丰度,如控制生长所需的 RNA 或阻遏病原体的 RNA,对生物体的生长、发育、抵御各种胁迫及病害具有重要的意义。

13.8.1　正常 mRNA 的降解

mRNA 降解一般用半衰期(half-life)表示。大多数 mRNA 半衰期很短,只有数分钟至数小时。组成型(不间断)表达基因编码的 mRNA 通常比调节基因编码的 mRNA 寿命要长。对于正常 mRNA,在翻译起始时,mRNA3′ 端 poly(A)结合蛋白[poly(A)-binding proteins,PABPs]与 5′ 端帽复合体发生相互作用,使 mRNA 形成闭合环状结构。mRNA 的衰减起始一般表现为该环状结构的打破,包括 3′ 端脱腺苷酸化(deadenylation)和 5′ 端脱帽(decapping),随之而来的是由外切核酸酶作用下的 5′-3′ 和 3′-5′ 方向的降解(图 13-32)。由于 3′ 端腺苷酸尾的缩短可以刺激 5′ 端帽的水解,很长时间以来人们认为 3′ 端脱腺苷酸化是 mRNA 降解途径的限速步骤;然而新的研究表明,脱帽可以与脱腺苷酸化"解绑"。此外,有些 mRNA 的降解可以通过在 3′ 端进行尿苷酸或尿苷酸 / 胞嘧啶的延伸从而绕过脱腺苷酸这一步骤。下面对上述的 mRNA 的降解进行简单的介绍。

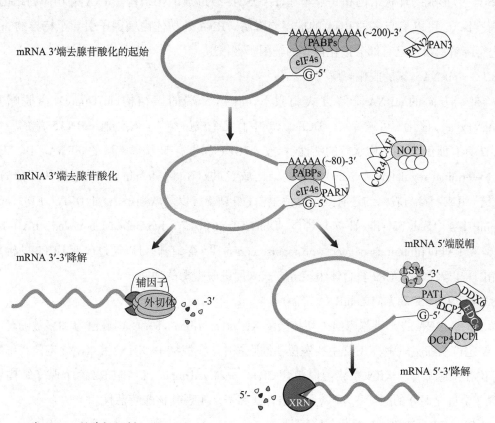

·图 13-32　正常 mRNA 的降解机制

13.8.1.1　mRNA 3′ 端脱腺苷酸化降解

mRNA poly(A)的长度调节是一个动态过程,包括典型的 poly(A)聚合酶[poly(A)polymerases,PAPs]对 3′ 端的"加 A"和特异性地脱腺苷酸化酶(deadenylase)作用下的"去 A"过程。在真核生物中,脱腺苷酸化酶主要为 PAN2-PAN3 [Poly(A)nuclease]复合体和 CCR4-NOT(carbon catabolite repressor 4-negative on tata) 复合体(图 13-32)。PAN2-PAN3 参与启动腺苷酸尾 poly(A)的缩短,其中 PAN2

含有天冬氨酸-谷氨酸-天冬氨酸-天冬氨酸(DEDD)RNA酶结构域,因此具有核酸酶催化活性(图13-32)。CCR4-NOT复合体是主要的脱腺苷酸化酶,在RNA生命周期的不同阶段起着重要的调节作用。CCR4-NOT复合体在不同物种中的组成不尽相同,但其核心成员各司其职。其中,CCR4s蛋白所具有的内切核酸酶-外切核酸酶-磷酸酶(endonuclease-exonuclease-phosphatase,EEP)类型的结构域和CAF1/POP2(CCR4-associated factor 1/PGK promoter directed over production)所具有的DEDD RNA酶结构域赋予CCR4-NOT复合体核酸酶的活性。而NOT1作为支架蛋白为其他成员提供了锚点(或着落点)。此外,除了上述复合体外,还存在其他一些由脱腺苷酸化酶参与poly(A)尾长度的调控,包括poly(A)特异性核糖核酸酶[poly(A)-specific ribonuclease,PARN]等。PARN在植物和哺乳动物中广泛存在,其活性依赖于5′端帽,但可被帽结合蛋白和mRNA3′端poly(A)结合蛋白(PABPs)所抑制。

13.8.1.2 从3′-5′端方向的mRNA降解

脱腺苷酸化使得mRNA 3′端从poly(A)结合蛋白上释放出来,并将3′端暴露给RNA外切核酸酶(或外切体,exosome)(图13-32)。RNA外切核酸酶复合体由10~12个亚基组成,其核心成员包括6个亚基(EXOSC4-9)形成的环状结构和3个亚基(EXOSC1-3)形成的帽结构。RNA外切体的结构在真核生物中高度保守,可以参与多种RNA的加工与降解。RNA外切体由辅因子引导至特异的mRNA靶点对其进行降解。目前已有部分进化保守的辅因子被报道。

13.8.1.3 mRNA5′端的脱帽降解

从3′-5′端方向的mRNA降解方式刺激下,mRNA 5′端的帽结构(m7GpppG)由脱帽酶DCPs(decapping enzyme)催化不可逆降解。DCPs家族中有几个成员参与真核细胞mRNA5′端的脱帽过程,其中DCP2具有催化5′帽结构水解的活性,释放m7GDP和带有5′端单磷酸的mRNA。DCP2由N端调节域(N-terminal regulatory domain)和功能结构域Nudix(Nudix domain)以及连接两部分的短小灵活的"铰链"组成。参与脱帽的还有其他激活蛋白(如DCP1)以及增强蛋白,如DCP5、EDC(enhancers of decapping)1-4、LSM(SM-like)1-7复合体、Dhh1/DDX6(DEAD box helicase homolog/DEAD-box RNA helicase 6)和PAT1(protein associated with topoisomerase Ⅱ)等,它们可以通过改变DCP2的构象、干扰翻译起始因子以及影响DCP2复合体组装等方式来促进脱帽酶的功能。

13.8.1.4 从5′-3′端方向的mRNA降解

脱帽之后,mRNA的5′端暴露给外切核酸酶XRNs(exoribonucleases)。在酵母和多数哺乳动物中,XRN1主要定位在细胞质中,XRN2主要定位在细胞核中。在植物中,XRN2和XRN3定位在细胞核中,XRN4定位在细胞质中。XRN家族蛋白包含CR1(conserved region 1)和CR2两个保守结构域,其中CR1包含7个进化保守的酸性氨基酸,通过结合镁离子来实现其核酸酶活性。

13.8.1.5 mRNA 3′端尿苷酰化与降解

前文中曾提到,mRNA 3′端也可以发生尿苷酰化[poly(U)]。在真核细胞中有几种末端尿苷酰转移酶(uridyltransferase,TUTase)或者poly(U)聚合酶[poly(U)polymerases,PUPs](酿酒酵母除外)。它们多数定位于细胞质中,既可参与调控特异mRNA[如没有poly(A)的组蛋白编码mRNA和microRNA靶基因切割后的5′端片段],又能诱发含有poly(A)的mRNA 5′端脱帽反应。植物中的尿苷酰转移酶可以通过尿苷酰化,将poly(A)较短的mRNA标记为衰减对象,之后再进行3′端脱腺苷酸尾或脱5′端帽类型的降解。

13.8.2 异常 mRNA 的降解

在前面章节中我们提到,一条成熟 mRNA 的合成需要经历许多步骤,每一步都有可能出现错误。为了应对这些问题,细胞已进化出了一系列手段来监测和消除异常的转录产物(转录本)。在细胞核中,未剪接的 mRNA 前体和加尾异常的 mRNA 可诱发细胞核 RNA 外切体(exosome)的降解。通常有三种途径引发异常 mRNA 的降解,分别为无义介导的 mRNA 降解(nonsense-mediated mRNA decay,NMD)、无终止降解(non-stop decay,NSD)和翻译受阻时 mRNA 的降解(no-go dacay,NGD)(图 13–33)。

13.8.2.1 无义介导的 mRNA 降解(NMD)

无义介导的 mRNA 降解是目前研究最多的监测机制,它可以识别并降解含有提前终止密码子(premature termination codon,PTC)的 mRNA。那么 PTC 是如何被 NMD 监测到的呢?以哺乳动物细胞为例,作为剪接的标志,异常转录物的外显子拼接复合体(exon junction complex,EJC)无法被核糖体移除而滞留在 PTC 的下游,因而被 NMD 机制识别而引发降解。除了 EJC 外,超过 300 个核苷酸长度的 3′ 非翻译区(3′ untranslated region,3′UTR)、终止子下游 50 个核苷酸以上位置有内含子出现在 3′UTR、主蛋白编码的开放阅读框(open reading frame,ORF)上游有移码开放阅读框等都会引发无义介导的 mRNA 降解。真核生物中,无义介导 mRNA 降解的发生需要 UPF1(UP frameshift 1)、UPF2、UPF3 和 SMGs(suppressor with morphological effect on genitalias)的参与。在哺乳动物中,SMG6 作为有催化活性的内切核酸酶切断其靶 mRNA 后,引发 5′–3′ 和 3′–5′ 的降解(图 13–33)。

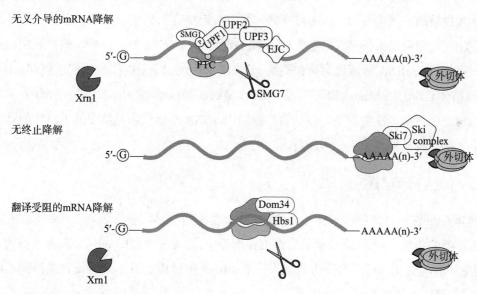

·**图 13–33** 异常 mRNA 降解的 3 种途径

13.8.2.2 无终止降解(NSD)

无终止降解 mRNA 的方式为,当 mRNA 发生断裂或缺少终止密码子时,翻译会沿着 poly(A)进行下去。为了避免产生异常蛋白,无终止降解 mRNA 的途径会被触发,从而帮助核糖体脱落。在酵母和哺乳动物细胞中,该过程需要细胞质中一些 Ski 复合体(super killer complex,为一类细胞质 RNA 外切体辅因子复合体)蛋白参与,如 Ski7 可与核糖体的 A 位点结合,释放核糖体,然后招募 RNA 外切体和 Ski 复合体进行 3′–5′ 降解。

13.8.2.3 翻译受阻的 mRNA 降解(NGD)

NGD 是研究最少的一种 mRNA 降解途径,目前只在酵母中有报道。翻译中的核糖体可由茎环结构、稀有密码子、假结(pseudoknot)等因素造成"熄火"。NGD 检测 mRNA 上翻译停滞的核糖体并在其附近引发内切核酸酶切割,从而防止翻译因子在出错的转录本上滞留。释放的核糖体和 mRNA 残片被 RNA 外切体和 Xrn1 降解。NGD 的机制目前尚未研究清楚,主导切割的内切核酸酶也尚未鉴定,但切割需要一些蛋白质的参与,如 Dom34(duplication of multilocus region 34)和 Hbs1(Hsp70 subfamily B suppressor)。

13.8.3 tRNA 的降解

与 mRNA 相比,tRNA 的半衰期可长达数小时到数天,是一类长寿命 RNA,因此确保 tRNA 的正确折叠加工和修饰极为重要。结构异常或者 3′ 端加工缓慢的 tRNA 前体(pre-tRNA)在细胞核中由核外切体(nuclear exosome)进行 3′-5′ 方向的降解。所有 tRNA 3′ 端都要通过添加 CAA 末端来进行 tRNA 氨酰化(aminoacylation),通常情况下,CAA 非 tRNA 基因所编码,而是由核苷酸转移酶催化。此外,对于缺乏修饰或者构象异常的 tRNA,核苷酸转移酶可以通过延长 3′-CCA 至 CCACCA 来对其进行标记,从而被外切体所识别并降解。细胞核与细胞质中的 tRNA 还会经历 5′-3′ 方向的 RNA 迅速衰减(rapid tRNA decay,RTD)。在哺乳动物中,RTD 机制由核质中的 XRN2(酵母中为 ribonucleic acid trafficking 1,Rat1)和细胞质中的 XRN1 催化,该机制用于消除修饰不足和结构异常的 tRNA。

13.8.4 rRNA 的降解

生物体蛋白质的合成需要由 rRNA 与核糖体蛋白稳定结合而形成的核糖体参与。同时,rRNA 与核糖体蛋白相互作用可以保护 rRNA 免受 RNA 酶的侵袭。与 tRNA 类似,rRNA 的半衰期也可长达数天。尽管只有极少的 rRNA 降解代谢被捕捉到,但高度稳定的 rRNA 也能发生快速降解。rRNA 降解途径包括核糖体自噬(ribophagy)和无功能 rRNA 衰减(nonfunctional rRNA decay,NRD)。rRNA 的正常降解对维持细胞的稳定性很重要。在动物和植物中,rRNA 降解代谢通路中的蛋白功能受损将导致 rRNA 积累,影响生物体的正常生长与发育。

13.8.5 RNA 降解与胁迫

当生物体在面临和对抗各种不良环境或胁迫(如病原菌、干旱、盐害等)时,RNA(尤其是 mRNA)降解扮演着重要的角色。例如,在受到盐胁迫的拟南芥中,受无义介导的 mRNA 降解调控的可变剪接增多,以适应环境的变化。可变剪接指的是从一个 mRNA 前体中通过不同剪接方式得到不同的成熟 mRNA 的过程,受环境胁迫等因子调节。

mRNA 脱帽与胁迫应答有关。P 小体(processing body)是一类无膜结构,主要存在于细胞质内,由多种 RNA 结合蛋白、酶和 RNA 等组成的一个动态复合体,属于 RNA 颗粒的一种。许多 mRNA 衰减与存储都发生在 P 小体内,参与相应降解的蛋白也定位在 P 小体中。在渗透胁迫下,拟南芥 DCP1 被激酶磷酸化,磷酸化的 DCP1 与 DCP5 的结合增强,从而促进 DCP5 的 mRNA 结合能力和 DCP2 的脱帽活性。面对非生物胁迫,拟南芥中的 LSM1s 可以动态调控特定胁迫相应 mRNA 组的脱帽和降解。此外,植物 RNA 的降解也参与生物胁迫的应答。例如,美洲商陆抗病毒蛋白(pokeweed antiviral protein,PAP)可以对雀麦花叶病毒(brome mosaic virus,BMV)中的 RNA3 脱嘌呤而引发其 NGD 途径的 RNA 降解, 从而使植株获得 BMV 抗性。

tRNA 在降解前 3′ 端都要发生氨酰化, 在面对氧化胁迫时, 脊椎动物细胞中的 tRNA 的 CAA 3′ 端会被名为血管生成蛋白(angiogenin, ANG)的内切核酸酶所切除, 从而快速抑制蛋白质翻译。随着胁迫的消失, tRNA 核苷酸转移酶恢复添加 CAA 端以保证蛋白合成的进行。此外, 酵母细胞处于营养匮乏时, 核糖体的两个亚基会优先通过核糖体自噬来降解, 从而维持细胞内稳态。

小结

1. DNA 复制是以亲代 DNA 为模板, 在 DNA 聚合酶催化下, 以 4 种 dNTP 为原料, 合成出一条与亲代 DNA 序列互补的 DNA 子链, 反应开始需要 RNA 作为引物, 合成方向为 5′→3′, 复制的方式为半保留方式。

2. 以大肠杆菌为代表的原核生物细胞中的 DNA 聚合酶Ⅲ是主要复制酶, DNA 聚合酶Ⅰ在 DNA 修复、校对和重组过程起着重要作用。真核细胞 DNA 聚合酶的催化作用需要 α 和 δ 因子的配合, 还需要一些蛋白因子参与。

3. DNA 复制从一个确定的复制起点序列开始进行, 前导链合成是连续的, 后随链合成是不连续的。复制过程分为起始、延伸和终止三个阶段。

4. 生物体内有一套高效的修复系统, 保证 DNA 复制的准确率。

5. 转录是由 DNA 指导的 RNA 聚合酶催化核糖核苷酸的聚合反应, 所合成的 RNA 与模板 DNA 链互补。转录过程分起始、延伸、终止三个阶段, 从特定的启动子位点开始, 到终止子位点结束, 是一种不对称转录过程。

6. 转录出的 RNA 初产物须经过一系列的剪接、修饰等加工过程, 才能转变为成熟的 RNA 分子。

7. RNA 指导的 DNA 聚合酶称为反转录酶, 产生于反转录病毒感染的生物细胞中。这些酶首先将病毒 RNA 转录成 DNA, 然后以 DNA 为模板进行正常的转录和翻译过程。

8. 催化核酸降解的主要酶为核酸酶、脱氧核糖核酸酶和限制性内切核酸酶。限制性内切核酸酶具有特殊的性质, 在分子生物学领域中作为工具酶已广泛使用。

9. RNA 衰减是 RNA 代谢的重要一环, 对于维持生物体 RNA 的稳态和抵御生物非生物胁迫起着重要的作用。

10. 一般情况下, mRNA 的降解起始于 3′ 端脱腺苷酸化和 5′ 端脱帽, 继而发生 3′-5′ 和 5′-3′ 的降解。

11. 异常 mRNA 的降解主要有三种途径: NMD、NGD 和 NSD 途径。

12. 相对 mRNA, tRNA 与 rRNA 通常具有较长的 RNA 降解半衰期。tRNA 的降解主要通过 3′ 端 CAA 标记并由核外切体进行 3′-5′ 的降解, 以及 5′-3′RTD 途径的降解。rRNA 的降解主要通过核糖体自噬和 NRD 途径完成。

复习思考题

1. 比较原核生物 DNA 聚合酶Ⅰ、Ⅱ和Ⅲ性质的异同。
2. DNA 复制的精确性、持续性和协同性是通过怎样的机制实现的?
3. 何谓 DNA 的半不连续复制? 试述冈崎片段的合成过程。
4. DNA 合成时如何解开双链? 试比较拓扑异构酶Ⅰ和Ⅱ的作用特点。
5. 真核生物 DNA 聚合酶有哪几种? 主要功能有哪些?
6. 原核细胞 DNA 复制过程可分为哪几个阶段? 主要特点是什么? 其复制的起始是怎样控制的?
7. 什么是突变? 与细胞的癌变有何关系?
8. 列举原核生物同真核生物转录的差异。
9. 简述真核生物中 mRNA 的加工过程。
10. mRNA 衰减需要哪些步骤?
11. 异常 mRNA 的降解包含哪些途径?
12. tRNA 是如何发生降解的?
13. rRNA 是如何发生降解的?
14. 举例说明 RNA 降解是如何参与生物体的胁迫应答的。

数字课程学习资源

● 教学课件　　● 重难点讲解　　●拓展阅读

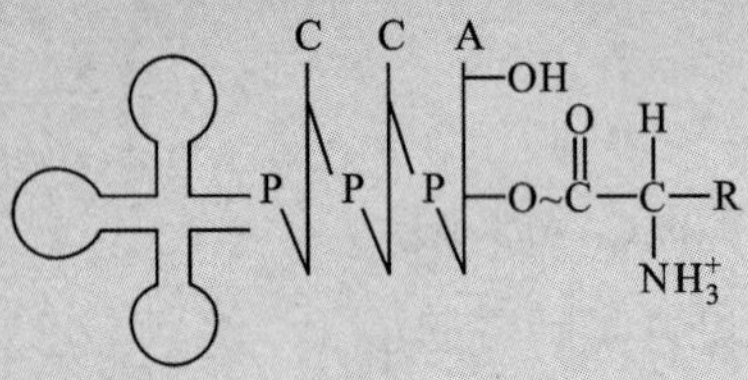

14 蛋白质的生物合成与降解

关键词：

遗传密码　　阅读框　　移码突变　　简并性　　同义密码子　　起始密码子　　终止密码子　　摆动假说
同工 tRNA　　反密码子　　多核糖体　　氨酰 tRNA 合成酶　　起始因子　　延伸因子　　释放因子
转肽　　移位　　分子伴侣　　共翻译转移　　翻译后转移　　信号肽　　信号识别颗粒

　　蛋白质是生命活动的重要物质基础,其合成、分解及转化是生命活动的基本特征。蛋白质生物合成的原料是氨基酸,合成过程十分复杂,mRNA、rRNA、tRNA 在合成中发挥重要作用,反应所需的能量由 ATP 和 GTP 提供。蛋白质合成的场所是核糖体,所以把核糖体称为蛋白质合成的工厂。另一方面,由于代谢的需要,细胞中过量或异常的蛋白质还必须及时地降解,这些蛋白质的降解需要蛋白质水解酶参与。

　　蛋白质的合成遵守中心法则(central dogma),即在子代的个体发育过程中,遗传信息由 DNA 传递到 RNA,然后翻译成特异的蛋白质,表现出与亲代相似的遗传性状。这种遗传信息的流向称为中心法则(见图 13-1)。在某些情况下,RNA 也是重要的遗传物质,如 RNA 病毒中 RNA 具有自我复制的能力,并同时作为 mRNA 指导蛋白质的生物合成。在致癌 RNA 病毒中,RNA 还以反转录的方式将遗传信息传递给 DNA 分子。

14.1　蛋白质的合成体系

　　蛋白质的合成过程要求 100 多种大分子物质参与和相互协作,这些大分子物质包括 mRNA、rRNA、tRNA、核糖体、多种活化酶及各种蛋白质因子。

14.1.1　mRNA 与遗传密码

14.1.1.1　mRNA

　　mRNA 的概念是在 1965 年由 F. Jacob 和 J. Monod 首先提出来的。因为当时已经知道编码蛋白质的遗传信息载体 DNA 在细胞核中,而蛋白质的合成场所是在细胞质中,于是就推测,应该有一种中间信使在细胞核中合成后携带遗传信息进入细胞质中,并指导蛋白质合成。后来经过许多科学家的研究,发现了除 rRNA 和 tRNA 之外的第 3 种 RNA,它起着传递遗传信息的作用,称为信使 RNA(mRNA),即遗传信息由 DNA 经转录传递给 mRNA,然后由 mRNA 翻译成特异的蛋白质。mRNA 的半衰期很短,很不稳定,一旦完成其使命后很快就水解。

不同的 mRNA 的分子大小差别很大,这和以它为模板所合成的蛋白质的分子大小不均一有关。原核生物的 mRNA 大部分为多顺反子,往往携带一种以上蛋白质分子的信息,而大多数真核细胞的 mRNA 为单顺反子,只编码一条多肽链。

14.1.1.2 遗传密码

mRNA 的碱基序列如何翻译成蛋白质的氨基酸序列?首先要了解遗传密码(genetic code),即 DNA(或其转录的 mRNA)中碱基序列和蛋白质序列之间的对应关系。1954 年,物理学家 G. Gamov 首先对遗传密码进行探讨。蛋白质由 20 种基本氨基酸组成,而 mRNA 只含有 4 种核苷酸,由 4 种核苷酸构成的序列如何决定多肽链中多至 20 种氨基酸的序列?显然,在核苷酸和氨基酸之间不能采取简单的一对一的对应关系。两个核苷酸决定一个氨基酸也只能编码 16 种氨基酸,如果用 3 个核苷酸决定一个氨基酸,4^3=64,就足以编码 20 种氨基酸,这说明可能需要 3 个或更多个核苷酸编码一个氨基酸。

1961 年,F. Crick 及其同事的遗传学实验进一步肯定 3 个碱基编码一个氨基酸,此三联体碱基即称为密码子。他们研究 T4 噬菌体 γ Ⅱ 位点 A 和 B 两个顺反子变异的影响,这两个基因与噬菌体能否感染大肠杆菌 κ 株有关。他们经研究发现,在上述位点缺失一个核苷酸产生的突变体,不能感染大肠杆菌 κ 株。然而在邻近的不同位置插入一个核苷酸产生的二次突变体能恢复感染活性,说明遗传密码是从基因内的一个固定位置按顺序解读的。进一步的研究发现,两个相隔很近的核苷酸缺失或相隔很近的插入却不能互相抑制(恢复基因的功能),而 3 个邻近的核苷酸缺失或插入却可以(图 14-1)。Crick 等的实验表明,遗传信息在核酸分子上是以非重叠、无标点和三联体的方式编码的。

碱基序列	CAT	CAT	CAT	CAT	CAT	CAT
−1	CAT	CA^C	ATC	ATC	ATC	ATC
−1+1	CAT	CA^C	AXT	CAT	CAT	CAT
+2	CAT	XCA	XTC	ATC	ATC	ATC
+3	CAX	TXC	ATX	CAT	CAT	CAT

·**图 14-1** 缺失或插入核苷酸引起三联体密码的改变

−1,删除一个核苷酸,在删除位置以符号 ^ 表示;−1+1,在相近位置分别删除和插入一个核苷酸,插入核苷酸以 X 表示;+2,在相近位置分别插入两个核苷酸;+3,在相近位置分别插入 3 个核苷酸

(1) **遗传密码的解读** 64 种密码子和 20 种氨基酸之间的相互关系是什么?在理论上,遗传密码可以通过简单比较 mRNA 的碱基序列及其所编码的多肽的氨基酸序列进行确定,然而在 20 世纪 60 年代,此方法不可行,因为当时分离 mRNA 并测定其序列的方法尚未建立。1961 年,M. Nirenberg 等将大肠杆菌提取物、20 种氨基酸的混合物(其中有一种氨基酸被同位素标记)、poly(U)、GTP 和 ATP 混合,经保温反应后,得到被标记的苯丙氨酸的多聚体,从而证明 poly(U)起信使 RNA 的作用,UUU 是编码苯丙氨酸的密码子。用同样的方法证明 CCC 编码脯氨酸,AAA 编码赖氨酸。这样,这三个密码子最早被解译出来。

Nirenberg 又进一步用两种核苷酸或三种核苷酸的共聚物作模板，重复上述实验。例如，用 U 和 G 随机排列组成的共聚物可以出现 8 种不同的三联体，即 GGG、GGU、GUG、UGG、UUG、UGU、GUU 和 UUU。酶促合成共聚核苷酸时，根据加入核苷酸底物的比例可以计算出各种三联体出现的频率，而标记氨基酸掺入新合成的肽链的相对量与三联体密码出现的频率相符合（表 14-1）。应用这种方法很快确定 20 种氨基酸密码子的碱基组成。

·表 14-1　在 U 和 G 的随机共聚体中三联体出现的频率及氨基酸的掺入率

可能的密码子	按计算可能出现的相对频率	氨基酸掺入的相对分子质量
UUU	100	Phe（100）
UUG		
UGU	20	Cys（20）
GUU		Val（20）
UGG		Gly（4）
GUG	4	
GGU		Trp（5）
GGG	0.8	—

★ 以 UUU 出现的相对频率为 100

进一步要解决的问题是密码子中三个碱基的排列顺序。1964 年，M. Nirenberg 等发现在无蛋白质合成的情况下，三联核苷酸能促进特异的 tRNA 与核糖体结合。例如，加入 pUpUpU 促进苯丙氨酸 tRNA 与之结合，pApApA 促进赖氨酸 tRNA 与之结合。凡是结合在核糖体上的 tRNA 分子在通过硝酸纤维素滤膜时被截留下来，而未结合的 tRNA 则可通过，这样可以测出三联体对应的氨基酸。利用此系统，通过合成所有 64 种可能的三联体，测定每种三联体对 20 种氨基酸相应的 tRNA 与核糖体结合的影响，已使 50 多种密码子被解译出来。但还有一些三联体编码的氨基酸不能肯定，需要其他方法来破译。

与此同时，Khorana 应用合成的具有重复序列的多核苷酸，如 UCUCUCUC…，进行体外蛋白质人工合成，发现产物为丝氨酸与亮氨酸交替出现的多肽：Ser Leu Ser Leu…，说明 UCU 编码丝氨酸，而 CUC 编码亮氨酸。当一合成的三联核苷酸重复序列，如 poly（UUC）作模板时，由于阅读框不同，得到的产物是 3 种不同的均聚多肽：多聚苯丙氨酸、多聚丝氨酸和多聚亮氨酸，说明 UUC 编码苯丙氨酸、UCU 编码丝氨酸、CUU 编码亮氨酸。通过分析各种两个和 3 个核苷酸重复序列编码的多肽，确认许多密码子的一致性并填补遗漏的遗传密码（表 14-2）。应用以上方法，终于在 1966 年将 64 种密码子都解译出来，61 种密码子为 20 种天然氨基酸编码，另有 3 种密码子为翻译的终止信号（表 14-3）。

·表 14-2　应用重复序列的多核苷酸确定密码子

重复序列	多核苷酸中的密码子	掺入的氨基酸
UC	UCU, CUC	Ser, Leu
AG	AGA, GAG	Arg, Glu
UG	UGU, GUG	Cys, Val

重复序列	多核苷酸中的密码子	掺入的氨基酸
AC	AGA, CAC	Thr, His
UUC	UUC, UCU, CUU	Phe, Ser, Leu
AAG	AAG, AGA, GAA	Lys, Arg, Glu
GAU	GAU, AUG, UGA	Asp, Met
UAC	UAC, ACU, CUA	Tyr, Thr, Leu
GUA	GUA, UAG, AGU	Val, Ser
UAUC	UAU, CUA, UCU, AUC	Tyr, Leu, Ser, Ile
UUAC	UUA, CUU, ACU, UAC	Leu, Thr, Tyr

· 表14-3　遗传密码表

第一位碱基 （5′端）	第二位碱基（中间）				第三位碱基 （3′端）
	U	C	A	G	
U	Phe	Ser	Tyr	Cys	U
	Phe	Ser	Tyr	Cys	C
	Leu	Ser	终止	终止	A
	Leu	Ser	终止	Trp	G
C	Leu	Pro	His	Arg	U
	Leu	Pro	His	Arg	C
	Leu	Pro	Gln	Arg	A
	Leu	Pro	Gln	Arg	G
A	Ile	Thr	Asn	Ser	U
	Ile	Thr	Asn	Ser	C
	Ile	Thr	Lys	Arg	A
	Met	Thr	Lys	Arg	G
G	Val	Ala	Asp	Gly	U
	Val	Ala	Asp	Gly	C
	Val	Ala	Glu	Gly	A
	Val	Ala	Glu	Gly	G

(2) 遗传密码的特性

① 方向性。密码的阅读方向及它们在 mRNA 由起始信号到终止信号的排列方向均为 $5' \rightarrow 3'$，与 mRNA 合成时延伸方向相同。

② 无标点性和不重叠性。密码的无标点性是指两个密码子之间没有任何核苷酸加以隔开。因此要正确阅读密码必须从一个正确的起点开始，按一定的阅读框（reading frame）连续读下去，直至遇到终止密码子为止。若插入或删去一个碱基，就会使这以后的读码发生错误，这种突变称移码突变（frameshift mutation）。目前已经证明，在绝大多数生物中读码规则是不重叠的。但是在少数大肠杆菌噬菌体，如 R17、Qβ 等的 RNA 基因组中，部分基因的遗传密码是重叠的。假设 mRNA 上的核苷酸序列为 ABCDEFGHIJKL…，按不重叠读码规则，每三个碱基编码一个氨基酸，碱基不重复使用，即 ABC

编码第一个氨基酸,DEF 编码第二个氨基酸,GHI 编码第三个氨基酸,依次类推。若按完全重叠规则读码,则为 ABC 编码第一个氨基酸,BCD 编码第二个氨基酸,CDE 编码第三个氨基酸,等等(图 14-2)。

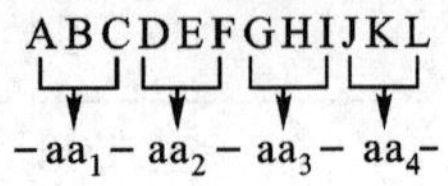

ABCDEFGHIJKL

−aa$_1$−aa$_2$−aa$_3$−aa$_4$−

·图 14-2　不重叠读码规则

③ 简并性。大多数氨基酸可以由几个不同的密码子编码,如 UCU、UCC、UCA、UCG、AGU 及 AGC 共 6 个密码子都编码丝氨酸,这一现象称密码的简并性(degeneracy)。编码相同氨基酸的密码子称为同义密码子(synonymous codon)。只有色氨酸和甲硫氨酸仅有一个密码子。密码的简并性往往只涉及第三位碱基,如丙氨酸有 4 组密码子:GCU、GCC、GCA 和 GCG,它们的前两位碱基都相同,均为 GC,只是第三位不同。已经证明,密码子的专一性主要取决于前两位碱基,第三位碱基的作用不大。例如,丙氨酸是由三联体 GCU、GCC、GCA 和 GCG 来编码的;前两个碱基 GC 是所有丙氨酸密码子共用的,而第三个可以是任何碱基。

密码的简并性具有重要的生物学意义。一是可以减少有害的突变。如果每个氨基酸只有一个密码子,那么 20 个密码子即可编码 20 种氨基酸,剩下的 44 个密码子都是无意义的,从而导致肽链合成的终止,这样造成终止突变的概率大大提高,而肽链终止的突变常导致蛋白质失去活性。二是即使 DNA 上碱基组成有变化,仍可保持由此 DNA 编码的多肽链上氨基酸序列不变。细菌 DNA 中(G+ C)含量变动很大(30% ~ 70%),但是 GC 含量不同的细菌,可以编码出相同的多肽,所以密码简并性在保持物种的稳定上起一定作用。

④ 起始密码子和终止密码子。在 64 个密码子中,有 1 个密码子 AUG 既是甲硫氨酸的密码子,又是肽链合成的起始密码子(initiation codon)。另外 3 个密码子 UAG、UAA 和 UGA 不编码任何氨基酸,而是多肽合成终止密码子(termination codon)。这 3 个密码子不能被 tRNA 阅读,只能被肽链释放因子识别。

⑤ 基本通用性。多年来,遗传密码被认为是通用的,即各种高等和低等的生物(包括病毒、细菌及真核生物等)共用同一套遗传密码。后来的研究发现,在线粒体 mRNA 中,一些密码子有不同的含义,如哺乳动物线粒体中的 UGA 不再是终止密码子,而编码色氨酸;AGA、AGG 为终止密码子,而不编码精氨酸。另外,某些生物细胞基因组密码也有一定的变异,如在原核生物的支原体中,UGA 用于编码色氨酸。因此,标准的遗传密码尽管广泛采用,但并非是绝对通用的。

14.1.2　tRNA

在蛋白质合成中,氨基酸本身不能识别 mRNA 上的密码子,它须由特异的 tRNA 分子携带到核糖体上,并由 tRNA 识别在 mRNA 上的密码子,因此 tRNA 是多肽链和 mRNA 之间的接合器。tRNA 含有两个关键的部位,一个是 3′ 端的氨基酸结合部位,碱基顺序是 CCA,"活化"的氨基酸的羧基与 tRNA3′ 端腺苷的核糖 3′ —OH 连接,形成氨酰 tRNA(图 14-3),这一过程由特异的氨酰 tRNA 合成酶催化完成,由 ATP 提供氨基酸活化所需要的能量。大多数氨基酸都有几种 tRNA 作为运载工具,这些携带相同氨基酸而反密码子不同的一组 tRNA 称为同工 tRNA(isoaccepting tRNA)。在书写时,将所携带氨基酸写在 tRNA 的右上角,如 tRNA^{Ala} 及 tRNA^{Cys},分别表示转运丙氨酸和半胱氨酸的 tRNA。一种氨酰 tRNA 合成酶可以识别一组同工 tRNA。

tRNA 分子中另一个关键部位是与 mRNA 的结合部位,这一部位位于 tRNA 的反密码子环上,由 3 个特定的碱基组成,称为反密码子(anticodon),反密码子按碱基配对原则反向识别 mRNA 链上

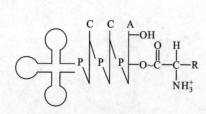

·图 14-3　氨基酸与 tRNA 的连接

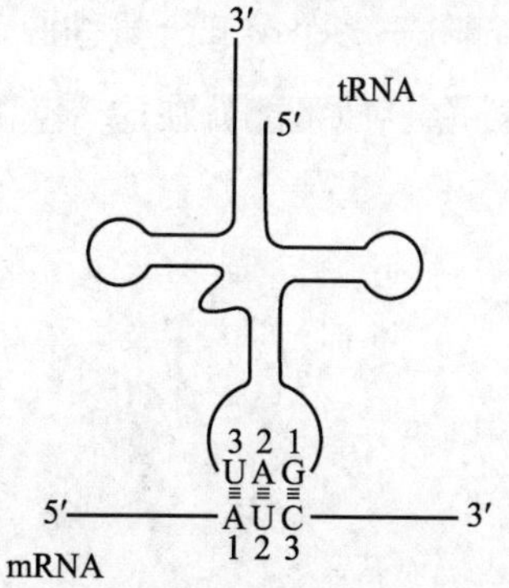

·图 14-4　反密码子与密码子的识别

的密码子。氨基酸一旦与 tRNA 形成氨酰 tRNA，进一步的去向就由 tRNA 来决定。tRNA 凭借自身的反密码子与 mRNA 分子上的密码子相识别(图 14-4)，而把所带的氨基酸送到肽链的一定位置上。Chapeville 和 Lipmann(1962 年)做了一个巧妙的实验来证明这一点。将由放射性同位素标记的半胱氨酸在半胱氨酰 tRNA 合成酶催化下，与 tRNA 形成半胱氨酰 tRNA。然后用活性镍作催化剂，使半胱氨酸转变成丙氨酸，形成丙氨酰 tRNA^{Cys}，然后将它放到网织红细胞无细胞体系中，以合成蛋白质。经分析，发现丙氨酸插入了本应由半胱氨酸所占的位置。

一种 tRNA 分子往往能够识别一种以上的同义密码子，Crick 提出"摆动假说"(wobble hypothesis)解释这一现象。他认为配对时，密码子的第一、第二位碱基严格配对，第三位碱基可以有一定的变动。配对的摆动性是由 tRNA 反密码子环的空间结构决定的。反密码子 5′ 端的碱基处于 L 形tRNA 的顶端，受碱基堆积力的束缚较小，因此有较大的自由度。而且该位置的碱基常为修饰碱基，如次黄嘌呤 I 可以和 3 种碱基配对，具有非凡的阅读能力。如酵母 tRNA^{Ala} 的反密码子为 IGC，可识别密码子 GCU、GCC和 GCA(表 14-4)。

·表 14-4　反密码子与密码子之间的碱基配对

反密码子第一位碱基	密码子第三位碱基
A	U
C	G
G	U
	C
U	A
	G
I	U
	C
	A

14.1.3　核糖体

1955 年，Paul Zamecnik 通过实验确认核糖体是蛋白合成的场所。他将由放射性同位素标记的氨基酸注射到小鼠体内，经短时间后取出肝，制成匀浆，离心后分成细胞核、线粒体、微粒体可溶部分。发现微粒体中的放射性强度最高，若将微粒体部分进一步分级分离，可在核糖体中大量回收到所掺入的放射性同位素，这说明核糖体是合成蛋白质的部位。

核糖体是一种巨大的核糖核蛋白体。原核细胞核糖体的沉降系数是 70S，它能解离成一个 50S 大亚基和一个 30S 小亚基。真核细胞核糖体比原核细胞更大、更复杂，其沉降系数为 80S，它能解离成一个 60S 大亚基和一个 40S 小亚基。目前研究最清楚的是大肠杆菌的 70S 核糖体，在一个迅速生长的大肠杆菌细胞内，约有 20 000 个核糖体，核糖体的相对分子质量约为 2.7×10^6。应用电镜及其他物理学方法，已经提出大肠杆菌核糖体的结构模型(图 14-5)。大肠杆菌 70S 核糖体为一椭圆形球体，30S亚基比较扁平，分成头部与基部两部分，基部一侧伸出一个平台，平台与头部间有一个裂口。50S 亚基像一个半球,平面侧伸出 3 个突起。当 30S 亚基与 50S 亚基结合成 70S 核糖体时,两个亚基接合面上留有相当大的空隙,蛋白质可能就在这个空隙中合成。

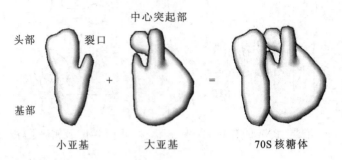

头部 裂口 中心突起部

基部

小亚基 + 大亚基 = 70S 核糖体

·**图 14-5** 核糖体的结构

在原核生物蛋白质合成过程中,核糖体大小亚基相互配合,又各有分工。在 30S 亚基的平台上有 mRNA 结合位点,能与 mRNA 结合形成 30S 核糖体 mRNA 复合体。核糖体上还有两个重要的 tRNA 结合位点(图 14-6):一个是氨酰基位点(A 位点),为接受新掺入的氨酰 tRNA 的结合位点;另一个是肽酰基位点(P 位点),为延伸中肽酰 tRNA 的结合位点。这两个位点的位置可能是在 50S 大亚基与 30S 小亚基相结合的表面上,A 位点和 P 位点相邻。另外,在 50S 亚基上还有一个肽基转移酶的催化位点和 GTP 酶催化位点。此外,核糖体上还有许多与起始因子、延伸因子、释放因子和各种酶相结合的位点。

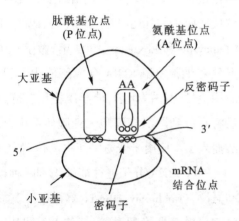

肽酰基位点
(P 位点)   氨酰基位点
             (A 位点)

大亚基   AA   反密码子

                                  3'
5'
小亚基   密码子   mRNA
                              结合位点

·**图 14-6** 50S 亚基上的两个 tRNA 结合位点

在原核和真核细胞蛋白质合成时,往往有多个核糖体结合在一个 mRNA 转录本上,从而形成念珠状结构,称为多核糖体(polyribosome)。两个核糖体之间有一段裸露的 mRNA。多核糖体的出现是由于一旦一个活跃的核糖体通过 mRNA 上的起始位点,第 2 个核糖体就能在那个位点起始翻译,这样可提高翻译的效率。

原核细胞 70S 核糖体中的 30S 亚基含有 21 种蛋白质,还含有一分子 16S rRNA。50S 亚基含有 34 种蛋白及 5S rRNA、23S rRNA 各一分子。真核细胞 80S 核糖体中的 40S 亚基有 30 多种蛋白质及一分子 18S rRNA。60S 亚基中有 50 多种蛋白质及 5S rRNA、28S rRNA 各一分子(表 14-5)。哺乳动物核糖体的 60S 大亚基中还有一分子 5.8S rRNA。真核细胞中的叶绿体和线粒体也有各自的核糖体,为 70S 核糖体。

·**表 14-5** 核糖体的化学组成

来源	核糖体	亚基	rRNA	蛋白质分子数目
原核细胞	70S	50S	5S, 23S	34
		30S	16S	21
真核细胞	80S	60S	5S, 28S	~50
		40S	18S	~30

大肠杆菌核糖体内的 rRNA 有很多短的双螺旋区（图 14–7）。目前，对 rRNA 的生物学功能还缺少了解。有人认为，核糖体 RNA 主要起结构作用，为核糖体蛋白质正确的装配和定位提供骨架。但也有例外，16S rRNA 在识别 mRNA 上多肽合成起始位点中起重要的作用。大肠杆菌所有核糖体蛋白的氨基酸序列已经阐明，它们的大小为 46～557 个残基，这些蛋白质大多数互相不存在序列上的相似性，但富含碱性氨基酸赖氨酸和精氨酸，并含有很少的芳香族氨基酸，这种情况对与多聚阴离子 RNA 分子的结合是有利的。

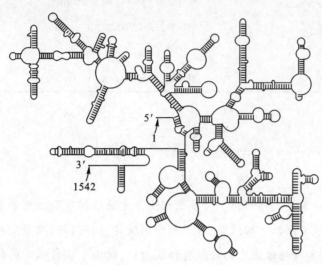

·图 14–7　16S rRNA 的二级结构

14.1.4　辅因子

蛋白质的合成反应除了需要 mRNA、tRNA 和核糖体外，在起始、延伸和终止阶段还需要一系列蛋白辅因子，即起始因子（initiation factor，IF）、延伸因子（elongation factor，EF）和释放因子（release factor，RF）（表 14–6）等参与。

表 14–6　蛋白质生物合成所需要的辅因子

生物种类	辅因子	功　能
原核生物	起始因子	
	IF1	促进 IF2 和 IF3 的活性
	IF2	促使起始 tRNA 与 30S 小亚基结合，需要 GTP
	IF3	促进核糖体解离成亚基；促使 30S 小亚基与 mRNA 起始部位结合
	延伸因子	
	EF–Tu	促使氨酰 tRNA 进入 A 位与 mRNA 结合
	EF–Ts	促进 EF–Tu·GDP 再生为 EF–Tu·GTP
	EF–G	水解 GTP，使核糖体按 5′→3′ 方向沿 mRNA 移动一个密码子的距离
	释放因子	
	RF1	识别终止密码子 UAA 和 UAG
	RF2	识别终止密码子 UAA 和 UGA
	RF3	促进 RF1 和 RF2 的活性

生物种类	辅因子	功　能
真核生物	起始因子	
	包括 eIF1、eIF2、eIF3、eIF4 等至少 9 种	参与蛋白质合成起始复合物的组装
	延伸因子	
	eEF1	相当于 EF-Tu 和 EF-Ts 的功能
	eEF2	相当于 EF-G 的功能
	释放因子	
	eRF	识别终止密码子 UAA、UAG、UGA

 知识窗

抗 生 素

　　抗生素在治疗人类疾病方面具有非常重要的作用。大多数抗生素是通过阻断原核生物蛋白质合成而抑制或杀死病原菌的。如链霉素与原核细胞 30S 核糖体相结合,可引起密码错读,从而抑制病原细胞生长。氯霉素是第一个发现的广谱抗生素,能抑制细菌 50S 核糖体亚基的肽酰转移酶活性,但由于线粒体中的核糖体对氯霉素也敏感,所以氯霉素具有一定的毒副作用,在临床上只限用于严重感染者。四环素能与核糖体小亚基相互作用,从而抑制氨酰 tRNA 反密码子结合,但目前四环素抗性菌株已经很常见,主要原因是细菌细胞膜对四环素的通透性降低了。

　　白喉是一种由白喉棒状杆菌感染引起的疾病,白喉棒状杆菌能分泌一种由噬菌体编码的白喉毒素。白喉毒素与 eEF-2 结合,可以抑制肽链的移位作用。可以通过免疫接种类毒素(甲醛灭活的毒素)来预防这种疾病。白喉患者也可以用抗毒素马血清(可与白喉毒素结合)治疗,同时结合抗生素对抗病菌感染。

14.2　蛋白质的生物合成过程

　　蛋白质的生物合成过程是从氨基端到羧基端,还是从羧基端到氨基端? 1961 年,Dintzis 等用 ^{3}H 亮氨酸做标记分析兔网织红细胞无细胞体系中血红蛋白生物合成的过程。血红蛋白分子含有较多的亮氨酸,而且其氨基酸顺序是已知的。他们将活跃进行血红蛋白合成的网织红细胞(不成熟的红细胞)与 ^{3}H 亮氨酸在较低温度(15℃)保温,以降低合成速率。在 4~60 min 内,按不同时间间隔取网织红细胞样品,将其中带有标记的蛋白质分离出来,将 α- 和 β- 链分开,并用胰蛋白酶水解肽链,生成的肽段再用纸层析分离,并测定所含的放射性强度。实验结果见图 14-8。从图中可以看出,反应 4 min 后,只有多肽链羧基端的肽段含有 ^{3}H 亮氨酸。随反应时间延长,带有标记的肽段自羧基端向氨基端延伸,到 60 min 时,几乎整个肽段都布满标记物。这个实验说明多肽链的合成是从氨基端到羧基端进行的。兔网织红细胞的一个核糖体合成一条完整的血红蛋白 α 链(146 个氨基酸残基),37℃时约需 3 min。大肠杆菌具有更高的速率,一个核糖体每秒钟可延伸 20 个氨基酸。

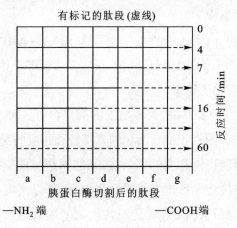

有标记的肽段(虚线)

胰蛋白酶切割后的肽段

—NH₂端　　　　　　　—COOH端

·**图 14-8** 标记氨基酸掺入血红蛋白 α-链羧基端的图解(虚线表示带有标记的肽段)

　　许多实验已经证明,mRNA 上信息的阅读(翻译)是从 mRNA 的 5′ 端向 3′ 端进行的。如用人工合成的多核苷酸 5′pA A A(A A A)$_n$A A C—OH 3′ 作模板,在无细胞蛋白质合成体系中测定 mRNA 的读码方向。AAA 编码赖氨酸,而 AAC 编码天冬酰胺。此多肽产物是:赖氨酰 -(赖氨酰)$_n$- 天冬酰胺。由于天冬酰胺是羧基端的残基,所以它的密码子 AAC 是最后才被翻译的。这就证明翻译的方向为 5′ → 3′,而 mRNA 合成的方向也是 5′ → 3′,这就说明 mRNA 的合成过程没有完成时即可进行翻译。事实上,大肠杆菌 mRNA 的 5′ 端合成后不久就和核糖体作用,开始进行翻译。蛋白质的合成起始于氨基酸的活化,即氨基酸与特异的 tRNA 连接,随后包括肽链合成的起始、延伸和终止等步骤。

14.2.1　原核生物蛋白质的生物合成过程

14.2.1.1　氨基酸的活化

　　游离氨基酸掺入多肽链以前必须活化,即氨基酸与特异 tRNA 形成氨酰 tRNA。原因有两个:第一,蛋白质的合成依赖 tRNA 的接头作用,以保证正确的氨基酸得以整合,每个氨基酸为了参与蛋白质合成必须共价连接到 tRNA 分子上。第二,氨基酸与 tRNA 之间形成的共价键是一个高能键,它使氨基酸和正在延伸的多肽链末端反应,以形成新的肽键,因此这一氨酰 tRNA 的合成过程称为氨基酸的活化。活化反应是在氨酰 tRNA 合成酶(aminoacyl tRNA synthetase)催化下在细胞质内完成的。

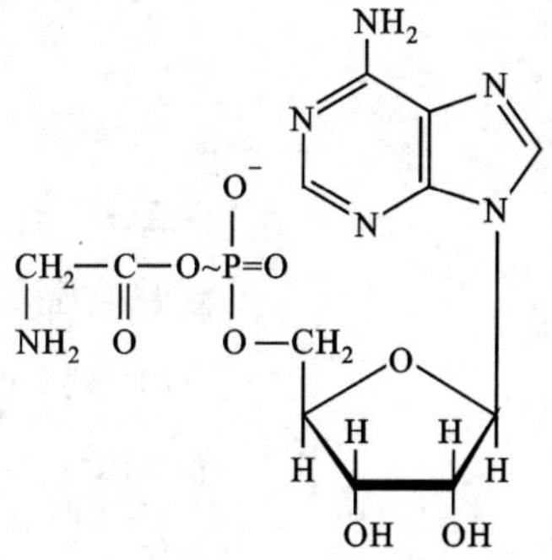

　　活化反应分两步进行:第一步是由氨酰 tRNA 合成酶催化氨基酸和 ATP 反应生成氨基酸 -AMP- 酶复合物(图 14-9),同时释放出无机焦磷酸(PPi)。在氨酰腺苷酸复合物中,氨基酸的羧基通过酸酐键与 AMP 上的 5′ 磷酸基相连接,形成高能酸酐键,从而使氨基酸的羧基活化:

·**图 14-9**　氨基酸羧基通过酸酐键与 AMP 上的 5′- 磷酸基相连

$$\text{氨基酸} + \text{ATP} \xrightarrow{\text{酶, Mg}^{2+}} \text{氨基酸 -AMP- 酶} + \text{PPi} \tag{1}$$

这一反应需要 Mg^{2+} 或 Mn^{2+}。氨酰腺苷酸本身是很不稳定的,但是与酶结合后变得较为稳定。第二步是氨酰 tRNA 合成酶催化氨基酸 -AMP- 酶复合物中的氨基酸转移到相应的 tRNA3′ 端的核糖上,生成氨酰 tRNA:

$$\text{氨基酸 - AMP - 酶} + \text{tRNA} \longrightarrow \text{氨酰 tRNA} + \text{AMP} + \text{酶} \tag{2}$$

反应(1)与(2)加成后的总反应为：

$$\text{氨基酸} + \text{tRNA} + \text{ATP} \longrightarrow \text{氨酰 tRNA} + \text{AMP} + \text{PPi} \tag{3}$$

总反应(3)的平衡常数近于1,自由能降低极少,反应是可逆的。但随着反应中形成的PPi水解成两个自由磷酸分子,使上述反应趋于完全。

对应于20种氨基酸的每一种氨基酸,大多数细胞都只含有一种与之对应的氨酰tRNA合成酶,却有多种tRNA负责携带。每一种酶在识别要活化的氨基酸和相应的受体tRNA上具有很高的选择性,即每一种氨酰tRNA合成酶既能识别相应的氨基酸,又能识别与此氨基酸相对应的一组同工tRNA。因为氨基酸和tRNA错误的连接会导致产生错误的蛋白质,所以高度精确地进行这个反应是至关重要的。这种精确性主要依靠氨酰tRNA合成酶对各种氨基酸和各种tRNA之间微细结构差别的识别。但事实上一些氨基酸之间的结构差别不大,它们的氨酰tRNA合成酶有时也会辨别失误,如异亮氨酸和缬氨酸是两种结构很相似的氨基酸,异亮氨酸多一个亚甲基,缬氨酸有时会被异亮氨酸tRNA合成酶识别,形成缬氨酰tRNA^{Ile},一旦出现缬氨酰tRNA^{Ile},合成酶就会发挥校正功能,迅速将缬氨酰tRNA^{Ile}水解,从而避免其错误地掺入蛋白质中。因此,氨酰tRNA合成酶通过氨基酰化部位和校正部位的共同作用,可使翻译过程的错误率低于万分之一。

14.2.1.2 多肽链合成的起始

(1) 起始氨基酸及起始tRNA 在大肠杆菌和所有其他原核生物中,蛋白质的合成都是从起始密码子AUG编码的甲硫氨酸开始的。但起始甲硫氨酸残基并不是以甲硫氨酰tRNA,而是以N-甲酰甲硫氨酰tRNA(缩写成fMet-tRNA^{fMet})的形式参与反应。后者是由细胞内的甲酰化酶催化Met-tRNA^{fMet}中的甲硫氨酸α-NH$_2$甲基化形成的,其中的甲酰基可由N^{10}-甲酰四氢叶酸提供。细菌细胞内有两种携带甲硫氨酸的tRNA,其中tRNA^{fMet}参与肽链合成的起始,而tRNA^{Met}携带内部的甲硫氨酸,参与肽链的延伸。在原核细胞中存在一种甲酰化酶,它只能催化Met-tRNA^{fMet},而不能催化游离的甲硫氨酸或Met-tRNA^{Met}的甲酰化。

$$N^{10}\text{-甲酰四氢叶酸} + \text{Met-tRNA}^{\text{fMet}} \longrightarrow \text{四氢叶酸} + \text{fMet-tRNA}^{\text{fMet}}$$

mRNA上的密码子AUG既可作为起始密码子,编码起始甲硫氨酸,也可编码多肽链内部的甲硫氨酸残基。核糖体如何识别起始密码子呢？ 1974年,J. Shine等发现大肠杆菌16S rRNA 3′端含有一段富含嘧啶的序列可以和mRNA上距起始密码子上游约10个核苷酸处的一段富含嘌呤的序列,称为SD序列(Shine–Dalgarno sequence)互补(图14-10),现认为正是这样的配对使核糖体选择正确的起始密码子。

lacZ mRNA	– UUCACAC<u>AGGA</u>AACAGCUA<u>UG</u>ACCAUG –
Qβ噬菌体复制酶 mRNA	– UAACUA<u>AGGA</u>UGAAAUGC<u>AUG</u>UCUAAG –
核糖体 L10 mRNA	– CUACC<u>AGGAG</u>CAAAGCUAA<u>UGG</u>CUUUA –
16S rRNA 3′端	3′–<u>AUUCCUCCACUAG</u> – 5′

·**图 14–10** 大肠杆菌 16S rRNA 与 mRNA SD 序列的识别

(2) 70S起始复合物的形成 蛋白质合成的起始阶段是生成核糖体-mRNA-tRNA三元复合物的过程,有3个起始因子(initiation factor,IF)参与这一过程。首先IF3与已完成蛋白质合成的核糖体的30S亚基结合,以促进30S亚基与50S亚基分离,并使30S亚基与mRNA起始部位结合。mRNA

的 SD 序列可与 30S 亚基的 16S rRNA 3′ 端序列进行碱基配对而结合。随后 IF2 促进 fMet- tRNA^{fMet} 与核糖体 30S 亚基结合,从而形成 30S 起始复合物,此时起始密码子 AUG 可与 fMet- tRNA^{fMet} 上的反密码子配对。在此过程中,IF1 起促进 IF2 和 IF3 活性的作用。当 30S 起始复合物形成后,50S 大亚基进一步与之结合,从而激活 IF2 的 GTP 酶活性,IF2 水解 GTP 生成 GDP+Pi,释放的能量驱动 IF1、IF2 和 IF3 的释放,最后形成 70S 起始复合物。该复合物中 fMet-tRNA^{fMet} 占据核糖体上的肽酰位点(P 位点),空着的氨酰 tRNA 位点(A 位点)准备接受另一个氨酰 tRNA,为肽链延伸作好准备(图 14-11)。

14.2.1.3 多肽链的延伸

多肽链的延伸(extension)分三步进行。

(1) 进位 一个新进入的氨酰 tRNA 结合到 70S 核糖体的 A 位点上,这一过程称为进位。新进入的氨酰 tRNA 上的反密码子必须与在 A 位点 mRNA 上的密码子互补。进位需要 GTP 及两类延伸因子,即延伸因子 EF-Tu 和延伸因子 EF-Ts 参与,EF-Tu 很不稳定,而 EF-Ts 较稳定。EF-Tu 先与

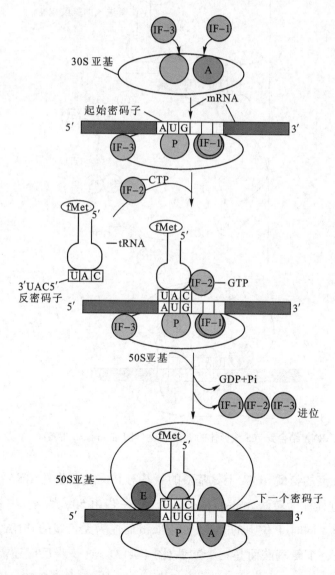

· 图 14-11 大肠杆菌 70S 起始复合物的形成(引自 Lehninger,2006)

GTP 结合，再与氨酰 tRNA 结合，形成三元复合物。在 EF‐Tu·GTP 的帮助下，新的氨酰 tRNA 进入核糖体 A 位点，这一进位使得 EF‐Tu 的 GTP 酶活性被激活，将结合的 GTP 水解成 GDP，释放的能量驱动 EF‐Tu 的构象发生变化，从而使 EF‐Tu·GDP 从核糖体释放。EF‐Tu·GDP 再与 EF‐Ts 及 GTP 反应，重新形成 EF‐Tu·GTP，并参与下一轮反应（图 14‐12）。

除了 fMet‐tRNA^{fMet} 外，所有氨酰 tRNA 必须与 EF‐Tu 及 GTP 结合后才能进入 70S 核糖体的 A 位点。

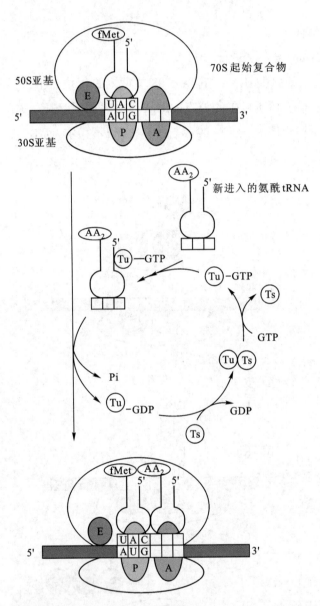

·图 14‐12　新进入的氨酰 tRNA 结合到 70S 核糖体的 A 位点（引自 Lehninger，2006）

（2）转肽　进入 A 点的氨酰 tRNA 上氨基酸的氨基对 P 位点上肽酰 tRNA 上酯键的羰基作亲核进攻，形成肽键这一过程称为转肽（transpeptidation）。这一步由 50S 大亚基中具有肽酰转移酶活性的 23S rRNA 负责催化。同时，P 位上的 tRNA 卸下肽链而成为无负载的 tRNA，而 A 位点上的 tRNA 这时所携带的不再是一个氨基酸而是一个二肽（图 14‐13）。这一步反应还需要有较高浓度的 K$^+$ 参加。

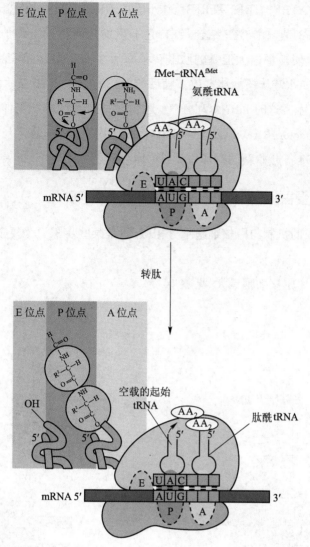

·图 14-13　肽键的形成(引自 Lehninger,2006)

　　嘌呤霉素对蛋白质合成的抑制作用就发生在这一步上。嘌呤霉素的结构与氨酰 tRNA 3′ 端上 AMP 残基的结构十分相似。肽酰转移酶也能促使氨基酸与嘌呤霉素结合而形成肽酰嘌呤霉素,但其化学键不是酯键,而是酰胺键。肽酰嘌呤霉素复合物很容易从核糖体上脱落从而使蛋白质合成过程中断。这一点不仅证明嘌呤霉素的作用机制,也说明活化氨基酸是添加在延伸肽链的羧基上的。

　　(3) 移位　移位(shift)是指核糖体沿 mRNA(5′→3′)相对移动,每次移动一个密码子的距离。移位的结果使原来在 A 位点上的肽酰 tRNA 转移到 P 位点上,原来在 P 位点上无负载的 tRNA 离开核糖体,从而下一个密码子位于 A 位点以供继续翻译。移位反应需要延伸因子 EF- G 参加,也称为移位酶(translocase),还需要 GTP 的水解(图 14-14)。肽链延伸过程每重复一次,肽链就伸长一个氨基酸的长度,肽链的延长方向是从氨基端到羧基端。很多抗生素及激素对多肽合成的抑制及刺激作用都发生在这一步上。

14.2.1.4　多肽链合成的终止与释放

　　当 mRNA 上肽链合成的终止密码子为 UAA、UAG 或 UGA 中任何一个出现在核糖体的 A 位点上时,没有相应的氨酰 tRNA 能识别这三个终止密码子,这时释放因子便识别并结合上去。原核生物有

3 种释放因子(release factor)RF1、RF2 和 RF3 参与识别。RF1 用以识别密码子 UAA 和 UAG,RF2 帮助识别 UAA 和 UGA。RF3 是一个 GTP 结合蛋白,它不识别任何终止密码子,但能刺激 RF1 和 RF2 的活性。释放因子的结合使核糖体大亚基的肽酰转移酶活性转变成为酯酶活性,在 P 位点水解肽链与 tRNA 之间的酯键,使多肽链从核糖体释放。随后与 RF3 结合的 GTP 被水解成 GDP 和磷酸盐,导致 RF1 或 RF2 脱离核糖体。这时 mRNA 和 tRNA 还暂时结合在 70S 核糖体上,但在核糖体再循环因子(ribosome recycling factor,RRF)以及 EF-G·GTP 的作用下,它们最终与核糖体脱离,同时核糖体大小亚基也发生解离,准备开始新的翻译过程(图 14-15)。

14.2.2　真核生物蛋白质的生物合成特点

真核细胞蛋白质合成的机制与原核细胞十分相似,但是某些步骤更为复杂,涉及的蛋白因子也更多,主要包括以下特点。

(1) 真核细胞核糖体比原核细胞更大(见表 14-5)。

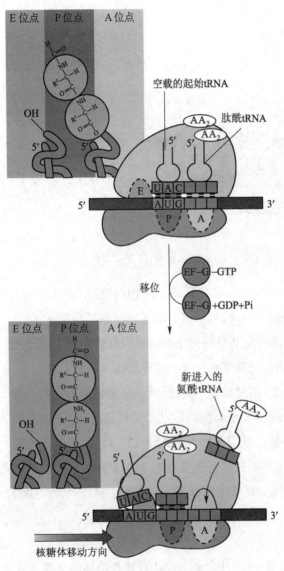

·图 14-14　移位(引自 Lehninger,2006)

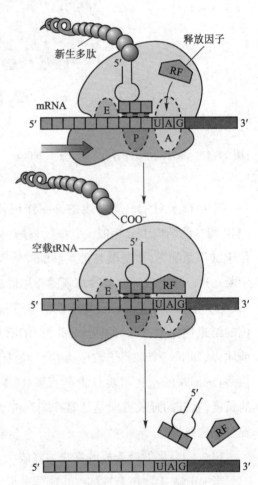

·图 14-15　多肽链合成的终止与释放(引自 Lehninger,2006)

（2）真核细胞多肽合成的起始氨基酸为甲硫氨酸,而不是 $N-$ 甲酰甲硫氨酸。起始 tRNA 为 Met-tRNA^{Met}。此 tRNA 分子不含 TψC 序列,这在 tRNA 家族中是十分特殊的。

（3）真核细胞多肽合成的起始复合物较大,为 80S。其形成过程涉及的蛋白因子比原核生物多,目前至少发现有 9 种。起始密码子 AUG 的上游 5′ 端不富含嘌呤序列。通常,在 mRNA 5′ 端的 AUG 密码子所在的部位就是多肽合成的起点。首先起始因子 eIF2-GTP 使 Met-tRNA^{Met} 与 40S 亚基结合,然后在起始因子 eIF4 帮助下,40S 亚基与 mRNA 5′ 端的帽结构结合,形成 40S 起始复合物。随后 40S 亚基向 mRNA 3′ 方向扫描至第一个 AUG,从而找到正确的起始密码子。这一移动过程要消耗 ATP。最后,60S 亚基与 40S·mRNA·Met-tRNA^{Met} 复合物结合生成 80S 起始复合物。

（4）真核细胞肽链合成的延伸因子有两种,其中 eEF1 的两个亚基担当原核细胞中的 EF-Tu 和 EF-Ts 的功能,eEF2 以类似于原核生物 EF-G 的方式行使功能。真核细胞中的多肽合成的释放因子 eRF 只有一种,负责识别 3 种终止密码子。

14.2.3 蛋白质合成的抑制剂

除了前面提到的嘌呤霉素外,还有许多抗生素及毒素可抑制蛋白质合成。氯霉素、链霉素和四环素只抑制原核细胞的翻译过程,但不作用于真核细胞。氯霉素能抑制细菌 50S 核糖体亚基的肽酰转移酶活性,从而抑制原核细胞的翻译过程,另外对真核生物线粒体蛋白质的合成过程也能起相似的抑制作用。链霉素与原核细胞 30S 核糖体相结合,可引起密码错读。四环素能与核糖体小亚基相互作用,以便抑制氨酰 tRNA 反密码子结合。真核生物核糖体本身对这种药物是敏感的,但是真核细胞的膜对它没有透性,这就可防止它在体内对真核生物蛋白质合成的抑制作用。放线酮（cycloheximide）只作用于 80S 核糖体,所以只抑制真核细胞的翻译。由白喉棒状杆菌（*Corynebacterium diphtheriae*）所产生的白喉毒素（diphtheria toxin）是由寄生于某些白喉棒状杆菌内的溶原性噬菌体的基因组所编码的,几微克毒素足以致人于死亡,因为这种毒素可抑制蛋白质合成。白喉毒素与 eEF-2 结合,可以抑制多肽链的移位作用。

14.3 肽链合成后的加工

大多数蛋白质的肽链在合成时或合成后,还必须经过若干折叠、修饰等加工过程才能成为成熟且有一定生理功能的蛋白质分子。

14.3.1 多肽链的折叠

多肽链的折叠过程是指从多肽链氨基酸序列形成正确的三维结构的过程。肽链的折叠过程从核糖体出现新生的多肽链即可开始。蛋白质的氨基酸序列规定蛋白质的三维结构,生物体内蛋白质的折叠过程仍然需要催化剂的帮助。现已发现,蛋白质二硫键异构酶（protein disulfide isomerase）和肽基脯氨酰基顺反异构酶（peptidyl-prolyl cis-trans isomerase）参与蛋白质的折叠过程。前者能加速蛋白质二硫键的形成,后者则加速脯氨酰基肽键的顺反异构化。在蛋白质中有一部分脯氨酰基的肽键是顺式构型,须被异构化为反式。另外,还有一个称为分子伴侣（molecular chaperone）的蛋白质家族涉及蛋白质折叠,它们通过抑制新生肽链不恰当的聚集,并排除与其他蛋白质不合理的结合,协助多肽链正确折叠。目前确认的分子伴侣有热休克蛋白(heat shock protein 70,HSP 70)等。

14.3.2 多肽链的修饰

多肽链的修饰功能可以在肽链折叠前、折叠期间或折叠后进行,也可以在肽链延伸期间或终止后进行。有些修饰功能对多肽链的正确折叠是重要的,有些修饰功能与蛋白质在细胞内的转移或分泌有关。

(1) 末端氨基的去甲酰化和 N- 甲硫氨酸的切除　原核细胞多肽 N 端的甲酰甲硫氨酸的甲酰基可在去甲酰酶催化下被除去。在原核细胞和真核细胞中多肽 N 端的甲硫氨酸(有时与少数几个氨基酸一起)均可被氨肽酶除去。原核细胞究竟采取去甲酰基,还是去甲酰甲硫氨酸,常决定于邻近氨基酸。如果第二个氨基酸是 Arg、Asn、Asp、Glu、Ile 或 Lys,则以前者为主;如果第二个氨基酸是 Ala、Gly、Pro、Thr 或 Val,则以后者为主。

(2) 一些氨基酸残基侧链被修饰　有些氨基酸没有相应的遗传密码,而是在肽链从核糖体释放后经化学修饰形成的。如胶原蛋白中含有大量的羟脯氨酸和羟赖氨酸,分别是脯氨酸和赖氨酸经羟化而成。有些蛋白质中的天冬酰胺、丝氨酸和苏氨酸发生糖基化,而形成糖蛋白,丝氨酸磷酸化成为磷酸丝氨酸。

(3) 二硫键的形成　多肽链的半胱氨酸残基可在蛋白质二硫键异构酶作用下形成二硫键,肽链内或肽链间都可形成二硫键,二硫键在维持蛋白质的空间构象中有很重要的作用。

(4) 多肽链的水解断裂　许多具有一定功能的蛋白质,如酶、激素蛋白,在体内常以无活性的前体肽的形式产生,这些前体在一定情况下经体内蛋白酶水解切去部分肽段,才能变成有活性的蛋白质,如胰岛素原变成胰岛素,胰蛋白酶原变为胰蛋白酶等。

14.4　蛋白质的定位

真核细胞是一种高度有序的结构,新生的蛋白质准确运送到细胞的各个部分,如溶酶体、线粒体、叶绿体、细胞质和细胞核等,以更新其结构组成,并维持其功能。多肽的转运类型有两种,即共翻译转移(cotranslational transfer)和翻译后转移(post-translational transfer)。

14.4.1 共翻译转移

分泌蛋白、质膜蛋白、溶酶体蛋白、内质网和高尔基体滞留蛋白属于这种转运蛋白类型。共翻译转移是指蛋白质的翻译与转移同步进行,其特点是首先在游离核糖体上合成一段称为信号肽(signal peptide)的肽段,该信号肽指令核糖体结合到粗面内质网膜上,然后肽链边合成边进入内质网腔,经初步加工和修饰后,部分多肽以囊泡形式运往高尔基体,再经进一步加工和修饰后,而运往质膜、溶酶体或分泌到胞外。

信号肽通常在被转运的多肽链的 N 端,长度为 10～40 个氨基酸残基,氨基端至少含有一个带正电荷的氨基酸,序列中心为含有 10～15 高度疏水的氨基酸残基,如丙氨酸、亮氨酸、缬氨酸、异亮氨酸和苯丙氨酸。在信号肽的 C 端有一个可被信号肽酶识别的位点,当蛋白质运送到目的地后,信号肽即被信号肽酶切去。在信号肽酶识别位点上游常有一疏水作用较强的 5 肽,信号肽酶切点上游的第一个(−1)及第 3 个(−3)氨基酸常为具有一个小侧链的氨基酸(如丙氨酸)(图 14−16)。

		切点
人生长激素	MATGSRTSLLLAFGLLCLPWLQEGSA	FPT
人胰岛素原	MALWMRLLPLLALLALWGPDPAAA	FVN
牛血清蛋白原	MKWVTRISLLLFSSAYS	RGV
小鼠抗体 H 链	MKVLSLLYLLTAIPHIMS	DVQ
鸡溶菌酶	MKSLLILVLCFLPKLAALG	KVF
蜂毒蛋白	MKFLVNVALVFMVVVISYIVA	APE
果蝇胶蛋白	MKLLVVAVIACMLIGFADPASG	CKD
玉米蛋白 19	MAAKIFCLIMLLGLSASAATA	SIF
酵母转化酶	MLLOAFLFLLAGFAAKISA	SMT
人流感病毒 A	MKAKLLVLLYAFVAG	DQI

·图 14−16　一些真核细胞信号肽的结构(引自沈同,1991)

注:下划线字母为疏水氨基酸残基

　　信号肽是如何被识别的? 含有这种顺序的蛋白质又是怎样被运过粗面内质网膜的? Blobel 等已证明,有一种称为信号识别颗粒(signal recognition particle,SRP)的核糖核蛋白与合成分泌蛋白的核糖体结合到粗面内质网膜上密切相关。SRP 的相对分子质量为 3.25×10^5,是由一种 300 个核苷酸的 RNA 分子(名为 7SL RNA)和 6 个不同的多肽链组成的。SRP 存在于细胞质中,其上有两个关键部位,即信号肽识别部位和翻译暂停功能域。在氨基末端的信号肽从核糖体中伸出后不久,SRP 就结合上去。一旦 SRP 与带新生肽链的核糖体结合,多肽链的延长就暂时停止或放慢。然后 SRP 核糖体复合物向粗面内质网膜扩散,SRP 在膜上与 SRP 受体结合。SRP 受体是插在粗面内质网膜上的一种停靠蛋白质(docking protein),是由 α 亚基(相对分子质量为 6.9×10^4)和 β 亚基(相对分子质量 3.0×10^4)组成的二聚体。含有新生多肽链的核糖体传递到转运机构。此时 SRP 释放到基质中,新生肽链恢复延长。新生的多肽在信号肽引导下穿过由转运蛋白在内质网膜上形成的孔进入腔中,并在腔中修饰,包括信号肽被信号肽酶切除、使线形多肽呈现一定的空间结构及糖基化作用(图 14−17)。

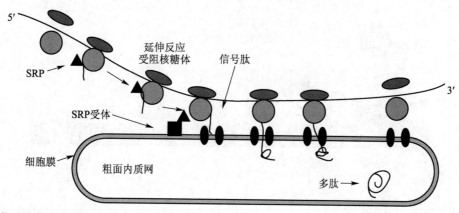

·图 14−17　信号肽的识别过程

　　但是,质膜蛋白只是插入到内质网膜内,而没有转运到腔中。其中,单次穿膜蛋白质(single-pass transmembrane protein)有一个终止信号(termination signal),它阻止后续肽段继续穿膜。多穿膜蛋白质有一系列交替出现的起始和终止信号。

转运到内质网的多肽多数还要运往他处。经过初步翻译修饰,蛋白质运输到高尔基体,这种运输过程是经过囊泡进行的。然后又经高尔基体对糖蛋白上的寡聚核糖做进一步修饰,最后将蛋白质以囊泡的形式运往溶酶体,或运到质膜(图 14-18),或分泌到胞外。研究表明,糖基化对于指导蛋白质运送到细胞内的其他部位具有重要的意义。

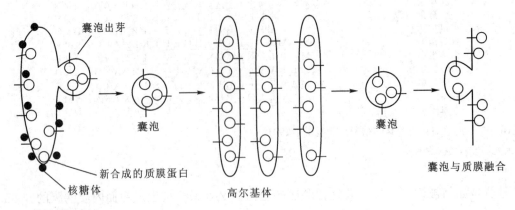

·图 14-18　膜蛋白的合成
注:●表示附着在内质网上的核糖体;○-表示新合成的质膜蛋白

14.4.2　翻译后转移

虽然线粒体和叶绿体均具有各自的基因组,但只编码其自身的一小部分蛋白质。大部分线粒体和叶绿体的蛋白质是由细胞核基因组编码的,并在细胞质游离核糖体上完整合成后,通过新生肽的信号序列直接运往目的地,这种转运方式属于翻译后转移(图 14-19)。

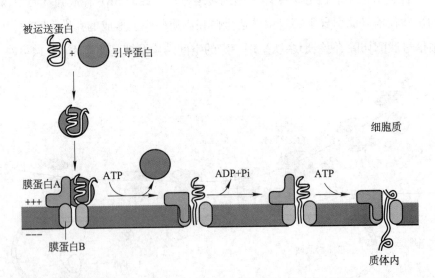

·图 14-19　蛋白质翻译后转移模式

线粒体中的蛋白质存在于 4 个位置,即外膜、内膜、膜间空间和线粒体基质。线粒体外膜蛋白的N 端也有一段肽链,富含带正电荷的氨基酸和丝氨酸、苏氨酸,可以起信号肽的作用,与外膜上的相应位点相识别。从胞质运往线粒体内膜、膜间空间和线粒体基质的过程较为复杂。以基质为目的地的蛋白质通过其 N 端序列与外膜上的受体蛋白识别,引导至膜上的运输通道并得以进入线粒体内的基质,然后信号肽被信号肽酶切除,这一跨膜过程需要由内膜两侧的电化学梯度储存的势能和 ATP 水解提供的能量。蛋白质被送到内膜及膜间隙都需要两种信号:蛋白质如前面描述的那样先进入基质,然后第二个信号引导到内膜或穿过内膜进入膜间空间。

蛋白质以相似的机制进入叶绿体,但信号是不同的。因为在一些植物细胞中,线粒体和叶绿体同时存在,而蛋白质仍然可以引导到正确的位置。

14.5 蛋白质的酶促降解

生物体中的蛋白质总是不断地进行更新,即不断地降解成氨基酸并为新的合成蛋白质所取代。降解蛋白质的酶有多种,国际生物化学学会命名委员会在 1979 年公布的酶命名和分类中,蛋白质分子中的肽键的酶归属于第三大类第四亚类,这个亚类再分为两个亚亚类,即蛋白酶(proteinase)和肽酶(peptidase)。

蛋白酶又称为肽链内切核酸酶,能水解多肽链内部的肽键,如动物的胃蛋白酶能水解由芳香族氨基酸氨基参与形成的肽键;胰蛋白酶能水解由赖氨酸、精氨酸羧基参与形成的肽键;弹性蛋白酶能水解由缬氨酸、亮氨酸、丝氨酸及丙氨酸等各种脂肪族氨基酸羧基形成的肽键;糜蛋白酶水解由苯丙氨酸、酪氨酸、色氨酸等残基羧基形成的肽键。肽酶又称为肽链外切核酸酶,这类酶作用于肽链的羧基端(羧肽酶)或氨基端(氨肽酶),从羧基端或氨基端水解氨基酸残基。其中,羧肽酶有 A、B 两种,羧肽酶 A 主要水解由各种中性氨基酸为羧基端构成的肽键,羧肽酶 B 主要水解由赖氨酸、精氨酸等碱性氨基酸为羧基端形成的肽键。高等动物摄入的蛋白质总是在消化道内经过上述各种蛋白酶水解酶的协同作用,最后全部转化为游离的氨基酸,而后被吸收入血液,供给细胞合成自身蛋白质。

细胞内蛋白质的降解速率一般由蛋白质的半寿期来决定,即 50% 的蛋白质被降解的时间。这个时间不受蛋白质合成时间支配。因此,细胞蛋白质并不经诸如红细胞和人类所发生的衰老过程。在细胞内,各种蛋白质的半寿期是不一致的。例如,在鼠肝中,蛋白质平均半寿期约为 1 天,在脑和肌肉内是 3 天或 6 天,而这些细胞中的个别酶可能以短达 1 h 或 2 h 的半寿期周转。在细菌中,其调节蛋白在合成后的数分钟内就完全水解。细胞中蛋白质降解的速率也随其营养状况和激素水平而异,例如,在营养缺乏的条件下,细胞加速蛋白质降解的速率,以便为那些必不可少的代谢过程提供必要的营养物质。

14.5.1 细胞内蛋白质降解的重要作用

细胞中蛋白质的降解过程并不是一种高度浪费的过程,实际上它有两重功能,一是排除异常蛋白质。由于翻译中的错误,有相当一部分新合成的蛋白质分子是有缺陷的,而且蛋白质会因发生氧化反应而损伤,随着时间的推移,蛋白质也会以别的方式发生变化,细胞有检测和除去异常蛋白质的能力。例如,正常情况下血红蛋白是生物体中最稳定的蛋白质之一,持续于整个红细胞生命周期(在人类中是 110 天)。然而血红蛋白与缬氨酸类似物 α- 氨基 -β- 氯代丁酸结合,得到的产物在网织红细胞中的半寿期约为 10 min,而正常血红蛋白的存活期可达 120 天。细菌蛋白质也表现有选择地降解,如在大肠杆菌中,缺少正常羧基端不完整的 β- 半乳糖苷酶半寿期为数分钟,而在这些细胞内这种酶的正常型是绝对稳定的。

细胞中蛋白质降解的另一个重要功能是排除积累过多的酶和调节蛋白,使细胞代谢得以有条不紊地进行。在代谢调节中重要的酶大多寿命短,这就使它们的浓度可迅速改变,活性也可迅速改变,因此细胞能有效地应答环境变化及代谢需求。

14.5.2 细胞内蛋白质降解的机制

真核生物蛋白质的降解主要有两种途径,一是由溶酶体负责的蛋白质降解途径,二是依赖泛素调节的蛋白质降解途径。

14.5.2.1 溶酶体负责的蛋白质降解途径

溶酶体是具有单层被膜的细胞器,含有约 50 种水解酶类,包括多种蛋白水解酶。因此这种细胞器具有迅速降解蛋白质为肽和氨基酸的能力。溶酶体内部的 pH 维持在 5 左右,其所含酶类的最适 pH 均为酸性。这种酸性可能对细胞具有保护作用,避免偶然的溶酶体渗漏造成的破坏力,因为在细胞质的 pH 条件下,溶酶体的大部分酶都将失去活性。

溶酶体途径可以降解通过胞吞作用进入的外源蛋白,还可以通过细胞自噬降解细胞内蛋白。细胞自噬是细胞在营养缺乏或应激条件下,降解细胞内物质,以实现营养物质的再循环利用。溶酶体途径降解蛋白质是非选择性的,蛋白质按这条途径的降解在各种病理条件下都得以加强。特别值得注意的是,溶酶体抑制剂可治疗许多蛋白质分解过快的疾病,如肌肉的营养障碍、切除神经的肌肉或烧伤的患者。

14.5.2.2 依赖泛素调节的蛋白质降解途径

2004 年 10 月 6 日,瑞典皇家科学院宣布将本年度诺贝尔化学奖授予以色列科学家 A. Ciechanover、A. Hershko 和美国科学家 I. Rose,以表彰他们发现泛素调节的蛋白质降解过程。泛素(ubiquitin)是一个由 76 个氨基酸残基组成单体蛋白,因在真核细胞中广泛存在且含量丰富而得名。泛素在进化上是高度保守的,酵母和人的泛素在 76 个残基中只有 3 个是不同的。

泛素羧基端的甘氨酸与被送去降解蛋白质的赖氨酸残基的 ε 氨基共价连接,而使将被降解的蛋白质携带降解标记,这个过程分 3 步进行(图 14-20)。

(1) 泛素的羧基端以硫酯键与泛素活化酶(ubiquitin-activating enzyme,E_1)相连。

(2) 然后泛素转移到称为泛素缀合酶(ubiquitin-conjugating enzyme,E_2)的许多同源小蛋白质中某一小蛋白的巯基上。

(3) 泛素蛋白质连接酶(ubiquitin-protein ligase,E_3)将活化的泛素从 E_2 转移到已结合在 E_3 上蛋白质的赖氨酸 ε- 氨基上,形成一个异肽键(isopeptide bond)。同时,泛素分子逐个相加形成链状结构。

泛素仅给须降解的蛋白质贴上一个标签,而蛋白质的降解则需要蛋白酶体(proteasomes)来完成,蛋白酶体被称为"垃圾处理厂"。26S

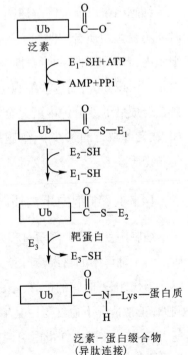

•图 14-20 泛素与蛋白质的连接过程

蛋白酶体是由 2 个 19S 和 1 个 20S 亚基组成的桶状结构,其中 19S 为调节亚基,位于桶状结构的两端,可以识别多聚泛素化蛋白并使其去折叠。19S 亚基上还具有一种去泛素化的同工肽酶,使底物去泛素化。20S 为催化亚基,位于两个 19S 亚基的中间,其活性部位处于桶状结构的内表面,能将所有蛋白质降解成 7~9 个氨基酸残基的小肽(图 14-21)。

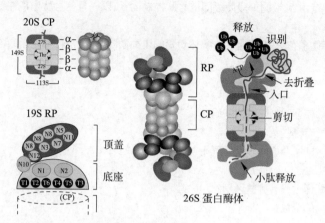

· 图 14-21　蛋白酶体的结构及靶蛋白进入蛋白酶体的水解过程

　　蛋白质是否被泛素结合而被选择降解与该蛋白质的 N 端残基的性质有关,一般 N 端为 Asp、Arg、Leu、Lys 和 Phe 残基的蛋白质半寿期有 2~3 min,而 N 端为 Ala、Gly、Met、Ser 和 Val 残基的蛋白质在原核生物中的半寿期超过 10 h,在真核生物中的半寿期则超过 20 h。

　　蛋白质与组成生物体的其他大分子一样,处于一种合成与降解的动态过程中。泛素调节的蛋白质降解系统是细胞内的一种高度专一、精细控制、需要能量的降解过程,在细胞分裂、DNA 的修复、新生蛋白质的质量控制及免疫系统的防御能力创建等方面发挥重要作用。如果这种降解过程异常,导致异常蛋白质积累,必然引起一些疾病。同时,泛素调节的蛋白质降解过程机制的研究对药物研发的重要作用也日益被人们所关注。

小结

1. mRNA 是蛋白质生物合成的模板,mRNA 上的遗传信息来自 DNA。
2. mRNA 上每三个核苷酸决定一个氨基酸,称为三联体密码或密码子。
3. 共有 64 个密码子,其中 61 个用来编码氨基酸,3 个密码子 UAA、UGA、UAG 为终止信号。
4. mRNA 上的遗传密码是无标点、非重叠、简并的,而且是基本通用的。
5. tRNA 是多肽链和 mRNA 之间的接合器。
6. tRNA 含有两个关键的部位,一个是 3′ 端的氨基酸结合部位;另一个是反密码子部位,反密码子可识别 mRNA 上的密码子,识别过程具有摆动性。
7. 核糖体是蛋白质生物合成的工厂。
8. 原核细胞核糖体为 70S,由 50S 与 30S 两个亚基组成,真核细胞核糖体为 80S,由 40S 与 60S 两个亚基组成。在蛋白质合成过程中,核糖体大、小亚基相互配合,又各有分工。
9. 多肽链合成时延伸的方向是从 N 端到 C 端。若干个核糖糖体与 mRNA 分子同时结合,形成多核糖体,在原核生物中转录和翻译是同时进行的。
10. 氨基酸必须经活化才能掺入多肽链,氨酰 tRNA 合成酶催化这一反应。
11. 翻译可以分为起始、延伸和终止三个阶段。
12. 大肠杆菌翻译的起始是形成 70S 起始复合物,由起始氨酰 tRNA、核糖体亚基和 mRNA 正确组装在一起形成的,3

种起始因子参与这一过程;肽链的延伸分三步进行,即进位、转肽、移位,需要3种延伸因子参与;肽链合成的终止需要识别终止密码子的释放因子参与。

13. 真核细胞中的情形略有不同。起始复合物的大小为80S,起始tRNA为甲硫氨酰tRNA。辅因子的种类较多。

14. 许多抗生素和毒素是多肽合成的抑制剂。

15. 大多数蛋白质的肽链在合成时或合成后,还必须经过折叠和修饰才能成为成熟的,且有一定生理功能的蛋白质分子。

16. 多肽合成后的定向输送是由N端的一段肽段即信号肽控制的,所以一旦信号肽出现在新生肽链上,此肽链合成后的去向就被决定。

17. 真核细胞蛋白质的降解体系有两种,一是由溶酶体负责的蛋白质降解,二是依赖泛素的蛋白质降解。

复习思考题

1. 遗传密码有哪些特点? 如何证明是三联体密码?
2. 核糖体的基本结构与功能有哪些?
3. 在翻译过程中哪些环节保证所合成的多肽正确无误?
4. tRNA有何功能?
5. 真核细胞与原核细胞的翻译过程有哪些区别?
6. 嘌呤霉素如何抑制蛋白质的合成?

数字课程学习资源

● 教学课件　　● 重难点讲解　　●拓展阅读

15 物质代谢的联系及其调控

关键词

代谢　　代谢调节　　共价修饰　　反馈抑制　　操纵子模型　　弱化作用　　诱导和阻遏

　　生物体与外界环境不断进行物质和能量交换,从外界摄取物质,在体内进行一系列复杂的化学反应,将之转化为生命活动所需要的物质和能量,这一过程称为代谢(metabolism)。代谢是一切生命活动的基础,是生物体表现其生命活动的重要特征之一。代谢包括物质代谢、能量代谢和信息代谢三个方面。一般情况下,生物体内的代谢均能按其生长发育的需要及适应外界环境而有条不紊地进行,生成的产物既能满足需求,又不会造成过多的浪费,说明生物体自身有一整套高效而灵敏的调节系统。

　　生物体内的代谢调节(metabolic regulation)至少可以在三个层面上进行:①分子水平调节,包括转录前染色体 DNA 的调节,相关酶和蛋白质基因转录表达调节、转录后的调节、翻译前后的调节等。②细胞水平调节,由于细胞内各细胞器之间存在膜系统,使得各种代谢相互分隔。为了有效地进行物质和能量交换,细胞内部必须具有一套调节机制。③多细胞整体水平调节,随着生物由单细胞进化为多细胞,除了在细胞和分子水平上调节外,还有更高层次的激素水平(组织和器官)和整体水平(神经和维管束系统)的调节。它涉及细胞与外界及细胞间的信息交流,所有这些调节机制大多涉及基因产物——蛋白质和酶的作用。本章着重介绍生物体内各种代谢途径的网络关系及其调控机制,以及与酶活性调节相关的生化机制。

15.1　物质代谢的相互联系

　　生物界,包括人类、动物、植物和微生物,其结构特征和生活方式多种多样,千变万化。然而,在分子水平上研究发现,无论是生命体的基本组成(蛋白质、糖类、脂质、核酸等),还是它们的代谢产物或代谢途径(物质的分解与合成、能量转换和信号转导机制等,即物质代谢、能量代谢、信息代谢)及遗传信息的物质基础(DNA、RNA)等基本上都是相同的,从而使生物的多样性与生命本质的一致性在分子水平上得以统一。

　　细胞内有数百种小分子在代谢中起关键的作用,由它们构成成千上万种生物大分子。如果这些分子各自单独进行代谢而互不相关,那么代谢反应将变得无比庞杂,以至细胞无法容纳。事实上,分解代谢的基本策略在于形成 ATP、还原力和构建单元(building block),以提供能量和用于合成代谢。在代谢过程中,各类物质分别被纳入各自及共同的代谢途径。各种生物大分子通过各自的代谢途径及共同的中间代谢物相互转化,而不同的代谢途径可通过交叉点上关键的中间代谢物相互联系。这些共同的中间代谢物使各代谢途径得以沟通,形成经济有效、运转良好的代谢网络(图 15-1)。

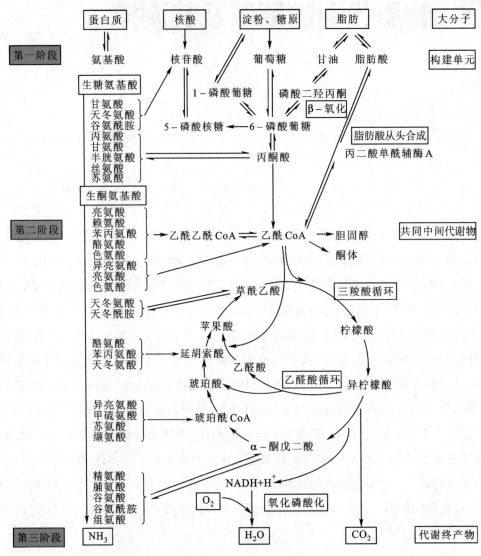

·图 15-1　糖类、脂质、蛋白质及核酸代谢的相互关系示意图

15.1.1　代谢由分解代谢与合成代谢组成

代谢由两个相反的过程——分解代谢和合成代谢组成。有机营养物,不管是从外界环境获得的,还是自身储存的,通过一系列反应步骤转变为相对分子质量较小、结构较简单的物质过程称为分解代谢(catabolism)。与分解代谢相伴随的,是将蕴藏在有机大分子中的能量逐步释放出来。合成代谢(anabolism)又称为生物合成(biosynthesis),是生物体利用小分子或大分子的结构元件建造成自身大分子的过程。由小分子建造成大分子是使分子结构变得更为复杂,此过程是要耗能的。ATP 和 NADPH 是联系产能的分解代谢与耗能的合成代谢的重要物质,可以将合成代谢和分解代谢联在一起。无论

是分解代谢,还是合成代谢,大致可分为三个阶段(图 15-1)。

在分解代谢中,大分子化合物多糖、脂肪和蛋白质在酶作用下分三个阶段逐步降解。第一阶段,它们首先降解为构建单元,如多糖降解为己糖和戊糖等单糖,脂肪降解为脂肪酸、甘油和其他成分,蛋白质降解为氨基酸;第二阶段,这些构建单元又转变成更简单的中间代谢物,如己糖、戊糖和甘油可以转化为丙酮酸,然后生成乙酰辅酶 A。第三阶段,乙酰辅酶 A 等产物最终氧化成 H_2O 和 CO_2,同时产生大量能量。

合成代谢则经历反向的三个阶段。首先,是以分解代谢第三阶段中生成(或从环境中摄入)的小分子作为起始原料合成简单有机物。不同的生物所利用的起始原料是不同的,基本上分为两类:一类以二氧化碳为同化起始物合成各种有机物质(称为自养生物),它们不需要由外界提供有机的碳源,如高等绿色植物、蓝绿藻、光合细菌、硝酸和亚硝酸细菌等;另一类只能利用有机碳源为起始原料(称为异养生物),如所有较高等的动物、无光合作用的植物、大多数微生物等。其次,是简单的有机物进一步合成构造大分子所需要的构建单元。最后,由构建单元合成大分子化合物,如 α- 氨基酸结合成多肽。

虽然代谢途径中大量生化反应都能可逆进行。然而,实际上整个代谢过程往往是单向进行的,分解代谢和合成代谢有其各自的途径。在一条代谢途径中,某些关键部位的正逆反应往往是由两种不同的酶分别催化的,一种酶催化正向反应,而另一种酶催化逆向反应。因此,这些反应称为相对独立的单向反应。这种独立的单向机制可使生物合成和降解途径(或者正向反应和逆向反应)分别处于热力学的有利状态。生物合成是一个吸能反应(endergonic reaction),它通过与一定数量 ATP 水解相偶联而得以进行。生物降解则是放能反应(exergonic reaction)。这些吸能反应和放能反应均远离平衡点,从而保证反应单向进行。

15.1.2 物质代谢之间的相互关系

物质之间是可以相互转变的,如糖类可转化为脂质,脂质也可转化为糖类;糖类可转化为蛋白质,蛋白质也可转化为糖类。通过代谢途径中共同的中间产物,可以实现这种转变。现将细胞内 4 类主要有机物质:糖类、脂质、蛋白质和核酸之间的关系分别叙述如下。

15.1.2.1 糖类代谢与脂质代谢的相互联系

糖类与脂质能互相转变。糖类转变为脂质时,先经糖酵解过程,生成磷酸二羟丙酮(3- 磷酸甘油醛为其同分异构物)及丙酮酸。磷酸二羟丙酮可经还原作用转变为 α- 磷酸甘油;丙酮酸经氧化脱羧转变为乙酰辅酶 A 后再缩合生成脂肪酸(图 15-2)。如果生物体摄入过多的糖类,那么它们通过酵解途径生成丙酮酸,并进一步转变为乙酰 CoA,乙酰 CoA 是长链脂肪酸合成的原料,后者生成的脂酰 CoA 可和 α- 磷酸甘油转变为脂肪储存起来。所以,多吃糖类容易使人发胖。

脂质分解产生的甘油可以经过磷酸化生成 α- 磷酸甘油,再氧化为磷酸二羟丙酮,经糖异生作用可生成糖类(图 15-3)。脂肪酸在动物体内也可以转变成糖类,但此时需要补充三羧酸循环中的有机酸。在植物或微生物体内,脂肪酸通过 β- 氧化生成的乙酰 CoA 经乙醛酸循环生成琥珀酸,琥珀酸再进入三羧酸循环而转变成草酰乙酸,由草酰乙酸脱羧生成的丙酮酸再经糖异生即可转变成糖类。

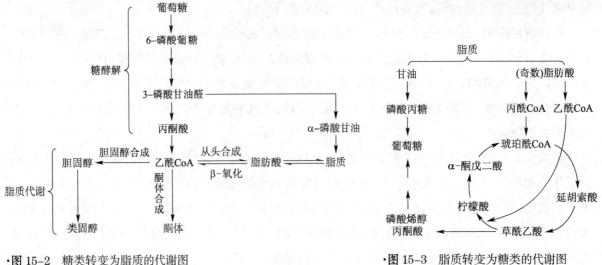

·图 15-2　糖类转变为脂质的代谢图　　　　　　　　·图 15-3　脂质转变为糖类的代谢图

15.1.2.2　糖类代谢与氨基酸代谢的相互联系

糖类进入到生物体内经过消化吸收分解为单糖,主要为葡萄糖,葡萄糖经糖酵解作用裂解为丙酮酸。在线粒体中,丙酮酸经三羧酸循环,转变成 α- 酮戊二酸和草酰乙酸。丙酮酸通过氨基转移酶的作用可以生成丙氨酸;草酰乙酸可以通过氨基转移酶的作用生成天冬氨酸,天冬氨酸在天冬酰胺酶的作用下可以生成天冬酰胺;α- 酮戊二酸同样可以在氨基转移酶的作用下生成谷氨酸,谷氨酸还可以在谷氨酰胺合成酶的作用下生成谷氨酰胺。糖酵解过程中生成的 3- 磷酸甘油酸可以在 NADH 的还原作用下生成 3- 磷酸羟基丙酮酸,并在转氨酶的作用下生成磷酸丝氨酸,后经过水解生成丝氨酸。丝氨酸也可以通过丝氨酸羟甲基转移酶的作用生成甘氨酸。同时,丝氨酸还可以和高半胱氨酸作用生成半胱氨酸。糖类代谢中产生的 ATP 等能量,又可以用于氨基酸和蛋白质的合成,物质代谢总是与能量代谢相伴而行。通过以上各步反应可以将糖代谢与蛋白质代谢相联系(图 15-4)。

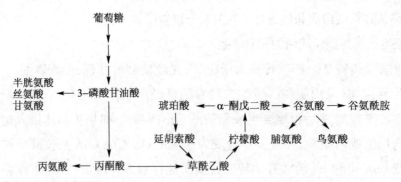

·图 15-4　糖类转化成氨基酸的代谢图

由蛋白质降解的氨基酸被生物体吸收,部分氨基酸在分解的过程中生成的丙酮酸、α- 酮戊二酸、草酰乙酸、延胡索酸、琥珀酰 CoA 可直接或间接进入糖异生过程,从而生成葡萄糖,这类氨基酸称为生糖氨基酸(图 15-5)。

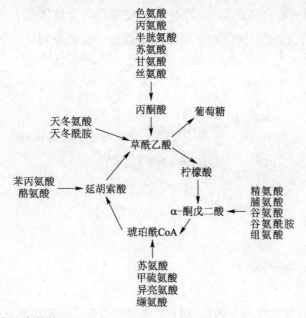

·图 15-5 氨基酸转化成糖类的代谢图

15.1.2.3 脂质代谢与蛋白质代谢的相互联系

脂质与蛋白质之间也可互相转变。脂质分子中的甘油可转变为丙酮酸、草酰乙酸及 α- 酮戊二酸，然后接受氨基而转变为丙氨酸、天冬氨酸及谷氨酸。脂肪酸通过 β- 氧化生成乙酰 CoA，进一步转化为 α- 酮戊二酸和草酰乙酸，从而与谷氨酸及天冬氨酸相联系。但这一过程需要消耗三羧酸循环中的有机酸，如不补充，反应将不能进行。植物和微生物中存在乙醛酸循环，可以补充三羧酸循环中的有机酸，从而促进脂肪酸转变为氨基酸。

蛋白质转变成脂质的过程也能在动物体内进行。生酮氨基酸是指在体内可降解为乙酰乙酸或乙酰 CoA 的氨基酸。乙酰乙酸是酮体之一，乙酰 CoA 可进一步转化为酮体。由乙酰 CoA 可以缩合成脂肪酸。某些生糖氨基酸通过丙酮酸可以转变为 α- 磷酸甘油，也可以在氧化脱羧后转变为乙酰 CoA，再经丙二酸单酰途径合成脂肪酸（图 15-6）。

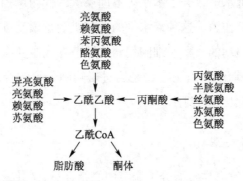

·图 15-6 氨基酸转变为脂质的代谢图

15.1.2.4 核酸代谢与糖类、脂质及蛋白质代谢的相互联系

核酸是信息分子，一般不作为碳源、氮源和能源物质。核酸作为重要的遗传物质，主要通过控制蛋白质的合成，从而影响细胞的组成成分和代谢类型。葡萄糖可以通过糖酵解途径生成 3- 磷酸甘油醛，该物质可以进入磷酸戊糖途径生成核糖，作为核苷酸和核酸合成的原料（图 15-7）。氨

基酸还可以作为嘌呤和嘧啶合成的前体,嘌呤环和嘧啶环的合成需要甘氨酸、天冬氨酸和谷氨酰胺参与(见 12 章)。同时,核酸中的嘌呤也是某些蛋白质合成的原料。

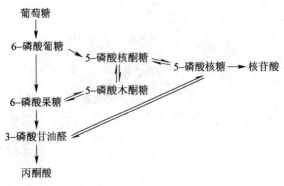

·**图 15-7**　葡萄糖转变为核苷酸的代谢图

核苷酸在代谢中有重要的作用。例如,ATP 是能量和磷酸基团转移的重要物质;GTP 可活化 G 蛋白,还可参与蛋白质的生物合成和转运等过程;UTP 参与多糖的生物合成;CTP 参与磷脂的生物合成;NTP 和 dNTP 可作为合成 RNA 和 DNA 的原料。此外,许多重要的辅酶,如辅酶 A、烟酰胺核苷酸和异咯嗪腺嘌呤二核苷酸等,都是腺嘌呤核苷酸的衍生物。

15.2　酶活性的调节与控制

从上述内容可以看出,生物体具有复杂的代谢网络,如人体含有 5 万～10 万种蛋白质,每种蛋白质的功能不同,所参与的代谢也不同,这些蛋白质的合成和分解及其所起的作用在人体的不同发育阶段各不相同,其间还有多种酶、激素、神经的参与,各种代谢错综复杂,彼此之间又相互制约和相互联系。

代谢是一个完整统一的过程,必然存在复杂而精确的调节机制。生物体在长期的进化过程中建立了神经水平、激素水平、细胞水平或分子水平等不同层次的代谢调控。但无论是哪一层次的调控,最终仍需要通过酶的调节而起作用。这种酶水平的调节机制是最基础、最关键的代谢调节。生物体内的各种代谢变化都是由酶驱动的。酶对细胞代谢的调节方式主要有两种:一种是通过激活或抑制以改变细胞内已有酶分子的催化活性;另一种是通过影响酶分子的合成或降解,以改变酶分子的含量。后者涉及酶或蛋白质的基因表达调控。

15.2.1　酶活性调节的类型

(1) 别构效应　调节物或效应物与酶分子调节中心结合后,诱导或稳定酶分子的某一构象,从而调节酶反应速率及代谢过程,称为别(变)构效应(allosteric effect),也称为协同效应(cooperative effect)。具有这种调节作用的酶称为别(变)构酶(allosteric enzyme)。凡能使酶分子发生别构作用的物质称为效应物(effector)或别(变)构剂,通常为小分子代谢物或辅因子。因别构导致酶活性增加的物质称为正效应物(positive effector)或别构激活剂,反之称为负效应物(negative effector)或别构抑制剂。

(2) 共价修饰　通过在酶蛋白某些氨基酸残基上增加或减少某些基团的办法来调节酶的活性状

态的方式称为共价修饰(covalent modification)。这种酶称为共价修饰酶(covalent modification enzyme),是一种代谢调节酶。

迄今已有几百种酶在其被翻译后都要进行化学修饰,共有下列 6 种类型:① 磷酸化 / 去磷酸化;② 乙酰化 / 去乙酰化;③ 腺苷酰化 / 脱腺苷酰化;④ 尿苷酰化 / 去尿苷酰化;⑤ 甲基化 / 去甲基化;⑥ S–S/SH。表 15–1 列举几种主要酶的化学修饰的例子。

·表 15–1　化学修饰所调节的酶

酶	酶来源	修饰机制	酶活性变化
糖原磷酸化酶	真核细胞生物	磷酸化 / 去磷酸化	激活 / 抑制
磷酸化酶激酶	哺乳动物	磷酸化 / 去磷酸化	激活 / 抑制
糖原合酶	真核细胞生物	磷酸化 / 去磷酸化	抑制 / 激活
丙酮酸脱氢酶	真核细胞生物	磷酸化 / 去磷酸化	抑制 / 激活
激素敏感性脂酶	哺乳动物	磷酸化 / 去磷酸化	激活 / 抑制
乙酰 CoA 羧化酶	哺乳动物	磷酸化 / 去磷酸化	抑制 / 激活
HMG CoA 还原酶	哺乳动物	磷酸化 / 去磷酸化	抑制 / 激活
HMG CoA 还原酶激酶	哺乳动物	磷酸化 / 去磷酸化	激活 / 抑制
谷氨酰胺合成酶	大肠杆菌	腺苷酰化 / 去腺苷酰化	抑制 / 激活
黄嘌呤氧化酶	哺乳动物	S–S/SH	激活 / 抑制

酶的可逆共价修饰是调节酶活性的重要方式。其中最重要、最普遍的调节是对靶蛋白的磷酸化 / 去磷酸化作用。它的生理效应显著,反应灵敏,节约能量,机制多样,是动植物细胞中酶化学修饰的主要形式。酶的磷酸化和去磷酸化反应见图 15–8。

$$\text{酶蛋白} + n\text{NTP} \xrightarrow{\text{蛋白激酶}} n\text{Pi} - \text{酶蛋白} + n\text{NDP}$$

$$n\text{Pi} - \text{酶蛋白} + n\text{H}_2\text{O} \xrightarrow{\text{蛋白磷酸酯酶}} \text{酶蛋白} + n\text{Pi}$$

·图 15–8　酶蛋白共价修饰中磷酸化与去磷酸化反应

催化磷酸化反应的酶称为蛋白激酶,由 ATP 供给磷酸基和能量,磷酸基转移到靶蛋白特异的丝氨酸、苏氨酸或酪氨酸残基上。酶蛋白的去磷酸化是由蛋白磷酸酯酶催化水解反应将磷酸脱下的过程。磷酸化反应和去磷酸化反应分别由不同酶促反应来完成。酶的磷酸化和去磷酸化作用是生物体内共价修饰调节酶活性的一种重要方式,其中以大肠杆菌谷氨酰胺合成酶(GS)研究得比较清楚。谷氨酰胺合成酶由 12 个完全相同的亚基(相对分子质量为 50 000)有规则地排列成两层六角环的结构,每个亚基含有与底物反应的催化部位和结合效应物的别构部位。此外,各个亚基的酪氨酸残基上还能进行可逆的腺苷酰化,完全腺苷酰化可结合 12 个 AMP,完全和部分腺苷酰化的酶是低活性的,只有全部脱腺苷酰化的酶才是高活性的(图 15–9)。

(3) 酶原激活　共价调节酶的修饰是可逆的,而酶原的激活则是另一种共价修饰的调节方式,即不可逆共价修饰调节。酶原从无活性酶转变成有活性酶的过程称为激活。酶原激活特点:一是酶原

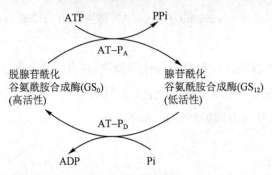

·图 15-9　谷氨酰胺合成酶的活性调节

AT-P$_A$:腺苷酰转移酶与调节蛋白 P$_A$ 的复合物；AT-P$_D$:腺苷酰转移酶与调节蛋白 P$_D$ 的复合物；GS$_0$:完全脱腺苷酰化的谷氨酰胺合成酶；GS$_{12}$:12 个亚基全部腺苷酰化的谷氨酰胺合成酶

不会过早地在不适当的位点被激活，二是有抑制剂调整激活酶的活性，三是酶原激活过程会产生信号放大作用。哺乳动物消化系统的一些蛋白酶都是以一种非活化的前体形式合成，必要时在其他蛋白酶作用下变成有活性的酶，如胰蛋白酶原、胃蛋白酶原的激活。人体血液凝固中的凝血因子同样以酶原的形式存在，一旦凝血系统启动，这些因子便逐个被激活为活化酶，表现为级联反应。几种主要类型酶原激活情况见表 15-2。

·表 15-2　酶原激活

酶原		激活			活性酶
名称	合成部位	因素	部位	途径	
胃蛋白酶原	胃黏膜	≤ pH 2（HCl）、胃蛋白酶	胃腔	从肽链的 N 端切除 42 个氨基酸残基	胃蛋白酶
胰蛋白酶原	胰	肠激酶、胰蛋白酶	小肠腔	从肽链的 N 端切除六肽	胰蛋白酶
糜蛋白酶原	胰	胰蛋白酶	小肠腔	内切 14-15（Ser-Arg）、147-148（Thr-Asn）两个二肽	糜蛋白酶
羧肽酶原	胰	胰蛋白酶	小肠腔		羧肽酶
弹性蛋白酶原	胰	胰蛋白酶	小肠腔		弹性蛋白酶

（4）酶分子的聚合和解聚　酶分子的聚合和解聚是机体代谢调节的重要方式之一。在大多数情况下，酶与一些小分子调节因子结合，从而引起酶聚合和解聚，实现酶的活性与无活性态相互转化。它与别构酶效应共价结合不同，是一种非共价结合，被修饰部位也不像别构酶调节中心那样专一。酶的聚合或解聚与酶活性的关系见表 15-3。

·表 15-3　酶的聚合或解聚

酶	酶来源	聚合或解聚	促进聚合或解聚的因素	活性变化
磷酸果糖激酶	兔骨髓肌	聚合	F-6-P,FDP	激活
		解聚	ATP	抑制
异柠檬酸脱氢酶	牛心	聚合	ADP	激活
		解聚	NADH	抑制
丙酮酸羧化酶	羊肾	聚合	乙酰 CoA	激活

酶	酶来源	聚合或解聚	促进聚合或解聚的因素	活性变化
G-6-P 脱氢酶	人红细胞	单体→二聚体→四聚体	NADP$^+$	激活
乙酰 CoA 羧化酶	脂肪组织、鸡肝	聚合	柠檬酸、异柠檬酸	激活
谷氨酸脱氢酶	牛肝	聚合	ADP、Leu	激活
		解聚	GTP（或 GDP）、NADPH	抑制
谷氨酰胺酶	猪肾皮质	聚合	α-酮戊二酸、苹果酸、Pi	激活

15.2.2 酶活性调节模式与效应

酶活性的调节以酶分子结构为基础。因为酶的活性强弱与其分子结构密切相关。一切导致酶结构改变的因素都可能影响酶的活性。有的改变使酶活性增高,有的使酶活性降低。酶活性调节产生的效应主要有以下两种。

（1）抑制作用　抑制作用(inhibition)既是酶活性调节的结果,也是酶活性调节的过程。别构效应、共价修饰、酶分子的聚合或解聚、抑制剂等对酶活性均可产生抑制作用。有机体控制酶活性的抑制主要是反馈抑制(feedback inhibition)或负反馈。"反馈"这个术语来自电子工程学,在生物化学中是指代谢产物对代谢过程的作用。反馈抑制作用有多种形式(图 15-10)。

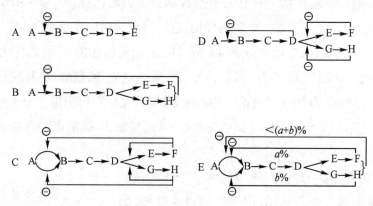

·图 15-10　各种反馈抑制作用的模式

① 单价反馈抑制。线性代谢途径的末端产物对催化关键步骤(通常是第一步反应)酶活性的抑制作用称为单价反馈抑制(monovalent feedback inhibition)(图 15-10A)。例如,葡萄糖的磷酸化反应:

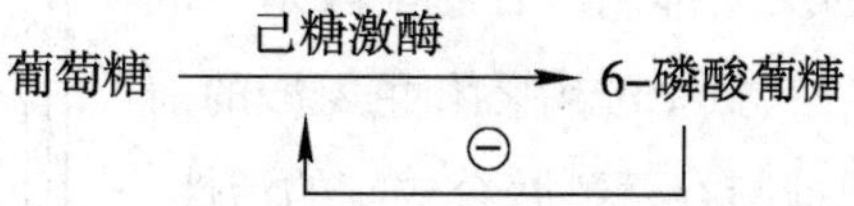

$$葡萄糖 \xrightarrow{\text{己糖激酶}} 6\text{-磷酸葡糖}$$

当 6-磷酸葡糖累积太多时,反应就慢下来,这不仅与质量作用效应有关,还存在酶的别构调节作用。

② 协同反馈抑制。几个最终产物(F、H)同时过多时才能对第一个酶发生抑制作用,这称为协同反馈抑制(concerted feedback inhibition)(图 15-10B)。它保证在分支代谢过程中,不至于因为一个最终产物过多而造成所有其他最终产物缺乏,如从天冬氨酸合成赖氨酸、苏氨酸的代谢中的第一个

酶——天冬氨酸激酶（AK），受到终产物苏氨酸和赖氨酸的协同反馈抑制（图 15-11）。

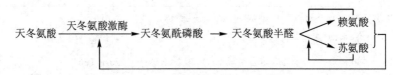

·**图 15-11** 天冬氨酸激酶的协同反馈抑制

③ 酶多重性抑制。在分支代谢中，在分支点之前的某个反应若由一组同工酶催化时，分支代谢的几个最终产物往往分别抑制这一组同工酶中的某个酶，称为酶多重性抑制（enzyme multiplicity inhibition）（图 15-10C）。如天冬氨酸激酶在大肠杆菌中有三种同工酶 AK_1、AK_2 和 AK_3，它们分别被终产物苏氨酸、甲硫氨酸和赖氨酸所抑制（图 15-12）。

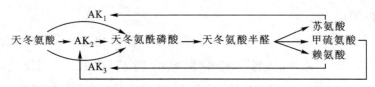

·**图 15-12** 天冬氨酸代谢的同工酶调节

④ 顺序反馈抑制。终端产物 F 和 H 只分别抑制分支后自己途径中第一个酶，然后共经途径的终端产物 D 再抑制全合成过程第一个酶的作用，这一过程称为顺序反馈抑制（sequential feedback inhibition），也称为逐步反馈抑制（step feedback inhibition）（图 15-10D）。枯草杆菌（*Bacillus subtilis*）中芳香族氨基酸生物合成的反馈抑制即属这种类型。苯丙氨酸、酪氨酸、色氨酸分支途径的第一步都分别受各自终产物抑制。如果 3 种终端产物都过量，则分支酸即行积累。分支点中间产物积累的结果使共经途径催化第一步反应的酶受到反馈抑制，从而抑制 4- 磷酸赤藓糖和磷酸烯醇丙酮酸的缩合反应。

⑤ 积累反馈抑制。几个最终产物中任何一个产物过多时都能对某一酶发生部分抑制作用，但要达到最大效果，则必须使几个最终产物同时过多，这一过程称为积累反馈抑制（cumulative feedback inhibition）（图 15-10E）。当 F 和 H 同时过量时，对于反应物的抑制小于两个单价反馈抑制之和。一个显著的例子就是谷氨酰胺合成酶的反馈抑制。谷氨酰胺是合成 AMP、CTP、6- 磷酸葡糖胺、组氨酸、氨甲酰磷酸和色氨酸的前体。以上几种代谢物均能部分地抑制谷氨酰胺合成酶的活性，当它们同时过多时，反馈抑制程度大大提高（图 15-13）。

（2）激活作用　机体为了使代谢正常，也用增进酶活性的激活作用（activation）调节代谢。例如，用专一的蛋白水解酶切可以激活酶原；一些无活性的酶则用激酶使之致活；被抑制的酶可用活化剂或抗抑制剂解除其抑制作用；金属离子可以激

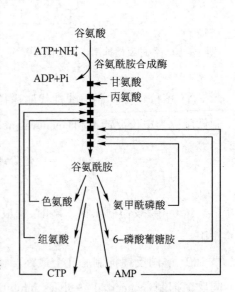

·**图 15-13** 谷氨酰胺合成酶的积累反馈抑制

活许多酶,如 Mg^{2+} 激活多种激酶。

15.3 酶和蛋白质基因的表达与调节

基因是产生一条多肽链或功能 RNA 所需的全部核苷酸序列。生物体内所有基因并不是时刻都表达的,其中只有一部分的基因在任何时候都能表达。如果基因以一个比较稳定的速度在各个发育期或各组织细胞内表达,这类基因称为管家基因(house-keeping gene)。另有一些基因在正常情况下不表达,只有机体在受到外界信号刺激后才会表达,这些基因称为调节基因(regulatory gene)或诱导型基因(inducible gene)。当特异分子信号使得基因表达数量增加,则称为基因的正调控(positive regulation),否则为基因的负调控(negative regulation)。本节分别介绍原核生物和真核生物内的基因表达调节模式。

15.3.1 原核生物酶基因的表达与调节

酶的合成受到基因表达的调控。一方面,生物体可合成正常生长发育所需要的酶;另一方面,当环境改变时,生物体亦能合成出与之相适应的酶。生物在生长发育过程中,基因表达按一定的时序改变,并随内外环境条件的变化而加以调整,这就是基因表达的时序调节(temporal regulation)和适应性调节(adaptive regulation)。基因表达的调节在转录前、转录水平(包括转录和转录后)或在翻译水平(包括翻译和翻译后)不同层面上进行。原核生物结构比较简单,因而其基因表达调控也比较简单,主要发生在转录水平上。

(1) 诱导与阻遏现象　当大肠杆菌(*Escherichia coli*)生长在没有乳糖的培养基上时,每个细胞内只有不到 5 个分子的 β- 半乳糖苷酶。β- 半乳糖苷酶催化乳糖降解成为 β- 半乳糖和 β- 葡萄糖(图 15-14)。当培养基中加入乳糖或其他含有半乳糖苷的物质后,数分钟内就会出现 β- 半乳糖苷酶的活性,很快可达数千个分子。若从培养基内除去乳糖,酶的合成速率迅速下降,直至停止。下面通过例子来具体了解在原核生物中通过什么样的机制来控制基因转录水平的调节过程。

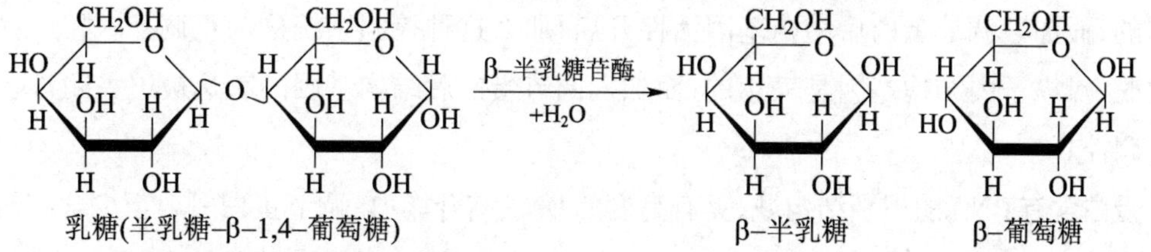

·**图 15-14**　β- 半乳糖苷酶催化乳糖的降解反应

(2) 原核生物转录水平的调节通过操纵子来进行　操纵子(operon)就是由几个相关的结构基因和控制区及调节基因组成的整个核苷酸序列。操纵子包括:结构基因(structural gene,SG)、操纵基因(operator,O)、启动子(promoter,P)、调节基因(regulatory gene,R)(图 15-15)。操纵子是基因表达的协调单位,它们有共同的控制位点(control site),一般位于结构基因上游,由操纵基因和启动子组成。

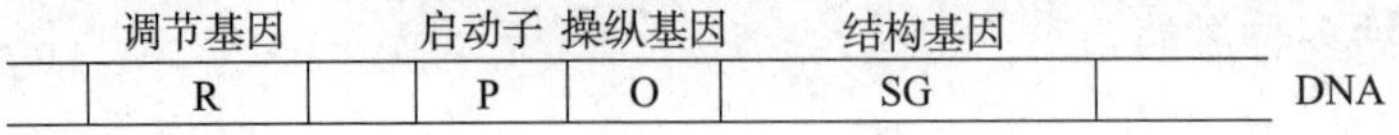

调节基因		启动子	操纵基因		结构基因	
R		P	O		SG	DNA

•图 15–15　原核生物操纵子模型

① 结构基因。具有转录功能,能编码蛋白质(酶)或功能 RNA(如 tRNA、rRNA)。在原核生物中,若干个结构基因通过转录形成一条多顺反子 mRNA(polycistronic mRNA)。对于不同的操纵子,结构基因数目不同,如 E. coli 乳糖操纵子有 3 个结构基因,色氨酸操纵子有 5 个结构基因,组氨酸操纵子有 9 个结构基因。结构基因受操纵基因的控制。当操纵基因开放时,结构基因转录并翻译合成有关的酶和蛋白质;当操纵基因关闭时,结构基因不转录,因而也不能进行翻译。

② 操纵基因。操纵基因过去也称为操作子。它是顺式作用元件(cis-acting element)的一种。所谓顺式作用元件,就是指存在于基因 DNA 区段中的特异调控顺序,如启动子、增强子、弱化子等。操纵基因无转录功能,但对结构基因有调控作用,是调节基因产物阻遏蛋白的结合位点。在 E. coli 的乳糖操纵子中,操纵基因结合阻遏蛋白的长度大约 26 bp。当操纵基因与阻遏蛋白结合时,操纵基因关闭;当操纵基因不与阻遏蛋白结合时,操纵基因开放。

③ 启动子。启动子是 RNA 聚合酶识别、结合并转录开始的部位。E. coli 乳糖操纵子的启动子有 85 个核苷酸。整个启动子可以分两个部分,上游部分是 CAP–cAMP 结合位点,下游部分是 RNA 聚合酶进入位点。CAP–cAMP 结合位点包括位点 I 和位点 II。RNA 聚合酶进入位点包括识别位点(–35 序列)和结合位点(–10 序列)。

④ 调节基因。调节基因可以转录生成调节蛋白(包括阻遏蛋白)。调节蛋白可以与控制位点的特定部位结合,以控制结构基因表达。这些可溶的控制转录的调节蛋白称为反式作用因子(trans-acting factor)。不同的调节基因可产生不同的调节蛋白。调节蛋白是别构蛋白,有活性与非活性之分,能否与控制位点的特定部位结合,还与诱导物有关:诱导物与有活性的调节蛋白结合使之失去活性;辅阻遏物与无活性的调节蛋白结合使之激活。调节蛋白又有正负之分,如果调节蛋白能促进结构基因表达,则为正调节蛋白;如果调节蛋白能阻止结构基因表达,则为负调节蛋白。同样,可将结构基因的调控分为正调控(正控制系统)和负调控(负控制系统)两类。如果没有调节蛋白,操纵子内结构基因是关闭的,而加入调节蛋白后结构基因活性开启,那么这种控制系统称为正调控。相反,如果没有调节蛋白时,操纵子内结构基因是表达的,而加入调节蛋白后结构基因的表达被迫关闭,这种控制系统称为负调控。

调节蛋白含有 DNA 的识别结构域,具有高度的 DNA 结合能力。调节蛋白一般至少含有两个亚基,其中一个亚基可以与 DNA 中的某些序列(如反向重复序列或回文结构序列)结合,另一个亚基可以为诱导物结合的结构域。调节蛋白不仅可以通过与其他诱导物结合降低其活性,还可以通过与其他诱导物结合从而增加其活性。同时,有些调节蛋白除了具有上述性质,还可以与 RNA 聚合酶相互作用。

调节蛋白与 DNA 相结合的结构模体(motif)有很多种,其中较为重要的有以下几种:① 螺旋 – 转角 – 螺旋(helix-turn-helix,HTH)(图 15–16),由两个 α 螺旋通过 β 折叠连接而成,大约由 20 个氨基酸组成,其中一个 α 螺旋含有可以与 DNA 结合的氨基酸,用于结合位点识别。② 锌指,含锌指的调节蛋白与 DNA 的结合可以是特异性的结合,也可以是非特异性的结合。一个调节蛋白中可以含有多个锌指结构(图 15–17),哺乳动物中转录因子 TF IIIA 具有 9 个锌指结构,SP1 具有 3 个锌指结构。

③ 亮氨酸拉链,两个 α 螺旋形成的二聚体,亮氨酸位于两个螺旋的接触区,它能够与 DNA 中带负电的磷酸基团相作用(图 15-18)。

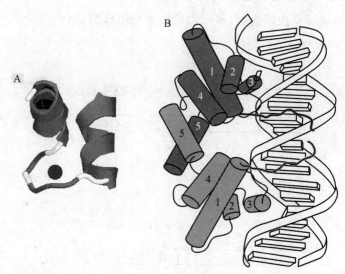

·图 15-16 螺旋-转角-螺旋结构(A)及其与 DNA 的结合方式(B)

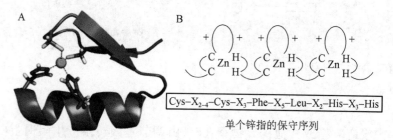

Cys–X₂₋₄–Cys–X₃–Phe–X₅–Leu–X₂–His–X₃–His

单个锌指的保守序列

·图 15-17 锌指结构(A)及其氨基酸保守序列(B)

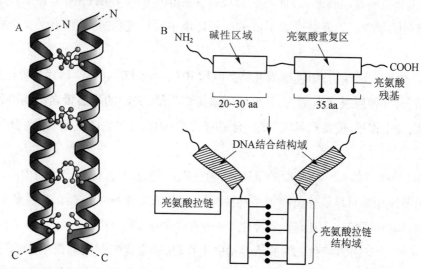

·图 15-18 亮氨酸拉链结构(A)及其与 DNA 的结合(B)

(3)乳糖操纵子 现以大肠杆菌乳糖操纵子(*lac* operon)为例来具体说明操纵子的作用机制。大肠杆菌乳糖操纵子上依次排列的启动子、操纵基因、调节基因和 3 个结构基因(图 15-19)。结

构基因 *lac Z* 编码分解乳糖的 β-半乳糖苷酶(β-galactosidase),*lac Y* 编码吸收乳糖的 β-半乳糖苷通透酶(β-galactoside permease),*lac A* 编码 β-半乳糖苷转乙酰基酶(β-galactoside transacetylase)。乳糖操纵子的操纵基因 *lac O* 不编码任何蛋白质,它是另一位点上调节基因 *lac I* 所编码的阻遏蛋白的结合部位。*lac I* 基因可以编码生成阻遏物,该基因的转录是组成型的(即总是表达)。乳糖操纵子的阻遏蛋白是一种别构蛋白,相对分子质量为 3.8×10^4。

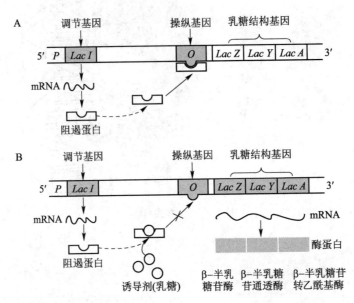

·图 15-19　大肠杆菌乳糖操纵子模型
A. 阻遏状态;B. 诱导状态

① 当培养基中没有乳糖或其他诱导物存在时,由调节基因转录产生阻遏蛋白的 mRNA,以该 mRNA 为模板合成阻遏蛋白,具有活性的阻遏蛋白就和操纵基因结合,阻碍 RNA 聚合酶与启动子结合,从而阻止这 3 个结构基因转录,因此不能合成这 3 种相应的诱导酶(图 15-19A)。这 3 种诱导酶的合成处于被阻遏的状态。也就是说 *E. coli* 的生长环境中没有乳糖时,就没有必要合成与乳糖代谢有关的酶。

② 在培养基中加入诱导物,如乳糖或乳糖类似物 IPTG(异丙基-β-D-硫代半乳糖苷),诱导物可以和阻遏蛋白结合,并使阻遏蛋白别构,从而使阻遏蛋白失活,失活的阻遏蛋白不能再和操纵基因结合,此时操纵基因发生作用,使结构基因转录,合成有关的 mRNA,并翻译成乳糖代谢所需的 3 种诱导酶(图 15-19B)。

阻遏物对 *lac* 操纵子的调节是典型的负调控,通过阻遏物与 DNA 的结合使得 DNA 的转录关闭。微生物对基因的调控如果只是依赖负调控是不精确的,所以在微生物中还存在有很多正调控的例子,*lac* 操纵子具有负调控的同时,还具有正调控作用——CAP 的正调节作用。

③ 当 *E. coli* 在含有葡萄糖和乳糖的培养基中生长时,通常优先利用葡萄糖,而不利用乳糖。只有在葡萄糖耗尽后,经过一段停滞期,细菌才会利用乳糖。这种现象称为葡萄糖效应,后来了解到这是由于葡萄糖降解物所引起的,因此称为降解物阻遏或分解代谢物阻遏(catabolite repression)。进一步的研究表明,这种阻遏作用是由 CAP 和 cAMP 引起的。调节基因 *cap*(或 *crp*)的转录产物为 CAP,为二聚体蛋白质,亚基相对分子质量为 2.25×10^4。CAP 无活性,只有与 cAMP 结合后才有活性。体内

cAMP 的含量受葡萄糖含量的影响。当葡萄糖含量高时,cAMP 含量低,因为葡萄糖代谢产物可以抑制腺苷酸环化酶的活性(cAMP 是 ATP 经腺苷酸环化酶催化产生的),使 cAMP 的合成受到抑制。同时,高葡萄糖含量还可以活化磷酸二酯酶,促进 cAMP 分解。反之,当葡萄糖含量低时,cAMP 的含量增高。在高浓度 cAMP 存在的情况下,cAMP 与 CAP 的结合能力增强。由此可见,CAP 对于 lac 操纵子起到正调控作用,可以通过 CAP 与 cAMP 的结合增强转录(图 15-20)。

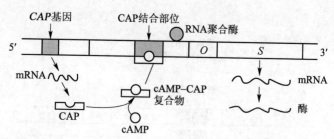

·图 15-20   cAMP-CAP 复合物对转录的正调控

cAMP 是 ATP 经腺苷酸环化酶催化产生的。该酶的活性与细胞膜的组织结构和生理状态,特别是与负责葡萄糖运输的磷酸烯醇丙酮酸磷酸基转移酶的活性有关。因此,cAMP-CAP 不仅调控与乳糖、半乳糖、阿拉伯糖等糖类代谢有关的酶,还调控三羧酸循环和呼吸链酶系统中的大多数酶。

(4) 色氨酸操纵子   前面讨论的 lac 操纵子是编码分解代谢途径酶系的操纵子,负责碳源(如乳糖等)的分解利用,这些操纵子的表达受相应碳源的诱导。还有一些负责物质合成代谢的操纵子,如 E. coli 负责色氨酸合成的色氨酸操纵子(trp operon)(图 15-21)是一个合成代谢阻遏的例子,也是弱化作用的经典例子。

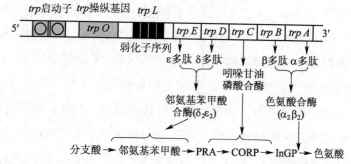

·图 15-21   色氨酸操纵子

PRA:N-5′- 磷酸核糖邻苯氨基甲酸;CORP:N-5′- 磷酸 -1′- 脱氧核酮糖邻氨基苯甲酸;InGP:吲哚甘油磷酸酯

trp 操纵子由启动子、操纵基因及 5 个结构基因组成,5 个结构基因依次为 trp E、trp D、trp C、trp B 和 trp A,分别编码邻氨基苯甲酸合酶(anthranilate synthase)的 ε 链和 δ 链、吲哚甘油磷酸合酶(indole glycerolphosphate synthase)、色氨酸合酶(tryptophan synthase)的 β 链和 α 链。在 trp 操纵基因(trp O) 和 trp E 之间还存在一段长 162 bp 的前导序列(leader sequence)trp L。trp L 中含有一个直接参与色氨酸操纵子调控的弱化子(attenuator)序列区段。弱化子区是一段富含 G-C 碱基对的回文序列,可以形成发夹结构,是一个不依赖终止因子的终止子。

① trp 操纵子的阻遏作用。trp 操纵子对生物合成过程中色氨酸的需要量很敏感,当细胞内色氨

酸浓度低于蛋白质合成所需的最适水平时,*trp* 操纵子就被转录;当色氨酸充足时,*trp* 操纵子的转录就被终产物所阻遏。*trp* 操纵子的转录调控是通过 Trp 阻遏蛋白实现的。当色氨酸水平低时,Trp 阻遏蛋白以一种非活性形式存在,不能与 *trp* 操纵子的操纵基因结合。在这样的条件下,*trp* 操纵子被 RNA 聚合酶转录,同时色氨酸生物合成途径激活(图 15-22)。在有高浓度色氨酸存在时,色氨酸结合 Trp 阻遏蛋白。有活性的 Trp 阻遏蛋白 – 色氨酸复合物形成一个同源二聚体,紧密结合于 *trp* 操纵基因序列,以阻止转录。

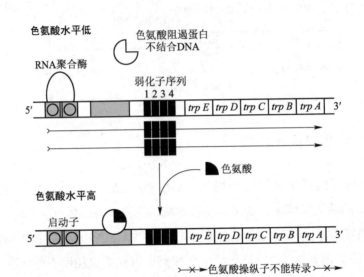

•图 15-22　色氨酸操纵子的转录调控

　　② *trp* 操纵子的弱化作用。弱化作用(attenuation)是 RNA 聚合酶从启动子出发(开始转录)的转录受到弱化子的调控,也称为衰减作用。这是一种将翻译与转录联系在一起的转录调控方式。前导区为 162 个核苷酸长度的 mRNA。其中,139 个核苷酸包含了可编码 14 肽(前导肽)的开放阅读框和 4 个互补区。4 个互补区中 1 区(54 ~ 68)和 2 区(74 ~ 92)之间,3 区(108 ~ 121)和 4 区(126 ~ 134)之间及 2 区和 3 区之间都有形成碱基配对的条件。其中,3 区和 4 区结合能形成富含 G ≡ C 的发卡结构,使得转录终止,称为弱化子,通常位于结构基因上游前导区。弱化子模型(图 15-23)能够较好地说明某些氨基酸生物合成的调节机制。原核生物没有核膜结构,因而转录和翻译紧密偶联。弱化作用实际上是以翻译进程控制基因转录的进程。RNA 聚合酶转录出前导肽的部分密码子时,核糖体随即开始其翻译过程。但翻译能否顺利,取决于氨基酰 tRNA 的供应量。在 mRNA 合成过程中,细胞内 Trp-tRNA^{Trp} 浓度决定核糖体是否停留在前导序列内两个连续的色氨酸密码子处。当色氨酸水平高和 Trp-tRNA^{Trp} 可利用时,核糖体就能合成前导肽。它们将从 5′ 端开始沿着 mRNA 的前导序列一直合成到 UGA 终止密码子,即位于 1 区和 2 区之间的终止密码子。进行到这一个点时核糖体伸展到 2 区,阻碍 1 区与 2 区之间的碱基配对。其结果是 3 区可同 4 区进行碱基配对,产生典型的不依赖 ρ 因子终止信号的构象,称为 *trp* 操纵子的弱化子。RNA 聚合酶的转录反应就在弱化子区终止。释放出转录产物 mRNA 前导序列和 RNA 聚合酶。采取这种构象的弱化子,使后面转录过程提前结束,*trp E* 等基因的表达受到抑制和减弱;当细胞内色氨酸有限,即 Trp-tRNA^{Trp} 水平低时,核糖体就停留在 RNA 中连续的一对色氨酸密码处。核糖体在 1 区内的 Trp 密码子位置停顿相当长一段时间,1 区处于核糖体覆盖之下,不能同 2 区碱基配对。这时 mRNA 本身合成到 4 区之前,2 区和 3 区就有氢键配对。这

迫使4区依然处于单链形式,不能形成二级结构的终止信号,结果RNA聚合酶就穿过弱化子区继续转录进程,沿着DNA模板滑动完成转录过程。缺乏大多数其他氨基酸时,对trp操纵子没有这种影响,因为核糖体停止运转的位置让1区和2区能够氢键配对。这样,3区和4区就能碱基配对而形成终止转录的发夹结构。

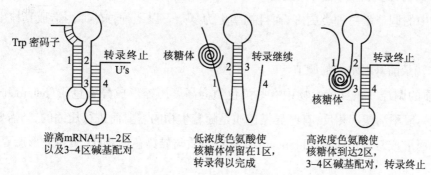

·图15-23 大肠杆菌色氨酸操纵子的弱化作用机制

在trp操纵子表达调控方面,阻遏蛋白的负调控作用只能使转录不起始,不形成mRNA。对于已经开始的转录过程,则只能通过弱化作用使基因的表达停顿下来。阻遏作用的信号是细胞内色氨酸的多少,色氨酸作为辅阻遏物而起调控作用。弱化作用的信号分子则是细胞内载荷色氨酸的tRNA,它通过控制前导肽的翻译来控制转录的进行。细胞内这两种作用相辅相成,粗调控与微调控共同配合,体现生物体内精密的调控作用。

除色氨酸外,苯丙氨酸、苏氨酸、亮氨酸、异亮氨酸、缬氨酸和组氨酸的有关基因中都存在弱化子的调节位点。为了提高控制效率,前导RNA链中往往存在重复的调节密码子,这种现象在苯丙氨酸和组氨酸的前导序列中尤为明显,前者有7个苯丙氨酸密码子,后者有7个组氨酸密码子。有关几种氨基酸合成途径操纵子前导肽的序列和调节的氨基酸列于表15-4。

·表15-4 氨基酸合成操纵子前导肽序列和调节的氨基酸

操纵子	前导肽序列	调节氨基酸
trp	Met–Lys–Ala–Ile–Phe–Val–Leu–Lys–Gly–Trp–Trp–Arg–Thr–Ser	Trp
his	Met –Thr–Arg–Val–Gln–Phe–Lys–His–His–His–His–His–His–His–Pro–Asp	His
phe A	Met–Lys–His–Ile–Pro–Phe–Phe–Phe–Ala–Phe–Phe–Phe–Thr–Phe–Pro	Phe
leu	Met–Ser–His–Ile–Val–Arg–Phe–Thr–Gly–Leu–Leu–Leu–Leu–Asn–Ala–Phe–Ile–Val–Arg–Gly– Arg–Pro–Val–Gly–Gly–Ile–Gln–His	Leu
thr	Met–Lys–Arg–Ile–Ser–Thr–Thr–Ile–Thr–Thr–Thr–Ile–Thr–Ile–Thr–Thr–Gly–Asn–Gly–Ala–Gly	Thr, Ile
ilv	Met–Thr–Ala–Leu–Leu–Arg–Val–Ile–Ser–Leu–Val–Val–Ile–Ser–Val–Val–Val–Ile–Ile–Ile–Pro– Pro–Cys–Gly–Ala–Ala–Leu–Gly–Arg–Gly–Lys–Ala	Leu, Val, Ile

15.3.2 真核生物酶基因的表达与调节

与原核生物一样,真核生物的基因表达调控也是通过特定的蛋白质与DNA结合,从而控制基因的表达,但真核生物的基因组比原核生物大得多,而且真核生物的DNA是与组蛋白相结合形成染色质,染色质还会进行压缩形成染色体。如果没有相应的调控序列,RNA 聚合酶与启动子的结合过程无法进行。事实上,真核生物转录更为复杂。真核生物每个基因的表达都有其特定调控序列。而且真核生物中含有大量重复序列和不转录的基因组。此外,真核细胞内存在不同的亚细胞结构,这就使得基因的转录与翻译可能发生在两个不同的区域。与原核生物 mRNA 只有数分钟寿命相比,真核生物的 mRNA 寿命长很多,这就使真核生物 mRNA 被重复用于基因的翻译得以进行。迄今为止,已发现的真核生物中的调节蛋白种类更多,而且构型更为复杂。以上种种的原因造成真核生物基因表达调控的复杂性。

15.3.2.1 转录前基因水平的调节

(1) 染色质的调控 在真核生物中有些染色质会高度压缩形成异染色质(heterochromatin),这类染色质的转录一般不活跃。相反,有些异染色质是随着生物的需要而进行压缩的,当需要其转录时会重新恢复活性而形成常染色质(euchromatin)。常染色质与异染色质相比,染色质形态更为舒展,转录更为活跃。

在真核细胞中,染色质的基本组成单位为核小体(nucleosome),核小体主要由 4 种组蛋白(H2A、H2B、H3 和 H4)构成。这 4 种组蛋白以两个 H3:H4 二聚体和两个 H2A:H2B 二聚体组成的八聚体复合物形式,被 146 bp DNA 双螺旋片段环绕 1.75 圈而共同组成核小体(图 15-24)。

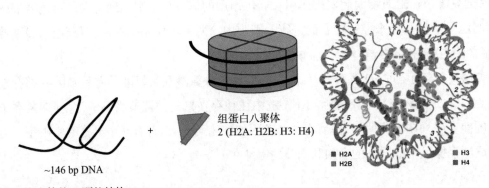

~146 bp DNA

组蛋白八聚体
2 (H2A: H2B: H3: H4)

■ H2A　　　　■ H3
■ H2B　　　　■ H4

·图 15-24　核小体核心颗粒结构

核小体的相位与基因转录也有重要的联系,所谓相位指的是在同一类型的所有细胞中,组蛋白八聚体在 DNA 序列上特殊的定位。如果在染色质中由于相位的变化,使围绕在核小体核心外的 DNA 上涉及某个基因的启动子和增强子序列被暴露出来,这样的核小体相位就会对该基因的调控产生重要的影响。特异序列的核小体相位还可以促进远距离调控元件的联系,通过 DNA 盘绕使得较远的顺式作用元件彼此接近,形成一种特殊的三维结构。染色质的结构(或构象)状态是决定基因转录活性的关键因素。因为只有当染色质的结构处于开放状态时,相应的结构基因才能进行基因的转录(图 15-25)。

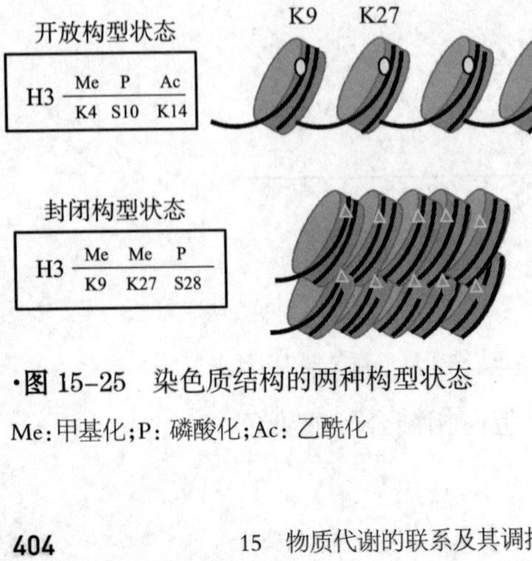

研究表明,染色质在转录活化状态与非活化状态的转变可以通过组蛋白的乙酰化和脱乙酰化来进行调节,核小体中组蛋白 3′ 端多个赖氨酸(K)位置的乙酰化会降低组蛋白与 DNA 的结合能

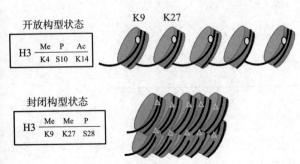

开放构型状态

H3	Me	P	Ac
	K4	S10	K14

封闭构型状态

H3	Me	Me	P
	K9	K27	S28

·图 15-25　染色质结构的两种构型状态
Me:甲基化;P:磷酸化;Ac:乙酰化

力,推测核小体中组蛋白的乙酰化会影响染色质的构象,使得RNA聚合酶等多种转录因子能够更为顺利地结合到DNA上,从而促进基因的转录表达。

组蛋白乙酰化主要发生在组蛋白H3、H4的N端比较保守的赖氨酸(K)位置上,由组蛋白乙酰转移酶(histone acetyltransferase)和组蛋白脱乙酰酶(histone deacetylase)协调进行。两者作用的效果相反。例如,在组蛋白脱乙酰酶作用下,脱乙酰化的组蛋白表现出对DNA的高度亲和力,这就导致转录活性降低。除乙酰基化外,真核生物的组蛋白上某些特定的氨基酸残基也可以进行甲基化、磷酸化等修饰。

组蛋白的甲基化由组蛋白甲基转移酶(histone methyltransferase,HMT)完成。组蛋白的甲基化修饰与异染色质形成、转录调控等多种生理过程有关,它是表观遗传学研究的一个重要领域。甲基化可发生在组蛋白的赖氨酸(K)和精氨酸(R)残基上,而且赖氨酸残基能够发生单甲基化、双甲基化、三甲基化,而精氨酸残基能够单甲基化、双甲基化,这些不同程度的甲基化极大地增加组蛋白修饰和调节基因表达的复杂度。

(2) DNA活性调控 生物体内普遍存在基因组DNA的甲基化修饰,以调节机体的许多生物学过程。例如,在观察某些病毒和细菌转录时,人们发现如果DNA甲基化,则基因不被转录。DNA的甲基化是在DNA甲基化酶/DNA甲基转移酶(DNMT)催化下,将甲基供体S-腺苷甲硫氨酸或四氢叶酸上的甲基置换到核苷酸的嘌呤或嘧啶碱基上。DNA甲基化多发生在胞嘧啶上,反应过程如图15-26所示。

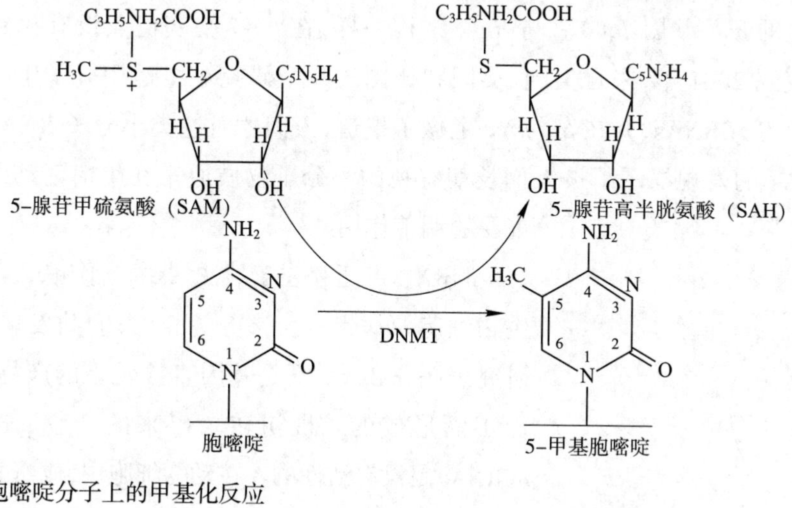

· 图15-26 DNA胞嘧啶分子上的甲基化反应

胞嘧啶的甲基化位点多发生在对称序列上。在生物细胞内至少有两类在结构和功能不同的甲基转移酶,第一类是维持性甲基化酶,其作用是在甲基化母链(模板链)指导下使处于半甲基化的DNA双链分子上与甲基胞嘧啶相对应的胞嘧啶甲基化。该酶催化特异功能极强,对新生的半甲基化的DNA有较高的亲和力,从而保持DNA复制及细胞分裂后甲基化模式不变。另一类为DNA从头甲基化酶,催化未甲基化的CpG甲基化成为mCpG,它不需要母链指导,但速度很慢。

DNA甲基化是一种重要的表观遗传修饰。研究表明,甲基化会使DNA片段构象发生变化,使得转录不能正常进行,从而发生转录关闭。去甲基化则可以使基因的转录再次恢复。与低等真核生物比较,高等真核生物的DNA甲基化现象更为普遍。甲基化还可以发生在DNA的结合蛋白上。关于甲基化的具体作用机制不明,但推测甲基化基因转录停滞的原因与甲基化造成染色质构象变化有关。

(3) 基因的重组　真核生物在转录前或转录过程中会发生 DNA 重组、倒向、缺失、增多等现象。基因的重组直接影响基因的表达。如同源姐妹染色单体间所发生的一般性基因重组，还有发生在特异的短 DNA 上的重组，都会导致 DNA 重排。例如，转座子(DNA 片段)介导自身的 DNA 插入到对应基因 DNA 序列后，可以引起 DNA 倒向和缺失。λ 噬菌体通过整合酶将自身的 DNA 整合到宿主细胞的 DNA 中，并随着宿主细胞 DNA 的转录而转录。除了转座子的作用可以引起基因扩增外，在两栖动物、鱼类细胞分裂时期为了满足体内大量核糖体的需求，rRNA 也会进行基因扩增。同时，基因的丢失现象发生在很多原生动物的胚细胞发育过程中，在胚早期会形成两个核：大核和小核。随着胚细胞的发育，小核内的基因解体，导致小核内所包含的基因完全丢失。

15.3.2.2 转录水平的调节

转录水平的调控不仅仅是原核生物主要的酶基因调控方式，也是真核生物酶基因的主要调控方式之一。真核生物具有很多不编码蛋白质的基因。真核生物的基因含量比原核生物多得多，而且调节蛋白的复杂度增加，种类也更多，所以真核生物基因的调控比原核生物复杂得多。有关真核生物转录后的调控参见第 13 章中真核生物的转录。

15.3.2.3 转录后水平的调节

microRNA(miRNA)是近年来在细胞中发现的一类内源性的非编码单链 RNA，长度为 20 ~ 25 nt。miRNA 最初(1993 年)是在秀丽隐杆线虫(*Caenorhaditis elegans*)中被发现的。当时克隆到的一个基因 *lin-4* 能时序地调控线虫后期胚胎发育。到 2000 年，Reinhard 等在 *C. elegans* 发现第二个能控制生长时间的开关基因 *let-7*。与 *lin-4* 结构一样，在 *let-7* 突变位点没有找到编码蛋白质的 mRNA 存在。直到 2001 年，来自美国、英国和德国的几个研究小组运用分子生物学和生物信息学手段发现大量的 miRNAs，并在 *Science* 上做了报道，人们才对这类小分子 RNAs 有了较为清楚的认识。miRNAs 的发现揭示了被人们长期忽视的小分子物质原来在生命活动中一直起着极为重要的调节作用。

miRNA 广泛存在于线虫、果蝇、小鼠、人类和植物等真核生物细胞及病毒中。迄今为止，人们共发现上万种 miRNA。研究表明，miRNA 不是基因直接转录的产物，而是经过不断加工而形成的。最初转录出来的产物 pri-miRNA(primary miRNA)是没有活性的。在动物细胞中，成熟的 miRNA 需要有两个 RNase Ⅲ 酶蛋白参与形成，它们分别是 Drosha 和 Pasha (图 15-27)。Drosha 定位在细胞核内。在果蝇中，Drosha 能够剪切 miRNA 原体转录物 pri-miRNA，从而释放出具有发夹结构状、约为 70 nt 大小的 pre-miRNA(precusor miRNA)，后者在转运受体 Exportin 5(Exp 5)作用下从细胞核内被转运至细胞质，之后被细胞质中的另一种 RNase Ⅲ 蛋白 Dicer 剪切，产生一段线性双链 miRNA(miRNA-miRNA*)，最终被加工成成熟的 miRNA。植物中的 miRNA 加工过程与果蝇有些不同，拟南芥中成熟的 miRNA 是在一种类似 Dicer 蛋白(Dicer-like protein 1，DCL1)作用下而生成的，DCL1 具有 Drosha 和 Dicer 双重功能。

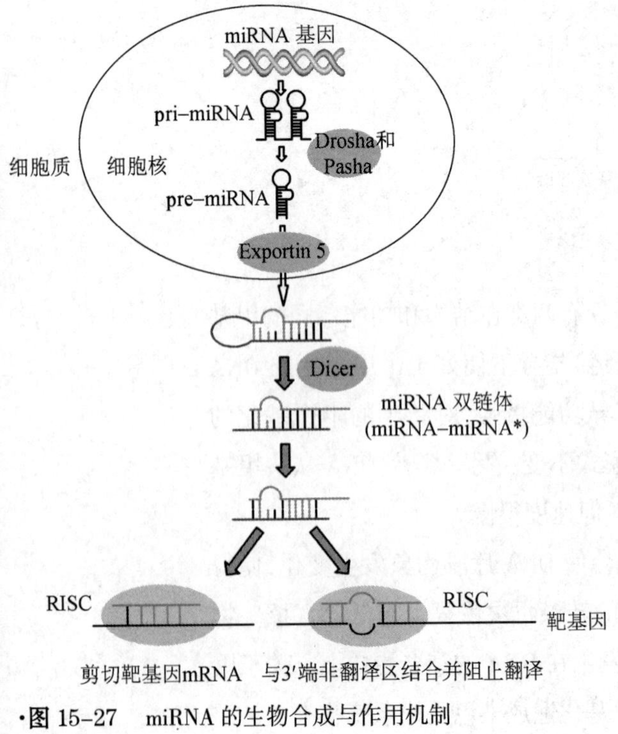

· 图 15-27　miRNA 的生物合成与作用机制

对 miRNA 作用机制的研究显示,成熟的 miRNA 先与一种 RNA 诱导沉默复合体(RNA-induced silencing complex,RISC)结合,接着再特异地与目标(靶标)mRNA 结合(图 15-27),即与碱基互补的同源 mRNA 配对结合,引起靶标 mRNA 降解或翻译受阻。当 miRNA 与靶标 mRNA 不完全互补时,miRNA 则通过与对应的靶标 mRNA 的 3′ 端非翻译区(3′UTR)结合阻止转录后翻译。由于植物中的 miRNA 与其靶标 mRNA 具有高度的碱基互补作用,所以植物 miRNA 的作用方式是先与其靶基因的翻译区进行结合,然后对其进行降解。相反,在动物细胞中,大多数 miRNA 与其靶标 mRNA 并不完全精确互补,而是通过与对应的靶标 mRNA 的 3′UTR 结合阻止转录后翻译,从而起到调节基因表达的作用。

动植物中的 miRNA 具有以下几个主要明显的特点:① 不具有开放阅读框(ORF),因而不编码蛋白质;② 成熟的 miRNA 的长度一般为 21~24 nt,5′ 端有一磷酸基团,3′ 端为羟基;③ 多数 miRNA 在进化上是保守的,尤其是在近缘物种间具有高度的保守性;④ miRNA 能通过碱基互补结合于其靶基因 mRNA 侧翼区(flanking region)或编码区(coding region);⑤ miRNA 基因以单基因或多基因排列在基因组上,常以簇(cluster)的形式分布和排列;⑥ miRNA 基因转录表达的前体产物通常形成发夹结构(hairpin structure),长度因动植物的差异有较大的变动,动物一般为 60~80 nt,而植物为数十到数百核苷酸。

15.3.2.4 翻译水平上的调节

真核生物 mRNA 的 5′ 端和 3′ 端存在一段非编码序列(UTR)(图 15-28),该序列可与很多的蛋白因子(或称反式作用因子)相结合来调节 mRNA 的翻译。反式作用因子可以结合于 UTR 区,与翻译起始因子或者 40S 核糖体相互作用从而抑制 mRNA 的正常翻译。

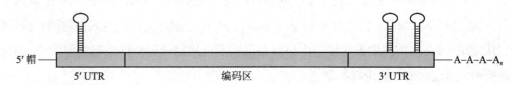

·**图** 15-28　真核生物 mRNA 结构

起始因子的磷酸化影响翻译的起始,使细胞内的翻译受抑制。在网状红细胞中,亚铁血红素缺乏使得网状红细胞中积累血红素阻遏物(heme-controled repressor,HRC)。这是一种含有亚铁的蛋白激酶调节物。它可以磷酸化 eIF-2 上的 α- 亚基,从而抑制翻译正常进行。

真核生物 5′ 端的帽结构也影响翻译的过程,eIF-2 是一种帽结合蛋白,它与 40S 核糖体结合识别帽结构,先结合到帽上,然后向 3′ 端移动,直到遇到第一个起始密码子开始翻译的起始,没有帽结构或者帽结构不适合都会影响 eIF-2 与帽的结合从而影响翻译的起始。外切核酸酶对帽和尾产生脱腺苷化作用。实验证明,核酸酶对 mRNA 的脱腺苷化会激发去帽酶的活性。移除 mRNA 5′ 端的帽,从而使 mRNA 降解。

poly(A)的长度影响翻译的效率。poly(A)与 poly(A)结合蛋白(poly A -binding protein,PABP)、起始因子 eIF-4E 和 eIF-4G 形成真核生物的起始复合物。该复合物与 mRNA 的帽和尾结合形成环状物,以起始翻译。其中,PABP 与 eIF-4G 相结合是 mRNA 成环的一个决定因素。poly(A)与 PABP 结合还可以作用于转录因子,引起 mRNA 二级构象的变化,便于翻译顺利进行。poly(A)也参与到 mRNA 稳定的调节中。核酸酶逐步降解 mRNA。当 mRNA 尾的核苷酸数量少于 10 nt 后,poly(A)无法与

PABP 相结合,从而影响 mRNA 成环,同时 mRNA 降解。有关 poly(A)对于 mRNA 稳定作用以及翻译的调控作用虽然已取得进展,但其具体作用机制还有待于深入的研究。

mRNA 的 3′ 非编码区(3′-UTR)和 5′ 非编码区(5′-UTR)可以调控 mRNA 的翻译。3′-UTR 和 5′-UTR 富含茎环结构,可以延长 mRNA 的寿命或提高 mRNA 对外切核酸酶的抗性。编码组蛋白的 mRNA 缺失 poly(A),但该组蛋白 mRNA 没有与想象的那样受到外切核酸酶的攻击,主要原因是在其 3′ 端存在一个 10 碱基对的茎环结构。研究发现,这一茎环结构缺失,可大大降低 mRNA 的寿命。

真核生物的 3′-UTR 和 5′-UTR 存在很多可以和反式作用因子结合的位点,通过和相关的反式作用因子的结合来调控 mRNA 的翻译。3′-UTR 可以与相关蛋白结合,以阻止 poly(A)与转录因子结合形成翻译起始复合物,从而抑制翻译顺利进行。铁离子反应元件位于 5′-UTR 上,铁离子调节蛋白与这个反应元件的结合阻止 mRNA 和小亚基核糖体的结合,从而阻止翻译进行。3′-UTR 和 5′-UTR 存在很多像铁离子反应元件一样的作用元件,这些元件可以通过与相关的调节蛋白结合,从而调控翻译过程。

15.3.2.5 翻译后的调节

由核糖体翻译生成的多肽链具有蛋白质的一级结构序列,在很大程度上决定蛋白质的二级、三级乃至四级结构的构象。蛋白质的折叠过程在翻译生成 30~40 个多肽时就已开始。有些蛋白质的折叠过程由分子伴侣指导,分子伴侣可以促进蛋白质折叠和亚基结合。蛋白质翻译后修饰(posttranslational modification)包括氨基端和羧基端的修饰、信号序列的切除、特定氨基酸的修饰、蛋白酶水解加工及二硫键形成等。

起始的甲硫氨酸或甲酰甲硫氨酸残基在翻译后由脱甲酰基酶作用而被切除。很多溶酶体蛋白、分泌蛋白、膜蛋白氨基末端都有信号序列(signal sequence),用于指导蛋白质进入内质网。信号序列的羧基端有切割位点,在内质网中被切除。内质网是很多蛋白质翻译后修饰的起始细胞器。某些酶原活性也需要相应蛋白酶的水解得以实现。

特定氨基酸的修饰是在一个或几个氨基酸残基上对蛋白质进行的共价修饰,以改变蛋白质的性质。据统计,人类每个多肽链上可以产生 8~10 种不同的"修饰"。蛋白质的修饰包括磷酸化修饰、糖基化修饰、乙酰化修饰和泛素化修饰等。泛素化修饰与细胞的凋亡、蛋白质降解有关。很多蛋白质上的丝氨酸、苏氨酸和酪氨酸可以在蛋白激酶作用下,接受 ATP 上的磷酸基团,磷酸化后的蛋白质显负电荷。磷酸化可以改变蛋白质的性质和结构,磷酸化 – 去磷酸化的可逆过程是细胞调控蛋白质和酶活性的主要方式。细胞信号转导、分子凋亡、肌肉收缩、细胞增殖和分化发育等生理过程都涉及可逆性磷酸化过程,如上面提到的组蛋白的磷酸化也影响染色质的结构。

糖基化是指蛋白质与小分子低聚糖通过糖苷键相连接,有两种主要的连接形式:一种是 $O-$ 连接,糖基通过与丝氨酸或苏氨酸残基中的羟基相连接,在高尔基体、细胞质和细胞核中均有;另一种是 $N-$ 连接,糖基通过与天冬酰胺的氨基氮相连接。$N-$ 连接的糖基化主要发生在内质网上,由糖基转移酶催化。生物体内除上述两种糖基化外,还有其他的方式,如 $C-$ 位甘露糖化是通过 C-C 连接的方式将甘露糖与色氨酸吲哚环上的 C2 原子连接所形成。很多具有胞外功能的蛋白质都含有糖链。糖基化在蛋白质定向转运中起到关键的作用,水解酶向溶酶体的运输是由 $N-$ 连接寡糖介导的。水解酶从内质网进入到高尔基体内后,与高尔基体内 6- 磷酸甘露糖通过 $N-$ 连接方式结合,这些磷酸化的甘露糖蛋白作为信号序列引导水解酶进入溶酶体内。衣霉素可用来阻断糖结合到蛋白质上,用衣霉素处理的细胞,水解酶就不会被运输至溶酶体内,反而会运输至细胞外,这就证明糖基化在水解酶定向运输到溶酶体中有关键作用。

　　蛋白质的甲基化修饰主要发生在赖氨酸、精氨酸侧链的氨基上或天冬氨酸和谷氨酸侧链的羧基上。甲基化取代 H 原子,增加空间阻力,影响氢键形成,对于蛋白质之间的相互作用造成影响。组氨酸的甲基化与异染色质的形成和转录有关,组蛋白的乙酰化影响 DNA 和组蛋白结合,导致核小体结构松散。蛋白质还可以通过加入辅基进行蛋白质功能调节和翻译后修饰,如细胞色素 c 中血红素基团的加入,乙酰 CoA 羧化酶中生物素的加入。通过翻译后修饰完善蛋白质的功能和细胞调控。

小结

1. 细胞代谢的原则是将各类物质纳入共同代谢途径。各种物质之间通过各自的代谢途径及共同的中间代谢物进行相互转化。不同的代谢途径通过交叉点上关键的中间代谢物相互联系,沟通各代谢途径,形成经济有效、运转良好的代谢网络。

2. 三羧酸循环是各类物质最重要的共同代谢途径,是各类物质相互联系的渠道。重要的中间代谢物有:6- 磷酸葡糖、丙酮酸、乙酰 CoA 等。

3. 细胞代谢主要受到酶的调节。酶水平的调节是最基础的代谢调节。它包括酶活性的调节和酶量的调节。酶活性的调节方式主要包括:①别构效应;②共价修饰;③酶原的激活;④酶分子的聚合和解聚;⑤抑制剂和激活剂等。

4. 酶和蛋白质的可逆共价修饰是调节酶活性的重要方式。共价修饰有磷酸化 / 去磷酸化、腺苷酰化 / 去腺苷酰化等多种方式,其中最重要、最普遍的是酶的磷酸化 / 去磷酸化。

5. 酶量的调节包括酶蛋白合成和酶降解的调节。酶合成的调控与基因表达调控有关。

6. 操纵子模型可以很好地说明原核生物基因表达的调节机制。原核生物基因组成操纵子作为表达的协同单位,它包括在功能上彼此有关的结构基因和控制部位(启动子和操纵基因)。酶的诱导和阻遏是在调节基因产物阻遏蛋白作用下通过操纵基因控制结构基因或基因组的转录而发生的。

7. 大肠杆菌乳糖操纵子结构基因的转录受阻遏蛋白负调控和 CAP 的正调控。无诱导物时,阻遏蛋白处于活性状态,可与操纵基因结合,阻止结构基因转录;有诱导物时,阻遏蛋白处于失活状态,不与操纵基因结合,结构基因转录,合成乳糖代谢需要的酶;有 cAMP 时,形成 cAMP-CAP 复合物,这种有活性的 cAMP-CAP 可促进转录。对降解物敏感的分解途径操纵子均可被 cAMP 与其受体蛋白复合物所活化。

8. 大肠杆菌色氨酸操纵子借助 Trp 阻遏蛋白的转录阻遏作用和 Trp-tRNA^{trp} 敏感性转录弱化作用的联合效应,控制色氨酸合酶的产生。阻遏作用和弱化作用机制不同,前者控制转录起始,后者控制转录起始后是否继续下去。弱化作用比阻遏作用更为精细。

9. 真核生物酶基因调控包括转录前调控、转录水平调控、转录后调控、翻译调控、翻译后修饰。

复习思考题

1. 哪些化合物是联系糖类、脂质、蛋白质和核酸代谢的重要中间代谢物？为什么？
2. 生物体内的代谢调节可在哪些层次上进行？
3. 简述酶活性调节的方式及其产生的效应。
4. 以大肠杆菌乳糖操纵子为例,具体说明可诱导操纵子的作用机制。
5. 大肠杆菌色氨酸操纵子是如何调节有关酶类的合成的？
6. 细胞膜结构在代谢调节中起何种作用？

数字课程学习资源

● 教学课件　　● 重难点讲解　　●拓展阅读

1. 丁明孝,王喜忠,张传茂,等.细胞生物学 [M].5 版.北京:高等教育出版社,2020.

2. 丁向明,吴士良,陈惠黎.糖基转移酶的结构生物学 [J].生命的化学,2003,23(5):369-371.

3. 刘黎明,许正平.真核生物 mRNA 降解途径 [J].中国生物化学与分子生物学报,2008,4(10):883-889.

4. 周德庆.微生物学教程 [M].4 版.北京:高等教育出版社,2021.

5. 朱圣庚,徐长法.生物化学(上册)[M].4 版.北京:高等教育出版社,2017.

6. 朱圣庚,徐长法.生物化学(下册)[M].4 版.北京:高等教育出版社,2016.

7. Abbas YM, Wu D, Bueler SA, et al. Structure of V-ATPase from the mammalian brain [J]. Science, 2020, 367: 1240-1246.

8. Borbolis F, Syntichaki P. Cytoplasmic mRNA turnover and ageing [J]. Mechanisms of ageing and development, 2015, 152: 32-42.

9. Guo R, Zong S, Wu M, et al. Architecture of human mitochondrial respiratory megacomplex I2III2IV2 [J]. Cell, 2017,170:1247-1257.

10. Hopper AK, Huang HY. Quality control pathways for nucleus-encoded eukaryotic tRNA biosynthesis and subcellular trafficking [J]. Molecular and cellular biology, 2015, 35:2052-2058.

11. Lehninger, AL, Nelson, DL Cox MM. Principles of biochemistry [M]. 3rd ed. New York: Worth Publishers, Inc, 2006.

12. Riviere FJ, Cole SE, Ferullo DJ, et al. A late-acting quality control process for mature eukaryotic rRNAs [J]. Molecular cell, 2006, 24:619-626.

13. Ruan J, Zhou Y, Zhou M, et al. Jasmonic acid signaling pathway in plants [J]. Int. J. Mol Sci, 2019, 20: 2479.

14. Sauter M, Moffatt B, Saechao MC, et al. Methionine salvage and S-adenosylmethionine: essential links between sulfur, ethylene and polyamine biosynthesis [J]. Biochem J, 2013, 451: 145-154.

15. Shine MB, Yang JW, El-Habbak M, et al. Cooperative functioning between phenylalanine ammonia lyase and isochorismate synthase activities contributes to salicylic acid biosynthesis in soybean [J]. New Phytol, 2016, 212: 627-636.

16. Xu J, Chua NH. Processing bodies and plant development [J]. Current Opinion in Plant Biology, 2011, 14:88-93.

17. Yamashita A, Chang TC, Yamashita Y, et al. Concerted action of poly (A) nucleases and decapping enzyme in mammalian mRNA turnover [J]. Nature structural and molecular biology, 2005, 12:1054-1063.

18. Zhang X, Guo H. mRNA decay in plants: both quantity and quality matter [J]. Curr Opin Plant Biol, 2017, 35:138-144.